结构试验检测与鉴定

主　编　杨英武

副主编　夏森炜　杨　博　陈忠购　任　斌

ZHEJIANG UNIVERSITY PRESS
浙江大学出版社

本书编写人员名单

主　　编　杨英武　浙江农林大学土木系

副主编　夏森炜　杭州市房屋安全鉴定事务管理中心

　　　　杨　博　浙江农林大学土木系

　　　　陈忠购　浙江农林大学土木系

　　　　任　斌　杭州市房屋安全鉴定事务管理中心

前　言

本书编写过程中以国家现行结构试验、检测与鉴定相关标准为依据，结合领域内最新科研成果，力求反映最新的结构试验、检测理论与技术；同时介绍了既有建筑物在使用期间、改造加固前或工程事故后、司法鉴定等不同目的的结构鉴定方法。本书结合土木工程教学大纲，适应土木工程专业人才培养要求，在编写过程中尽量做到概念明确、理论联系实际，在满足土木工程本科教学的同时，兼顾工程结构试验、检测与鉴定的社会服务、实践要求，将结构试验、检测与鉴定有机地结合起来。

本书在参考结构设计、试验、检测、鉴定及加固方面的现行规范、标准和已出版专业书籍基础上，结合作者从事本专业的经验和研究心得，除满足教学大纲外，也涉及了结构试验、检测与鉴定工作中一些专业人员较少涉及，但又非常重要或未来应用会越来越广的领域。如：结合现行建筑结构设计标准，系统介绍了建筑结构振动引起的室内人体舒适度、影响室内精密设备工作的振动检测技术及结果评价、处理方法等。同时，综合各专业规范中同类型试验参数，给出试验检测的具体方法和试验原则。如：综合交通、建筑结构等跨专业规范，系统讲述预应力混凝土结构施工过程中的预应力监测技术，大跨、悬臂结构索力测试技术，基坑施工周边房屋监测等。大规模土木工程建设完成后，如何确定房屋结构的使用安全是一个非常值得关注的问题，本书系统介绍了当前房屋鉴定工作中的各类鉴定内容、方法和评定要求等。如：损坏鉴定、危房鉴定、民用和工业建筑可靠性鉴定、火灾和抗震鉴定。最后，针对当前越来越多的房屋司法鉴定工作，提出了一些原则性的要求。

本书可以作为土木工程专业本科教材，还可作为工程技术研究生或科研人员从事相关工作的参考用书。

本书由杨英武、夏森炜、杨博、陈忠购、任斌共同编写，其中杨英武编写了第1、2、3、4、8章和5、6章部分内容及结构试验附录；夏森炜编写了第5、6、7章，杨博参与编写了第2、8章和结构试验附录，任斌、陈忠购参与编写了第5、6、7章。杨英武对全书进行了统稿和修改工作。

杨英武

2013年7月

目　　录

第1章 绪　论

结构试验、检测与鉴定是三个互相联系而又有各自内涵的三个领域。通常，结构试验指的是以建筑结构或构件为对象，在荷载或其他作用下，借助各种仪器设备，通过直接量测或间接计算获得与结构实际工作性能有关的强度、刚度、稳定性、抗裂度、破坏形态等参数，评价结构或构件的承载性能、正常使用性能等。试验结果可用于确定结构对使用要求的符合程度，也可用于检验和发展结构设计计算的新理论。结构检测指依据国家有关建设工程法律法规、工程建设标准和设计文件，为评定建筑结构的质量或鉴定既有建筑结构的性能等，对建设工程的材料性能、构件或结构的实体质量、使用功能等进行测试确定其质量特性的活动。某种程度上结构试验可以是结构检测的一个组成部分。鉴定则是以结构试验或检测结果为依据，结合调查、计算与分析，对建筑结构的安全性、适用性、耐久性以及抗震能力等进行评定。

本书介绍的内容包含结构试验的基本原理与方法，既有建筑结构、构件的试验与检测，房屋建筑的安全、可靠性鉴定及抗震鉴定等。结合最新标准和实践经验，本书中的试验或检测方法、鉴定体系适用于在建或改造建筑工程的质量检测。结构试验基本原理也可为试验研究工作提供参考。

1.1　结构检测与鉴定的必要性

随着国家经济的发展、人民生活水平的提高，一方面需要建造大量的新建筑满足人们需求，另一方面既有建筑结构随着服役时间的增长、使用环境的变化，结构性能逐渐衰退，出现结构使用性或安全性等不能满足新标准的情况。新建建筑工程的质量检查和评定，新的结构计算理论、结构形式、新材料的大量应用，也需要对结构进行必要的试验与检测。此外，既有建筑为改变用途、延长服役期、提高结构安全性、可靠性或抗震性能等级而实施维护与加固处理前，要对结构进行必要的检测与鉴定。如2008年汶川地震后，国家有关部门及研究机构总结经验教训，为保障校舍安全，建议提高中小学校舍房屋结构安全和抗震等级。在结构维护或加固处理前，则必须对学校校舍进行房屋可靠性及抗震鉴定等。

一般情况下，当建筑结构出现以下情况时，应进行必要的检测与鉴定：

(1) 新建工程结构质量，通过试验与检测，确认其材料性能、结构裂缝、构件尺寸与构造连接等不能满足施工质量验收规范及设计文件要求。结合试验、检测数据和结论，需要通过计算复核等，确认结构是否满足设计规范的最低安全要求，以确定结构是否能够验收或需要进行一定的加固处理。

(2) 建筑结构施工或既有建筑结构出现质量事故，需要通过检测与鉴定工作，查明事故原因以提出处理方案。

(3) 为保证结构在规定设计使用年限内的正常工作性、正常维护下的耐久性、偶然荷载作用下的整体稳定性,需要对结构进行必要的检测与鉴定。

(4) 建筑结构在使用过程中发现地基基础不均匀沉降引起的结构倾斜与变形、上部结构变形与损伤等,需要通过结构检测与鉴定,查明或确认出现安全隐患的原因、程度,给出必要或急需的处理措施等。

(5) 既有建筑结构改变用途、加层改造、提高安全等级或抗震等级前,对结构进行现状质量检测、结构安全性、可靠性及抗震能力等方面评定,评价加层改造的可行性。

1.2 结构试验概述

1.2.1 结构试验的发展历史

结构试验方法的发展与结构计算分析理论的发展互相促进。新的计算理论需要通过结构试验验证和修正。同样,新的试验方法或新的试验仪器设备的出现,也会促进新的理论研究。

例如受弯梁截面的应力分布问题,1638 年,伽利略认为受弯梁截面应力为均匀受拉分布;差不多 50 年后的 1684 年,法国物理学家马里奥脱和德国数学家莱布尼兹对均匀受拉提出修正,认为梁截面应力为三角形受拉分布。之后,胡克和伯努利在此基础上又提出平截面假定。到了 1713 年,法国人巴朗提出受弯梁截面应力分布的中和层概念,即梁截面应力分布以中和层为界,一边为拉应力,另一边为压应力。至此,以上理论和观点仅处于假设阶段,对于受弯梁截面应力的真实分布状态并无试验手段进行验证。直到 1767 年,法国人容格密里第一次在没有测量仪器的情况下,运用试验方法证明了梁截面上压应力的存在(如图 1.2.1)。他把受弯木梁上部受压区纤维切断,按照一定间距割出若干木槽,然后在木槽内塞入木楔。试验发现木梁的承载能力并未因上部木纤维切断而降低,显然,只有梁上部受压而不是受拉才有这种结果。这个现代人看来简单且粗糙的试验,却给当时的研究学者进一步发展结构计算理论指明了方向,此试验也被人们誉为"路标试验"。1821 年,法国科学院院士拿维叶从理论上证明了现在所应用的材料力学受弯公式,而相应的试验测量则在二十多年以后才由另外一位科学家 A. 莫列恩完成。

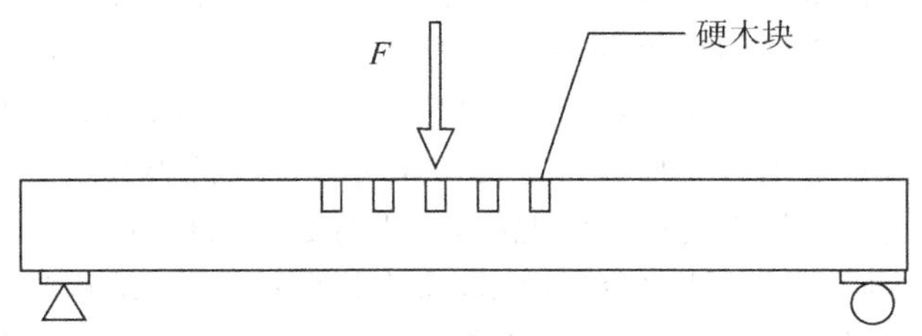

图 1.2.1 容格密里木梁受弯试验

通过试验,也可以获得新的理论。比如 1772 年,俄国工程师库里宾通过试验获得简单拱形结构支座的水平推力计算公式(如图 1.2.2),并通过试验验证了涅瓦河上 300m 跨木拱桥的建造可行性。系统的应用结构试验方法研究和验证新的结构设计理论、结构工作状态开始于 19 世纪末、20 世纪初。借助结构试验技术发展和方法改进，人们把建筑技术水平提高到了一个更高的层次。此后的三十年内，结合建筑材料科学进步，人们把建筑结构推向更高、更大跨度的方向。

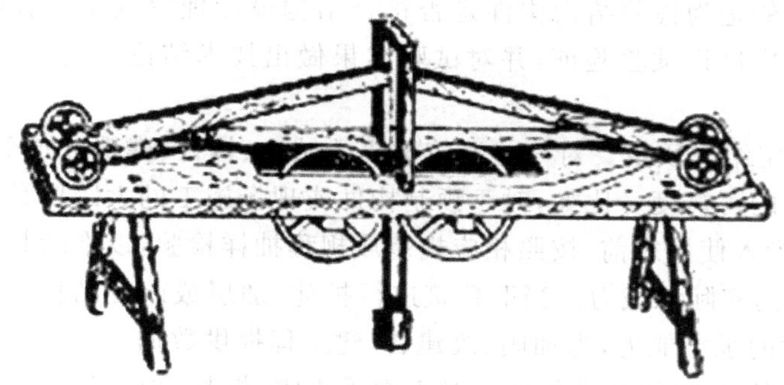

图 1.2.2　库里宾求三铰拱推力的试验装置

20 世纪 50 年代开始，计算机技术和有限元方法的发展以及长期以来结构试验成果的积累，使得运用大型的复杂计算能够解决大量的设计理论问题，结构试验不再是研究和发展结构理论的唯一途径。但一些超高层、大跨度或形状复杂、无设计先例的结构体系，一些材料物理力学属性较为离散的普通钢筋混凝土结构、预应力钢筋混凝土结构、砌体结构及抗震结构设计理论，仍需要进行试验研究以完善设计计算理论。

新中国成立后我国十分重视结构试验，在这方面做了许多工作。1956 年各大学开始设置结构试验课程，各建筑研究机构和高等学校也开始建立结构实验室，同时也开始生产一些测试仪器，全国各地开始对结构构件进行试验。从那时起，我国便初步拥有一支既掌握一定试验技术，又具有一定装备的结构试验专业队伍。在直接为生产服务方面和结构工程科学研究方面，对结构的材料性质、基本构件和结构整体工作性能等，进行了大量的以实物或模型为对象的静、动力试验，获得了许多试验成果，提出了符合中国实际情况的设计参数、工艺标准、计算公式、设计理论及施工工艺，为制定各种规范、规程提供了基本依据。

1.2.2　结构试验按照试验目的分类

结构试验可分为研究性试验和鉴定性试验。

研究性试验指的是为科学研究及开发新技术、新材料、新工艺或新的结构形式等目的而进行的探讨结构性能和规律的试验。研究性试验是按照先前详细规划，针对专门为试验设计制造的结构或构件实施。在试验对象的制造上把试验研究的主要问题表现出来，忽略一些对结构影响的次要因素，突出试验研究特性，以便更好地观测试验数据，最终分析总结达到探索理论规律的目的。研究性试验通常解决以下三方面的问题：

(1) 验证结构设计理论的假定。在结构设计中，常对结构计算图式和本构关系作某些简化假定，通过试验来加以验证，满足要求后用于实际工程中的结构计算。在结构静力和动力分析中，本构关系的模型化则完全是通过试验加以确定的。

(2) 提供设计依据。我国现行的各种结构设计规范除总结已有的大量科学试验的成果和经验外，进行了大量的结构试验以及实体建筑物的试验，为编制和修改结构设计规范提供试验数据。对于特种结构，应用理论分析的方法达不到理想的结果时，通过结构试验归纳结构的计算模式和公式系数，解决工程中的实际问题。

(3) 提供实践经验。一种新材料的应用、一个新结构的设计或一项新工艺的施工，往往要经过多次的工程实践和科学试验，从而积累资料，使设计计算理论不断改进和完善。

鉴定性试验指的是为检验结构构件是否符合结构设计理论或施工验收规范要求，通过规程规定的试验程序进行试验验证，并对试验结果做出技术结论。鉴定性试验通常解决以下三方面的问题：

(1) 检验或鉴定结构质量。对一些比较重要的结构、构件，建造完成后需要通过试验综合性地鉴定其质量的可靠度。比如，对于预制构件或现场施工的大跨度预应力构件，在出厂安装之前、竣工后投入使用之前，按照相应规范或规程抽样检验，以推断其质量。

(2) 判断结构的实际承载力。当旧建筑进行扩建、加层或改变结构用途时，往往要求通过试验确定旧结构的承载能力，为加固、改建、扩建工程提供数据。

(3) 处理工程事故、提供技术依据。对于遭受火灾、爆炸、地震等原因而损伤的结构，或在建造使用中有严重缺陷的结构，往往通过试验和检测，判断结构在受灾破坏后的实际承载能力，为结构的再利用和处理提供技术依据。

1.2.3 结构试验按照试验对象分类

结构试验可分为原型试验和模型试验。

(1) 原型试验。

结构原型试验对象与实际结构尺寸、材料、制作工艺基本相同，某些情况下甚至模拟对象的服役期间的正常或恶劣环境。我国 1953 年在长春对 25.3m 高的酒杯形输电铁塔进行了简单的原型试验，这是新中国成立后第一次规模较大的结构试验。1957 年完成了武汉长江大桥的静、动载荷试验任务。桥梁结构整体静载试验、移动荷载下的动力特性试验，高层建筑风振试验或结构动力特性试验，工业建筑排架结构的侧向刚度试验，建筑楼屋盖承载能力试验，建筑地面变形试验等均在实际结构上实施，均属于原型试验。原型试验中另一类就是足尺结构构件试验。如一根梁、一块板或一榀屋架之类的实物构件，可以在试验室内试验，也可以在现场进行。

随着工程结构抗震研究的发展，国内外开始重视对结构整体性能的试验研究，台湾地震工程研究中心 2006 年选择台湾地区典型的小学教学楼结构进行了原型结构推覆试验(push over test)、反复荷载试验(cyclic loading test)和拟动力试验(pseudo-dynamic test)，如图 1.2.3 所示。通过原型结构破坏性试验，研究结构抗震性能。

原型结构试验投资大，试验周期长，加载荷载值大，系统复杂；不论是鉴定性试验还是研究性试验，都受到很多限制。但其试验结果更真实，更贴近结构工作的实际状况，因此，试验结果的可靠性高。随着经济的发展，国内不少高等院校和研究机构也着手进行大型足尺寸结构的破坏性试验研究。

(2) 模型试验。

当原型试验受各种原因，如技术上或空间存在某些困难或在结构设计的方案阶段进行初步探索比较或对设计理论和计算方法进行科学研究时，可以采用按原型结构缩小的模型进行试验。模型是原型按照一定比例关系复制而成的试验代表物，具有实际结构的全部或部分特征。根据相似理论，模型采用适当的比例和相似材料制成与原型几何相似的试验对象，在模型上施加相似力系，使模型受力后重演原型结构的实际工作，最后按照相似理论，由模型试验结果推算实际结构的工作。为此，这类模型要求有严格的模拟条件。

图 1.2.3　台湾小学教学楼结构原型试验

模型试验大多在实验室进行。作为一种研究手段，可以严格控制试验对象的主要参数不受外界条件的干扰或限制。通过有选择的比例相似，忽略次要因素，模型试验有利于在复杂的试验过程中突出主要试验内容，因此有利于发现试验结果的内在联系和规律。相对于原型，结构试验模型一般尺寸都是按比例缩小，因此制造加工方便，可以节约人力和资金。另外，试验还可以用来预测无设计经验、尚未建造的结构性能。当采用计算分析模拟或其他手段不能准确把握此类建筑结构性能时，模型试验成了研究此类问题的重要手段。

1.2.4　结构试验按照荷载性质分类

结构试验可分为静力荷载试验和动力荷载试验。

(1) 静力荷载试验。

静力荷载试验是结构试验中最常见的基本试验。工程设计时，结构受力荷载通常包含恒载和活载，两者均为作用在结构上的静荷载。一般可以通过重力或各种类型的加载设备来模拟设计或实际荷载分布以满足加载要求。通常，静力试验的加载过程是从零开始逐步单调递增至预定目标状态或结构破坏为止。整个试验过程中，结构本身的运动加速度产生的惯性力可以忽略不计。钢筋混凝土结构、砌体结构以及钢结构的承载力设计理论便是通过这种试验方法建立或检验。

近年来由于探索结构抗震性能，通过反复低周期反复荷载试验来实现。在试验中，利用加载系统使结构承受反复变化的荷载或位移作用。试验过程体现了结构在地震作用下的变形历程。但由于加载速度低于结构在地震作用下所经历的变形速度，为区别于一般单调加载试验，称之为低周期反复加载试验，亦称为拟静力或伪静力试验。

拟动力试验是研究地震作用的另外一种静力试验方法。最早于 1969 年提出，在 20 世纪 80 年代中期到 90 年代中期得到新的发展。在试验加载控制方面，有荷载控制、位移控制、力和位移混合控制或交替控制等。目前运用较多的是位移加载控制。对原结构或其模型进行的拟动力试验，称为全结构拟动力试验；对部分结构或其模型进行的拟动力试验，称为子结构拟动力试验。

拟动力试验是一种联机试验，通过计算机控制加载模拟地震过程。将计算机与加载作动器联机求解结构的动力方程，以模拟地震对结构的作用。进行拟动力试验时，首先计算机输入地震波时程曲线，求解动力方程，计算出结构的初始地震反应位移，通过计算机控制作动器给试验对象施加位移，测得结构在此位移下的恢复力。然后，使用测得的恢复力和下一步地面运动加速度值，求解动力方程计算下一步的结构目标位移，并通过作动器施加在结构上。如此不断循环直至试验结束，就可以得到结构在地震波输入全过程的位移、速度、加速度以及恢复力等信息的时程曲线图，并可由此得到结构的响应滞回曲线来分析结构的抗震性能。

静力试验的最大特点是加载设备相对来说比较简单，荷载可以逐步施加，可在试验过程中详细记录试验数据，同时观察结构状态。其缺点是不能反映应变速率对结构的影响。

(2) 动力荷载试验。

动力荷载试验包含结构疲劳试验、结构动力特性试验、地震模拟振动台试验以及风洞试验等。实际工程结构或构件如厂房吊车荷载对吊车梁的作用、高耸或大跨结构的风致振动、地震对结构的作用均属于结构动力问题。动力荷载试验是利用各种动荷载或动位移加载设备，对结构施加动力作用，通过观察结构在动力作用下的响应，了解结构的动力性能。因此，对于在实际工作中以承受动荷载作用为主要因素的结构或构件，为了解结构在动力荷载作用下的工作性能，一般要进行结构动力试验。由于荷载特性的不同，动力试验的加载设备和测试手段也与静力有很大的差别，且比静力试验复杂得多。

1.2.5 结构试验按照试验时间分类

结构试验可分为短期荷载试验和长期荷载试验。

对于主要承受静力荷载的结构，永久及可变荷载等实际上是长期作用的。但进行结构试验时限于试验条件和试验时间，基于需要解决的问题，实际应用中大量采用短期荷载试验，即荷载从零开始施加到最后结构破坏或达到某阶段后即卸荷，试验过程在几十分钟、几小时或者几天内完成。对于承受动载荷的结构，即使是结构的疲劳试验，整个加载过程也仅在几天内完成，与结构实际工作状态有一定差别。严格来讲这种短期荷载试验并不能代替长期荷载试验。这种由于具体客观因素或技术限制所产生的影响，在分析试验结果时必须加以考虑。

某些试验则必须考虑结构在长期荷载作用下的性能。如混凝土结构的徐变，预应力结构中钢筋的松弛，钢筋混凝土受弯构件裂缝的开展与刚度退化等就必须要进行静力荷载的长期试验。这种长期荷载试验也可称为持久试验，它将连续进行几个月或甚至于数年，通过试验以获得结构变形随时间变化的规律。为了保证试验的精度、突出主要影响因素，经常需要对试验环境严格控制，如保持恒温、恒湿等，一般在室内完成。如果能在现场对实际工作中的结构物进行系统长期的观测，则这样积累和获得的数据资料对于研究结构的实际工作状态，进一步完善和发展工程结构的理论都具有极为重要的意义。

此外，结构试验根据试验所处的场地又可分为实验室试验和现场试验等。

1.3 结构检测概述

结构检测包含检查、测量与判定三个过程，其中检查与测量是结构检测的核心内容，判定是目的，需要在检查与测量的基础上完成。如回弹法检测混凝土抗压强度，则是首先检查混凝土状态是否符合规程适用范围，然后按照规程规定方法应用回弹仪进行测量，最后对数据进行分析计算和推定，得到混凝土抗压强度值的过程。

随着人类历史的发展和进步，建筑结构所选用的材料和计算理论的发展，所应用的检测技术也不同。在我国古代，建筑完工后的质量检测大多为肉眼观察或非精确量化的检测方法，因此检测手段比较落后，检验人员的主观因素占很大成分。春秋战国时期的《考工记》、宋代时期的《营造法式》对建筑尺寸和质量要求给出统一规定，《晋书》中记载了工程质量验收方法，大夏国皇帝郝连勃勃建造"统万城"，工程由阿利监工，"阿利性尤工巧，然残忍刻暴，乃蒸土筑城，锥入一寸，即杀作者而并筑之"。另外，也通过物勒工名、哲匠升官的方法保证施工质量。

清末民初，中国由手工业逐渐转向半工业、半手工业社会。除传统的木结构和砌体结构外，上海外滩和广州地区出现了钢筋混凝土结构。我国第一座真正意义上的钢结构大桥红河州屏边人字桥，由法国女工程师鲍尔·波丁于1907年所建，桥长67米，宽4.2米，人字形钢结构大桥在两山绝壁之间。该桥为"桁肋式铰拱钢架桥"，用钢板、槽、角钢、铆钉等纯人工手段连接而成。由于当时的中国无国家标准，其质量检验方法参考外国标准。

建筑结构进行科学检测是保证工程质量的重要措施。新中国成立后，建筑业得到了快速发展，尤其是20世纪70年代以来，新的检测方法、检测手段不断涌现，国家相关部门根据不同方法制定了相应的检测评价标准。

1.3.1 混凝土结构检测方法

钢筋混凝土结构是目前我国建筑结构的主要结构形式之一。而强度又是混凝土的重要技术指标。具有不同特点的混凝土抗压强度现场检测方法见表1.3.1。

表1.3.1 混凝土强度主要检测方法

检测方法	特 点	用 途	限制条件
回弹法	1. 直接在原状混凝土表面上测试； 2. 仪器操作简便，测试结果直观，检测部位无破损； 3. 不适用于表层与内部质量有明显差异或内部存在缺陷的构件检测。	根据混凝土表面硬度、碳化深度，推定抗压强度。	1. 适用温度范围：−4～40℃； 2. 适用龄期范围：14～1000d，长龄期可采用钻芯法修正； 3. 抗压强度范围：10.0～60.0 MPa。
超声—回弹综合法	1. 综合法检测，测试精度较高； 2. 检测部位无破损； 3. 不适用于遭受冻害、化学侵蚀、火灾、高温等已造成表面疏松、剥落的混凝土。	根据混凝土表面硬度、内部密实性综合推定抗压强度。	1. 适用温度范围：−4～40℃； 2. 适用龄期范围：7～2000d，长龄期可采用钻芯法修正； 3. 抗压强度范围：10.0～70.0 MPa。

续 表

检测方法	特 点	用 途	限制条件
钻芯法	1. 适用范围广,测试结果直观、准确; 2. 检测部位局部破损。	根据圆柱体芯样强度推定抗压强度。	1. 被检测混凝土强度不大于 80MPa; 2. 标准芯样公称直径 100mm,不得小于 70mm;且不宜小于骨料最大粒径的 3 倍,不得小于骨料最大粒径的 2 倍; 3. 芯样高径比为 0.95~1.05。
拔出法	1. 测试精度高,使用方便,适用范围广; 2. 检测部位微破损。	根据埋件的极限拔出力推定抗压强度。	1. 混凝土强度范围:10~80MPa; 2. 测试面质量与混凝土内部质量一致。

钢筋混凝土结构的质量不仅与混凝土强度有关,也与其内部钢筋分布有关。因此,有必要准确测量内部钢筋直径、间距以及混凝土保护层厚度。所采用的无损检测方法主要有电磁感应法和雷达法。

电磁感应法是用电磁感应原理检测混凝土结构及构件中钢筋间距、公称直径和混凝土保护层的方法。电磁感应法钢筋探测仪采用电磁感应原理,由振荡器产生的频率和振幅稳定的交流信号输入传感器后激发传感器并在其周围产生交变磁场,当含铁磁的物质靠近传感器时,由于电磁感应而使传感器的输出电压信号发生变化,这一变化信号进入信号处理单元并经放大和模数转换,由单片微机完成数据采集及处理,并可按使用者由键盘输入的具体测定项目要求,在显示器上显示出所测结果。利用电磁感应原理进行结构实体钢筋检测不仅受到相邻钢筋的影响,还受到混凝土骨料、水泥、配合比、钢筋材质的影响。

雷达法是通过发射和接收到的毫微秒级电磁波来检测混凝土结构及构件中钢筋间距、混凝土保护层的方法。探地雷达技术,最早应用于地球物理勘探,如地质调查、古墓遗址探测、工程勘测等。近几年,探地雷达在混凝土结构检测中取得了很好的成果,尤其对于距离表面较深位置的隧道衬砌、建筑地下室底板下层钢筋等,用电磁感应法无法测量的情况下,雷达法有明显的优势。

混凝土缺陷检测,主要采用超声波检测方法。系采用带波形显示的低频超声仪和频率为 20~250kHz 的声波换能器,测量混凝土声速、波幅和主频等声学参数,并根据这些参数及其相对变化分析判断。可用来对混凝土内部空洞、不密实区的位置和范围、裂缝深度、表面损伤层厚度、不同时间浇筑的混凝土结合面质量以及钢管混凝土、灌注桩的缺陷进行检测。

1.3.2 钢结构检测方法

钢结构现场检测主要包含外观质量检测,如钢材表面裂纹、夹渣,焊缝表面焊渣、周边飞溅物,高强螺栓外露丝扣、扭剪型高强度螺栓连接副终拧后,未拧掉梅花头的螺栓数等;钢材及焊缝表面渗透探伤、磁粉探伤、钢材及焊缝内部缺陷的超声波探伤和 X 射线、γ 射线探伤等无损检测法;高强螺栓连接终拧扭矩、钢结构防火、防腐涂层厚度检测等。

1.3.3 砌体结构检测

砌体结构是我国多层建筑的主要结构形式。由于砌体结构主要由块材(砖、砌块)和黏结材料(砂浆)结合而成,因此,砌体结构检测可分为块材强度、砂浆强度检测和砌体强度检测。

对于新建工程当遇到以下情况时,应进行砌体结构检测:

(1) 砂浆试块缺乏代表性或试块数量不足;

(2) 对砖强度或砂浆试块的检验结果有怀疑或争议,需要确定实际的砌体抗压、抗剪强度;

(3) 发生工程事故或对施工质量有怀疑和争议,需要进一步分析砖、砂浆和砌体的强度。

对于既有建筑物,当进行以下鉴定时,需要进行砌体性能检测:

(1) 安全鉴定、危房鉴定以及其他应急鉴定;

(2) 抗震鉴定;

(3) 建筑大修前的可靠性鉴定;

(4) 房屋改变用途、改建、加层或扩建前的专门鉴定等。

根据砌体结构自身特点,常用的砌体结构现场检测方法见表1.3.2。

表1.3.2 砌体结构现场检测方法

检测方法	特　点	用　途	限制条件
原位轴压法	1. 原位检测,直接在墙体上测试,测试结果综合反映了材料质量和施工质量; 2. 直观性、可比性强; 3. 设备较重; 4. 测部位局部破损。	1. 检测普通砖和多孔砖砌体的抗压强度; 2. 火灾、环境侵蚀后的砌体剩余抗压强度。	1. 槽间砌体每侧的墙体宽度应不小于1.5m; 2. 同一墙体上的测点数量不宜多于1个,宜选在墙体长度方向中部; 3. 限用于240mm砖墙。
扁顶法	1. 属原位检测,直接在墙体上测试,测试结果综合反映了材料质量和施工质量; 2. 直观性、可比性较强; 3. 扁顶重复使用率较高; 4. 砌体强度较高或轴向变形较大时,难以测出抗压强度; 5. 设备较轻; 6. 检测部位局部破损。	1. 检测普通砖和多孔砖砌体的抗压强度; 2. 测试砌体弹性模量; 3. 测试古建筑和重要建筑的受压工作应力; 4. 火灾、环境侵蚀后的砌体剩余抗压强度。	1. 槽间砌体每侧的墙体宽度应不小于1.5m; 2. 同一墙体上的测点数量不宜多于1个,宜选在墙体长度方向中部。
原位单剪法	1. 属原位检测,直接在墙体上测试,测试结果综合反映了施工质量和砂浆质量; 2. 直观性强; 3. 检测部位局部破损。	检测各种砌体的抗剪强度。	1. 测点选在窗下墙部位,且承受反作用力的墙体应有足够长度; 2. 测点数量不宜太多。

续 表

检测方法	特 点	用 途	限制条件
原位双剪法	1. 属原位检测，直接在墙体上测试，测试结果综合反映了施工质量和砂浆质量； 2. 直观性强； 3. 设备较轻便； 4. 检测部位局部破损。	1. 检测烧结普通砖和烧结多孔砖砌体的抗剪强度； 2. 包含原位单砖双剪法和原位双砖双剪法。	—
推出法	1. 属原位检测，直接在墙体上测试，测试结果综合反映了施工质量和砂浆质量； 2. 设备较轻便； 3. 检测部位局部破损。	检测普通砖、烧结多孔砖、蒸压灰砂砖或蒸压粉煤灰砖墙体的砂浆强度。	当水平灰缝的砂浆饱满度低于65%时，不宜选用。
筒压法	1. 属取样检测； 2. 仅需利用一般混凝土实验室的设备； 3. 取样部位局部损伤。	检测烧结普通砖和烧结多孔砖墙体中的砂浆强度。	—
砂浆片剪法	1. 属取样检测； 2. 专用的砂浆测强仪和其标定仪； 3. 试验工作较简便； 4. 取样部位局部损伤。	检测烧结普通砖和烧结多孔砖墙体中的砂浆强度。	—
回弹法（砖、砂浆）	1. 属于原位无损检测，测区选择不受限制； 2. 操作简便；砖和砂浆各自有专门的回弹仪； 3. 检测部位的装修面层仅局部损伤。	1. 检测烧结普通砖和烧结多孔砖的强度； 2. 检测烧结普通砖和烧结多孔砖墙体中的砂浆强度，适宜于砂浆强度均质性普查。	1. 砂浆回弹法不适用于砂浆强度小于2MPa的墙体； 2. 水平灰缝表面粗糙且难以磨平时不得采用； 3. 砖回弹法适用范围限于6MPa～30MPa。
贯入法	1. 属原位无损检测，测区选择不受限制； 2. 贯入仪性能较稳定，操作简便； 3. 检测部位的装修面层仅局部损伤。	检测砌筑砂浆的抗压强度。	不适用于推定高温、冻害、化学侵蚀、火灾等情况下的砂浆抗压强度以及冻结法施工的砂浆强度回升阶段的检测。
点荷法	1. 属取样检测； 2. 试验工作较简便； 3. 取样部位局部损伤。	检测烧结普通砖和烧结多孔砖墙体中的砂浆强度。	砂浆强度不应小于2MPa。
切制抗压试件法	1. 属取样检测，检测结果综合反映了材料质量和施工质量； 2. 试件尺寸与标准抗压试件相同，直观性、可比性较强； 3. 设备较重，现场取样时有水污染； 4. 取样部位有较大局部破损，需切割搬运试件； 5. 检测结果不需换算。	1. 检测普通砖和多孔砖砌体的抗压强度； 2. 火灾或环境侵蚀后的砌体剩余抗压强度。	—

续 表

检测方法	特 点	用 途	限制条件
砂浆片局压法	1. 属取样检测； 2. 局压仪有定型产品，性能较为稳定，操作简便； 3. 取样部位局部损伤。	检测烧结普通砖和烧结多孔砖墙体中的砂浆强度。	1. 水泥石灰砂浆强度，1MPa～10MPa； 2. 水泥砂浆强度，1MPa～20MPa。

1.4 房屋鉴定概述

房屋鉴定是人们根据力学和建筑结构等专业知识，依据相关的鉴定标准、设计规范和科学结论，借助检测工具和仪器设备，结合建筑结构设计和施工经验，对房屋结构的材料、承载力、变形、构造和损坏原因等情况进行检测、计算、分析和论证，并给出结论的一门学科。

房屋在长期使用过程中，在内部或外部、人为或自然的因素作用下，随着时间的推移，将发生材料老化与结构损伤，这是一个不可逆转的客观规律。这种损伤累积将导致结构性能劣化、承载力下降、耐久性能降低。如果能够科学地评估这种损伤的规律和程度，及时采取有效的处理措施，可以延缓结构损伤的进程，达到延长结构使用寿命的目的。因此，房屋的安全鉴定和加固技术已成为工程界关注的热点，许多工程技术人员和研究团体已经把注意力转向该领域，将工程结构的鉴定技术放在非常突出的位置。

1.4.1 国内外鉴定技术研究与应用现状

从世界趋势来看，近现代建筑业的发展大致可划分为三个时期：第一个发展时期为大规模新建时期。第二次世界大战结束后，为了恢复经济和满足人们的生活需求，欧洲和日本等国家进行了前所未有的大规模建设，这一时期建筑的特点是规模大但标准相对较低，这一代建筑至今已进入了“老年期”，已有近60年或以上的历史。第二个发展时期是新建与维修改造并重时期。一方面为满足社会需求，需进一步进行基本建设；另一方面，“老年”建筑在自然环境和使用环境双重作用下，其功能逐渐减弱，需进行维修、加固与改造。随着社会的进一步发展，越来越感到既有建筑的规模和功能不能满足新的使用要求，而且原有建筑的低标准、老龄化和结构功能减弱等导致的结构安全问题引起人们的关注，但由于昂贵的拆迁费用以及对正常生活秩序和环境的严重影响等问题阻碍了新一轮新建高潮的兴起。于是人们纷纷把目光投向对既有房屋鉴定、维修和加固改造。因为投资少、影响小、见效快，具有客观的经济效益和巨大的社会效益，使各国建筑业将跨入以现代化改造和维修加固为主的第三个发展时期。例如，美国20世纪90年代初用于旧建筑的维修加固上的投资占总建筑投资的50％，英国这一数字为70％，德国则达到80％。各国政府也十分注意加强对建筑物鉴定及相关技术标准的立法、标准化和规范的研究和编制。“国际建筑研究和信息委员会”为了进一步开展建筑物和维修行业工作，新设立了“W70委员会”，这个委员会的全称是“建筑物维修改造委员会”，专门从事建筑物维修改造的研究、调查、信息交流和组织编制标准规范等工作。

我国在20世纪50年代开始了大规模建设，但建设标准相对较低。从新中国成立初期至"文革"期间，绝大部分的建设资金都用于新建项目。这段时间的鉴定与评估工作的对象主要是少量使用时间较长而且极其破旧的居民住宅以及古建筑等。由于缺乏检测手段，这段时期的安全鉴定工作主要以经验为主，相应的处理也多为治标不治本的临时措施。

1976年唐山大地震以后，建筑物和构筑物的抗震鉴定与抗震加固技术有了明显的发展。国家每年都要拨出专款用于建筑物和构筑物的抗震加固，全国各科研部门以及各高校也都进行了大量的相关课题研究，并颁布实施《工业与民用建筑抗震鉴定标准》(TJ 23—77)。1985年开展了新中国成立以来第一次城镇房屋的普查工作。为配合这次普查，国家建设行政主管部门组织有关技术部门编制了《房屋完损等级评定标准》和《危险房屋鉴定标准》(CJ 13—86)等规范标准。

1989年大连重型机械厂办公楼会议室突然塌陷，造成重大人员伤亡事故。这次事故引起了建设行政部门的高度重视，当年就在全国范围内开展了既有房屋安全性的检查工作。由于此时构件的混凝土强度、配筋、砂浆强度等检测技术的发展与推广，检查鉴定工作从以定性的外观检查结构为依据发展到以定量检测数据为依据的阶段，与此同时，在国内形成以结构安全性鉴定与加固技术、耐久性鉴定和剩余寿命评估等相应技术发展的契机。随后成立了全国建筑物鉴定与加固标准技术委员会和全国房屋安全鉴定专业委员会，鉴定和加固技术经验得以交流，促进了鉴定与加固技术向标准化方向健康发展。到了20世纪90年代，特别是住宅商品化后，建设工程的质量成为社会关注热点。这在客观上促进了建设工程质量检测和鉴定技术的飞跃发展。现在建设工程质量的检测和鉴定技术已经超出了单纯的结构安全的范畴，已经发展为包括结构安全性鉴定、结构抗灾能力与评估、工程质量鉴定、灾后结构的鉴定与评估和结构耐久性和剩余寿命评估的工程技术。

近20多年来，随着各种检测技术手段的提升和计算能力的加强，我国房屋安全鉴定技术得到了迅速发展，房屋安全鉴定技术日臻完善，鉴定标准也更加系统、科学。

1.4.2 房屋损坏的一般规律

房屋自建成投入使用之日起就进入消耗的过程。在这个过程中，由于种种原因或迟或早出现了不同程度的各种损坏和危险。这是房屋由好变坏的普遍规律。造成房屋损坏及其变化发展的原因是多方面的，其损坏及变化发展的条件和因素归纳起来大致有：

(1) 自然损坏。房屋长期暴露在自然界中，受到日晒雨淋、风雪侵袭、干湿冷热气候变化的影响，使构件、部件、装修、设备受侵蚀、起变化。例如，木材的腐烂枯朽、砖瓦的风化、铁件的锈烂、混凝土的碳化、钢筋混凝土保护层的剥落、塑料的老化等，尤其是房屋的外露部分更易损坏。

自然损坏的程度与房屋所处的环境，如雨量、风向、紫外线、空气、湿度、温度和温差等不同而有差异。同一构造的房屋，建在不同地区，甚至同一幢房屋的不同朝向、高度，损坏程度也会有差别。例如，雨量大、空气湿度大，酸雨、烟尘和腐蚀性气体较多或紫外线较强的地区，房屋的风化和腐蚀情况就更为严重。

台风、冰雹、洪水、雷击、地震对房屋造成的损坏、破坏，也属于自然损坏的范畴，不过这些自然损坏往往是难以抗御，或者抗御时要付出很大的代价，所以它们是一种特殊的自然损坏。

(2) 人为损坏。人为损坏是相对于自然损坏来说的，可以解释为：由于人为的因素而造成房屋的损坏和提前损坏。

人为损坏分为两种情况：一是内在的人为损坏，由房屋使用者造成，其主要表现在：① 不合理的局部拆改、加建，在改变房屋原有结构时，不采取相应的合理技术措施；② 不适当的改变房屋用途，使房屋的原构件、部件遭受破坏而又不采取措施；③ 使用时缺修少养，使用不当而致房屋受损等。二是外来的人为损坏，由外界条件所造成，其主要表现在：① 周边建设的基坑开挖、打桩或地基基础处理不当，给房屋带来损害；② 人防、市政等工程挖土方或降水使房屋受损；③ 爆破及其他振动源引起的房屋振动而受损；④ 在房屋上悬挂招牌、电缆，竖立广告牌、架等造成房屋的损坏等。

(3) 设计和施工质量低劣。房屋在修造和修缮时，由于设计不当、施工质量差，或用料不符合要求等，影响了房屋的正常使用，或使房屋加速、提前损坏。例如：屋顶的坡度不符合要求，下雨时排水不畅，甚至积水造成渗漏；砖砌体砌筑质量低劣，影响砌体承重能力而损坏变形；木构件选用木材质量差、去水不畅，造成积水、渗漏，甚至板面断裂等。

(4) 预防维护不善。没有贯彻“以防为主”、“防患未然”、“屋烂从小补”的原则，以致不应产生的损坏过早产生，产生损坏后没有及时控制和处理好。如铁件的锈蚀没有及时除锈油漆，门窗铰链螺丝松动没有及时拧好，木材出现蚁患没有及时防治，粉刷脱层没有及时修补，屋顶、楼面漏水不及时止漏等。应该注意，当环境条件不利时，钢构件表面一年即可发生0.1～0.2mm深的锈蚀。所以，不注意保养，不防微杜渐，可以酿成大患。

房屋和其他物质一样，在使用过程中经历着由新变旧，由好变坏，由小损变大损至严损，由损变危，直至拆除报废等阶段。正因为有这个变化规律，就有与之相适应的小修、中修、大修；综合维修、翻修等相应的修缮措施，以补救已经损坏的房屋和预防、延迟损坏的到来。只有经常保持房屋处于完好状态，才能保障使用者的正常使用和安全。也只有这样，才能尽量延长房屋的使用寿命，充分发挥已有房屋的作用。

房屋损坏的变化、发展因结构类型、材料和损坏的原因不同而不同。如砌体结构房屋的砌体裂缝，属于温度应力引起的，其变化发展一般比较缓慢。属于较严重的地基不均匀沉陷引起的，往往变化发展就较快。又如砖木结构房屋，水湿对房屋的损坏，木料部分比砌体部分变化发展快得多。称为“无牙老虎”的白蚁，对木材的蛀蚀严重损坏，其快速、严重的程度往往是惊人的，在温度、湿度、环境适宜白蚁生长的情况下，新造不久的木装修、木构件在很短的时间里会被白蚁蛀蚀一空，严重者导致房屋的倒塌。

1.4.3 房屋鉴定的基本方法

房屋鉴定的方法比较多，主要方法有传统经验法、实用鉴定法、概率法。目前采用较多的仍为传统经验法和实用鉴定法，概率法尚未普及实用。

(1) 传统经验法。

传统经验法是依靠房屋鉴定人员对被鉴定房屋的建造情况调查、现场查勘，进行必要的简单检测和复核，然后利用技术人员的专业知识和经验给出评定结果。这种方法时间短、操作简单，但缺少现代检测技术的必要保证和科学评定程序，因而鉴定结果带有一定的主观性和随机性。

(2) 实用鉴定法。

实用鉴定法是在传统经验法的基础上发展形成的。它克服了经验鉴定法的缺点，主要依据鉴定人员全面分析被鉴定房屋的损坏原因，列出明确的鉴定、检测项目，经过实地仪器检测和查勘，结合结构计算和试验结果，对每一个项目进行综合性的评定，得出较准确的鉴定结论。该种方法利用现代科学仪器的检测技术而获取对房屋各组成部分的真实资料，因此，该鉴定方法是当前使用最广泛的一种方法。

(3) 概率法。

概率法是依据结构可靠性理论，用结构失效概率来衡量结构的可靠程度。概率法在理论上是完善的，但因存在房屋结构材料强度的差异和计算模型与实际工作状态之间的差异，目前离实用还有较大的距离，该方法仅是在理论和概念上对可靠性鉴定方法予以完善。

1.4.4 房屋鉴定的特点

由于房屋结构多种多样，房屋的损坏情况千差万别，因此房屋鉴定工作也具有自身的特点。

(1) 房屋鉴定以土木建筑工程的基本理论和专业知识为基础，要求从业技术人员熟悉建筑结构设计、施工技术和建筑材料，兼通使用环境、地理环境、气象条件等自然界对房屋的影响方式和结果，并有较强的分析解决问题和写作表达的能力。房屋鉴定技术人员要具有一定的房屋鉴定实践经验，了解我国建筑结构发展的历史和各年代各类建筑结构的特点和特性。由于需要鉴定的房屋，有的建于几十年甚至上百年前，房屋的损坏或裂缝产生和发展的过程我们不可能见到，这些房屋主要为尚在使用阶段的房屋，我们只是见到损坏的结果，对于房屋损坏的原因只有经过详细的现场检测，根据损坏的部位、状况，有的还需要确定损坏的时间，运用我们掌握的理论知识和技术，经过仔细的调查研究、分析和计算后才能给出较准确的鉴定结论。

(2) 房屋鉴定是一门活的综合学科。由于房屋的结构多种多样，建设地点和建筑年代各不相同，损坏情况千差万别，所以房屋鉴定也就注定成为了一门活的综合学科。这个特点突出的表现在：① 房屋鉴定不能生搬硬套，要根据每个鉴定项目房屋损坏的实际情况，进行全面详细的分析和判断，有时需要从各个方面和角度反复论证。如施工振动造成房屋损坏的鉴定，不能仅凭测出振动加速度或速度一项指标就定房屋的损坏程度和原因，而是需要从振源的模拟方式和振动时间，被振房屋结构自振频率、阻尼比以及结构的牢固程度等房屋结构特性和损坏特征等综合情况分析判定。再如因施工降水或蓄水造成房屋损坏的鉴定，不能仅凭降水或蓄水的位置和房屋结构裂缝的情况确定房屋的损坏程度和原因，还需要检测房屋的基础、地基、地下水位、地基土含水率，确定降水曲线或渗水曲线，并根据这些检测数据综合分析判定。② 人对客观事物的认识是不断深化和提高的，对房屋损坏原因的了解和判断的能力也在不断地发展和提高，不能死抱住过去的东西(鉴定结论、方法和见解)不放，要根据不同的实际情况，不断地总结、提高和创新。

(3) 房屋鉴定是一门严谨的综合学科。房屋鉴定要以科学为准绳，鉴定过程要全面细致、严谨认真、反复论证、符合实际和准确无误。鉴定结论既要符合实际，又能用理论或计算加以辅证。房屋鉴定工作不仅需要建筑结构的专业知识，而且需要法学知识；不仅要有科学性，而且要有权威性；不仅需要证据基础，而且需要主观判断。

(4) 房屋鉴定工作在时间上是滞后的。鉴定技术人员看不到房屋损坏的过程，只是检查检测房屋结构损坏的结果，根据检查检测结果推断房屋损坏过程中的情况和损坏原因。由于房屋损坏的情况和原因复杂多样，所以就要求鉴定技术人员有较强的分析和解决问题的能力。

(5) 房屋鉴定涉及人民的生命和财产安全问题，责任重大。房屋鉴定技术工作人员要认真负责地对待每一项房屋鉴定工作，否则就会造成国家和人民财产的损失，甚至付出生命的代价。

1.4.5 房屋鉴定的分类

房屋鉴定的分类方法有很多，按鉴定的依据标准有以下几种：

(1) 依据部颁标准《房屋完损等级评定标准》(试行本)进行房屋完损程度鉴定；

(2) 依据行业标准《危险房屋鉴定标准》(JGJ 125—99)(2004 年版)进行房屋危险性鉴定；

(3) 依据国家标准《民用建筑可靠性鉴定标准》(GB 50292—1999)进行房屋可靠性鉴定(可分为安全性鉴定和正常使用性鉴定)；

(4) 依据国家标准《工业建筑可靠性鉴定标准》(GB 50144—2008)进行工业建筑可靠性鉴定；

(5) 依据行业标准《火灾后建筑结构鉴定标准》(CECS 252：2009)进行火灾后的结构构件安全性鉴定；

(6) 依据国家《建筑抗震鉴定标准》(GB 50023—2009)进行房屋抗震鉴定；

(7) 依据国家其他现行标准、规范、规程及地方法规进行房屋其他鉴定。

按鉴定的目的有以下几种：

(1) 房屋安全性鉴定。

房屋安全性鉴定主要有两类：一类是在正常使用情况下的房屋安全性鉴定；另一类是在发生地震情况下的房屋安全性鉴定。

正常使用情况下的房屋安全鉴定在房屋只承受常规的活荷载(使用荷载、风载、雪载)和固定荷载(房屋结构自重)作用的情况下，根据房屋的损坏和受力的状况，分析和评定房屋的危险或安全程度。鉴定的目的是确保房屋的使用安全。鉴定结果主要为房屋的安全管理提供依据，适用的鉴定标准为《危险房屋鉴定标准》(JGJ 125—99)(2004 年版)。其理论基础为结构力学和材料力学等力学基础理论，以及相应专业——砖混结构、钢筋混凝土结构、钢结构、木结构和地基与基础等专业基础理论。

地震状态下的房屋安全性鉴定为房屋结构抗震性能的鉴定，评判房屋结构是否满足所在地区抗震构造和地震作用下的承载力要求，或确定房屋的抗震能力。目前我国房屋抗震设防的 3 个水准为“小震不坏、中震可修、大震不倒”，适用的鉴定标准为《建筑抗震鉴定标准》(GB 50023—2009)。抗震鉴定的方法为两级鉴定：第一级鉴定是根据房屋的不同结构构造及其地震破坏机理，以宏观控制和构造鉴定为主进行综合评价；第二级鉴定以抗震验算为主结合构造影响进行综合评价。

(2) 房屋的可靠性鉴定。

房屋结构的可靠性是指房屋结构在规定的时间内和条件下完成预定功能的能力，结构的预定功能包括结构的安全性、适用性和耐久性。房屋结构的可靠性鉴定就是根据房屋结构的安全性、适用性和耐久性来评定房屋的可靠程度,要求房屋结构安全可靠、经济实用、坚固耐久。目前我国房屋结构可靠性鉴定是对房屋在正常使用条件下结构的可靠状态进行评价,不包括地震和其他突发外力作用下房屋的可靠性。美国 2001 年“9・11”事件后,国内外有关学者又提出房屋可靠性还应包括房屋在遭受爆炸力和冲击力等偶然荷载作用时,结构只是局部损坏,不致连续倒塌的整体稳定性或牢固性。目前我国适用的鉴定标准有《民用建筑可靠性鉴定标准》(GB 50292—1999)和《工业建筑可靠性鉴定标准》(GB 50144—2008)。

(3) 房屋的完损等级评定。

根据房屋的结构、装修和设备等 3 个组成部分的完好和损坏程度评定房屋的完损等级,将房屋评定为完好房、基本完好房、一般损坏房、严重损坏房和危险房共 5 个等级。适用标准为建设部 1985 年颁发的《房屋完损等级评定标准》和《危险房屋鉴定标准》。危险房是根据《危险房屋鉴定标准》给定危险构件和危险房屋界限确定的。其他 4 类是按《房屋完损等级评定标准》评定的,在特定情况下,还要结合抗震能力进行评定。主要为房地产管理部门掌握所管各类房屋的完损状况,为房屋的技术管理和修缮以及城市规划改造提供基础资料和依据。

(4) 房屋的质量鉴定。

房屋的质量鉴定是根据房屋的结构、装修和设施设备等项目的状况来评定房屋的质量。目前我国还没有《房屋质量鉴定标准》。现在对房屋进行质量鉴定,只能依据相应设计标准和施工验收标准等,但这些标准主要用于房屋建造的施工阶段,对于不同年代的房屋或房屋在交付使用后出现的有些裂缝或损坏有时就不适用了。

(5) 房屋损坏纠纷的鉴定。

房屋损坏纠纷鉴定是指房屋在使用期间受到人为因素(在房屋周围挖坑、挖沟、爆破、降水、蓄水或施工振动)侵害,而确定责任人及其行为是否为房屋损坏(结构倾斜、开裂等)的直接原因的鉴定。由于这一类鉴定的情况较复杂,且没有统一的检测鉴定标准和依据,所以检测鉴定工作的难度较大,只能根据各个检测鉴定项目的不同,参考有关的教材、资料、详细准确的检测和模拟试验的数据,综合分析评定。

(6) 房屋司法鉴定。

房屋司法鉴定在我国尚处于起步阶段,有许多问题尚需研究深入。房屋司法鉴定有别于一般的各类鉴定,它是为房屋质量问题的判断结论而做出的一种核实证据的活动,主要鉴定目的是为了分清相关的责任。司法鉴定结论是法官审判的客观依据,因此,司法鉴定的手段具有很强的针对性和严肃性。

1.5 本书的特点

本书所讲述的结构试验、检测与鉴定属于理论性和实践性结合较为紧密的学科,主要涉及结构试验、检测与鉴定三方面的内容。学习结构试验理论与检测方法是实施结构鉴定工作的基础,所涉及的研究性试验等内容同时也是从事建筑结构研究需要了解或掌握的内容。通常,结构试验与检测更多的是在结构构件层级实施,而结构鉴定则是在结构构件性能评定的基础上,对包括基础、上部承重结构、围护结构进行评价后对整个结构体系综合评价。

因此,本课程有以下几个特点:

(1) 学习本课程前，需要系统地掌握建筑结构设计与施工的相关课程，如材料力学、结构力学、结构动力学、弹性力学、混凝土结构、钢结构、砌体结构、施工技术等内容。

(2) 结构试验与检测需要用到试验加载设备和检测仪器，了解机械、液压、电工学等方面的知识，对于顺利实施试验与检测工作有帮助。

(3) 在结构试验与检测中，尤其是大型结构静力或动力试验，多由计算机控制，因此有必要了解自动控制、信号分析以及数理统计等内容。综合各方面的知识，才能顺利实施相关作业。

(4) 除研究性结构试验外，其余试验、检测与鉴定均有现行的国家或行业规范、规程或标准，在从事相关工作时要予以遵守。即使实施研究性试验，也应遵循相关标准的试验或检测鉴定原则，以便研究成果具有参考性和可比性。

结构试验、检测与鉴定很多知识不但要通过学习理解，同时也需要在具体的工作中掌握。由于实施对象通常荷载较大或试验条件苛刻或试验环境恶劣，在实际操作中要注意遵守相关的安全操作或作业规定。

第2章　结构静荷载试验

建筑结构的主要功能是在设计使用年限内，正常施工、使用、维护下能承受各种作用，具有良好的工作性能和足够的耐久性。结构上的作用指能使结构产生效应（结构或构件的内力、应力、位移、应变和裂缝等）的各种原因的总称。这些作用分直接作用和间接作用。直接作用指的是作用在结构上的力集，俗称荷载，如永久荷载、可变荷载、吊车荷载、雪荷载、风荷载等。间接作用指的是那些不直接以力集的形式出现的作用，如地基变形、混凝土收缩和徐变、焊接变形、温度变化以及地震引起的作用等。

根据试验目的，将以上直接作用或间接作用采用直接作用或等效折算后转化成静荷载的方式作用在结构上，以检验各种作用下的结构性能。事实上，结构设计计算时为简化计算，也将风、地震等动荷载简化成静荷载作用于结构。静荷载相对于动荷载试验，加载较为简单、技术上容易实现，试验和设计人员容易掌握和理解。因此，结构静荷载试验是结构试验的基本方法。

2.1　静荷载试验的规划

结构试验是一项系统、复杂的工作。在进行结构试验前，应根据试验目的制定试验方案，试验项目应依据试验方案来实施。试验过程中应严谨细致，任何的大意或粗略都可能引起试验错误或结果偏差，严重情况下还会导致试验失败甚至有可能发生安全事故。

（1）试验目的：了解试验背景以及试验需要达到的目的。

试验方案设计前，首先了解试验背景以及试验要达到的目的。试验背景和试验目的不同，研究性（探索性）试验和鉴定性（验证性）试验的荷载加载方式及判断准则等均有可能不同。

（2）试件方案：试验试件的设计、预制或成品构件试验中试件取样方法和数量的选择，结构原位试验加载试验和结构监测中试件或试验区域的选取等。

在实验室条件下模拟结构或构件受力状态而实施的鉴定性试验、构件的取样数量需要依据专门的产品标准或验收规程；原位试验位置的选取，需要与委托单位或设计单位进行交流，选取指定位置或根据分析试验目的选取具有代表性的部位。

（3）加载方案：试验的支撑方式及加载模式、加载控制方法、荷载分级、加载限值、持荷时间、卸载程序等，对于结构检测项目，应根据实际工程情况确定加载作用的方式。

结构支撑方式即边界条件，对结构构件受力承载性能、正常使用性能以及结构动力特性试验均有影响。原位试验时，结构支撑应满足试验目的。如弹性支座上的梁板结构，检验目的为梁或板的抗弯性能；而弹性橡胶支座大变形会对试验梁板本身的挠曲变形测量产生干扰，因此，可对橡胶支座进行临时加固。加载的限值应根据相关标准或计算确定，持荷时间在遵循试验标准的基础上，应结合试验具体现场条件和试验现象确定持荷时间，保证持荷稳定，并能够使结构性能在试验过程中充分显现。

（4）量测方案：确定试验所需的量测项目，测点布置，仪器选择，安装方式，量测精度，量程复核等。

其中测量仪器的选择应根据试验对象予以考虑。例如，测量预应力混凝土构件的拉应变，由于混凝土材料的离散性，原结构构件可能在试验前就存在表面初始细微裂缝。表面裂缝的存在会对应变测量产生不利影响，如选用应变片测量时，应选择长标距应变片，且粘贴时避开表面裂缝。由于一些混凝土裂纹在受压状态下并不明显，当预应力混凝土受压区压力减小时，细微裂缝显现出来，造成应变片测量失效或其他异常。此时，可选用引伸计或千分表应变计进行测量。试验时，注意试验装备的量程选择，尤其是加载千斤顶或试验机，试验最大荷载应在加载设备的有效量程范围内。

（5）判断准则：根据试验目的，确定试验达到不同临界状态时的试验标志，作为判断结构性能的标准。

结构各临界状态时的试验标志不同，不同试验目的各临界状态的试验标志也不同。如混凝土结构、钢结构、砌体结构以及木结构，其承载能力状态因材料属性差异，最终承载能力极限状态表现不同。同一结构或构件在不同作用状态下，其临界状态的试验标志不同。例如，适筋梁的受弯承载破坏为延性破坏，而受剪破坏为脆性破坏，临界状态的判断准则必然有所不同。木结构构件受弯试验时，需要充分考虑木结构构件的刚度因素，临界状态的试验标志应充分考虑变形限值。而对于砌体结构，由于其破坏大多为脆性破坏，其裂缝宽度和裂缝分布是判断试验临界状态的主要标志。

（6）安全措施：保证试验人员人身安全以及设备、仪器仪表安全的措施。对结构进行原位加载试验和结构监测时，要避免结构出现不可恢复的永久性损伤。

在结构试验过程中，尤其要注意安全问题。科学的安全措施，包括试验仪器仪表的安全措施、人身安全保障措施、试验对象的安全措施，均是试验成功的关键所在。不仅关系到试验是否能顺利完成，更重要的是关系到人身安全和财产损失。对于大型的原型或足尺寸模型或结构抗震性能试验等破坏性试验，安全问题尤为重要。必要情况下，应制定专门的安全保证措施方案、安全操作规程或试验人员安全守则等。

2.2　静荷载试验目的及试件选择

2.2.1　结构试验目的

既有结构的鉴定性试验目的是掌握结构性能，因此需要收集试验对象的原始设计资料、设计图纸和计算书、试件制作记录、原材料的物理力学性能试验报告等文件资料。预应力混凝土构件还应有施工阶段预应力张拉的全部详细数据与资料。

批量生产的预制构件经常进行型式检验和首件检验。型式检验又称例行检验，指对产品标准中规定的技术要求进行试验，是对产品质量进行的全面考核。试验包括：① 检验预制构件的各项结构性能是否符合要求，并留有一定的裕量；② 根据检验结果分析和复核，调整并确定有关的材料和工艺参数；③ 性能试验完成后，可进行后期加载，进行破坏性试验以探讨试件的承载力裕量及破坏形态；④ 卸载以讨论试件的挠度、裂缝恢复性能；⑤ 有特殊要求的预制构件，对其性能设计的有关参数进行检测和复核。

首件检验是对于批量生产前的预制构件，生产工艺、设备、原材料等作了较大调整的预制构件，检验其结构性能所做的试验。试验包括：① 正常使用极限状态和承载能力极限状态下的各项性能检验；② 结构正常使用极限状态、承载能力极限状态试验完成后，继续加载直至试件破坏，以检验预制构件承载力的裕量及破坏形态。

鉴定性结构原位试验包括：① 对怀疑有质量问题的结构或构件进行结构性能试验；② 改建、扩建再设计前，确定设计参数的系统检验；③ 资料不全、情况复杂或存在明显缺陷的结构，进行结构性能评估；④ 需要修复的受灾结构或事故受损结构；⑤ 采用新结构、新材料、新工艺的结构或难以进行理论分析的复杂结构，通过试验对结构性能进行复核、验证的试验。

研究性试验主要是对新结构、新材料、新工艺的结构性能、计算理论进行修正的试验。比如一些新型组合结构或新材料结构，如新型钢—混凝土组合结构、钢纤维或玻璃纤维混凝土浇筑的结构，若其试验方法、加载试验值、判断准则无标准时，可在参考已有方法的基础上，制定专门的试验方法和破坏准则等。

2.2.2 结构试验对象

试验对象也称试件，可以是结构也可以是结构某一组成部分（构件）。对于生产服务性试验一般是实际工程中的结构或构件。而科学研究性试验可以根据试验要求专门设计制作试件，按照试验目的进行各种简化，突出主要因素。因此，试件也可以制作成缩尺模型或结构的局部（如节点或杆件）。

试件的设计与制作应根据试验目的与有关理论，并考虑试件安装、就位、加载、量测的需要，在试件上作必要的构造处理。例如，钢结构试件承载能力试验时的侧向稳定支撑、钢筋混凝土试件支座位置处为避免支座局部压应力集中而预埋的钢垫板、纯弯试验段外为保证结构不发生剪切破坏而在局部截面设置的加强分布筋等。

检验或试验研究对象数量的选择，应根据相应的产品标准选择。例如对于混凝土预制构件，当产品成批生产时，可按照同一生产工艺正常生产的不超过 1000 件且不超过 3 个月的同类型产品为一批。当连续检验 10 批且每批的结构性能试验结果均满足相关标准或规范要求，对于同一工艺正常生产的构件，可改为不超过 2000 件且不超过 3 个月同类型产品为一批。每批抽检一个构件进行检验。

结构原位试验时，试件的选择可遵循以下原则：

（1）所选择构件具有代表性，且处于荷载较大、抗力较弱或缺陷较多的部位；

（2）所选结构或构件的试验结果能反映整体结构的主要受力特点；

（3）所选构件数量不宜太多；

（4）所选构件位置可以方便实施加载和进行测量；

（5）正常服役期的结构，加载试验造成的构件损伤不会对结构安全性和正常使用功能产生明显影响。

研究性试验时，所制作或所选的试验对象能够达到研究目的，且试验对象的试验结果具有代表性。

2.3　试验荷载

评价结构或构件性能，需要在结构上施加荷载、位移等以实现设计作用图式，也可根据现场条件或试验目的等对试验荷载进行一定的简化。

2.3.1　试验荷载等效加载

结构静载试验时，加载的图式要根据试验目的来确定。试验时的荷载应能满足试验要求，加载图式应和设计计算或使用时的荷载图式一致。加载应使结构构件在试验时的工作状态尽可能地接近实际情况。例如，机械设备等作用在楼面上的局部加载。楼面活荷载传递到框架梁上应该是均布的，次梁传递给主梁的荷载应该是集中的。荷载的布置方式应满足试验目的，如为检验吊车梁的抗弯性能，须按照其抗弯最不利时的轮压位置布置相应的集中荷载。

受各种原因影响，结构试验所采取的布载方式与设计计算荷载方式不同。比如均布荷载作用下梁的抗弯性能鉴定或研究试验时，若采用均布荷载试验，试验用堆载材料较多，现场不容易实现，此时，可以以跨中弯矩等效集中加载方式实现(如图 2.3.1)。所谓等效加载，指的是用局部加载模拟结构或构件上的实际荷载效应。如用若干集中荷载模拟均布荷载作用下的简支受弯梁构件，即是典型的等效加载实现方式。

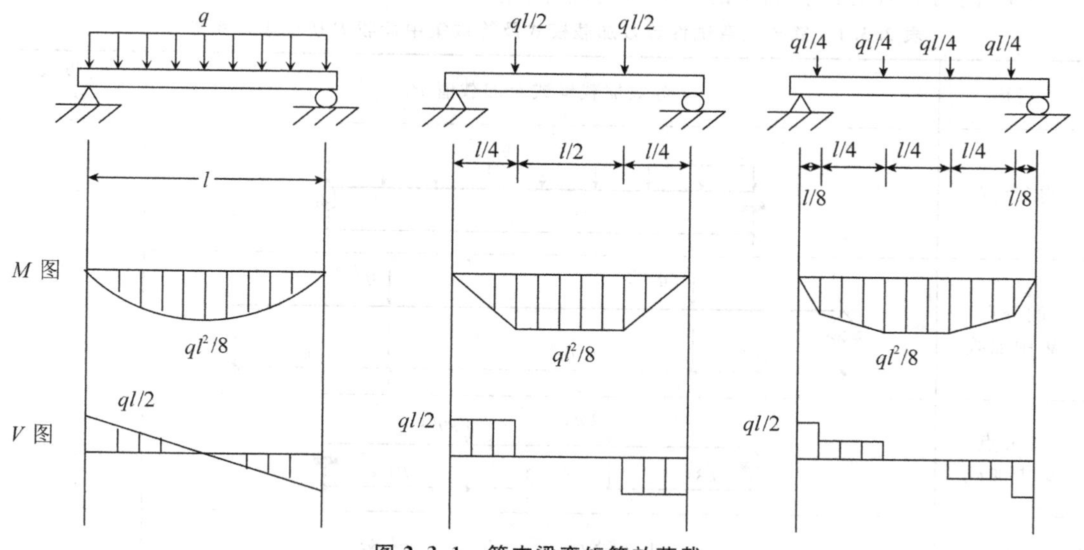

图 2.3.1　简支梁弯矩等效荷载

采用两点集中荷载时，加载点位置在离支座 $l/4$ 跨度处，荷载值每点为 $ql/2$；而采用四点集中荷载时，加载点位置在离支座 $l/8$ 跨度处，荷载值每点为 $ql/4$。可以看到两种情况的端部剪力、跨中弯矩与均布荷载下均相同，但从剪力图与弯矩图可以看出，四点集中比两点集中更接近均布荷载。当采用集中荷载模拟均布荷载作用下简支受弯构件进行等效加载时，可按照表 2.3.1 所示方式进行加载，加载模式和挠度实测值的修正系数 ψ 采用表 2.3.1 中所列数值。

另外，如预应力混凝土屋架或钢结构屋架结构承载性能试验，可将屋架上的均布荷载等效成几个集中荷载。集中荷载的数量和位置布置合理，尽可能符合均布荷载在屋架结构上引起的内力值。转换成集中荷载后，可简化试验装置。集中加载点可以通过反力架液压加载或悬挂重物的方式，在满足试验目的的同时，简化了试验加载方式。如对于结构抗震试验研究，地震波对结构的影响通过基础传递到上部结构，受试验条件限制，可采用基础固定，上部结构加载的拟动力或拟静力方法研究。

采用等效荷载加载时，必须验算由于荷载图式的改变而对结构产生的其他附加影响，必要时因对结构不利(如结构受剪过大)而对结构局部薄弱位置进行加强。同时，试验时等效荷载满足强度要求的同时，不一定能够满足挠度变形等效，此时挠度试验结果要进行必要的修正或说明。

表 2.3.1 第 3 列为简支梁等效弯矩荷载试验时的挠度修正系数。从图 2.3.1 和表 2.3.1 可以得到，当受弯构件的均布加载试验采用等效集中力加载试验时，除应满足主要内力(弯矩)等效外，还应考虑次要内力(剪力等)相近。此外，计算挠度时需要考虑等效加载引起的变形(挠度)差异修正。

当试验采用等效加载方式时，试件的加载布置应符合简化计算图式，且应满足以下三方面的要求：

(1) 控制截面或部位上的主要内力数值相等；

(2) 其余截面或部位上主要内力和非主要内力的数值相近，内力图形相近；

(3) 内力等效对试验结果的影响可明确计算。

表 2.3.1 简支受弯试件等效加载模式及等效集中荷载 P 挠度修正系数 ψ

名称	等效加载模式及加载值 P	挠度修正系数 ψ
均布荷载	q；l	1.00
四分点集中加载	$ql/2$，$ql/2$；$l/4$，$l/2$，$l/4$	0.91
三分点集中加载	$3ql/8$，$3ql/8$；$l/3$，$l/3$，$l/3$	0.98
剪跨 a 集中加载	$ql^2/8a$，$ql^2/8a$；a，$l-a$，a	计算确定
八分点集中加载	$ql/4$；$l/8$，$(l/4)\times 3$，$l/8$	0.97

续　表

名称	等效加载模式及加载值 P	挠度修正系数 ψ
十六分点集中加载	$ql/8$；$l/16$　$l/8\times7$　$l/16$	1.00

2.3.2　结构试验荷载值

依据《建筑结构可靠度统一标准》(GB 50068)和相关建筑结构荷载、混凝土、钢结构、砌体结构设计规范的规定，建筑结构设计采用极限状态设计原则，分为承载能力极限状态和正常使用极限状态。因此，结构构件包含抗压、抗拉、抗弯、抗剪、抗扭以及稳定等内力承载能力，也包含满足使用的结构裂缝、挠曲变形等。结构试验时，根据结构不同检验目标或研究状态，选择合适的试验荷载。

工程结构原位试验前，应收集结构的各类信息，包括原设计文件、施工和验收资料、服役历史、后续使用年限内的荷载和使用功能、已有结构缺陷和可能存在的隐患等。同时，试验前应掌握结构材料强度、结构已存在的损伤或变形等初始缺陷。在此基础上，计算并确定最大加载限值。各种状态下的试验荷载确定方法主要有以下三个方面：

(1) 检验构件正常使用极限状态下的性能时，试验的最大加载限值宜取使用状态试验荷载值。

对于钢筋混凝土结构，取荷载的准永久组合，对于预应力混凝土结构取荷载的标准组合，并考虑荷载长期作用的影响。主要以荷载作用下的最大变形(挠度)、裂缝宽度为主要评价指标。

钢结构可取荷载标准组合，以结构变形(挠度或侧移)为评价标准；对于钢—混凝土组合梁应考虑准永久组合，除变形外，还有混凝土裂缝等局部损坏程度。

砌体结构可取荷载标准组合，《砌体结构设计规范》没有规定正常使用极限状态下的变形等要求，而用规定高厚比限值来代替，且不能出现影响使用的变形或裂缝。

木结构可取荷载标准组合，受弯构件以荷载作用下的最大变形(挠度)为主要评价指标。

混凝土结构及钢—混凝土组合结构中正常使用极限状态性能评价，荷载组合取准永久组合主要是考虑长期荷载作用下的混凝土蠕变影响。

(2) 检验构件承载能力时，取承载能力极限状态值并考虑重要性系数。对于直接承受动力荷载的结构，评价其结构强度和稳定性时，动力荷载设计值应乘以动力系数。

(3) 当试验有特殊目的或要求时，试验的最大加载限值可取各临界试验荷载值中的最大值。

各种不同情况下的结构试验加载值按照下列原则确定：

(1) 对于鉴定性试验，按设计承载能力作用效应设计值进行试验时，结构所施加的内力值 $S_{u,i}^{c}$ 计算如式(2-3-1)。

$$S_{u,i}^{c}=\gamma_0 S_i \qquad (2-3-1)$$

式中，$S_{u,i}^{c}$——第 i 类承载力标志对应的承载能力极限状态内力计算值（按照《建筑结构荷载规范》(GB 50009)和其他设计规范确定）；

γ_0——结构重要性系数；

S_i——第 i 类承载力标志所对应承载能力极限状态下的内力组合设计值。

(2) 按照结构设计承载能力作用计算作用效应并考虑结构材料强度裕量进行试验时，结构所施加的内力值 $S_{u,i}^{m}$ 计算如式(2-3-2)。

$$S_{u,i}^{m}=\gamma_0\gamma_{u,i}S_i \tag{2-3-2}$$

式中：$\gamma_{u,i}$——第 i 类承载力标志所对应的加载系数。

(3) 按构件实配钢筋或构件截面等进行承载能力试验时，试验结构所施加的内力值或结构试验静力荷载试验的最大控制内力 $S_{u,i}^{c}$，可按式(2-3-3)计算。

$$S_{u,i}^{c}=\gamma_0\eta\gamma_{u,i}S_i \tag{2-3-3}$$

式中：η——结构承载力检验修正系数，如式(2-3-4)。

$$\eta=\frac{R_I(f,A)}{\gamma_0 S_i} \tag{2-3-4}$$

式中：$R_i(f,A)$——按结构材料强度设计值、控制截面实际面积等计算的结构抗力设计值，按照《混凝土结构设计规范》(GB 50010)有关承载力计算公式的右边项计算。

所谓承载力标志，指的是结构试验中，当结构出现如混凝土压碎、钢筋屈服或断裂、钢结构失稳或屈曲等符合《建筑结构可靠度设计统一标准》(GB 50068)中的承载能力极限状态或相关标准引出具体的标志。

加载系数 $\gamma_{u,i}$ 源于结构第 i 类承载力标志对应的材料抗力分项系数 γ_{Ri}，并考虑结构实际承载力，结合大量试验及工程调查资料，在综合分析的基础上加以归纳和完善后得到。

按照式(2-3-3)计算的荷载值为结构或构件所能承受的最大荷载。一般情况下，此值为最大加载限值。

例如，混凝土受弯构件试验，承载力以受拉区纵向主筋断裂为标志。所选用钢筋为HRB335，其抗拉强度 $\sigma_b=455\text{MPa}$，屈服强度 $\sigma_s=335\text{MPa}$，抗拉强度设计 $f_y=300\text{MPa}$。钢筋拉断时，材料性能达到抗拉强度极限值，计算得 $\gamma_{u,i}=1.52$。《混凝土结构试验方法标准》(GB/T 50152)取 1.60(见表 2.3.2)。如此取值是考虑了受力类型和承载力检验标志的性质（延性、非延性、脆性）以及对结构安全的影响而有所提高。

对于混凝土结构试验，承载力标志以及加载系数 $\gamma_{u,i}$ 见表 2.3.2。

表 2.3.2 混凝土结构承载力标志及加载系数

受力类型	标志类型(i)	承载力标志	加载系数 $\gamma_{u,i}$
受拉、受压、受弯	1	弯曲挠度达到跨度的 1/50 或悬臂长度的 1/25	1.20(1.35)
	2	受拉主筋处裂缝宽度达到 1.50mm 或钢筋应变达到 0.01mm	1.20(1.35)
	3	构件受拉主筋断裂	1.60
	4	弯曲受压区混凝土受压开裂、破碎	1.30(1.50)
	5	受压构件的混凝土受压破碎、压溃	1.60

续 表

受力类型	标志类型(i)	承载力标志	加载系数 $\gamma_{u,i}$
受剪	6	构件腹部斜裂缝达到 1.50mm	1.40
	7	斜裂缝端部出现混凝土剪压破坏	1.40
	8	沿构件斜截面斜拉裂缝,混凝土撕裂	1.45
	9	沿构件斜截面斜压裂缝,混凝土破碎	1.45
	10	沿构件叠合面、接槎面出现的剪切裂缝	1.45
受扭	11	构件腹部斜裂缝宽度达到 1.50mm	1.25
受冲切	12	沿冲切面顶、底的环状裂缝	1.45
受剪	13	混凝土压陷、劈裂	1.40
	14	边角混凝土剥裂	1.50
受剪	15	受拉主筋锚固失效,主筋端部滑移达到 0.2mm	1.50
	16	受拉主筋在搭接接头连接处滑移、传力性能失效	1.50
	17	受拉主筋搭接脱离或在焊接、机械连接处断裂、传力中断	1.60

注:① 表中加载系数与承载力极限状态荷载设计值、结构重要性系数的乘积为相应承载力标志的临界试验荷载值;

② 当混凝土强度等级不低于 C60 时,或采用无明显屈服钢筋为受力主筋时,取用括号中的数值;

③ 试验中当试验荷载不变而钢筋应变持续增长时,表示钢筋已经屈服,判断为标志 2。

对于原位加载试验,试验前利用结构的实际参数按照式(2-3-3)计算最大加载限值,并通过计算确定各级临界试验加载值。最大加载限值是原位加载试验最重要的指标之一。合理确定该限值一方面可以避免荷载超出合理范围造成结构损伤或安全事故;另一方面可以避免加载量不足,达不到试验目的。

最大加载限值并非试验一定要达到的荷载值。如试验中结构性能检验指标均处于允许范围内,则可分级加载到最大加载限值,表明结构性能满足要求。如果试验中结构某项检验项目提前达到允许值,则应立即停止加载。

承载力试验的最大加载限值应取各种临界试验荷载值中的最大值。如表 2.3.2 中构件受弯试验最大的承载力加载系数为 1.60。因此,承载力试验的最大加载限值可取荷载基本组合值与结构重要性系数 γ_0 乘积的 1.60 倍。根据试验项目,可取相应的各临界试验荷载值的最大值。

2.3.3 试验加载制度及检验指标

1. 试验加载制度

试验加载制度指进行结构试验期间控制荷载与加载时间的关系,包括加载速率、加载时间、持荷时间、分级荷载大小和加载卸载循环的次数等。一般情况下,结构的承载性能和变形性质与其所承受荷载作用持续时间有关。因此,不同性质的试验必须根据试验对象承载特点和试验要求制定不同的加载制度。结构静力试验一般包含预加载、标准荷载和破坏荷载三个阶段的一次单调静力加载。

正常使用极限状态荷载加载程序如图 2.3.2 所示，承载能力极限状态荷载加载程序如图 2.3.3 所示，研究性试验可参照以上加载制度和加载方式进行。

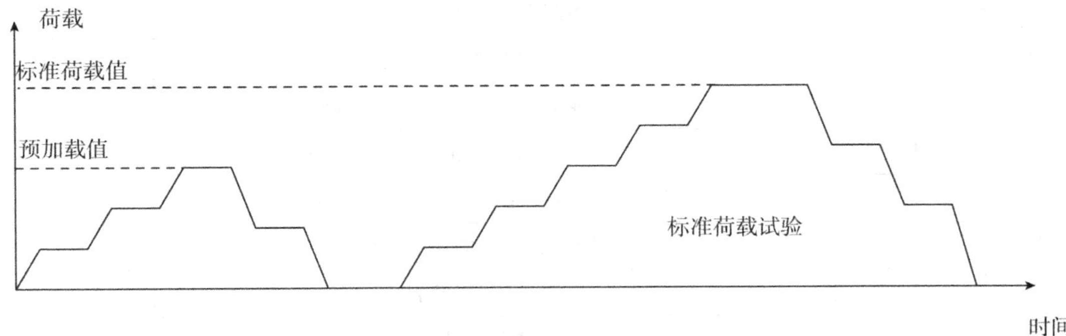

图 2.3.2 正常使用极限状态荷载加载程序

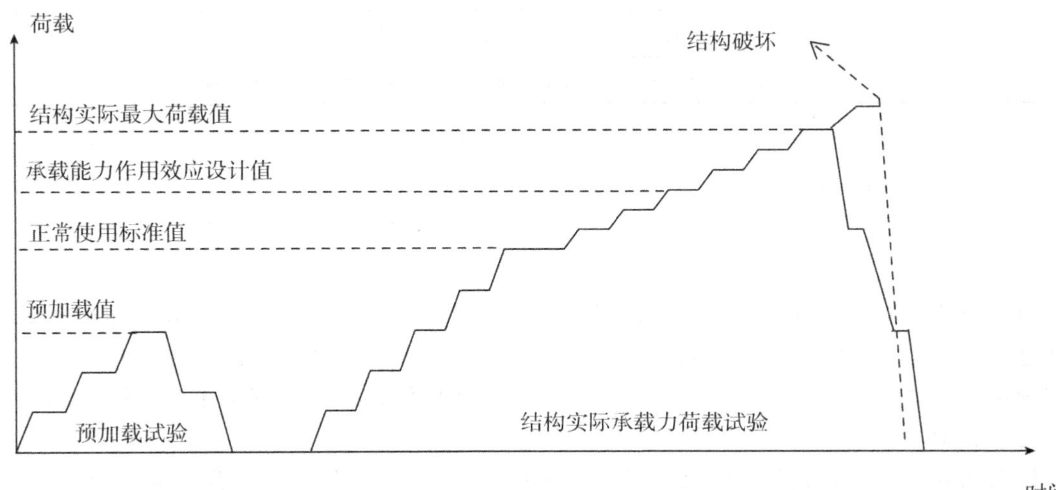

图 2.3.3 结构实际承载能力荷载加载程序

在分级加载制度中，一般情况下，应该遵循以下几个方面的原则：

(1) 加载制度中每级荷载的增加大小和分级数量，应根据试验目的和试验对象的类型(混凝土、钢结构或砌体结构等)来确定。

(2) 以荷载控制加载分级时，分级荷载应包含各临界状态的试验荷载值。每级荷载的持续时间应根据相关规范或结构特点研究确定，以持荷稳定程度和结构状态特征(如裂缝、变形、屈服等)充分发展为原则。

(3) 当试验采用位移控制分级加载时，应首先确定各临界状态下的结构位移值，然后根据各临界状态下位移特点确定每级施加的位移量。

以混凝土结构为例，以下为验证性试验的分级加载规定：

(1) 达到正常使用极限状态前，每级加载值不宜大于使用荷载值的 20%；超过使用荷载后，每级荷载值不宜大于使用荷载的 10%。

(2) 需要了解结构开裂荷载的试验，为准确捕捉到第一条裂缝并确定开裂荷载，加载需要严格控制。对于研究性试验，在加载至开裂荷载计算值的 90%后，加载值不大于该荷载值的 5%；对于检验性试验，接近开裂荷载检验值时，每级加载值不大于该荷载值的 5%。之后可按照第一条持续加载。

(3) 结构承载能力试验，对于研究性试验，加载至承载能力荷载计算值的 90%后，每级加载不宜大于使用状态荷载值的 5%；对于检验性试验，加载接近承载力检验荷载时，每级加载不宜大于承载力检验值的 5%。

(4) 为研究或检验结构承载能力裕量，获得结构的实际承载能力和破坏形态时，后期加载应至荷载减退、试件断裂、结构解体或倒塌等破坏状态；持荷时间应根据具体情况确定，可采用位移控制加载。

对需要研究或检验结构恢复性能的试验，加载完成后可分阶段分级卸载，卸载按照以下原则实施：

(1) 卸载可按最大荷载试验值的 20%或各级临界试验荷载值逐级卸载，卸载值宜与加载阶段的某一值相对应，便于测试数据比较。

(2) 卸载时，如需了解各临界状态的恢复情况，可在各级临界荷载作用下持荷并量测相关参数的残余值，直至卸载完毕。

(3) 全部卸载完成后，经过一段时间后重新测量残余变形、残余裂缝形态或宽度等，以检验结构的恢复性能。

混凝土结构在荷载持续时间内，其裂缝或变形可能持续发展一段时间才能稳定，因此要按以下规定确定持荷时间：

(1) 每级荷载加载完成后的持荷时间不应少于 5～10min，且每级加载时间一般情况下应相等。

(2) 如试验要求获得正常使用极限状态的挠度和裂缝性能指标，则正常使用荷载计算值作用下的持荷时间不少于 15min；如要了解结构开裂性能，则结构在开裂荷载计算值作用下的持荷时间不少于 15min；如果荷载达到开裂荷载计算值以前已经出现裂缝，则在开裂荷载计算值作用下的持荷时间不少于 5～10min。

(3) 跨度较大的屋架、桁架以及薄腹梁等构件，当不再进行承载能力试验时，使用状态荷载计算值作用下的持荷时间不少于 12h。

(4) 混凝土结构变形或裂缝恢复较慢。因此，恢复性能试验的量测时间，一般结构构件可取 1h，新型结构或跨度较大的试件取 12h。对于一些特殊结构或研究性试验，可根据需要或研究结果确定时间，量测时间在报告中予以注明。

砌体结构可参考以上试验加载制度；钢结构材质均匀，结构弹性阶段较长，加载制度相比而言较为简单。

当结构上有多个荷载作用时，加载顺序应根据试验目的实施。例如，研究结构抗震性能的拟静力试验或钢结构抗侧移稳定试验，水平推力施加前，应先在结构顶部施加竖向荷载以模拟上部结构传递的作用。

需要注意的是，在正式荷载试验前，为确保试验达到预期目的，一般应先进行预加载试验，尤其对于一些新材料制作的结构构件或新型结构。通过预加载可以大致了解结构的变形或应变变化规律是否与计算相吻合，及时发现或消除构件非试验目的影响因素。同时，可以对加载设备、支撑条件、测量仪器仪表、试验安排等进行全面检验，发现安全隐患，使正式试验能顺利完成。对于非预应力混凝土结构试验，预加载值不应超过抗裂荷载。一般预载时的加载值不超过该试件开裂试验荷载值的70%。同时，应控制辅助加载装置，其作用在试验对象上的荷载不应超过第一个试验状态荷载值(如正常使用荷载)的20%。

2. 混凝土结构原位试验检验指标

(1) 受弯构件挠度检验。

(a)当按照设计标准《混凝土结构设计规范》(GB 50010)规定的挠度允许值进行检验时，应符合下式(2-3-5)要求。

$$a_s^0 \leqslant [a_s] \tag{2-3-5}$$

式中：a_s^0——在使用状态试验荷载作用下，构件的挠度实测值；

$[a_s]$——挠度检验允许值。

挠度检验允许值，对于钢筋混凝土受弯构件应按照式(2-3-6)计算，预应力混凝土受弯构件应按照式(2-3-7)计算。

$$[a_s]=[a_f]/\theta \tag{2-3-6}$$

$$[a_s]=\frac{M_k}{M_q(\theta-1)+M_k}[a_f] \tag{2-3-7}$$

式中：M_k——按照荷载的标准组合计算所得弯矩，取计算区段内的最大弯矩值；

M_q——按照荷载的准永久组合计算所得弯矩，取计算区段内的最大弯矩值；

$[a_f]$——构件的挠度限值，按照《混凝土结构设计规范》(GB 50010)规定如下表2.3.3取用；

θ——考虑荷载长期效应组合对挠度增大的影响系数。

按照《混凝土结构设计规范》(GB 50010)规定，对于钢筋混凝土受弯构件，当受压区纵向钢筋配筋率 $\rho'=0$ 时，$\theta=2.0$；当 $\rho'=\rho$ 时，$\theta=1.6$。当 ρ' 为中间值时，θ 按照线性内插法取用。此处 $\rho'=A'_s/(bh_0)$，$\rho=A_s/(bh_0)$。对于翼缘处于受拉区的倒T型截面，θ 应增加20%。对于预应力混凝土受弯构件，取 $\theta=2.0$。

表 2.3.3 混凝土受弯构件的挠度限值

构件类型	挠度限值	
吊车梁	手动吊车	$l_0/500$
	电动吊车	$l_0/600$
屋盖、楼盖及楼梯构件	当<7m时	$l_0/200(l_0/250)$
	当 $7\leqslant l_0\leqslant 9$m时	$l_0/250(l_0/300)$
	当>9m时	$l_0/300(l_0/400)$

注：① 表中 l_0 为构件的计算长度，计算悬臂构件的挠度限值时，其计算跨度 l_0 按照实际悬臂长度的2倍取用；

② 表中括号中的数值适用于使用上对挠度有较高要求的构件；

③ 如果构件制作时预先起拱，且使用上也允许，则在验算挠度时，可将计算所得的挠度值减去起拱值；对预应力混凝土构件，可减去预加力所产生的反拱值；

④ 构件制作时的起拱值和预应力产生的反拱值不宜超过构件在相应荷载组合作用下的计算挠度值。

(b) 当设计要求按照实配钢筋确定的构件挠度计算值进行检验时或仅检验构件的挠度、抗裂或裂缝宽度时，除符合式(2-3-5)的要求外，还要满足下式(2-3-8)要求。

$$a_s^0 \leqslant 1.2 a_s^c \tag{2-3-8}$$

式中：a_s^c——在使用状态试验荷载值作用下，按照实配钢筋确定的构件短期挠度计算值。

注：直接承受重复荷载的混凝土受弯构件，当进行短期静力加载试验时，a_s^c 值应按照使用状态下静力荷载短期效应组合相应的刚度值确定。

(2) 构件裂缝宽度检验。

混凝土构件裂缝宽度应符合下式(2-3-9)要求。

$$w_{s,\max}^0 \leqslant [w_{\max}] \tag{2-3-9}$$

式中：$w_{s,\max}^0$—— 使用状态试验荷载作用下，构件的最大裂缝宽度实测值；

$[w_{\max}]$—— 构件的最大裂缝宽度检验允许值，如下表2.3.4。

表 2.3.4　混凝土构件最大裂缝宽度检验允许值(mm)

设计规范的限值 $w_{\lim}$	检验允许值$[w_{\max}]$
0.10	0.07
0.20	0.15
0.30	0.20
0.40	0.25

(3) 预应力混凝土构件抗裂度检验。

(a) 按抗裂检验系数进行抗裂检验时，应符合下列公式：

$$\gamma_{cr}^0 \geqslant [\gamma_{cr}] \tag{2-3-10}$$

采用均布荷载加载时，

$$\gamma_{cr}^0 = \frac{Q_{cr}^0}{Q_s} \tag{2-3-11}$$

采用集中荷载加载时，

$$\gamma_{cr}^0 = \frac{F_{cr}^0}{F_s} \tag{2-3-12}$$

式中：γ_{cr}^0——构件的抗裂检验系数实测值；

$[\gamma_{cr}]$——构件的抗裂检验系数允许值；

Q_{cr}^0，F_{cr}^0——以均布荷载、集中荷载形式表达的构件开裂荷载实测值；

Q_s，F_s——以均布荷载、集中荷载形式表达的构件使用状态试验荷载值。

(b) 按抗裂荷载值进行抗裂检验时，应符合下列公式：

采用均布荷载时，

$$Q_{cr}^0 \geqslant [Q_{cr}] \tag{2-3-13-1}$$

$$[Q_{cr}] = [\gamma_{cr}] Q_s \tag{2-3-13-2}$$

采用集中荷载时，

$$F_{cr}^0 \geqslant [F_{cr}] \tag{2-3-14-1}$$

$$[F_{cr}] = [\gamma_{cr}] F_s \tag{2-3-14-2}$$

式中：$[Q_{cr}^0]$，$[F_{cr}^0]$——以均布荷载、集中荷载形式表达的构件开裂荷载允许值。

(c) 抗裂检验系数允许值应按照《混凝土结构设计规范》(GB 50010)规定按照下式(2-3-15)计算。

$$[\gamma_{cr}] = 0.95 \frac{\sigma_{pc} + \gamma f_{tk}}{\sigma_{sc}} \tag{2-3-15}$$

式中：σ_{sc}——使用状态荷载试验值下抗裂验算边缘混凝土的法向应力；

σ_{pc}——检验时抗裂验算边缘的混凝土预压应力计算值，按照《混凝土结构设计规范》(GB 50010)规定计算，计算预压应力时，混凝土收缩、徐变引起的预应力损失值宜考虑时间因素的影响；

γ——混凝土截面抵抗矩塑性影响系数，按照《混凝土结构设计规范》(GB 50010)规定；

f_{tk}——检验时混凝土抗拉强度标准值，按照设计混凝土强度等级确定。

(4) 出现承载力标志的承载能力检验方法。

(a) 当按照《混凝土结构设计规范》(GB 50010)规定进行检验时：

$$\gamma_{u,i}^{0} \geqslant \gamma_0 [\gamma_u]_i \tag{2-3-16}$$

当采用均布荷载时 $\gamma_{u,i}^{0}=Q_{u,i}^{0}/Q_d$，当采用集中荷载时，$\gamma_{u,i}^{0}=F_{u,i}^{0}/F_d$。

式中：$[\gamma_u]_i$——构件的承载能力检验系数允许值，取表 2.3.2 相应加载系数；

$\gamma_{u,i}^{0}$——构件的承载力检验系数实测值；

$Q_{u,i}^{0}$，$F_{u,i}^{0}$——以均布，集中荷载实现的承载力检验荷载实测值；

Q_d，F_d——以均布，集中荷载计算的承载力状态荷载设计值。

(b) 当设计要求按照构件实配钢筋的承载力进行检验时：

$$\gamma_{u,i}^{0} \geqslant \gamma_0 \eta [\gamma_u]_i \tag{2-3-17}$$

式中：η——按照式(2-3-4)确定。

钢结构、砌体结构或木结构等其他结构也存在原位试验检验的情况，可根据《建筑结构可靠度设计统一标准》(GB 50068)或相关专业设计规范的正常使用状态或承载力极限状态验算原则确定。

2.4 试验支撑方式与加载装置

试验支撑装置有支座或支墩等形式。一类支撑方式是尽可能地模拟结构实际边界条件，使结构抗力尽可能符合实际工作状态；另一类支撑方式是尽可能理想化，边界条件明确并与设计计算简图边界一致。前者更多应用于验证性试验，后者多应用于研究性试验。

2.4.1 铰支座

铰支座或接头通常是简支边界条件的实现途径。铰支座不传递弯矩，包含有活动铰支座、固定铰支座、球形铰支座和刀口支座等，支座通常用钢材制成。

1. 梁式试件的铰交座

梁式试件的铰支座构造形式如图 2.4.1 所示。铰支座主要用来约束改变加载平面内的支座自由度。加载平面外由其他约束装置实现，平面外约束限制支座平面外平动或转动。活动铰支座允许架设在支座上的构件自由转动和在平面内一个方向上的平动。它可以提供支座反力，不传递支座弯矩(如图 2.4.1a)，固定铰支座允许架设在支座上的构件自由转动而不能移动(如图 2.4.1b)。

为实现力学计算图式，固定和活动铰支座经常联合使用。安装时各支座轴线应彼此平

行并垂直于试验构件的纵轴线，各支座间的距离取为构件的计算跨度(如图 2.4.2)。

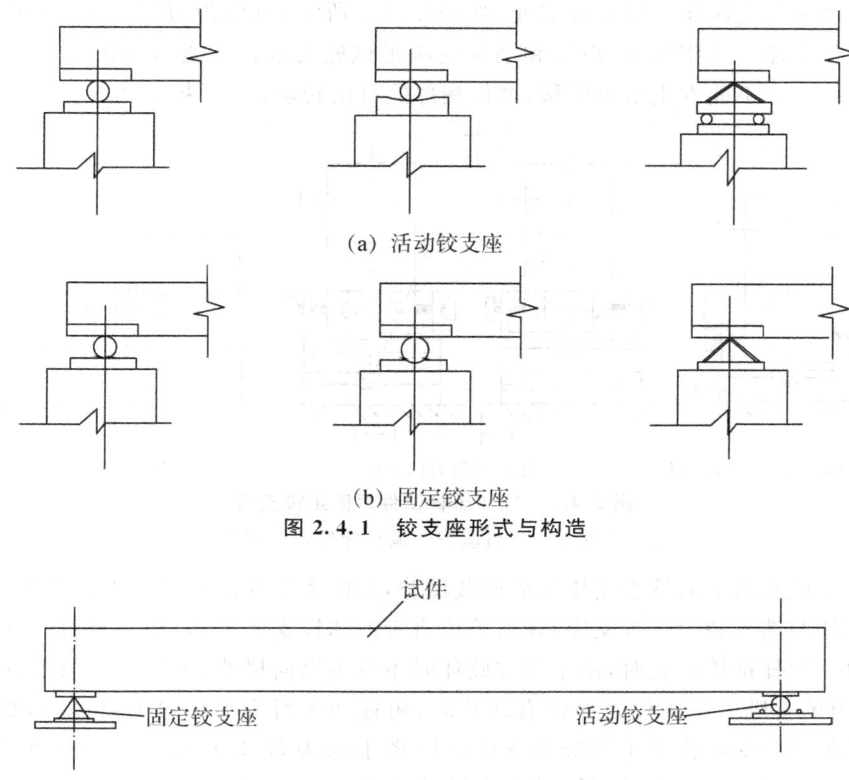

(a) 活动铰支座

(b) 固定铰支座

图 2.4.1　铰支座形式与构造

图 2.4.2　简支受弯试件的支撑方式

为了减少滚动摩擦力，钢滚轴的直径可按荷载大小参考表 2.4.1 选用。为满足以上要求，任何情况下滚轴直径不应小于 50mm。

表 2.4.1　滚轴直径选用表

滚轴荷载(kN/mm)	钢滚轴直径(mm)
<2.0	50
2～4	60～80
4～6	80～100

钢滚轴上、下应设置垫板，不仅能防止试件和支域的局部受压破坏，还可以减小滚动摩擦力。垫板的宽度一般不小于支承处的试件宽度，垫板的长度按构件局压强度计算且不小于构件实际支承长度。垫板的宽厚比不宜小于 1/6，混凝土构件简支梁支撑试验支座用垫板的厚度可按三角形分布荷载作用的悬壁梁计算且不小于 6mm，如式(2－4－1)。

$$h=\sqrt{\frac{2f_c l^2}{[f_y]}} \tag{2-4-1}$$

式中：f_c——混凝土立方体抗压强度设计值，N/mm^2；

l——滚轴轴线至垫板边缘的距离，mm；

f_y——垫板材料的计算强度设计值，N/mm^2。

2. 柱式试件的铰支座

柱式试件的铰支座属于固定铰支座，如图 2.4.3 所示，也称为刀口支座，有单向刀口支座和双向刀口支座。支座尺寸、强度和刚度应满足试验要求。支座只提供沿试件轴向的反力，无水平反力，也不能发生水平位移，试件端部能自由转动，无约束弯矩。

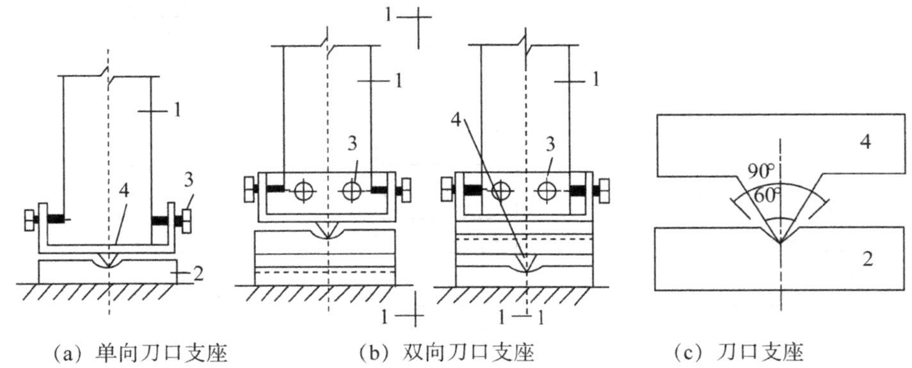

(a) 单向刀口支座　(b) 双向刀口支座　(c) 刀口支座

图 2.4.3　柱和压杆试件用固定铰支座

1—试件，2—刀口座，3—调整螺丝，4—刀口。

对于长柱试验机上的偏心受压柱静荷载试验，大曲率半径的球铰很难准确定位偏心距，此时在受压柱两端安装刀口铰支座，在试验机自带的球铰支座下，附加安装刀口铰支座以实现端部约束。短柱抗压试验时，由于短柱破坏时不发生纵向挠曲，短柱两端面不发生相对转动。因此，当试验机上下压板之一已有球铰时，短柱两端可不另加设刀口支座，如图 2.4.4 所示，(a)图为轴心受压作用下的球形支座，(b)图上部为刀口支座，下部支撑为球形支座。球分为上半球和下半球。为尽可能减少球面滑动阻力，在试验前，需要检查球铰，清除球铰内杂物，并涂机油等润滑剂以增加滑动性。

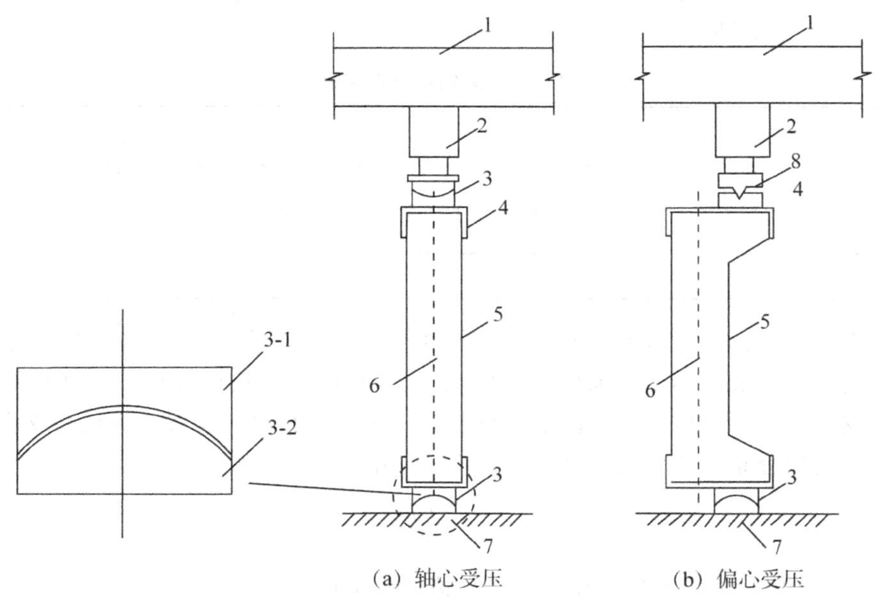

(a) 轴心受压　(b) 偏心受压

图 2.4.4　受压构件支座布置

1—门架，2—千斤顶，3—球形支座，4—柱头钢套，5—试件，6—试件几何轴线，7—底座，8—刀口支座，3-1—上半球，3-2—下半球。

3. 试验机压力端球铰支座

试验机压力端头球铰支座，如图 2.4.4 所示，简支梁桥支座位置通常安装球铰支座，如图 2.4.5 所示，电液伺服加载系统用作动器端头则安装铰支接头，如图 2.4.6 所示。

铰支接头可使加载油缸和试验对象之间仅传递拉力或推力，而不传递弯矩。

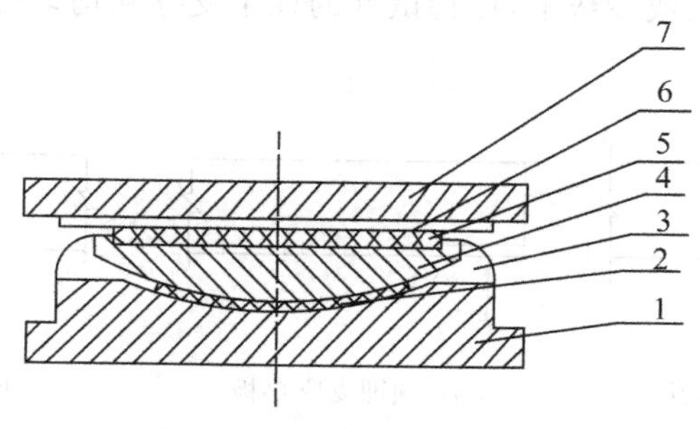

图 2.4.5　桥梁用球铰支座

1—下底座板，2—球面 F4 板，3—密封裙，4—中座板，5—平面 F4 板，6—上滑板，7—上座板。

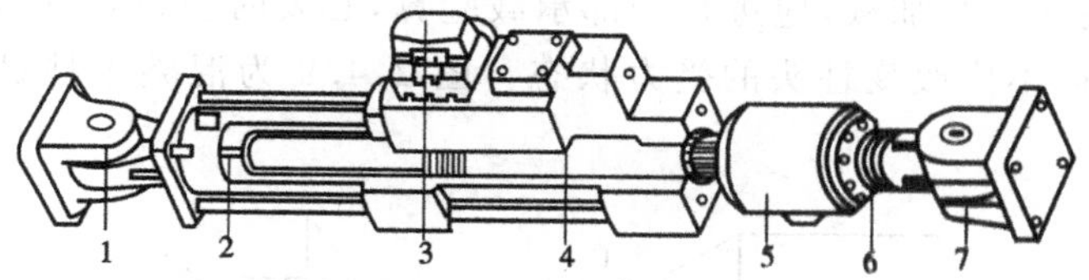

图 2.4.6　电液伺服加载系统用作动器构造

1—铰支基座，2—位移传感器，3—电液伺服阀，4—活塞杆，5—荷载传感器，6—螺旋垫圈，7—铰支接头。

4. 四角支承板和四边支承板的支座

在配置四角支承板支座时应安放一个固定滚珠。对四边支承板，滚珠间距不宜过大，宜取板在支承处厚度的 3～5 倍。此外，对于四边简支板的支座应注意四个角部的处理，当四边支承板无边梁时，加载后四角会翘起。因此，角部应安置能受拉的支座。壳、板支座的布置方式如图 2.4.7 所示。

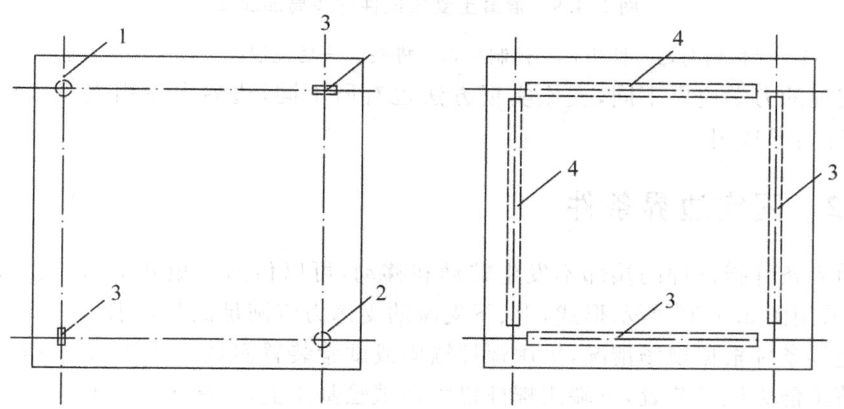

图 2.4.7　壳、板的支座布置方式

1—钢球，2—半圆钢球，3—滚轴，4—角钢。

5. 集中加载位置处理

当采用集中加载方式时，要注意荷载作用位置的局部压应力对结构的不利影响。若加载方式采用等效荷载集中加载，在集中力加载处的试件表面应设置钢垫板，钢垫板的面积和厚度应由垫板刚度及试件材料局部受压承载能力计算确定。对于混凝土构件，钢垫板宜埋设在试件内，也可采用砂浆或砂垫平，保持试件的稳定支撑和均匀受力，如图 2.4.8 所示。

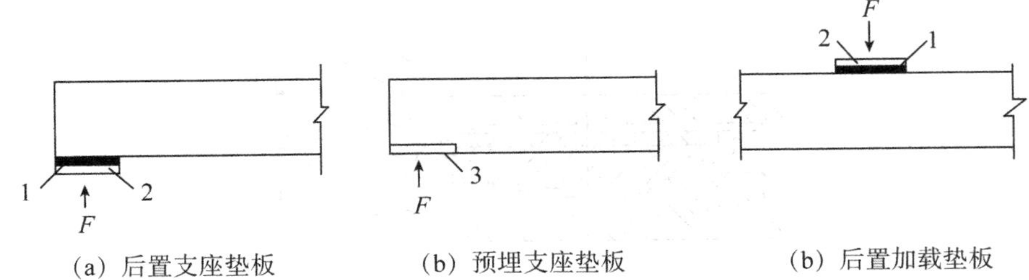

图 2.4.8 集中力作用处的垫板

1—砂浆，2—垫板，3—预埋垫板。

如果在试件端部进行加载，应进行局部承载验算，必要时应设置柱头保护钢套或对柱端进行局部加强，但不应改变柱头的受力状态。图 2.4.9 为混凝土柱试验时的柱头处理方法。

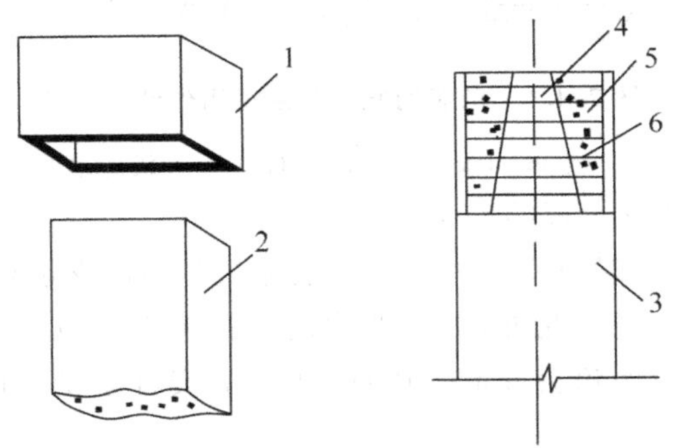

图 2.4.9 混凝土受压试件柱头局部加强

1—保护钢套，2—柱头，3—预制柱，4—榫头，5—后浇混凝土，6—加密箍筋。

需要实现的力学边界不同，支座实现方法也有所不同，边界支撑用支座应根据计算图式，结合实际情况选用。

2.4.2 固定边界条件

固定边界条件指试件的端部不发生转动和移动，可以传递弯矩和剪力。悬臂试件的端部嵌固，可采用图 2.4.10 所示形式，上、下支座的支撑力应满足试验要求。

固定边界条件根据现场情况，采用螺杆锚固或试验装置实现。图 2.4.11 所示结构顶部无转动抗剪拟静力试验装置，下端用螺杆锚固在试验基座上，上端用 L 型横梁和四连杆结构固定使得试件顶面可以竖向和平动而不发生转动。

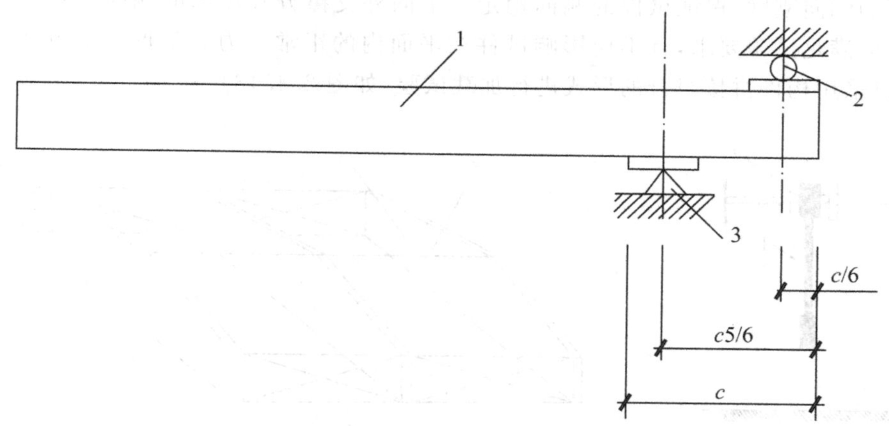

图 2.4.10　悬臂试件嵌固端支座设置

1—悬臂试件，2—上支座。3—下支座。

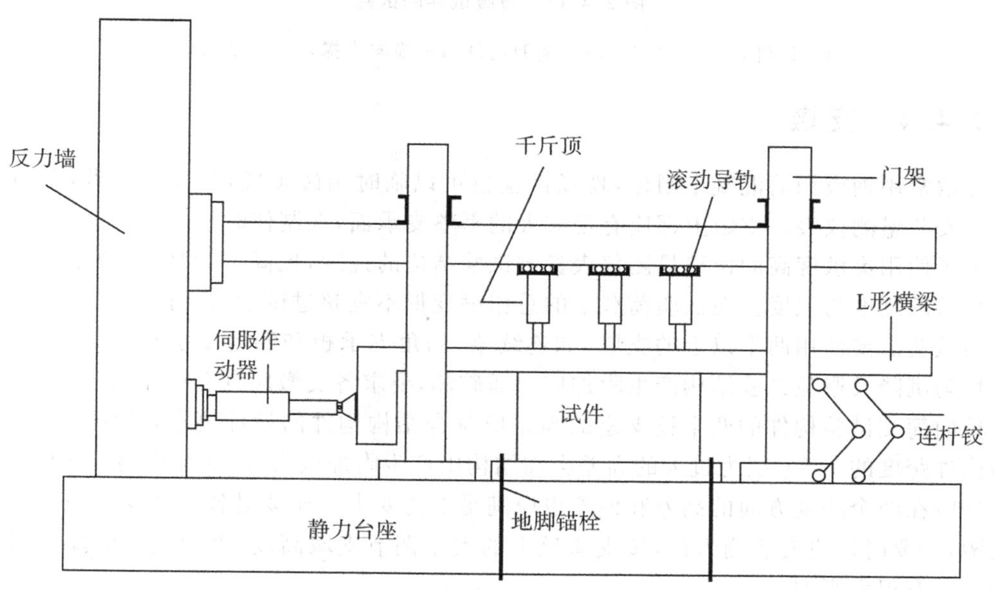

图 2.4.11　抗剪拟静力试验装置

试验中通过地脚锚栓措施实现固定边界条件时，应注意固定边界处的约束反力。图 2.4.11墙体抗剪拟静力试验中，随着水平荷载的增加，试件底部地梁受到较大弯矩和剪力，因此，地脚锚栓和地梁应有足够的强度和刚度。

2.4.3　其他约束方式

当进行开口薄壁受弯试件的加载试验时，应设置专门的薄壁试件定形架或卡具，以固定截面形状，避免加载引起试件扭曲失稳破坏，如图 2.4.12 所示。

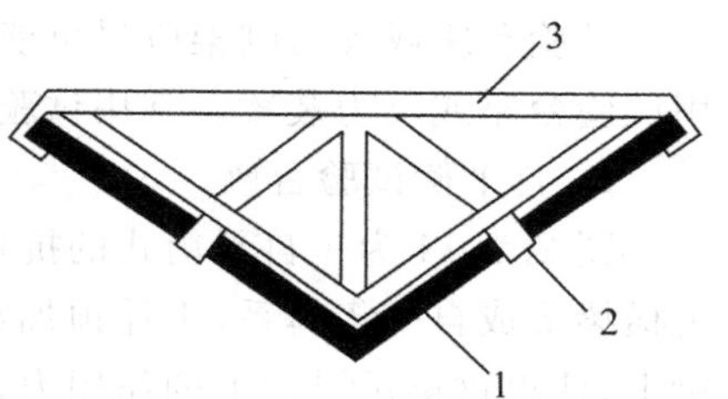

图 2.4.12　开口薄壁试件的定形架

1—薄壁构件，2—卡具，3—定形架。

侧向稳定性较差的屋架、桁架、薄腹梁受弯试件进行加载试验时，应根据试件的实际情况设置平面外支撑或加强顶部的侧向刚度，保证试件的侧向稳定。平面外支撑方及顶部的侧向加强设施的刚度和承载力应满足试验要求，且不应影响试件在平面内的正常受力和变形。不单独设置支撑时，也可以采用构件拼接组合的形式进行加载试验（如图 2.4.13）。

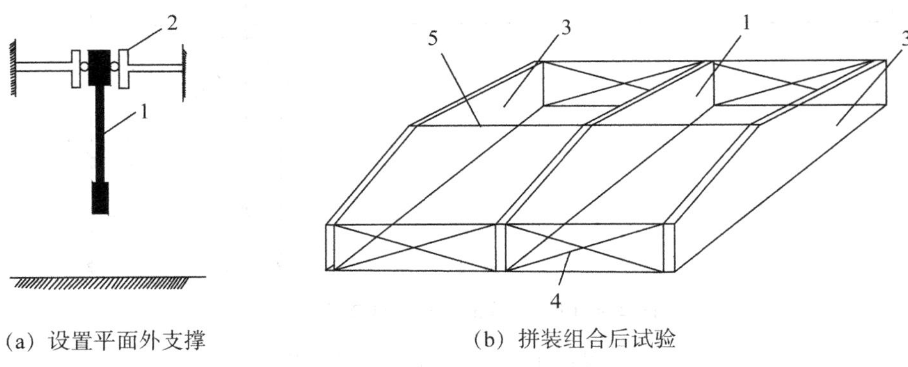

(a) 设置平面外支撑　　(b) 拼装组合后试验

图 2.4.13　薄腹试件的试验

1—试件，2—侧向支撑，3—辅助构件，4—横向支撑，5—上弦系杆。

2.4.4　支墩

支墩常用钢或钢筋混凝土制作，现场试验也可以临时用砖砌成，高度应一致，并应方便观测和安装量测仪表。支墩上部应有足够大的平整支承面，在制作时最好辅以钢板。

为了使用灵敏度高的位移量测仪表量测试验结构的挠度，提高试验精度，要求支墩和地基有足够的刚度与强度。在试验荷载下的总压缩变形不宜超过试验构件挠度的 1/10。

当试验需要使用两个以上的支墩，如连续梁、四角支承板和四边支承板等，为了防止支墩不均匀沉降及避免试验结构产生附加应力而破坏，要求各支墩应具有相同的刚度。

单向简支试验构件的两个铰支座的高差应符合结构构件的设计要求，其偏差不宜大于试验构件跨度的 1/50，因为过大的高差会在结构中产生附加应力，改变结构的工作机制。双向板支墩在两个跨度方向的高差和偏差也应满足上述要求。连续梁各中间支墩应采用可调式支墩，必要时还应安装测力计，按支座反力的大小调节支墩高度，因为支墩的高度对连续梁的内力有很大影响。

对于受扭结构或构件试验，如自由扭转、约束扭转、弯剪扭复合受力的试验，应根据实际受力情况对支座进行专门设计。

2.4.5　试验台座与加载反力装置

试验台座或反力刚架应尽可能设计成通用类型，满足常规试验要求，如有必要则设计专用试验台座或反力装置。常用试验台座和反力装置介绍如下。

1. 自平衡试验台座

图 2.4.14 为一自平衡式的抗弯梁试验台座。试验台座下的反弯钢梁与加载架上的分配横梁形成自平衡体系，千斤顶加载所产生的反力通过加载刚架的拉杆传递至下部反弯钢梁上，使得钢梁承受向上的作用力，试验结构的支座反力亦由台座大梁承受，形成平衡力系。抗弯梁台座由于受下部大梁本身抗弯强度与刚度的限制，一般只能试验跨度在台座长度以

下，宽度在 1.2m 以下的板和梁。

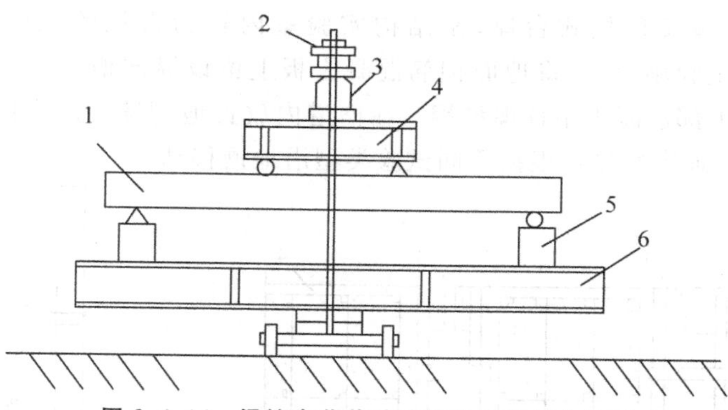

图 2.4.14　梁抗弯荷载试验的自平衡反力装置

1—试件，2—加载传力刚架，3—加载设备，4—分配梁，5—支墩，6—反弯钢梁。

空间桁架台座一般用于试验中等跨度的桁架及屋面大梁。通过液压加载器及分配梁对试件进行为数不多的集中荷载加荷使用，液压加载器的反作用力由空间桁架自身进行平衡，如图 2.4.15 所示。

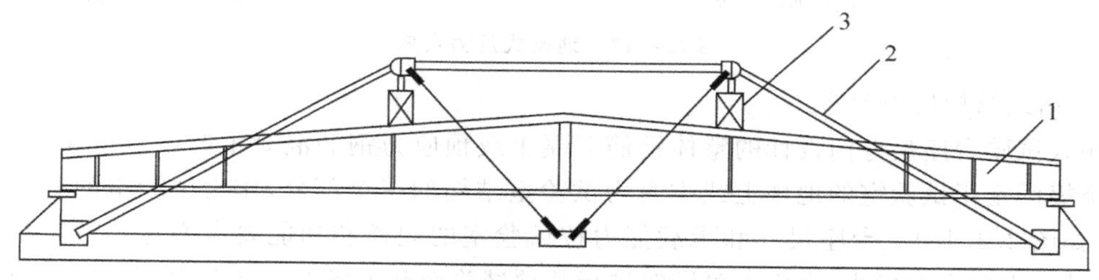

图 2.4.15　空间桁架式台座

1—试件，2—台座，3—千斤顶。

2. 框架式反力装置

框架式反力台座通常用来实现结构受力或节点较为复杂的结构试验。如图 2.4.16 所示为浙江大学研发的空间结构大型节点试验的台座，反力装置由封闭的球形钢框架组成。球形钢结构内部加载作动器可沿轨道移动，以满足多方向、不同类型的网架节点试验需要。

图 2.4.16　钢框架式反力台座(浙江大学)

3. 地槽式反力台座

地槽式反力台座又称板式台座，是结构实验室内较为常见的试验加载装置。如图 2.4.17 所示，建造试验场地时，将地面钢筋混凝土板上留设纵向槽道，纵向槽道上窄下宽，横截面为倒 T 型，上部混凝土中预埋型钢。在槽道内放置地脚螺栓用来固定反力刚架或为试件提供底部锚固，地脚螺栓可根据不同试验类型沿地槽移动。

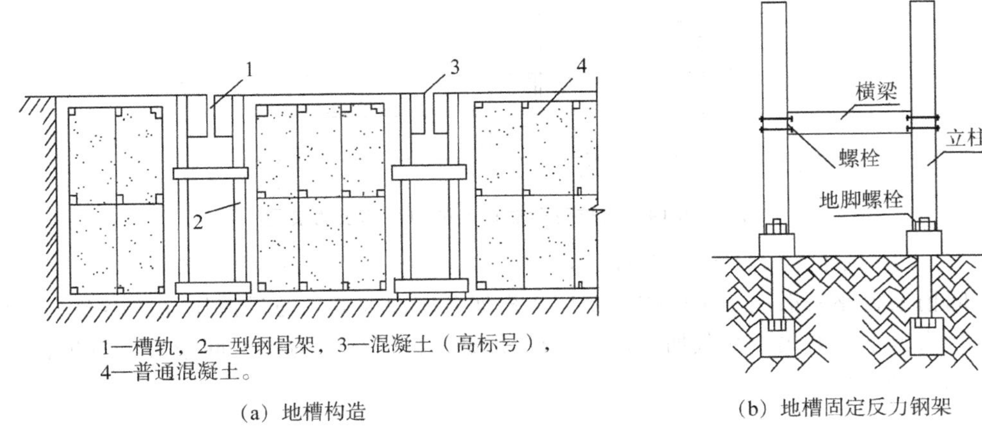

(a) 地槽构造　　(b) 地槽固定反力钢架

图 2.4.17　地槽式反力台座

4. 箱式结构反力台座

箱式试验台座是专门设计的整体钢筋混凝土或预应力钢筋混凝土的厚板或箱型结构，直接浇捣固定于试验室的地坪上或本身为试验室结构的一个部分，作为试验室的基础和地下室(如图 2.4.18)。台座尺寸和承载能力按试验室的规模和功能要求而定。台座刚度极大，使其受力后变形极小，台面上可同时进行几项试验而互不影响。试验台座除固定荷载支承装置外，同时可用以固定横向支架，以保证试件的侧向稳定。当与固定的水平反力架或反力墙连接时，即可对试件施加水平荷载。

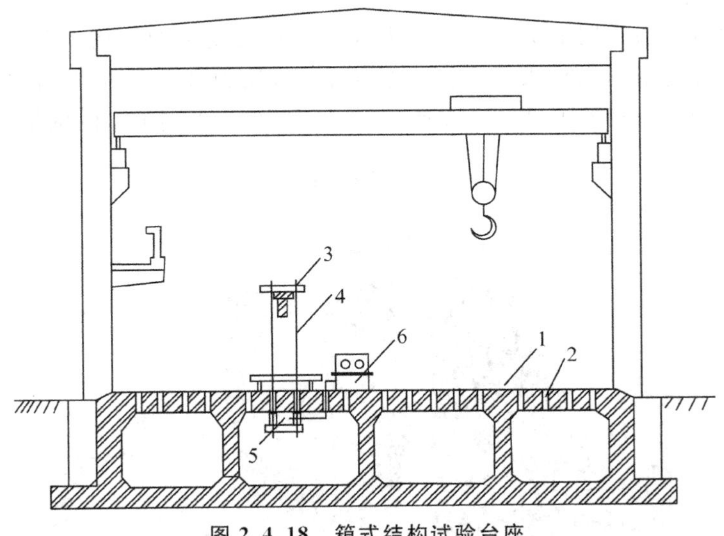

图 2.4.18　箱式结构试验台座

1—箱型台座，2—顶板锚固用孔洞，3—试件，4—加载反力装置，5—液压加载装置，6—试验加载控制台。

5. 反力墙

为便于对试验对象施加较大的水平荷载，实验室还应建造水平反力台座，称为反力墙。反力墙通常设置在板式台座或箱式台座的端部，并与地面台座连接成整体。如图 2.4.19 和图 2.4.20 所示，反力墙上布设孔洞，水平加载装置或试验结构的水平锚固，通过螺栓穿过墙上的水平孔固定。试验时，可将加载作动器或千斤顶安装在反力墙的连接板上，对试验结构施加水平力。试验台座与反力墙连接建成的抗侧力台座广泛应用于结构抗震试验。

图 2.4.19　MTS 加载反力墙(浙江大学)

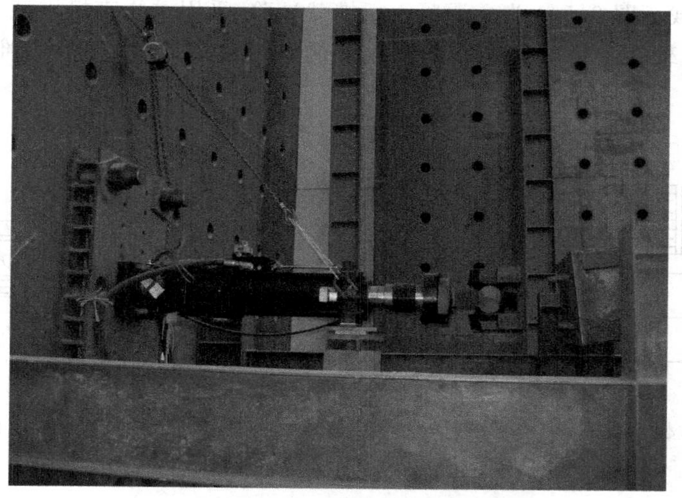

图 2.4.20　反力墙加载施加水平推力

2.5　加载方式

用于结构静载试验加载的设备及实现方法很多。无论是研究性还是鉴定性试验；实验室内，还是工程现场；采用何种设备或方法，加载设备或利用加载设备所施加的试验荷载应满足以下基本要求：

（1）加载设备或方法应能够实现试验方案中原荷载要求或荷载等效的布置要求，包括荷载传递方式、边界条件、相关截面内力的等效等，以及使试验对象能够产生预期的内力或变形等。

（2）加载设备或方法产生的荷载应能以试验所要求的精度进行控制和测量，试验加载或持荷阶段能保持相对稳定性，即不会随时间、环境条件的变化、结构的变形而产生变化，通常加载量值的允许误差为±5%。

（3）试件边界约束装置、加载反力装置或加载设备部件连接等应有足够的刚度、强度和稳定性，以保证试验过程的安全。

（4）加载设备不能参与结构工作，不改变结构或构件的受力状态或不使结构产生次内力。

（5）加载量值可方便调整、调节以满足加载分级或荷载速率控制的要求，并应满足分级精度的要求。

一般的加载方法有重力加载、液压或机械装置加载及专门设计的其他加载方式。

2.5.1 重力加载

重力加载的原理是利用物体的重力，作用在试验对象上，通过重物数量控制加载值大小的方法。常用的加载重物有标准铁块（砝码）、混凝土块、砖、袋装水泥、砂石料、水以及载有重物的其他装置等。重力加载有直接加载和间接加载方法。

2.5.1.1 重力直接加载

块材重物堆载。图 2.5.1 为一混凝土板堆载试验，采用重物直接堆载方法简单，适用于试件数量较少，荷载值不大，且试件上具有足够的空间放置重物。试验用堆载材料应遵循以下原则：

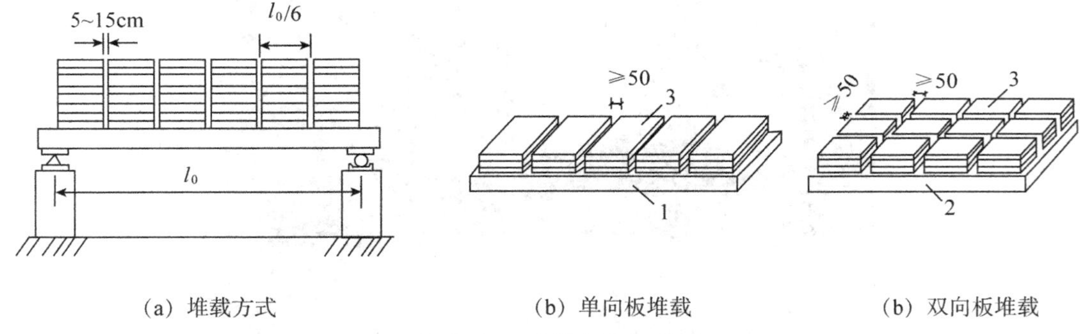

(a) 堆载方式　　(b) 单向板堆载　　(b) 双向板堆载

图 2.5.1　直接重物加载

1—单向板，2—双向板，3—堆载。

（1）加载物应重量均匀一致，形状规则，便于堆积码放。

（2）不宜采用吸水性强的加载物；如果受试验条件限制，采用吸水性强的加载物时，应有防止含水率变化的措施；并在试验结束后抽检复核加载量是否受含水率变化影响。

（3）铁块、混凝土块、砖块等加载物重量应满足加载分级的要求；单块尺寸不宜过大，避免堆材自身刚度对结构的变形影响，单块重量不宜过大，便于搬运和堆放时不对结构产生较大冲击。

（4）试验前应对加载物进行称重，求得其平均值，同时应计算盛器等重量。

(5) 加载物分堆码放，沿单向或双向受力构件跨度方向的堆积长度宜为 1m 左右，且不大于试件跨度的 1/6～1/4。

(6) 堆与堆之间宜预留 50mm 左右或根据试验堆材确定留有足够的间隙，避免试件变形后，堆材互相接触形成拱作用。

散体材料均布堆载。散体材料可装袋称量后计数加载，也可在试验对象上方表面区域设置侧向围挡，逐级称量加载并均匀摊平。袋装加载时注意码放整齐，袋装堆体自身不产生刚度，同时加载应注意避免加载散体外漏，如图 2.5.2 所示。

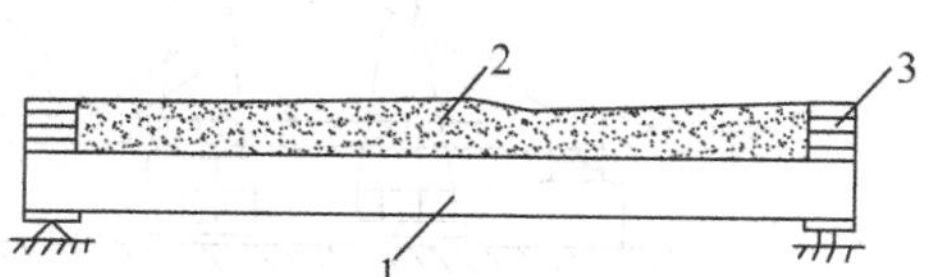

图 2.5.2　散体材料均布加载

1—试件，2—散体材料，3—围挡。

流体(水)均匀加载。可在试验对象区域周边设置围堰，形成蓄水池，以实现重力加载。加载试验要注意有水囊、围堰、隔水膜等有效措施防止渗漏。加载可以用水的深度换算成荷载加以控制，也可以通过流量计进行控制。应用时应注意构件变形引起的水深度变化造成的加载不均匀，如图 2.5.3 和 2.5.4 所示。

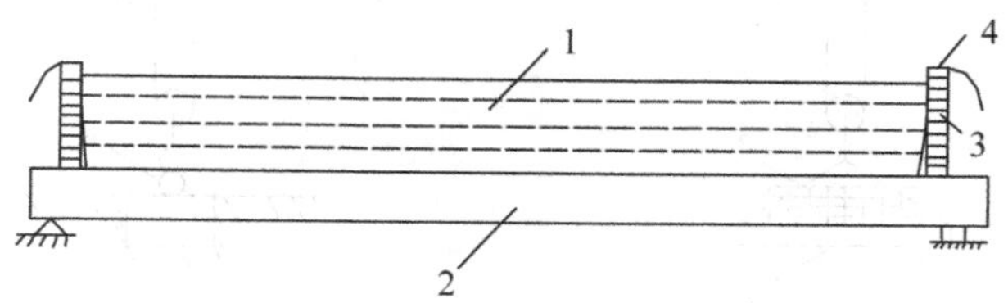

图 2.5.3　水压均布加载

1—水，2—试件，3—围堰，4—水囊或防水膜。

图 2.5.4　现场水加载楼面板试验

悬挂重物集中加载。如图 2.5.5 所示的屋架静荷载试验，可通过吊篮中悬挂经过承重的重物加载，重力荷载直接作用在屋架上弦杆。

当采用滑轮组、倒链等机械装置悬挂重物或依托地锚进行集中力加载时，宜采用拉力传感器直接测定加载量。拉力传感器宜串联在靠近试件一端的拉索中，如图 2.5.6 所示。

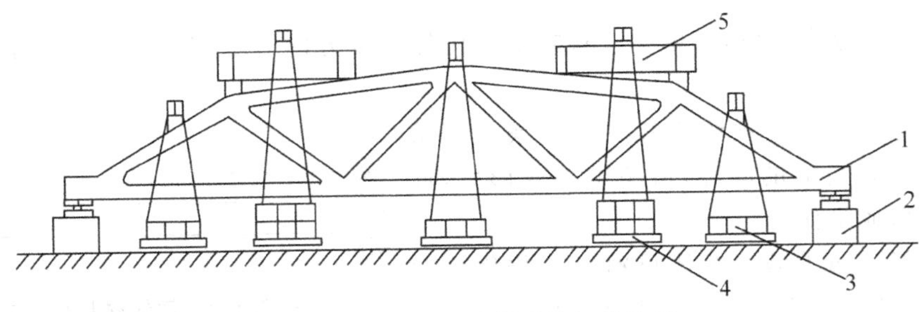

图 2.5.5　屋架静荷载试验加载装置

1—试验屋架，2—支墩，3—砝码，4—吊篮，5—分配梁。

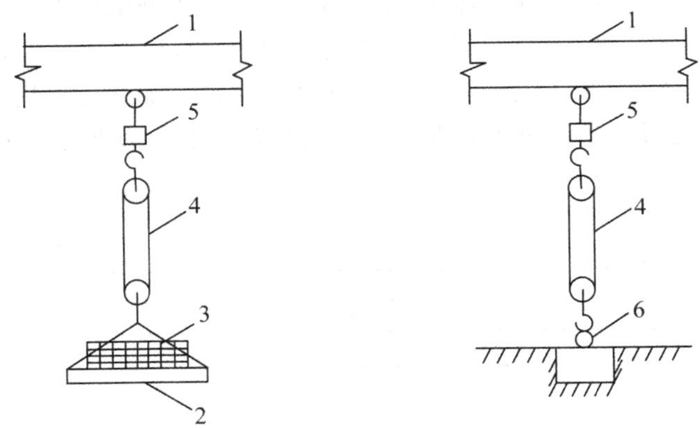

图 2.5.6　悬挂重物集中力加载

1—试件，2—承载盘，3—重物，4—滑轮组或倒链，5—拉力传感器，6—地锚。

2.5.1.2　重力间接加载

为了减少加载时的工作量或将荷载转变为集中荷载，常利用杠杆原理把荷载放大作用在结构上，利用杠杆间的比例关系，可减少劳动工作量。在试件支点处设置分配梁还可以实现对试件的两点加载。杠杆加载装置应根据实验室或现场条件按力的平衡原理设计。根据荷载大小可采用单梁式、组合式或桁架式杠杆。试验时杠杆和挂篮的自重是直接作用于试件上的荷载，其重量应计算在内。杠杆各支点位置必须准确测量，实际加载值根据各支点的比例关系计算得到。杠杆、拉杆、地锚、吊索等对象的承载力、刚度和稳定性均应符合试验要求，如图 2.5.7 所示。一般情况下加载的放大比例不超过 5 倍。长期荷载作用应用的杠杆原理集中力加载值稳定，有不受徐变变形等因素影响的优点。

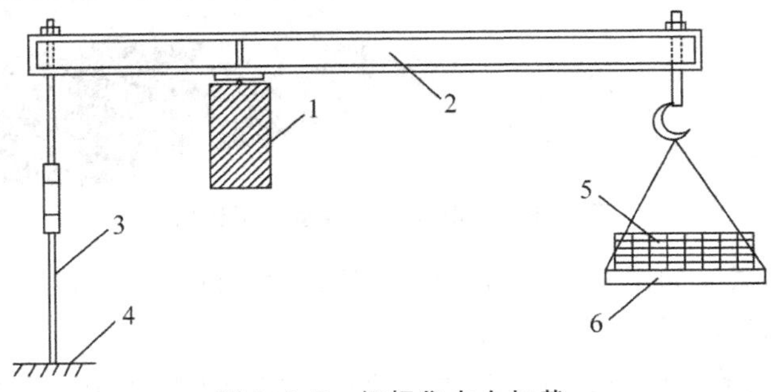

图 2.5.7　杠杆集中力加载

1—试件，2—杠杆，3—拉杆，4—地锚，5—重物，6—承载盘。

2.5.2　机械加载

常用的机械加载机具和设备有螺旋式千斤顶、弹簧、手动葫芦、绞盘、卷扬机等。

绞盘、卷扬机或手动葫芦常用于结构现场的检验性试验，可对实际结构施加倾斜或水平荷载。试验装置由绞盘或卷扬机、拉索、测力计等组成。为提高加载能力，调整加载速度，还可在拉索中安装滑轮组。拉索—绞盘—滑轮组加载装置还有一个特点，它可以在结构大变形条件下连续加载。机械式千斤顶加载是利用螺旋千斤顶对结构施加压力荷载，荷载大小需要配合压力传感器确定，试验装置如图 2.5.8 所示。

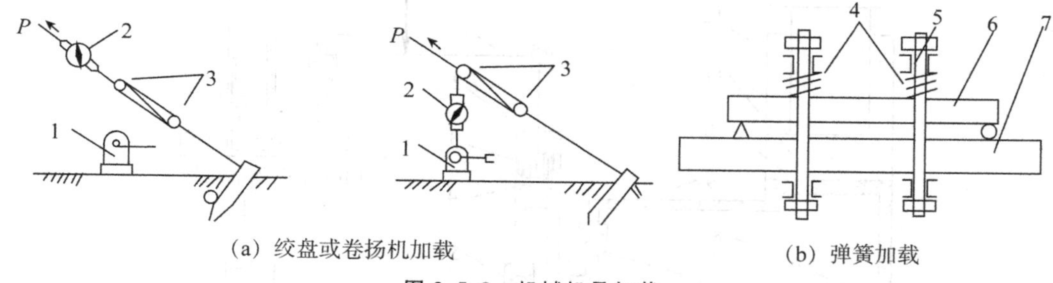

(a) 绞盘或卷扬机加载　　(b) 弹簧加载

图 2.5.8　机械机具加载

1—绞盘或卷扬机，2—拉力传感器，3—滑轮组，4—弹簧，5—螺杆，6—试件，7—台座或反力梁。

螺杆—弹簧系统主要用于长期荷载试验(如图 2.5.9)。由于混凝土徐变，梁或柱的变形持续增加，弹簧的压力会产生松弛，试验过程中，需要对螺杆适时调整。图 2.5.10 为弹簧螺杆系统制作的混凝土徐变试验仪。

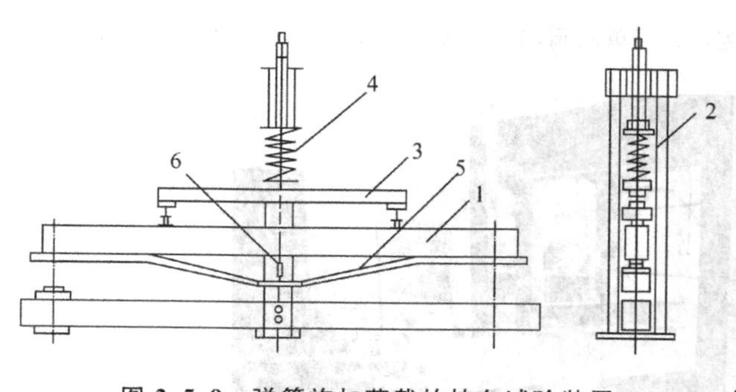

图 2.5.9　弹簧施加荷载的持久试验装置

1—试件，2—荷载支撑架，3—分配梁，4—加载弹簧，5—仪表架，6—挠度计。

图 2.5.10　螺杆—弹簧施加荷载的混凝土徐变试验装置

2.5.3　液压加载

液压加载是目前结构试验中应用比较普遍的一种加载方法，主要用于施加集中荷载，一般由液压泵源、液压管路、控制装置和加载油缸组成。利用油压使液压加载器(千斤顶)产生较大的荷载，试验操作安全，对于大型结构构件试验要求荷载点数多，吨位大时更为合适。尤其电液伺服系统在试验加载设备中得到广泛应用后，为结构动力试验模拟地震荷载、海浪波动等不同特性的动力荷载创造了有利条件，使动力加载技术发展到了一个新的高度。

2.5.3.1 液压加载器

液压加载器又称千斤顶，是液压加载设备中的一个主要部件。液压加载器主要工作原理是用高压油泵将具有一定压力的液压油压入液压加载器的工作油缸，使之推动活塞，对结构施加荷载，如图 2.5.11 所示。荷载值由油压表示值和加载器活塞受压底面积求得，也可由液压加载器与荷载承力架之间所置的测力计直接测读；或用传感器将信号输给电子仪表显示，也可由记录器直接记录。混凝土简支梁抗弯承载能力试验如图 2.5.12 所示。

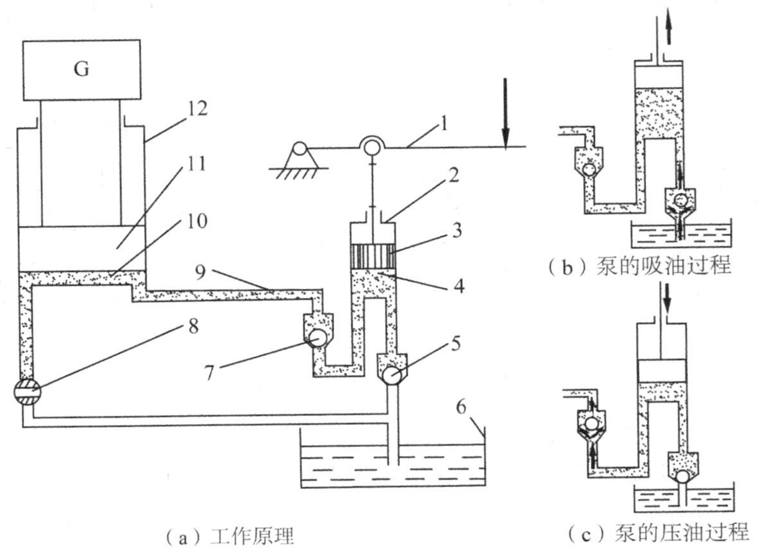

图 2.5.11 液压千斤顶工作原理

1—杠杆，2—泵体，3、11—活塞，4、10—油腔，5、7—单向阀，6—油箱，8—放油阀，9—油管，12—缸体。

图 2.5.12 液压加载混凝土简支梁试验装置

通常，液压加载器的油压表精度不应低于 1.5 级，并应与千斤顶配套标定。当采用荷载传感器测量荷载示值时，传感器精度不应低于 c 级，指示仪表的最小分度值不宜大于被测力

值总量的 1.0%，示值误差应在±1.0%F·S(满量程)之间。

在静载试验中，常用的有手动液压加载器，也有专门为结构试验设计的单向作用及双向作用的电动液压加载器，如图 2.5.13 和图 2.5.14 所示。

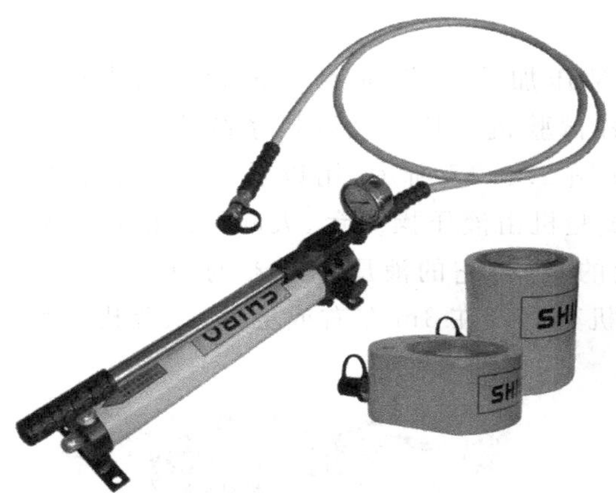

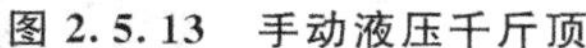

图 2.5.13　手动液压千斤顶

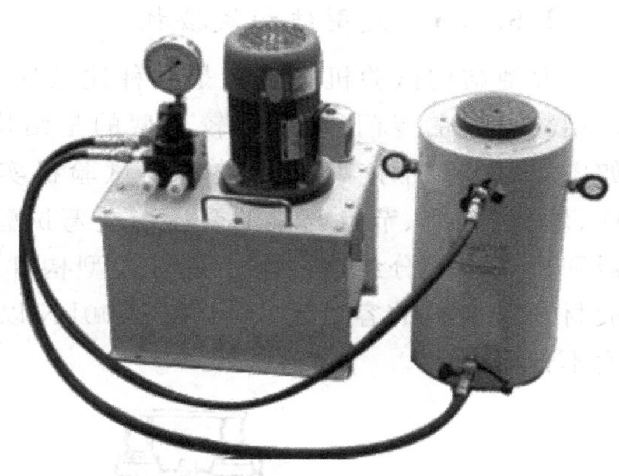

图 2.5.14　电动液压千斤顶

2.5.3.2　液压加载系统

液压加载法中利用普通手动液压加载器配合加载承力架和静力试验台座使用，是最简单的一种加载方法，设备简单，作用力大，加载卸载安全可靠。与重力加载法相比，可减轻体力劳动。但是，如要求多点加载时则需要多人同时操纵多台液压加载器，这时难以做到同步加载卸载，尤其当需要恒载时更难以保持稳压状态。为模拟结构的多向受力或复杂受力状态，加载方法可采用多点同步液压加载设备来进行试验。

液压加载系统主要由储油箱、高压油泵、液压加载器、测力装置和阀门通过高压油管连接组成。当使用液压加载系统在试验台座上或现场进行试验时尚必须配置各种支承系统，以承受液压加载器对结构加载时产生的反力，如图 2.5.15 所示。

图 2.5.15　三层框架拟静力倒塌试验(清华大学)

利用液压加载系统可以对各类建筑结构(屋架、梁、柱、板、墙板等)进行静载试验,尤其对大吨位、大挠度、大跨度的结构更为适用,它不受加载点数的多少、加载点距离和高度的限制,并能适应均布和非均布、对称和非对称加载的需要。

2.5.3.3 大型结构试验机

大型结构试验机本身也是一种比较完善的液压加载系统,是结构试验室内进行大型结构试验的专门设备,比较典型的是结构长柱试验机。长柱试验机系统组成示意图如图 2.5.16 所示,实验室装备的试验机实图如图 2.5.17 所示,用以进行较大构件如柱、墙板、砌体、节点与梁的受压与受弯试验。试验机由液压操纵台、大吨位的液压加载器和机架三部分组成。由于进行大型构件试验的需要,它的液压加载器的吨位要比一般材料试验机的容量大,至少在 2000kN 以上,机架高度在 3m 左右或更大,试验机的精度不低于 2 级。

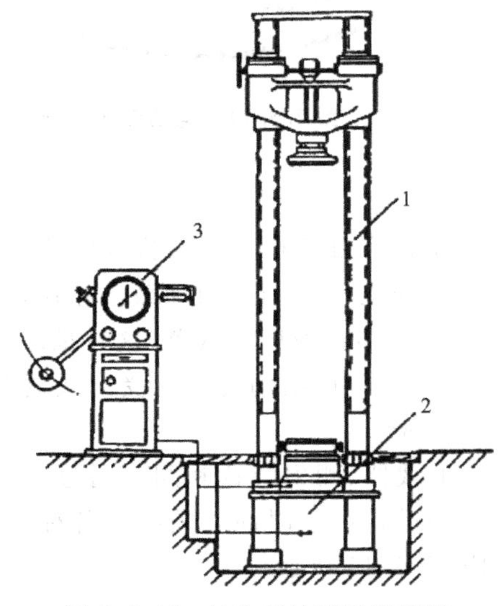

图 2.5.16 结构长柱试验机系统

1—试验机架,2—液压加载器,3—液压操纵台。

图 2.5.17 结构长柱试验机实图

2.5.3.4 电液伺服加载系统

电液伺服加载系统主要包括电液伺服作动器、模拟控制器、液压源、液压管路和测量仪器、传导及采集系统等。目前许多拟静力加载试验已采用计算机进行试验控制和数据采集。

电液伺服作动器是电液伺服实验系统的动作执行者,其构造如前节图 2.4.6 所示。电液伺服阀接收到一个命令信号后立即将电压信号转换成活塞杆的运动,从而对试件进行推或拉的加载实验。目前有专门的厂家生产高性能的电液伺服作动器,其产品已经形成了系列,实验室可以根据具体情况选择合适的电液伺服作动器及其配套设备和控制软件。

模拟控制器主要是对电液伺服作动器提供命令信号,指挥电液伺服作动器完成预定试验加载过程,整个过程采用闭环控制来完成。模拟控制器主要包括信号发生器、信号调节器、PID 控制器、输出放大器、位移反馈放大器、力反馈放大器、应变反馈放大器、计数器

和过载保护装置等，其原理和各个组成环节如图 2.5.18 所示。

此外，模拟控制器的闭环控制反馈量可以取自试件而不是取自电液伺服作动器本身的反馈，可以直接采用试件的位移而不是采用电液伺服作动器的活塞位移作为反馈量。模拟控制器中的信号发生器一般只能产生几种规则的信号，如正弦波、三角波和方波等。如试验需要比较复杂的输入信号，则需要用计算机生成。目前利用计算机作为信号发生器几乎可以生成任何复杂形式的信号，然后通过 D/A 转换器将生成的命令信号转化成电压信号输入模拟控制器中。当测量信号经 A/D 转换器变成数字量输入计算机时，计算机、D/A 转换器、A/D 转换器、模拟控制器、加载作动器等就组成了一个闭环的计算机控制系统，实现结构加载试验自动化。

液压源为整个试验系统提供液压动力。对于电液伺服作动器这种高精度加载设备，相应的液压源技术要求很高，如要保持液压油的压力和流量工作稳定，还要有安全保护环节及其监测仪表以保证液压源的安全运行。为保证系统稳定工作、精确控制，液压源所用液压油品质要求较高，油温冷却需要专门配置冷却器等。

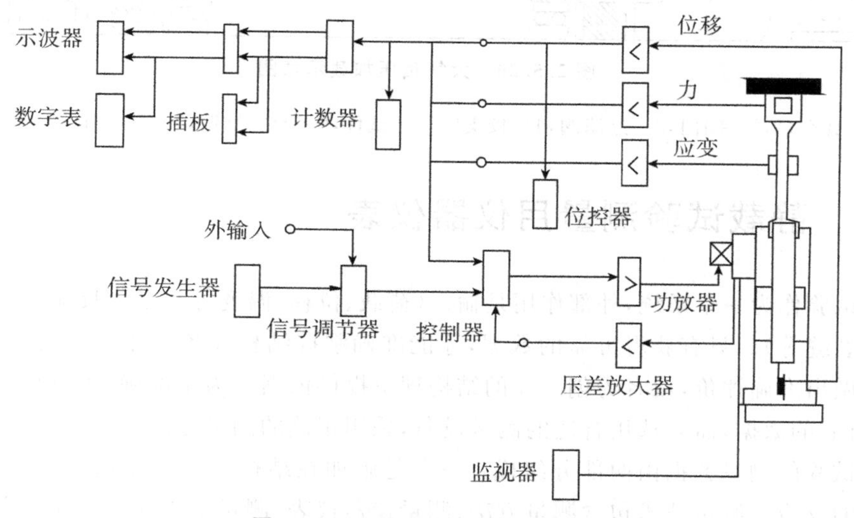

图 2.5.18　模拟控制回路和组成

2.5.4　气压加载

气压加载适合于板、壳结构的均匀布载及密封容器的内压加载。气压加载可分为正压加载和负压加载。正压加载如图 2.5.19 所示，平板试件和试验台座之间安装气囊，由空气压缩机对气囊充气，以气压计控制加载量实现加载。由气压值和及气囊与结构接触面积计算加载值。负压加载如图 2.5.20 所示，将试验结构与台座间形成密封空间，用真空泵抽出空气，使之相对大气形成负压，由真空度来测量被试结构所受荷载。气压加载法的优点是加卸载方便，压力稳定。缺点是加载值不能很大，压力接触面的试验过程中的变化不容易观测。

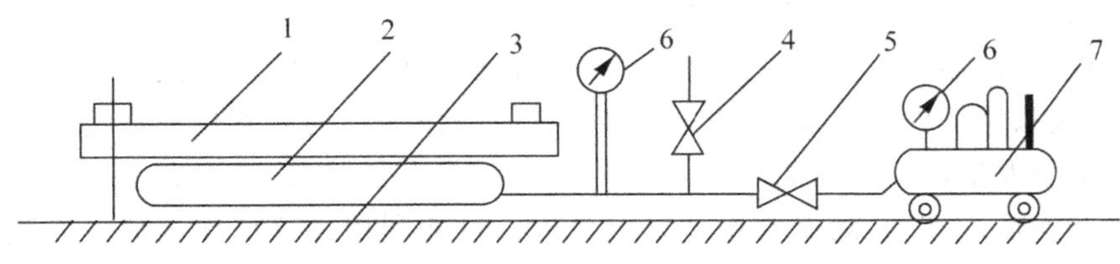

图 2.5.19 正压空气加载示意图

1—试件,2—气包,3—台座,4—泄气针阀,5—进气针阀,6—压力表,7—空气压缩机。

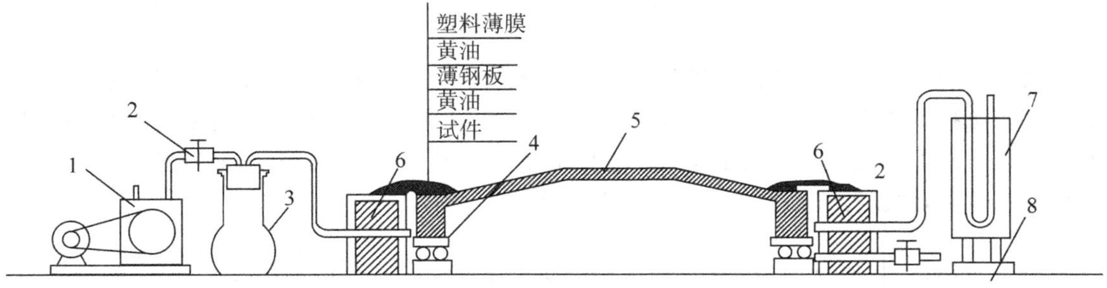

图 2.5.20 大气负压加载示意图

1—真空泵,2—阀门,3—过滤阀,4—铰支座,5—试件,6—台座侧壁,7—真空计,8—地坪。

2.6 静载试验测量用仪器仪表

结构试验作为一个系统,外部作用是输入(荷载、位移、温度等),结构反应是输出(位移、应变以及裂缝等)。只有获得可靠的数据,才能准确掌握结构在各种作用下的性能,从而对结构性能做出准确评价,或者为创立新的结构理论提供依据。为了准确、可靠地控制试验过程,得到可靠的数据,需要选用合适的测量设备,采用正确的测量方法。

结构试验的测量数据由两部分组成:一个是施加在结构上的作用;另一个是结构在荷载作用下的反应。测量技术包含测量方法、测量仪器仪表、测量结果误差分析三部分。仪器是科技发展的重要工具。王大珩先生曾经说过,机器是改造世界的工具,仪器是认识世界的工具。仪器是工业生产的倍增器,是科学研究的先行官,是军事上的战斗力,是现代社会活动的物化法官。随着现代科技发展,测量技术不断进步,新的测量仪器仪表不断涌现,从传统的直观测读、手工记录发展到计算机采集和处理。试验人员除了对被测参数的性质和要求应有深刻的理解外,还必须对相关检测仪器、仪表的功能、原理及检测方法有足够的了解,然后才有可能正确地选择仪器、仪表以及采用正确的检测方法。

2.6.1 测量仪表的工作原理及选用原则

无论是机械式、光学式还是电测式测量仪器,基本都是由感受部分、放大部分和显示部分组成。感受部分把直接从测点感受到的被测信号传给放大部分,经放大后再传给显示记录部分,这样就完成一次测量过程。对于机械式的仪器、仪表,往往三个部分是组装在一起的,而电测式仪器系统通常三个部分独立设置,有时也有将感受部分独立做成传感器,后两

部分做成采集仪器。另外，还有前两部分做成前置放大的传感器，显示记录部分做成显示仪表的情况。

结构试验中，使用一种仪器或仪表对物理量进行测量，首先要了解测量仪器的主要功能、适用范围和使用条件，了解仪器的基本参数。

静载试验常用仪器仪表的性能指标主要有：

(1) 量程(测量范围)，仪器仪表所能量测的物理量的范围，亦称测量范围。

(2) 灵敏度，仪器仪表指示值的变化量与被测物理量变化的比值。

(3) 分辨率(分辨力)，使仪器仪表示值发生变化的最小输入变化值。

(4) 准确度，仪器、仪表量测指示值与被测值的符合程度，常用满程相对误差表示。

(5) 线性度，测量系统的实际输入输出特性曲线相对于理想线性输入输出特性曲线的接近程度。

(6) 漂移量，通常指系统的输入不变时，系统输出量随时间变化的最大值，又称为测量系统的不稳定度。

(7) 最小分度值，仪器仪表的显示装置所显示的最小变化量的测量值。

用于结构静载试验测量用仪器种类多，型号、规格、性能复杂，某些参数之间往往不能兼顾。如精度高的仪器一般量程较小，灵敏度高的仪器往往对环境的适应性较差。测量的任务就是把结构加载所反映的物理量通过仪器仪表转换成试验数据，仪器选用应根据试验需要，符合测量要求。

结构静载试验对仪器仪表的基本要求有：

(1) 基本性能指标必须满足试验的具体要求，根据预估的被测物理量的变化范围选择仪器仪表的量程和精度。一般根据被测物理量最大值的 60%～70%选择仪表量程。同时，仪器仪表应该有足够的分辨率，一般最小读数不大于最大被测量的 5%。

(2) 可靠性较高，对环境的适应性要强，并且携带方便、可靠耐用。

(3) 定期检定或校准，并有相关记录。对生产鉴定性试验，使用的仪器、仪表必须由法定授权单位进行检定，并出具检定报告。

除了以上基本要求外，仪表必须正确安装，固定点及夹具应有足够的刚度，保证仪器仪表的正常工作和准确读数。

2.6.2　应变测量技术

结构截面的应力反应是结构试验测量的主要内容。由于应力不能直接测量，因此，通过测量结构应变，然后通过应力—应变关系计算获得结构应力。通过应力计算获得的结构内力，从而了解结构的性能和承载能力等。因此，应变测试是结构试验中十分关键的测试内容。

应变即 du/dx，指结构中某点处方向单位长度的位移变化(x 为坐标方向，u 为该轴向变形量)。实际应用中，不可能直接测量某点的应变，只能通过测量一定长度范围内其长度 l 的变化增量来计算平均应变，近似作为该点处的应变，即 $\varepsilon \approx \Delta l/l$，$l$ 称为标距。结构变形时，标距会发生变化，两端产生相对位移量 Δl。所计算应变为标距范围的平均应变，与测点的真实应变有差距。对于应力梯度大的位置，这种差距更明显。若标距越小，这个差距自然也越小。

工程使用中的金属材料接近均质，应变标距长度取决于应变测量技术。对于工程结构中的非均质材料，如混凝土、砌体等，则标距不能任意缩短。因为混凝土中的骨料与胶凝材料的弹性模量不同，在相同的应力下，骨料应变与充满其间的胶凝材料应变不同。当应变测量标距不能将骨料和胶凝材料一起包含，则因太小的标距而只能测到骨料应变或胶凝材料应变，而非混凝土宏观均质的平均应变。因此，对混凝土材料，应取粗骨料粒径的 4 倍且不小于 50mm；砌体结构则应取大于 4 皮砌块的标距，才能正确反映真实的平均应变。

应变量测方法很多，有电测式、机械式和光学式。其中，电测式中最常用的是电阻应变量测方法。

2.6.2.1 电阻应变片的工作原理

导体或半导体在外界作用下产生机械变形时，其电阻值将发生变化，此现象称为"电阻应变效应"。利用此原理，将导体制作而成的电阻应变片粘贴在被测结构或材料表面，当被测结构受外界作用而变形时，这种变形将传递到应变片，应变片变形引起内部导体电阻值发生变化。通过测量电阻变化，就可以获得结构应变。

电阻应变片是电阻应变量测系统的感受元件。丝绕式构造如图 2.6.1 所示，在纸或胶薄膜等基底与覆盖层之间粘贴合金敏感栅（电阻栅），端部加引出线。基于其敏感栅的应变—电阻效应，能将被测试件的应变转换成电阻变化量。

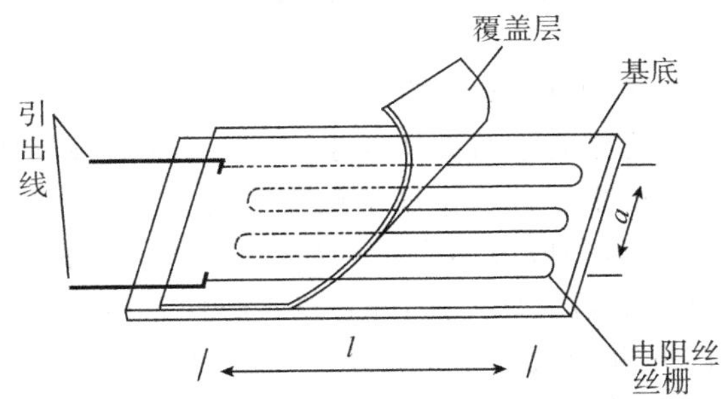

图 2.6.1 电阻应变计构造示意图

电阻丝的电阻值随其变形而发生改变，根据金属材料的物理属性，金属丝的电阻 R 与长度和截面积有如下式（2－6－1），

$$R=\rho\frac{l}{A} \tag{2-6-1}$$

式中：R——电阻丝的电阻值（Ω）；l——电阻丝的长度（m）；ρ——电阻率（Ω・m）；A——电阻丝的截面积（m^2）。

当金属丝拉伸时，其长度伸长，截面积减小，电阻值加大，而受压则相反。电阻变化可通过对式（2－6－1）进行全微分得

$$\mathrm{d}R=\frac{\partial R}{\partial \rho}\mathrm{d}\rho+\frac{\partial R}{\partial l}\mathrm{d}l+\frac{\partial R}{\partial A}\mathrm{d}A=\left(\frac{l}{A}\right)\mathrm{d}\rho+\left(\frac{\rho}{A}\right)\mathrm{d}l+\left(-\frac{\rho l}{A^2}\right)\mathrm{d}A \tag{2-6-2}$$

对上式两端除以 R，并利用式（2－6－1）可以得到

$$\frac{\mathrm{d}R}{R}=\frac{\mathrm{d}\rho}{\rho}+\frac{\mathrm{d}l}{l}-\frac{\mathrm{d}A}{A} \tag{2-6-3}$$

式中：$\frac{\mathrm{d}l}{l}=\varepsilon$ 为金属丝长度的变化，符合应变定义。

设金属丝的截面为圆形，可得面积变化：

$$\frac{\mathrm{d}A}{A}=\frac{\mathrm{d}(\pi D^2)}{\pi D^2}=2\frac{\mathrm{d}D}{D}=-2\mu\frac{\mathrm{d}l}{l}=-2\mu\varepsilon \tag{2-6-4}$$

式中：μ——金属丝泊松比；D——金属丝直径。

将式(2－6－4)代入式(2－6－3)，得

$$\frac{\mathrm{d}R}{R}=\frac{\mathrm{d}\rho}{\rho}+(1+2\mu)\varepsilon=\left(\frac{\mathrm{d}\rho}{\rho}/\varepsilon+(1+2\mu)\right)\varepsilon$$

令$\frac{\mathrm{d}\rho}{\rho}/\varepsilon+(1+2\mu)=K_0$，则

$$\frac{\mathrm{d}R}{R}=K_0\varepsilon \tag{2-6-5}$$

式中：K_0——金属丝灵敏系数，对确定的金属或合金而言，为常数。

在应变计中，由于敏感栅几何形状的改变和粘胶、基底等的影响，灵敏系数与单丝也有所不同，一般均由产品分批抽样实际测定，通常灵敏系数 $K_0=2.0$ 左右。

应变计的电阻变化率与应变值成线性关系。当把应变计牢固粘贴于试件上，使与试件同步变形时，便可由式(2－6－5)中电量—非电量的转换关系测得测点的应变。一般而言，K_0 值越大，表示单位应变变化引起的应变计电阻变化越大，即金属丝的电阻对其长度变化感应越灵敏。

电阻应变计的种类很多，按敏感栅材料分金属、半导体；按基底材料分纸基、胶基等；按使用极限温度分低温、常温、高温等。箔式应变计是在薄胶膜基底上镀合金薄膜，然后通过光刻技术制成，具有绝缘度高、耐疲劳性能好、横向效应小等特点，但价格高。丝绕式多为纸基，虽能防潮但因耐疲劳性稍差及横向效应较大等缺点，价格低廉，使用方便，一般持续较短时间的静载试验多采用。图 2.6.2 为几种应变计的形式，其中(a)～(h)为金属应变计，(i)为半导体应变计。金属箔栅有如下优点：① 横向部分可以做成比较宽的栅条，使横向效应较小；② 箔栅很薄，能较好地反映构件表面的变形，因而测量精度较高；③ 便于大量生产；④ 能制成栅长很短的应变计。因此，箔式电阻应变计得到广泛应用。

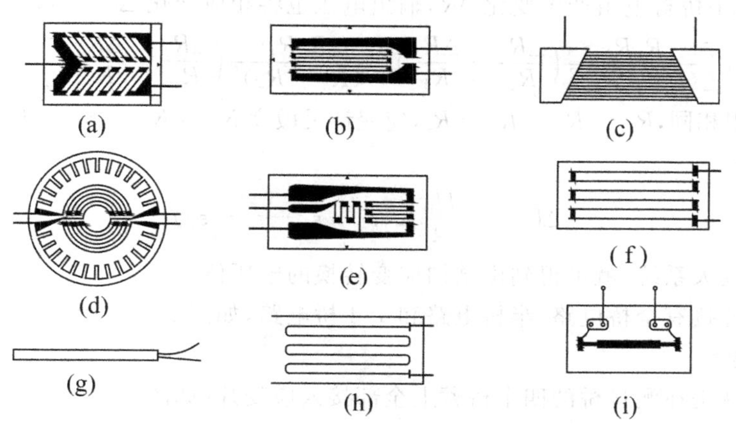

图 2.6.2　几种电阻应变计

(a)～(e)—箔式电阻应变计，(f)—短接式电阻应变计，(g)—焊接电阻应变计，(h)—丝绕式电阻应变计，(i)—半导体应变计。

2.6.2.2 电阻应变的测量原理

按照式(2-6-5)和图2.6.2,当敏感栅长度发生变化时,其电阻值也会发生变化,如果能准确测量敏感栅的电阻值及其变化,则可以通过式(2-6-5)的转换计算得到应变变化。结构试验中,测试对象的应变经常很小,数量级为10^{-6},相应的变化也很小。因此,电阻测量用专门的电阻应变仪进行测量。电阻应变仪是把电阻应变量测系统中放大与指示(记录、显示)部分组合在一起的量测仪器,主要由振荡器、测量电路、放大器、相敏检波器和电源等部分组成,把应变计输出的信号进行转换、放大、检波以至指示或记录,如图2.6.3所示。

应变仪的测量电路,一般均采用惠斯登电桥,把电阻变化转换为电压或电流输出。电桥由四个电阻R组成,如图2.6.4所示,是一种比较式电路,四个电阻构成电桥的四个桥臂。

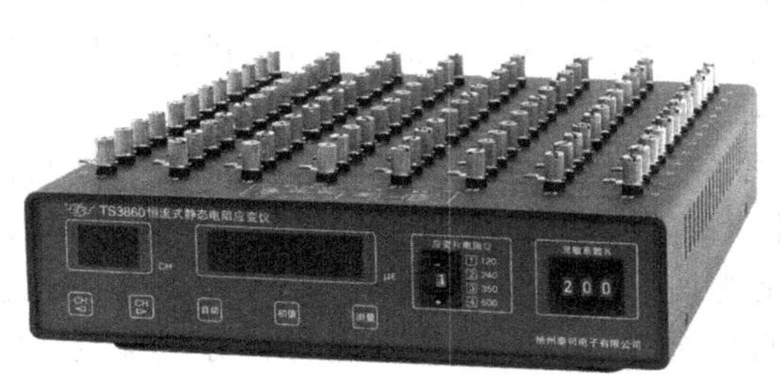

图2.6.3 电阻应变仪

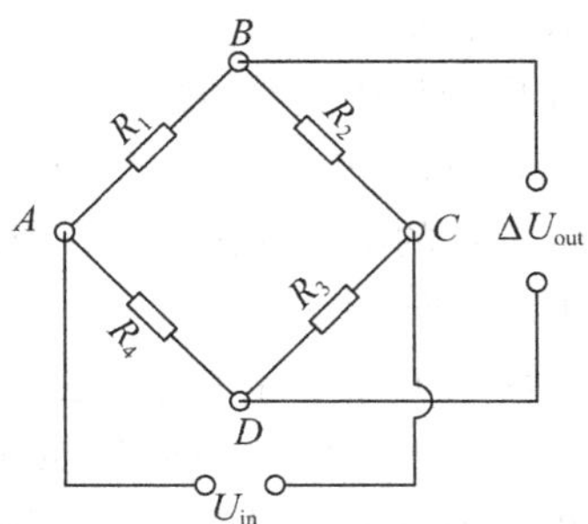

图2.6.4 惠斯登电桥

根据电工学基尔霍夫定律,电桥B、D端输出电压U_{out}与A、C端输入电压U_{in}关系为

$$U_{out}=U_{in}\frac{R_1R_3-R_2R_4}{(R_1+R_3)(R_2+R_4)} \tag{2-6-6}$$

当四个桥臂满足$\frac{R_1}{R_2}=\frac{R_4}{R_3}$,电桥的输出电压$U_{out}$为零,此时称为平衡状态。假设初始状态为平衡状态,如果桥臂电阻产生变化ΔR,输出电压也将相应变化ΔU_{out},可表示为

$$\Delta U_{out}=U_{in}\left[\frac{R_1R_2}{(R_1+R_2)^2}\left(\frac{\Delta R_1}{R_1}-\frac{\Delta R_2}{R_2}\right)+\frac{R_3R_4}{(R_3+R_4)^2}\left(\frac{\Delta R_3}{R_3}-\frac{\Delta R_4}{R_4}\right)\right] \tag{2-6-7}$$

若四个电阻相同,$R_1=R_2=R_3=R_4$,应变计灵敏度$K_1=K_2=K_3=K_4$,将式(2-6-5)代入上式,可得

$$\Delta U_{out}=\frac{U_{in}}{4}K(\varepsilon_1-\varepsilon_2+\varepsilon_3-\varepsilon_4) \tag{2-6-8}$$

通过电路放大系统,就可得到由结构应变转换的电压值。

常用桥路连接有全桥电路、半桥电路和1/4桥电路,如图2.6.5所示。

(1) 全桥电路。

全桥电路就是在测量桥的四个桥臂上全部接入应变片(如图2.6.5a)。对图2.6.6所示的钢梁弯曲试验,上表面接入R_2和R_3,下表面接入R_1和R_4,4个工作片电阻相同,形成所谓全桥测量电路,相邻桥臂上的工作片兼顾温度补偿。此时,根据悬臂梁上下表面应变规律,由式(2-6-8)得输出电压为

$$\Delta U_{out}=U_{in}K\varepsilon_1 \tag{2-6-9}$$

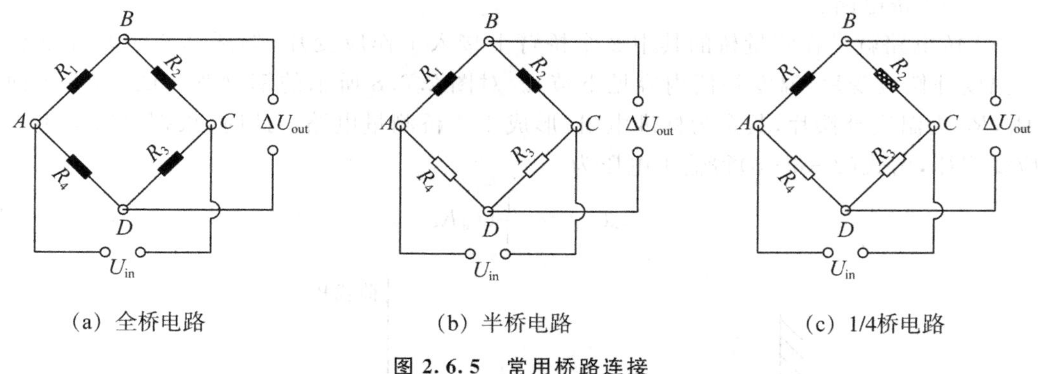

图 2.6.5　常用桥路连接

▭标准应变片，▬工作应变片，▩温度补偿应变片

(2) 半桥电路。

半桥电路就是在测量桥的两个桥臂上接入应变片(如图 2.6.5b)。对图 2.6.7 所示的钢梁弯曲试验，上表面接入 R_1，下表面接入 R_2，其余为标准电阻，形成所谓半桥测量电路。此时，根据悬臂梁上下表面应变规律，由式(2-6-8)得输出电压为

$$\Delta U_{out} = \frac{1}{2} U_{in} K \varepsilon_1 \qquad (2-6-10)$$

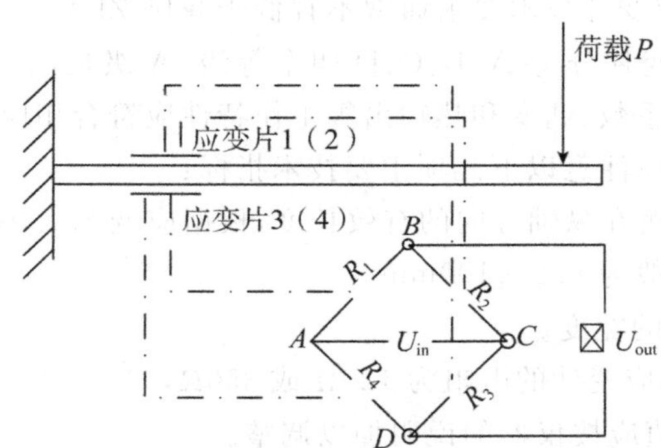

图 2.6.6　钢梁弯曲全桥应变测量方案

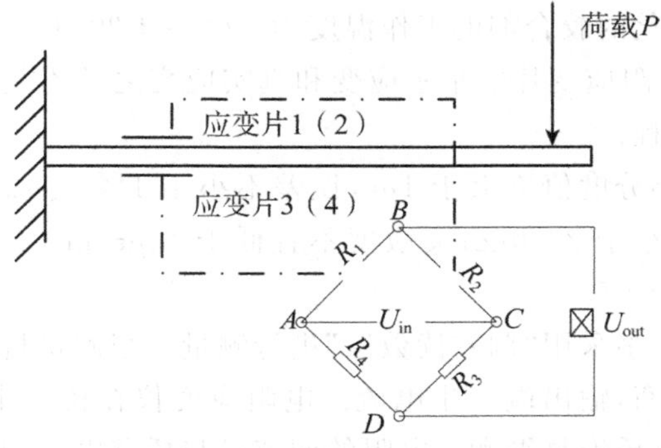

图 2.6.7　钢梁弯曲半桥应变测量方案

(3) 1/4 桥电路。

1/4 桥电路就是在测量桥的其中 2 个桥臂上接入工作应变片(如图 2.6.5c),相邻桥臂接入温度补偿应变片(温度补偿内容见下节)。对图 2.6.8 所示的钢梁弯曲试验,下表面接入 R_1,R_2 为温度补偿片,其余为标准电阻,形成 1/4 桥测量电路。此时,根据悬臂梁上下表面应变规律,由式(2-6-8)得输出电压为

$$\Delta U_{out} = \frac{1}{4} U_{in} K \varepsilon_1 \tag{2-6-11}$$

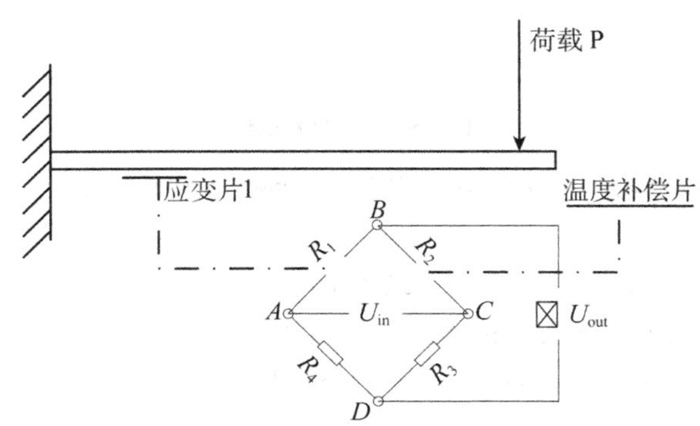

图 2.6.8 钢梁弯曲 1/4 桥应变测量方案

静载试验用的电阻应变计技术要求通常不宜低于我国 ZBY 117—82 标准的 C 级要求,也可采用 B 级。电阻应变片分为 A、B、C、D 四个等级,A 级最高,常用于制作应变式传感器。其应变计电阻、灵敏系数、蠕变和热输出等工作特性应符合相应等级要求。

通常,应变计选用时应注意以下几项主要技术指标:

(1) 标距 l。指敏感栅在纵轴方向的有效长度,根据应变场大小和被测材料的匀质性考虑选择,敏感栅的栅长一般为 0.2～100mm。

(2) 宽度 a。敏感栅的宽度。

(3) 电阻值 R。常用应变计的电阻为 120Ω 或 350Ω,60～600Ω 应变计均可使用。当用非 120Ω 应变计时,测定值应按仪器的说明加以调整。

(4) 灵敏系数 K。电阻应变片的灵敏系数,出厂前由厂家通过试验或抽样确定。

(5) 温度使用范围。主要取决于胶合剂的性质。可溶性胶合剂的工作温度为 −20～+60℃;经化学作用而固化的胶合剂的工作温度为 −60～+200℃。

(6) 应变极限。指电阻应变片的指示应变和真实应变之差不超过某一规定范围的情况下,电阻应变片的最大量程。

静态电阻应变仪最小分度值不大于 1$\mu\varepsilon$,误差不小于 1%,零漂不大于 ±3$\mu\varepsilon$/4h。动态应变仪,其标准量程不宜小于 2000$\mu\varepsilon$;灵敏度不宜低于 10$\mu\varepsilon$/mA 或 10$\mu\varepsilon$/mV,灵敏度变化不大于 ±2%,零漂不大于 ±5%。

早期静态电阻应变仪多采用“调零读数法”进行测量。当测量桥路由于应变变化而发生电阻变化时,电桥失去平衡,输出端产生电流。电阻应变仪在桥臂中配置有可调电阻,调节电阻,使输出电流为零,电桥恢复平衡。电阻的调节量与桥臂电阻因应变变化而产生的应变量呈正比,由此可测静态应变。这种方式电路系统简单,仪器工作可靠,但读数时间长,不能自动记录,现已不多见。

目前的静态应变仪通过直接放大测量电桥的不平衡电压，并将放大后的不平衡电压转换为应变量，通过显示器显示应变测量结果。

2.6.2.3　电阻应变测量的温度补偿

试验是在一定环境温度下进行的，环境温度变化不但会引起结构自身变形，也会使应变计变形导致电阻变化。温度变化引起的应变与荷载作用引起的应变处于同一数量级，有时甚至更大。为此，试验过程中需要采取一定的措施消除温度应变的影响，保证应变测试精度。

温度引起的结构附加应变一般可分为两类：一类是温度变化引起电阻应变片敏感栅电阻变化，因而产生附加应变；另一类是试件材料和应变片敏感栅材料的线膨胀系数不同，使应变片产生附加应变。实际测量中，这两种情况混合在一起，通过理论进行区分或分析附加应变的量值很困难。因此，温度引起的应变需要在测量过程中予以消除。

减小或消除结构静载试验温度对应变测试影响的方法，可通过温度补偿法，结合控制试验环境温度或其他方法尽可能减小或消除。

(1) 桥路补偿法。

桥路补偿法又称为补偿片法，如图 2.6.8 中的 1/4 桥应变测试。R_1 为工作片，安装在测试钢梁上，R_2 为补偿片，安装在与 R_1 环境温度相同但不产生应变的试件上。当仅环境温度变化时，电阻应变片 R_1，R_2 发生相同的变化，桥臂电压输出为零。因此，只有试验对象发生除温度变化以外的其他因素引起的结构变形时，R_1 电阻变化引起桥路电压变化，进而测得结构在荷载作用下的应变。

(2) 工作片自补偿。

图 2.6.6 和图 2.6.7 中，由于 R_1，R_2(或 R_3，R_4)处于相同的工作环境温度，应变数值存在比例关系，或相同或相反，温度影响可以直接消除或按照比例扣除，因此不需要另外温度补偿片。这种称为自补偿半桥或全桥应变测量法，方便简单，但由于环境温度变化复杂，不容易做到补偿片和工作片具有完全一致的温度条件或应变比例，影响补偿效果。另外还有一种自补偿应变片，此类应变片采用双金属敏感栅。这种应变片利用两种电阻丝材料的电阻温度系数不同的特性，将两者串联绕制而成应变片敏感栅。当温度变化时，一段敏感栅电阻增加，而另一端敏感栅电阻减小，使得工作片总电阻不随温度变化而变化，从而实现温度自补偿。

(3) 控制环境温度。

事实上，由于结构受力和边界条件、现场试验环境经常较为复杂，且受日照角度影响补偿片有时无法与工作片完全同温度等。在日照引起的温度场不断变化的现场测量中，完全消除温度引起的附加应变较为困难，而且环境温度变化较大时，结构受温度影响也会产生非荷载应变。因此，室内荷载试验可通过控制室内环境温度，现场试验可在夜间环境温度变化不大的时段进行试验和应变测量。

2.6.2.4　电阻应变片的安装及测试技术

(1) 应变片选择及粘贴。

选择应变片应从测试环境、应变的性质、应变变化梯度、粘贴空间、曲率半径、测量精度和应变片自身特点等方面加以考虑。测试的环境主要考虑温度、湿度和电磁场等。应变的性质分为静应变和动应变。静态应变测量选择横向效应较小的应变片;动态应变测量选择疲劳寿命强的应变片。对于应变场均匀变化的被测对象,应变片栅长没有特殊要求,可选栅长较长的应变片,易于粘贴;对于应变梯度变化大的测点,可选用栅长较小的应变片。可用的粘贴空间也影响着应变片的选择,特别是窄小空间宜选用栅长小的应变片。选择的应变片应无气泡、霉斑、锈点等缺陷。将表观合格的电阻应变片用万用表测量其电阻,一组应变片的阻值偏差不得超过应变仪可调平的允许范围。一般电阻值差别在±0.5Ω内。

根据被测对象的不同选择不同的应变片。用于混凝土应变测试的应变片要求敏感栅长度较长,如线型片敏感栅长度宜用60、70、80、120mm。木材、玻璃的应变测量宜选用栅长为5mm的应变片。一般钢筋的应变测量宜选用栅长为1~6mm的应变片。应力集中测试宜用栅长为0.15~2mm的单或双轴5片型应变片。

单枚应变片一般用于测量单轴应变,应变花用于测量平面应力状态。材料泊松比的测量宜选用正交的双轴应变花。应力分析宜选用0/90/45度的三轴应变花。二轴90度应变花用于主应力方向已知的场合,三轴和四轴应变花则用于主应力方向未知的场合。60Ω的应变片常用于弯曲校正(两枚应变片位于同一桥臂上),120Ω的应变片用于一般应力测量,350~1000Ω的应变片用于制作应变型传感器。常用电阻应变计的布设位置和桥路连接方法见表2.6.1。

(2) 应变片测量优缺点。

应变片测量具有以下优点:

(a) 测量灵敏度和精度高。其最小应变读数为1$\mu\varepsilon$(微应变,1$\mu\varepsilon$=1×$10^{-6}\varepsilon$),在常温测量时精度可达1%~2%。

(b) 测量范围广,可测1~20000$\mu\varepsilon$。

(c) 频率响应好,可以测量从静态到数十千赫的动态应变。

(d) 应变片尺寸小,重量轻。最小的应变片栅长可短到0.1mm,安装方便,不会影响构件的应力状态。

(e) 测量过程中输出电信号,可制成各种传感器。

(f) 可在各种复杂环境下测量,如高温、低温、高速旋转、强磁场等环境测量。

虽然应变测量具有上述优点,但同样也有缺点:

(a) 只能测量构件的表面应变,而不能测构件的内部应变。

(b) 一个应变片只能测构件表面一个点沿某个方向的应变,而不能进行全域性测量。应变片的测量值反映的是敏感栅下所覆盖面积的平均值。

(3) 选择粘合剂。

粘合剂分为胶剂粘合剂和水剂粘合剂。具体选用应视应变片基底材料和试件材质的不同而异。通常要求粘合剂具有足够的抗拉和抗剪强度,蠕变小,绝缘性能好等特点。目前在匀质材料试件上粘贴应变片时,较多地采用氰基丙烯酸类水剂粘合剂,如502快速胶。在混凝土等非匀质材料试件上贴片时,常采用环氧树脂胶。

(4) 测点表面整理。

为了使应变片与测点表面粘贴牢固,测点表面必须清理擦洗干净。对于匀质材料试件的表面,先用工具或化学试剂清除贴片处的漆皮、油污、锈层等污垢,然后用锉刀锉平表面,用80#砂纸初次打磨光洁,再用120#砂纸将表面打磨成与测量方向成45°的细斜纹。吹去浮尘后用脱脂棉球蘸上丙酮、甲苯或四氯化碳等溶剂擦洗试件表面，直至棉球不沾灰为止。此后，在试件处理完的表面上画出测点定向标记，等待贴片。

(5) 应变片的粘贴与干燥。

当选用 502 胶粘贴应变片时，应准备薄膜若干片。薄膜材料应不溶解于 502 胶，常用的有聚乙烯薄膜。使用时将聚乙烯薄膜裁成小块，每块面积约为应变片基底面积的三倍左右。贴片时，先在试件表面的定向标记处及应变片基底上分别均匀地涂抹一薄层粘贴胶，稍等片刻胶层即开始发黏，此时迅速将应变片按正确的方向位置贴上，然后取一块聚乙烯薄膜盖在粘贴了的应变片上，用手指稍加压力后，等待干燥。

当在混凝土表面贴片时，一般应先用环氧树脂胶作找平层处理，待找平胶层完全固化后再用砂纸打磨光滑，擦净后用 502 胶水或环氧树脂均可粘贴电阻应变片。

室温高于 15℃和相对湿度低于 60%时可采用自然干燥法，干燥时间一般为 24～48h。室温低于 15℃或相对湿度大于 60%时应采用人工干燥法，但是在人工干燥前必须经过 8 小时自然干燥。人工干燥常用红外线烘烤的方法，且控制烘烤时的温度不得高于 60℃，一般烘烤 8 小时即可达到要求。

(6) 焊接导线。

先在离开应变片引出线 3～5mm 处粘贴接线片，接线片粘贴牢固后再将引出线焊接于接线片上。最后把测量导线的一端与接线片连接，另一端与应变仪测量桥路连接。

(7) 应变片的粘贴质量检查。

(a) 用兆欧表量测应变片的绝缘电阻。静态测量的绝缘电阻应大于 200 兆欧。

(b) 观察应变片的零点漂移。将应变片接入电阻应变仪，三分钟之后观察应变片的零点漂移情况，若漂移小于 $5\mu\varepsilon$ 认为合格。

(c) 检查应变片的稳定性。这时对接入应变仪测量桥路的应变片进行电阻调平，若使用非直流电桥的应变仪时，还需进行电容调平。当电阻电容均调平衡后，用手指接触应变片敏感栅部位，此时应变仪的表头指针将偏离零点；当手指离开后，应变仪的表头指针应该回零，此时则认为该应变片工作稳定。若检查的结果是绝缘电阻低、零点漂移大或工作不稳定时，则说明该应变片测定工作状态不良，应将此应变片铲除重新粘贴。

(8) 防潮防水处理。

如果应变片处于湿度较大的使用环境下或者应变片贴在试验周期较长的试件上使用时，都需要对应变片采取防潮措施。防潮措施必须在检查应变片粘贴质量合格后马上进行。防潮处理的简便方法是用松香、石蜡或凡士林涂于应变片表面，使测片与空气完全隔离，达到防潮的目的。防水处理一般采用环氧树脂胶遮盖的方法。

2.6.2.5　其他应变测量方法

结构试验应变测试的方法很多，常用应变测量方法除电阻应变计法外，还有以下几种方法。各种方法特点见表 2.6.2。

1. 机械式应变仪

常用的机械式应变仪有杠杆式引伸仪、蝶式引伸仪、钢绞线专用引伸仪，如图 2.6.9～2.6.11 所示。

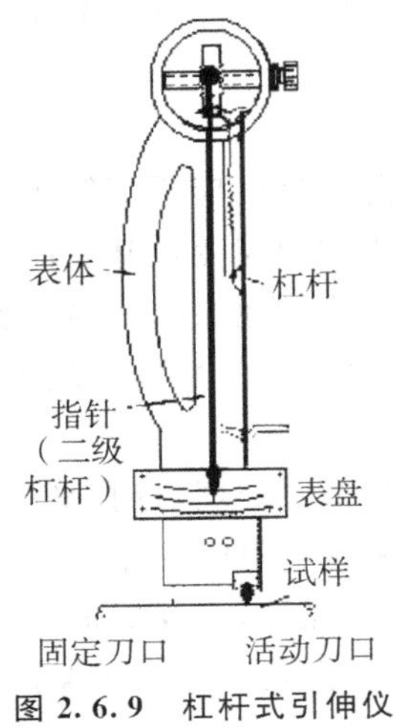

图 2.6.9　杠杆式引伸仪

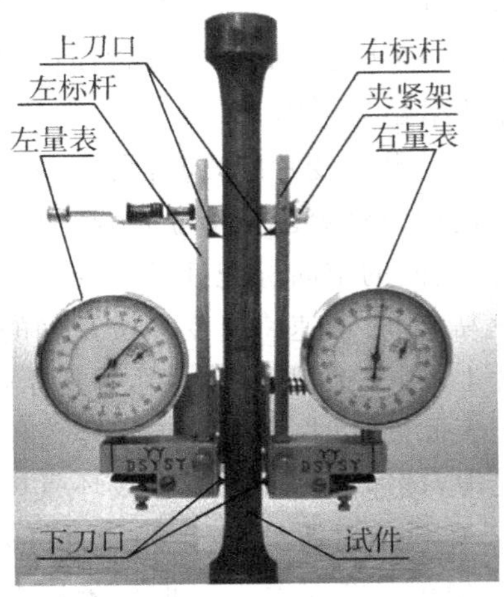

图 2.6.10　蝶式引伸仪

图 2.6.11　手持应变仪

根据现场条件，还可用千分表和直杆组合成应变测试装置，可设计成不同标距（如图 2.6.12）。所测应变值＝千分表读数/标距 l，分辨率＝1/1000l（l 用毫米单位）。千分表应变测试具有不受电磁场等影响、操作简便、可重复使用等优点，但是存在分辨率低（与标距有关）、测量受变形影响较大，以及需要在试件附近测读等缺陷。由于千分表组合应变计所测应变为标距内的平均应变，对于混凝土和砌体结构，细小的表面缺陷对测量结果影响较小。

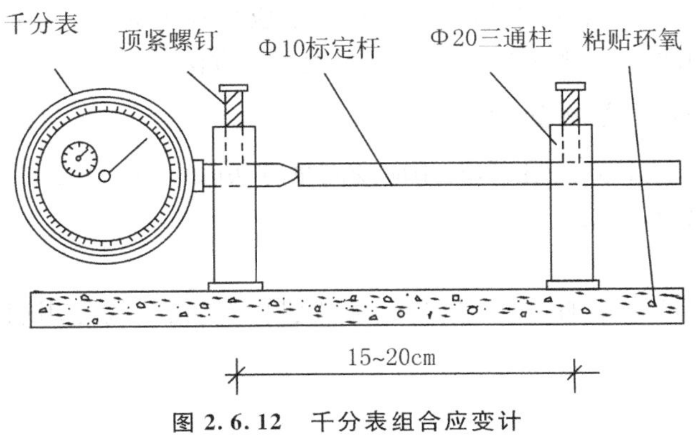

图 2.6.12　千分表组合应变计

2. 振弦式应变传感器

振弦式应变传感器也是测量结构表面和内部应变的主要仪器。传感器以拉紧的金属弦作为敏感元件，当弦的长度确定之后，其固有振动频率的变化量即可表征弦所受拉力的大小，通过相应的测量电路，就可得到与拉力成一定关系的电信号。这种基本关系可以用来测量多种物理量，如应变、荷载、力、压力、温度等。

根据动力学原理，金属弦频率 f 与弦张力 T 的关系表达如式(2－6－12)。

$$T = 4\rho l^2 f^2 \tag{2-6-12}$$

式中：f—— 金属弦的振动基频；ρ—— 金属弦线密度；l—— 金属弦长度。

假设已知金属弦的弹性模量和截面积，则被金属弦应变表达式如式(2－6－13)。

$$\varepsilon = \frac{T}{EA} = \frac{4\rho l^2 f^2}{EA} \tag{2-6-13}$$

式中：E—— 金属弦弹性模量；A—— 金属弦截面积。

通常，振弦式传感器装有外壳，外筒的应变与振弦应变协调，振弦的应变增量与金属外壳应变增量相同。若振弦式传感器安装在结构上，振弦初始频率为 f_1，结构应变为 0，当结构受载作用发生应变时，振弦式传感器的频率为 f_2，可以由式(2－6－13)计算得到结构应变，表达如式(2－6－14)。

$$\varepsilon_s = \varepsilon_g = \frac{4\rho l^2 (f_2^2 - f_1^2)}{EA} \tag{2-6-14}$$

式中：ε_s—— 传感器应变；ε_g—— 结构应变。

振弦式应变传感器结构如图 2.6.13 和 2.6.14 所示。一根金属钢丝弦两端被固定，外部有一金属管起支撑和保护作用，金属管的中间位置有一个激励线圈和测温电阻，用一个脉冲电压信号去激励线圈，线圈中将产生变化的磁场，钢丝弦在磁场的作用下产生衰减振动，振动的频率为钢丝弦的固有频率。

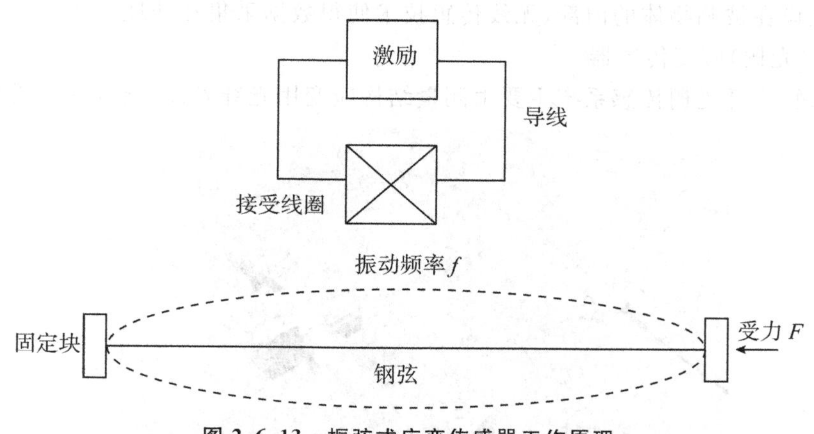

图 2.6.13　振弦式应变传感器工作原理

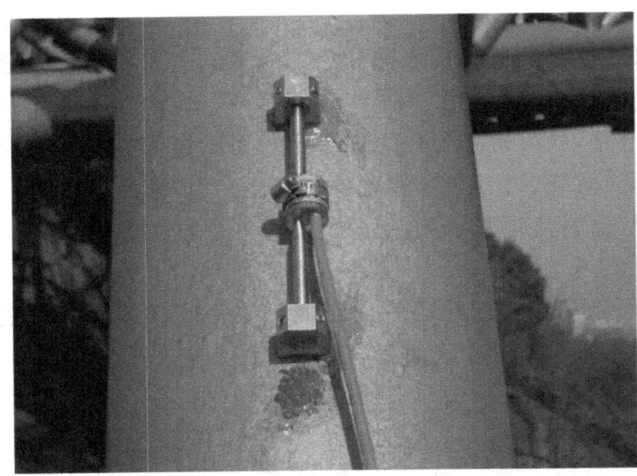

图 2.6.14 振弦式应变传感器

振弦式传感器主要有两种工作方式：一种是单线圈激励方式；另一种是双线圈激励方式。单线圈激励方式的工作原理是激励线圈既激励弦产生振动，也接收弦的振动所产生的激励信号。双线圈激励方式是一个线圈激励，一个线圈接收。除了线圈外，传感器还带有一个热敏电阻，用以测试传感器周围环境温度，以便进行温度修正。

振弦传感器较一般传感器的优点就在于传感器的输出是频率而不是电压。频率可以通过长电缆传输，不会因为导线电阻的变化、浸水、温度波动、接触电阻或绝缘改变等而引起应变值的变化。缺点是价格比电阻应变计高、一般测读的是频率值需要换算成应变、体积相对较大容易受碰撞，当测试周期比较长时存在振弦松弛的可能性。通过独特工艺的设计和制造，振弦式传感器还是可以具有极好的长期稳定性，特别适于在恶劣环境中的长期监测。近年来，在我国大型工程项目中振弦式应变传感器得到广泛使用，既可以埋设在被测物体的表面，也可以埋设在被测物体的内部，无线传感技术使得数据采集和处理可在办公室内完成。

3. 光纤(光栅)应变传感器

一般来说，光纤光栅传感系统主要由测量结构应变用光纤光栅传感器(如图 2.6.15)、传

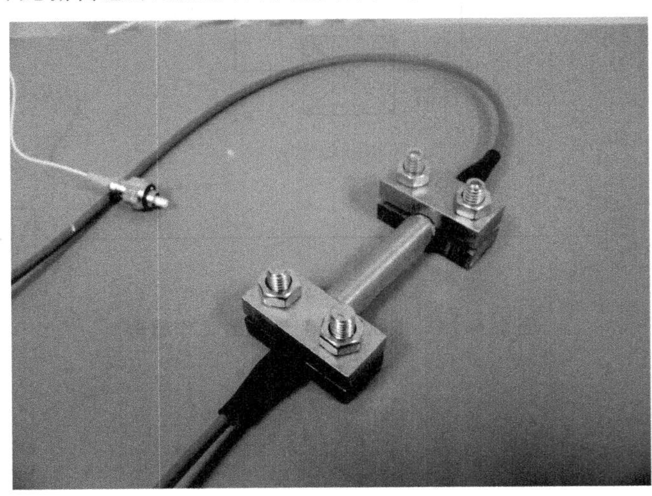

图 2.6.15 钢结构表面光纤光栅应变传感器

输信号用光纤和光纤光栅解调设备组成(如图 2.6.16)。光纤光栅传感器主要用于获取温度、应变、压力、位移等物理量。其原理是,通过拉伸和压缩光纤光栅,或者改变温度,可以改变光纤光栅的周期和有效折射率,从而达到改变光纤光栅的反射波长的目的,而反射波长和应变、温度、压力、压强等物理量成线性关系。

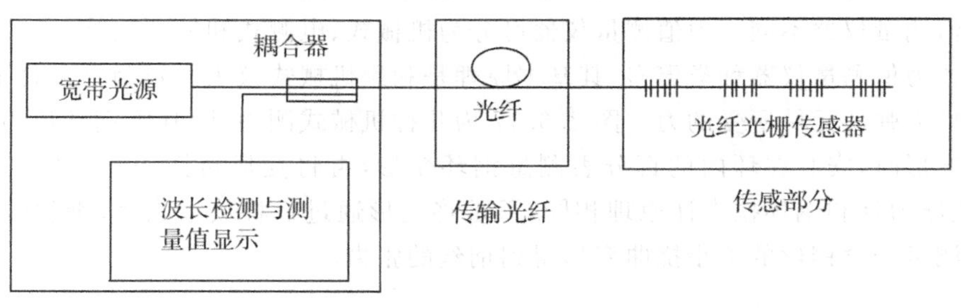

图 2.6.16 光纤光栅传感系统

分布式应变测试技术就是运用光纤作为数据采集和传输手段,近几年来在土木工程健康监测领域有较快的发展。光纤传感器自 20 世纪 70 年代问世以来,得到了广泛的关注,特别是近几年,光纤传感器的工程应用研究发展迅速。与传统的电阻式和振弦式应变传感器相比,光纤传感器具有如下优点:① 光纤传感器采用光信号作为载体,光纤的纤芯材料为二氧化硅,该传感器具有抗电磁干扰、防雷击、防水、防潮、耐高温、抗腐蚀等特点,适用于水下、潮湿、有电磁干扰等一些条件比较恶劣的环境,与金属传感器相比具有更强的耐久性。② 灵敏度和分辨率高,响应速度快。③ 体积小,重量轻,结构简单灵活,外形可定制,安装方便。④ 现代的大型或超大型结构通常为数公里、数十公里甚至上百公里,要通过传统的监测技术实现全方位的监测是相当困难的,而且成本较高。但是通过布设具有分布式特点的光纤传感器,光纤既作为传感器又作为传输介质,可以比较容易实现长距离、分布式监测。⑤ 稳定性好,可用于长期测试。此外,将其埋入结构物中不存在匹配的问题,对埋设部位的材料性能和力学参数影响较小。

分布式布里渊光纤传感技术(BOTDR),除了具有以上的特点外,其最显著的优点就是可以准确地测出光纤沿线任一点上的应力、温度、振动和损伤等信息,无需构成回路。如果将光纤纵横交错铺设成网状即可构成具备一定规模的监测网,实现对监测对象的全方位监测,克服传统点式监测漏检的弊端,提高监测的成功率。分布式光纤传感器应铺设在结构易出现损伤或者结构的应变变化对外部的环境因素较敏感的部位以获得良好的健康监测结果。需要进一步研究的是:① 提高测量系统的空间分辨率,BOTDR 的空间分辨率目前可以达到 1m,对于土木工程结构而言是不够的,通过采用特殊的光纤铺设方法或者对布里渊频谱进行再分析,可以得到较高空间分辨率和应变测量精度;② 分布式光纤传感器的优化布置,由于 BOTDR 技术具有分布式和与结构相容性较好的特点,传感器的布设要比点式传感器容易得多,但对于结构的高变形区以及易损部位的监测,就需要考虑结构的受力特点,合理布设光纤,甚至可以引入数值模拟和相关的测点选择优化算法;③ 结合结构物的特征、受荷特点以及环境因素合理地解析 BOTDR 的应变监测数据,在此基础上实现结构损伤的识别、定位和标定,并对结构的健康状况提出合理的评估。

2.6.3 力值测量仪器

结构试验中，需要直接测量的力值包括结构试验所施加的荷载值、结构支座反力、预应力结构张拉力、张拉端锚固力、钢结构高强螺栓扭矩、风荷载压力或其他液体压力等。不同用途的力值测量仪器不同。力值测量仪器可分为机械式、电测式和振弦式等。

机械式力值测量仪器种类繁多，其基本原理是利用机械式仪表测量弹性元件的变形，再将变形转换为弹性元件所受的力。图 2.6.17 为几种机械式测力计，其中钢环拉力计的原理是当钢环变形时，安装在环内的百分表测量钢环变形，再将变形转换为钢环所受拉力或压力；环箍式压力计和钢环拉力计原理相同，只是将变形通过杠杆放大表示；钢丝张力测力计则是利用测量张紧钢丝的微小挠曲变形得到钢丝的张力。

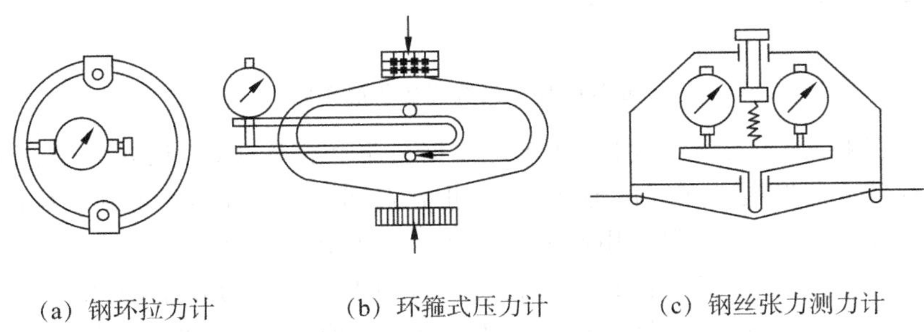

(a) 钢环拉力计　　(b) 环箍式压力计　　(c) 钢丝张力测力计

图 2.6.17　机械式测力计

电测式则多为电阻应变式力传感器，如图 2.6.18 和图 2.6.19 所示。它利用安装在金属弹性体上的电阻应变片（应变片等级为 A 级）测量传感器弹性体的应变，再将弹性体的应变值转换为弹性体所受的力。另外还有一种称为轮辐式力传感器（如图 2.6.20），高度较小，适合于高度空间受限的支座位置反力测量等。

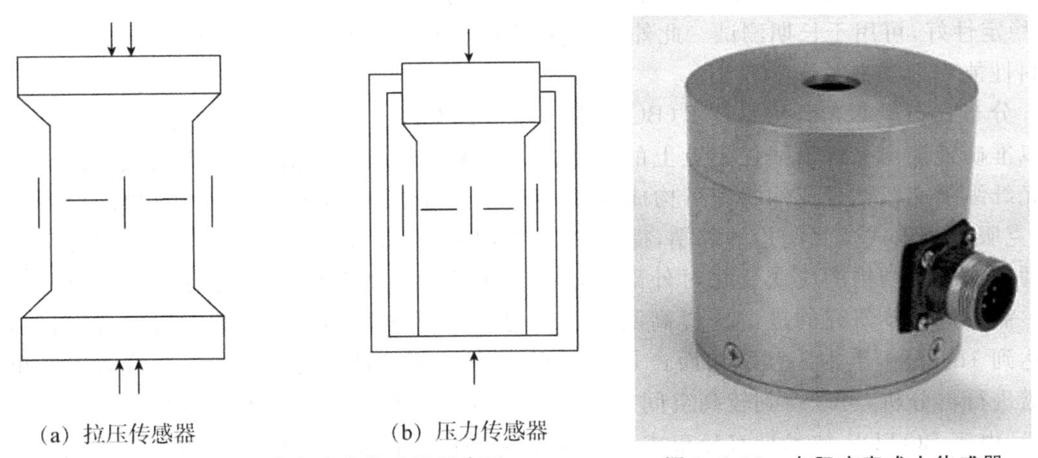

(a) 拉压传感器　　(b) 压力传感器

图 2.6.18　电阻应变式力传感器示意图

图 2.6.19　电阻应变式力传感器

振弦式力传感器的测量原理与振弦式应变计测试方法相同，只是输出单位为力，图 2.6.21 为轮辐振弦式扭矩测量仪器的原理图。

力值的间接测量方法，通常利用液压加载时，比如水压表、油压表（如图 2.6.22）、气压表、土压力盒（如图 2.6.23）等，将测量的工作压力乘以加载的活塞有效面积，得到加载油缸对结构所施加的荷载值。此外，还有测量钢结构高强螺栓用扭矩扳手(如图 2.6.24)等。

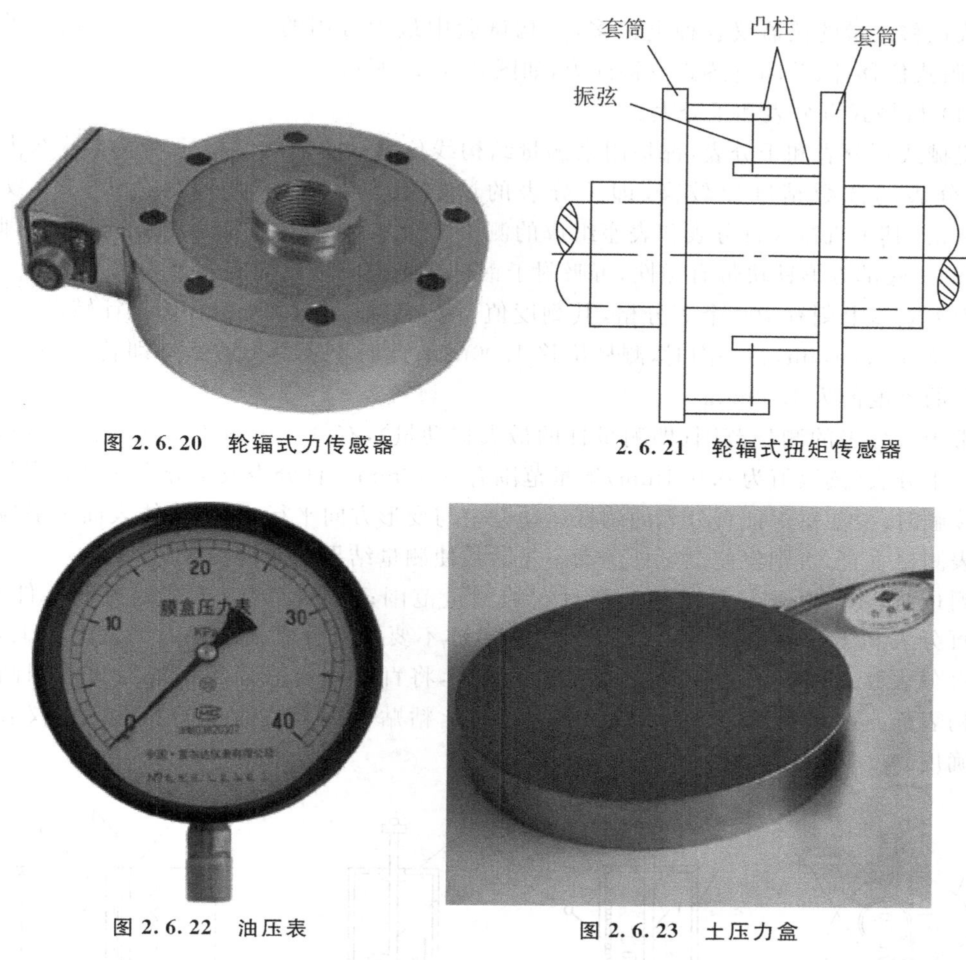

图 2.6.20　轮辐式力传感器

2.6.21　轮辐式扭矩传感器

图 2.6.22　油压表

图 2.6.23　土压力盒

图 2.6.24　可调扭矩扳手

2.6.4　位移测量仪器

结构试验中，结构位移是结构在荷载作用下的重要反应，它反映了结构的整体刚度、弹性与非弹性的变化情况，既体现了总的工作性能，又反映了局部情况，与应力一样也是结构计算和性能评价的重要数据。结构位移包含了结构线位移、角位移等。线位移测试多为相对位移，即结构某一观测点在静荷载试验中的空间位置相对于基准点的位置移动。基准点可以是结构外部的某一固定点，也可以是结构上另一相对点。如框架结构侧向刚度试验的侧向位移、框架梁结构受弯试验的挠度测试。而角位移测量则指的是，结构某一点相对于初始状态的转角测量，如框架结构试验时的节点转角测量。

2.6.4.1 线位移测量仪器

线位移测量的仪器仪表种类很多，结构试验中最为常用的是(机械)百分表、电子百分表、电阻式位移计、差动电感式位移计等，如图 2.6.25 所示。

(1) 机械式百分表和千分表。

机械式百分表和千分表，都是用来测量结构线位移。它们的结构原理没有什么大的不同，千分表的读数精度比较高，即千分表的读数值为 0.001mm，而百分表的读数值为 0.01mm。其中机械式百分表和表座组成的测量装置如图 2.6.26 所示，内部机构原理见图 2.6.25a。底部方形铁块带有磁性，可吸附于钢材基座表面用来固定百分表或千分表。百分表外圈大表盘上刻有 100 个等分格，其刻度值(即读数值)为 0.01mm，长指针转动一格，表明测杆位移 0.01mm，转一圈时，测杆位移 1.00mm；此时小表盘上的指针即转动一格，转数指示盘的刻度值为 1.00mm。

常用百分表的测量范围(即测量杆的最大移动量)，有 0～3mm、0～5mm、0～10mm 的三种。千分表(读数值为 0.001mm)测量范围有 0～2mm。百分表或千分表通过表座与被测物体接触时，要注意保证百分表的测杆运动方向与变形方向平行，被测物体表面一般应该与百分表测杆垂直，否则将使测量杆活动不灵活或使测量结果不准确。

测量时，不要使测量杆的行程超过它的测量范围；不要使测量头突然撞在零件上；不要使百分表和千分表受到剧烈的振动和撞击，亦不要把百分表强迫推入测量构件上，以免损坏百分表和千分表的测杆而失去精度。因此，将百分表与表面粗糙或有显著凹凸不平的结构表面直接接触是错误的，可在此类表面上粘贴光滑平整的玻璃等以保护仪表和测量准确度。

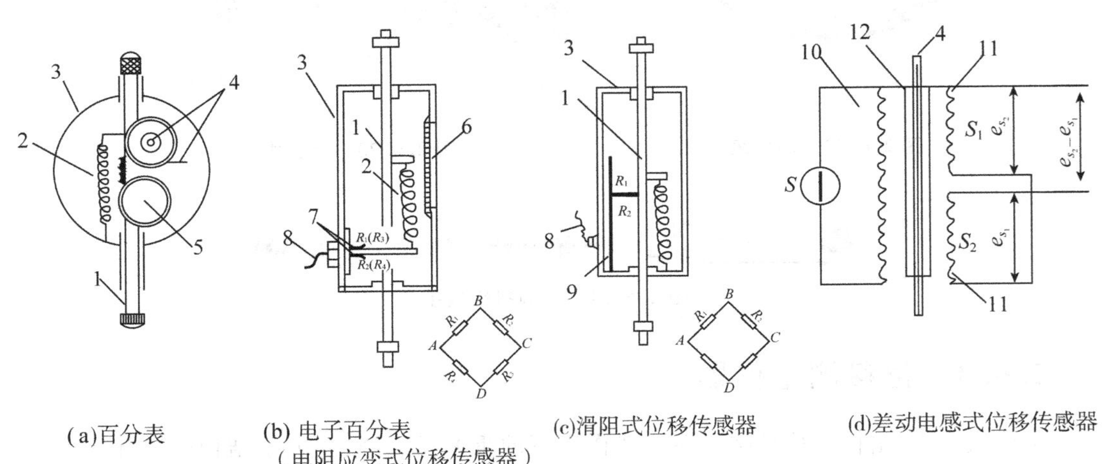

图 2.6.25 常用线位移计构造

1—测杆，2—弹簧，3—外壳，4—指针，5—齿轮，6—刻度，7—电阻应变，8—电缆，9—电阻丝，10—初级线圈，11—次级线圈，12—圆形筒。

（2）电阻应变式位移传感器。

电阻应变式位移传感器原理图如图 2.6.25b 所示。其主要部件为一块弹性好、强度高的铍—青铜制成的悬臂弹簧片，弹簧片固定在仪器外壳上。弹簧片上粘贴四片应变片，组成全桥应变装置，具体原理如悬臂梁全桥应变计连接及测量方法。簧片的自由端固定有拉簧，拉簧与指针连接。当测杆随变形而移动时，传力弹簧使簧片产生挠曲，悬臂簧片产生应变，通过电阻应变仪测得的应变，通过应变—测杆位移换算得到位移测量结果。

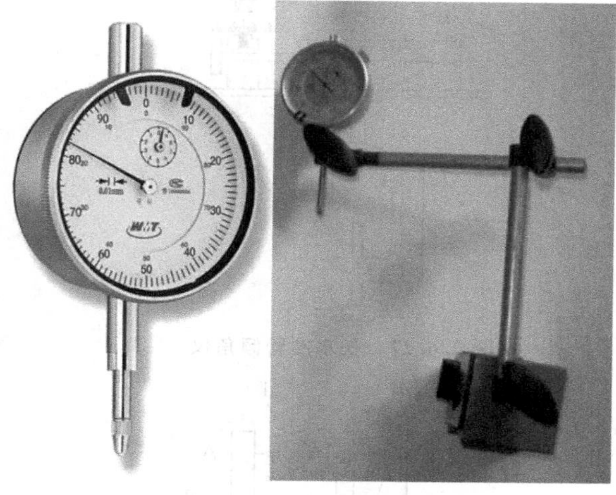

图 2.6.26　机械式百分表及固定表座

（3）滑阻式位移传感器。

滑阻式位移传感器的基本原理是将线位移的变化转换为传感器输出电阻变化，如图 2.6.25c 所示。当测杆移位时，与测杆相连的簧片在滑动电阻上移动，使得电阻 R_1 输出电压发生变化，通过与 R_2 的参考电压值比较，可以得到 R_1 输出电压改变量。另外一种滑动电阻式位移传感器是通过电阻应变仪直接测量电阻的变化。两种滑动电阻式位移传感器的簧片与电阻线圈直接接触，测杆移位时反复运动产生摩擦，使用寿命较低。

（4）线性差动电感式位移传感器。

线性差动电感式位移传感器构造如图 2.6.25d 所示，其工作原理是通过高频振荡器产生一个参考电磁场，当与被测物体相连的金属测杆在两组线圈之间移动时，由于铁芯切割产生切割磁力线，改变了电磁场强度，感应线圈的输出电压随即发生变化。通过标定，可以确定感应电压变化与位移量变化之间的关系。线性差动电感式位移传感器一般由两部分组成：一部分是磁感应线圈和铁芯组成的传感元件；另一部分是电压处理元件，称为变送器，是将感应电压放大并传递给显示记录装置。

2.6.4.2　转角位移测量仪器

结构静载试验的转角位移测试有弯曲转角位移、扭转角位移测量等。最常见的转角测量仪器是水准管式倾角测量仪，如图 2.6.27 所示。试验时，先将倾角仪上水准管内的水泡调平，试件受荷变形后，产生倾角，水泡偏离平衡位置，这时再将水泡调平，调整量就是测点处的转角。这种读数方法称为调零读数法。

类似于滑动电阻式线位移传感器的基本原理，采用旋转形滑动电阻测量转角。图 2.6.28 为一电阻应变式倾角传感器的示意图，将倾角传感器安装在试验结构需要测量转角的部位，结构转动时，倾角传感器内的重锤使悬挂重锤的悬臂梁产生挠曲应变，利用粘贴在悬臂梁上的应变片即可测量其变化，再转换为倾角。

也可利用机械装置测量线位移，此测量方法为转角间接测量法，根据图 2.6.29 所示原理，将线位移转换为角位移。

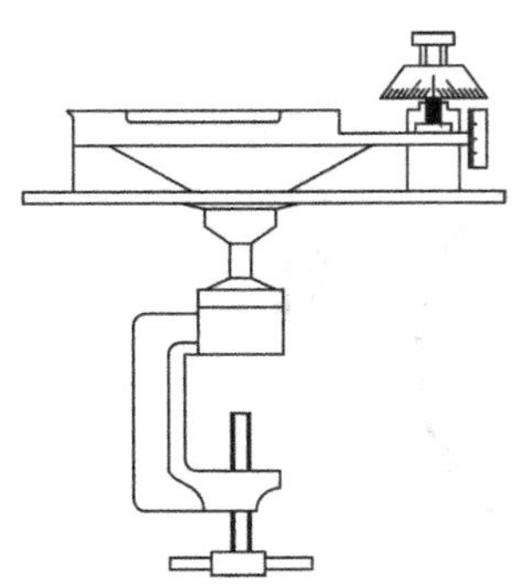

图 2.6.27　长水准管倾角仪

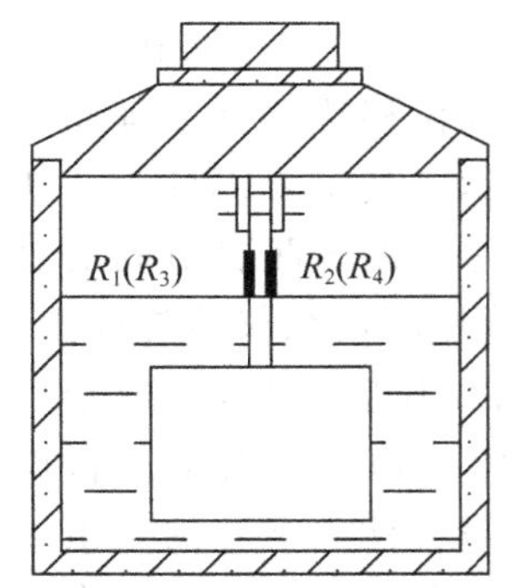

图 2.6.28　电阻应变式倾角传感器

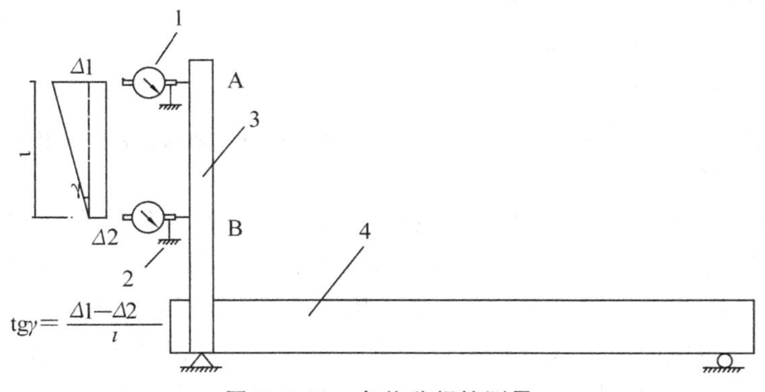

图 2.6.29　角位移间接测量

1—位移计，2—固定支座，3—机械竖杆，4—梁试件。

2.6.4.3　其他位移测量仪器和方法

位移量测也可以采用拉线法和光学仪器测量，如：用水准仪测结构的竖向挠度，适用于大型、大跨结构，如桥梁等；用经纬仪测结构的水平位移，适用于现场的大型高耸结构，如高层等的水平位移（倾斜）观测；用全站仪则可以测结构的竖向和水平位移，全站仪是一种电脑数字化处理的光学测量仪器，通过放置在测点棱镜的反射，可以测量测点的空间坐标，因而也可以量测测点的竖向和水平位移。

其他位移量测仪器有，测斜仪可以测土体水平位移、大坝水平位移；采用连通水管可以测竖向挠度，适合大跨度结构，如桥梁的挠度观测。

2.6.5　裂缝宽度测试仪器

建筑结构试验中混凝土或砌体、木结构等裂缝的产生和发展，是反映结构性能的重要特征。例如，钢筋混凝土结构构件，裂缝的出现及开展情况，对确定开裂荷载，研究破坏过程和对预应力结构的抗裂与变形性能研究等都十分重要。

检测裂缝出现可以采用声发射仪，结构在裂缝出现的一刹那会产生微小的振动，并发射出声波，因此，监测声波可以知道裂缝的出现，甚至裂缝出现的位置。采用应变计连续搭接安装或粘贴，常用千分表应变检测装置，裂缝出现时跨裂缝的应变计应变读数会突然增加。也可以采用一定尺寸（长 100～200mm、宽 10～12mm）的导电漆膜，涂成如图 2.6.30 所示的情况，经干燥后通电，裂缝扩展达 1～5μm 时发生火花或断路而被发现。

裂缝宽度的量测一般采用读数显微镜，它是采用光学透镜与游标刻度组成的复合式仪器，如图 2.6.31 所示。还有一种数字式裂缝宽度检测仪，裂缝宽度测量仪的最小刻度一般为 0.02mm，如图 2.6.32 所示。

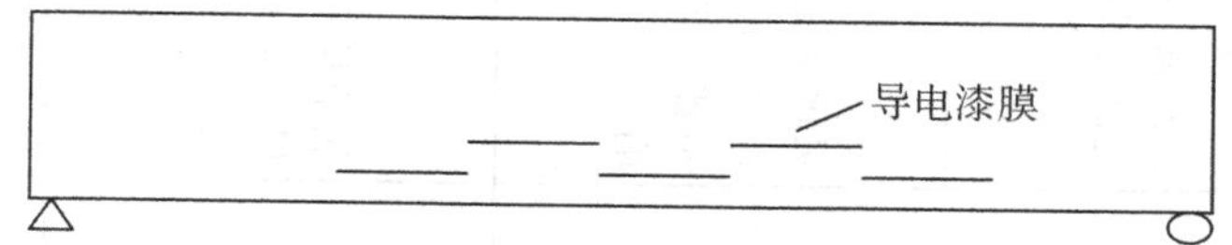

图 2.6.30　通过应变计或导电漆膜临测裂缝

图 2.6.31　读数显微镜

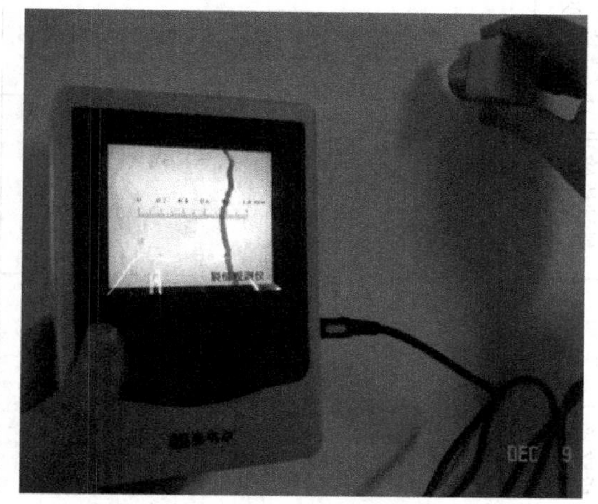

图 2.6.32　数字式裂缝宽度检测仪

对于较大宽度的大于 1mm 裂缝，可采用游标卡尺、裂缝塞尺，如图 2.6.33 所示。此外，根据电阻应变片的应变突变，也可以判断混凝土裂缝出现。通过结构构件表面试验前涂刷脆性油漆或涂料，当试验对象在试验过程中开裂时，裂缝处脆性涂层断裂，指示出裂缝部位。此类要求涂层开裂应变略大于混凝土开裂应变，否则涂层开裂先于混凝土开裂，试验过程中不能正确指示裂缝部位。

此外，还可以采用简便的直接对比方法，将不同裂缝宽度印刷在卡片上，使用时直接比较开裂宽度与卡片上裂缝宽度，以获得开裂宽度。

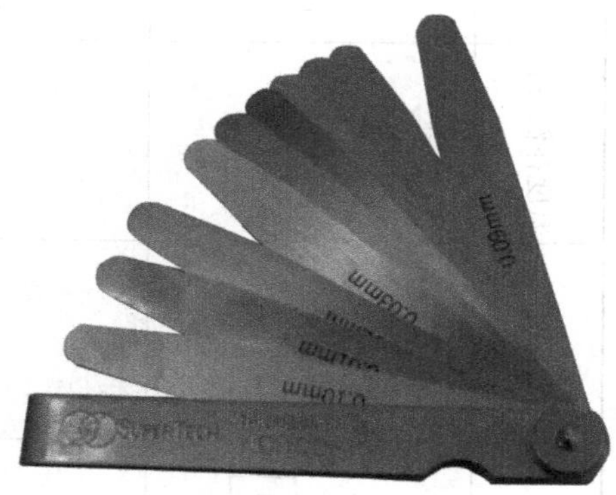

图 2.6.33　裂缝塞尺

表 2.6.1　电阻应变计的布置与桥路连接方法

序号	受力状态及贴片方式		量测项目	温度补偿方法	桥路接法		测量桥输出	量测读数 ε_r 与实际应变 ε 关系	特点
1	轴向拉压	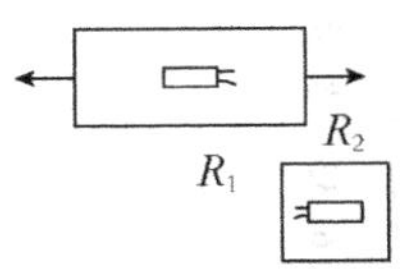	轴向应变	外设补偿片	半桥	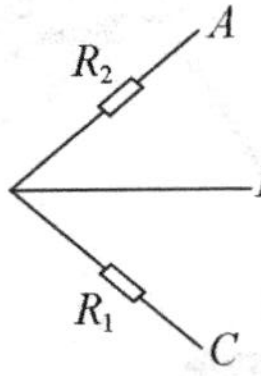	$U_{BD}=\frac{U}{4}k\varepsilon$	$\varepsilon_r=\varepsilon$	用片较少，但不能消除偏心影响，不提高灵敏度。
2		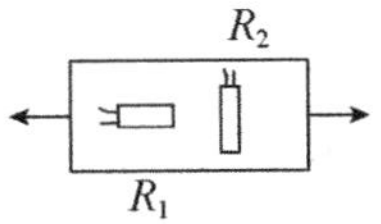	轴向应变	工作片互补偿	半桥	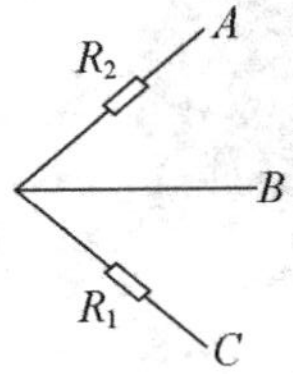	$U_{BD}=\frac{U}{4}k\varepsilon(1+v)$ （v—被测材料泊松比）	$\varepsilon_r=(1+\mu)\varepsilon$	灵敏度提高至$(1+v)$倍，用片较少但不能消除偏心影响。
3		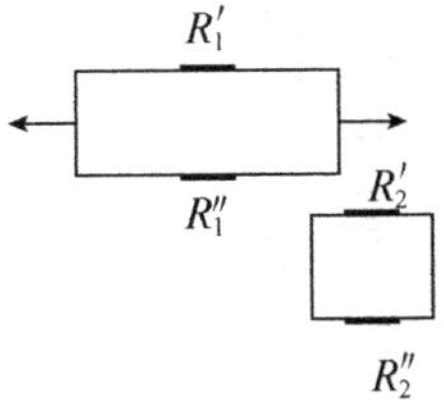	轴向应变	外设补偿片	半桥	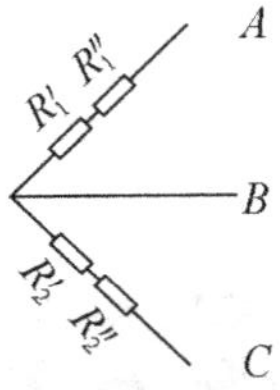	$U_{BD}=\frac{U}{4}k\varepsilon$	$\varepsilon_r=\frac{\varepsilon'_1+\varepsilon''_1}{2}=\varepsilon$	能消除偏心影响，但不提高灵敏度，用片较多。
4		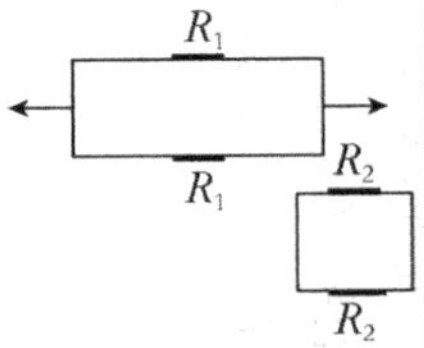	轴向应变	外设补偿片	全桥	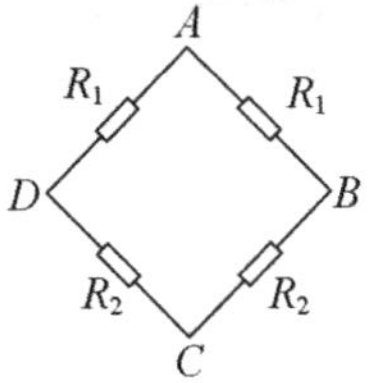	$U_{BD}=\frac{U}{2}k\varepsilon$	$\varepsilon_r=3\varepsilon$	灵敏度提高一倍，可消除偏心影响，但贴片较多。

续　表

序号	受力状态及贴片方式		量测项目	温度补偿方法	桥路接法		测量桥输出	量测读数 ε_r 与实际应变 ε 关系	特点
5	轴向拉压	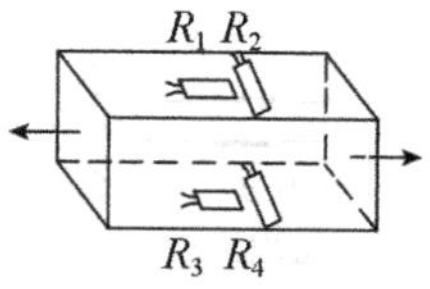	拉(压)应变	工作片互补偿	全桥	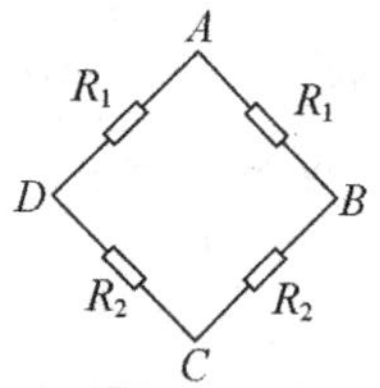	$U_{BD}=Uk\varepsilon(1+v)$	$\varepsilon_r=2(1+v)\varepsilon$	灵敏度提高至 2(1+v)倍,可消除偏心影响,但贴片较多。
6	环形径向拉压	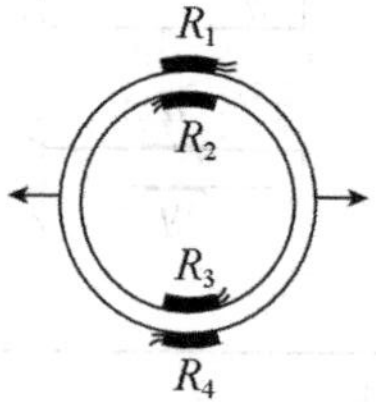	拉(压)应变	工作片互补偿	全桥	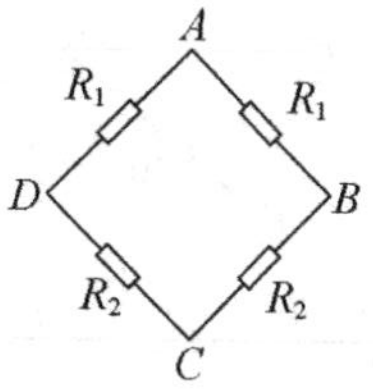	$U_{BD}=Uk\varepsilon$	$\varepsilon_r=4\varepsilon$	灵敏度提高至 4 倍。
7	弯曲	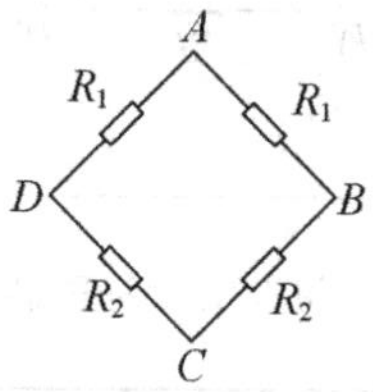	弯曲应变	外设补偿片	半桥	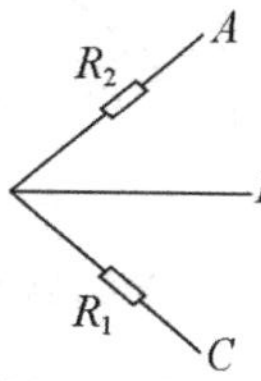	$U_{BD}=\frac{U}{4}k\varepsilon$	$\varepsilon_r=\varepsilon$	只测一面弯曲应变,灵敏度不提高,贴片较少。

续 表

序号	受力状态及贴片方式		量测项目	温度补偿方法	桥路接法		测量桥输出	量测读数 ε_r 与实际应变 ε 关系	特点
8	弯曲	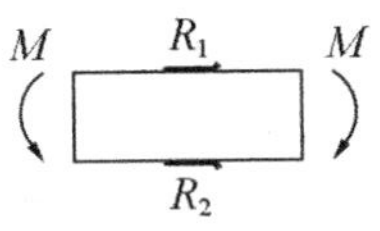	弯曲应变	工作片互补偿	半桥	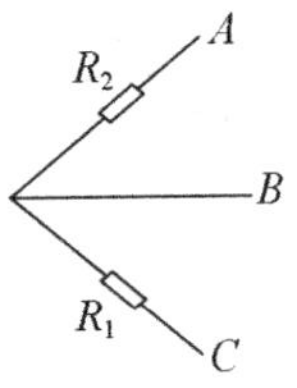	$U_{BD}=\frac{U}{2}k\varepsilon$	$\varepsilon_r=2\varepsilon$	可同时测两面弯曲应变，以便取平均值；灵敏度提高一倍，能消除轴力影响；只适用匀质材料，对混凝土等材料不适用，贴片较少。
9		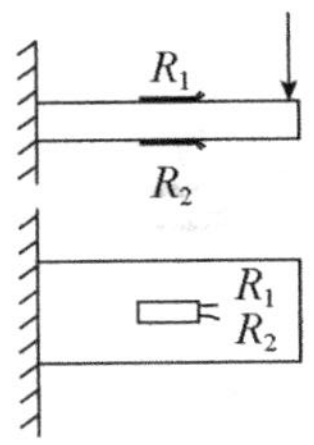		工作片互补偿	半桥	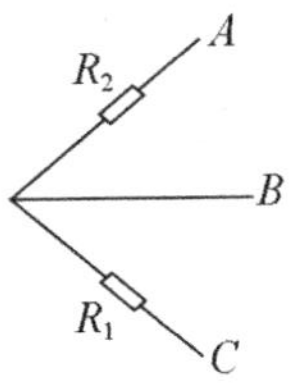	$U_{BD}=\frac{U}{2}k\varepsilon$	$\varepsilon_r=2\varepsilon$	
10		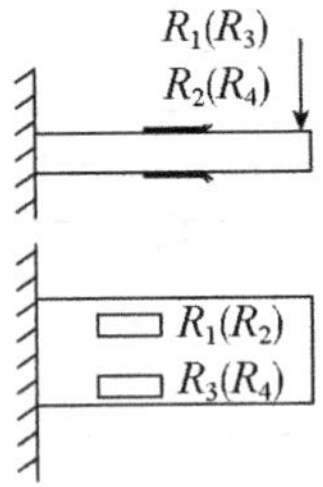		工作片互补偿	全桥	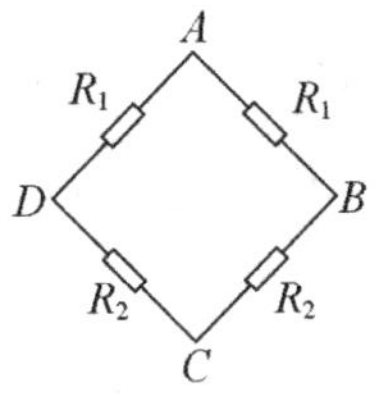	$U_{BD}=\frac{U}{2}k\varepsilon$	$\varepsilon_r=4\varepsilon$	可同时测两面四点弯曲应变，取平均值；灵敏度提高至4倍；能消除轴力影响；不适用非匀质材料（如混凝土等）；贴片较多。

续　表

序号	受力状态及贴片方式		量测项目	温度补偿方法	桥路接法		测量桥输出	量测读数 ε_r 与实际应变 ε 关系	特点
11	拉(压)弯曲复合作用		弯曲应变	工作片互补偿	半桥		$U_{BD}=\frac{U}{2}k\varepsilon$	$\varepsilon_r=2\varepsilon$	可消除轴力影响，求得 M 引起的应变；灵敏度提高 1 倍，不适用于非匀质材料(如混凝土等)；贴片较少。
12			轴力应变	外设补偿片	半桥		$U_{BD}=\frac{U}{4}k\varepsilon$	$\varepsilon_r=\frac{\varepsilon'_1+\varepsilon''_r}{2}=\varepsilon$	可消除 M 影响，求得轴力引起的应变；灵敏度不提高；贴片较多。
13	弯曲		两截面弯曲应变之差	半桥			$U_{BD}=\frac{U}{2}k\varepsilon$	$\varepsilon_r=2\varepsilon$	可消除轴力影响，求得 M 引起的应变；灵敏度提高 1 倍，不适用于非匀质材料(如混凝土等)；贴片较少。
14				全桥			$U_{BD}=\frac{U}{2}k\varepsilon$ $(\varepsilon_1-\varepsilon_2)$	$\varepsilon_r=2(\varepsilon_1-\varepsilon_2)$	可消除 M 影响，求得轴力引起的应变；灵敏度不提高；贴片较多。

续 表

序号	受力状态及贴片方式		量测项目	温度补偿方法	桥路接法	测量桥输出	量测读数 ε_r 与实际应变 ε 关系	特点
15	扭转	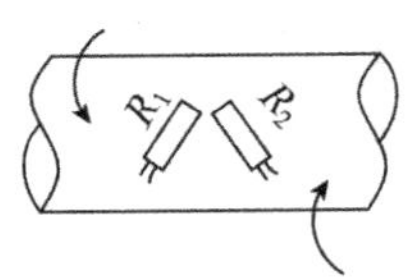 R_1 R_2	扭转应变	半桥	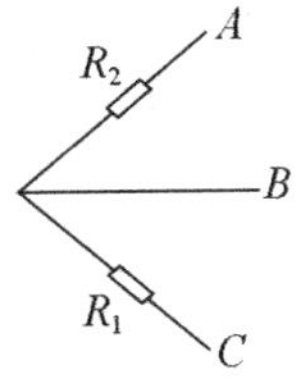 R_2 A B R_1 C	$U_{BD}=\frac{U}{2}k\varepsilon$	$\varepsilon_r=2\varepsilon$	灵敏度提高1倍；可测剪切应力 $\gamma=\varepsilon r$；也适用于轴力与扭矩复合作用下，求扭转应变。
16	轴力扭矩复合作用	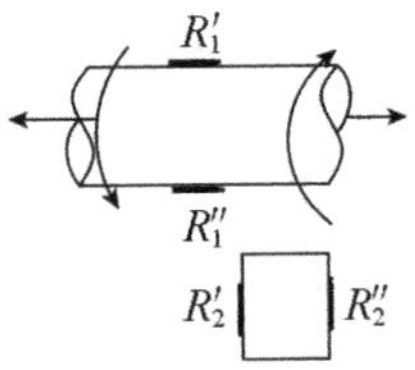 R_1' R_1'' R_2' R_2''	轴力应变	半桥	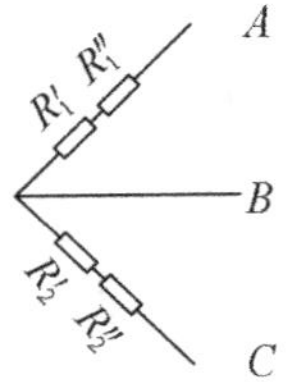 R_1' R_1'' A B R_2' R_2'' C	$U_{BD}-\frac{U}{4}k\varepsilon$	$\varepsilon_r=\frac{\varepsilon'_1+\varepsilon''_2}{2}$	灵敏度不提高，可求得轴力产生的应变，并可消除偏心影响。
17	扭转复合作用	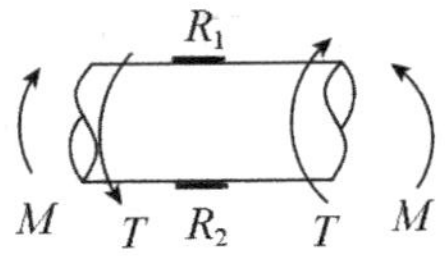 R_1 M T R_2 T M	弯曲应变	半桥	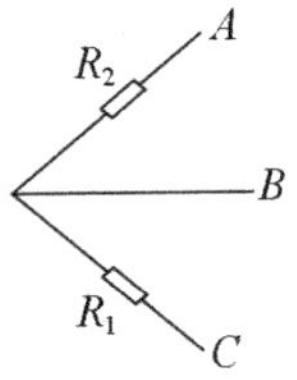 R_2 A B R_1 C	$U_{BD}=\frac{U}{2}k\varepsilon$	$\varepsilon_r=2\varepsilon$	灵敏度提高1倍，消除偏心影响，分解扭弯复合作用，求得扭转应变。
18		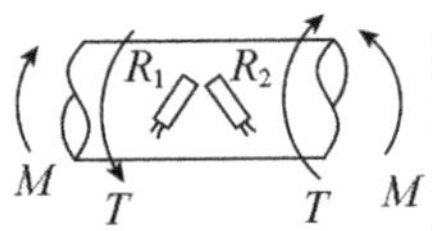 R_1 R_2 M T T M	扭转应变	半桥	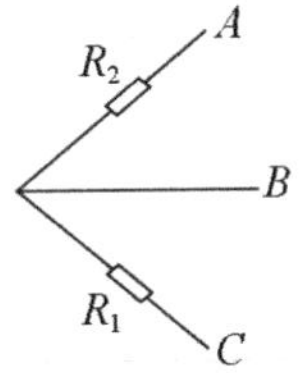 R_2 A B R_1 C	$U_{BD}=\frac{U}{2}k\varepsilon$	$\varepsilon_r=2\varepsilon$	灵敏度提高1倍，分解扭弯复合作用，求得扭转应变。

表 2.6.2　应变的其他测量方法

序号	使用仪表		工作原理	主要性能	特点	使用要求
1	机械式仪表	双杠杆应变仪	当滑动刀口 6 随结构位移 Δl 时，杠杆 5 绕 O 转动，推动指针(第二杠杆)3 转动，在度盘 2 上指示。仪器大倍数 $K=\frac{b\cdot c}{a\cdot d}$，则应变 $\varepsilon=\frac{\Delta l}{l}$=读数差值/$Kl$	标距 1：20mm，把固定刀口改向装入，可改动 10mm，加上放大尺可得大于 20mm 的多种标距， 放大率 K：通常为 1000 左右，刻度值：0.001mm。	标距可调，使用方便，可重复使用，适应性强；量程有限，超过需调整，最多只能调三次，安装需一定技术。	仪器误差应不大于 1.0%；非金属材料测点应贴金属薄片保护刀口并防止失灵；安装夹持力要适当；螺丝夹具固定时，可能产生第二个固定点，使标距不明确，最好采用弹簧固定。
2	机械式仪表	手持式应变仪	结构变形前后分别将固定于两个刚性杆 3 上的脚尖 1 插入预定的两个粘贴测点的脚标 5 内，读数差值即 Δl；$\varepsilon=\frac{\Delta l}{l}$	标距 1：有 50～250mm 多种，刻度值：有 0.01mm 和 0.001mm 两种。	无需固定量测，可一仪多用；标距大，精度高，使用简便，特适于大标距和测点密集处的测量。但量测要有一定的技术和经验。	位移计要求不低于 1 级，量程 1mm 以上；测点上应粘贴脚标；每次量测时施力和姿势应一致。每次使用前应在标准杆(附件)上校对。

续 表

序号	使用仪表		工作原理	主要性能	特点	使用要求
3	机械式仪表	百分表应变装置	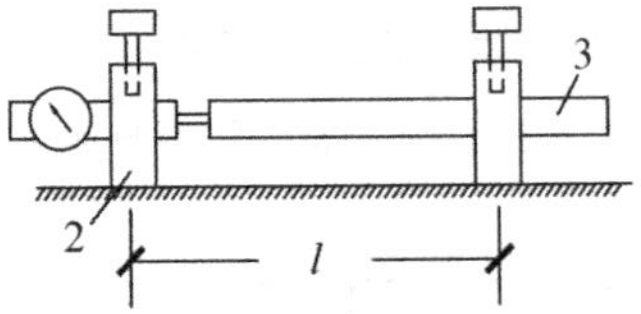 两个固定在测点上的脚标2,一个固定位移计,一个固定刚性杆3,结构变形即由位移计测出	标距1:任意选择刻度值0.01mm和0.001mm两种。	精度高,标距可调至很大,特适于大标距的量测,如砌体结构等。	位移计要求不低于1级,脚标应粘贴牢固,表面有曲率变化的不宜采用。
4	电测仪器	电阻应变式引伸传感器	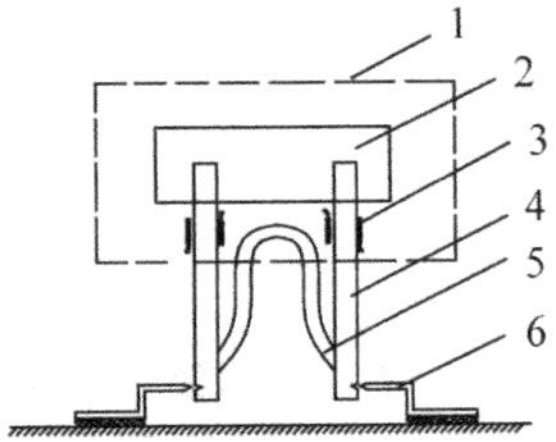 两个Z形刀片6粘结在测点上,结构变现时,卡在刀片上的弹簧片4由于弹簧支撑5的作用或测点的位移产生弯曲,使电阻片输出信号(全桥连接)	标距1:10～20mm, 阻值:120Ω, 灵敏系数:20。	体积小,重量轻,使用灵活,没有应变计粘贴的影响,可重复使用。	精度要求同应变计,使用前应先设定。
5	电测传感器	差动电阻式传感器	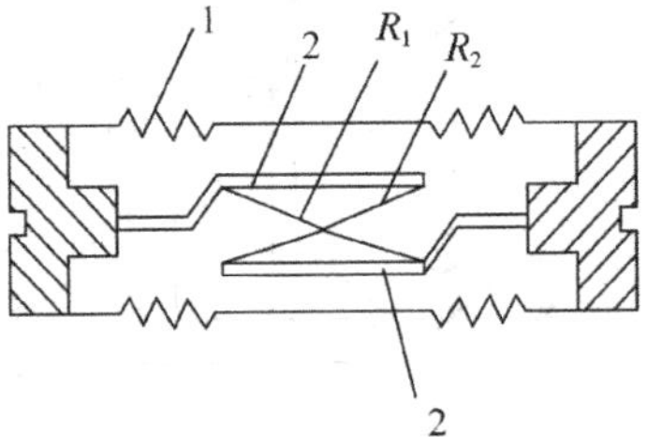 两端头随结构测点相对移动,使刚性杆2也相对移动,引起电阻丝R_1、R_2的阻值改变,接成半桥互补,即产生信号输出。可埋在混凝土中,也可把两端焊在钢筋上	混凝土应变传感器标距:100mm、250mm两种。 分度值:6$\mu\varepsilon$钢筋应变传感器可测直径φ20～40钢筋应变。	可埋在大体积钢筋混凝土内,引出导线遥测,可用电阻应变仪量测,不能重复使用。	埋设时应固定牢固,保证位置和方向准确。

续 表

序号	使用仪表		工作原理	主要性能	特点	使用要求
6	电测传感器	电感式应变传感器	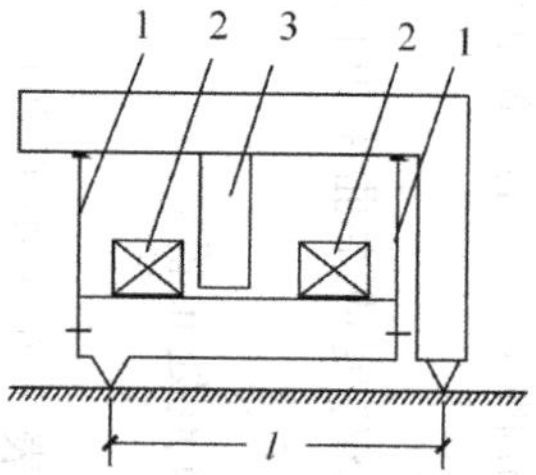 两刀口随结构相对位移后，圈铁芯在线内位置改变电感发生变化；其变化与 Δl 成线性关系	小标距：1～10mm，大标距：20～100mm，分度值：$5\mu\varepsilon$。	对温、湿度变化的适应性较好；可在高压液体中量测；量程大；精度高，但安装技术较复杂。	安装固定压力要适当；仪器误差应不大于1.0%。
7		弦式应变传感器	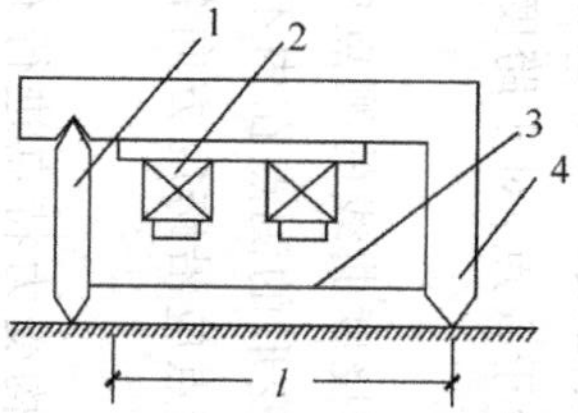 活动刀口 1 随试件位移 Δl，使钢弦 3 频率改变，改变值与 Δl 成线性关系	标距：20mm、50mm、100mm，分度值：达 $2\mu\varepsilon$。	量测不受湿度及长导线影响；工作稳定可靠；安装较复杂；对有弯曲变形表面量测需要修正。	安装要求正确；固定压力要适当，防止倾斜，误差要求不大于1.0%。
8		混凝土应变计	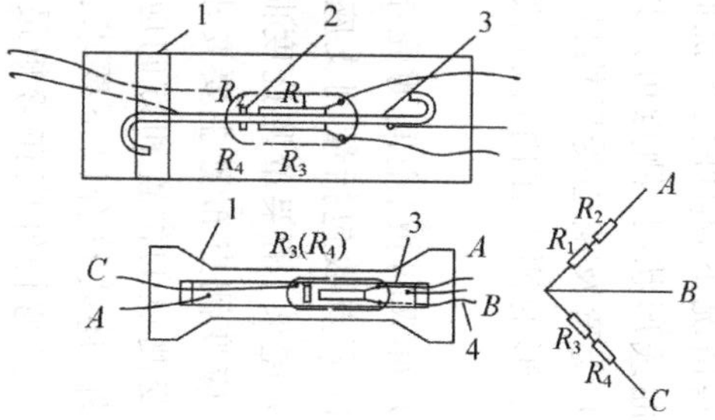 预埋在混凝土内，水泥块 1 随混凝土变形，使钢片 3 产生应变反应到应变片 2 输出信号。虚线为防水处理包扎层	标距：50mm、100mm、200mm，可以自制自行调节。	浇筑混凝土时预埋混凝土内，引出导线，防水性能好，应变反应灵敏，并可消除弯曲影响，但只能使用一次。	预埋时应固定准确牢固，浇筑混凝土时应小心勿碰断，并注意引出导线，导线应加套管并加防水处理。

2.7 试验测点布置及量测

正确的测点位置和仪器精度对结构静载试验能否成功达到预期目的、判断结构承载能力或正常使用状态性能非常重要，对于混凝土结构试验，主要有位移测点、应变测点和裂缝测点布置。

1. 位移测点布置主要要求

(1) 结构预期变形位移最大处及支座位置应布置测点，对于宽度较宽的构件，应在构件两侧布置测点并取量测结果的平均值作为该处的实测值。

(2) 对于具有边肋的单向板，除应量测边肋挠度外，还应量测板宽中央的最大挠度。

(3) 位移量测应采用仪表测读，对于试验后期变形较大超出仪表量程时，为继续量测并保证仪表安全可以拆除仪表改用拉线—直尺法或水准仪—标尺法量测结构或构件的挠曲变形。

(4) 对于屋架、桁架挠度测点应布置在下弦杆跨中或最大挠度的节点位置上，需要时也可以在上弦节点处布置测点。

(5) 对屋架、桁架和具有侧向推力的结构构件，还应在跨度方向的支座两端布置水平测点，量测结构在荷载作用下沿跨度方向的水平位移。

(6) 对于悬臂构件，当需要量测悬臂构件自由端的挠度实测值时，应消除支座转角和沉降的影响。

有些情况下，构件变形挠曲的曲线形状也是我们需要了解的内容，当需要测量构件的挠度变形曲线形状时，测点可按以下三点要求布置：

(1) 受弯及偏心受压构件量测挠度曲线的测点应沿构件跨度方向布置，包括量测支座沉降和变形的测点在内，测点数不应少于 5 点，对于跨度大于 6m 的构件，测点数量还应适当增加。

(2) 对双向板、空间薄壳结构量测挠度曲线的测点应沿两个跨度或主曲率方向布置，且任一方向测点数包括量测支座沉降和变形的测点在内不应少于 5 点。

(3) 屋架、桁架量测挠度曲线的测点应沿跨度方向各下弦节点处布置。

2. 应变测点布置主要要求

应变测点的位置和方向应根据结构受力特点进行布置，除表 2.6.1 中所列应变测点布置方法外，还要符合以下要求：

(1) 受弯构件应在弯矩最大截面上沿截面高度布置测点，每个截面不宜少于 2 个，当需要量测沿截面高度的应变分布规律时，布置测点数不宜少于 5 个。

(2) 对于轴心受力构件，应在构件量测截面两侧或四侧沿轴线方向布置测点，每个截面不应少于 2 个。

(3) 对于偏心受力构件，量测截面上测点不应少于 2 个，如果需要量测截面应变分布规律时，测点布置应与受弯构件相同。

(4) 对于双向受弯构件，在构件截面边缘布置的测点不应少于 4 个。

(5) 剪力和弯矩共同作用的构件，当需要量测主应力大小和方向及剪应力时，应布置成 45°或 60°的平面三向应变测点。

(6) 对受扭构件，应在构件量测截面的两长边方向的侧面对应部位上布置与扭转方向成45°方向的测点，测点的数量应根据试验目的确定。测点布置方法如图2.7.1所示。

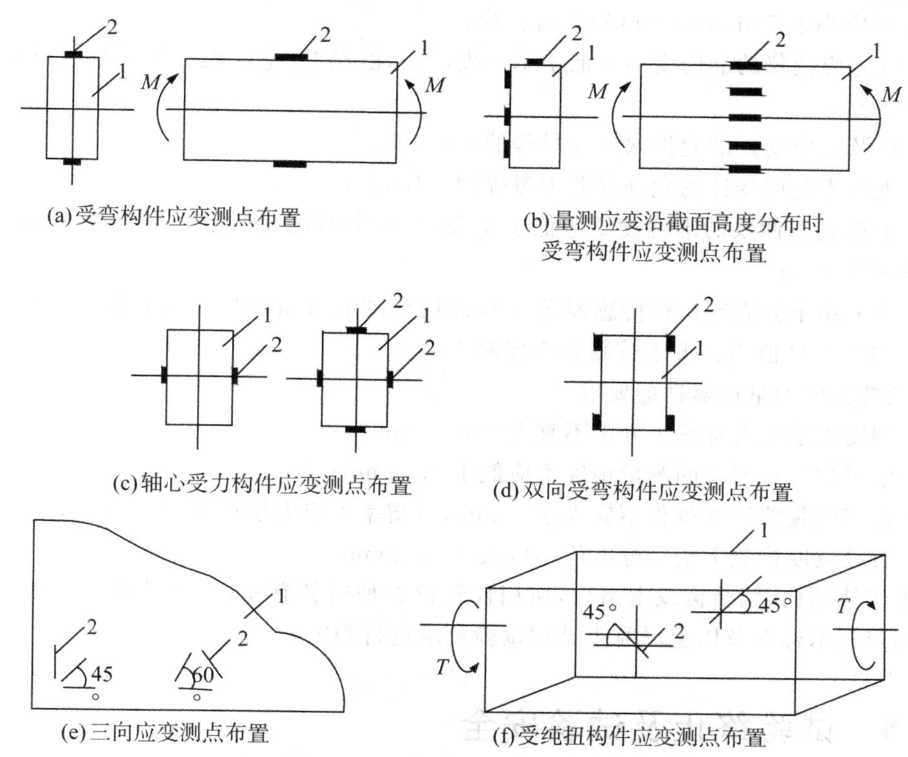

图2.7.1 结构构件应变测点布置方法

1—试件，2—应变片。

3. 裂缝测点布置原则

了解结构受力特性，有利于及时发现荷载引起的初始受力裂缝，为了解结构在荷载作用下的裂缝开展情况，确定荷载作用下的裂缝最大宽度、形态或位置等，裂缝位置布置也应遵循以下几条原则：

(1) 对于梁、柱、墙等构件的受弯裂缝应在构件侧面受拉主筋处量测最大裂缝宽度，对上述构件的受剪裂缝应在构件侧面斜裂缝最宽处量测最大裂缝宽度。

(2) 板类构件可在板面或者板底量测最大裂缝宽度。

(3) 其余构件可根据试验目的，量测预定区域的裂缝宽度。

进行结构试验时，各测量仪表的精度和误差要符合试验精度要求。

1. 位移变形测量仪器精度要求

(1) 百分表、千分表和钢直尺的误差允许值应符合国家现行相关标准的规定；

(2) 水准仪和经纬仪的精度不应低于DS_3和DJ_2；

(3) 位移传感器的准确度不应低于1.0级，位移传感器的指示仪表最小分度值不宜大于所测总位移的1.0%，示值允许误差为量程的1.0%；

(4) 倾角仪的最小分度值不宜大于5″，电子倾角仪的示值允许误差为量程的1.0%。

2. 各种应变测量仪表的精度和其他性能要求

(1) 金属粘贴式电阻应变计或电阻片的技术等级不应低于C级，其应变计电阻、灵敏系数、蠕变和热输出等工作特性应符合相应等级的要求，量测混凝土应变的应变计或电阻应变片的长度不应小于50mm和4倍的骨料粒径；

(2) 电阻应变仪的准确度不应低于1.0级，其示值误差、稳定度等技术指标应符合该级别的相应要求；

(3) 振弦式应变计的允许误差为量程的±1.5%；

(4) 光纤光栅应变计的允许误差为量程的±1.0%；

(5) 手持式引伸仪的准确度不应低于1级，分辨率不宜大于标距的0.5%，示值允许误差为量程的1.0%；

(6) 当采用千分表或位移传感器等位移计构成的装置量测应变时，其标距允许误差为±1.0%，最小分度值不宜大于被测总应变的1.0%。

3. 裂缝宽度测量仪器性能要求

(1) 刻度光学放大镜最小分度不宜大于0.05mm；

(2) 电子裂缝观测仪的测量精度不应低于0.02mm；

(3) 振弦式裂缝计的量程不应大于50mm，分辨率不应大于量程的0.05%；

(4) 裂缝宽度检验卡最小分度值不应大于0.05mm。

对于砌体结构、钢结构或木结构，所用仪器仪表种类各有差别，其量测技术指标要求可以参考相应技术标准及以上混凝土结构试验要求进行确定。

2.8 试验终止及试验安全

2.8.1 试验终止及最大试验荷载确定

结构静荷载试验过程中，要顺利完成试验，除以上介绍内容外，结构试验前明确试验终止条件，在达到试验目的的同时，有助于保证试验安全。尤其是结构承载能力状态的验证性试验或研究性试验，试验前应明确结构终止试验状态。

混凝土结构试验终止及最大试验荷载确定可按照以下原则进行。对于验证性试验，不同受力状态的混凝土结构承载能力标志不同，具体可参考表2.3.2中的承载力标志。

如有具体要求或为获得结构实际承载能力，可进行后期加载，直至出现以下破坏现象：

(1) 试验荷载达到最大值后自动减退或根据荷载—位移曲线，位移增加而荷载降低；

(2) 水平试验构件弯折、断裂或构件解体；

(3) 竖向构件屈曲、压溃或构件倾覆；

(4) 根据研究目的确定的破坏状态。

对于预制构件的正常使用状态检验试验，当结构达到使用状态荷载值，满足持荷时间后量测预制构件挠度和裂缝。对于预制构件的承载力检验和结构原位承载能力极限状态试验，当构件出现表2.3.2中所列的任何一种承载力标志时，即认为该试件达到承载力极限状态，应停止加载。如果加载至最大临界试验荷载值，仍未出现任何承载力标志，则应停止加载并判断试件的承载力满足要求。

原位试验为结构的现场试验。受现场各种各样的条件限制，同样的试验过程相对实验室里进行的试验而言要复杂。因此，对于混凝土结构原位试验，当试验过程中出现下列现象时，应立即停止加载。分析原因后，如认为需继续加载，可增加荷载分级，荷载加载步进一步缩小，并应采取一定的安全措施：

(1) 控制测点的变形、裂缝、应变已经达到或者超过理论控制值；

(2) 试验结构的裂缝和挠度急剧发展；

(3) 出现了表 2.3.2 所列的承载力标志；

(4) 发生其他形式的意外试验现象。

当结构静载试验采用分级加载时，试验荷载的实测值可根据以下原则进行确定：

(1) 在持荷时间完成后出现试验标志时，取该级荷载值作为试验荷载实测值；

(2) 在加载过程中出现试验标志时，取前一级荷载值作为试验荷载实测值；

(3) 在持荷过程中出现试验标志时，取该级荷载和前一级荷载的平均值作为试验荷载实测值。

当结构静载试验采用缓慢平稳的持续加载方式时，取出现试验状态时达到的最大荷载值作为试验荷载实测值。

不同的试验目的，不同的试验状态，不同材料的结构，达到正常使用状态或承载能力极限状态时的结构现象不同。《建筑结构可靠度设计统一标准》(GB 50068)中给出了极限状态的标志。对于木结构、钢结构和砌体结构，可参考以上混凝土结构的内容或确定方法进行确定。对于钢结构要特别注意结构或构件试验过程中的稳定问题。木结构应注意荷载试验过程中的挠度限值问题。

2.8.2　试验安全

一般情况下，结构试验体系复杂庞大，试验加载力值较大。有时需要加载上千千牛的试验荷载，因此试验过程中保障试验安全非常重要。结构试验的方案中要包含试验过程中人员人身和试验设备仪表的安全措施和应急预案。试验开始前，组织试验人员学习掌握试验方案中的安全措施和应急预案，试验中应设置熟悉试验过程的安全员，负责安全监督。

制定加载方式时，应选择安全性高、有可靠保护措施的加载方式，避免在加载过程中结构破坏或加载能量的释放伤及人员及设备。试验用加载装置、支座、支墩、脚手架等均应有足够的安全储备，现场试验的地面或地基应有足够的承载力和刚度。试件安装固定的连接件、螺栓等应经过验算，并保证发生破坏时不会弹出伤人。

试验准备工作中，试验试件、加载设备、荷载架等的吊装，设备仪表、电气线路等的安装及试验后试件和试验装置的拆除，均应符合有关建筑安装工程的安全技术规范的要求。各种特种作业人员，如吊车司机、起重工、电焊工、电工等，均应经过专业培训并具有相应的资质。试验加载过程中，所有设备、仪表的使用均应严格遵守操作规程。

试验过程中应确保人员安全，试验区域应设置明确的标志。试验过程中，试验人员测读仪表、观察裂缝和进行加载等操作均应具有可靠的工作台或脚手架。工作台和脚手架注意不能妨碍试验对象的正常变形。

试验人员应与试验设施保持足够的安全距离或设置专门的防护装置，将试件与试验人员隔离，避免因试件堆载或试验设备倒塌及倾覆造成伤害。对可能发生的试件脆性破坏试验，应采取屏蔽措施，防止试件突然破坏时的碎片或者锚具等物体飞出伤及人身、仪表和设备的安全。

对于桁架、薄腹梁等容易倾覆的大型结构构件以及可能发生断裂、坠落、倒塌、倾覆、平面外失稳的试验试件，应根据安全要求设置支架、撑杆或侧向安全架，防止试件倒塌危及人员和设备安全。支架、撑杆或侧向安全架与试件之间应保持较小间距，且不影响结构的正常变形。悬吊重物时，应在加载盘下设置可调整支垫，并保持较小间隙，防止试件脆性破坏造成的坠落等，如图 2.8.1 所示。

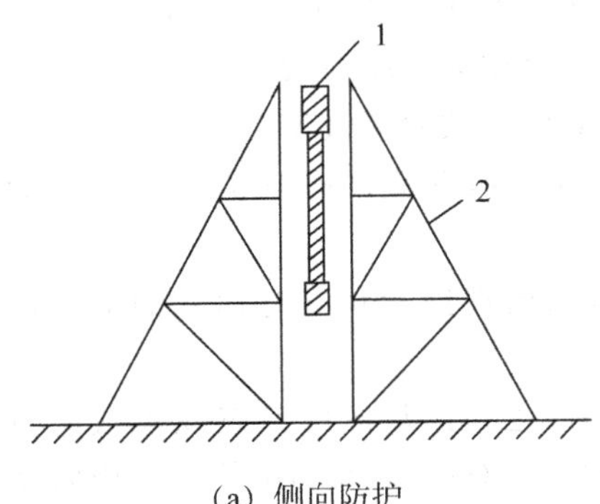

(a) 侧向防护

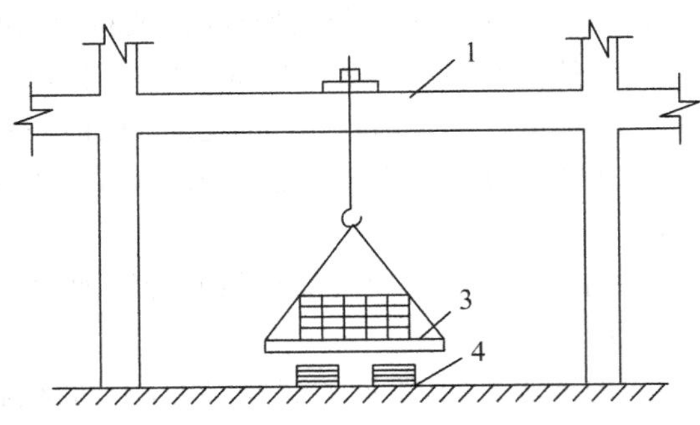

(b) 重物加载架下部设置可调整支垫

图 2.8.1 安全措施示意图

1—试件，2—侧向防护，3—加载架，4—可调整支垫。

试验用千斤顶、分配梁、仪表等应采取防坠落措施。仪表宜根据需要采用保护罩加以保护。当试验需要加载至结构极限承载力时，应拆除可能因结构破坏而损伤的仪表，改用其他的量测方法。如必须使用仪表，应采取有效的保护措施。

2.9 结构抗震静力试验

在人类历史上，由于地震灾害造成的生命财产损失极其惨重。中国是世界多地震国家之一，历史上曾发生多次强烈地震。20 世纪共发生破坏性地震 2600 余次，其中 6 级以上破坏性地震 500 余次，平均每年 5.4 次，8 级以上的地震 9 次。20 世纪，我国境内人口聚居地区发生了几次造成严重破坏的强烈地震。这些地震涉及范围之广、遭受损失之大、人员伤亡之多在世界上也少有。表 2.9.1 列出了 20 世纪至 21 世纪初中国境内发生的较大地震及伤亡人数。

表 2.9.1 中国境内地震灾害

年　代	地　区	震　级	震中烈度	死亡人数(万)
1920 年 12 月 16 日 20 时	宁夏海原	8.5	12	24
1927 年 05 月 23 日 06 时	甘肃古浪	8.0	11	4

续　表

年　代	地　区	震　级	震中烈度	死亡人数(万)
1932年12月25日10时	甘肃昌马	7.6	10	7
1933年08月25日15时	四川叠溪	7.5	10	2
1950年08月15日22时	西藏察隅	8.5	12	0.4
1966年03月08日05时	河北邢台	6.8/7.2	9/10	0.8
1970年01月05日01时	云南通海	7.7	10	1.6
1975年02月04日19时	辽宁海城	7.3	9	0.2
1976年07月28日03时	河北唐山	7.8	11	24.2
1988年11月06日21时	云南澜沧、耿马	7.6、7.2	9	0.1
1999年09月21日01时	台湾集集	7.7	9	0.2
2008年05月12日14时	四川汶川	8.0	11	6.9/1.8
2010年04月14日07时	青海玉树	7.1	9	0.2
2013年04月20日08时	四川雅安	7.0	9	0.02

注：河北邢台地震为前后相隔14天的两次地震。

地震对人类生活安全的威胁主要由房屋倒塌引起，因此，需要通过建立结构抗震理论，提出合理的结构抗震设计方法，提高建筑结构的抗震能力，尽可能避免结构倒塌等严重破坏。由于地震传播、地质状况和结构抗震的复杂性，理论分析尚不能完全掌握结构在地震作用下的性能、反应过程和破坏机理。因此，在发展结构抗震理论的同时，需要进行结构抗震试验以掌握结构抗震性能。对于大型、新型复杂结构及超出抗震设计规范规定的新型结构体系，则必须进行抗震试验。作为结构抗震理论的重要组成部分，结构抗震试验研究与结构抗震理论的发展密切相关。以时间顺序来划分，结构抗震理论的发展经历了静力理论、反应谱理论、直接动力分析理论等阶段，在每个阶段中抗震试验均发挥了重要的作用。另外，计算机技术和现代测试技术的发展对丰富结构抗震试验手段、提高测试分析精度产生重大影响。

结构抵抗地震作用时，一般竖向抗震能力较强，水平抗震能力较弱。另外，除9度以上抗震烈度需要考虑竖向地震作用外，其余均要求只考虑抵抗水平地震作用，因此，结构抗震试验主要以承受多次反复水平荷载作用为主。

结构依靠自身弹塑性变形来消耗地震作用输入的能量，所以结构抗震试验的特点是荷载作用反复。结构变形较大，试验一般做到结构屈服进入非线性工作阶段，甚至完全破坏状态。

结构抗震试验分为结构抗震静力试验和结构抗震动力试验。抗震静荷载试验方法包含拟静力试验和拟动力试验，结构抗震试验动力试验方法在后面章节介绍。标准《建筑抗震试验方法规程》(JGJ 101—96)对结构抗震试验方法做了具体规定以保证试验质量和试验结果具有可比性。

2.9.1 拟静力试验

拟静力试验又称低周反复荷载试验，指对结构或构件施加多次往复、低速率循环作用的静力试验，使结构或构件在正反两个方向重复加载和卸载直至结构破坏的过程，用以模拟地震时结构在往复振动中的受力特点和变形特点。图 2.9.1 为拟静力试验装置图。

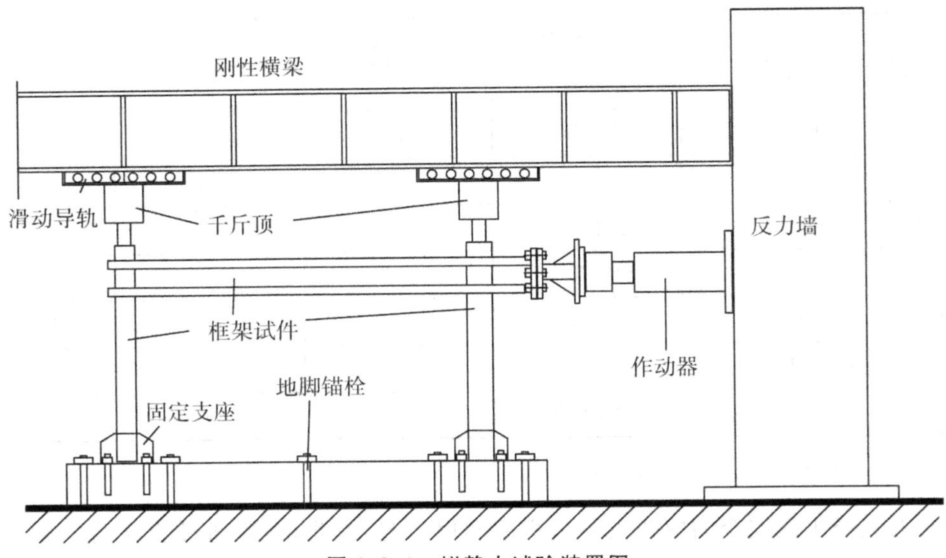

图 2.9.1 拟静力试验装置图

结构的拟静力试验是目前研究结构或结构构件抗震受力及变形性能时应用最广泛的方法之一。它采用一定的荷载控制或位移控制对试件进行低周期反复循环的加载方法，使试件从开始受力一直循环加载直至破坏，获得结构或构件非弹性的荷载—变形特性，又称为恢复力特性试验。拟静力试验方法的加载速率与地震作用速率相比很低，因此由加载速率而引起的应力、应变的变化速率对于试验结果的影响很小，可以忽略不计。同时该方法为循环加载，也称为周期性加载。

进行结构拟静力试验的主要目的是建立结构在水平地震作用下的恢复力特性，确定结构构件恢复力的计算模型，通过试验所得滞回曲线和曲线所包围的面积求得结构的等效阻尼比以衡量结构的能量耗散，还可得到骨架曲线、结构的初始刚度及刚度退化等参数，同时试验过程中可仔细观察结构破坏机理。由此可进一步从强度、变形和能量消耗等三个方面判断结构的抗震性能。最后通过试验研究结构构件的破坏形态，为改进现行结构抗震设计方法及改进结构设计的构造措施提供依据。由于对称的、有规律的低周反复加载与某一次确定性的非线性地震相差甚远，不能反映应变速率对结构的影响，无法再现真实地震作用及结构反应。

2.9.1.1 滞回曲线及试验对象的选取

在低周期循环往复荷载作用下，可以得到结构或构件测点的荷载—变形曲线，曲线形成滞回环，称为滞回曲线。结构或构件在反复作用下的能量耗散能力就是以滞回曲线所包含的面积来衡量，能综合反映结构在反复受力过程中的变形特征、刚度退化及能量消耗情况，

因此滞回曲线是确定恢复力模型和进行非线性地震反应分析的依据。滞回曲线又称恢复力曲线(restoring force curve)。一般情况下,结构或构件滞回曲线的典型形状有梭形、弓形、反S形和Z形四种,如图 2.9.2 所示。

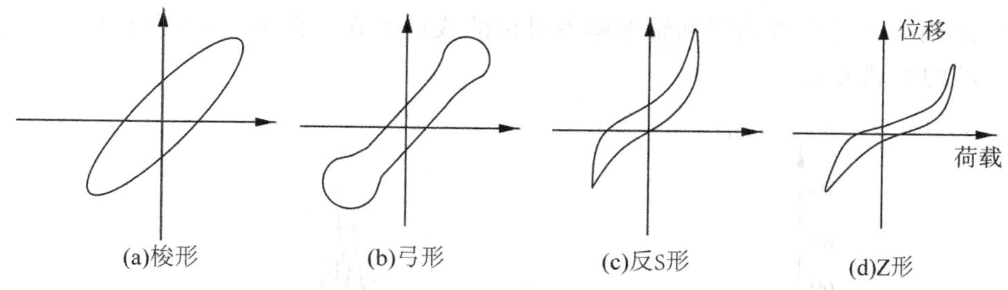

图 2.9.2　滞回曲线

各种滞回曲线所反映的物理意义不同。梭形滞回曲线的形状饱满,反映出整个结构或构件的塑性变形能力很强,具有很好的抗震性能和耗能能力。塑性变形能力良好的钢框架结构或构件的 $P—\Delta$ 滞回曲线即呈梭形。

弓形具有"捏缩"效应,显示出滞回曲线受到了一定的滑移影响。滞回曲线的形状比较饱满,但饱满程度比梭形要低,反映出整个结构或构件的塑性变形能力比较强,能较好地吸收地震能量。一般的钢筋混凝土结构,其滞回曲线大致属此类。

反 S 形反映了更多的滑移影响,滞回曲线的形状不饱满,说明该结构或构件延性和吸收地震能量的能力较差。例如,一般混凝土框架、梁柱节点和剪力墙等的滞回曲线均属此类。

Z 形反映出滞回曲线受到了大量的滑移影响,具有滑移性质。一般小剪跨、斜裂缝可充分发展的构件以及锚固钢筋有较大滑移的混凝土构件等,其滞回曲线属此类。

根据试验目的不同,可选取不同的试验对象。既可选取对结构抗震性能有关键影响的梁—柱节点、抗震剪力墙、砌体抗震横墙等,也可制作结构模型甚至选取结构原型进行试验,如图 1.2.3 和图 2.9.3 所示。

图 2.9.3　砌体结构构件拟静力试验

2.9.1.2 拟静力加载方法

地震的发生和地震波传播具有一定的不确定性，而且在地点、震级和震中距相同的情况下，前后两次得到的强震记录也不会相同，因此结构受地震作用的反应也是随机的，如图2.9.4所示，有时候地震波沿时间轴振幅不对称的或可能在一侧振动，因此理论上无法找到一种“标准”的加载方案。

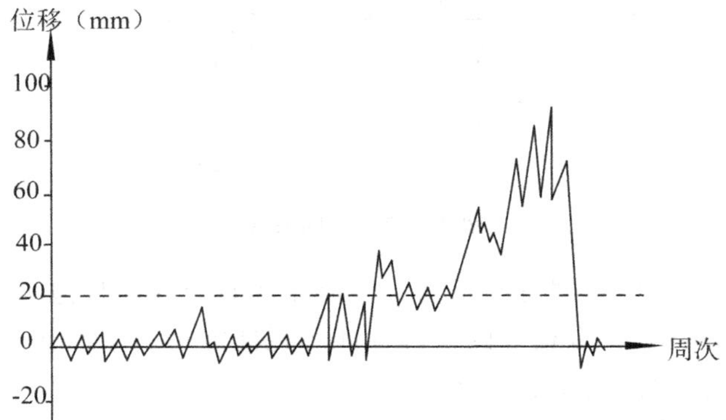

图 2.9.4 按照某种确定性地震反应制作的加载方案

如仅要求解决结构的强度和变形计算问题的话，只要能得到极限荷载、屈服位移和极限位移等主要指标，任何一种加载方案均可行。如要研究构造措施，则需要各种方案的试验。不同的构件和试验对象、不同的研究目的都应该有与之相应的加载方案。为此，建筑结构拟静力加载试验的方案设计，需根据试验目的考虑和制订。

1. 单向反复加载制度。

(1) 控制位移加载法。

控制位移加载法是在加载过程中以位移为控制值，或以屈服位移的倍数作为加载的控制值。此处位移为广义位移，可以是线位移，也可以是转角、曲率或应变等参数。

当试验对象具有明确的屈服点时，一般以屈服位移的倍数为控制值。当构件不具有明确的屈服点时(如轴心抗压柱)或无屈服点时(如无筋砌体)，可由试验或设计人员根据经验制订一个恰当的位移标准值控制试验加载。在控制位移的情况下，又可分为变幅加载、等幅加载和变幅等幅混合加载等。

控制位移的变幅加载如图2.9.5a所示。图中纵坐标是延性系数 μ 或位移值，横坐标为反复加载的周次，每完成一个加载周期后增加位移的幅值。变幅加载主要用来确定恢复力模型，研究强度、变形和耗能的性能。

控制位移的等幅加载如图2.9.5b所示。这种加载制度在整个试验过程中始终按照等幅位移施加，主要用于研究构件的强度降低率和刚度退化规律。

混合加载制度是将变幅和等幅两种加载制度结合起来，如图2.9.6所示。混合加载制度可以综合研究构件的性能，其中包括等幅部分的强度变化和刚度变化，以及在变幅部分、特别是大变形增长情况下强度和耗能能力的变化。在这种加载制度下，等幅部分的循环次数可随研究对象和要求不同而异，一般可从2次到10次不等。三种控制位移的加载方案中，以变幅和等幅混合加载的方案使用最多。

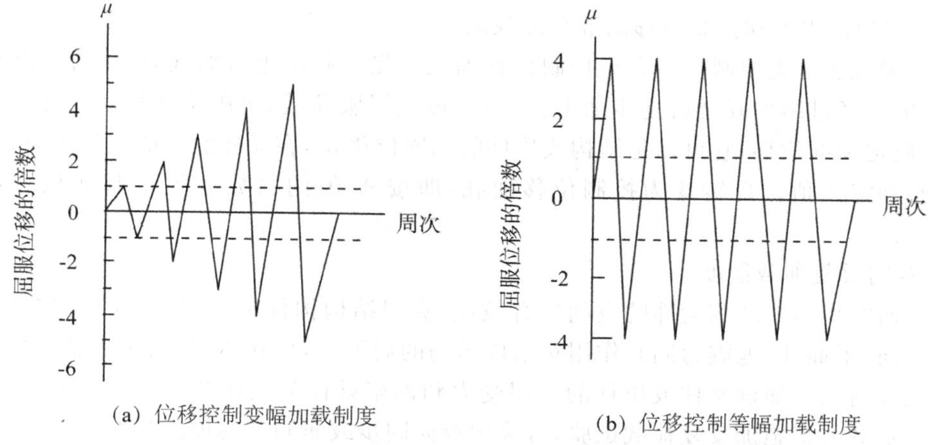

(a) 位移控制变幅加载制度　　(b) 位移控制等幅加载制度

图 2.9.5　位移控制加载制度

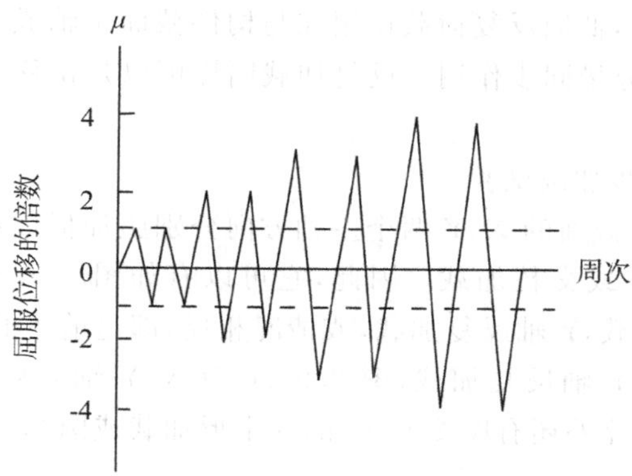

图 2.9.6　控制位移的等幅变幅混合加载制度

(2) 控制作用力加载法。

控制作用力的加载方法是通过控制施加于结构或构件的作用力数值变化实现低周反复加载的要求。由于它不如控制位移加载那样可直观地按试验对象的屈服位移倍数来研究结构的恢复力特性,且加载后期通过力控制加载存在难度,实践中单独采用力加载方法使用比较少。

等位移幅值控制和等荷载幅值控制示意图如图 2.9.7 所示。图 2.9.7a 表现为结构抗力随着反复加载的次数增加而逐渐降低,最后由于损伤累积而破坏,表现为结构承载力显著降低。图 2.9.7b 表现为结构变形随着反复加载的次数增加而逐渐增加,最后也同样由于损伤累积而破坏,破坏表现为位移持续增长,承载力完全丧失。两种加载制度从不同角度反映了结构抗震性能。

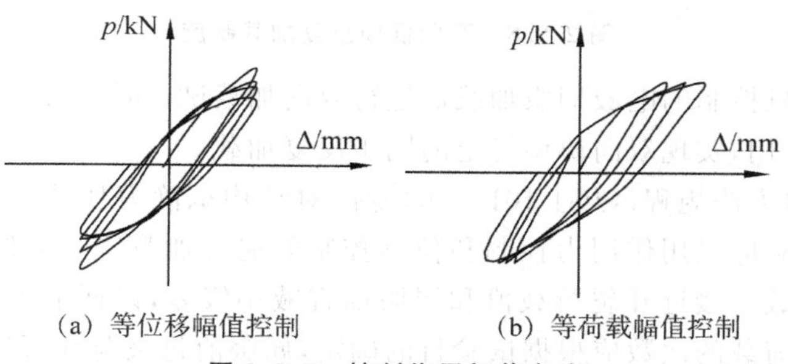

(a) 等位移幅值控制　　(b) 等荷载幅值控制

图 2.9.7　控制作用加载方法

（3）控制作用力和控制位移的混合加载法。

混合加载法是先控制作用力再控制位移加载。先控制作用力加载时，不管实际位移是多少，一般是经过结构开裂后逐步加上去，一直加到屈服荷载，再用位移控制。开始施加位移时，要确定标准位移，它可以是结构或构件的屈服位移 δ_0，在无屈服点的试件中，由研究者根据经验确定数值。自转变为控制位移加载，即按 δ_0 值的倍数 μ 值控制加载直到结构破坏。

2. 双向反复加载制度

为了研究地震对结构构件的空间组合效应，克服结构构件单方向（平面内）加载时不考虑另一方向（平面外）地震力同时作用对结构影响的局限性，可在 X、Y 两个主轴方向同时施加低周反复荷载。如框架柱或压杆的空间受力和框架梁柱节点在两个主轴方向所在平面，采用梁端加载方案施加反复荷载试验，可采用双向同步或非同步的加载制度。

3. X，Y 轴双向同步加载试验

与单向反复加载相同，低周反复荷载作用在与构件截面主轴成 β 角的方向作斜向加载，使 X、Y 两个主轴方向的分量同步作用。反复加载同样可以是位移控制、作用力控制和两者混合控制的加载制度。

4. X，Y 轴双向非同步加载试验

非同步加载是在构件截面的 X，Y 两个主轴方向分别施加低周反复荷载。由于 X，Y 两个方向可以不同步地先后或交替加载。因此，它可以有如图 2.9.8 所示的各种变化方案。图 2.9.8a 为在 X 轴不加载，Y 轴反复加载，或情况相反，即是前述的单向加载；图 2.9.8b 为 X 轴加载后保持恒载，而 Y 轴反复加载；图 2.9.8c 为 X，Y 轴先后反复加载；图 2.9.8d 为 X，Y 两轴交替反复加载；此外还有图 2.9.8e 的 8 字形加载或图 2.9.8f 的方形加载等。

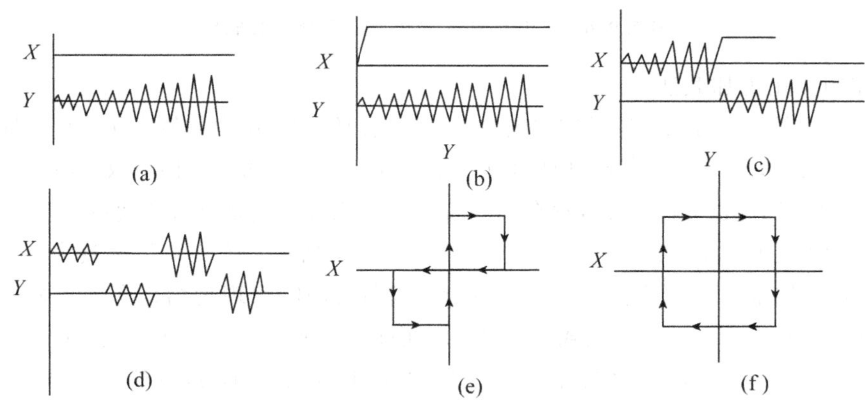

图 2.9.8 双向低周反复加载制度

当采用由计算机控制的电液伺服加载器进行双向加载试验时，可以对一结构构件在 X，Y 两个方向成 90°作用，实现双向协调稳定的同步反复加载。

《建筑抗震试验方法规程》（JGJ 101—96）专门对结构拟静力加载方法做了一些原则规定。拟静力试验加载应采用作用力控制和位移控制的混合加载法。试件屈服前，按作用力（荷载）控制分级加载。接近开裂荷载值和屈服前宜减小级差，以便准确得到开裂荷载和屈服荷载。施加反复荷载的次数应根据试验目的确定，屈服前每级荷载可反复一次，屈服后宜

反复三次。当进行承载力或刚度退化试验时，反复次数不宜少于五次。

正式试验前，应先进行预加反复试验荷载两次。混凝土结构预加荷载值不宜超过开裂荷载计算值的 30%；砌体结构不宜超过开裂荷载计算值的 20%。

正式试验时，宜先施加试件预计开裂荷载的 40%～60%，并重复 2～3 次，再逐步加到 100%。

试验过程中，应保持反复加载的均匀性和连续性，加载卸载的速率宜保持一致。

当进行承载能力和破坏特征试验时，应加载至结构极限荷载下降段，对混凝土结构下降值应控制到最大试验荷载的 85%。

对整体原型结构或结构整体模型进行拟静力试验时，荷载按地震作用倒三角形分布，施加水平荷载的作用点集中在结构质量集中的部位，即作用在屋盖及各层楼面板上。结构顶层为 1，底部为零，中间各层自上而下按高度比例递减，液压加载器作用的荷载通过各层楼板或圈梁传递。

平面框架节点的构件加载：当以梁端塑性铰区或节点核心区为主要试验对象时，宜采用梁—柱加载；当以柱端塑性铰区和柱连接处为主要试验对象时，宜采用柱端加载，但应计入 $P—\Delta$ 效应的影响。

对于多层结构的水平加载可按照倒三角形分布加载。水平荷载通过各层楼板施加。

2.9.1.3　拟静力试验装置及设备

试验装置是能够使试验结构或构件在试验过程中处于预期受力状态的各种装置的总称。合理的试验装置对于顺利完成拟静力试验工作非常重要。试验用加载装置，应该进行专门设计，并满足以下几个方面的要求：

(1) 试验装置与试验加载设备应满足构件的设计受力条件和支撑方式要求。

(2) 试验台座、反力墙、门架、反力架等，其传力装置应有满足试验要求的强度、刚度和稳定性，其中试验台座的质量不小于结构试件最大质量的 5 倍。为试验对象提供反力的台座部位刚度大于试件刚度 10 倍以上。

(3) 当加载作动器传递荷载时，不能够影响其余方向的结构位移，应在反力门架和加载器之间设置滚动导轨，滚动导轨的摩擦系数不大于 0.01。

(4) 加载作动器的加载能力和作动缸行程应大于试件的最大受力和极限变形要求。

图 2.9.9 为梁式构件的拟静力试验加载参考装置。试验装置的竖向构件能承受反复加载，水平或平面外装置能够保证结构和加载装置稳定。

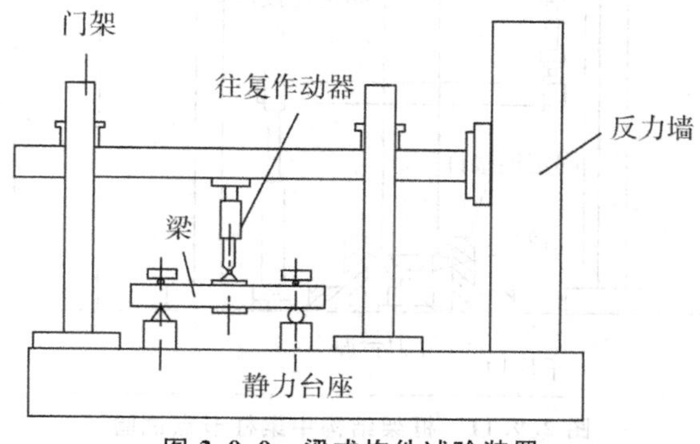

图 2.9.9　梁式构件试验装置

对于顶部不允许发生转动的结构拟静力抗剪试验装置，如图 2.9.9 所示。为保证结构上部边界在试验过程中保持平动，图中上部加压作动器与反力梁连接位置需要设置摩擦力较小的滚动导轨。试验时，特别注意平面外结构安全，应设置专门的安全装置防止试验过程中结构平面外失稳引起试验事故。

对于梁柱节点试验，当试验要求测量 P—Δ 效应时，结构试验反力和加载装置可参考图 2.9.10 设计。其特点是反力框架四周连接为铰接，在水平荷载作用下，十字框架节点柱端可以产生水平位移。安装在柱上端的千斤顶施加的竖向力可对柱产生附加弯矩。此弯矩称为 P—Δ 效应。

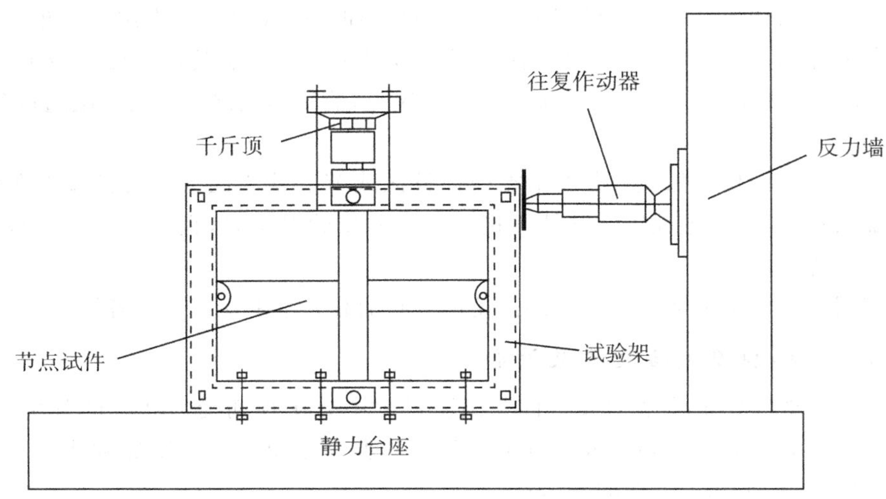

图 2.9.10　考虑 *P*—Δ 效应的节点拟静力试验

如果不需测量 *P*—Δ 效应，试验装置可参考图 2.9.11。该试验装置的特点是柱两端铰接，不能平动，但可转动模拟框架结构柱反弯点状态，柱下端千斤顶施加轴向压力。梁端的两个作动器上下反复施加荷载模拟地震作用。

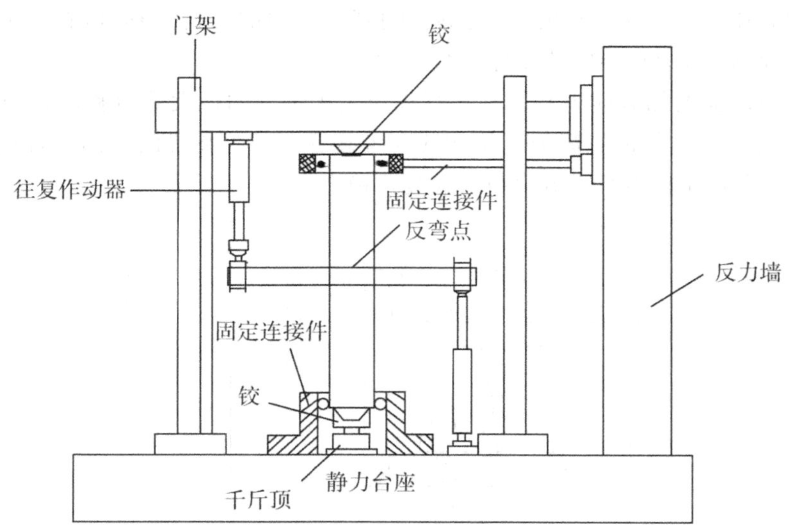

图 2.9.11　框架结构中梁柱节点试验

当需要对结构多点侧向水平加载时，可采用分配梁悬吊支撑加载试验装置，具体如图 2.9.12 所示。

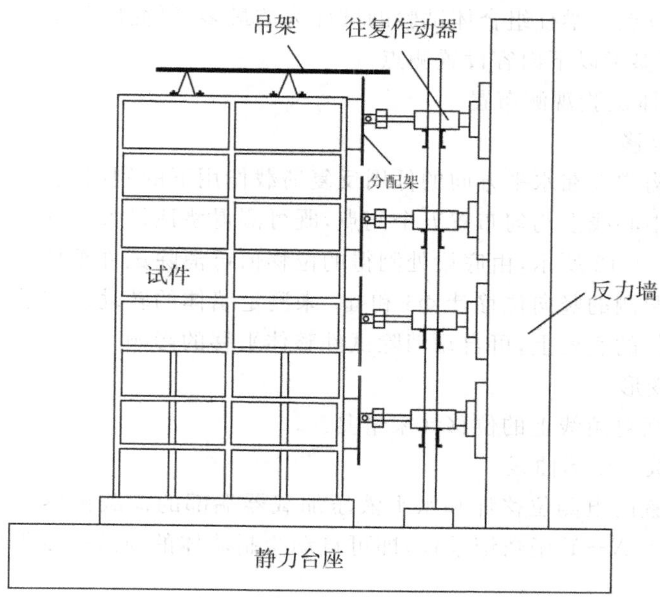

图 2.9.12　分配梁悬吊支撑加载试验装置

2.9.1.4　拟静力试验测量仪表选择

结构拟静力试验加载时，应根据试验目的选择测量仪表。仪表量程应满足试验对象极限破坏的最大量程，分辨率应满足最小荷载作用下的分辨能力。

位移计量的仪表最小分度值不宜大于所测总位移的 0.5%，示值允许误差为±1.0%F·S，其中 F·S 表示满量程。

试验用各种应变式传感器的最小分度值不大于 10×10^{-6}。示值允许误差为±1.0%F·S，量程不宜小于最小分度值的 100 倍。

静态电阻应变仪（包括具有巡回检测自动化功能的数字式应变仪）的精度不应低于 B 级，最小分度值不宜大于 10×10^{-6}。各种记录仪精度不得低于 0.5%F·S。

2.9.1.5　拟静力加载试验观测布置

拟静力试验的对象和静力单调加载试验一样，有基本构件、扩大构件和整体结构。在基本构件中，包含有梁的受弯和偏压柱的抗剪。扩大构件中，以框架、梁柱节点、砖石或砌块墙体、剪力墙和框剪组合构件等为多。为了研究结构的空间工作、整体刚度以及非承重构件在结构抗震中的作用等问题，也需要进行砌体或混凝土整体房屋的真型或模型结构的低周反复加载试验。拟静力试验量测的项目和内容应根据研究或检验目的确定，一般宜包括下列各项：

（1）试验荷载值（开裂荷载、屈服荷载和极限荷载）和结构支承反力值；

（2）结构构件在每级荷载作用下的变形，包括挠度、位移、支座转角、曲率和剪切变形等；

（3）结构主体材料混凝土和砌体的应变；

（4）结构构件主筋和箍筋的应变；

（5）结构构件钢筋在锚固区的粘结滑移；

(6) 裂缝宽度及分布形态。

结合我国建筑结构形式分布情况，国内结构拟静力试验中以砖或砌块墙体试验和钢筋混凝土框架结构的节点和梁柱组合体试验的试件为数最多，研究内容最广，试验成果最为突出。进行试验时，可参考以下内容设置测点。

1. 砖及砌块墙体试验观测布置

(1) 墙体侧向位移。

主要是量测结构构件在水平方向的低周反复荷载作用下的侧向变形。在墙体加载设备另一侧沿高度在其中心线上均匀布置五个测点，既可测得墙顶最大位移值，又可测得墙体侧向位移曲线，如图 2.9.13 所示，由底梁处测得的位移值可消除试件整体平移的影响。同时，可以由布置在底梁两侧的竖向位移计 Φ6 和 Φ7 来测定墙体的转动。安装测点时，将安装仪表的支架固定在试件的底梁上，可自动消除试件整体平移的影响。

(2) 墙体剪切变形。

可由布置在墙面对角线上的位移计来量测。

(3) 墙体的荷载—变形曲线。

由墙体顶部布置的电测位移计和水平液压加载器端部的荷载传感器分别将输出讯号，通过动态应变仪输入 X—Y 函数记录仪，即可自动绘制墙体的荷载—变形曲线，即墙体的恢复力特性曲线。

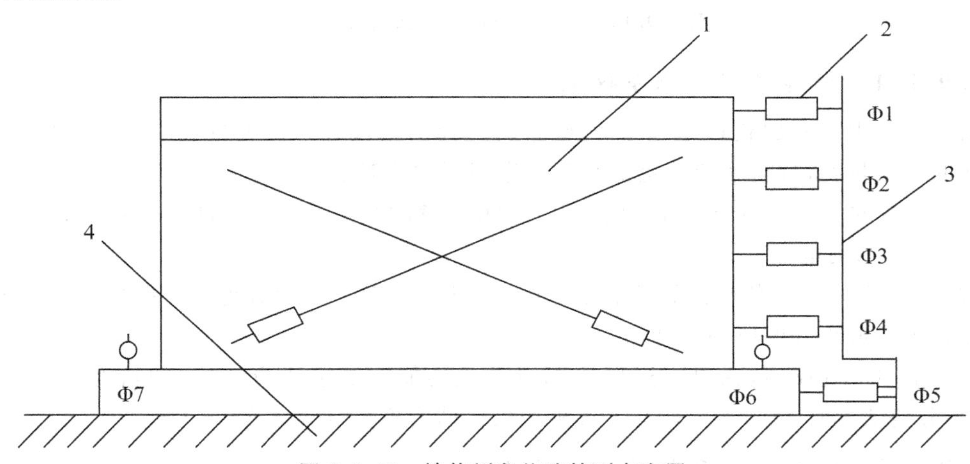

图 2.9.13 墙体侧向位移的测点布置

1—试件，2—位移计，3—安装在试验台上的仪表架，4—试验台座。

(4) 墙体应变。

墙体应变量测需布置应变网络测点，由三向应变求得剪应力和主拉应力。由于墙体材质的不均匀性，为了量测特定部位的平均应变，要求测点有较大的量测标距，跨越块材与砂浆灰缝，所以较多使用机械式仪表（百分表、手持式应变仪）进行测量。由于墙体材料的不均匀性，有时即使使用长标距电阻应变计，也会出现离散性较大、规律性较差的试验结果。

对于有构造柱或钢筋网片抹灰加固墙面的试件，可将应变计直接布置在混凝土或砂浆表面以及钢筋上进行量测。

(5) 裂缝观测。

要求量测墙体的初裂位置、裂缝发展过程和墙体破坏时的裂缝分布形式。

目前，大多数试验还是用肉眼或借助读数放大镜观测裂缝。事实上，由于材质原因，微细裂缝往往在发现之前已经出现。利用应变计读数突变的方法，可以检测到最大应力和开裂位置，也可以在预计开裂区域采用涂以石蜡或脆漆的方法，以便准确检测裂缝出现和初裂部位。

（6）开裂荷载及极限荷载。

准确测得初始裂缝，即可确定初裂荷载。可由荷载—变形曲线上的转折点，即将斜率首先发生突变处的荷载值作为开裂荷载实测值。当荷载分级的级差较小时，可以测得更为准确。极限荷载可由实测的荷载—变形曲线中荷载轴上的最大示值来确定。此时，必须同时记录竖向荷载的加载数值。

2．钢筋混凝土框架节点布置

（1）节点梁端或柱端位移。

主要是量测在梁端或柱端加载截面处的位移，在位移控制加载时，控制加载量和加载程序，如图 2.9.14 所示。要注意试件支座变形或整体转动的影响和修正。

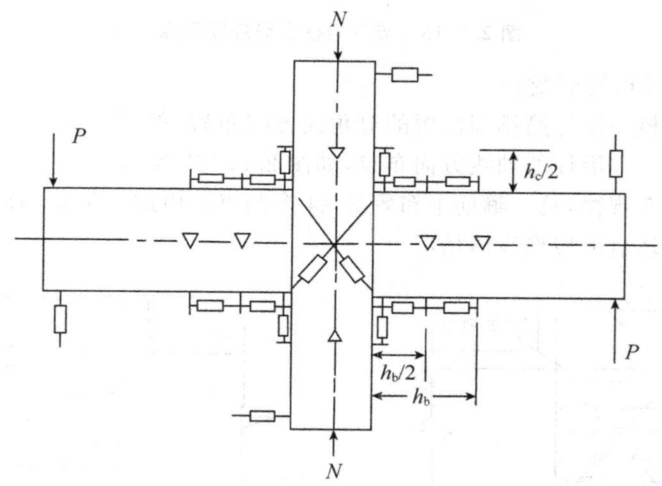

图 2.9.14 梁柱节点组合体的测点布置

（2）梁端或柱端的荷载—变形曲线。

将梁端或柱端所测位移和荷载传感器所测的荷载值输入 $X—Y$ 函数记录仪绘制试验全过程的荷载—变形曲线。与墙体的荷载—变形曲线量测方法相同。

（3）节点梁柱部位塑性铰区段转角和截面平均曲率。

在梁上，可在距柱面 1/2（梁高）或 h_b 处布置测点，在柱上，可在距梁面 $1/2h_c$（柱宽）处布置测点，可由量测在一定标距内两个截面的相对转动量除以标距所得的单位长度的平均转角求得截面的平均曲率，也可用倾角仪直接量测构件某一截面的转角。

（4）节点核心区剪切变形。

由量测核心区对角线的变形计算确定。

（5）梁柱节点主筋应变。

主筋应变由布置在梁柱与节点相交截面处的纵筋上的应变测点量测。为测定钢筋塑性铰的长度与钢筋锚固应力，可按试验要求沿纵筋布置一定数量的测点，如图 2.9.15 所示布置在纵筋上的测点。

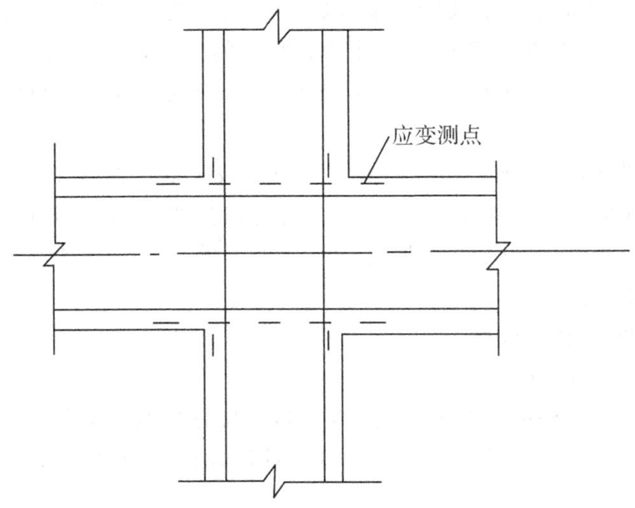

图 2.9.15 节点梁柱主筋应变测点

(6) 节点核心区箍筋应变。

测点可按节点核心区箍筋排列位置的对角线方向布置，如图 2.9.16a 所示，这样可以测得箍筋的最大应力。如沿柱的轴线方向布点，如图 2.9.16b 所示，则可测得沿柱轴线垂直截面上箍筋应力的分布规律，每一箍筋上布置 2～4 个测点。由此可估算箍筋的抗剪能力和核心区混凝土剪切破坏后的应变发展情况。

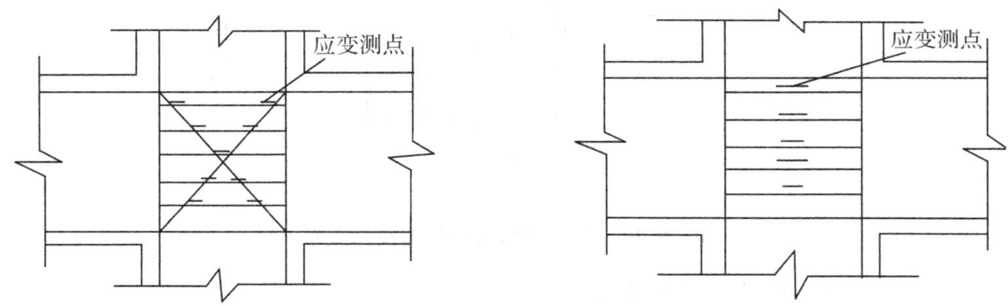

图 2.9.16 节点核心区箍筋应变测点

(7) 梁内纵筋通过核心区的滑移量。

通过量测靠近柱面处横梁主筋上 B 点对柱面混凝土 C 点之间的位移 Δ_1 与 B 点相对于柱面处钢筋上的 A 点之间的位移 Δ_2 比较，求得滑移量 $\Delta=\Delta_1-\Delta_2$。另外，对节点和梁柱组合体混凝土裂缝开展及分布情况，荷载值与支承反力都应有详细了解、设计。

2.9.1.6 拟静力加载试验数据整理

混凝土结构拟静力试验的资料整理包括如下内容：

(1) 开裂荷载及变形应取试件受拉区出现第一条裂缝时相应的荷载和变形。

(2) 对钢筋屈服的试件，屈服荷载及变形应取受拉区主筋达到屈服应变时的荷载和相应变形。

(3) 试件所受最大荷载和变形应取试件受荷载最大时相应的荷载和变形。

(4) 破坏荷载及相应的变形应取试件在最大荷载出现后，随着变形增加而荷载下降至最大荷载的 85%时的荷载和变形。

混凝土试件的骨架曲线应取荷载—变形曲线(如图 2.9.17)的各加载级第一循环的峰点所连成的包络线。

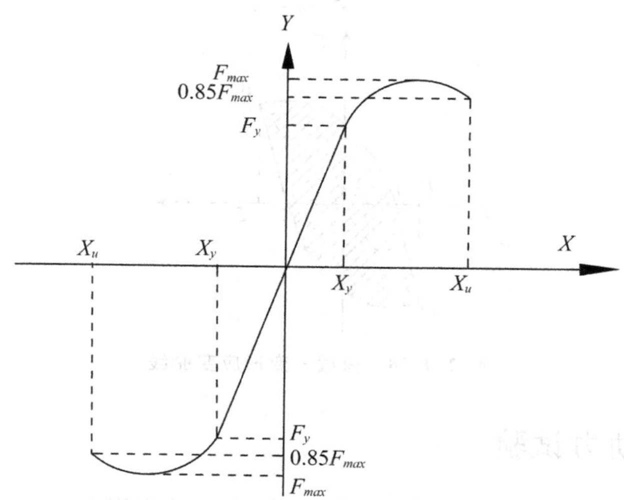

图 2.9.17　混凝土试件荷载—变形曲线

混凝土试件的刚度可用割线刚度来表示,割线刚度可按下式(2-9-1)计算。

$$K_i=\frac{|+F_i|+|-F_i|}{|+X_i|+|-X_i|} \tag{2-9-1}$$

式中:F_i——第 i 次峰点荷载值;X_i——第 i 峰点位移值。

(5) 延性系数。延性系数是反映结构塑性变形能力的指标,可表示结构构件抗震性能的好坏。试件延性系数 μ 应根据极限位移和屈服位移之比,按式(2-9-2)来计算。

$$\mu=\frac{X_u}{X_y} \tag{2-9-2}$$

式中:X_u—— 试件的极限位移;X_y—— 试件的屈服位移。

(6) 强度退化。试件承载力的降低,应取同一级加载各次循环所得荷载降低系数 λ_i 进行比较,称为强度退化率,λ_i 可按照式(2-9-3)计算,退化率反映的是结构抗力随着反复加载次数的增加而降低的指标。

$$\lambda_i=\frac{F_j^i}{F_j^{i-1}} \tag{2-9-3}$$

式中:F_j^i—— 位移延性系数为 j 时,第 i 次循环峰点荷载值;

F_j^{i-1}—— 位移延性系数为 j 时,第 $i-1$ 次循环峰点荷载值。

(7) 刚度退化。当需要研究结构刚度退化时,可在位移不变的情况下,用随循环次数的增加而刚度降低的程度来表达,即环线刚度 K_i,可由式(2-9-4)计算。

$$K_i=\frac{\sum_{i=1}^{n}F_j^i}{\sum_{i=1}^{n}X_j^i} \tag{2-9-4}$$

式中:X_j^i—— 位移延性系数为 j 时,第 i 次循环的峰点位移值;n—— 循环次数。

(8) 能量耗散。试件的能量耗散能力，以荷载—变形滞回曲线所包含的面积来衡量(如图 2-9-18)，能量耗散系数 E 可按照下式(2-9-5)计算。

$$E=\frac{S_{(ABC+CDA)}}{S_{(OBE+ODF)}} \tag{2-9-5}$$

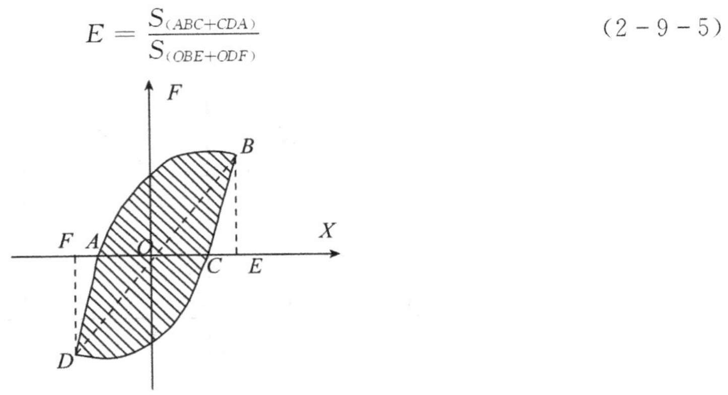

图 2.9.18 荷载—变形应变曲线

2.9.2 拟动力试验

由于拟静力试验的荷载与位移历程是假定的，它与地震引起的实际反应相差很大，因此，理想的加载方案是以某一实测确定性的地震反应来对结构施加荷载。为解决此问题，日本学者上世纪六七十年代提出拟动力试验方法。此方法是一种联机试验，即把计算机分析和恢复力实测结合起来的半理论、半试验的非线性地震反应分析方法。整个试验系统一般由传感采集系统、电液伺服加载系统、计算机分析与控制系统和相应配套试验装置组成，如图 2.9.19 和图 2.9.20 所示。装有垂直和水平加载伺服作动器的混凝土框架结构见示意图 2.9.21。

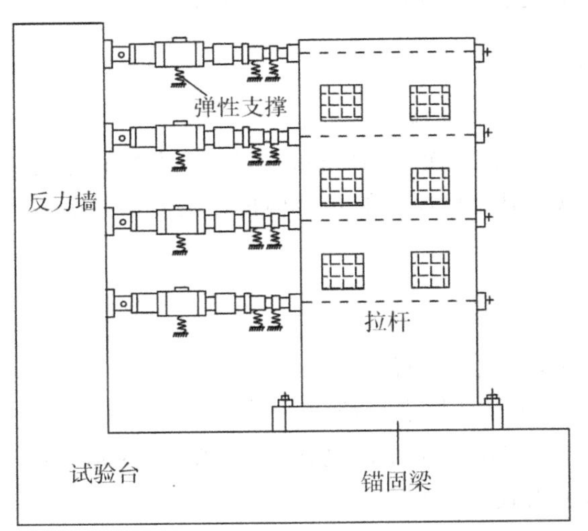

(a) 立面图

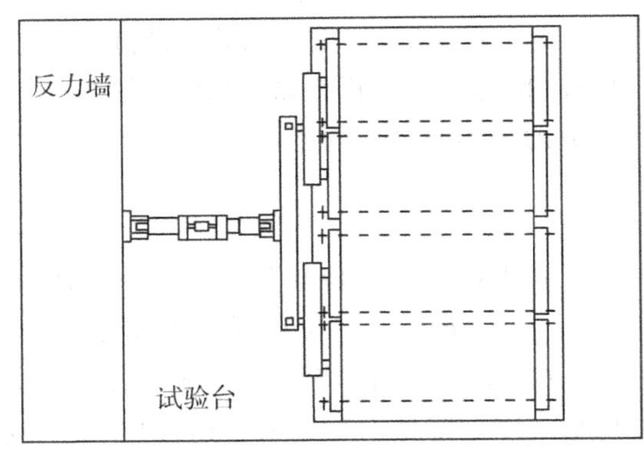

(b) 平面图

图 2.9.19 结构拟动力试验装置示意图

拟动力试验大致步骤如下：① 首先由计算机进行数学模型分析并控制加载，即预先给定地震加速度记录并通过计算机进行非线性结构动力分析；② 然后将计算得到的位移反应

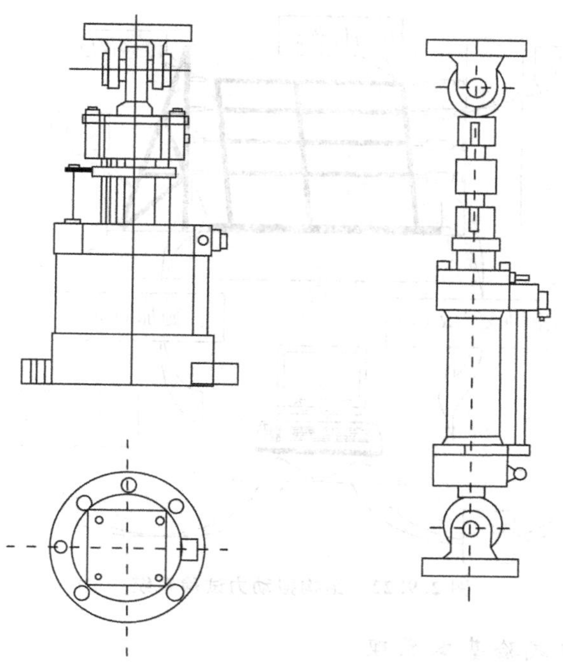

（a）垂直加载伺服作动器　　（b）水平加载伺服作动器

图 2.9.20　两种伺服作动器结构

作为初始输入数据，控制加载器对试验结构进行试验；③ 将作动器上测得的反力作为恢复力再次输入模型进行分析，获得下一步结构位移；④ 等位移达到新的位移值后再次测量恢复力，如此反复循环，最终得到结构在地震作用下的全部位移过程。此方法需要在试验前假定结构的恢复力特性模型，模型误差通过试验过程中的数据采集和分析不断进行修正。拟动力试验工作系统如图 2.9.22 所示。

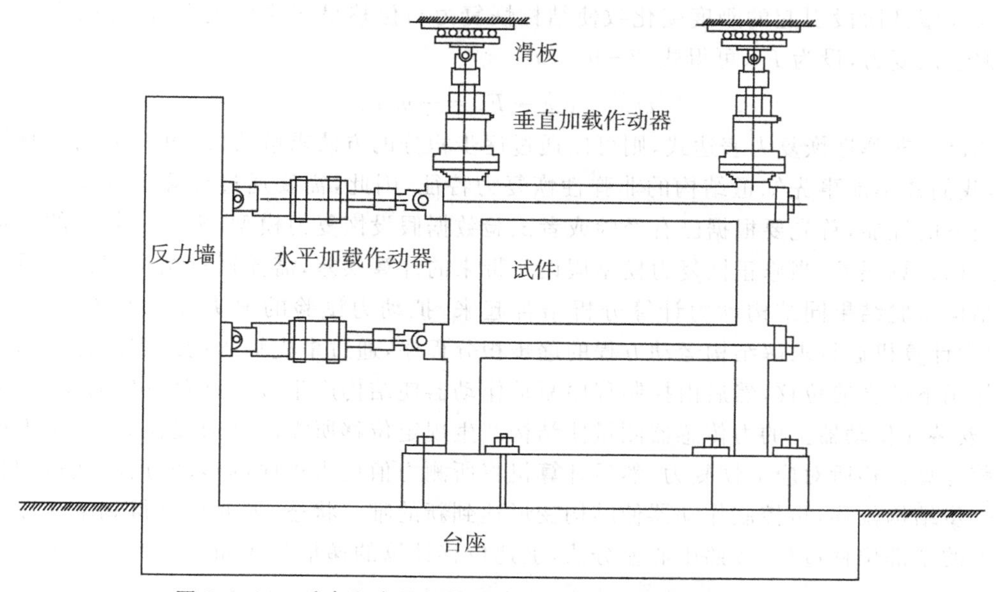

图 2.9.21　垂直和水平伺服作动器加载的框架结构拟动力试验

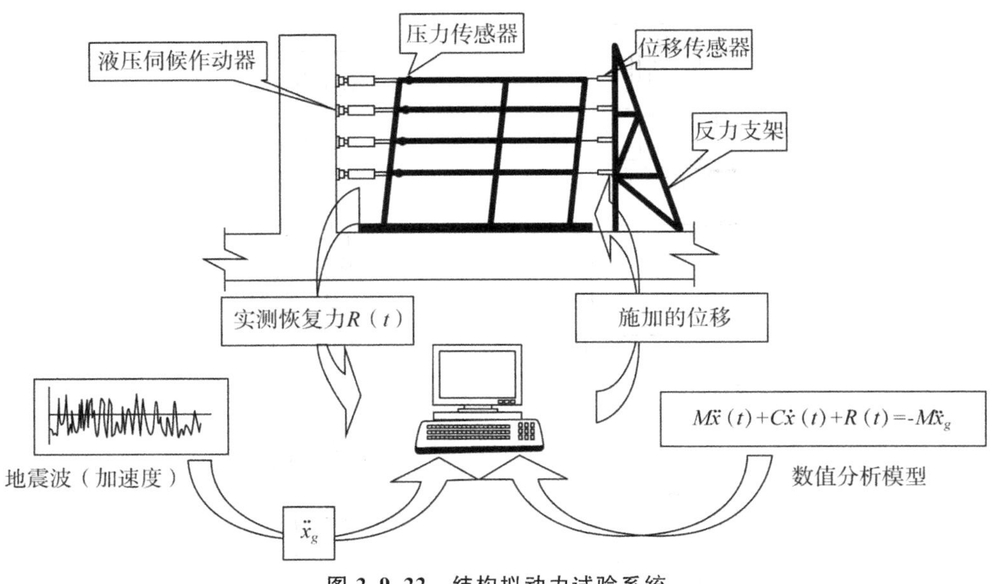

图 2.9.22 结构拟动力试验系统

2.9.2.1 拟动力试验基本原理

以单自由度为例来解释结构拟动力试验原理。单自由度结构体系在地震作用下的动力微分方程如式(2-9-6)。

$$m\ddot{x}+c\dot{x}+kx=-m\ddot{x}_g \tag{2-9-6}$$

式中：m,c,k——分别为结构质量、阻尼和刚度系数；$\ddot{x},\dot{x},x$——分别为结构加速度、速度以及位移响应；$\ddot{x}_g$——为结构地面输入的地震加速度时程曲线。

式(2-9-6)左侧三项分别为惯性力项、阻尼力项及恢复力项，右侧为边界约束处地震加速度激励项。对于进入弹塑性阶段的结构抗震分析，结构惯性力和阻尼力变化小，而随着结构进入弹塑性阶段引起的刚度变化致使结构恢复力与位移呈非线性关系。此时的恢复力称为非弹性恢复力，设为 F_r，可得式(2-9-7)。

$$m\ddot{x}+c\dot{x}+F_r=-m\ddot{x}_g \tag{2-9-7}$$

如已知非弹性恢复力表达式，则可以通过逐步积分的方法求解式(2-9-7)。对于具体的结构，我们并不能事先知道结构的非弹性恢复力特征，因此，需要通过计算了解该结构在地震作用下的性能，首先要根据已有经验或者试验数据假设恢复力模型。模型恢复力的假定会引起结构计算误差。当修正恢复力模型假设所带来的计算误差，需要通过结构测试体系恢复力将结构试验结果同结构动力计算分析结合起来。拟动力试验的解决方法如图 2.9.22 所示。图中计算机运行求解结构运动方程的逐步积分程序，通过事先输入的地震波计算结构在地震作用下的当前位移，然后由控制程序驱动作动器使结构产生按照计算发生的位移；另一方面，安装在作动器上的力传感器测量使结构产生规定位移所需的推力或拉力。这个力值就是当前计算位移所对应的恢复力。然后计算机将所测力值代入程序的运动方程，通过积分获得下一步结构位移，再控制作动器使结构变形达到新的唯一状态，如此反复得到结构在地震作用下的全部位移过程。按照中心差分法，上述位移计算的递推公式如下式(2-9-8)。

$$\begin{cases} \dot{x}_i = (x_{i+1} - x_{i-1})/(2\Delta t) \\ \ddot{x}_i = (x_{i+1} - 2x_i + x_{i-1})/\Delta t^2 \end{cases} \tag{2-9-8}$$

式中：Δt—— 时间间隔；i—— 时间；$t = i\Delta t$。

然后将微分方程式(2－9－7)以离散时间表示

$$m\ddot{x}_i + c\dot{x}_i + F_{ri} = -m\ddot{x}_g \tag{2-9-9}$$

将式(2－9－8)代入式(2－9－9)，可得

$$x_{i+1} = \frac{2mx_i + (c\Delta t/2 - m)x_{i-1} - (F_{ri} + m\ddot{x}_{gi})\Delta t^2}{m + c\Delta t/2} \tag{2-9-10}$$

上式表明，已知前一时刻$(i-1)\Delta t$的结构位移x_{i-1}，当前时刻$i\Delta t$的结构位移x_i，恢复力F_{ri}和地面加速度$\ddot{x}_{gi}$，即可求得$(i+1)\Delta t$时刻的位移x_{i+1}，如此反复求解。

2.9.2.2　拟动力试验基本步骤

按照计算和试验方法，拟动力的试验步骤归纳为以下几步：

(1) 给计算机输入某一确定性的地震加速度时程曲线$\ddot{x}_g(t)$。

(2) 计算机按输入第i步的地面运动加速度$\ddot{x}_{gi}$、恢复力F_{ri}、位移x_i及第$i-1$步的位移x_{i-1}，求得第$i+1$步的指令位移x_{i+1}。

(3) 加载器按指令位移x_{i+1}对结构施加荷载。

(4) 在施加荷载的同时，加载器上的荷载传感器和位移传感器分别量测结构的恢复力F_{ri+1}和加载器活塞行程的位移反应值x_{i+1}。

(5) 重复上述步骤，按输入第$i+1$步的地面运动加速度$\ddot{x}_{gi+1}$、恢复力F_{ri+1}、位移x_{i+1}及第i步的位移x_i，求得第$i+2$步的位移x_{i+2}和恢复力F_{ri+2}并继续进行加载，直至输入地震加速度时程所指定的时刻。

2.9.2.3　子结构拟动力试验

工程结构在遭遇地震时，往往只有部分进入弹塑性阶段，利用拟动力结构试验方法的特点，可以只对结构的非弹性反应部分建立试验模型进行拟动力试验，而另外一部分结构的弹性反应秩序通过计算机求解，在保证求解和试验精度的同时，可大大降低试验工作量。此方法称为子结构拟动力试验，如图 2.9.23 所示。

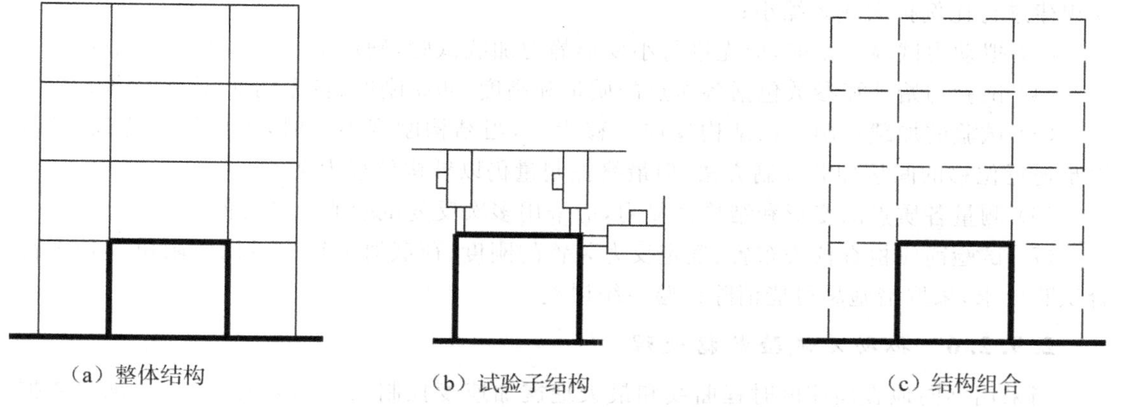

(a) 整体结构　　(b) 试验子结构　　(c) 结构组合

图 2.9.23　拟动力子结构试验和计算子结构示意图

2.9.2.4 拟动力试验特点

拟动力试验将结构地震响应所产生的惯性力作为输入，加载到结构节点上，使之产生位移。与拟静力相比，拟动力试验可以得到除结构抗震承载能力、刚度退化情况、结构变形能量消耗情况外，还可以得到拟静力试验无法获得的实际地震作用下结构响应；与地震振动台试验相比，可以对原型或接近原型的模型进行抗震试验；与纯理论分析相比，解决了理论分析中恢复力模型及其参数无法确定的缺点。另外，还可以比较缓慢地再现地震时的结构反应，以便观察到结构破坏的过程，可以获得比较详细的试验数据。

但是，拟动力试验也有其局限性，表现为以下几点：

(1) 不能实时再现真实地震反应，不能反映出应变速率对结构材料强度的影响。

(2) 实际反应所产生的惯性力是用加载器来代替。由于作动器数量有限，因此，只适用于离散质量分布的结构。

(3) 在联机试验中，除控制运动方程的数值积分外，还必须正确控制试验机，正确测定变位和力。即要求采用与计算机相同精度水准的加载系统。因此，为了使联机试验成功，必须将数值计算方法、试验机控制方法、变位和力的量测方法与试验模型的性状相协调，切实选定其组合关系。

(4) 传统的拟动力试验方法采用的是一种准静态的加载过程，无法考虑加载速率对结构反应的影响，加之近年来在一些结构中采用了橡胶隔震器、粘滞阻尼器、摩擦阻尼器等一些新的隔振或隔震设施，使结构具有明显的速度依赖特征。为了考虑加载速率对试验结构的影响，目前国外一些专家提出了采用快速拟动力试验方法及数值修正方法来消除加载速率的影响。

(5)由于拟动力试验体系复杂，试验误差分析和消除有时较为复杂和困难。在某些情况下，误差由于逐渐积累而影响试验结果。

2.9.2.5 拟动力试验注意事项

拟动力试验是试验与理论计算联合实施的一种试验方法，试验过程中需要注意以下几个方面：

(1) 所输入的地震加速度时程曲线应该具有代表性，与拟建结构的场地特征相适应；

(2) 拟动力试验要根据结构的不同工作状态，调节加速度时程曲线的幅值，按照结构振动规律进行比例扩大或者缩小；

(3) 拟动力试验开始前，应先进行小变形静力加载试验，确定结构的初始侧向刚度；

(4) 试验初始计算参数包括各质点的质量和高度、初始刚度、自振周期、阻尼比等；

(5) 试验的加载控制量以结构反应位移为主，当结构刚度很大时，也可采用荷载控制，逐步逼近位移的间接加载控制方法，但最终控制量仍以结构位移为准；

(6) 测量各质点的变形和结构恢复力，应采用多次反复试验值的平均值；

(7) 试验前应检查仪表布置、确定反力装置的刚度、荷载对大输出量以及限位等是否符合试验要求，采取措施尽可能消除试验系统误差。

2.9.2.6 拟动力试验数据处理

当采用不同地震加速度时程曲线和最大地震加速度控制结构加载时，均应对试验数据进行图形处理，各图形均应计入结构进入弹塑性阶段后各次试验依次产生的残余变形影响。

主要图形数据包含以下几方面的内容：

(1) 基底总剪力—顶端水平位移曲线图；层间剪力—层间水平位移曲线图；结构各质点的水平位移时程曲线图和恢复力时程曲线图。

(2) 最大加速度时的水平位移图、恢复力图、剪力图、弯矩图、抗震设计的时程分析曲线与试验时程曲线的对比图。

(3) 混凝土或砌体结构开裂时的基底总剪力、顶端位移和相应的最大地震加速度应按结构第一次出现裂缝(且该裂缝随地震加速度增大而开展)时的相应数值确定并应记录此时的地震反应时间。

(4) 结构屈服、极限破损状态的基底总剪力、顶端水平位移和最大地震加速度。宜按以下方法确定。

应采用同一地震加速度记录按不同最大地震加速度进行的各次试验得到的基底总剪力—顶端水平位移曲线，取各曲线中最大反应循环内并已考虑各次试验依次使结构模型产生的残余变形影响后的各个反应值绘于同一坐标图中，做出基底总剪力—顶端水平位移包络线图(如图 2.9.24)。

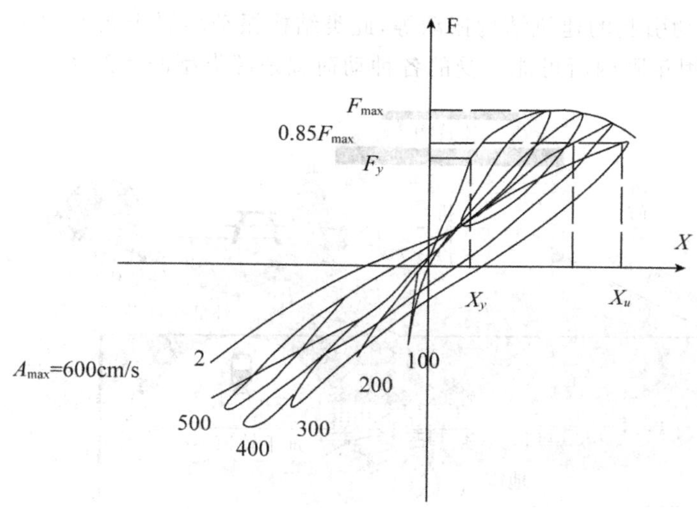

图 2.9.24　基底总剪力—顶端水平位移包络线示意图

取包络线上出现明显拐弯点处正负方向上较小一侧的数值为试体屈服基底总剪力，顶端水平位移和屈服状态地震加速度。取包络线上沿基底总剪力轴顶处(正、负方向上较小一侧)的数值为结构极限基底总剪力和极限剪力状态的地震加速度。取包络线上沿顶端水平位移轴过极限基底总剪力点后，基底总剪力下降约 15%点处(正负方向较小一侧)的数值为结构破损基底总剪力及相应状态地震加速度。

第3章　结构动力荷载试验

3.1　概述

建筑结构在设计使用年限内，所承受的荷载包括静荷载和动荷载，其中大部分荷载表现为静荷载，某些低周期、其引起的结构惯性力可以忽略的动力荷载也视为静荷载。但是很多情况下，结构所受动载引起的结构响应，其荷载变化速率或结构惯性力不可忽略，因此必须作为动荷载考虑。例如，地震对建筑结构的作用、风荷载对建筑结构的作用和外界环境振动或建筑物内设备振动引起的建筑结构振动等，此类结构振动均属于典型的结构动力问题，图3.1.1为建筑物使用年限内所可能遭受的各种动荷载来源类型的示意图。

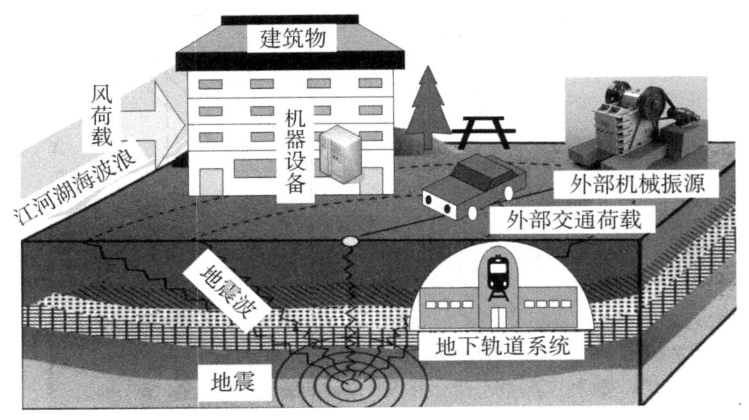

图3.1.1　建筑结构使用年限内的承受动载来源示意图

建筑工程中有很多的结构动力问题，结构动力问题仅仅有理论分析还远远不够，需要运用结构动力试验作为补充和验证。结构动载试验就是运用试验方法研究结构的动力问题，它是建筑结构试验的重要组成部分。随着现代工业的发展，大功率的工程机器、机械以及加工机械、运输工具等，致使建筑结构本身产生较大振动，其振动通过建筑结构向周边传播经常引起周围建筑振动，或地震波传播对其区域内建筑的结构动力作用以及矿山挖掘、隧道施工的爆破对周边建筑物的振动冲击等影响。较小的结构动力响应经常影响室内工作人员舒适度或精密仪表的正常工作，而较大的结构动力响应甚至会影响结构及人员安全。尤其进入21世纪初，国内高技术行业、高科技园区的建立，对建筑振动舒适度提出新要求。汶川地震、雅安地震等灾难性的破坏作用对结构抗震能力也提出了新挑战。国内外学者和研究机构在这些方面做了大量工作，积累了一些经验。

土木工程中需要研究和解决的动力问题范围很广，大致有以下几方面：

(1) 爆破和冲击荷载。

国防工业、人防工程等建设需要考虑一定的结构抗爆性能,研究建筑结构如何抵抗爆炸引起的冲击作用。在隧道施工中,隧道爆破施工需要进行监测、过大的爆破冲击会对周围岩体产生不利影响,过小的爆破冲击则无法有效破碎围岩。图 3.1.2 为一典型的爆破冲击作用时间历程曲线。另外,轮船行驶对桥梁桥墩的冲击,致使桥梁垮塌。2007 年 6 月,一艘运沙船行驶至广东九江大桥时,偏离主航道,不慎撞击非通航孔的大桥桥墩,导致桥面发生坍塌,坍塌长度达 200m 左右,造成了人员伤亡和财产损失,如图 3.1.3 所示。

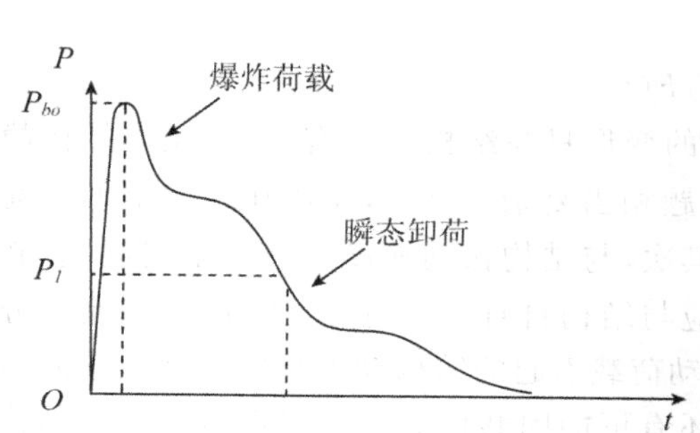

图 3.1.2 爆破荷载和开挖荷载瞬态卸载历程曲线

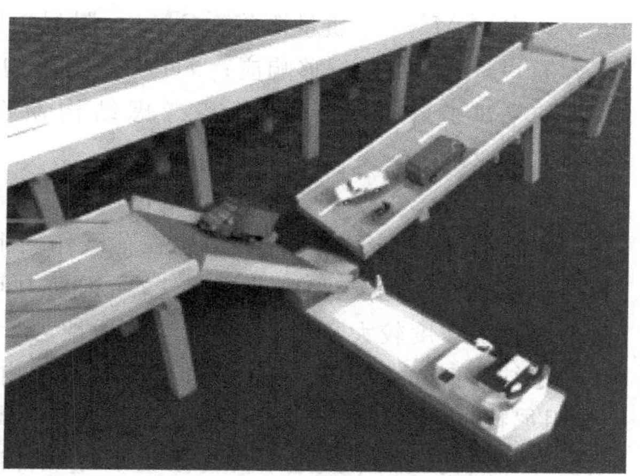

图 3.1.3 船舶对桥墩的冲击

(2) 地震作用。

我国地处环太平洋地震带和欧亚地震带两大地震带的中间,是一个多地震的国家,现代和历史上曾发生多次强烈地震,造成财产和人员的重大损失。而地震损失主要来源于人们工作或居住的工程结构受震损坏。为了减少地震灾害造成的破坏,需要进行抗震理论分析和试验研究。地震模拟振动台试验是建筑结构抗震试验的主要类型。地震模拟振动台试验中,安置在台座上的试验结构受到类似于地震加速度传播而产生的惯性力作用。其模拟的地震范围可以使结构产生弹性反应的小震和使结构垮塌的大震。通过地震模拟振动台试验,为建筑结构的地震设防和抗震设计提供依据,从而提高各类工程结构的抗震能力。

(3) 风荷载作用。

风荷载作用下的高层建筑与高耸构筑物(如电视塔、输电铁塔、斜拉桥和悬索桥的索塔等)所产生的风致振动问题。尤其是超高层建筑、风荷载引起的建筑结构顶部晃动会影响人体舒适度,需要通过设置阻尼器等以减小结构振动;较大风荷载还可能引起建筑结构垮塌。此外,对于一些特殊体型建筑结构,需要进行专门的风洞试验。

(4) 近海结构物设计中需要解决海浪拍击、风暴、浮冰冲击等引起的振动问题。

(5) 动力机械作用。

工业建筑因其内部生产机器引起的振动问题也日渐繁多。例如,大型机械设备如水泥厂颚式破碎机、锻锤冲击设备、发电机组等旋转设备运转产生的振动和冲击;厂房中重型吊车制动力产生的工业建筑横向与纵向振动等,轻则影响工作人员舒适度、重则影响结构安全。

高科技园区的高科技精密仪器,其对周围环境要求很高,外界环境振动,经常会引起建筑室内的高科技精密仪器不能正常工作。为避免轨道交通对园区高科技企业的影响,台湾地区一些研究机构在新竹工业园区控制环境振动方面做了很多工作。因此，很多精密设备厂房有防振、隔振措施，以保证这些设备的正常工作和工件的加工精度；振动引起的噪声也应治理，以改善劳动条件、保证工作人员健康。《混凝土结构设计规范》、《高层建筑混凝土结构技术规程》、《钢结构设计规范》等，均对结构受振的人体舒适度问题作出了具体规定。

此外，还有结构受振疲劳试验问题等。结构静载和动载试验的区别，可以从多自由度结构动力学方程来进行简单理解，式(3-1-1)为结构动力学方程。

$$[M]\{\ddot{x}(t)\}+[C]\{\dot{x}(t)\}+[K]\{x(t)\}=\{F(t)\} \tag{3-1-1}$$

式中：$[M]$—— 质量矩阵；$[C]$—— 阻尼矩阵；$[K]$—— 刚度矩阵；$\{F(t)\}$—— 加载矩阵，$\{x(t)\}$—— 结构位移响应；$\{\dot{x}(t)\}$—— 结构速度响应；$\{\ddot{x}(t)\}$—— 结构加速度响应。

如果试验中或计算分析不考虑结构惯性力或加载速率的影响，则方程退化为式(3-1-2)。

$$[K]\{x(t)\}=\{F(t)\} \tag{3-1-2}$$

从式(3-1-2)可以看出，结构在荷载作用下的变形只与结构刚度有关，退化为结构静力分析问题。因此，与静力问题相比，结构动力问题相当复杂。首先，作用在结构上的动荷载引起的加速度较大，以至于必须考虑惯性力。其次，与结构振动速度有关的阻尼问题，必须考虑结构振动速率影响。另外，结构的动力响应与结构自身动力特性(质量分布、刚度分布、阻尼特性和构件的连接特性等)有关。有时候动荷载引起的结构动力响应远远大于静力响应。如当荷载频率接近结构自振频率时，结构还有可能因共振而遭受严重破坏。当结构在地震作用下进入塑性阶段，结构动力分析还存在变刚度非线性动力响应问题。

实际工程结构的振动形式有些是简单有规律振动(如简谐振动、周期振动)，可以用一些函数来描述，而相当多的则属于随机振动，随机振动不能用确定性函数来描述，但满足统计规律性。对于确定性振动和随机振动从量测到分析处理方法都有一定差别。虽然结构试验已有几百年历史，但真正意义上的结构动载试验在20世纪后期才逐步完善。近年来随着振动测试技术的进步、微电子技术和计算机技术的普遍应用、数字信号分析技术的长足发展，建筑结构随机振动的试验检测和数据的处理方面，取得了迅速发展。目前采用动态数据采集系统已能够快速、准确地实时处理动载试验所获得的大量数据，识别模态参数，建立结构的动力模型，从而使得结构动载试验有了一个全新的面貌。

3.2 结构动载试验测量系统

3.2.1 动态测试系统的基本内容

结构动载试验中，需要量测的基本变量有位移、速度、加速度以及动应变等。结构动态测试系统组成如图3.2.1所示。

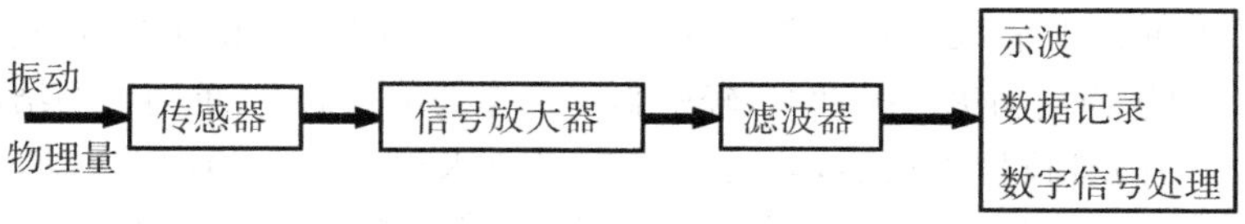

图3.2.1 结构动态测试系统图

如图 3.2.1 所示，信号传感器感受到结构动态物理量时，通过信号放大器将信号放大，传输给动态信号处理与分析系统进行有关分析与计算。20 世纪 70 年代，信号数据的记录媒介主要是磁带记录仪。传统的振动测量是将连续变化的运动量和力等物理量转变为连续电压信号，并进行显示、记录和分析处理等。这些连续变化的物理量和电信号称为模拟量。模拟量信号的缺点是显示、记录精度低，抗干扰能力差，且不便于进一步分析处理。进入 20 世纪 80 年代后，数据信号采集及保存实现了数字化存贮，计算机数据处理系统得到广泛应用。

动态数据采集的功能是将模拟量信号转变为便于贮存、传输和分析处理的数字信号，它在现代化振动测试中起着承前启后的关键作用，振动测试中的动态数据采集，面对的是动态信号(快变参数)，比起用于常规工业控制或静态信号(慢变参数)的数据采集有着更高的要求。

数据采集的目的是将一个连续变化的模拟信号在时间域上离散化，然后再将时间离散、幅值连续的信号转变为幅值域离散的数字信号，前者称为采样，后者称为量化。连续时间信号经采样将产生所谓频率混迭的问题，导致采样信号的偏度误差。量化将引起量化噪声，降低信号的信号/噪声比，限制量化数据的动态范围。

为了减小量化误差，充分利用模/数转换的动态范围，防止频率混迭及由此引起的偏度误差，在进行从模拟量到数字量的转换之前必须对测量信号进行适调。因此，数据采集中的信号适调电路主要由两部分组成：一是程控放大器；二是抗混滤波器。程控放大器是一种放大倍数可编程控制的运算放大器，模拟信号经程控放大器适调后，其输出信号接近实现数字化的模数转换器的满量程，从而可充分利用模数转换器的动态范围。作为输入模拟信号的适调放大器，同时还须满足测量频率范围、精度稳定性和抗干扰能力等要求。抗混滤波器的功能是，对原始信号进行低通滤波，限制信号带宽，并由此按采样定理确定采样频率，以防止频率混迭。

动态测量信号经程控量程放大和抗混滤波等信号适调后，即适合于进行数字化，实现由模拟量到数字量的转换，即对测量信号进行采样(时间域离散化)和模/数转换(幅值域量化)。

程控放大器、抗混滤波器，采样/保持器和模/数转换器构成了一个基本的单通道动态数据采集系统。多通道动态数据采集系统的实现方案是每个通道都有独立的采样/保持器以及模/数转换器(如图 3.2.2)。多通道信号经模/数转换成数字信号后，再经数字多路转换器进入存储器或计算机。这类采集系统的优点是，通道频率范围可以很高，且减小了模拟多路转换器带来的各通道之间的相互干扰。

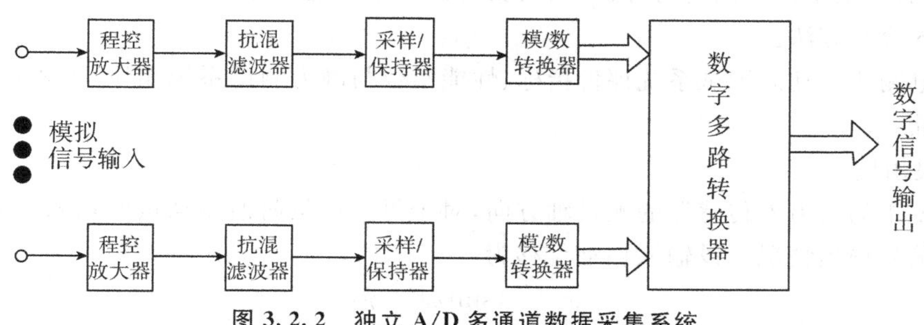

图 3.2.2　独立 A/D 多通道数据采集系统

20 世纪八九十年代以来，动态数据采集系统发展中的一个新进展是采用实时数字滤波器实现抗混滤波。与模拟滤波器相比，数字滤波器有更高的指标，且可实现频率细化 FFT 分析功能。需要指出的是，尽管采用了数字滤波器，在采样/保持器前面，仍需要一个固定频率的模拟抗混滤波器，其截止频率等于系统最大分析频率(通常为最高采样频率的 1/2.56)。图 3.2.3 为一种采用数字滤波器的动态数据采集系统的结构框图。

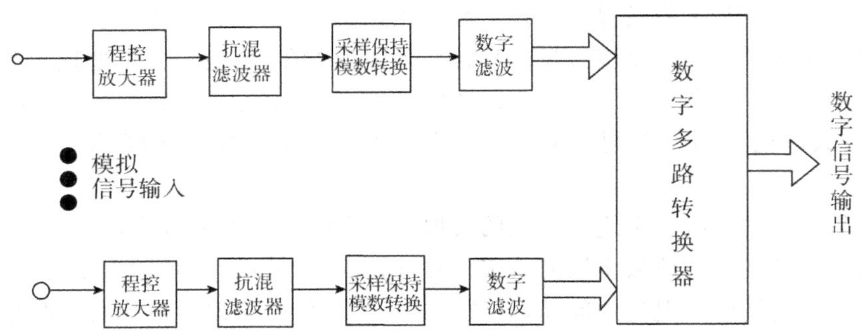

图 3.2.3　采用数字滤波的多通道数据采集系统

现代动态数据采集系统除了具备基本的数据采集功能外，还具备数据存储、数字信号分析(时域和频域)、结构模态分析、数据和分析结果的打印输出等功能。目前国内外数据采集系统种类很多，按其组成模式可分为大型专门系统、分散式系统、小型专用系统和组成式系统，以满足各种不同的需求。

动态数据采集系统存储的是以一特定采样频率直接离散化了的数字信号，它失去了模拟式磁带记录仪记录模拟信号的一些优点，而磁带记录仪记录的模拟信号可以重放并用不同采样频率进行模数转换后再进行数字信号处理，这样的处理方法常常收到更好的效果。

结构振动的振动量测量方法有机械法、光测法和电测法。所谓机械法指的是利用杠杆传动或惯性原理接收振动量的一种测量方法。机械式振动仪虽然具有使用简便、不需要电源和光源且不受各种干扰影响的优点，但其存在体积大、灵敏度低、使用频率范围有限等缺点，除极少数特定场合外，已被电测法取代。

光测法是将结构振动量转换为光信息，然后进行量测的方法，有读数显微镜和激光干涉测振装置。光测法设备调整复杂，对测试环境要求严格，且不便移动，因此一般只限于实验室内作为标准振动仪器的标准计量装置。近年来，光纤传感器研究取得了一定进展。

电测法是目前应用最广泛的结构振动测量方法。电测法主要内容是将振动物理量转换为电量，然后对电量进行测定与分析，从而获得被测振动量各种参数值。电测法也是本章介绍的主要内容和方法。

基于电测法的动态测试系统评价指标、性能参数与静力测试系统相比，主要特点包含以下几个方面：

(1) 灵敏度。

灵敏度指的是沿着传感器的测量轴方向，对于每一单位简谐振动量的输入，测量系统同频率电压信号输出情况。设输入振动位移为

$$x = A\sin(\omega t + \phi) \tag{3-2-1}$$

输出电压为

$$u = U\sin(\omega t + \phi - \theta) \tag{3-2-2}$$

则测量系统的灵敏度定义为

$$S = \frac{U}{A}\left(\frac{\text{电压单位}}{\text{振动量单位}}\right) \tag{3-2-3}$$

式中：θ 为输出电压 u 对被测振动量 x 的相位滞后，称为相移。

为了测量微小振动量的幅值变化，测量系统需要较高的灵敏度。

(2) 使用频率范围。

常用频率范围是指灵敏度随频率的变化而不超出某一给定的误差限的频率范围。使用频率范围的两端为频率下限和频率上限，如果下限可以扩展至零，则称该测量系统有静态响应。具有静态响应的测量系统可以用来测量静位移。测量系统的使用频率范围不仅取决于传感器，也取决于测量电路。由于传感器在测量系统的最开始端，因此传感器的灵敏度范围对测量系统的使用频率范围起主要作用。常用传感器的使用频率范围如图 3.2.4 所示。

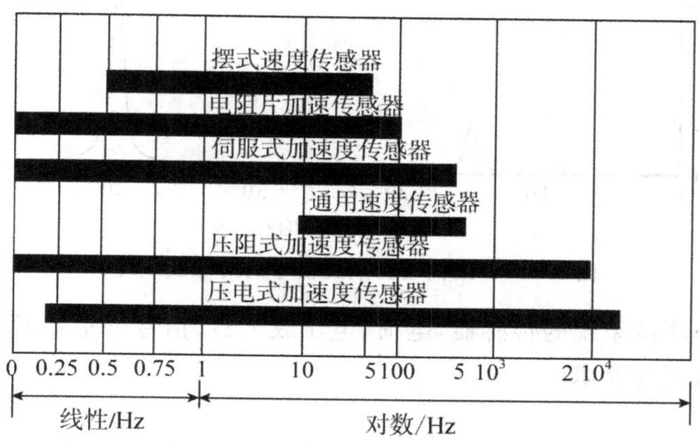

图 3.2.4　常用传感器的使用频率范围

(3) 动态范围。

动态范围即可测量的量程，是指灵敏度随幅值的变化量不超出给定误差限的输入机械量的幅值范围。幅值范围的两端称为幅值上限 A_{min} 和幅值下限 A_{max}，在此范围内，输出电压和机械输入量成正比，所以也称为线性范围。动态范围一般不用绝对量数值表示，而用分贝作单位，这是因为被测振值变化幅度过大的缘故，以分贝级表示使用更方便。动态范围 D 表示如下式(3-2-4)。

$$D = 20\lg\frac{A_{max}}{A_{min}} \tag{3-2-4}$$

式(3-2-4)的表达方式为分贝表示，关于分贝下节将进行介绍。测量系统动态范围越大，测量系统对幅值变化的适应能力越强。对于爆破冲击等振动过程，需要很高的幅值上限；而对于微弱的振动，则需要很小的幅值下限。目前，多数的厂家动态范围上限能够满足，而动态范围下限受仪器元件限制，幅值下限经常很难满足。

结构动力响应信号的表示方式有时域和频域表示。所谓时域图示，即以时间轴为横坐标，响应幅值为纵坐标；而频域图示则是以频率为横坐标，各频率成分的幅值为纵坐标。结构动力的时域表达式以时间 t 为自变量，而频域表达式以频率 f 为自变量，如图 3.2.5 所示。

大多数的建筑结构，其结构固有频率在100Hz以下，而低阶固有频率通常只有2～3Hz，因此对动测仪器低频动态特性有较高要求。高速运转的动力机械，其频率范围可达到1kHz，甚至更高，那么需要测量仪器有良好的高频性能。因此，进行结构动载试验时，需要根据预估的结构频率选择合适的动态测试仪器以及传感器等。

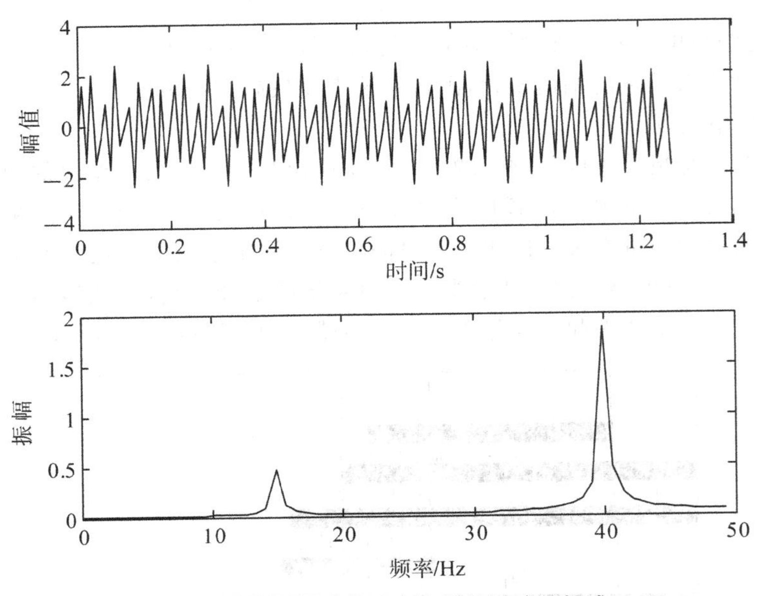

图 3.2.5 结构动力响应信号的时域及频域

因此，一套动态测试系统的传感器，电荷、电压放大器、信号采集器其频响特性应互相匹配，以满足结构动载试验要求。

（4）相移。

相移现象见式(3-2-2)，其原因是由于振动量输出在时间上的滞后而造成。相移经常导致合成波形的畸变。在振动测量中，凡是涉及两个以上振动过程关系对比时，相移都是不容忽视的，否则将出现误差甚至错误。比如模态试验中传递函数的测量，相移现象就不可忽视。

（5）附加质量和附加刚度。

进行振动测量时，传感器总是以一定方式与测试对象发生机械联系，有时传感器会对测试对象产生附加质量，有时还会产生附加刚度。这些附加质量或刚度有时会改变测试对象原有的动力特性。特别是被测对象的质量和刚度相对较小时，这种影响不容忽略，必要时需要选择合适的传感器或者评估附加质量和刚度对被测对象的影响。

（6）采样频率的选择。

受计算机内存限制，动态信号采集时，不可能无限地连续采集数字信号。因此，目前的数据采集分析系统的动态信号总是分块采集，如1024点、2048点采集等为一块。如果采样频率过高，则低频响应信号有可能分布在相邻块之内，也就是说多个数据块连接在一起，才能获得低频的完整波形。由于数据块连接的数字处理问题，块连接可能会出现断点或坏点，虽然可以通过一些数字处理技术等予以解决，但经常会出现频率分析错误。因此，结构动载试验数据采集前，需要选择合理的采样频率。通常，分析频率要大于动载试验预估的结构动力性能或动荷载作用频率范围。根据香龙(Claude Elwood Shannon)采样定理，采样频率则必须大于分析频率的2.56倍以上。

采样频率对频率分辨率 Δf 有一定影响，如式(3-2-5)。如果频率分辨率过低，则相互接近的结构固有频率无法识别；频率分辨率过高，则单块数据采集点数将会增加，对设备要求也会更高。

$$\Delta f = f_s/n \tag{3-2-5}$$

式中：f_s—— 采样频率；n—— 傅里叶变换数据块内的谱线数(每数据块采集点数)。

同一谱线数的数据块中，采样频率越高，分析带宽越宽，但频率分析精度也越差。因此，从频率分析角度，尽可能选取较小的采样频率。另一方面，采样频率太低，则在信号的一个周期内，采集的点数会过少，所获得的时域信号时间序列特征方面会显得粗糙，甚至不能真实表现时域波形。因此，为进行正确的频率分析，在保证感兴趣频段的前提下，尽可能选取较低的采样频率；为进行波形分析、相关分析以及概率分析等时域分析，采样频率又应该尽可能地高一些，以保证信号在一个周期内有足够的采样点。因此，对于结构特性不了解的情况下，可以采用高低两种频率采集后进行分析。

(7) 动力响应信号的滤波和衰减。

所谓滤波，就是滤除动态信号中的某些成分。动态信号在传输过程中受到抑制的现象称为信号衰减。实际上，任何一个电子系统都具有自己的频带宽度(对信号最高频率的限制)，频率特性反映出了电子系统的这个基本特点。而滤波器，则是根据电路参数对电路频带宽度的影响而设计出来的工程应用电路。用模拟电子电路对模拟信号进行滤波，其基本原理就是利用电路的频率特性实现对信号中频率成分的选择。

为了获得良好的频带选择，希望滤波器能够以最小的衰减传输频带内的信号，这一频率范围称为通频带，对通频带以外的信号给予最大的衰减，称为阻频带。通频带与阻频带之间的界限称为截止频率。通常，滤波器有以下几种：

(a) 当允许信号中较高频率的成分通过滤波器时，这种滤波器叫做高通滤波器。

(b) 当允许信号中较低频率的成分通过滤波器时，这种滤波器叫做低通滤波器。

(c) 当只允许信号中某个频率范围内的成分通过滤波器时，这种滤波器叫做带通滤波器。

(d) 当信号允许较低和较高频率的成分通过滤波器时，这种滤波器叫做带阻滤波器。

运用电子元件做成的滤波器称为模拟滤波器，以软件程序实现对数字信号进行滤波称为数字滤波。一般硬件(即电荷放大器等)上实现的滤波称为模拟滤波，利用计算机软件处理数字信号通常采用数字滤波器。

(8) 绝对振动量和相对振动量。

当振动传感器安装在试验结构进行测量时，由于传感器与试验结构的运动完全相同，此时，传感器所测量的物理量(位移、速度、加速度)为绝对物理量。但是当传感器所测基本物理量为加速度或速度时，通过积分电路(硬件积分)所获得的积分速度或位移量为相对速度或相对位移。

如果采用机械式振动测量仪，由于其大多基点固定，所测振动位移为结构振动相对于固定点之间的变化，因此，所测振动位移为相对位移。

(9) 测量仪器的分辨率。

分辨率是指仪器所能有效辨别的最小示值差。通常数字电压示值为“4位半”。所谓“4位半”指的是五位数电压显示最高位一个位只可显示0～1，其余低四个位可显示完整的0～9的数。因此，对于电压表所能显示的最大数字为19999，当用来测量一个10V信号时，其最大分辨率为 10V/1999=0.5mV。当传感器接收到结构振动信号而向外输出时，噪声也随着传感器输出，有时电荷放大器也会产生噪声。因此，所采集的信号分辨率与信号电压和噪声电压的比值有关。

(10) 环境条件。

振动测量系统有一定的环境条件要求，这些条件包括温度条件、湿度、电磁场、辐射场以及声场等。测量系统应给出使用环境要求或必要的修正系数。

3.2.2 振动传感器作用原理和分类

振动传感器指的是将振动物理量转换为与之成比例的电量的机电转换装置。传感器通常由机械接收部分和机电转换部分组成(如图 3.2.6)。大致的过程是，机械接收部分将振动物理量 A_i(位移、速度、加速度、力或应变等)接收为一个适合于机电转换的中间物理量 T_i，然后机电转换部分将中间量转换为电量 E(电荷、电阻、电容、电动势和电感等电参量)。最后由测量电路将变换所得 E 转换成采集分析仪器所能接收的电压信号 U。

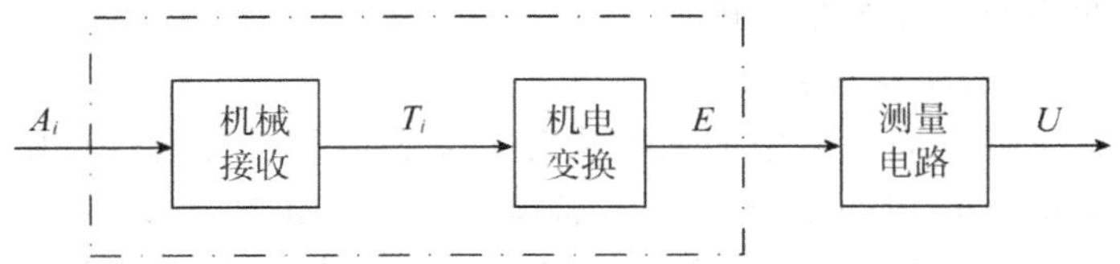

图 3.2.6 测量电路基本原理

传感器按照机械接收原理分为相对式和惯性式(绝对式)。所谓相对式通常是以传感器的外壳为参考坐标，借助接触杆或非接触间隙的变化来接收结构振动。被测物理量与中间物理量为与频率无关的正比关系。所谓惯性式，指的是通过传感器内部由质量、弹簧和阻尼器组成的单自由度振动系统接收振动物理量。惯性式传感器所测量的是相对于惯性坐标系统的绝对振动，因此也称为绝对振动传感器。

3.2.2.1 单自由度振动系统的频响函数

简谐振动过程可以用复平面上的旋转复矢量来表示，如图 3.2.7 所示。具体复数运算方法可以查阅相关专业书籍。

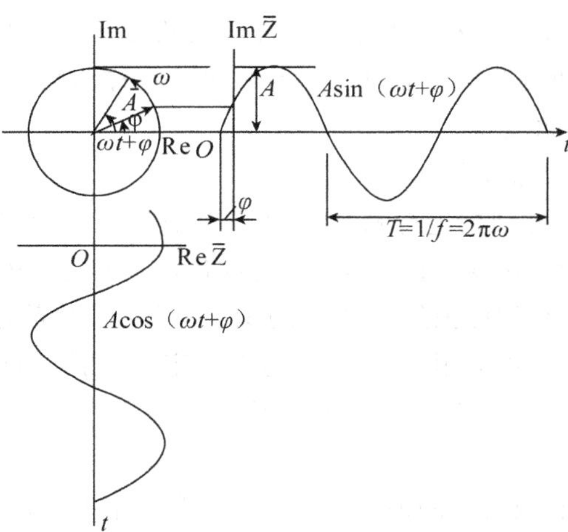

图 3.2.7 旋转复矢量与简谐振动关系

当一个模为$\overline{A}$，初始幅角为φ的复矢量以等角速度ω作逆时针旋转时，它在t时刻的幅角为$\theta=\omega t+\varphi$，由图 3.2.7 有

$$z=A\cos(\omega t+\varphi)+jA\sin(\omega t+\varphi)=Ae^{j(\omega t+\varphi)} \tag{3-2-6}$$

将式(3-2-6)表示成：$z=Ae^{j(\omega t+\varphi)}=\overline{A}e^{j\omega t}$，式中$\overline{A}=Ae^{j\varphi}$称为复振幅，包含简谐振动的振幅和初始相位两个信息。

对于一个单自由度振动系统，已知其运动微分方程为

$$m\ddot{x}+c\dot{x}+kx=f(t) \tag{3-2-7}$$

式中：$f(t)$为一简谐激励，复矢量表示为

$$f(t)=\overline{F}e^{j\omega t} \tag{3-2-8}$$

并假设结构稳态振动时的响应为

$$x(t)=\overline{X}e^{j\omega t} \tag{3-2-9}$$

将式(3-2-8)和(3-2-9)代入式(3-2-7)可得$(-\omega^2 m+j\omega c+k)\overline{X}=\overline{F}$，因此结构的振动的复振幅如式

$$\overline{X}=\frac{\overline{F}}{-\omega^2 m+j\omega c+k} \tag{3-2-10}$$

令$H(\omega)=\dfrac{1}{-\omega^2 m+j\omega c+k}$，则式(3-2-10)可表示为

$$\overline{X}=H(\omega)\overline{F} \tag{3-2-11}$$

$H(\omega)$称为频响函数，频响函数的模$|H(\omega)|$称为幅频特性，如式(3-2-12)，

$$|H(\omega)|=\frac{1}{m}\frac{1}{\sqrt{(\omega_n^2-\omega^2)^2+4\mu\omega^2}}=\frac{1}{k}\frac{1}{\sqrt{(1-\lambda^2)^2+4\lambda^2\zeta^2}} \tag{3-2-12}$$

式中：$\mu=\dfrac{c}{2m}$，$\omega_n^2=\dfrac{k}{m}$，$\lambda^2=\dfrac{\omega^2}{\omega_n^2}$，$\zeta=\dfrac{c}{2\sqrt{mk}}$；$\mu$—— 衰减指数，$\omega_n$—— 结构固有频率，$\zeta$—— 阻尼比，$\lambda$—— 频率比。

则$H(\omega)$可表示为

$$H(\omega)=\frac{1}{-\omega^2 m+j\omega c+k}=|H(\omega)|e^{-j\theta} \tag{3-2-13}$$

式中：θ—— 相频特性，可表示为$\theta=\arctan\dfrac{2\mu\omega}{\omega_n^2-\omega^2}$。其中幅频特性$|H(\omega)|$是响应与激励的幅值大小之比，相频特性是响应滞后于激励的相位角。

频响函数$H(\omega)$，是反应动力系统特性的最重要的函数之一，在结构振动理论中的地位非常重要。如果已知结构的频响函数，则不必求解方程(3-2-7)而很容易求得任何简谐激励的结构响应。

3.2.2.2　惯性式传感器机械接收原理

惯性式传感器使用时将传感器外壳固定在振动体上，并和振动体一起振动，其工作原理如图 3.2.8 所示。该系统主要由质量块m、弹簧k和阻尼器c构成，假设传感器底座完全刚性地固定在测量对象上，即认为传感器底座与测试对象具有完全相同的振动量。以下是建立测量对象运动(如位移)和质量块与传感器外壳相对运动(如相对位移)之间的关系。

设测量对象的振动量为x_e，质量m相对于底座的相对振动为x_r，则表示接收关系的相对振动微分方程如式(3-2-14)。

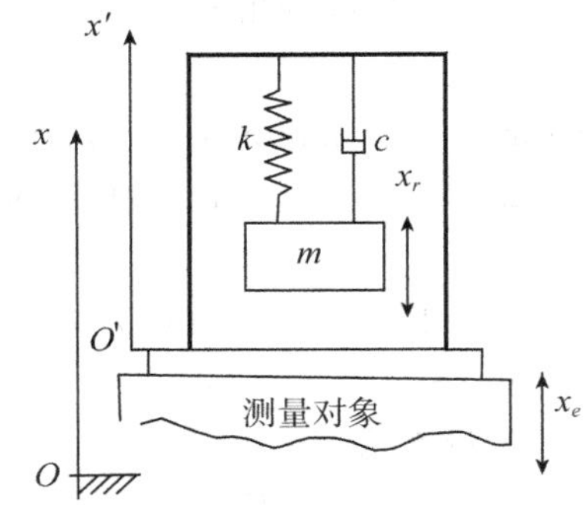

图 3.2.8　惯性式传感器接收部分简化模型

$$m\ddot{x}_r + c\dot{x}_r + kx_r = -m\ddot{x}_e \tag{3-2-14}$$

式中：$\ddot{x}_r$—— 质量块相对于传感器外壳的位移；

$\ddot{x}_e$—— 测量对象相对固定参考坐标的位移；

m—— 传感器振子的质量；

k—— 传感器振子的弹簧刚度；

c—— 传感器振子的阻尼系数；

$-m\ddot{x}_e$—— 牵连惯性力，相当于激励部分的惯性输入，将式(3-2-14)改写成式(3-2-15)。

$$\ddot{x}_r + 2\zeta\omega_n\dot{x}_r + \omega_n^2 x_r = -\ddot{x}_e \tag{3-2-15}$$

式中：ω_n—— 传感器底座完全刚性固定时接收部分的固有频率，俗称"固定安装共振频率"；ζ—— 质量块体系的阻尼比。这两个参数为传感器使用频率范围的最主要特性。

常用惯性式传感器的接收部分分两类：一类是将被测振动位移 x_e 和速度$\dot{x}_e$ 接收为相对振动位移 x_r 及相对振动速度$\dot{x}_r$；另一类是将被测振动加速度$\ddot{x}_e$ 接收为相对振动位移 x_r，前者称为位移计型惯性接收，后者称为加速度计型惯性接收。

(1) 位移计型惯性接收($x_e \to x_r$，$\dot{x}_e \to \dot{x}_r$)。

设被测振动输入位移为 $x_e = \overline{A}_e e^{j\omega t}$，经接收后输出的相对振动稳态位移响应为 $x_r = \overline{A}_r e^{j\omega t}$，则根据上节理论，输入与输出的复数振幅比为

$$\frac{\overline{A}_r}{\overline{A}_e} = \frac{\omega^2}{\omega_n^2 - \omega^2 + 2j\zeta\omega\omega_n} = D_2 e^{-j\theta_2} \tag{3-2-16}$$

式中：$D_2 = \dfrac{\lambda^2}{\sqrt{(1-\lambda^2)^2 + 4\zeta^2\lambda^2}}$，$\theta_2 = \arctan\dfrac{2\zeta\lambda}{1-\lambda^2}$ $(0 \leqslant \theta_2 \leqslant \pi)$。

D_2 可以称为接收部分的灵敏度，θ_2 为相位滞后。图 3.2.9a 为对数坐标表示的幅频特性曲线，图 3.2.9b 为相频特性曲线。此图为解释位移计型惯性式传感器特性的最重要曲线。

从图 3.2.9 可以得到位移计型惯性式传感器的使用频率范围、阻尼与相移、幅值上限等特性。

(a) 使用频率范围。

从图 3.2.9a 可以看出，当激励频率 ω 与结构固有频率 ω_n 之比 $\lambda > 1$ 后，D_2 逐渐进入平坦区，随 λ 增加而逐渐趋近 1。这一区域即为位移计型惯性式传感器的使用频率范围。因此，位移计型惯性式测量频率要大于传感器的固有频率范围，传感器系统阻尼比 $\zeta = 0.6 \sim 0.7$

时，D_2 曲线超过 $\lambda=1$ 之后很快进入平坦区。因此，位移计型惯性式传感器不适于测量频率比安装频率更低的振动测量，因此也就没有零频率响应。

(b) 阻尼与相移。

虽然引入阻尼可以使 D_2 曲线超过 $\lambda=1$ 之后很快进入平坦区，但从图 3.2.9b 可以发现，阻尼增加使得相移大大增加。因此，一般位移计型惯性式传感器均引入 $\zeta=0.6\sim0.7$ 的最佳阻尼比，除了改善幅频特性目的外，还可以避免过大共振引起传感器损坏。引进合适的阻尼还可以缩短响应的过渡时间，在测量对象其频率和幅值随时间变化(如汽轮机冲转)的过程中非常必要。

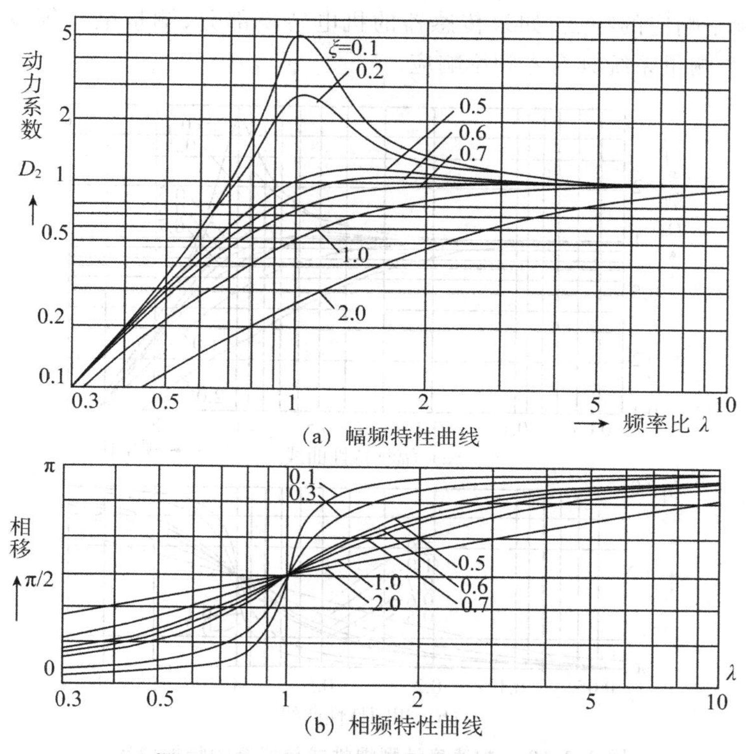

图 3.2.9　位移计型惯性式接收特性曲线

(c) 幅值上限。

位移计型惯性式传感器在其使用频率范围内，其内部惯性质量块的相对振动位移的幅值接近于被测振动位移幅值，因此，所测位移量不得超过其内部可动部分的行程位移。

需要说明的是，位移计型惯性式传感器不等于位移传感器，还取决于传感器所采用的机电转换原理，如果将直接相对振动位移量转换为电量(电感式、电容式)则为位移传感器，如果是将相对振动速度转换为电量(电动式变换)，则为速度传感器。

(2) 加速度计型惯性接收($\ddot{x}_e\rightarrow x_r$)。

设被测的振动加速度输入为$\ddot{x}_e=\ddot{\bar{A}}_e e^{j\omega t}$，式中$\ddot{\bar{A}}_e$ 为加速度复振幅，它与位移复振幅的关系为$\ddot{\bar{A}}_e=-\omega^2\bar{A}_e$，代入式(3-2-15)，可以得到：

$$\frac{\bar{A}_r\omega_n^2}{\ddot{\bar{A}}_e}=-\frac{\omega_n^2}{\omega_n^2-\omega^2+2j\zeta\omega\omega_n}=D_0e^{-j\theta_0}\tag{3-2-17}$$

式中：$D_0=\dfrac{1}{\sqrt{(1-\lambda^2)^2+4\zeta^2\lambda^2}}$，$\theta_0=\arctan\dfrac{2\zeta\lambda}{1-\lambda^2}(-\pi\leqslant\theta_2\leqslant0)$。

上式左端分子与分母均为加速度量纲，D_0 依然为接收部分的灵敏度，θ_0 为相位滞后。图 3.2.10a 为对数坐标表示加速度计型惯性式传感器的幅频特性曲线，图 3.2.10b 为相频特性曲线。此图为解释加速度计型惯性式传感器特性的最重要曲线。

(a) 使用频率范围。

从图 3.2.10a 可以看出，当激励频率 ω 与结构固有频率 ω_n 之比 $\lambda=0\sim1$ 时，传感器振子相对振动位移 x_r 与被测加速度 $\ddot{x}_e$ 成正比，D_0 为平坦区，$\lambda=0$ 时 $D_0=1$。因此，加速度计惯性接收具有零频率响应的特点。如果传感器的机电转换部分、测量电路等也具有零频率响应，则构成的整个测量系统具有零频率响应。

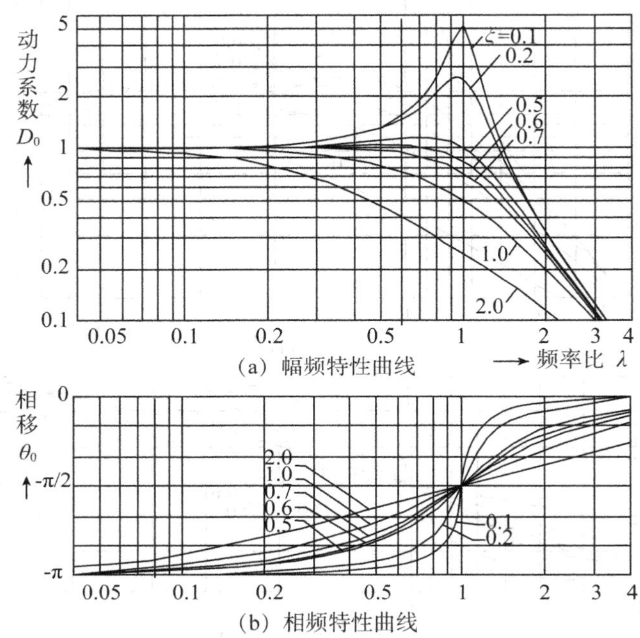

图 3.2.10 加速度计型惯性式传感器的特性曲线

(b) 阻尼与相移。

引入阻尼，相移角变化很大，如图 3.2.10b 所示。当阻尼比 ζ 取 0.7 时，相移接近比例变化，在测量合成振动时，可以减小波形畸变。对于压电式加速度传感器，由于采用压电式机电转换，其传感器固有频率可以高达几十 kHz，而阻尼比只有 1% ～ 2%，当 $\lambda\leqslant0.3$ 或 0.2 范围内，相移将非常小。

(c) 幅值上限。

加速度型惯性式传感器，在其使用频率范围内，其内部振动位移总是远小于测量对象的振动位移，因此，相对于位移型惯性式传感器，基本不存在行程问题。

(3) 传感器安装刚度对接收特性的影响。

以上讨论传感器特性时，假设传感器的底座与被测对象完全刚性连接(如图 3.2.11)。而实际上，两者不可能完全刚性连接，传感器与安装点不可能理想地保持一体振动，因此两者存在相对运动，在某些频率下，传感器还可能在安装面上发生共振(如图 3.2.12)。因此传感

器安装刚度也限制了传感器的使用频率上限。

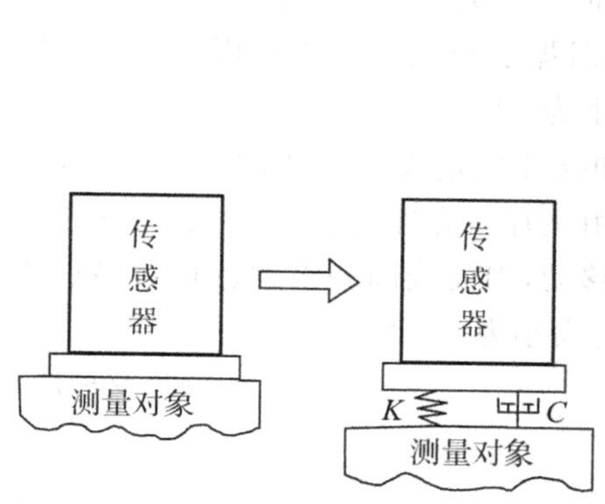

图 3.2.11　传感器安装刚度简化模型

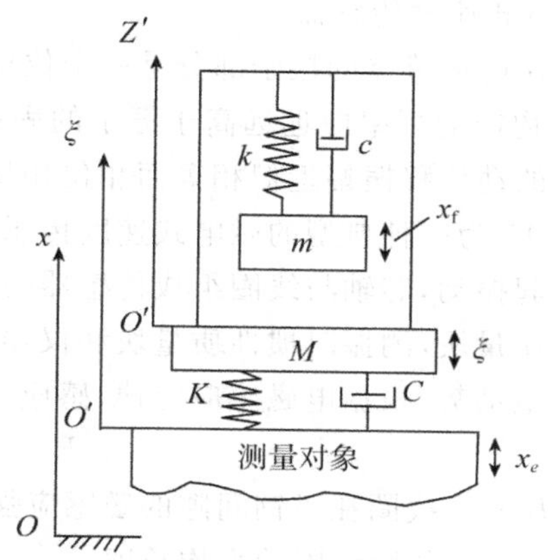

图 3.2.12　考虑安装刚度的惯性式接收部分的两自由度简化模型

传感器安装刚度取决于安装方式，安装面加工精度，固定底座材料及基体材料的弹性模量、安装面之间的填充物以及相互压紧力等因素的影响。安装刚度对位移计型惯性式传感器的幅频特性影响如图 3.2.13 所示，对加速度计型惯性式传感器的幅频特性影响如图 3.2.14 所示。

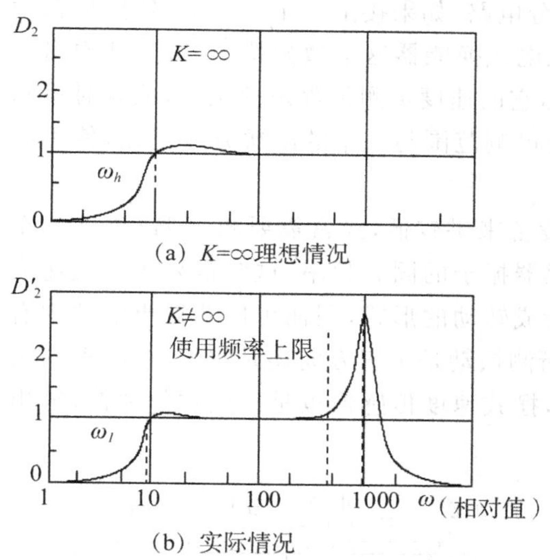

图 3.2.13　安装刚度对位移型接收特性影响

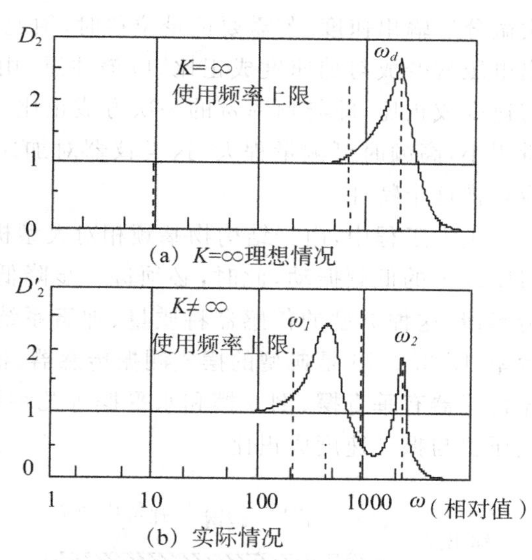

图 3.2.14　安装刚度对加速度型接收特性影响

3.2.2.3　传感器机电转换原理

在惯性式振动传感器中，质量弹簧系统（以下称振子）将振动体的振动量（位移、速度或加速度）转换成了质量块相对于仪器外壳的位移或加速度，除此之外，还应不失真地将它们转换为电量，以便传输并用量电仪器进行量测。机电转换的方法有多种形式，如利用磁电感应原理、压电晶体材料的压电效应原理、机电耦合伺服原理以及电容、电阻应变、光电原理等。其中磁电式速度传感器能线性地感应振动速度，适用于实际结构的振动量测。压电晶体式加速度传感器，体积较小，重量轻，自振频率高，频率范围宽，在工程中得到了广泛的应用。

(1) 磁电式速度传感器。

磁电式速度传感器的振子部分是一个位移计，属于位移计型惯性式传感器。因此 $\lambda > 1$，即被测振动物振动频率应远远高于振子的固有频率，此时振子与仪器壳体的相对动位移振幅和振动体的动位移振幅近似相等而相位相反(相移大小为 π)。

图 3.2.15 为一种典型的磁电式速度传感器，磁钢和壳体固定安装在所测振动体上，并与振动物一起振动，芯轴与线圈组成传感器的可动系统由簧片与壳体连接，可动系统就是传感器的惯性质量块，测振时惯性质量块和仪器壳体相对移动，因而线圈和磁钢也相对移动从而产生感应电动势，根据电磁感应定律，感应电动势 E 的大小为

$$E = BLnv \tag{3-2-18}$$

式中：B—— 线圈在磁钢间隙的磁感应强度；

L—— 每匝线圈的平均长度；

n—— 线圈匝数；

v—— 线圈相对于磁钢的运动速度，即所测振动物体的振动速度。

从上式可以看出对于确定的仪器系统，B、L、n 均为常量，所以感应电动势 E 也就是测振传感器的输出电压是与所测振动的速度成正比的，因此，它的实际作用是一个测量速度的换能器。

如前所述，磁电式速度传感器的振子部分是一个位移计，则它的输出量是把位移经过一次微分后输出速度。若需要记录位移时，须通过积分电路。如果接上一个微分电路时，那么输出电压就变成与加速度成正比。应该注意，由于磁电式换能器这个微分特性，所以其输出量与速度成正比，即与频率 ω 的一次方成正比。因此，它的速度可测量程是变化的，低频时可测量程小，高频时可测量程大。这类仪器对加速度的可测范围与频率的二次方成正比，使用时应重视这个特性。

土木工程中，由于结构物基频相对大型机器设备来讲较低，经常需要测 10Hz 以下甚至 1Hz 以下的低频振动，此时，必须进一步降低传感器振子的固有频率。这时常采用摆式速度传感器。这种类型的传感器将质量、弹簧系统设计成转动的形式，因而可以获得更低的固有频率。图 3.2.16 是典型的摆式测振传感器。根据所测振动是垂直方向还是水平方向，摆式测振传感器有垂直摆、倒立摆和水平摆等几种形式，摆式速度传感器也是磁电式传感器，输出电压也与振动速度成正比。

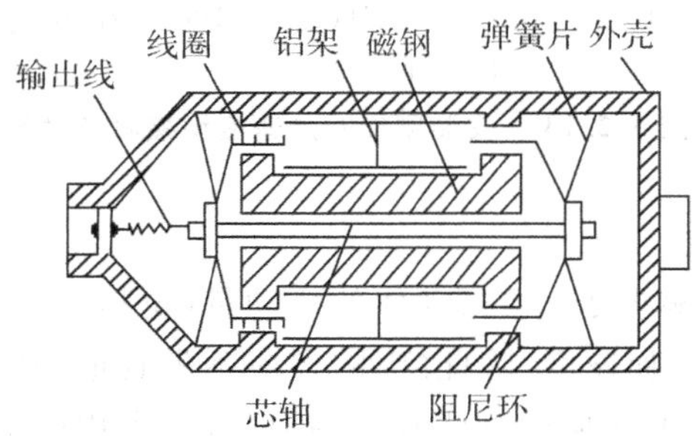

图 3.2.15　磁电式速度传感器

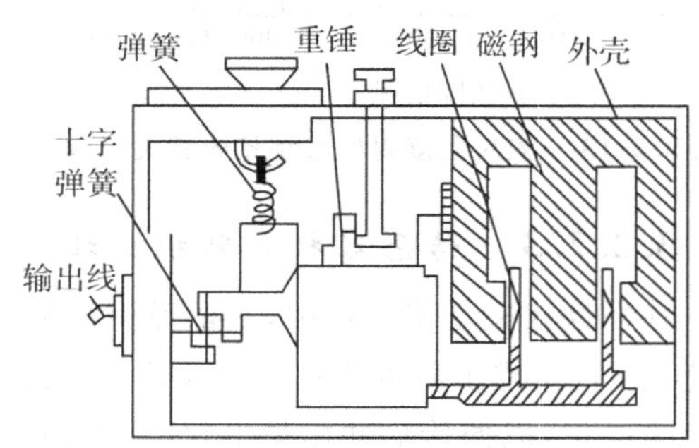

图 3.2.16　摆式测振传感器

磁电式速度传感器的主要特点是灵敏度高，有时不需放大器就可以直接记录，但测量低频信号时，输出灵敏度不高；此外，性能稳定、输出阻抗低、频率响应线性范围有一定宽度也是其主要特点。通过对质量阻尼弹簧系统参数的设计，可以做出不同类型的传感器，能量测极微弱的振动，也能量测比较强的振动。磁电式速度传感器是多年来工程振动测量中最常用的测振传感器。

磁电式速度传感器的主要技术指标：

(a) 传感器质量弹簧系统的固有频率 ω_n，是传感器的一个重要参数，它与传感器的频率响应有很大关系，固有频率决定于质量块 m 的质量大小和弹簧刚度 k。

(b) 灵敏度 K，即传感器感受振动的方向感受到一个单位振动速度时，传感器的输出电压。

$$K = E/v$$

K 的常用单位是 $\mathrm{mV/(cm \cdot s^{-1})}$。

(c) 频率响应，在理想的情况下，当所测振动的频率变化时，传感器的灵敏度不改变，但无论是传感器的机械系统还是机电转换系统都有一个频率响应问题，所以灵敏度 K 随所测频率不同有所变化，这个变化规律就是传感器的频率响应。对于阻尼值固定的传感器，幅频特性曲线只有一条，有些传感器可以由试验者选择和调整阻尼，阻尼不同传感器的频率响应曲线也不同。传感器的使用频率范围，上限受安装共振频率限制，下限受接收部分固有频率的限值。

(d) 阻尼系数指的是磁电式速度传感器质量弹簧系统的阻尼比，阻尼比的大小对频率响应有很大影响，通常磁电式速度传感器的阻尼比设计为 0.5 ～ 0.7，此时，振子的幅频特性曲线有较宽的平直段。

传感器输出的电压信号有时比较微弱，需要经过放大才能读数或记录，一般采用电压放大器。电压放大器的输入阻抗要远大于传感器的输出阻抗，根据电路串联原理，电压放大器电阻大则分压大，这样就可以使电压信号尽快能多地输入到放大器输入端。同时放大器应有足够的电压放大倍数，有较高的信噪比。

为了同时能够适应于微弱的振动测量和较大的振动测量，放大器应设多级衰减器供不同的测试场合选择。放大器的频率响应能满足测试的要求，亦即有好的低频响应和高频响应。完全满足上述要求有时是困难的，因此在选择或设计放大器时要综合考虑各项指标。一般将微积分网络和电压放大器设计在同一个仪器里。

(2) 压电式加速度传感器。

某些晶体，如石英、压电陶瓷、酒石酸钾钠、钛酸钡等材料，当沿着其电轴方向施加外力使其产生压缩或拉伸变形时，内部会产生极化现象，同时在其相应的两个表面上产生大小相等、符号相反的电荷；当外力去掉后，又重新回到不带电状态；当作用力方向改变时，电荷的极性也随之改变；晶体受力变形所产生的电荷量与外力的大小成正比。这种现象叫压电效应。反之，如对晶体电轴方向施加交变电场，晶体将在相应方向上产生机械变形；当外加电场撤去后，机械变形也随之消失。这种现象称为逆压电效应，或电致伸缩效应。

利用压电晶体的压电效应，可以制成压电式加速度传感器和压电式力传感器。利用逆压电效应，可制造微小振动量的高频激振器，如发射超声波的换能器。

压电晶体受到外力产生的电荷$\overline{Q}$ 由下式表示

$$\bar{Q} = G\bar{\sigma}A \tag{3-2-19}$$

式中：G—— 晶体的压电常数；

$\bar{\sigma}$—— 晶体的压强；

A—— 晶体的工作面积。

在压电材料中，石英晶体是较好的一种，它具有高稳定性、高机械强度和工作温度范围宽的特点，但灵敏度较低。目前，在振动传感器上使用最多的是压电陶瓷材料，如 20 世纪 40—50 年代发展起来的钛酸钡、锆钛酸铅材料等。采用特殊的陶瓷配制工艺可以得到较高的压电灵敏度和很宽的工作温度，而且易于制成各种形状。

当外力施加在压电材料极化方向使其发生轴向变形时，与极化方向垂直的表面产生与外力成正比的电荷，产生输出端的电位差。这种方式称为正压电效应或压缩效应（如图 3.2.17a）。当外力施加在压电材料的极化方向使其发生剪切变形时，与极化方向平行的表面产生与外力成正比的电荷，产生输出端的电位差。这种方式为剪切压电效应（如图 3.2.17b）。

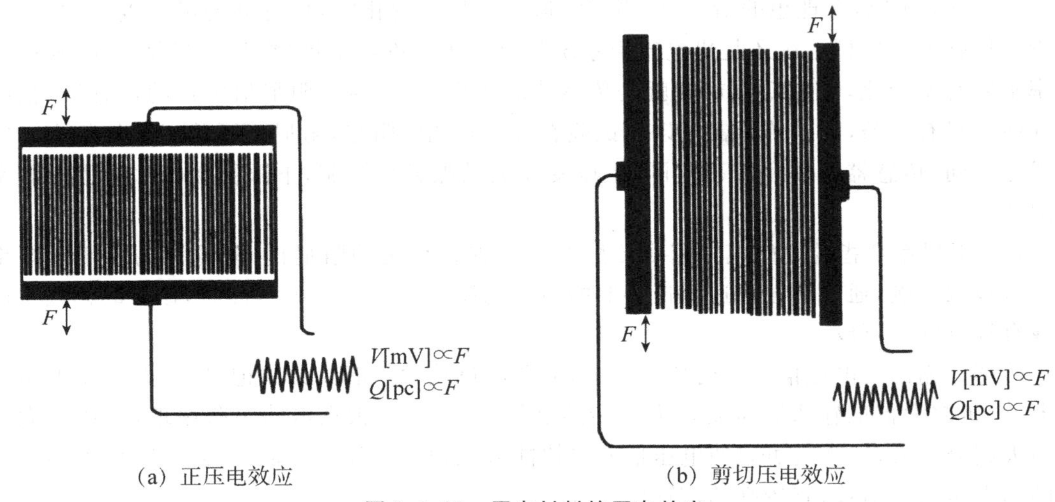

(a) 正压电效应 (b) 剪切压电效应

图 3.2.17 压电材料的压电效应

上述两种形式的压电效应均已经应用于传感器的设计中，对应的传感器称为压缩型传感器和剪切型传感器（如图 3.2.18）。

压缩型传感器一般采用中心压缩型，此种传感器构造简单，性能稳定，有较高的灵敏度/质量比，但此种传感器将压电元件—弹簧—质量系统通过圆柱安装在传感器底座上，若因环境因素或安装表面不平整等因素引起底座的变形都将引起传感器的电荷输出。因此这种形式的传感器主要用于高冲击情况和特殊用途的加速度测量。

剪切型传感器的底座变形不会使压电元件产生剪切变形，因而在与极化方向平行的极板上不会产生电荷。它对温度突变、底座变形等环境因素均不敏感，性能稳定，灵敏度/质量比高，可用来设计非常小型的传感器，是目前压电加速度传感器的主流型式。

压电式加速度传感器的工作原理如图 3.2.19 所示，压电晶体片上是质量块 m，用硬弹簧将它们夹紧在基座上。质量弹簧系统的弹簧刚度由硬弹簧刚度 K_1 和晶体刚度 K_2 组成，$k = K_1 + K_2$。由于硬弹簧刚度 K_1 远小于晶体刚度 K_2，为讨论方便，设 $k \approx K_2$。质量块的质量 m 较小，阻尼系数也较小，而刚度 K 很大，因而传感器振子的固有频率很高，根据需要可达几十

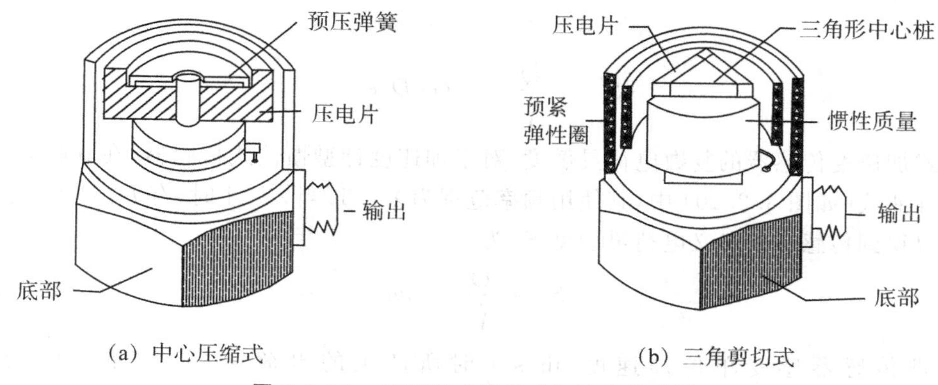

(a) 中心压缩式　　(b) 三角剪切式

图 3.2.18　不同形式压电式加速度传感器

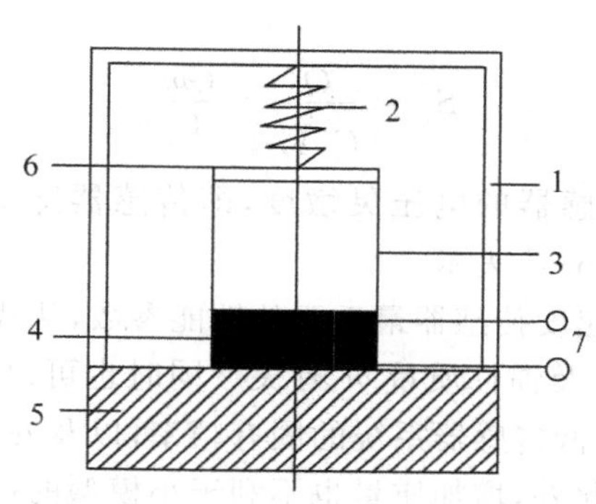

图 3.2.19　压电式加速度传感器原理

kHz，高的甚至可达 100 ～ 200kHz。

如前分析，当被测振动体频率 $\omega \ll \omega_n$（如图 3.2.10）时，质量块相对于仪器外壳的位移就反映了所测振动体的加速度值。设晶体的刚度为 $K_2 \approx k$，在简谐稳态激励下，作用在晶体上的动压力 $\overline{P}$ 为

$$\overline{P} = \bar{\sigma} A = K_2 \overline{A}_r \tag{3-2-20}$$

由式(3-2-17)得 $\overline{A}_r = \dfrac{\ddot{\overline{A}}_e D_0 e^{-j\theta_0}}{\omega_n^2}$，代入式(3-2-19)，并注意到 $\omega_n^2 = \dfrac{k}{m} = \dfrac{K_2}{m}$，可得晶体上产生的电荷量为

$$\overline{Q} = -Gm \ddot{\overline{A}}_e D_0 e^{-j\theta_0} \tag{3-2-21}$$

从上式可以看出，传感器压电片产生的电荷与加速度成正比。

相应的电压为

$$U = \frac{\overline{Q}}{C} = \frac{Gm \ddot{\overline{A}}_e D_0 e^{-j\theta_0}}{C} \tag{3-2-22}$$

式中 C 为测试系统电容，包括传感器本身的电容 C_a、电缆电容 C_c 和前置放大器输入电容 C_i，即

$$C = C_a + C_c + C_i$$

由式(3-2-21)和(3-2-22)可以看到，压电晶体两表面所产生的电荷量(或电压)与所测振动之加速度成正比，因此可以通过测量压电晶体的电荷量(或电压)来测振动体的加

速度。

定义

$$S'_q=\frac{\bar{Q}}{\ddot{A}_e}=-GmD_0e^{-j\theta_0} \tag{3-2-23}$$

为压电式加速度传感器的复数电荷灵敏度。对于加速度计型惯性式传感器，在其幅频特性和相频特性曲线(如图 3.2.10)中，其使用频率范围为$\lambda<1$。当$\lambda\ll1$时，有$D_0\approx1$，$\theta_0\approx-\pi$。由此可以得到传感器的名义电荷灵敏度S_q为

$$S_q=\frac{Q}{\ddot{A}_e}=Gm \tag{3-2-24}$$

S_q即传感器感受单位加速度(m/s^2)时所产生的电荷量(pC)，单位常用 pC/g 或 $pC/m/s^2$。

式(3-2-22)中，定义

$$S_q=\frac{Q}{C\ddot{A}_e}=\frac{Gm}{C} \tag{3-2-25}$$

S_u称为压电式加速度传感器的电压灵敏度，即传感器感受单位加速度时产生的电压量，单位常用 mV/g 或 $mV/m/s^2$ 表示。

电荷灵敏度是压电式加速度传感器最重要的性能参数，从式(3-2-25)可以看到，电荷灵敏度S_q与材料压电常数G及惯性质量m有关。同时也可以看出，通过增加m可以提高传感器的灵敏度，但同时会降低传感器系统的固有频率，以及安装时共振频率的下降。这些都将影响使用频率的上限。此外，增加质量也不利于小模型的振动量测量。

压电式加速传感器具有动态范围大(最大可达10^5g)、频率范围宽、重量轻、体积小等优点，被广泛用于振动测量的各个领域，尤其在宽带随机振动和瞬态冲击等场合，几乎是唯一合适的测振传感器。其缺点是输出阻抗太高，噪声较大，特别是用它两次积分后测位移时，噪声和干扰很大。

压电式加速传感器的主要技术指标如下：

(a) 灵敏度。

传感器灵敏度的大小主要取决于压电晶体材料特性和质量块质量大小。传感器几何尺寸愈大，即质量块愈大，则灵敏度愈高，但ω_n较低而使用频率范围愈窄。反之，传感器体积减小则灵敏度也减小，而使用频率范围则加宽，选择压电式加速度传感器，要根据测试对象和振动信号特征综合考虑。

(b) 安装谐振频率。

传感器说明书标明的安装谐振频率$f_{安}$是指将传感器用螺栓牢固安装在一个有限质量m(目前国际公认的标准是体积为 $1in^3$，质量为 180g)的物体上的谐振频率。传感器的安装谐振频率对传感器的频率响应有很大影响。实际测量时安装谐振频率还要受具体安装方法的影响，例如螺栓种类、表面粗糙度等。实际工程结构测试时，传感器安装条件如果达不到标准安装条件，其安装谐振频率会降低。图 3.2.20 为几种安装方式的共振频率范围。

(c) 频率响应。

压电式加速度传感器的幅频特性曲线，如图 3.2.21a 所示。曲线横坐标为对数尺度的振动频率，纵坐标为 dB(分贝)表示的灵敏度衰减特性。可以看到在低频段是平坦直线，随

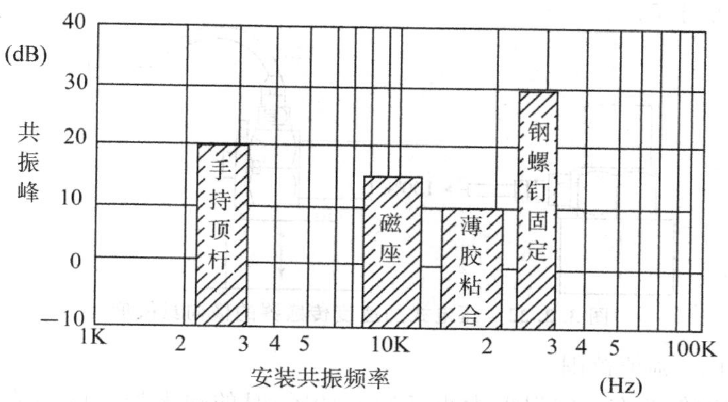

图 3.2.20　传感器几种安装方式的共振频率范围

着频率增高，灵敏度误差增大，当振动频率接近安装谐振频率时灵敏度会很大。压电式加速度传感器没有专门设置阻尼装置，阻尼比很小，一般在 0.01 以下，只有$\frac{\omega}{\omega_n}<\frac{1}{5}\left(\text{或}\frac{1}{10}\right)$时灵敏度误差才比较小，测量频率的上限 $f_{上}$ 取决于安装谐振频率 $f_{安}$，当 $f_{上}=\frac{1}{5}f_{安}$时，其灵敏度误差为 4.2%，当 $f_{上}=\frac{1}{3}f_{安}$时，其误差超过 12%。根据测试精度要求，一般取传感器工作频率的上限为其安装谐振频率的$\frac{1}{10}\sim\frac{1}{5}$。由于压电式加速度传感器有很高的安装谐振频率，所以压电传感器的工作频率上限较之其他类型的测振传感器高，也就是工作频率范围宽。至于工作频率的下限，就传感器本身可以达到很低，但实际测量时决定于电缆和前置放大器的性能。

图 3.2.21b 是压电式加速度传感器的相频特性曲线，由于压电式加速度传感器工作在 $\omega/\omega_n\ll 1$ 范围内，而且阻尼比 ζ 很小，一般在 0.01 以下，从图中可以看出这一段相位滞后，几乎等于常数 π，且不随频率改变。这一性质在测量复合振动和随机振动时具有重要意义，被测振动信号不会产生相位畸变。

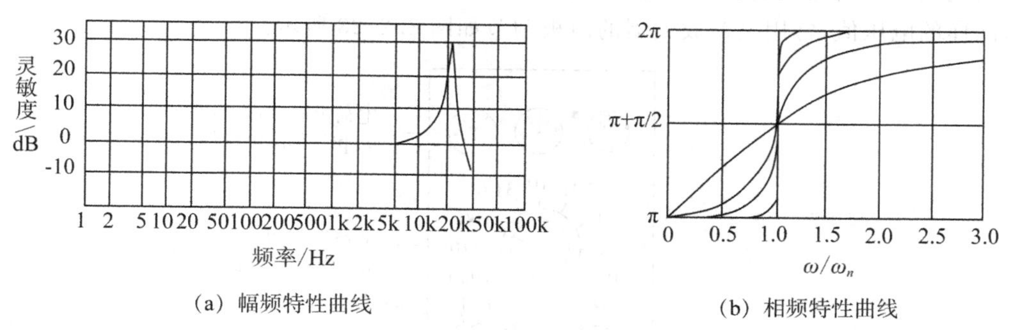

(a) 幅频特性曲线　　(b) 相频特性曲线

图 3.2.21　压电式加速度传感器的幅频特性曲线

传感器承受垂直于主轴方向振动时的灵敏度与沿主轴方向灵敏度之比称为横向灵敏度比（如图 3.2.22），理想情况应该是当与主轴垂直方向振动时不应有信号输出，即横向灵敏度比为零。但由于压电材料的不均匀性，零信号指标难以实现。横向灵敏度比应尽可能小，质量好的传感器应小于5%。

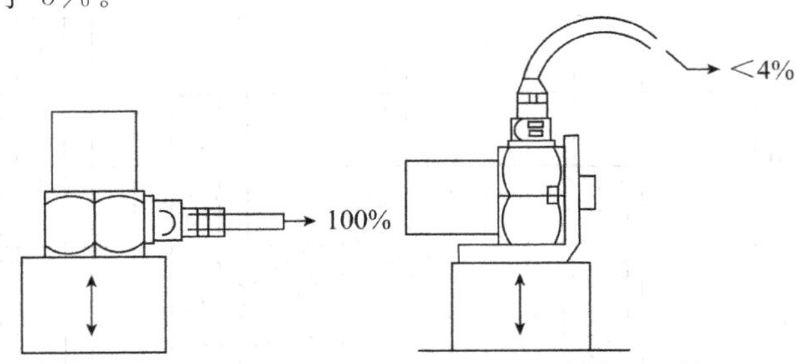

图 3.2.22　压电式加速度传感器的横向灵敏度

(d) 动态范围(幅值范围)。

传感器灵敏度保持在一定误差大小(5%～10%)时的输入加速度幅值量级范围称为幅值范围,也就是传感器保持线性的最大可测范围。压电式加速度传感器的输出信号必须用放大器放大后才能进行测量,常用的放大器有电压放大器和电荷放大器两种。

电压放大器具有结构简单,价格低廉,可靠性好等优点。但输入阻抗比较低,在作为压电式加速度传感器的二次仪表时,导线电容变化将非常敏感地影响仪器系统的灵敏度。因此必须在压电式加速度传感器和电压放大器之间加一阻抗变换器,同时传感器和阻抗变换器之间的导线要有所限制,标定时和实际量测时要用同一根导线。当压电加速度传感器使用电压放大器时,可测振动频率的下限较电荷放大器高。

电荷放大器是压电式加速度传感器的专用前置放大器,由于压电加速度传感器的输出阻抗非常高,其输出电荷信号很小,因此必须采用输入阻抗极高的一种放大器与之相匹配,否则传感器产生的电荷就要经过放大器的输入电阻释放掉,采用电荷放大器能将高内阻的电荷源转换为低内阻的电压源,而且输出电压正比于输入电荷。因此,电荷放大器同样起着阻抗变换作用。电荷放大器的优点是对传输电缆电容不敏感,传输距离可达数百米,低频响应好。

此外,电荷放大器一般还具有低通、高通滤波和适调放大的功能。低通滤波可以抑制测量频率范围外的高频噪声,高通滤波可以消除测量线路中的低频漂移信号。适调放大的作用是实现测量电路灵敏度的归一化,以便对于不同灵敏度的传感器保证输入单位加速度时输出同样的电压值,常用电荷放大器的面板调节如图 3.2.23 所示。

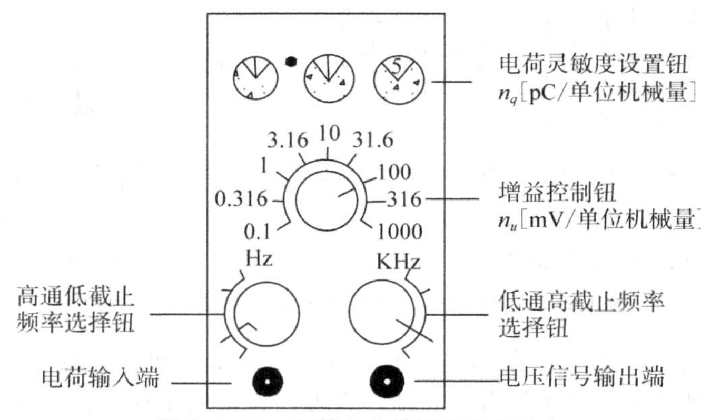

图 3.2.23　电荷放大器调节旋钮分布

(3) ICP 压电式加速度传感器。

传统的压电式加速度传感器存在的主要问题是：加速度传感器本身的质量造成被测结构的附加质量，传感器灵敏度与其质量相关，不能直接由电压放大器放大其输入信号等。自 20 世纪 80 年代以来，振动测试中，广泛采用集成电路压电传感器，又称为 ICP(Integratel Circuit Piezoelectric)传感器(如图 3.2.24)，这种传感器采用集成电路技术将阻抗变换放大器直接装入封装的压电传感器内部，因此也称为内装放大式压电加速度传感器，使压电传感器高阻抗电荷输出变为放大后的低阻抗电压输出，内置引线电容几乎为零，解决了使用普通电压放大器时的引线电容问题，造价降低，使用简便，是结构振动模态试验的主流传感器。此类传感器在高应变试桩检测基桩承载力技术上也得到广泛应用。

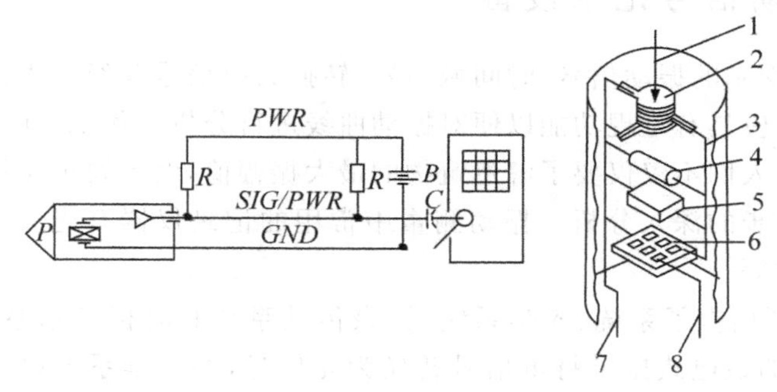

(a) ICP系统图　　(b) ICP内部结构图

图 3.2.24　集成电路(ICP)压电传感器

R—电阻，*PWR*—供电电源线，*B*—电池，*SLG*/*PWR*—信号线/供电电源线，*C*—电容，*GND*—接地，*P*—锤头
1—作用力，2—晶体元件，3—正极，4—输入电阻，5—电容，6—集成电路放大器，7—接地，8—信号/电源线。

(4) 压阻式加速度传感器。

半导体单晶硅材料在受到外力作用时，产生肉眼察觉不到的微小应变，其原子结构内部的电子能级状态发生变化，导致其电阻率发生剧烈变化，从而其电阻值也出现变化，这种现象称为压阻效应。20 世纪 50 年代发现并开始研究这一效应的应用价值。

半导体单晶硅材料具有电阻值在受到压力作用明显变化的特性，因而可以通过测量材料电阻的变化来确定材料所受到的力。利用压阻效应制作的加速度传感器称为压阻式加速度传感器。这种传感器具有灵敏度高、频响宽、体积小、重量轻等特点。压阻式加速度传感器与压电式加速度传感器相比，主要有两点不同：压阻式加速度传感器可以测量频率趋于零的准静态信号；它可采用专用放大器，也可采用动态电阻应变仪作为放大器。

利用压阻效应原理，采用三维集成电路工艺技术并对单晶硅片进行特殊加工，制成应变电阻构成惠斯登检测电桥，集应力敏感与机电转换检测于一体，传感器感受的加速度信号可直接传送至记录设备。结合计算机软件技术，构成复合多功能智能传感器。

(5) 压电式力传感器。

压电式力传感器的工作原理与压电式加速度传感器的工作原理相同。只是压电式力传感器的输出电荷与传感器所受外力成正比。压电式力传感器分为两种：一种是冲击型力传感器，安装在力锤上，根据作用力与反作用力相等的原理测量结构受到冲击激励时的瞬态力(如图 3.2.25)；另一种是组合型力传感器，既可以测量瞬态压力，也可以测量瞬态拉力，主要

用于测量激振器对结构施加的激振力，其主要技术参数是电荷灵敏度，单位为 pC/N。

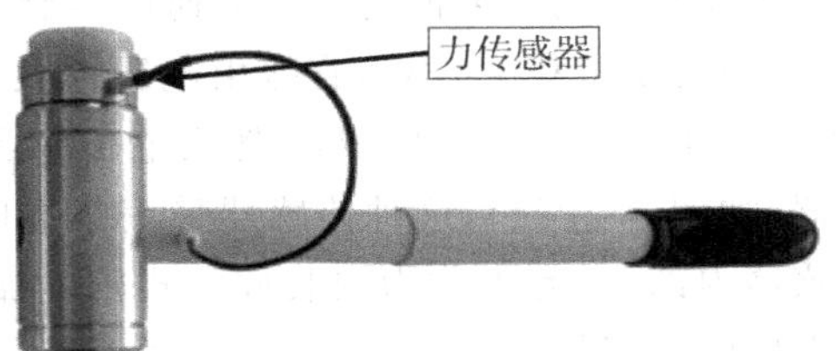

图 3.2.25 压电式力传感器

3.2.3 振动信号记录设备

振动传感器感受到的振动信号（时间域信号）转换为电信号并经放大器放大后还需以某种方式记录下来，并应具有重现功能以便对振动曲线进行分析。例如，在地脉动情况下测试建筑物的微小振动，人们不仅仅要了解建筑物的最大振幅值，而且要记录振动随时间而变化的全过程，以作进一步的深入分析。振动测量中常用的记录仪器有光线示波器、$x—y$ 函数记录仪、磁带记录仪等。

（1）光线示波器由振子系统、光学系统、记录传动系统和时标指示系统等组成，利用惯性很小并带有小镜的磁电式振子将电信号转换为光信号，经光学系统放大后在感光纸或胶卷上记录显示（如图 3.2.26）。光线示波器灵敏度高，振子元件有较好的频率响应特性，可记录0～5000Hz频率的动态变化，体积小，可以直接显示多点记录，但精度较差。

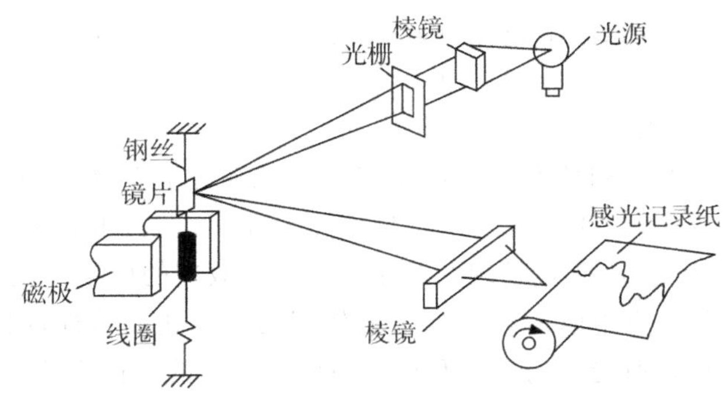

图 3.2.26 光线示波器工作原理

（2）$x—y$ 函数记录仪可在直角坐标上描绘出两个参量的函数关系，采用零位法进行自动平衡，精度较高。其工作原理（图 3.2.27）是输入电压 E_x 与比较电压 E_s 之差经放大后通过伺服电机带动滑线变阻器上的滑动触点 C 使 E_s 增大，直到 $E_x - E_s' = 0$。记录笔固定在滑动触点上。$x—y$ 函数记录仪准确性高，误差为满幅度的 0.2%～0.5%，记录笔幅度大，可达 200～300mm，直观，但响应时间长达 0.25～1s，故只能记录低频过程。

（3）磁带记录仪（如图 3.2.28）是将电信号转换为磁性信号的记录装置，重放时又可将磁信号转换成电信号。磁带记录仪由放大器、磁头和磁带传动机构三部分组成，放大器包括记录放大器（调制器）和重放放大器（反调制器），记录放大器将输入信号放大并变换成最适于记录的形式供给记录磁头；重放放大器将重放磁头送来的信号进行放大并变换为电信号后输出。磁带记录仪的工作频带极宽，可以记录从直流到 2MHz 的信号。记录时间可长达

几十小时。利用不同的带速可变换时标信号，快记慢放或慢记快放，这对于信号的分析处理极为有利。在多路记录时能保持多通道信号间正确的时间和相位关系。它最主要的优点是可将磁信号还原为电信号直接输入模拟式信号处理机，或进一步经模数转换后输入数字式信号分析仪或电子计算机进行数据处理。

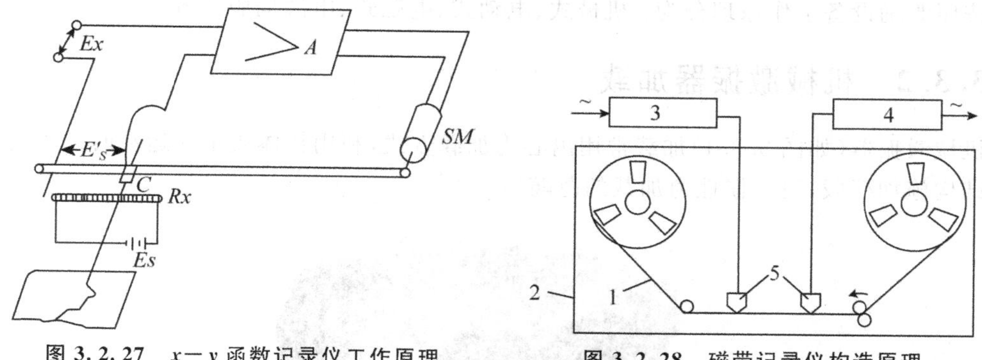

图 3.2.27　$x-y$ 函数记录仪工作原理　　**图 3.2.28　磁带记录仪构造原理**

1—磁带，2—磁带传动机构，3—记录放大器，4—重放放大器，5—磁头。

选择记录设备应注意其可用频率范围(如图 3.2.29)和可记录信号的大小。当数据处理分析量大时，常采用电子计算机或专用频谱分析仪等设备。记录方式和分析手段应该相匹配，如采用电子计算机或专用频谱分析仪处理数据时，应该采用磁带记录仪储存数据信息。

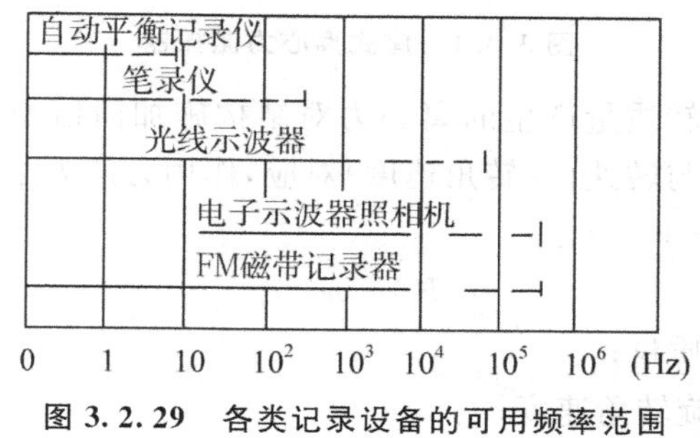

图 3.2.29　各类记录设备的可用频率范围

3.3　结构动载试验加载设备和方法

3.3.1　动载加载设备的分类及要求

结构动载试验目的是通过加载设备，使得结构产生试验规定的运动状态。通常，结构动载试验时施加的荷载类别分两类：一类为实际工作动荷载，如动力机器运转、风浪、地震、风荷载作用等施加在结构上的动荷载，此类荷载为结构服役期间所承受的真实动力荷载。通过此类荷载作用，可获得结构真实的动力工作状态。但有时受条件或试验目的限制，如地震荷载作用，基于试验观测目的和其他因素，其发生时间和过程无法控制，试验数据和现象的取得非常困难。另一类为通过激振设备加载模拟实际荷载的方法；对于实际动力荷载无法获得、无法控制或其他因素限制，则需要通过人工模拟和控制荷载。如结构动力性能试验，通过人工模拟和控制动力荷载，能够突出结构自振频率、阻尼以及频响特性等动力参数；通过人工模拟动力荷载，可以消除试验过程中，由荷载引起的一些偶然因素的影响。

根据激励所产生的波形分为：简谐激励（频率固定或扫频），冲击激励（单次冲击、多次连续冲击），特定或随机波形激励。

按照激励设备工作原理分为：机械式、电动式、电磁式、电液伺服式等。

3.3.2 机械激振器加载

机械激振器（如图 3.3.1）加载常用离心力加载方式，利用物体质量在运动时产生的惯性力对结构施加荷载，属于惯性力加载的范畴。

图 3.3.1 座式离心力激振器

离心力加载是根据旋转质量产生的离心力对结构施加简谐激振力，其离心转动方式如图 3.3.2 所示。激振频率与转速（旋转角速度）对应，作用力的大小 P 与频率、质量块的质量和偏心值有关，见下式（3－3－1）。

$$P = m\omega^2 r \tag{3-3-1}$$

式中：m—— 偏心块质量；

ω—— 偏心块旋转角速度；

r—— 质量块的偏心值。

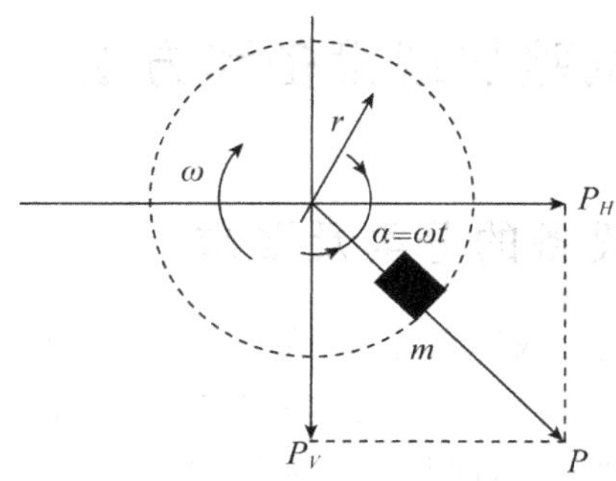

图 3.3.2 偏心块旋转产生的离心力

旋转产生的离心力可分解成垂直和水平两个分力：

$$P_V = m\omega^2 r \cdot \sin\omega t \tag{3-3-2}$$

$$P_H = m\omega^2 r \cdot \cos\omega t \tag{3-3-3}$$

图 3.3.1 所示离心力加载的机械激振器的原理如图 3.3.3 所示，一对偏心质量，使它们按相反方向以等角速度 ω 旋转时，每一偏心质量产生一个离心力 $P=m\omega^2 r$，方向如图，如果两个偏心质量的相对位置如图 3.3.3a 所示，那么两个力的水平分力互相平衡，而垂直分力合成为

$$P_V = 2m\omega^2 r \cdot \sin\omega t \tag{3-3-4}$$

同样，如果两个偏心质量的相对位置如图 3.3.3b 所示，那么两个力的垂直分力互相平衡，而水平分力合成为

$$P_H = 2m\omega^2 r \cdot \cos\omega t \tag{3-3-5}$$

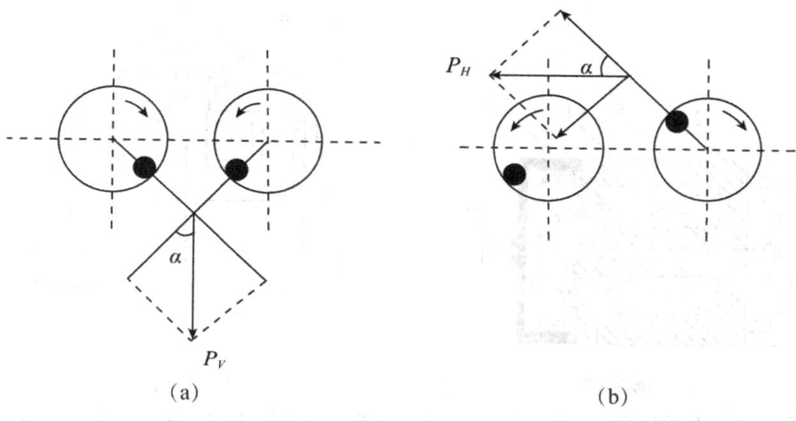

图 3.3.3　机械激振器原理图

机械激振器使用时，应将激振器底座牢固地固定在被测结构物上，由底座把简谐激振力传递给结构，一般要求底座有足够的刚度，以保证激振力的有效传递。

激振力的频率靠调节电机转速来改变，常用直流电机实行无级调速，控制力的幅值靠改变 m 和 r 值来改变，具体方法有两种：一是改变偏心质量块的相对位置；二是增减偏心质量块的质量。

机械激振器由机械和电控两部分组成。一般的机械式激振器工作频率范围大概在 10～100Hz，激振力幅值与转速的平方成正比，所以一个很小的激振器可以在高速下产生数吨的激振力，但当工作频率很低时，激振力幅值会很快减小。

为了提高激振力，可使用多台激振器同时对结构施加激振力，同时为了提高激振器的稳定性和测速精度，在电气控制部分对直流电机实行无级调速控制。两台机械激振器反向同步激振时，还可进行扭振激振。

3.3.3　电磁激振器加载

电磁激振器产品如图 3.3.4 所示。其原理剖面示意图如图 3.3.5a 所示，较大的电磁激振器常常安装在放置于地面的机架上，称为振动台，如图 3.3.5b 所示。

图 3.3.4　电磁式激振器

电磁激振器工作类似于扬声器，利用带电导线在磁场中受到电磁力作用的原理而工作。在磁场（永久磁铁或激励线圈中）放入动圈，通以交流电产生简谐激振力，使得台面（振动台）或使固定于动圈上的顶杆作往复运动，对结构施加强迫振动力。电磁激振器

不能单独工作，常见的激振系统由信号发生器、功率放大器、电磁激振器组成，如图 3.3.6 所示。信号发生器产生交变的电压信号，经过功率放大器产生波形相同的大电流信号去驱动电磁激振器工作。

应用电磁激振器对结构施加荷载时，应注意激振器可动部分的质量和刚度对被测结构的影响；用振动台测量试验结构的自振频率时，应使试件的质量远小于振动台可动部分的质量，测得的自振频率才接近于试验结构的实际自振频率，为此，常在振动台的台面上附加重质量块，以增加振动台可动部分的质量 m。

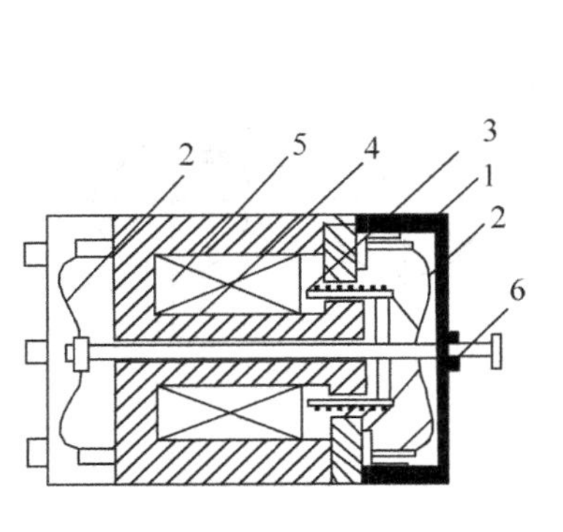

(a) 激振器

1—外壳，2—支撑弹簧，3—磁线圈，4—铁芯，5—磁线圈，6—顶杆。

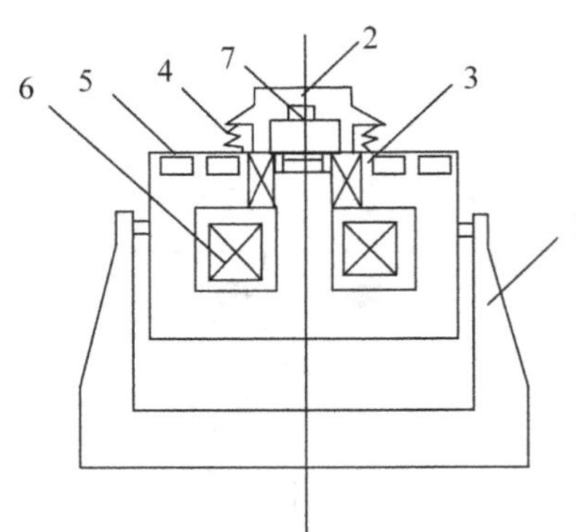

(b) 振动台

1—支架，2—激振头，3—驱动线圈，4—支撑弹簧，5—磁屏蔽，6—励磁线圈，7—传感器。

图 3.3.5 电磁激振设备系统图

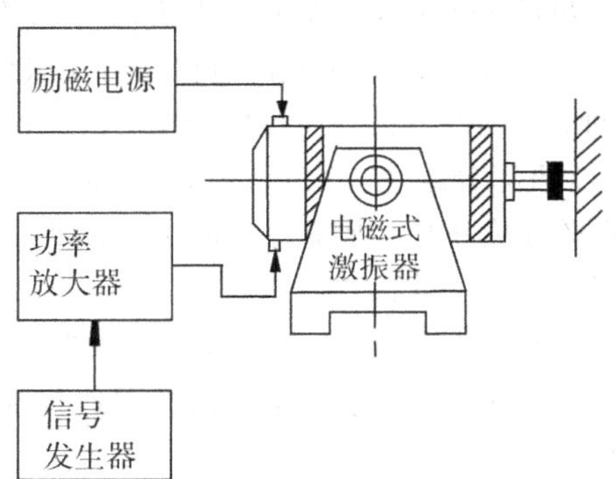

图 3.3.6 电磁激振系统

激振器与被测结构之间用柔性细长杆连接。柔性杆在激振方向上具有足够的刚度，在别的方向刚度很小，即柔性杆的轴向刚度较大，弯曲刚度很小，这样可以减少安装误差或其他原因引起的非激振方向上的振动力。柔性杆可以采用钢材或其他材料制作。

电磁激振器的安装方式分为固定式和悬挂式。采用固定式安装时，激振器安装在地面或支撑刚架上，通过柔性杆与试验结构相连。采用悬挂式安装时，激振器用弹性绳吊挂在支撑架上，再通过柔性杆与试验结构相连。

使用电磁式激振器时，还需注意所测加速度不得过大，因激振器顶杆和试件接触靠弹簧的压力，当所测加速度过大时，激振器运动部分的质量惯性力将大于弹簧静压力，顶杆就会与试件脱离，产生撞击，所测出振动波形失真，因此电磁式激振器高频工作范围受到一定限制，但其工作频带对于一般的建筑结构试验已足够宽。

电磁激振器的主要优点为频率范围较宽，推力可达几十千牛，重量轻，控制方便，按信号发生器发出信号可产生各种波形激振力。其缺点是激振力较小，一般仅适合小型结构和模型试验。

3.3.4　惯性瞬态冲击加载

3.3.4.1　锤摆冲击荷载法

在结构顶层横梁安装摆锤(如图 3.3.7a)，应用摆锤平动或落锤自由下落的方法使结构受到水平或垂直方向的瞬间冲击，作用力持续时间远远低于结构的自振周期，结构受到一个力脉冲，产生一个初速度，因而也称为初速度加载法。采用摆锤激振时，应注意摆锤摆动频率避开结构自振频率，以免产生共振而影响结构安全。

另外，对于结构梁或板动力性能，可采用垂直落锤激励(如图 3.3.7b)。当落锤降落后，有可能附着于结构一起振动，附加质量会改变结构的自振特性，因而设计试验时应考虑落锤质量所带来的影响。落锤弹起落下后会反弹，再次撞击结构，且有可能使结构受损，因而重物不宜过重，落距也不宜过大。常在落点处铺上砂垫层来防止落锤回弹再次撞击结构并降低结构受到的瞬间冲击力。

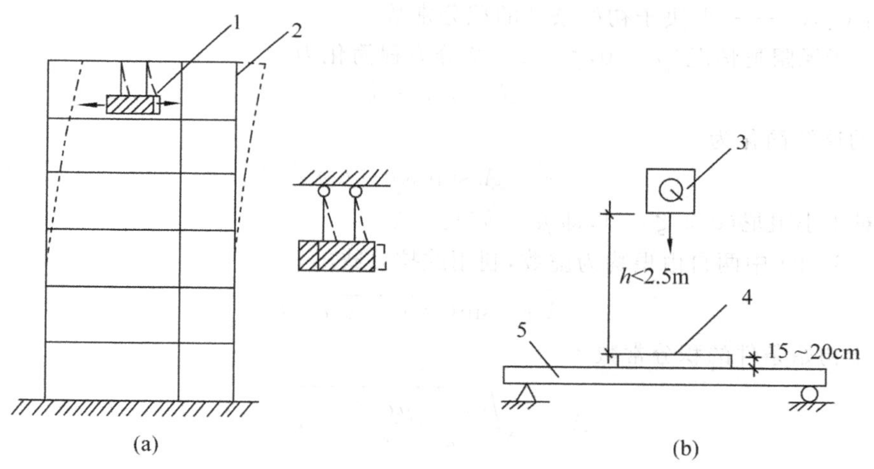

图 3.3.7　突加荷载法施加冲击力荷载

1—摆锤，2—结构，3—落重，4—砂垫层，5—试件。

对于小型结构，为测试结构的动力特性，常用力锤对结构进行敲击来施加力脉冲，如图 3.3.8 所示，此时还常用安装在力锤上的压电型力传感器直接测试冲击力的大小。

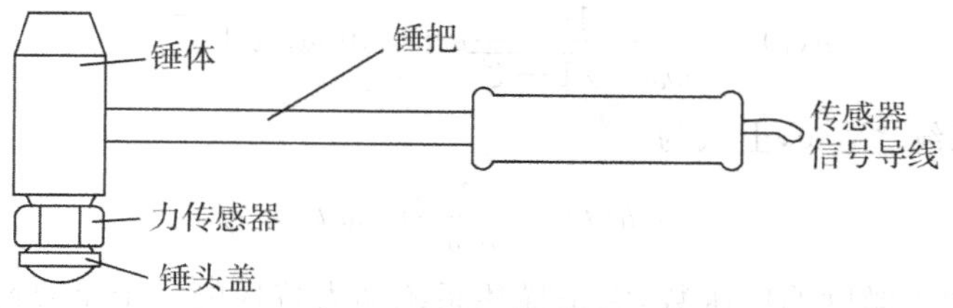

图 3.3.8　冲击力锤

力锤激励对结构产生一个冲击作用。为考察激励在短时间内的作用，需要了解单位脉力的作用。所谓单位脉冲力，其作用冲量为1，作用持续时间趋于零，幅值趋于无限。数学上单位脉冲用δ函数表示，在$t=\tau$瞬时的一个单位脉冲计作$\delta(t-\tau)$，其特性为

$$\begin{cases}\delta(t-\tau)=0, \text{当 } t\neq\tau \text{ 时}\\ \delta(t\to\tau)\to\infty, \text{当 } t=\tau \text{ 时}\\ I=\int_{-\infty}^{+\infty}\delta(t-\tau)\mathrm{d}t=1\end{cases} \tag{3-3-6}$$

式中I为单位冲量，显然，对于任意连续的函数$f(t)$，有

$$\int_{-\infty}^{+\infty}f(t)\delta(t-\tau)\mathrm{d}t=f(\tau) \tag{3-3-7}$$

当单位脉冲作用于系统质量块上，由于作用时间极短，可以认为质量m只发生速度突变$\frac{1}{m}$（单位脉冲的力冲量为1），而来不及产生位移。

将单自由度自由振动体系微分方程$m\ddot{x}+c\dot{x}+kx=0$修改为

$$\ddot{x}+2\mu c\dot{x}+\omega_n^2x=0 \tag{3-3-8}$$

符号意义与式(3-2-12)相同。根据高等数学，微分方程的解

$$x=e^{-\mu t}(C_1e^{\sqrt{\mu^2-\omega_n^2}t}+C_2e^{-\sqrt{\mu^2-\omega_n^2}}) \tag{3-3-9}$$

式中：C_1，C_2—— 取决于初始条件的积分常数。

(1) 对于无阻尼情况($\mu=0,\zeta=0$)，微分方程简化为

$$\ddot{x}+\omega_n^2x=0 \tag{3-3-10}$$

相应的通解简化为

$$x=A_0\sin(\omega_nt+\theta_0) \tag{3-3-11}$$

(2) 对于小阻尼($0<\zeta<1$，即$\mu<\omega_n$)。

式(3-3-9)中两自由根均为虚数，利用欧拉公式

$$x=A_1e^{-\mu t}\sin(\sqrt{\omega_n^2-\mu^2}t+\theta_1) \tag{3-3-12}$$

取决于初始条件的积分常数为

$$A_1=\sqrt{\frac{(\dot{x}_0+\mu x_0)^2}{\omega_n^2-\mu^2}+x_0^2} \tag{3-3-13}$$

$$\theta_1=\arctan\frac{x_0\sqrt{\omega_n^2-\mu^2}}{\dot{x}_0+\mu x_0} \tag{3-3-14}$$

假设单自由度质量块在初始状态是静止的，则将初始条件$x_0=0$，$\dot{x}_0=0$代入式(3-3-12)，由式(3-3-13)和式(3-3-14)可以得到单位脉冲响应函数为

$$h(t)=\frac{1}{m\omega_n\sqrt{1-\zeta^2}}e^{-\zeta\omega_nt}\sin\omega_n\sqrt{1-\zeta^2}t \tag{3-3-15}$$

对于无阻尼系统$\zeta=0$，上式为

$$h(t)=\frac{1}{m\omega_n}\sin\omega_nt \tag{3-3-16}$$

$h(t)$为系统冲击激励响应函数，它是描述系统动力特性的一个重要函数。

每次力锤冲击，产生一个脉冲，脉冲持续时间只占采样周期的很小一部分。锤击脉冲的形状、幅值和宽度决定了频谱的频率特性。完全理想的脉冲信号具有无限宽的频带，因此当

脉冲幅值相同时，脉冲持续时间越短，其功率谱密度的分布频率范围越宽，反过来，冲击持续时间越长，其频谱的分布频率宽度越窄，激励对低频段对结构输入的能量越大。因此，应用力锤对结构进行激励时，需要根据所测对象要求激发的频率范围选择合适的锤帽和锤头质量的影响。图 3.3.9 为力锤冲击的时域信号和频域信号，其结果反映出锤头和锤帽对冲击力时域和频域的影响。

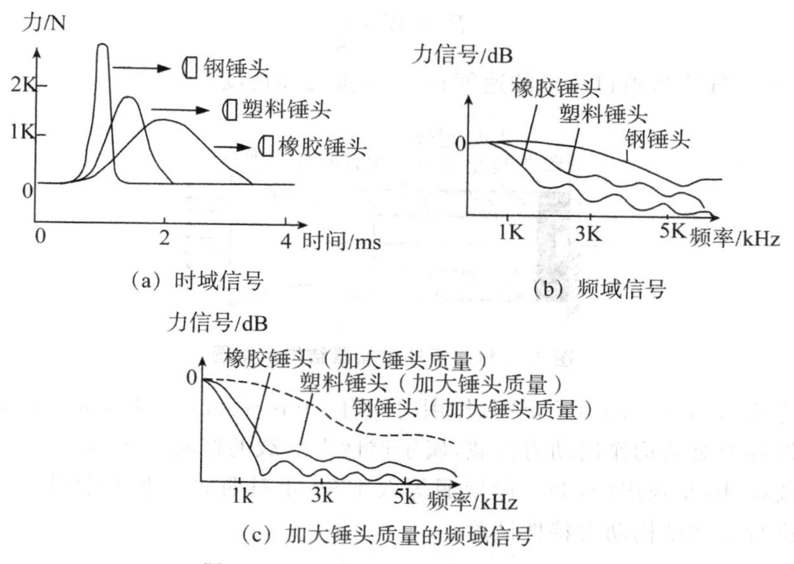

图 3.3.9　力锤锤头构造和激励信号

3.3.4.2　张拉突然卸载法

张拉突然卸载法也称为初位移法，如图 3.3.10 所示。采用绞车或重物沿振动方向张拉铰索，使结构产生一个初位移，试验时在钢丝绳中设置一个钢拉杆，当拉力达到极限拉力时，拉杆被拉断而形成突然卸载，结构在静力平衡位置附近作自由振动。调节拉杆截面可以获得不同的拉力和初始位移。这种方法因为结构自振时没有附加质量的影响，因而特别适合于结构动力特性的测定。为防止结构在张拉过程中产生过大位移，张拉力须加以控制，试验前应根据结构刚度和允许的最大位移估算。

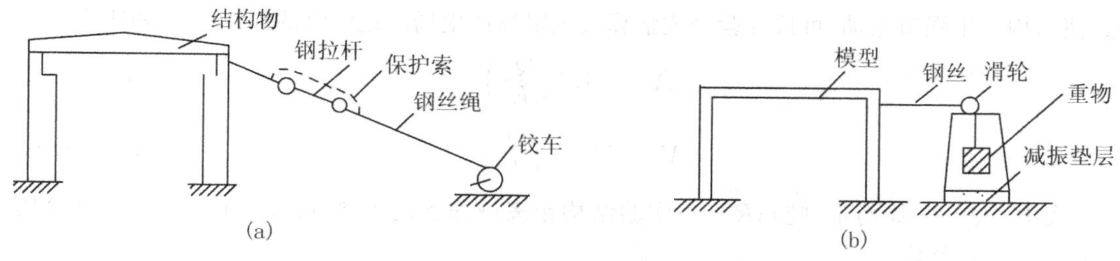

图 3.3.10　张拉突卸法对结构施加冲击力荷载

3.3.4.3　反冲激振法

反冲激振法就是爆炸加载，根据固体火箭发动机原理研制而成。利用火药或炸药使之燃烧或引起爆炸。而火药燃烧是通过火箭激振加载器以激振力的形式作用于结构或建筑物。特别适合于在现场对结构物(如大型桥梁、高层建筑等)进行激振。

图 3.3.11 为反冲激振器的结构示意图。其工作原理为,当点火装置内火药被点着、燃烧后,主装火药很快达到燃烧温度,并进行平稳燃烧,产生的高温高压气体从喷管以极高速度喷出。如每秒喷出气流的重量为 W,按动量守恒定律可得到反冲力 P,此即为作用在被测结构上的反冲力:

$$P = W \cdot \frac{v}{g} \tag{3-3-17}$$

式中:v—— 气流从喷口喷出的速度;g—— 重力加速度。

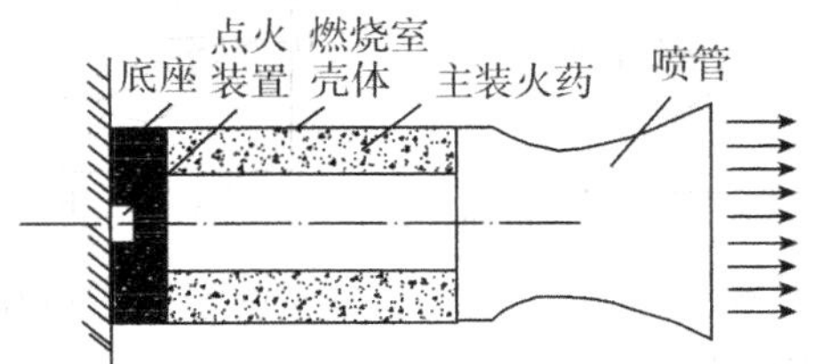

图 3.3.11　反冲激振器结构示意图

其反冲力从 0.1kN～100kN 范围,作用时间自 10ms～50ms。方法是利用物体质量在运动时产生的惯性力对结构作用动力荷载,属于惯性力加载的范畴。图 3.3.12 为冲激振器的输出时程曲线(a,b)及频谱(c,d)。段艳丽等人 1990 年对西北工业大学科研楼等工程采用反冲激振法进行原型结构动力特性试验。

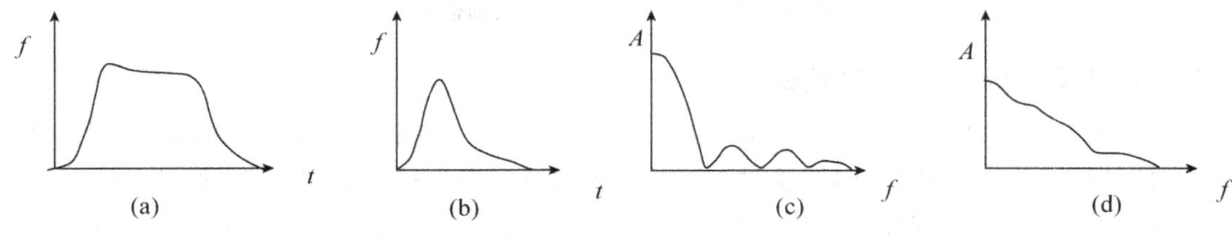

图 3.3.12　反冲激振器输出特性曲线及频谱

3.3.4.4　人工爆炸激振

在试验结构附近场地采用炸药进行人工爆炸,利用爆炸产生的冲击波对结构进行冲击激振,使结构产生强迫振动。可按经验公式估算人工爆炸产生场地地震时的加速度 A 和速度 V:

$$A = 21.9\left(\frac{Q^m}{R}\right)^n \tag{3-3-18}$$

$$V = 118.6\left(\frac{Q^m}{R}\right)^q \tag{3-3-19}$$

式中:Q—— 炸药量(吨);R—— 实验结构距离爆炸源的距离(m);m、n、q—— 与试验场地土质有关的参数。

3.3.5　电液伺服加载

电液伺服系统加载原理在第 2 章有所介绍,电液伺服系统在结构拟静力、拟动力、地震模拟振动台试验和结构构件疲劳试验中,都有很广泛的应用。液压作动缸的负载能力、伺服

控制器的多参数反馈及多任务协调控制能力，数字采集与系统加载指令同步能力等关系到电液伺服系统的综合性能。目前，国内很多研究机构大多引进美国 MTS 公司的电液伺服系统进行结构动力性能研究。

3.3.6　环境振动随机激励加载

结构动力试验中，除以上各种设备和方法进行激振加载以外，环境随机振动激振法近年来发展很快，被人们广泛应用。

环境随机振动激振法也称脉动法。现建筑物经常处于微小而不规则振动之中。这种微小而不规则的振动来源于频繁发生的微小地震活动、大气运动、河水流动机械振动、车辆行驶以及人群移动等，使地面存在着连续不断的运动，其运动的幅值极为微小，所包含的频谱相当丰富，故称为地面脉动。地面脉动激起建筑物也常处于微小而不规则的脉动中，通常称为建筑物脉动。用高灵敏度的测振传感器可以记录到这些信号。可以利用这种脉动现象来分析测定结构的动力特性，它不需要任何激振设备，也不受结构形式和大小的限制。

我国很早就应用这一方法测定结构的动态参数，数据分析方法一直采取从结构脉动反应的时程曲线记录图上按照“拍”的特征直接读取频率数值的主谐量法，所以一般只能获得基本频率这个单一参数。20 世纪 70 年代以来，随着结构模态分析技术和数字信号分析技术的进步，使这一方法得到了迅速发展。目前已可以从记录到的结构脉动信号中识别出全部模态参数(各阶自振频率、振型、模态阻尼比)，这使环境随机激振法的应用得到了扩展。

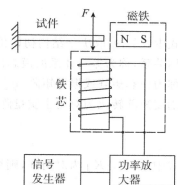

图 3.3.13　涡流式不接触激振器的工作原理

此外，对一些质量较轻，激振器接触或附加质量会影响结构动力特性或响应的小型结构，尤其一些金属弦式构件，可采用非接触激振器。此类激振器有磁吸式不接触激振器，涡流式不接触激振器(如图 3.3.13)等。虽然不接触激振器有对试验对象的附加影响很小的优点，但缺点是激振力失真度大，加载幅值有时难以定量，不适于机械阻抗测试和模态试验。

3.4　结构动力特性测试

结构动力特性对结构承受动荷载以及在动荷载作用下的响应有很大影响，是进行结构动力分析的关键。结构的动力特性主要指结构固有频率、模态振型及阻尼系数等，这些参数是结构本身固有的参数，与结构边界条件、质量分布、刚度、材料特性等因素有关。

3.4.1　结构动力特性分析的基本理论

3.4.1.1　多自由度系统

通过有限元方法对结构系统离散化处理后，多自由度无阻尼结构动力有限元方程表示为式(3-4-1)。

$$[M]\{\ddot{x}\}+[K]\{x\}=0 \tag{3-4-1}$$

设其特解为:

$$\{x\}=\{X\}\sin(\omega t+\theta) \tag{3-4-2}$$

代入式(3-4-1)得到:

$$(\omega^2[M]+[K])\{X\}=\{0\} \tag{3-4-3}$$

式(3-4-3)为向量$\{X\}$的齐次方程,为得到向量$\{X\}$的非零解,式(3-4-3)的特征值应使系数行列式$|-\omega^2[M]+[K]|=0$。将行列式展开,可求得关于ω^2的n次代数方程(n为系统自由度),这样可以得到方程的n个特征值$\omega_1,\omega_2,\cdots,\omega_n$,对应$n$组线性无关的特征向量$\{X\}_i=\{x_{1i},x_{2i},\cdots,x_{ni}\}^{\mathrm{T}}(i=1,2,\cdots,n)$。具体计算可参考结构力学、线性代数等相关专业书籍。

根据相关专业知识,$\{X\}_i$为一组比例向量,式(3-4-2)特解可表示为$\{x\}=\{X\}_i sin(\omega_i t+\theta_i)$,$(i=1,2,\cdots,n)$。式(3-4-1)的通解可表示为

$$\{x\}=\sum_{i=1}^{n}A_i\{X\}_i\sin(\omega_i t+\theta_i) \tag{3-4-4}$$

式中:A_i,θ_i取决于结构初始位移$\{x_0\}$和初始速度$\{\dot{x}_0\}$。将特征向量正则化转化成无量纲比例关系,称为振动体系的模态向量,表示为$\{\phi\}_i=\{\phi_{1i},\phi_{2i},\cdots,\phi_{ni}\}^{\mathrm{T}}$。由模态向量组成的矩阵称为模态矩阵或振型矩阵$[\varphi]$。利用模态矩阵及模态向量正交性,可将结构体系质量矩阵和刚度矩阵转化为对角主质量阵和主刚度阵如下式(3-4-5)。

$$\begin{cases}[\phi]^{\mathrm{T}}[M][\phi]=\lfloor M\rceil\\[\phi]^{\mathrm{T}}[K][\phi]=\lfloor K\rceil\end{cases} \tag{3-4-5}$$

式中,$[M]$,$[K]$为对角阵,则结构固有频率可由下式表示

$$\omega_i^2=\frac{K_i}{M_i},(i=1,2,\cdots,n) \tag{3-4-6}$$

式中,M_i和K_i分别称为模态质量和模态刚度,为对角阵$\lfloor M\rceil$,$\lfloor K\rceil$主轴数据。退化到单自由度,则与式(3-2-12)相同。

由n个线性无关的特征向量$\{\phi\}_i$构成的n维向量空间的完备正交基,称为模态空间。为解耦式(3-4-1),引入一组新坐标变量$y_i(i=1,2,\cdots,n)$,它与原坐标$x_i(i=1,2,\cdots,n)$之间有以下变换关系

$$\{x\}=[\varphi]\{q\} \tag{3-4-7}$$

代入式(3-4-1)可以得到

$$[M][\varphi]\{\ddot{q}\}+[K][\varphi]\{q\}=\{0\} \tag{3-4-8}$$

左乘$[\varphi]^{\mathrm{T}}$,由式(3-4-5)可以得到

$$[\varphi]^{\mathrm{T}}[M][\varphi]\{\ddot{q}\}+[\varphi]^{T}[K][\varphi]\{q\}=\{0\}$$

$$[M]\{\ddot{q}\}+[K]\{q\}=\{0\} \tag{3-4-9}$$

解耦成n个独立方程组

$$M_i\ddot{q}+k_iq_i=0,(i=1,2,\cdots,n) \tag{3-4-10}$$

假设式(3-4-10)每个方程的解为$q_i=A_i\sin(\omega_i t+\theta_i)$,将各式代入式(3-4-7),可以得到

$$\{x\}=[\varphi]\{q\}=\sum_{i=1}^{n}A_i\{\phi\}_i\sin(\omega_i t+\theta_i) \tag{3-4-11}$$

上式的结果与式(3-4-4)相同。其中,A_i 和 θ_i 由初始条件确定。

对多自由度强迫振动系统

$$[M]\ddot{x}+[K]\{x\}=\{f(t)\} \tag{3-4-12}$$

设结构受简谐激励 $\{f(t)\}=\{\bar{F}\}e^{j\omega t}(j=\sqrt{-1})$,则结构稳态响应为 $\{x\}=\{\bar{X}\}e^{j\omega t}$,代入式(3-4-12),与单自由度结构体系相同,得到

$$\bar{X}=\frac{\bar{F}}{-\omega^2[M]+[K]} \tag{3-4-13}$$

$$\text{频响函数}[H(\omega)]=\frac{1}{-\omega^2[M]+[K]} \tag{3-4-14}$$

引入 $\{x\}=[\varphi]\{q\}$,稳态响应时 $\{q(t)\}=\{\bar{Q}\}e^{j\omega t}$,结合式(3-4-7),$\{\bar{X}\}=[\varphi]\{\bar{Q}\}$。

$$[\varphi]^{\mathrm{T}}[M][\varphi]\{\ddot{q}\}+[\varphi]^{\mathrm{T}}[K][\varphi]\{q\}=[\varphi]^{\mathrm{T}}\{f(t)\} \tag{3-4-15}$$

将稳态激励和响应参数代入式(3-4-15),可以得到解耦方程 $(K_i-\omega^2M_i)\bar{Q}_i=\{\phi\}_i^{\mathrm{T}}\{\bar{F}\}$,可得

$$\bar{Q}_i=\frac{\{\phi\}_i^{\mathrm{T}}\{\bar{F}\}}{(K_i-\omega^2M_i)} \tag{3-4-16}$$

令 $\{\phi\}_i^{\mathrm{T}}\{\bar{F}\}=\bar{P}_i$,则上式(3-4-16)可表示成

$$H_i(\omega)=\frac{\bar{Q}_i}{\bar{P}_i}=\frac{1}{K_i-\omega^2M_i} \tag{3-4-17}$$

$H_i(\omega)$ 称为第 i 阶模态频响函数,以此为对角线元素组成的对角阵称为 $\lfloor H_q(\omega)\rceil$ 模态频响函数矩阵,

$$\lfloor H_q(\omega)\rceil=\begin{bmatrix}H_1(\omega) & \cdots & 0\\ \vdots & \ddots & \vdots\\ 0 & \cdots & H_n(\omega)\end{bmatrix} \tag{3-4-18}$$

由式(3-4-16),

$$\{\bar{Q}\}=\lfloor H_q(\omega)\rceil\{\bar{P}\}=\lfloor H_q(\omega)\rceil[\varphi]^{\mathrm{T}}\{\bar{F}\} \tag{3-4-19}$$

$$\text{则}\{\bar{X}\}=[\varphi]\{\bar{Q}\}=[\varphi]\lfloor H_q(\omega)\rceil\{\bar{P}\}=[\varphi]\lfloor H_q(\omega)\rceil[\varphi]^{\mathrm{T}}\{\bar{F}\} \tag{3-4-20}$$

因此可以得到

$$[H(\omega)]=[\varphi]\lfloor H_q(\omega)\rceil[\varphi]^{\mathrm{T}} \tag{3-4-21}$$

即

$$[H(\omega)]=\begin{bmatrix}H_{11} & \cdots & H_{1n}\\ \vdots & \ddots & \vdots\\ H_{n1} & \cdots & H_{nn}\end{bmatrix}=\sum_{i=1}^{n}\frac{\{\phi\}_i\{\phi\}_i^{\mathrm{T}}}{K_i-\omega^2M_i} \tag{3-4-22}$$

从式(3-4-22)可以看出,结构频响函数矩阵包含了结构全部的模态频率、模态振型等全部信息,因此得到频响函数矩阵是模态试验的基础。其元素

$$H_{lp}(\omega)=\frac{\bar{Q}_l}{\bar{P}_p}=\sum_{i=1}^{n}\frac{\phi_{li}\phi_{pi}}{K_i-\omega^2M_i}=\sum_{i=1}^{n}\phi_{li}\phi_{pi}H_i(\omega) \tag{3-4-23}$$

对于有阻尼多自由度结构体系,如下式

$$[M]\{\ddot{x}\}+[C]\{\dot{x}\}+[K]\{x\}=\{f(t)\} \tag{3-4-24}$$

频响函数无法得到以上可以解耦的简单表达式，其主要原因是阻尼矩阵一般不具有正交性。为简化分析，建筑结构分析中常采用比例阻尼，即假设阻尼矩阵与刚度和质量矩阵之间存在比例关系。

$$[C]=\alpha[M]+\beta[K] \tag{3-4-25}$$

式中：α—— 质量阻尼；β—— 刚度阻尼。

有了式(3-4-25)的阻尼矩阵表达式，则有阻尼系统的结构动力方程可以解耦，同时，阻尼矩阵也可以用模态矩阵进行正交化。式(3-4-24)可表示如下

$$[M]\{\ddot{x}\}+(\alpha[M]+\beta[K])\{\dot{x}\}+[K]\{x\}=\{f(t)\} \tag{3-4-26}$$

按照前面的求解方法，得到频响函数矩阵

$$[H(\omega)]=\begin{bmatrix} H_{11} & \cdots & H_{1n} \\ \vdots & \ddots & \vdots \\ H_{n1} & \cdots & H_{nn} \end{bmatrix}=\sum_{i=1}^{n}\frac{\{\phi\}\{\phi\}^{\mathrm{T}}}{-\omega^2 M_i+jC_i\omega+K_i} \tag{3-4-27}$$

其中，$C_i=(\alpha M_i+\beta K_i)$。

$$H_{lp}(\omega)=\frac{\overline{Q}_l}{\overline{P}_p}=\sum_{i=1}^{n}\frac{\phi_{li}\phi_{pi}}{K_i+jC_i-\omega^2 M_i}=\sum_{i=1}^{n}\frac{\phi_{li}\phi_{pi}/M_i}{\omega_i^2+j2\zeta_i\omega\omega_i-\omega^2} \tag{3-4-28}$$

式中：$\zeta_i=C_i/(2M_i\omega_i)$—— 模态阻尼比；$\omega_i^2=\dfrac{K_i}{M_i}$—— 模态频率，$H_{lp}$——$p$ 点激振与 l 点响应之间的位移 — 力的传递函数。

式(3-4-28)中，分母项与激振点 p、响应点 l 的位置无关，而仅与固有频率和阻尼比有关。也就是不论是测量哪点激励、哪点响应，所测得基座模型结构的各阶固有频率和阻尼比都相同，但是分子项($\phi_{li}\phi_{pi}$，$\phi_{li}\phi_{pi}/M_i\phi_{lp}$) 取决于激振点 p 和响应点 l 的位置，与振动模态有关。

由式(3-4-28)可将传递函数矩阵$[H(\omega)]$的第 p 列的列阵表示为

$$\{H(\omega)\}_p=\sum_{i=1}^{n}\frac{\{\phi\}_l\phi_{pi}}{K_i+jC_i-\omega^2 M_i}=\sum_{i=1}^{n}\frac{\{\phi\}_l\phi_{pi}/M_i}{\omega_i^2+j2\zeta_i\omega\omega_i-\omega^2} \tag{3-4-29}$$

由式(3-4-29)可知，在模态测试当中，只要测量传递函数矩阵中的第 p 列，就可识别出系统的各阶模态参数，同理可推，只要测量传递函数矩阵中的第 l 行，也可识别出系统的各阶模态参数，并不需要测出传递函数矩阵中的每一个元素。

3.4.1.2 比例阻尼系数 α 和 β

通常阻尼系数 α 和 β 可通过振型阻尼比 ζ_i 计算得到。

$$\begin{bmatrix}\alpha \\ \beta\end{bmatrix}=2\frac{\omega_1\omega_2}{\omega_2^2-\omega_1^2}\begin{bmatrix}\omega_2 & -\omega_1 \\ -1/\omega_2 & 1/\omega_1\end{bmatrix}\begin{bmatrix}\zeta_1 \\ \zeta_2\end{bmatrix} \tag{3-4-30}$$

其中，$\alpha=2\omega_1\omega_2(\zeta_1\omega_2+\zeta_2\omega_1)/(\omega_2^2-\omega_1^2)$；$\beta=2(\zeta_2\omega_1-\zeta_1\omega_2)/(\omega_2^2-\omega_1^2)$

式中 ζ_i 是第 i 阶振型的实际阻尼与临界阻尼之比。

也可采用一个简单的方法来计算近似的 α 和 β 阻尼系数，图 3.4.1 为比例阻尼。一般情况下，我们很少能够得到有关阻尼比随模态频率变化的详细信息，这种情况下通常可以假设应用于两个控制频率的阻尼比相同，即 $\zeta_1=\zeta_2=\zeta$，则式(3-4-30)可以简化成如下形式(3-4-31)。

一般情况下，建议 ω_1 取多自由度振动体系的基频，而 ω_2 在对动力反应有显著贡献的高

阶模态中选取。此时在两阶频率之间多对应的模态将具有较低的阻尼比，而大于 ω_2 的模态阻尼比将大于 ζ_2，并随着频率的增加而单调递增。最终结果是高阶频率因为较高的阻尼比而较快地衰减。

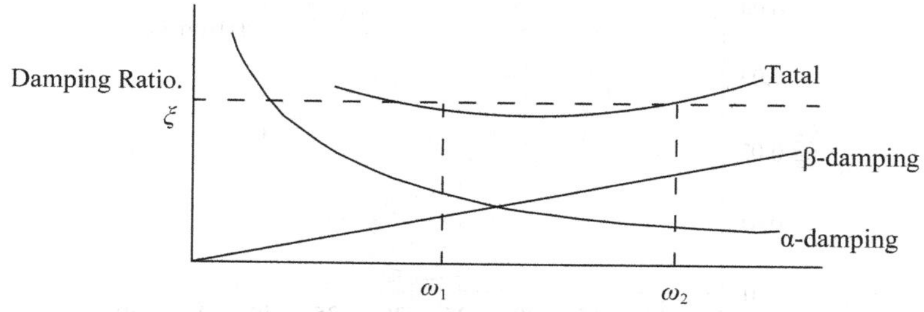

图 3.4.1　比例阻尼(Rayleigh damping)

$$\begin{bmatrix}\alpha\\ \beta\end{bmatrix}=\frac{2\zeta}{\omega_1+\omega_2}\begin{bmatrix}\omega_1\omega_2\\ 1\end{bmatrix} \tag{3-4-31}$$

虽然 α 和 β 阻尼概念简单明确，但在使用中也要注意一些误区。从图 3.4.1 也可以看出：首先，α 阻尼与质量有关，主要影响低阶振型，而 β 阻尼与刚度有关，影响非线性分析以及结构的高阶响应部分；比如阻尼中的系数取值过大，相当于频响函数中质量矩阵变大而使得频响函数减小，从而使结构响应偏小，β 阻尼与结构刚度矩阵有关，而在结构非线性分析中，结构的刚度在分析过程中是变化的，不合理的 β 系数，将导致非线性分析结果异常。

图 3.4.2 为一三层刚架，其频响函数如图 3.4.3 所示。结构各主要参数的单位与国际单位制的换算关系如下：1 kip = 1 kilo pounds = 4448.222 Newtons = 4.448222 kilo-Newtons (kN)，1in = 0.0254m。

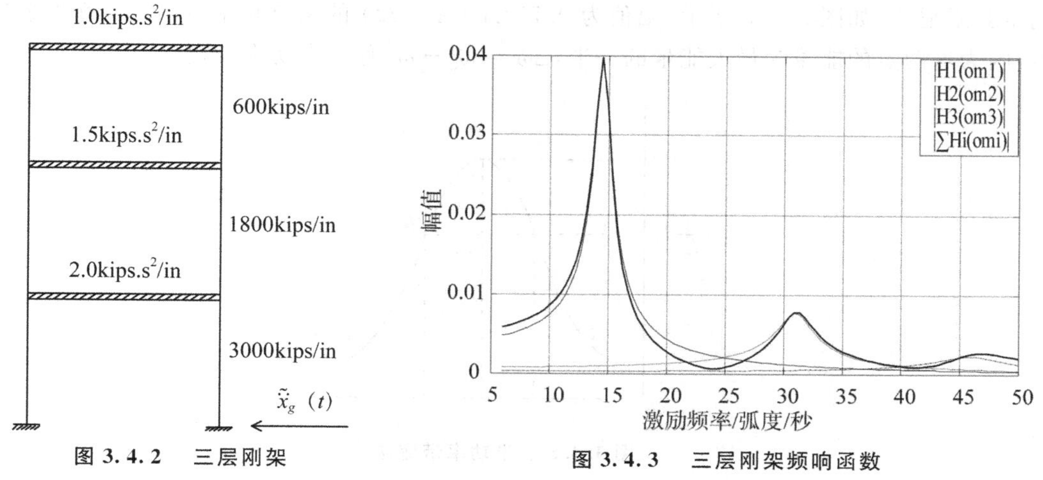

图 3.4.2　三层刚架

图 3.4.3　三层刚架频响函数

3.4.2　结构固有频率和阻尼比的确定

结构固有频率和阻尼比的试验方法有频域法和时域法两大类。其中，频域法测试结构固有频率的基本原理为振型分解法和模态叠加原理。基于比例阻尼，认为结构的振动是由各个振动模态叠加而成，当激励频率等于结构固有频率时，结构会产生共振。因此，前节介绍的频响函数会在结构固有频率处产生峰值。对于单自由度体系，因为只有一个自由度，则其共振频率只有 1 阶（如图 3.4.4）。对于多自由度，则在测试频率范围内会有多阶峰值，分别对应结构的某几阶固有频率，如图 3.4.3 所示。

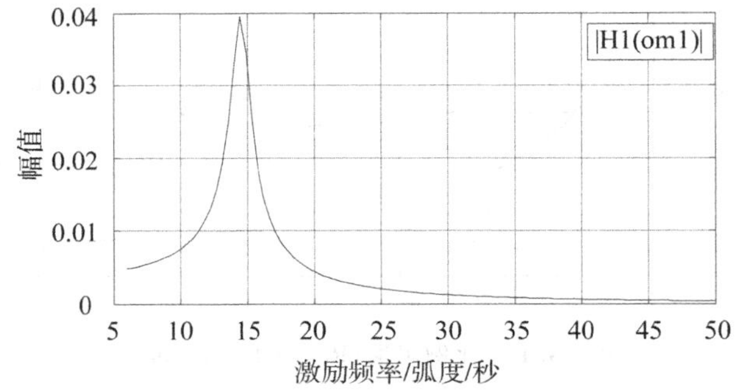

图 3.4.4　单自由度频响函数曲线

受噪声等因素干扰，结构自由度很多时，频响函数曲线上的峰值不一定与结构固有频率一一对应，在模态试验中，采用频响函数拟合法识别模态参数。

有时需要和理论进行对比，如简支钢梁基频（圆频率 rad/s）解析解公式为：

$$\omega_1=\sqrt{\frac{\pi^4 EI}{\rho AL^4}},\text{由 } f=\omega_1/2\pi(\text{Hz}),f=\omega_1/2\pi=\sqrt{\frac{\pi^4 EI}{\rho AL^4}}/2\pi=\frac{\pi}{2}\sqrt{\frac{EI}{\rho AL^4}} \tag{3-4-32}$$

式中：E—— 材料弹性模量；I—— 截面惯性矩；ρ—— 材料密度；A—— 截面积；L——简支梁长度。

阻尼比的频域确定方法有半功率带宽法，对于单自由度结构体系，可利用频响函数曲线确定其阻尼比。如图 3.4.5 所示，幅值为 $0.707A_0(A_0/\sqrt{2})$ 的两点频率 ω_a 和 ω_b 称为半功率点，因为这两点的能量为最大能量的一半，$\Delta\omega=\omega_b-\omega_a$ 称为半功率带宽。

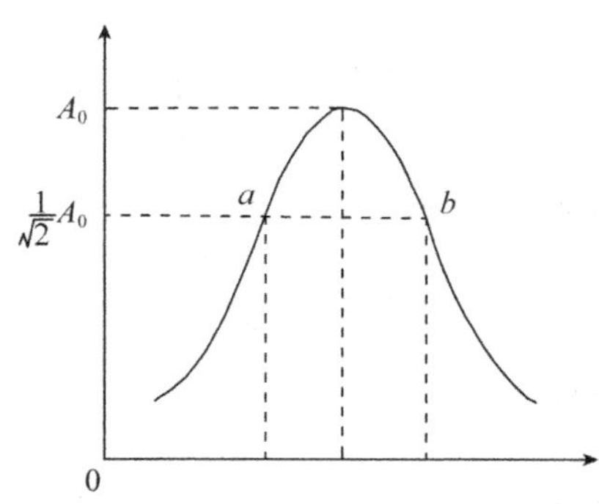

图 3.4.5　半功率带宽法

根据单自由度位移频响函数式（3－2－11）可以得到频响函数的幅值谱为

$$|H(\omega)|=\frac{1}{k}\frac{1}{\sqrt{(1-\lambda^2)^2+4\lambda^2\zeta^2}} \tag{3-4-33}$$

利用式（3－4－32）和半功率点的性质，可以得到

$$\zeta=\frac{\omega_b-\omega_a}{\omega_0} \tag{3-4-34}$$

阻尼比的时域计算需要通过衰减振动的时程曲线振幅的衰减比例进行计算。衰减振动波形示意图如图 3.4.6 所示。

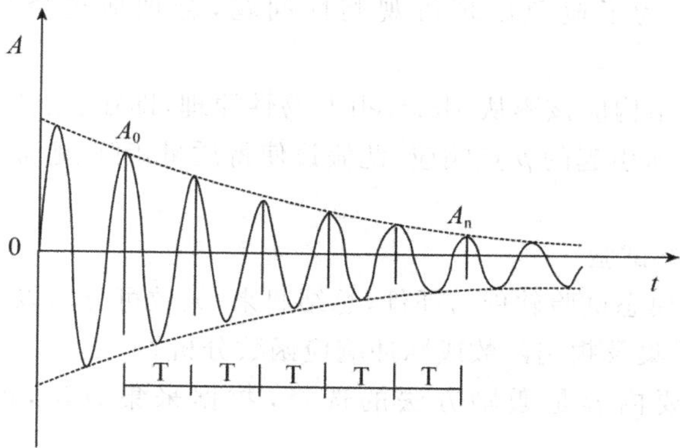

图 3.4.6　振动衰减曲线示意图

衰减振动的振幅是按照几何级数衰减的，相邻两个振幅之比是一个常数，计作 η，

$$\eta=\frac{X_i}{X_{i+1}}=\frac{X_{i+1}}{X_{i+2}}=\cdots=\frac{X_{i+n-1}}{X_{i+n}}=e^{\delta},i=0。$$

则 $\delta=\ln\frac{X_i}{X_{i+1}}$

由于$\frac{X_i}{X_{i+1}}\cdot\frac{X_{i+1}}{X_{i+2}}\cdot\cdots\cdot\frac{X_{i+n-1}}{X_{i+n}}=e^{n\delta}$，得到$\frac{X_i}{X_{i+n}}=e^{n\delta}$，

则 δ 可表示为 $\delta=\frac{1}{n}\ln\left(\frac{X_i}{X_{i+n}}\right)$　(3-4-35)

根据理论推导：阻尼比 $\zeta=\frac{\delta}{\sqrt{4\pi^2+\delta^2}}$　(3-4-36)

当 $\zeta\ll 1$，近似可取 $\zeta\approx\frac{\delta}{2\pi}$　(3-4-37)

3.4.3　结构模态试验

结构模态分析是机械领域进行故障诊断，土木结构领域进行结构健康检测、损伤检测与识别，结构振动规律、抗震计算分析等的基础。近三十年来，基于计算机模态分析技术、高速数据采集系统、振动传感器新技术、新型激振设备等发展，通过试验获得结构模态参数的方法得到了快速发展。模态试验是通过测量结构节点的动力输入与输出，然后根据测量的有限数据进行分析获得结构频响函数，进而通过频响函数估计得到结构模态参数。结构模态试验方法通常仅仅测量结构的输入和输出，不需要测量结构的质量和刚度。

模态分析理论主要基于以下四个方面的基本假设：

(1) 线性假设：结构的动态特性是线性的，就是说任何输入组合引起的输出等于各自输出的组合，其动力学特性可以用一组线性二阶微分方程来描述。每次进行模态测试时，应当首先检查结构的线性动态特性。

(2) 时不变性假设：结构的动态特性不随时间变化，因而微分方程的系数是与时间无关的常数。由于不得不在结构上安装振动传感器的附加质量，可能出现典型的时不变性

问题。

(3) 可观测性假设：这意味着用以确定我们所关心的系统动态特性所需要的全部数据都是可以测量的。为了避免出现可观测性问题，合理地选择响应自由度是非常重要的。

(4) 互易性假设：结构应该遵从Maxwell互易性原理，即在p点输入所引起的l点响应，等于在l点的相同输入所引起的p点响应。此假设使得质量矩阵、刚体矩阵、阻尼矩阵和频响函数都成了对称矩阵。

1. 实验室结构模态试验

目前，国内有各种模态试验软件与硬件，总结起来，大致可分为以下四个步骤：

(1) 动态信号的采集及频响函数或脉冲响应函数分析。

此过程涉及的主要内容是激励方法的选择，数据采集方法，时域或频域信号处理方法。

a) 在实验室进行结构模态试验分析通常是人为对结构施加一定动态激励，然后采集各节点的振动响应信号和激励力的信号，然后运用各种模态参数识别方法获得结构模态参数，激励方法不同，识别方法也有差别。目前主要有单点输入单点输出，单点输入多点输出，多点输入多点输出等方法。激励方式有正弦扫描，稳态随机激励，瞬态激励等。

b) 数据采集器的接收能力对模态分析至关重要，单点输入单点输出要求高速采集输入和输出两点信号，通过不断移动激励位置或响应位置的办法获得模态振型。单点输入多点输出和多点输入多点输出需要大量通道数据的高速并行采集。

c) 时域或频域信号处理则需要对所采集信号进行谱分析，频响函数估计、响应测量和数据滤波、相关分析等。

(2) 建立数学模型。

根据已知条件，建立描述结构状态和特性的模型作为计算和参数识别的依据。由于识别方法的不同，可分为频域建模和时域建模。

(3) 参数识别。

按照识别域的不同可分为时域法(时域ITD法、多参考点最小二乘复指数法、直接参数识别等)、频域法(最小二乘频域法、正交多项式法等)和联合时频法等，激励方式不同，参数识别方法也不同。

(4) 振型展示。

根据参数识别获得结构模态参数后(模态频率、模态阻尼及各阶模态振型)，可得到结构的模态参数模型，逐一展示以观察振型形状。

2. 环境激励模态试验

最近几年，桥梁或高层建筑等原型结构进行模态试验非常必要，此类大型结构无论是正弦、随机或脉冲的人为激励都很困难或者费用高昂，因此需要在结构工作状态下识别模态参数。

所谓工作模态参数识别试验即是基于环境激励的模态试验方法。结构在工作当中，经常受到风、水流冲击、大地动脉以及移动车辆等引起的振动。这些环境因素激励下，会产生微弱的振动。虽然这些微弱振动我们无法精确确定，但并不是一无所知。通常我们假定这些激励为近似平稳随机信号，其频谱为具有一定带宽的连续谱，在带宽内基本覆盖了结构

的主要频率范围，因此结构通过环境激励，其振动响应中包含了这些模态参数。特点是频带很宽，包含各种频率成分，但随机性很大，采样时间要求较长。基于环境激励的试验模态分析技术就是仅仅通过结构在自然环境下的振动响应来进行，称之为“未知输入及 N 个输出”。

工作模态参数识别方法与传统模态参数识别方法相比有如下特点：

(1) 仅根据结构在环境激励下的响应数据来识别结构的模态参数，无需对结构施加激励。如无需对大桥、海洋结构、高层建筑等大型结构进行激励，仅直接测取结构在风力、交通等环境激励下的响应数据就可以识别出结构的模态参数。该方法识别的模态参数符合实际工况及边界条件，能真实地反映结构在工作状态下的动力学特性，如高速旋转的设备在高速旋转的工况和静态时结构的模态参数有很大差别。

(2) 该种识别方法不施加人工激励，完全靠环境激励，节省了人工和设备费用，也避免了对结构可能产生的损伤问题。

(3) 利用环境激励的实时响应数据识别结构参数，能够识别由于环境激励引起的模态参数变化。尽管传统的模态参数方法已在许多领域得到了广泛应用，但近年来，环境激励下模态参数识别方法得到了航天、航空、汽车及建筑领域的研究人员的极大关注。

这种方法不是严格意义上的模态参数识别方法。由于系统的输入未知，虽然能获得共振频率下的振型，但由于无法获得系统输入对输出的频响函数，因此也就无法建立完整的动力学模型。

我国早在20世纪50年代就开始应用环境激励模态试验，但由于试验条件和分析手段的限制，一般只能获得第一振型及频率。20世纪70年代以来，随着计算机技术的发展和动态信号处理机的应用，这一方法得到了迅速发展，并被广泛应用于结构动力分析和研究。测量脉动信号要使用低噪声、高灵敏度的测振传感器和放大器，并配有足够快速度的记录设备。

应用环境激励模态试验时应注意下列几点：

(1) 结构的脉动是由于环境随机振动引起的，带有各种频率分量，要求记录设备有足够宽的频带，使所需要的频率分量不失真。

(2) 结构脉动信号属于随机信号且信号较弱，为提高信噪比，脉动记录中不应有规则的干扰，仪器本身的背景噪声也应尽可能低。因此观测时应避开机器运转、车辆行驶的情况，比如在晚间进行试验。

(3) 为使记录的脉动能反映结构物的自振特性，每次观测应持续足够长的时间并且重复多次。

(4) 布置测点时应将结构视为空间体系，沿竖直和水平方向同时布置传感器，如传感器数量不足可做多次测量。这时应有一个传感器保持位置不动，作为各次测量的比较标准。

(5) 每次观测最好能记下当时的天气、风向、风速以及附近地面的脉动，以便分析这些因素对脉动的影响。

3. 模态置信准则(Modal Assurance Criterion，MAC)

通过以上试验方法获得结构模态后，需要对模态参数识别的质量进行估计，模态置信准则可以用来比较不同组的估计振型或研究同一组中各估计模态的正确性。两个振型向量之间 $\{\phi\}_i$ 和 $\{\phi\}_r$ 的模态置信准则定义为：

$$\mathrm{MAC}(\{\phi\}_i,\{\phi\}_r)=\frac{|\{\phi\}_i^{\mathrm{T}}\{\phi\}_r|^2}{(\{\phi\}_i^{\mathrm{T}}\{\phi\}_i)(\{\phi\}_r^{\mathrm{T}}\{\phi\}_r)} \tag{3-4-38}$$

如果$\{\phi\}_i$和$\{\phi\}_r$属于同一物理振型的估计，那么MAC结果应接近于1。如果两者属于不同物理振型的估计，那么MAC计算结果应该很低。其原理也是基于结构模态振型的正交性。

如果非对角线上的MAC值比较大，这表明不同阶次的模态振型间存在混淆现象，用于辨识振型的自由度数目不足，此时需增加测点，直至最终所选响应点能将各阶模态清晰辨识出来。模态振型空间混淆现象多发生在大型复杂结构或组合结构的模态试验中，如果不注意，会导致后续进行试验模态振型与有限元模态振型进行MAC相关性分析时出现错误的结论。

这里以三层刚架模态试验为例介绍利用南京安正软件工程有限公司的“MaCras”模态模块进行模态试验的过程。“MaCrase”模态分析步骤及框图如图3.4.7、图3.4.8、图3.4.9所示。

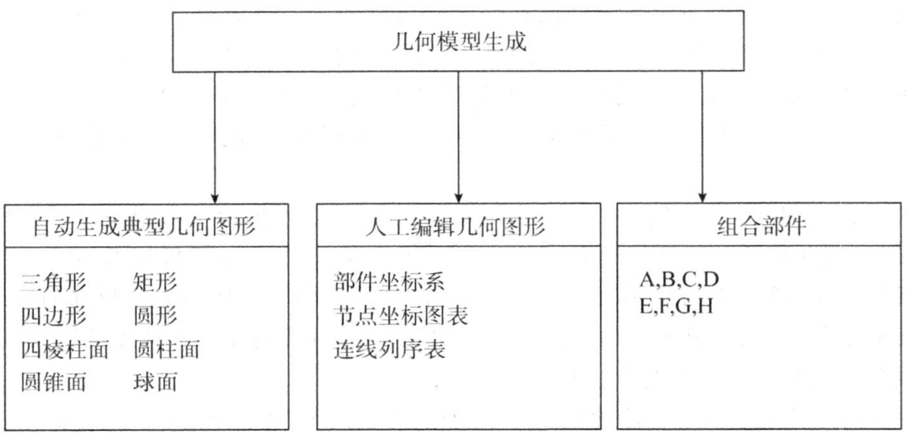

图3.4.7 几何模型生成

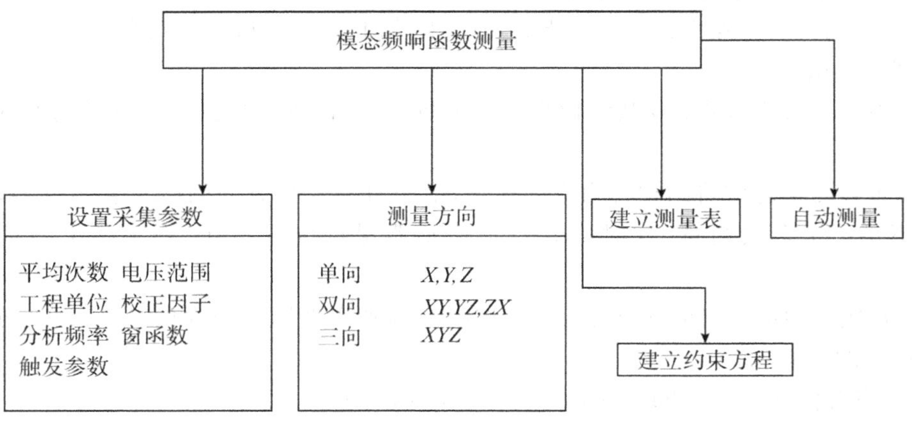

图3.4.8 模态频响函数测量

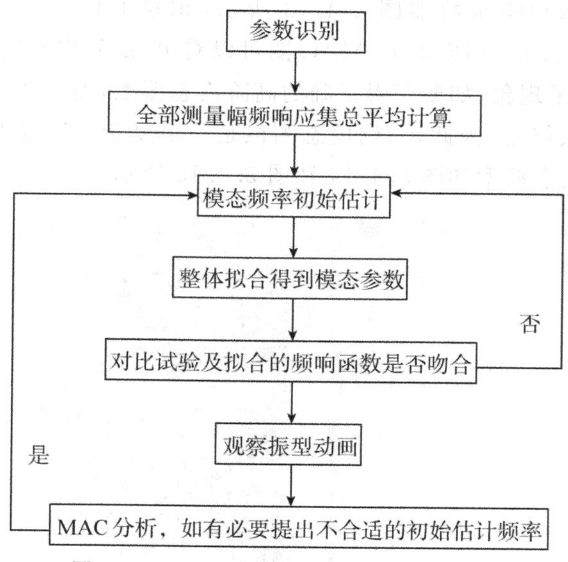

图 3.4.9　模态参数识别及振动动画框图

结构为某电厂汽轮机基座模型。全模型共 113 个节点，原结构模型及模态测试模型如图 3.4.10 所示，模态测试系统如图 3.4.11 所示。模态分析采用单点输入，单点输出。在每个节点上移动激励点（力锤激励），选定一个固定点接收位移响应（三向压电式传感器），逐点测量频响函数。

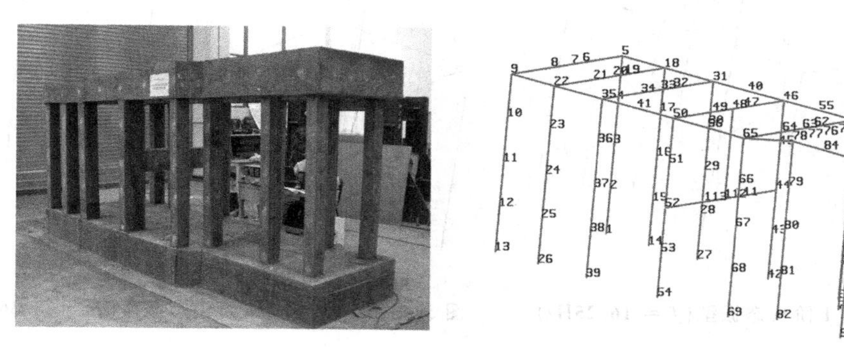

(a) 汽轮机基座模型　　(b) 模态测试模型

图 3.4.10　电厂汽轮机基座模型图

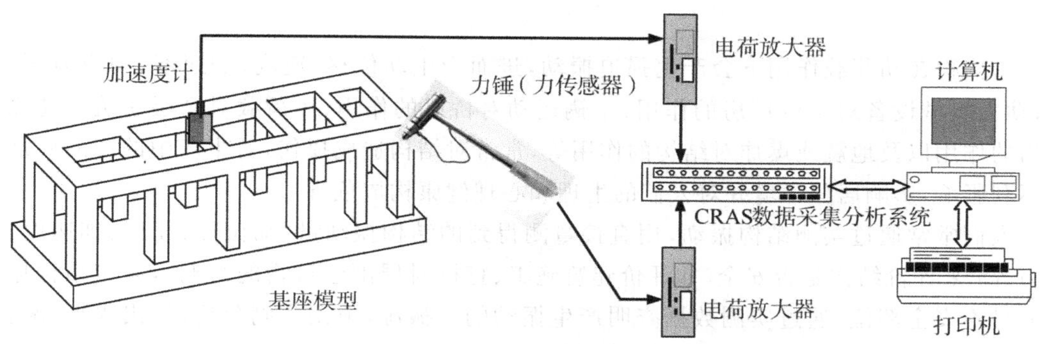

图 3.4.11　模型模态试验系统结构图

所测量得到的模态频响函数如图 3.4.12 所示，识别的模态振型通过模态置信准则(MAC)分析结果如图 3.4.13 所示。从 MAC 图可以看出，试验识别的高阶模态的相关性较大，模态振型间存在混淆现象。如要获得正确的高阶模态振型，测点数量需要合理地增加，传递函数需要进一步测试修正。因此，结构模态测试是一个复杂的反复测量过程。此汽机基座模型所识别的前两阶模态振型如图 3.4.14 和图 3.4.15 所示。

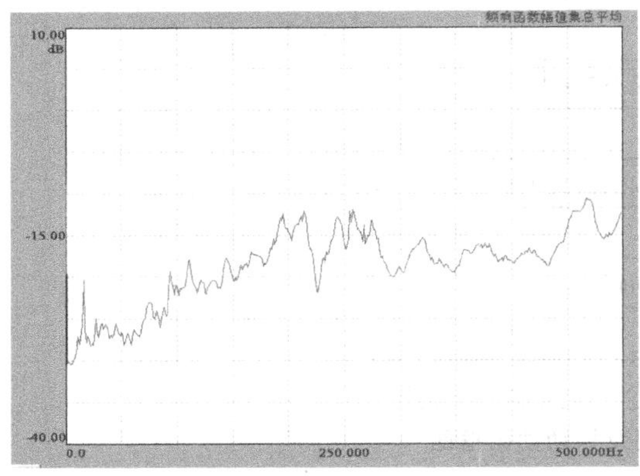

图 3.4.12　*xyz* 三向频响函数

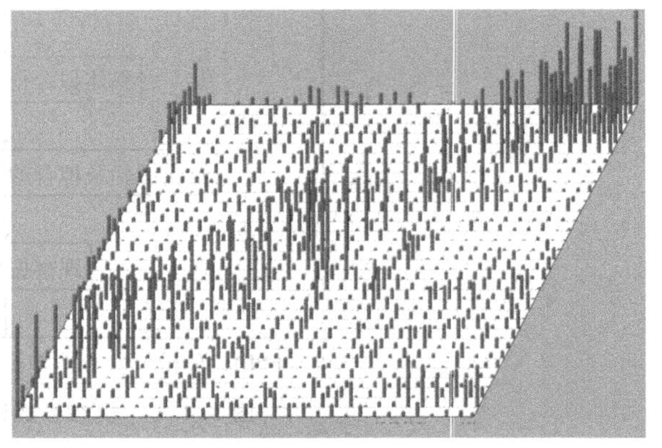

图 3.4.13　MAC 分析的振型相关图

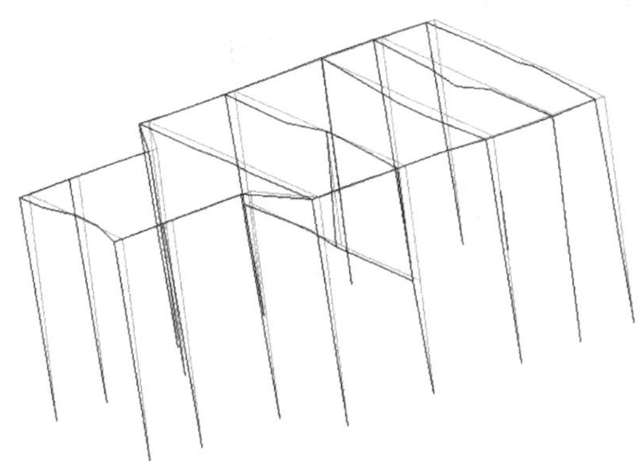

图 3.4.14　结构第 1 阶模态振型($f = 16.25$Hz)

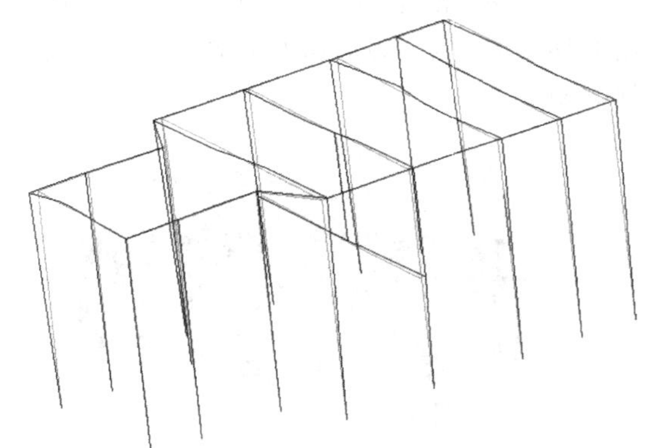

图 3.4.15　结构第 1 阶模态振型($f = 28.36$Hz)

3.5　结构振动量量测

结构物在动荷载作用下会产生强迫振动，进而产生动位移、速度、加速度、动应力等。例如，动力机械设备对工业厂房的作用、车辆运动对桥梁的作用、风荷载对高层建筑和高耸构筑物的作用以及地震或爆炸对结构的作用等，常常对结构造成损伤，对生产中的产品质量产生不利影响，影响居住环境并对人们的生理和心理健康构成危害。

人们常常通过实测结构振动，用直接量测得到的结构振动量(动位移、速度、加速度、动应力等)来评价结构是否安全(如评价建筑施工、打桩对周围建筑物的影响)，确定结构振动时的最不安全部位。通过实测数据查明产生振动的主振源，根据实测分析，提出隔振、减振、加固等治理振动环境的措施和解决方案。

3.5.1　振动源确定

建筑结构室内放置的机器设备运转或室外行驶车辆、室外其他机械振动传播引起结构振动的动荷载经常较为复杂，不同类型的产生振动的机器设备，其质量、转速以及在结构物上的布置位置都不尽相同。结构某一点的振动响应，通常由各种振动仪器和设备自各个方向传播至结构该点。

进行振源确定需要从结构响应信号的时域和频域信号进行分析。对于可以控制的室内机械振动，可以通过各种机械分类开机或关机进行确定。当有多台动力机械设备同时工作时，可以逐台开动，观察结构在每个振源影响下的振动波形，从中找出影响最大的主振源，这个方法可称为逐台开动法。

按照不同振源使结构产生规律不同的强迫振动的特点，可以根据结构实测振动波形间接判定振源的某些性质，作为寻找主要振源的依据，这个方法可称为波形识别法。

当振动记录图形为间歇性的阻尼振动，并有明显尖峰和自由衰减的特点时，表明是冲击性振源所引起的振动，如图 3.5.1a 所示。转速恒定的机械设备将产生稳定、周期性振动。图 3.5.1b 是具有单一简谐振源的接近正弦规律的振动图形，这可能是一台机器或多台转速相同的机器所产生的振动。图 3.5.1c 为两个频率相差两倍的简谐振源引起的合成振动图形。图 3.5.1d 为三个简谐振源引起的更为复杂的合成振动图形。

当振动图形符合“拍振”的规律时，振幅周期性地由小变大，又由大变小，如图 3.5.1e 所示，这表明有可能是由两个频率接近的简谐振源共同作用；或者只有一个振源，但其频率与结构的固有频率接近。

图 3.5.1f 属于随机振动一类的记录图形，可能由随机性动荷载引起。例如，液体或气体的压力脉冲、风荷载、地面脉动等。

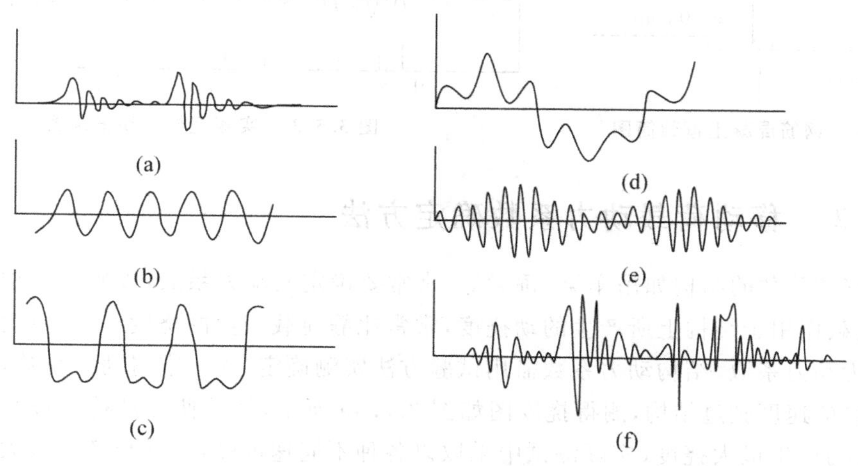

图 3.5.1　各种振源的振动记录图

对实测振动波形进行频谱分析，可以作为进一步判断主要振源的依据。通常稳态强迫振动下，结构强迫振动的频率和作用力的频率相同，因此具有同样频率的振源就可能是主振源。对于单一简谐振动可以直接在振动记录图上量出振动周期从而确定频率。对于复杂的合成振动则需进行频谱分析作出频谱图，在频谱图上可以清楚地看出合成振动的频率成分，具有较大幅值的频率所对应的振源常常是主要振源。

示例：某厂钢筋混凝土框架，高 17.5m，上面有一个 3000kN 的化工容器（如图 3.5.2）。此框架建成投产后即发现水平横向振动很大，人站在上面感觉明显，框架本身及其周围并无大的动力设备。振动从何而来一时看不出，于是以探测主振源为目的进行了实测。在框架顶部、中部和地面设置了测振传感器，实测振动记录见图 3.5.3。可以看出框架顶部 17.5m 处、8m 处和 ±0.00m 处的振动记录图的形式是一样的，不同的是顶部振动幅度大，人感觉明显；地面振动幅度小，人感觉不出，只能用仪器测出。所记录的振动明显是一个"拍振"。这种振动是由两个频率值接近的简谐振动合成的结果。运用分析"拍振"的方法可得出，组成"拍振"的两个分振动的频率分别是 2.09Hz 和 2.28Hz，相当于 125.4 次/min 和 136.8 次/min。经过调查，原来距此框架 30 多米处是该厂压缩机车间。此车间有 6 台大型卧式压缩机，其中 4 台为 136 转/min，2 台为 125 转/min。因此，可以确定振源是大型空气压缩机。

确定主振源后，根据实测振幅和框架顶层的化工容器的质量，进一步推算振动产生的加速度和惯性力。

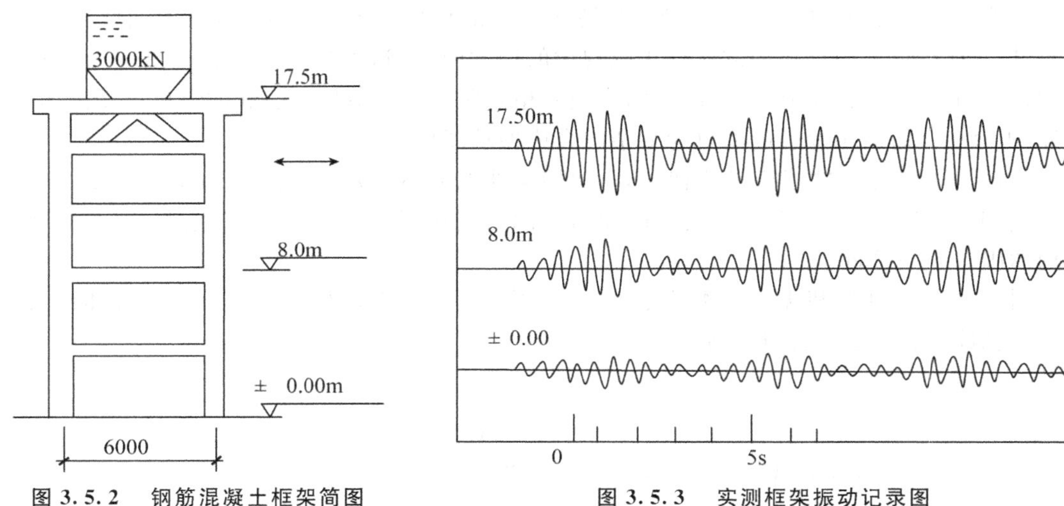

图 3.5.2　钢筋混凝土框架简图　　　图 3.5.3　实测框架振动记录图

3.5.2　移动荷载动力系数确定方法

承受移动荷载的结构如吊车梁、桥梁等，常常要确定其动力系数，以判定结构的工作情况。移动荷载作用于结构上所产生的动挠度，常常比静荷载产生的挠度大。动挠度和静挠度的比值称为动力系数。结构动力系数需用试验方法实测确定。为了求得动力系数，先使移动荷载以最慢的速度驶过结构，测得挠度图如图 3.5.4a 所示，然后使移动荷载按某种速度驶过，这时结构产生最大挠度（实际测试中采取以各种不同速度驶过，找出产生最大挠度的某一速度）如图 3.5.4b 所示。从图上量得最大静挠度 y_j 和最大动挠度 y_d，即可求得动力系数 μ。

$$\mu = \frac{y_j}{y_d} \tag{3-5-1}$$

上述方法适用于一些有轨的动荷载。对无轨的动荷载（如汽车）不可能使两次行驶的路

线完全相同。有的移动荷载由于生产工艺上的原因，用慢速行驶测最大静挠度也有困难，这时可以采取只试验一次用高速通过，记录图形如图 3.5.4c 所示。取曲线最大值为 y_d，同时在曲线上绘出中线，相应于 y_d 处中线的纵坐标即 y_j。按式(3－5－1)即可求得动力系数。

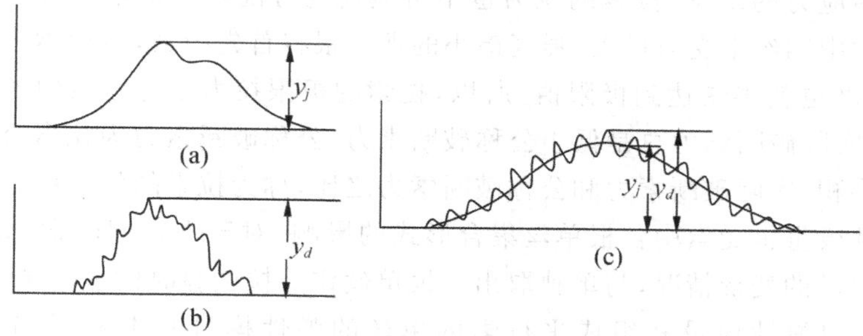

图 3.5.4　动力系数测定

对结构进行振动量测时，应对测试对象振动信号的频率结构、振动量级、振动形态有一个初步估计，从而选择适当的测试量(振动位移、速度或加速度)、适当的测振传感器、放大器和记录设备等。

3.5.3　振动法测试拉索拉力

大型悬挑、大跨建筑物、桥梁或构筑物的悬挂或斜拉的拉力通常采用斜拉索或吊索。利用频率法测试拉索拉力是目前施工完成后或定期检查、健康监测索力测试的主要手段。其测试方法简单，但振动法测试拉索拉力通常受长度、自重或边界条件等的影响。图 3.5.5 为吊索桥的大跨度主航道吊索结构，图 3.5.7 为体育场看台顶斜拉索结构。图 3.5.6 为桥梁常用拉索截面，图 3.5.7 为体育场看台常用钢绞线制作的拉索形状。从图中可以看出，根据施工和端部与钢网架或桁架连接需要，拉索端部制作有拉力拧紧装置、与钢桁架连接钢螺杆等。

图 3.5.5　吊索桥拉索示意图

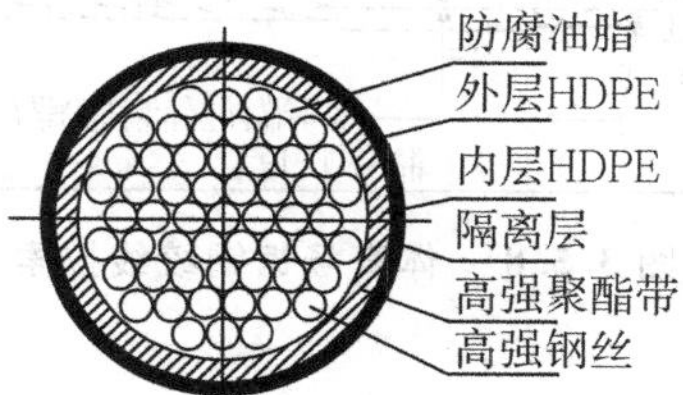

图 3.5.6　拉索截面示意图

3.5.3.1 拉索力学性能

拉索是由若干根单丝,采用不同的形式集合而成。各根单丝受材料均质性、下料长度的影响和张拉初始应力的影响,拉索的拉力也不可能均匀分配给各根单丝。因此,拉索受拉破坏形态表现为索中钢丝中受力最大、强度最小的那一根将首先断裂,然后索中钢丝开始逐根断裂,拉索的强度也就很快达到极限值。所以,拉索的极限拉力不等于索中各根钢丝拉力的总和,即拉索的实际破断索力总是低于公称破断索力。公称破断索力为拉索公称截面和钢丝强度标准值的乘积。实际破断索力和公称破断索力之比,称为拉索的效率系数。

拉索的弹性模量也受索中各根单丝集合形式的影响。对于平行钢丝索(如图 3.5.6),受拉时索中各根单丝的变形情况,与单独取出一根单丝作受拉试验时的变形情况基本相同,因此,平行钢丝束的弹性模量和组成平行索的单丝的弹性模量基本相同。钢绞线索(如图 3.5.8)是由若干单丝集合绞结而成的,绞索受拉后,除索中单丝的弹性伸长外,还有集合构造的变形,因此,钢绞线索的弹性模量普遍低于单丝的弹性模量。半平行索由于单丝集合的构造比较简单,扭绞角不超过 4。所以其弹性模量一般不低于单丝弹性模量的 95%。良好的锚具可保证拉索的静载性能不受影响。

常用拉索的静载抗拉性能和动载疲劳应力性能列于表 3.5.1。

图 3.5.7 体育场看台拉索示意图

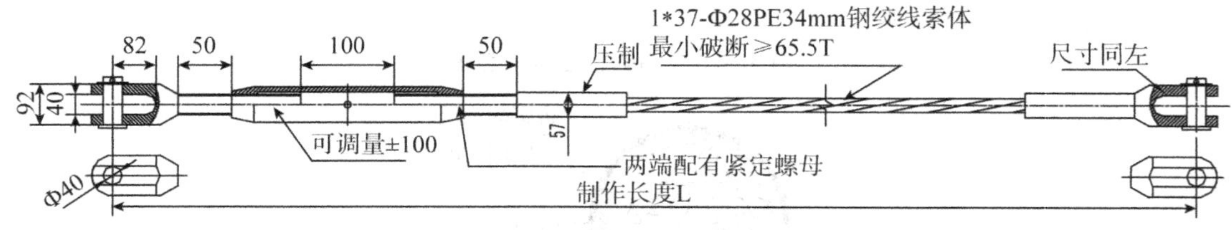

图 3.5.8 体育场馆钢绞线拉索

表 3.5.1　常用拉索主要静动力性能表

拉索种类	单丝类别	单丝				拉索				
		静载		动载		静载			动载	
		公称强度(MPa)	极限延伸率(%)	应力上限(MPa)	应力幅(MPa)	效率系数	极限伸长率(%)	弹性模量(MPa)	应力上限(MPa)	应力幅(MPa)
平行钢丝索	钢丝	1570	4.0	710	300	0.95	2.0	2×10^5	710	200
半平行钢丝索	钢丝	1570	4.0	710	300	0.95	2.0	1.95×10^5	710	200
平行钢绞线索	钢绞线	1860	3.5	840	200	0.95	2.0	1.9×10^5	840	160
半平行钢绞线索	钢绞线	1860	3.5	840	200	0.95	2.0	1.85×10^5	840	160
锁合式螺管索	圆形	1470	4.0	—	—	0.92	2.0	1.85×10^5	840	150

注：疲劳加载次数为 2×10^6。

3.5.3.2　拉索索力测量方法

如图 3.5.9 所示，根据弦振动理论，拉索的振动平衡微分方程为

$$\frac{W}{g}\frac{\partial^2 y}{\partial t^2}+EI\frac{\partial^4 y}{\partial x^4}-T\frac{\partial^2 y}{\partial x^2}=0 \qquad (3-5-2)$$

式中：W—— 拉索单位长度重力，N/m；g—— 重力加速度，10m/s^2；EI—— 索的弯曲刚度；T—— 索的拉力；t—— 时间。

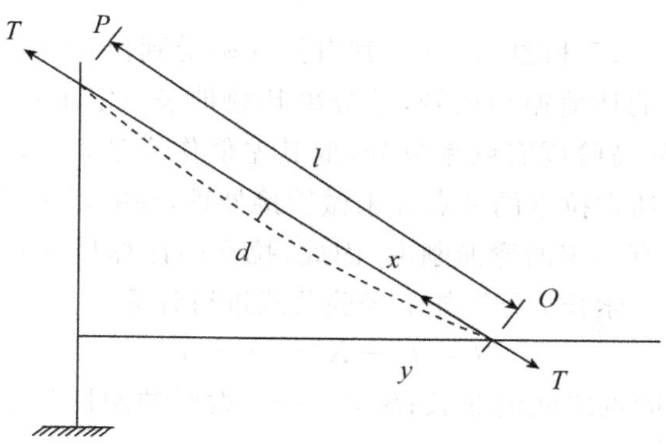

图 3.5.9　拉索的振动模型

如果索两端为铰支，方程的解有简单的形式：

$$T=\frac{4Wl^2f_n^2}{n^2g}-\pi^2\frac{n^2EI}{l^2} \qquad (3-5-3)$$

式中：f_n—— 拉索的第 n 阶自振频率；l—— 索长；n—— 振动阶数。

由式(3-5-3)可以看出，第一项为 l^2 关系，第二项为拉索弯曲刚度修正，是 $1/l^2$ 关系；当拉索较长，频率阶次较低时，这一修正值很小，可以忽略。

如不计拉索抗弯刚度的影响，索力有如下表达形式为 $T=\frac{4Wl^2f_n^2}{n^2g}$。令 $m=\frac{W}{g}$—— 单位长度拉索质量，则上式表示为

$$T=\frac{4ml^2f_n^2}{n^2} \tag{3-5-4}$$

如采用低频，忽略拉索刚度影响，计算索力时可按照式(3－5－4)进行。对于较高频率或拉索较短时，如不考虑刚度影响，则按照式(3－5－4)索力计算结果误差较大。另外，从公式可以看出，忽略刚度影响的计算结果比拉索拉力真实值高。当拉索拉力为零，利用式(3－5－3)及 $m=\frac{W}{g}$，第1阶自振频率可表示为

$$f_1=\frac{\pi}{2}\sqrt{\frac{EI}{mL^4}} \tag{3-5-5}$$

上式与第四节简支梁基频计算公式(3－4－32)相同。由此可以看到，当拉索长度较短，拉力为零时，所测索振动频率与简支梁相同，拉索退化为普通简支梁。

若拉索两端固结或一端固结一端铰接，式(3－5－2)方程解为超越函数，可参考相关专业书籍。以上公式可应用于计算吊杆拱桥的拉索内力，如图3.5.10所示。

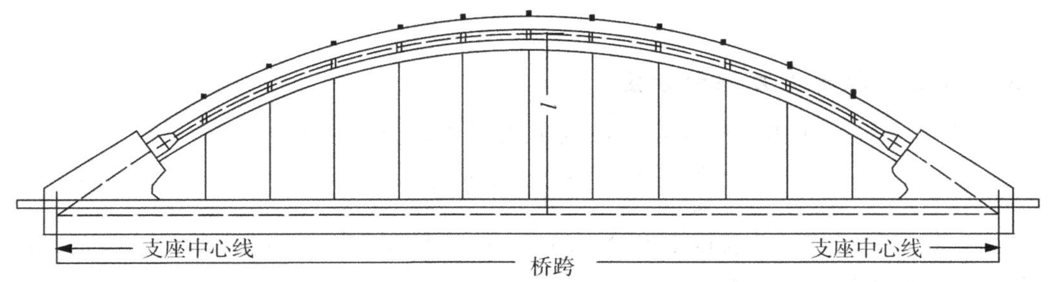

图3.5.10　吊杆拱桥拉索测试

对于斜拉索(如图3.5.7和图3.5.9)，其自振频率受到拉索垂度影响，且对于较长索所测振动信号中混杂显著的环境振动信号，给分离基频带来一定困难。为更准确计算索力，有研究认为，可选择相邻的高阶固有频率成分，取其差值作为基频，或选择多个频率的差值经平均后确定基频。另外，通常拉索的端点并未做铰接处理，在靠近端点处还安装了减振圈，而拉索自身又或多或少具有一定的弯曲刚度。因此，拉索的计算长度 l 将稍短于拉索的实际长度 l_0，需要适当给予修正。索长 l 可按如下经验公式进行计算

$$l=l_0-K(S_1+S_2) \tag{3-5-6}$$

式中：l_0—— 拉索两锚固点之间的弦长；S_1，S_2—— 索两端刚性长度(锚环长)；K—— 调整系数，可取0.35～0.48。

索长也可通过施工时在拉索端部安装力传感器实测张力 T，与实测频率按照公式(3－5－3)或(3－5－4)反推索长 l。拉索张拉施工完成后，按照反推的索长 l 计算拉索张力。图3.5.11和图3.5.12为吊杆拱桥拉索实测时程曲线和幅值谱曲线。根据以上介绍的方法，可以计算分析得到拉索张力。

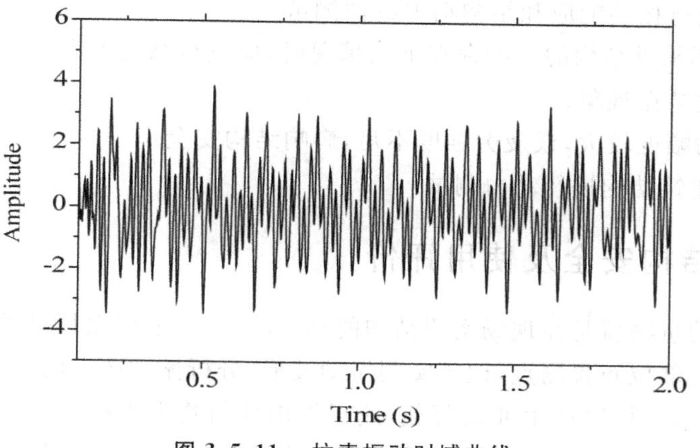

图 3.5.11　拉索振动时域曲线

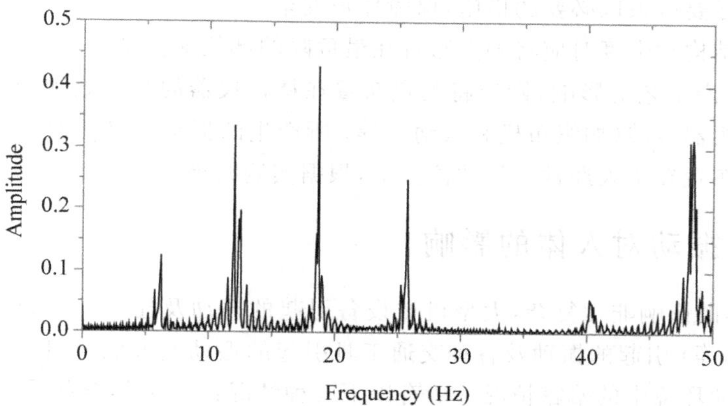

图 3.5.12　振动法拉索测试频域幅值谱

3.6　结构振动影响

随着科技迅速发展，机械化、高速化的交通运输、大功率高能量的施工和工厂机械振动对人们的生活工作、休息以及高精密工业企业的正常生产产生了较大影响。特别是随着我国工业化进程的快速发展，多数以前位于城市郊区、对人们平常影响较小的大型工业企业、快速交通与市民生活居住区域越来越近。还有一些城郊公路维护不到位，大型轨道交通、机动车辆通过引起的振动通过地面传递到周边区域；另外，由于规划或设计的缺陷，不同性质的生产企业（如电子加工厂和一些大型机械加工厂）相邻，外界振动超过仪器、仪表正常工作要求的环境振动限值，导致一些高精密仪器、仪表不能正常工作。种种原因导致的环境振动引起的问题越来越多。因此，环境振动引起的危害也越来越受到人们的关注。

《工业建筑可靠性鉴定标准》(GB 50144) 提出，必要时，需要进行振动对上部承重结构影响的专项鉴定。当振动对上部承重结构的安全、正常使用有明显影响需要进行鉴定时，应按照下列要求进行现场调查与检测：

(1) 调查振动对上部承重结构的影响范围；

(2) 检查振动对人员正常活动、设备仪表正常工作以及结构和装饰层的影响情况；

(3) 需要时进行振动响应和结构动力特性测试。

当振动对上部承重结构的影响存在下列情况时，应进行结构安全等级评定：

(1) 结构产生共振现象；

(2) 结构振动幅度较大，或疲劳强度不足，影响结构安全。

此时需要对建筑结构进行动力测试。

3.6.1 结构安全及使用评价

结构振动量的量测就是在现场实测结构的动力响应。一般根据振动的影响范围，选择振动影响最大的特定部位布置测点，记录实测振动波形，分析振动产生的影响。

例如，高层建筑打桩时产生冲击荷载，使得周围建筑物发生振动。量测时需要在打桩影响范围内的建筑物布置测点，实测打桩时建筑物的振动。根据实测结果，对打桩的影响程度作出评价，如有必要应采取必要的措施，保障住户安全。

另外，校核结构动强度时应将测点布置在最危险的部位即控制断面上；若测定振动对精密仪器和产品生产工艺的影响，则应将测点布置在精密仪器的基座处和产品生产工艺的关键部位；若测定机器运转(如织布机和振动筛等)所产生的振动和噪声对工人身体健康的影响，则应将测点布置在工人经常所处的位置上，根据实测结果，参照国家有关标准作出结论。

3.6.2 振动对人体的影响

振动对人体的影响非常复杂，大型机械设备引起的振动及建筑工地施工机械设备工作(如打桩机、风镐等)引起的振动及各种交通工具引起的振动使人们时时刻刻都处于振动环境中。人体在振动环境中的暴露情况一般有以下几种情况：① 人体全部暴露于振动介质中，振动介质将振动同时传到人体的各个部分。如人体在空气中或液体中受到高强度声波引起的振动。② 通过人体支撑部位传递到人体的振动。如站立时的脚、坐时的臀部及躺卧时的接触面等。人所受到的这种类型振动为全身振动，通常处于车辆和建筑物中以及在机械设备附近的人经常承受这种振动。③ 作用于人体的特定部位，如头或四肢的振动。这称为局部振动，比如机械或车辆操作手柄、踏板或握在手中的工具等的振动，也可称为手传振动。

人体对振动的反应和承受水平也有较大差别，与人的年龄、性别、健康状况、身体对振动敏感度、所处环境等都有较大关系。全身振动可能引起人体前庭器官、内分泌系统、消化系统和植物神经系统等一系列的改变，同时产生相应的不良心理、生理反应，如疲劳、焦虑、工作效率降低等感觉；局部振动主要引起人体的末梢神经功能、运动功能的障碍等。由于系统研究振动对人体影响的研究始于20世纪60—70年代，历史不长，统计数据不够完整，因此完整、系统、科学的描绘振动对人体影响是较为复杂的。根据一些研究成果，从人对振动的主观感觉和振动对人体影响的角度来看，振动对人体的主要影响因素有振动强度、频率成分、振动方向以及振动的暴露时间。通常人体能够感觉到的振动频率为1～1000Hz，其中在1～100Hz频率范围为敏感区，尤其是对16Hz以下的低频振动更为敏感。根据振动研究的对象不同，用于评价振动的物理量包括振动位移、速度、加速度以及频率成分等。

使用功能不同，结构楼盖竖向刚度要求不同。为保证结构具有适宜的舒适度，避免人们跳跃或其他剧烈动作时引起周围人群的不舒适，民用建筑中，《混凝土结构设计规范》(GB

50010—2010）和《高层建筑混凝土结构技术规程》（JGJ 3—2010）对混凝土楼盖、钢—混凝土组合楼盖结构竖向自振频率作出了要求：

（1）住宅和公寓不宜低于 5Hz；

（2）办公楼和旅馆不宜低于 4Hz；

（3）大跨度公共建筑不宜低于 3Hz。

楼盖竖向振动加速度限值要求见表 3.6.1。

表 3.6.1　楼盖竖向振动加速度限值

人员活动	峰值加速度限值（m/s^2）	
	竖向自振频率不大于 2Hz	竖向自振频率不小于 2Hz
住宅及办公	0.07	0.05
商场及室内连廊	0.22	0.15

注：结构竖向自振频率为 2～4Hz 时，峰值加速度限值可按线性插值选取。

高层建筑物在风荷载作用下将产生振动，过大的振动加速度将使在高楼内的居住或工作的人们感觉不舒适，甚至不能忍受。根据相关的研究成果，人体舒适度和建筑楼层水平加速度的相互关系见表 3.6.2。

表 3.6.2　舒适度与风振水平加速度的关系

不舒适程度	建筑物水平最大加速度（m/s^2）
无感觉	＜0.05
有感觉	0.05～0.15
扰人	0.15～0.5
十分扰人	0.5～1.5
不能忍受	＞1.5

在《高层建筑混凝土结构技术规程》（JGJ 3—2010）中，为保持结构使用舒适度，要求 10 年一遇风荷载作用下的结构顶部最大水平加速度，对于住宅和公寓 a_{max} 不大于 0.15m/s^2，对于办公楼和旅馆 a_{max} 不大于 0.25m/s^2。在高层钢结构中，一般情况下，住宅和公寓 a_{max} 不大于 0.20m/s^2，对于办公楼和旅馆 a_{max} 不大于 0.28m/s^2。以上为建筑结构的振动限值，受装修对结构振动频率和振幅的影响，人们正常工作或休息时所接受到的振动情况和结构设计有所不同。

3.6.3　振动对人体舒适度影响评价标准发展情况

振动对人体舒适度的影响研究机理涉及人类物质文明的发展，个体之间对振动的耐受性存在很大差异。为研究和评价人体暴露全身振动，国际标准化组织（ISO）研究并结合英国、美国、日本、中国等成员国以及研究团体的研究成果，发布机械振动或者摇晃对人体全身振动的评价标准和指南(ISO 2631)。1978 年开始发布第一版,总结了以前世界各国学者及科研机构的研究成果,给出研究机械振动或者摇晃振动致人体不舒适、振动的测量方法、测量标准和评价方法等,内容相对较简单。1985 年开始根据此前成员国组织等最新的研究成果对标准进行修订,发布了第二版本,总共有四个部分。第二版本研究较为系统,应用也比较广泛,国内的多个标准均由此版本发展而来。

1985 年陆续颁布的 ISO 2631 标准由四部分组成。第一部分为 ISO 2631—1,该标准适用的振动频率范围是 1 ~ 80Hz 的周期振动、随机振动或者具有分布频率的非周期振动以及频率范围在 1 ~ 80Hz 的连续冲击振动,可用来评价各种作业振动环境对人员舒适性的影响,以及人体全身振动暴露时,保持人体舒适振动参数界限和评价准则。所涉及的"舒适度降低界限","疲劳引起工作效率降低界限"以及"暴露界限"从振动频率、振动加速度幅值、暴露时间以及引起疲劳或其他问题的振动方向等几个方面进行表述,在不同的场合,可依据标准采用不同的评价界限。

第二部分 ISO 2631—2 为建筑物中人体全身振动的评价标准。适用的振动频率范围为 1 ~ 80Hz,外因或者内因即结构振动由外部振源或者内部振源致使建筑物振动时,室内工作人员或者休息人员对全身振动的感受。根据人体对不同频率、不同方向振动的感受不同,标准给出了 X、Y 向(人体横向),Z 向(人体自头至脚)振动加速度、速度、位移信号的基准曲线,并在标准的附录 1 中给出工作环境要求严格的区域(如医院、精密仪器实验室等)、居住区、办公区及商业区在白天、夜间的振动限制要求。

第三部分 ISO 2631—3 为人体承受 z 向全身振动的评价标准,适用的振动频率范围为 0.1 ~ 0.63Hz。

第四部分 ISO 2631—4 为海员承受船舶振动的评价标准,适用的振动频率范围为1 ~ 80Hz。

随着研究的不断进展,ISO 组织 1997 年开始根据之前十多年新的经验和研究成果,对前一版本进行了修正,发布了最新版本。新的 ISO 2631 标准称为机械振动与冲击 — 人体暴露于全身振动的评价,同样包含四部分。

第 1 部分:一般要求;(1997 年颁布)

第 2 部分:建筑物内的振动(1 ~ 80Hz);(2003 年颁布)

第 4 部分:振动和旋转运动对固定导轨运输系统中的乘客及乘务员舒适影响的评价指南;(2001 年颁布)

第 5 部分:包含多次冲击的振动评价方法。(2004 年颁布)

本文涉及标准的第一和第二部分。1985 年系列(ISO 2631)的旧标准与 1997 年系列(ISO 2631)的新标准在涉及建筑物中人体所受全身振动影响的方面主要有评价方法和评价标准两个区别。

1. 评价方法的选择有差别

标准 ISO 2631 提供的评价建筑物中人体全身振动的方法有两种:一种是分频多值评价(the detailed one-third octave band boundary evaluation method),见式(3-5-2)。即将所测得振动信号进行 1/3 倍频程频谱分析,计算出有效值频谱各中心频率处的幅值后与标准给出的各阶中心频率处的限值进行对比来评价振动水平。另一种是整体计权加速度评价(the weighted overall acceleration method),见式(3-5-1)、(3-5-3)。整体计权加速度评价的概

念是通过对 1/3 倍频程有效值谱的各中心频率幅值按照标准给出的计权因子进行计权后相加的值与标准给出的该振动方向计权因子为 1 的中心频率幅值进行对比来进行评价。

在 1985 年版本的 ISO 2631 标准中，认为两种方法都可以用来评价振动水平，并用来评价建筑物中人体全身振动。在多数情况下，两者区别不大，但在某些情况下整体计权加速度评价与分频多值相比较更为严格。在最不利的情况下，即被测振动是一个宽带谱，其 1/3 倍频程谱与全身振动暴露界限曲线的特性相当时，计权振级将比最敏感频带的 1/3 倍频程级高 13dB，致使计权评价结果过于保守。在最有利情况下，即所有振动能量集中于一个单一的 1/3 倍频带中，两种评价法结果一致。在 1997 年(ISO 2631—1) 国际标准中，用来计算振动限值的推荐方法为整体计权加速度评价。

$$a_w = \left[\sum_i (W_i a_i)^2 \right]^{\frac{1}{2}} \tag{3-6-1}$$

式中：a_w—— 频率计权加速度，m/s^2；W_i—— 第 i 个 1/3 倍频带宽计权系数，可以是 W_k 或者 W_d，见表 3.6.3 和表 3.6.4；a_i—— 第 i 个 1/3 倍频带宽加速度有效值，r. m. s(m/s^2)。

表 3.6.3　1/3 倍频程基本频率权值

频带编号	频率	W_k		W_d		W_f	
−17	0.02	×1000	dB	×1000	dB	×1000	dB
−16	0.025	—	—	—	—	24.2	−32.33
−15	0.0315	—	—	—	—	37.7	−28.48
−14	0.04	—	—	—	—	59.7	−24.47
−13	0.05	—	—	—	—	97.1	−20.25
−12	0.063	—	—	—	—	157	−16.10
−11	0.08	—	—	—	—	267	−11.49
−10	0.1	31.2	−30.11	62.4	−24.09	461	−6.73
−9	0.125	48.6	−26.26	97.3	−20.24	695	−3.16
−8	0.16	79.0	−22.05	158	−16.01	895	−0.96
−7	0.2	121	−18.33	243	−12.28	1006	0.05
−6	0.25	182	−14.81	365	−8.75	992	−0.07
−5	0.315	263	−11.60	530	−5.52	854	−1.37
−4	0.4	352	−9.07	713	−2.94	619	−4.17
−3	0.5	418	−7.57	853	−1.38	384	−8.31
−2	0.63	459	−6.77	944	−0.50	224	−13.00

续 表

频带编号	频率	W_k		W_d		W_f	
−1	0.8	477	−6.43	992	−0.07	116	−18.69
0	1	482	−6.33	1011	0.10	53.0	−25.51
1	1.25	484	−6.29	1008	0.07	23.5	−32.57
2	1.6	494	−6.12	968	−0.28	9.98	−40.02
3	2	531	−5.49	890	−1.01	3.77	−48.47
4	2.5	631	−4.01	776	−2.20	1.55	−56.19
5	3.15	804	−1.90	642	−3.85	0.64	−63.93
6	4	967	−0.29	512	−5.82	0.25	−71.96
7	5	1039	0.33	409	−7.76	0.097	−80.26
8	6.3	1054	0.46	323	−9.81	—	—
9	8	1036	0.31	253	−11.93	—	—
10	10	988	−0.10	212	−13.91	—	—
11	12.5	902	−0.89	161	−15.87	—	—
12	16	768	−2.28	125	−18.03	—	—
13	20	636	−3.93	100	−19.99	—	—
14	25	513	−5.80	80.0	−21.94	—	—
15	31.5	405	−7.86	63.2	−23.98	—	—
16	40	314	−10.05	49.4	−26.13	—	—
17	50	246	−12.19	38.8	−28.22	—	—
18	63	186	−14.61	29.5	−30.60	—	—
19	80	132	−17.56	21.1	−33.53	—	—
20	100	88.7	−21.04	14.1	−36.99	—	—
21	125	54.0	−25.35	8.63	−41.28	—	—
22	160	28.5	−30.91	4.55	−46.84	—	—
23	200	15.2	−36.38	2.43	−52.30	—	—
24	250	7.9	−42.04	1.26	−57.97	—	—
25	315	3.98	−48.00	0.64	−63.92	—	—
26	400	1.95	−54.20	0.31	−70.12	—	—

表 3.6.4　基本计权的频率计权曲线应用表

频率计权	健康	舒适	感知
W_k	z 轴，座椅表面	z 轴，座椅表面 z 轴，立姿 垂直，卧姿(头部除外) x、y、z 轴，坐姿脚部	z 轴，座椅表面 z 轴，立姿 垂直，卧姿(头部除外)
W_d	x 轴，座椅表面 y 轴，座椅表面	x 轴，座椅表面 y 轴，座椅表面 x、y 轴，立姿 水平，卧姿 y、z 轴，座椅 — 靠背	x 轴，座椅表面 y 轴，座椅表面 x、y 轴，立姿 水平，卧姿

注：具体坐标系及姿势如图 3.6.1 所示；各计权因子对应中心频率见表 3.6.3。

分频多值评价方法是计算出 1/3 倍频程各中心频率处的振级(单位 dB)，如下式(3-6-2)，然后和表 3.6.5 中的各中心频率处的限值作对比。

$$L_{a,i} = 20\log(\frac{a_i}{a_0}) \tag{3-6-2}$$

式中：$L_{a,i}$—— 第 i 个 1/3 倍频带宽振动加速度级(dB)；a_i—— 振动加速度有效值；a_0—— 基准加速度，$a_0 = 10^{-6}\mathrm{m/s^2}$。

整体计权加速度评价方法的计算加速度响应振动级(dB) 如下式(3-5-3)。

$$\begin{aligned} VL &= 20\log(a_w/a_0) = 20\log\left\{\left[\sum_i (W_i a_i)^2\right]^{\frac{1}{2}}/a_0\right\} \\ &= 10\log\left[\sum_i (W_i a_i)^2/a_0^2\right] \\ &= 10\log\left[\sum_i \left(\frac{W_i a_i}{a_0}\right)^2\right] \end{aligned} \tag{3-6-3}$$

式中：VL—— 计权振级(dB)。

通常采用分频多值评价方法评价后，可继续用整体计权加速度评价，计算出整体计权加速度振动级 VL。两种方法相互关系公式如下式(3-6-4)。

由式(3-6-2) 可以得到

$$a_i = a_0 \cdot 10^{\frac{L_{a,i}}{20}} \tag{3-6-4}$$

另外定义

$$W_{idB} = 20 - W_i \tag{3-6-5}$$

则各中心频率计权因子 W_i 根据式(3-6-4) 可以表示为

$$W_i = 10^{\frac{W_{idB}}{20}} \tag{3-6-6}$$

将式(3-6-4) 和(3-6-6) 代入(3-6-3)，可以得到两种评价方式的关系表达式

$$\begin{aligned} VL &= 10\log\left[\sum_i \left(\frac{W_i a_i}{a_0}\right)^2\right] = 10\log\left[\sum_i \left(\frac{a_0 \cdot 10^{\frac{L_{a,i}}{20}} 10^{\frac{W_{idB}}{20}}}{a_0}\right)^2\right] \\ &= 10\log\left[\sum_i 10^{\frac{W_{idB}+L_{a,i}}{10}}\right] \end{aligned} \tag{3-6-7}$$

对两种评价方法的应用，国内评价住宅建筑室内振动限值采用方法为分频多值评价方法；给出了建筑物室内竖向振动计算方法和振动限值；采用分频多值评价方法，各中心频率下的振动加速度有效值限值幅值(单位 dB) 列于表 3.6.5。

表 3.6.5　住宅建筑室内振动限值

1/3 倍频程中心频率(Hz)			1	1.25	1.6	2	2.5	3.15	4	5	6.3	8
La 限值(dB)	1 级限值	昼间	76	75	74	73	72	71	70	70	70	70
		夜间	73	72	71	70	69	68	67	67	67	67
	2 级限值	昼间	81	80	79	78	77	76	75	75	75	75
		夜间	78	77	76	75	74	73	72	72	72	72
1/3 倍频程中心频率(Hz)			10	12.5	16	20	25	31.5	40	50	63	80
La 限值(dB)	1 级限值	昼间	72	74	76	78	80	82	84	86	88	90
		夜间	69	71	73	75	77	79	81	83	85	87
	2 级限值	昼间	77	79	81	83	85	87	89	91	93	95
		夜间	74	76	78	80	82	84	86	88	90	92

限值适用范围：1 级限值为适宜达到的限值；2 级限值为不得超过的限值。昼夜时间的划分，昼间：06:00 ～ 22:00；夜间：22:00 ～ 06:00。

国家标准用来测量和评价城市区域的室外或室内地面的环境振动，针对竖向(铅锤向 *Z* 轴) 振动提出了限制值；铅锤向 *Z* 轴振动评价采用整体计权加速度评价，即不同地区、区域以及昼、夜区分给出不同的限值，不用分频多值评价方法，见表 3.6.6。

表 3.6.6　城市各类区域铅锤向 *Z* 振级标准值

适用地带范围	昼间(dB)	夜间(dB)
特殊住宅区	65	65
居民、文教区	70	67
混合区、商业中心	70	72
工业集中区	70	72
交通干线道路两侧	75	72
铁路干线两侧	80	80

以上两种标准均给出建筑物内竖向(铅垂向) 的限值。其中，表 3.6.5 表述为室内振源对住宅建筑内的振动限值标准，表 3.6.6 表述为室外振源对建筑物地面振动限值标准。

2. 评价标准或者振动舒适评价限值有差别

在 1989 年(ISO 2631—2) 标准中人体暴露于建筑物内振动部分，标准的附录 A(表 3.6.7) 根据不同的建筑使用功能、振动信号属于连续还是瞬间冲击给出因子，基本曲线值与这些因子相乘即可得到不同区域的修正曲线。区域分为四类：① 振动要求苛刻的工作区域(如医院等)；② 居住区域；③ 办公区域；④ 车间。该标准认为，当振动整体计权加速度有效值低于考虑表中因子所计算的值，人们投诉的可能性很低。

表 3.6.7 一些国家针对建筑内振动对人体响应舒适程度限值的乘子

位置	时间	连续的或间歇的振动	每天只发生数次的冲击振动
严格工作区(如医院、精密仪表、仪器工作区)	白天 夜晚	1	1
居民区	白天	2 ~ 4	30 ~ 90
	夜晚	1.4	1.4 ~ 20
办公室	白天夜晚	4	60 ~ 128
车间、厂房	白天夜晚	8	90 ~ 128

注:表中数据来自 ISO 2631—2:1989 的附录 A,基准计权加速度均方值水平向(X、Y 轴)为 0.0036m/s²,竖向(Z 轴)为 0.0054m/s²,其 X、Y、Z 轴方向如图 3.6.1 所示。

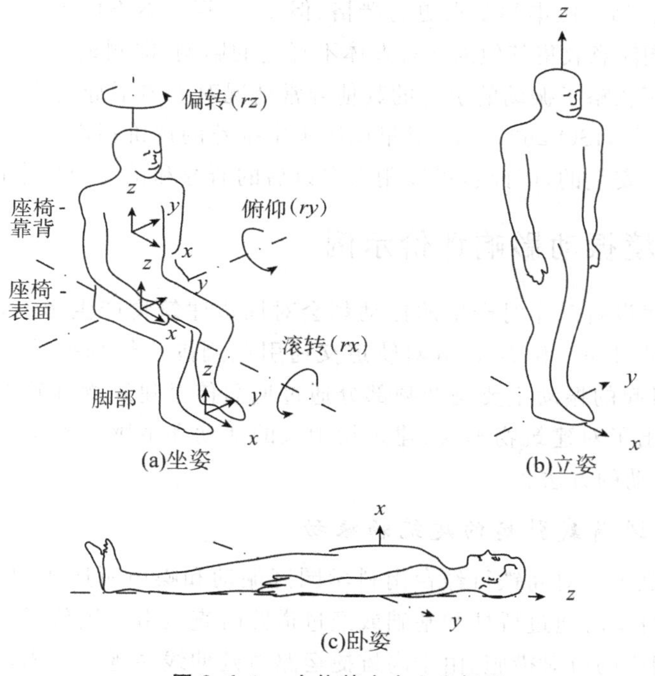

图 3.6.1 人体基本中心坐标系

2003 年(ISO 2631—2)标准根据许多国家的振动评价最新经验,当建筑物中的振动幅值只要稍微超过人的感知水平,就会引起居住者对居住场所的建筑物振动产生不满,有些情况是由于振动的二次影响(如高频墙体、窗户等振动引起的噪声)引起。一般来说,大众可接受的振动幅值与社会、经济和其他环境因素有关,并不取决于健康危害或者工作效率。

在某些情况下,人们也是可以忍受较高的振动幅值,比如在建筑工地。通过合理充分地与公众沟通联系,如告示牌可适当减少居民受惊扰的因素,通常人们可感知的加速度计权振动为 0.01 ~ 0.02m/s²。同时,ISO 2631—2:2003 的附录 B 中要求在测量过程中要注意记录振动特性、暴露时间;注意记录是否有结构噪声、空气噪声、振动或者声激励引起的门窗或装饰物的嘎吱声、室内悬挂物晃动等情况,这些情况都有可能加重居民的烦恼程度。

标准中删除了有关暴露持续时间对人的不同影响及对人的健康、工作效率和舒适影响是相同的假定。新的研究不支持包括暴露界限或者极限以及疲劳降低工作效率，与旧版 ISO 2631—2(1989 年) 相比，更注意人的主观感受，考虑由振动引起外部其他环境因素如噪声、饰品或家具等的晃动。可能振动本身并没对居民产生多少不舒适，但上面的环境因素加大了他们的不舒适感。新的标准 ISO 2631—2(2003 年) 认为，处理振动不但要从改变频率或减小振动剂量方面考虑，还要减小影响居民心理感受的环境影响因素。

新的标准中针对峰值因子大于 9.0 的情况，给出了计权因子(W_c、W_e、W_j) 和附加评价方法(MTVV、VDV) 峰值因子定义如式(3-6-8)。

$$\text{峰值因子} = \frac{\text{计权加速度瞬时峰值}}{\text{计权加速度均方值}} \tag{3-6-8}$$

通过对比标准 1989 年和 2003 年版本(ISO 2631—2)，用来评价建筑物内人体暴露于全身振动时的评价标准，2003 年版本并未给出确定的限值，而只是给出参考的人体感知水平。就振动剂量而言，前一版本比后一版本的要求更为严格。但 2003 年版本不但强调振动剂量(vibration dose value)，同时强调注意收集其他因素对人体不舒适的影响。即侧重于人的心理感应而不是仅提出严格的限值而忽略了振动的引起的其他异常情况对人体不舒适的影响。

新的版本(1997 年，ISO 2631—1) 对早期版本中推荐的评价指南和暴露界限作出评价，早期版本中的限值是安全的，因此也可以用来在以后的研究和试验中用来作为参考依据。

3.6.4 环境振动影响评价示例

交通工具或厂房设备工作时产生的振动都会对周边建筑物产生影响，进而影响到室内的工作或者居住人员。1987 年，Nelson 对轨道交通引起周围建筑物振动做了较为系统的研究，认为轨道交通引起的振动主要是低频部分通过地面传至建筑物基础以及振动在建筑物内部传播。同时，给出了对建筑物本身、建筑物中人的活动和敏感仪器所允许的地面振动等级，并提出了控制振动的方法。

3.6.4.1 交通荷载引起的建筑物振动

台湾大学杨永斌等人对高铁行经台南科学园区振动和噪声所造成的影响进行研究，研究了高速列车经由桥梁时通过桥柱和基础或经过道路时直接由路堤传递至周围土壤的振动传递特性，并提出相应的应对措施。由于高雄捷运路竹延伸线穿越台湾南部科学园区路竹基地，轨道交通引起的振动会影响园区内高科技产品的制作过程及产品质量。为评估捷运(高速列车) 振动对于路竹基地的影响，成功大学倪胜火教授等人通过人工源激励地表振动，模拟捷运列车行驶所带来的地面振动，测量不同距离处的地表振动反应。通过分析土质特性以及激励与响应信号等，预估高铁通过科学园区，土壤振动传递对科学园区工厂的影响。分析结果显示台铁列车引起的振动振幅大小，主要与列车车速和节数有关，与列车等级相关性较小，且列车经过桥墩时，地面振动能量平均分布于各个频谱内；列车经过路堤时，其低频部分能量较低，主要集中在 8Hz 以上部分。在高科园区区域不同位置设置了 14 个监测点。图 3.6.2 为路旁绿化带中安置的加速度传感器，图 3.6.3 为传感器的保护箱，图 3.6.4 为其中一个测点距离道路的位置，图 3.6.5 为 14 个监测点在整个高科园区的分布图。通过监测高铁通行前的本底振动和通行后各监测点振动响应，然后进行测试分析，为高铁建设运行和高科技企业工厂正常工作提供帮助。

图 3.6.2　测点保护箱内加速度传感器

图 3.6.3　传感器保护箱

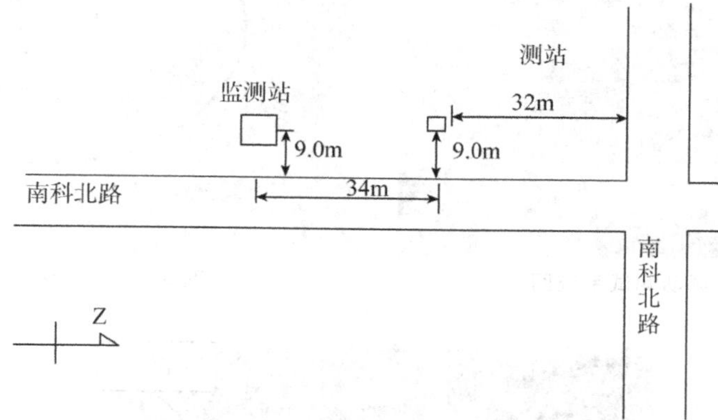

图 3.6.4　单个测点布置示意图

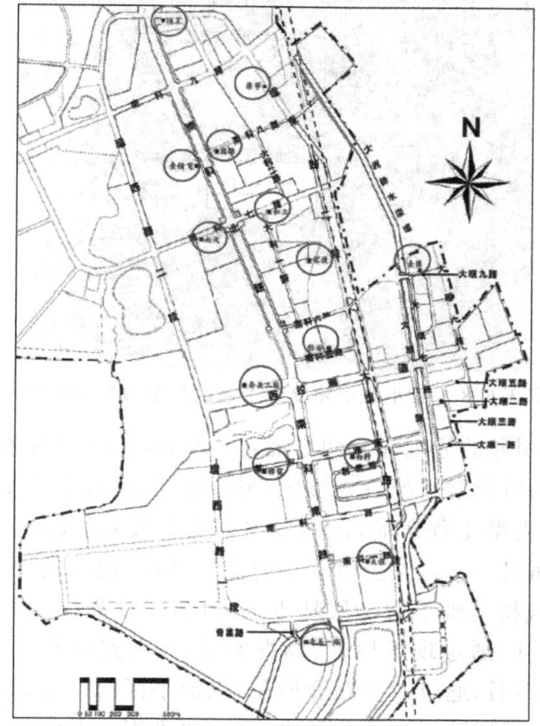

图 3.6.5　台湾台南科学园区 14 个监测点布置图

城市交通道路上机动车行驶的振动传播对建筑物内居住和工作人员的影响，亦属于夜间投诉。引起居民烦恼主要包括以下现象，客厅一仙人掌盆景会在夜间间歇性如同钟摆般晃动，居民睡床存在同样现象，居民惶恐遂投诉开发商房屋质量问题。图 3.6.6 为现场测试系统、图 3.6.7 为测试用加速度传感器、图 3.6.8 为投诉建筑物位置。通过现场调查和测试分析，排除周边工厂夜间机器运转引起振动，盆景和床振动与大型工程车辆通过小区前道路存在一一对应关系；盆景晃动和睡床振动均由居住小区前混凝土道路上车辆行驶引起。

图 3.6.6　振动测试系统图

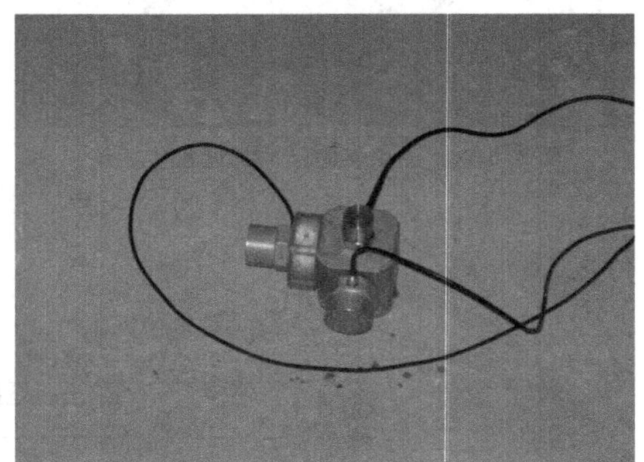

图 3.6.7　传感器安装图

图 3.6.8　某小区道路交通引起的振动投诉建筑位置

住户夜间感受较为明显的原因在于两方面：一方面，该住户身体不属于健康状态，或患有轻微失眠症，对居住场所异常情况较为敏感；另一方面，通行车辆受市区交通管制，白天基本为小型轿车而夜间为大型工程车辆，该路段路面质量较差、限速监控少、十字路口减速带设置较多，大型车辆夜间以 50 ～ 60 公里 / 小时速度通过，速度较快。最后，再加上小区内多层建筑为复合地基，建筑物基础下有一层软土下卧层，对外界振动衰减过滤较小，最终引起上部建筑物产生较大振动。通过现场检查、调查振源，测试路面及建筑物楼、地面振动情况，找到引起住户投诉的原因后，通过改变路面质量，取消小区门口限速带，增加限速监控，调低道路最高时速等措施，楼层振动得到部分解决。此方法采用了占优频率的最大振幅作为处理

依据，处理成本相对较高。

车辆通过减速带跳车会引起路面产生较大振动。振动沿土壤传播引致周边建筑物振动致使住户投诉，相关研究发现：① 相较于小型车，大型工程重车及大质量车辆通过减速带引起的地面振动大，且振动响应信号向低频靠近；② 车速快同时通过的车辆多对减速带的冲击和越过减速带后跳车引起的振动越大，响应振幅越大。

因此，在大型居住小区，附近主要交通道路应及时维护保证路面平整；交通车速要进行适当限速，并限制大型车辆通行；十字路口少用减速带，可用红绿灯或者监控来实现限速。

由时域信号曲线可以发现，道路地面振动竖向最大，振动波传播过程中，受场地衰减和建筑结构共振放大，水平振动成为楼层主要振动。由频域观察，道路地面响应频域较宽，一般为 2 ～ 20Hz，经场地衰减和建筑结构受地基基础影响，部分频率成分的振动信号衰减，与结构固有频率相近的信号经楼层传播后有所放大，最终引起建筑室内人们的不舒适。

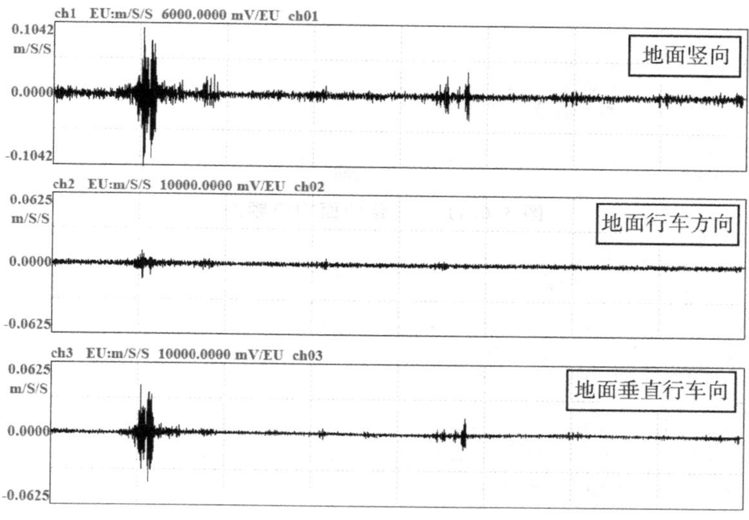

图 3.6.9　行车道路地面振动时域信号

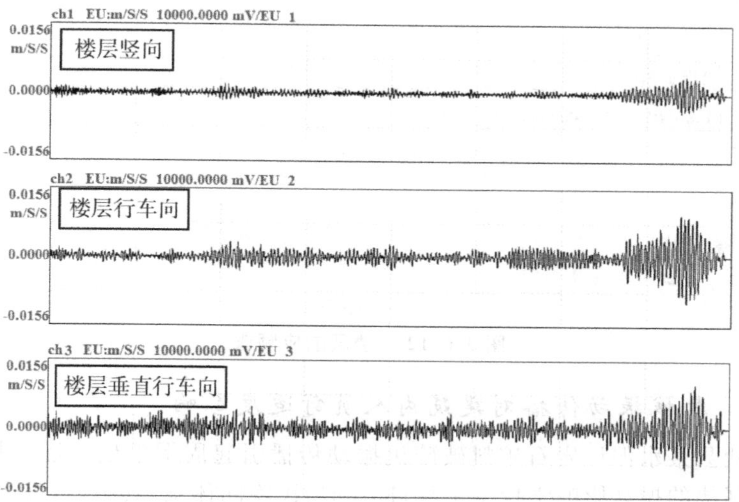

图 3.6.10　楼层振动时域信号

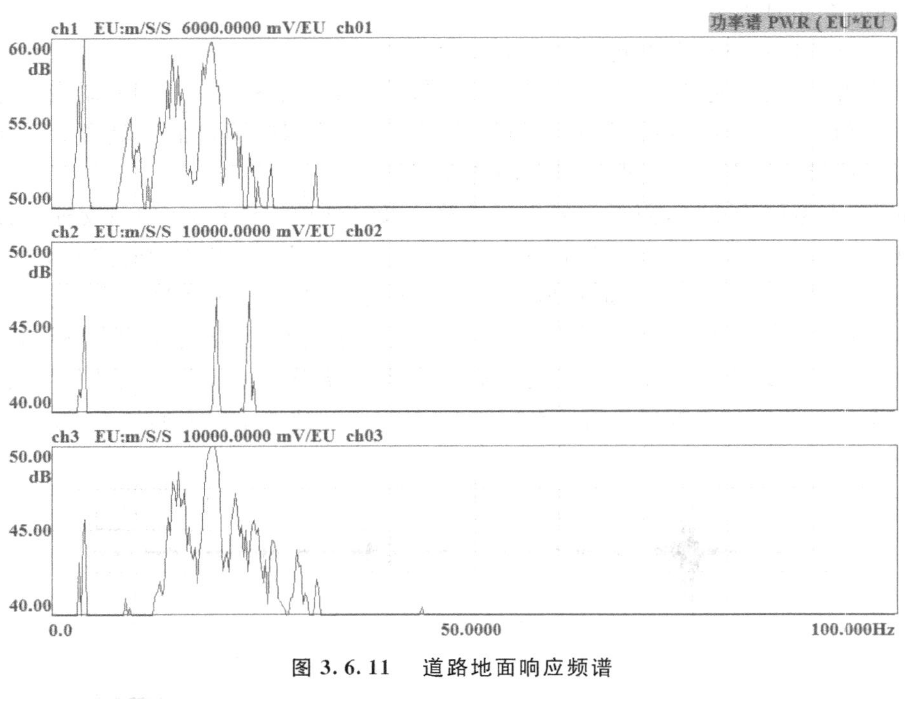

图 3.6.11 道路地面响应频谱

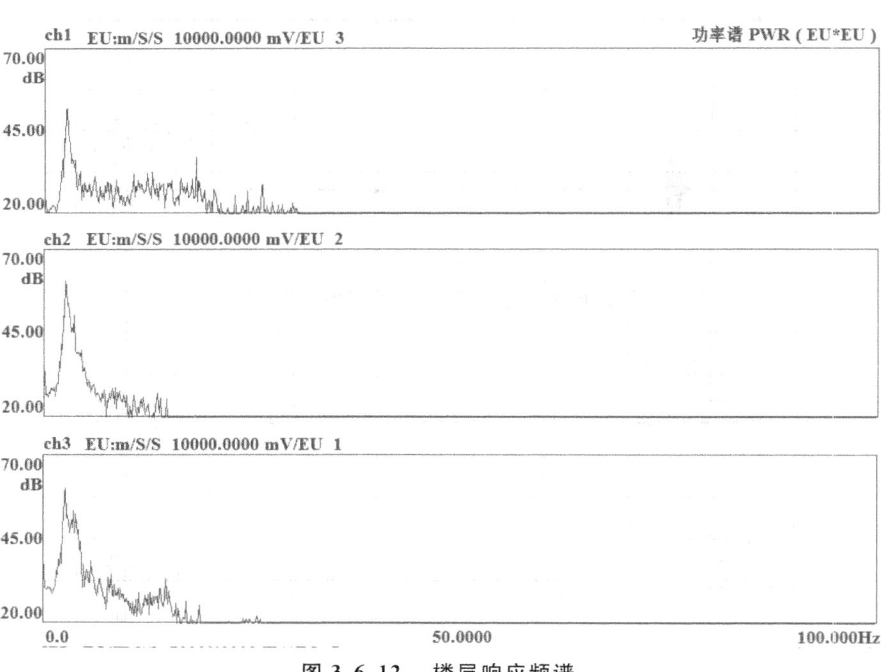

图 3.6.12 楼层响应频谱

3.6.4.2 机械振动传播对建筑内人员舒适度影响

浙江省海盐县某水泥厂岩石矿料破碎机振动传播引起周围学校和居民投诉。投诉内容为早或晚间有规律的振动影响学校学生晚自习和居民晚间休息。其中，学校和居民吊灯在晚间摆动明显，居民休息时感觉床铺有晃动。现场调查结果显示，白天床铺和吊灯也晃动，但白天噪音较大，过路机动车较多；受环境噪声因素影响，晃动无明显规律；晚上除破碎机工作引起的振动外，其他环境因素影响较小，规律的晃动使人产生恐慌。民居距离振源大约 200m，学校距离振源大约 500m，具体如图 3.6.13 和图 3.6.14 所示。通过现场测试，床铺晃动和吊灯晃动基本由破碎机工作振动传播引起。为解决投诉，可为振源（破碎机）设计隔振装置（如图 3.6.15）以减小振动传播。改造完成后经过现场测试，效果较为明显。

图 3.6.13　海盐某水泥厂破碎机引起的振动投诉

图 3.6.14　水泥厂鄂式破碎机

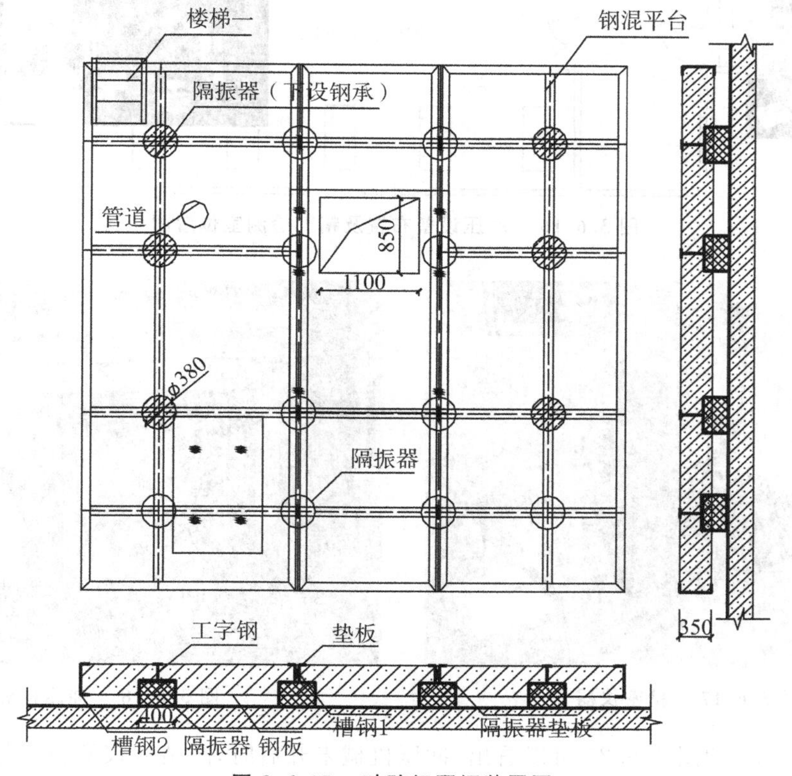

图 3.6.15　破碎机隔振装置图

3.6.4.3 外部机械振动对精密仪器正常使用影响

较大的环境振动也会影响精密仪器的正常工作。如杭州下沙经济技术开发区某电子产品配件加工厂的精密设备检测室，投入使用后发现周边机器设备振动传播引起检测室用于产品检测的高精密设备不能正常工作。图 3.6.16 为精密仪器检测室与生产厂房相对位置。

受生产流程制约，精密仪器检测室距离冲压车间很近。两者相邻，在使用中发现精密产品检测仪器精度受到振动影响，影响检测精度。于是在检测室和厂房之间虽然设置了隔振沟(如图 3.6.16)，但效果不明显。

此高精度设备(如图 3.6.17)工作环境要求比较严格。根据高精度检测设备技术资料，环境振动频率要求 15Hz 以下振动加速度小于 0.01m/s^2。生产区域为大型压模设备(如图 3.6.18)，设备工作冲压荷载频率约为 1Hz，风扇转动为 700 ～ 900 转 /min。

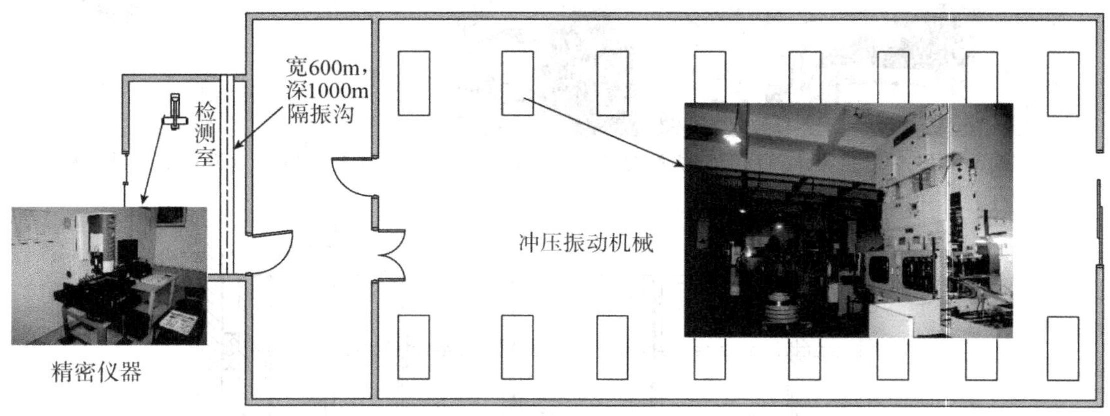

图 3.6.16 冲压设备布置及精密检测室位置图

图 3.6.17 精密仪器

图 3.6.18 冲压机械

从图 3.6.19 和图 3.6.21 可以看出，冲压机械未开启时，高精度仪器设备振动响应水平向最大加速度约 0.01m/s^2，竖向振动响应最大加速度约 0.013m/s^2。这说明除冲压机械外，外界环境振动对仪器使用有一定影响，进行适当隔振处理后，高精度仪器可以正常使用。当冲压设备开始运转后，设备平台振动加速度幅值迅速增大，如图 3.6.20 和图 3.6.22 所示。高精度仪器设备振动响应水平向最大加速度约 0.037m/s^2，竖向振动响应最大加速度约 0.045m/s^2，超过了精密仪器正常工作要求的 0.01 m/s^2 限值。

从频域分析可以发现，在冲压机械未开启前，高精度仪器台频域响应的优势频率分布中水平方向集中在 14 ～ 17 Hz，竖向集中在 14 ～ 20Hz。冲压机械开启工作后，高精度仪器台频域响应的优势频率分布水平方向集中在 10 ～ 16Hz，竖向集中在 12 ～ 20Hz。仪器平台优势频率范围在精密仪器正常工作 15Hz 以内。

由此得到：① 高精度检测设备支架台面 15Hz 以下振动加速度响应超过了设备环境振动低于 0.001g(0.01m/s^2) 的要求；② 冲压设备及其附属设备运转引起的地面振动是引起高精度检测设备台面振动超标的主要因素；③ 高精度检测设备支架台面超标振动的频率主要在 10 ～ 20Hz 范围。

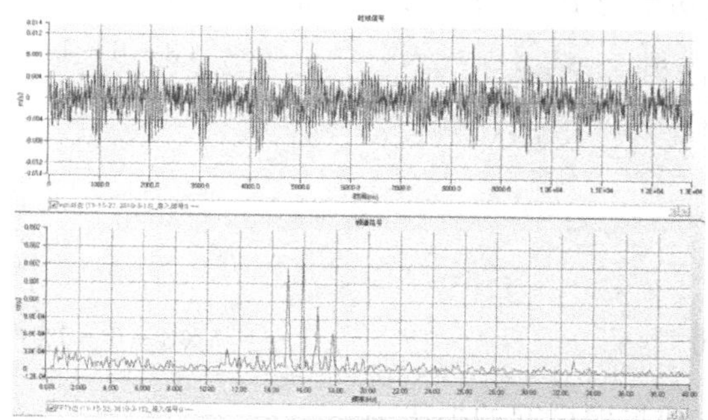

图 3.6.19 冲压机械未开启时仪器平台水平振动情况（上图为时域曲线，下图为频域曲线）

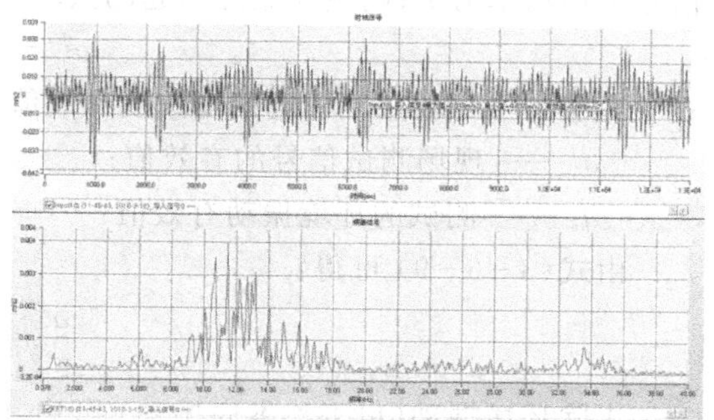

图 3.6.20 冲压机械开启时仪器平台水平振动情况（上图为时域曲线，下图为频域曲线）

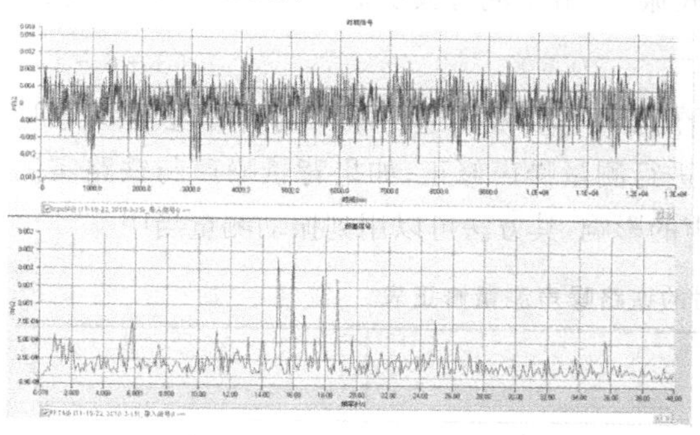

图 3.6.21 冲压机械未开启时仪器平台竖向振动情况（上图为时域曲线，下图为频域曲线）

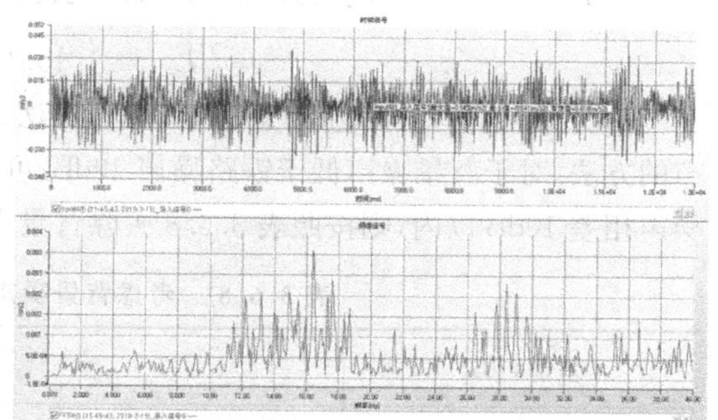

图 3.6.22 冲压机械开启时仪器平台竖向振动情况（上图为时域曲线，下图为频域曲线）

为使精密仪器正常工作，需要对高精仪器平台振动进行减振处理。处理方式包括隔离振源、仪器台座设置阻尼装置、提高结构自身固有频率等。

3.6.5 本底振动去除方法

为了解某些振源对建筑结构作用的动力特性，为建筑隔振处理提供帮助，振动试验时，有时需要去除周围其他环境振动影响。为准确了解交通荷载或机械振动传播引起的周边地面和建筑物振动，有时需要消除地面和建筑物室内楼面等构件中由周围其他设备、交通工具或其他因素引起的振动成分。其他不相关振动因素称为本底振动，与环境噪声测量中的背景噪声含义相同。

根据加速度振级公式：

$$L_{a,i}=20\log\frac{a_i}{a_0}=10\log(\frac{a_i}{a_0})^2 \tag{3-6-9}$$

式中：a_i—— 振动加速度有效值，m/s^2；a_0—— 基准加速度，$a_0=10^{-6}m/s^2$。

同时，定义信号的平均功率为 $P=\frac{1}{T}\int_0^T x^2(t)\mathrm{d}t$，根据加速度有效值的定义：

$$P=a_i^2 \tag{3-6-10}$$

假设环境振动的平均功率为 P_{en}，主要振源引起的振动平均功率为 P_{ti}，实际测量的振动信号平均功率为 P；则主要振源引起的振动平均功率为 $P_{ti}=P-P_{en}=a_i^2-a_{ie}^2$ 得出：

$$a_{ti}^2=a_i^2-a_{ie}^2 \tag{3-6-11}$$

式中：a_{ti}—— 行驶车辆引起的加速度有效值；

a_i—— 现场测试信号的有效值；

a_{ie}—— 测试的环境振动有效值。

由式(3-6-9)可得：

$$\frac{a_i^2}{a_0^2}=10^{\frac{L_{i,a}}{10}} \tag{3-6-12}$$

去除环境振动(也可称本底振动)影响，由主要振源引起的振级为：

$$L_{ti}=20\log(\frac{a_{ti}}{a_0})=10\log\frac{a_{ti}^2}{a_0^2}=10\log\frac{a_i^2-a_{en}^2}{a_0^2}=10\log(\frac{a_i^2}{a_0^2}-\frac{a_{en}^2}{a_0^2}) \tag{3-6-13}$$

将式(3-6-12)代入式(3-6-13)，去掉本底振动，由车辆行驶引起的周边振动振级为：

$$L_{ti}=10\log(10^{\frac{L_{a,i}}{10}}-10^{\frac{L_{en}}{10}}) \tag{3-6-14}$$

为方便计算，《铁路边界噪声及其测量方法》给出了列车行驶引起的噪声测量时，去除背景噪声的方法。对于背景噪声低于铁路噪声 10dB，可不进行测量噪声修正；如果背景噪声与铁路实测噪声相差 10dB 以内，则按照表 3.6.8 去除背景噪声的影响，其方法可以用到振动测量当中。

表 3.6.8　考虑背景噪声时的铁路噪声测量修正表

差值(dB)	3	4 ～ 5	6 ～ 9
修整值(dB)	−3	−2	−1

当测量值与本底值相差 3dB 以下，计算得到的列车行驶引起的振级小于环境振动 $L_{ti}<L_{en}$。此时，需改变测量时间或者测量环境，降低环境振动的影响，保证测量效果。当测量数据与环境振动相差 3 ～ 9dB 范围时，环境振动为平稳振动，可以通过上面的式(3-6-14)计算或者根据表 3.6.9 来进行修正。

表 3.6.9　考虑本底振动的测量修整值

总振级和本底振动的振级之差(dB)	3	4	5	6	7	8	9
修整值(dB)	−3	−2		−1			

从表 3.6.8 和表 3.6.9 可以看出，铁路噪声和振动测量修正振动级修正值相同。

3.7　地震模拟振动台试验

3.7.1　振动台概况

自 20 世纪 40 年代首次在土木结构上利用地震模拟振动台来模拟地震作用，60 年代以后地震模拟振动台开始大量建设。目前世界上已经建立几百座地震模拟振动台，主要分布在日本、中国和美国。2005 年，日本防灾科学技术研究所(NIED) 建成了目前世界上最大的振动台 E-Defense，全称为“三维原型地震试验设备”，由实验楼、控制楼、油压设备、准备楼和三维振动台等设施组成，振动台参数见表 3.7.1。

表 3.7.1　E-Defense 振动台技术指标

参数	技术指标
台面尺寸(m)	15 × 20
最大承载力(t)	1200
作动器配置数量(套)	X 和 Y：5，Z：14
工作频率范围(Hz)	X，Y，Z 均为 0.1 ～ 50Hz
最大位移(mm)	X 和 Y：± 1000，Z：± 700
最大速度(mm/s)	X，Y，Z 均为 2000mm/s
最大加速度(g)	X 和 Y：0.9，Z：1.5
最大倾覆力矩(MN · m)	X 和 Y：150，Z：40

在美国 NEES 支持下，加州大学圣地亚哥分校的鲍威尔实验室(Powell Laboratory) 建立了世界上最大的室外单向振动台。2004 年安装 MTS 公司制造的北美最大的室外振动台，并计划升级为三向。其由于建造在室外，故对模型高度没有限制，振动台参数见表 3.7.2。

表 3.7.2　圣地亚哥分校振动台技术指标

参数	技术指标
台面尺寸(m)	12.2 × 7.6
最大承载力(t)	2200
工作频率范围(Hz)	X：0 ～ 33Hz
最大位移(mm)	X：± 750
最大速度(mm/s)	X：1800mm/s
最大加速度(g)	X：3
最大倾覆力矩(MN · m)	50 (试件 400t)

中国内地科研机构也有代表性的一些大型振动台，列于表 3.7.3。

表 3.7.3 国内大型振动台参数

单位	台面尺寸(m)	承重(t)	频率(Hz)	振动方向	建造时间(年)
东南大学	4×6	25	0.1～50	单向	2009
中国核动力研究设计院	6×6	70	0～100	三向6自由度	2008
中国建筑科学研究院	6×6	60	0～50	三向6自由度	2006
地震局工程力学研究所	5×5	30	0.5～40	三向6自由度	1987
中国水利水电科学研究院	5×5	20	0.1～120	三向6自由度	1985

地震模拟振动台试验可以再现各种形式地震波输入后的反应和地震震害发生的过程，观测试验结构在相应各个阶段的力学性能，进行随机振动分析，对地震破坏作用进行更深层次的研究。通过振动台模型试验，研究新型结构计算理论的正确性，有助于建立力学计算模型。图 3.7.1 为地震模拟振动台示意图，进行试验时，固定模型的振动台台面在电液伺服作动器的作用下产生水平往复运动，其运动规律模拟地震对地面建筑结构的作用。

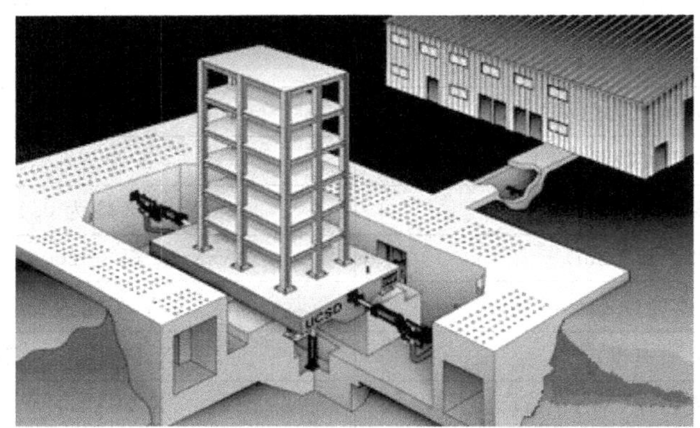

图 3.7.1 地震模拟振动台示意图

振动台的控制方式分为模拟控制与数控两种。前者又分为以位移控制为基础的 PID(a Proportional-Integral-Derivative controller) 和以位移、速度、加速度组成的三参量反馈控制方式；后者主要采用开环迭代进行台面的地震波再现。目前新的自适应控制方法已在模拟地震振动台的电液伺服控制中有所应用。与拟静力和拟动力试验相比，地震模拟振动台试验是目前最能真实反映结构抗震性能的试验。振动台台面有多个方向的多个电液伺服作动器推动，其中六自由度的振动台通过微机控制实现台面任意方向上的移动和绕任意轴的转动。

地震时地面运动是一个宽带的随机振动过程，一般持续时间在 15～30s，强度可达 0.1～0.6g，频率在 1～25Hz 之间。为了真实模拟地震时地面运动，对输入振动台的波形应根据试验目的选定。进行抗震性能研究时，应选用强震记录波形，如埃尔—逊特罗(EL-Centro) 波、塔飞特 (Taft) 波；海西纳斯(Hachinche) 波；国内有天津波、唐山波等。在试验时通常选用与周围场地周期相近的波作为输入波，也可根据需要或参照相近的地震记录作出人工地震波输入。有时为了检验设计是否正确，也可按规范的谱值仿造人工地震波输入。

试验时，将地面运动数据输入控制计算机系统，然后将输入的地震地面运动数据转换为台面运动数据，再对电液伺服作动器发出控制指令，电液伺服作动器推动振动台实现地震地

面运动模拟。模拟地震振动台试验的加载过程有一次性加载和多次性加载，选择时应根据试验目的确定。一次性加载过程，一般是先进行自由振动试验，测量结构的动力特性。然后输入一个适当的地震记录，连续地记录位移、速度、加速度、应变等信号，并观察裂缝形成和发展情况以及研究结构在弹性、非弹性及破坏阶段的各种性能，如承载力、刚度变化和能量吸收能力等。

3.7.2　振动台主要参数

各个振动台所能实施的模拟地震能力不尽相同，如最大模型尺寸、激励自由度、频率范围等。地震模拟振动台的主要技术参数如下：

(1) 台面尺寸。

台面尺寸决定了试验时可加载的结构模型做大尺寸。拟静力和拟动力结构抗震性能试验时，大多数研究结构的平面问题，但在地震模拟振动台试验中，模型为空间模型，在考虑结构平面内抗震性能的同时，可以考察平面外结构联系对结构空间抗震性能的影响。因此，振动台台面尺寸越大，试验模型结构的性能越能真实反映实体结构性能。日本防灾科学技术研究所台面尺寸(见表 3.7.1)是目前最大的地震模拟振动台台面尺寸。

(2) 台面最大负载。

建筑结构通常尺寸大，质量重，振动台试验的最大台面负载也决定着抗震模型材料与实际材料的相似性。模型缩比例质量受到振动台最大负载能力的限制。因此，台面较大的振动台，通常最大负载也很大。

(3) 台面运动自由度。

结构在地震作用下的结构运动实际可能发生在任何方向，所引起的结构运动也包含平动和转动。但由于地震记录装置的缺陷，结构在地震作用下的扭转很难客观记录。目前可用地震记录大多为观测点的地面直线运动。现代地震台大多可以实现六自由度模拟地震地面运动，受地震记录数据限制，目前结构抗震试验中，一般仍旧以水平和竖向运动为主。

(4) 地震台频率范围、最大位移、速度和加速度。

地面地震波的最高频率一般不大于 10Hz。同时，建筑结构的低阶频率也大多低于 10Hz。因此，结构在地震作用下容易产生共振。与机械行业振动台相比，频率较低。地震模拟振动台的频率、最大位移、速度、加速度应与实际记录地震波相适应。

(5) 最大倾覆力矩。

结构试验对象越高，质量越大。地震台运动时，底板所受倾覆力矩也就越大。因此，振动台的最大倾覆力矩也是决定模型比例的主要因素之一。

第 4 章　结构模型试验

工程结构试验中，对于结构的组成构件所进行的试验多为实际尺寸模型。但对于结构整体模型的静力或动力试验，受试验条件或经济条件限制，目前进行的结构整体模型足尺试验较少，尤其在实验室条件下，整体结构试验多为缩尺比例的结构模型试验，第 3 章介绍的地震模拟振动台试验对象就多为模型试验。

所谓结构模型，指的是按照一定相似比例所制成的小型结构，无论静力模型、抗震模型或风振模型，与原型相比，模型的外形基本相似。结构模型的某些结构特性必须能够反映试验所关心的原结构相关特性。

结构模型试验的基础是相似理论，进行结构模型试验，除了必须遵循试件设计的原则与要求外，还应严格按照相似理论进行设计。通常试验模型要满足以下几个方面的要求：

(1) 模型和原型的几何相似并保持一定的比例；

(2) 模型和原型的材料相似或具有某种相似关系；

(3) 施加于模型的荷载按原型荷载的某一比例缩小或放大；

(4) 模型的性能应在一定程度上代表或反映它所代表的原型结构的性能。

通过模型结构试验过程中各物理量的相似常数，能够求得反映相似模型整个物理过程的相似指标，并能够按相似指标由模型试验结果推算出原型结构的相应数据和试验结果。结构的模型试验与原形结构的试验相比较，具有下述特点：

(1) 针对性强。

结构模型试验可以根据试验的目的，突出主要因素，简略次要因素。这对于结构性能的研究，新型结构的设计，结构理论的验证和推动新的计算理论的发展都具有重要的意义。

(2) 数据准确。

由于试验模型小，一般可在试验环境条件较好的室内进行试验，因此可以严格控制其主要参数，避免许多环境因素的干扰，保证了试验结果的准确度。

(3) 经济性好。

由于结构模型的几何尺寸一般比原型小很多，因此模型制作容易，装拆方便，节省材料、劳力和时间，且同一个模型可进行多个不同目的的试验。

结构试验中，常见的模型试验可以分为以下几类：

(1) 按照模型试验目的可分为小结构试验和相似模型试验。

所谓小结构试验，其目的为验证设计理论、材料工艺性能等。小结构试验模型不与任何具体的原型结构对应。如第 2 章的混凝土简支梁试验，其目的在于验证混凝土结构计算理论，了解混凝土结构抗弯承载破坏过程。

(2) 根据模型研究的承载抗力范围分为弹性模型、强度模型和间接模型。

弹性模型试验的目的是从中获得原结构在弹性阶段性能的资料，研究范围仅局限于结构的弹性阶段。由于结构的设计分析大部分是弹性的，所以弹性模型试验常用于混凝土结构的设计过程中，用以验证新结构的设计计算方法是否正确或为设计计算提供某些参数。目前，各种结构动力试验模型常常采用弹性模型。弹性模型的制作材料有时不必与原结构的材料完全相似，只需模型材料在试验过程中具有完全的弹性性质。弹性模型试验无法预测实际结构物在荷载下产生的非弹性性能，如混凝土开裂后的结构性能、钢材屈服后的结构性能。

强度模型的试验目的是预测原型结构的极限强度以及原型结构在各级荷载包括破坏荷载下甚至极限变形时的工作性能。近年来，由于钢筋混凝土结构非弹性性能的研究较多，钢筋混凝土强度模型试验技术得到很大的发展。钢筋混凝土强度模型试验的成功与否，很大程度上取决于模型混凝土及钢筋的材料性能与原型结构的材料性能的相似程度。目前，钢筋混凝土结构的小比例强度模型只能做到部分参数相似的程度，主要的困难是材料的完全相似难以满足。

间接模型试验的目的是要得到关于结构整体性的反应，如内力在各构件的分布情况、影响线等。因此，间接模型并不要求和原型结构直接的相似。例如，框架结构的内力分布主要取决于梁、柱等构件之间的刚度比，因此，构件的截面形状、材料等不必要求直接与原型相似，为便于制作，可采用圆形截面或型钢截面代替原型结构构件的实际截面。随着计算技术的发展，许多情况下间接模型试验完全可由计算机分析所代替，所以目前很少使用。

(3) 按照模型试验的模拟程度可分为截面模型、节段模型、局部结构模型或整体模型。

所谓截面模型或节段模型主要用来分析结构的平面内作用分析，如单层厂房的排架试验分析。局部模型研究对象为大型结构受力较为复杂的某一局部。例如，大型建筑结构如钢—混凝土组合结构的节点、预应力主梁与次梁的变形研究等。整体模型则是为了研究结构整体的空间受力性能，有些复杂结构在研究平面内性能时，其平面外的作用不可忽略，或整体性能非常重要的情况。随着试验方法和手段的提高，研究整体模型的任务越来越多。

(4) 按照加载方法分为静力模型试验和动力模型试验。

此类分类方法与原型的静力和动力试验相同，所采用的加载模式也基本相同。

(5) 按照模型试验的分析方法可分为定性分析、子结构分析、定量分析试验。

定性试验模型简单，主要为展示或分析物理现象。如钢结构的失稳现象、混凝土结构的开裂现象等。子结构法的模型为整体结构的一部分。结构的整体性能由子结构的试验分析结果和整体理论分析结果得到。随着经济和科技发展，工程结构越来越复杂、结构的高度或跨度等越来越大。模型试验的定量分析对于新型结构或新型材料组成的结构整体性能尤为重要。

总之，结构模型试验的意义不仅可确定结构的工作性能和验证结构理论，而且可自试验中所获得的成果结合到理论分析中，发展出更先进、更精确的理论研究对象。模型设计不是简单的相似，需要根据研究目的，严格按照模型相似理论设计试验对象。

4.1　模型试验理论基础

模型试验理论是以相似原理和量纲分析为基础，其目的是将原型结构与模型结构联系起来，并试图从模型试验分析结果预测原型结构性能。在模型试验中，一般通过量纲分析来确定模型结构与原型结构的相似关系。所谓量纲，指的是描述物理现象的基本物理量。一个物理现象区别与另外物理现象就在于质和量的差别，其中量就是指物理量。国际单位中的长度、质量、时间等基本物理量称为基本量纲。其他的如速度、应力、弯矩等物理量称为导出量纲。

4.1.1 模型的相似要求和相似常数

结构试验所称"相似"是指模型和原型相对应物理量的相似，比通常所讲的几何相似概念更广泛。模型与原型各相同物理量之比称为相似比，也称相似常数、相似系数。

4.1.1.1 几何相似

结构模型和原型满足几何相似，即要求模型和原型结构之间所对应尺寸成比例。通常所讲的模型比例指的是长度 l(跨度)、高度 h 和宽度 b 等的相似常数，即

$$\frac{h_m}{h_p} = \frac{b_m}{b_p} = \frac{l_m}{l_p} = S_l \tag{4-1-1}$$

式中，下标 m(model) 与 p(prototype) 分别表示模型和原型。模型和原型结构的面积比(A)、截面模量比(W) 和惯性矩比(I)，以矩形截面为例分别如下：

$$S_A = \frac{A_m}{A_p} = \frac{b_m h_m}{b_p h_p} = S_l^2, S_W = \frac{W_m}{W_p} = \frac{b_m h_m^2/6}{b_p h_p^2/6} = S_l^3, S_I = \frac{I_m}{I_p} = \frac{b_m h^3/12}{b_p h_p^3/12} = S_l^4。$$

根据变形体系的位移、长度和应变之间的关系，结构位移变形的相似常数可表示为

$$S_x = \frac{x_m}{x_p} = \frac{\varepsilon_m \cdot l_m}{\varepsilon_p \cdot l_p} = S_\varepsilon \cdot S_l \tag{4-1-2}$$

4.1.1.2 质量相似

在结构的动力分析中，需要考虑结构惯性力，因此要求结构的质量分布相似，即模型与原型结构对应部分的质量成比例。质量相似常数为

$$S_m = \frac{m_m}{m_p} \tag{4-1-3}$$

对于具有分布质量的部分，用质量密度(单位体积的质量)ρ 表示时，质量密度的相似常数为

$$S_\rho = \frac{\rho_m}{\rho_p} \tag{4-1-4}$$

由于模型与原型对应部分质量之比为 S_m，体积之比为 $S_V = S_l^3$，因此单位体积质量之比(即质量密度相似常数) 为

$$S_\rho = \frac{S_m}{S_l^3} \tag{4-1-5}$$

4.1.1.3 荷载相似

荷载相似要求模型和原型在各对应点所受的荷载方向相同，荷载大小成比例。例如，集中荷载与力的量纲相同，而力可以由应力和面积表示，因此，集中荷载相似常数、线荷载相似常数、面荷载相似常数可以表示为：

集中荷载相似常数 $$S_p = \frac{P_m}{P_p} = \frac{A_m \cdot \sigma_m}{A_p \cdot \sigma_p} = S_\sigma \cdot S_l^2 \tag{4-1-6}$$

线荷载相似常数 $$S_w = S_\sigma \cdot S_l \tag{4-1-7}$$

面荷载相似常数　　$S_q = S_\sigma$　　(4-1-8)

弯矩或扭矩相似常数　　$S_M = S_\sigma \cdot S_l^3$　　(4-1-9)

当需要考虑结构自重时，还需考虑重力分布的相似：

$$S_{mg} = \frac{m_m \cdot g_m}{m_p \cdot g_p} = S_m \cdot S_g \tag{4-1-10}$$

式中：S_g—— 重力加速度的相似常数，通常 $S_g = 1$。

4.1.1.4　应力、应变相似

物理相似要求模型与原型的各相应点的应力和应变、刚度和变形间的关系相似：

$$S_\sigma = \frac{\sigma_m}{\sigma_p} = \frac{E_m \cdot \varepsilon_m}{E_p \cdot \varepsilon_p} = S_E \cdot S_\varepsilon \tag{4-1-11}$$

$$S_\tau = \frac{\tau_m}{\tau_p} = \frac{G_m \cdot \gamma_m}{G_p \cdot \gamma_p} = S_G \cdot S_\gamma \tag{4-1-12}$$

$$S_v = \frac{v_m}{v_p} \tag{4-1-13}$$

式中：S_σ，S_E，S_ε，S_τ，S_G，S_λ，S_v—— 分别为法向应力、弹性模量、法向应变、剪应力、剪切模量、剪应变和泊松比的相似常数。如果原型和模型采用相同材料，则 S_E，S_G，S_v 相似比为1。

由刚度和变形关系可知刚度相似常数为

$$S_K = \frac{S_P}{S_x} = \frac{S_\sigma \cdot S_l^2}{S_l} = S_\sigma \cdot S_l \tag{4-1-14}$$

式中：S_P—— 荷载相似常数。

4.1.1.5　时间相似

时间相似常数 S_t 在结构模型设计中是一个独立常数。对于结构动力问题，随时间变化的过程中，要求结构模型和原型在对应的时刻进行比较，因此要求相对应的时间成比例，时间相似常数为

$$S_t = \frac{t_m}{t_p} \tag{4-1-15}$$

虽然有时不直接采用时间这个物理量，但速度、加速度等物理量都与时间相关，因此有时需要速度或加速度成比例。如振动周期是指振动重复的时间，振动周期的相似常数与时间相似常数相同，而振动频率是振动周期的倒数，因此，频率的相似常数为

$$S_f = \frac{f_m}{f_p} = \frac{1}{S_t} \tag{4-1-16}$$

4.1.1.6　边界条件相似

在材料力学或结构力学、弹性力学中，常用微分方程表示结构的变形和内力。边界条件是求解微分方程的必要条件。因此，边界条件是模型试验中非常重要的相似要求。边界条件相似要求模型和原型在与外界接触的区域内的各种条件保持相似，也即要求支承条件相似、约束情况相似以及边界上受力情况相似。模型的支承和约束条件可以由与原型结构构造相同的条件来满足与保证。有些结构对边界条件非常敏感，如拱形结构边界，其支座微小变形也会对结构内力产生显著变化。如果不注意，其模型试验结果与原型或计算分析结果产生较大偏差。

4.1.1.7 初始条件相似

对于结构动力问题，为了保证模型与原型的动力反应相似，要求初始时刻运动的参数相似。运动的初始条件包括初始状态下的初始几何位置、质点的位移、速度和加速度。

国际单位制中，规定了若干基本物理量，即长度用米(m)，时间用秒(s)，力用牛顿(N)(质量用千克(kg))，温度用开尔文(K)，电流用安培(A)。相似理论中，以上物理量的相似称为基本相似常数，其他相似常数称为导出相似常数。

4.1.2 相似原理

相似原理是研究自然界相似现象的性质，鉴别相似现象的基本原理，它由三个相似定理组成。这三个相似定理从理论上阐明了相似现象有什么性质，满足什么条件才能实现现象的相似。相似定理涉及的基本概念如下。

4.1.2.1 第一相似定理

第一相似定理表述为：彼此相似的现象，单值条件相同，其相似判据的数值也相同。

单值条件是指决定于一个现象的特性并使它从一群现象中区分出来的那些条件(系统几何特性，材料特性，对系统性能有重大影响的物理参数，系统的初始状态，边界条件)。第一相似定理揭示了相似现象的本质，说明两个相似现象在数量上和空间中的相互关系，在一定试验条件下，有唯一的试验结果。第一相似定理由牛顿 1786 年发现。

下面以牛顿第二运动定律为例说明这些性质。对于实际的质量运动物理系统，有：

$$F_p = m_p a_p \tag{4-1-17}$$

式中：a_p—— 原型结构加速度。而模型的质量运动系统，有：

$$F_m = m_m a_m \tag{4-1-18}$$

式中：a_m—— 模型结构加速度。因为模型和原型系统运动现象相似，故它们各个对应的物理量成比例：

$$F_m = S_F F_P,\ m_m = S_m m_p,\ a_m = S_a a_p。 \tag{4-1-19}$$

式中：S_F，S_m和S_a分别为两个运动系统中对应的物理量(即力、质量、加速度)的相似常数。

将式(4-1-19)的关系式代入式(4-1-18)得：

$$\frac{S_F}{S_m S_a} \cdot F_p = m_p a_p$$

在此方程中，显然只有当

$$\frac{S_F}{S_m S_a} = 1 \tag{4-1-20}$$

时，才能与式(4-1-17)一致。式中$\frac{S_F}{S_m S_a}$称为“相似指标”。式(4-1-20)则是相似现象的判别条件。它表明若两个物理系统现象相似，则它们的相似指标为1，各物理量的相似常数不是都能任意选择，它们的相互关系受式(4-1-20)的约束。

将式(4-1-18)、(4-1-19)诸关系代入式(4-1-17)，又可写成另一种形式：

$$\frac{F_p}{m_p a_p} = \frac{F_m}{m_m a_m} \tag{4-1-21}$$

上式是一个无量纲比值，对于所有的力学相似现象，这个比值都是相同的，故称它为相似判据。通常用 π 表示，即

$$\pi = \frac{F_p}{m_p a_p} = \frac{F_m}{m_m a_m} = \text{常量} \tag{4-1-22}$$

相似判据 π 把相似系统中各物理量联系起来，说明它们之间的关系，故又称相似准数或"模型律"。利用模型律可将模型试验中得到的结果推广到相似的原型结构中。

相似常数和相似判据的概念是不同的。相似常数是指在两个相似现象中，两个相对应的物理量始终保持的常数，但对于在与此两个现象互相相似的第三个相似现象中，它可具有不同的常数值。相似判据则要求所有互相相似的现象保持一个不变量，它表示相似现象中各不同物理量应保持的关系。

从第一相似定理的推导过程可以发现，推导相似指标和相似判据时，假定模型与原型相似。因此，第一相似定理为相似现象的必要条件。

4.1.2.2　第二相似定理

第二相似定理表述为：某一现象由 n 个物理量之间的函数关系来表示，当这些物理现象包含 m 种基本量纲时，可以得到 $(n-m)$ 个相似判据。

$$f(x_1, x_2, x_3, \cdots, x_n) = 0 \Leftrightarrow g(\pi_1, \pi_2, \pi_3, \cdots, \pi_{n-m}) = 0 \tag{4-1-23}$$

第二相似定理为模型设计提供了可靠的理论基础。利用第二相似定理，可以将物理方程转换为相似判据方程，因此第二相似定理习惯上称为 π 定理。π 定理是量纲分析的普遍定理，它是由美国学者白肯汉(E. Buckinghan)于 1915 年提出。

第二相似定理通俗讲是指在彼此相似的现象中，其相似判据不管用什么方法得到，描述物理现象的方程均可转化为相似判据方程的形式。它告诉人们如何处理模型试验的结果，即应当以相似判据间关系所给定的形式处理试验数据，并将试验结果推广到其他相似现象上。同样，第二相似定理也是相似现象的必要条件。

下面以简支梁在均布荷载作用下的情况来说明(如图 4.1.1)。由材料力学可知梁跨中截面边缘处的应力 σ：

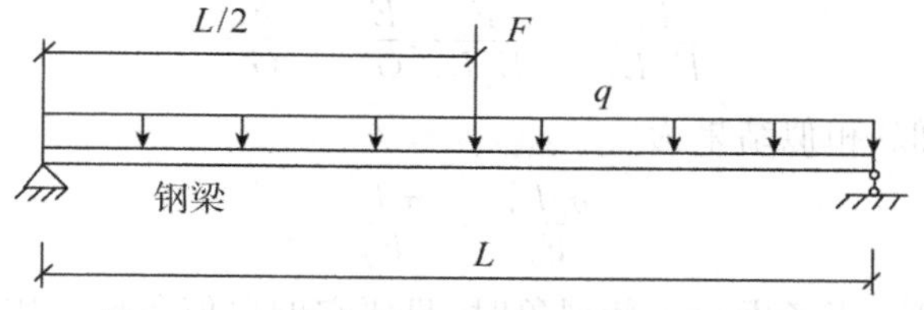

图 4.1.1　简支梁承受均布荷载和集中荷载

$$\sigma = \frac{FL}{4W} + \frac{qL^2}{8W} \tag{4-1-24}$$

式中：F—— 集中力；q—— 均布线荷载；W—— 抗弯截面模量；L—— 梁的跨径。

将式(4-1-24)两边同除以 σ，得到无量纲方程：

$$\frac{FL}{4W\sigma} + \frac{qL^2}{8W\sigma} = 1。$$

引入相似常数，模型和原型的各物理量之间的关系为：

$$F_m = S_F F_P, q_m = S_q q_P, W_m = S_W W_P, L_m = S_L L_P, \sigma_m = S_\sigma \sigma_P。$$

各物理量满足下列关系式

$$\frac{F_m L_m}{4W_m\sigma_m}+\frac{q_m L_m^2}{8W_m\sigma_m}=1 \tag{4-1-25a}$$

$$\frac{F_p L_p}{4W_p\sigma_p}+\frac{q_p L_p^2}{8W_p\sigma_p}=1 \tag{4-1-25b}$$

将相似常数代入式(4-1-25a)可得

$$\frac{S_F S_L}{S_\sigma S_W}\frac{F_p L_p}{4W_p\sigma_p}+\frac{S_q S_L^2}{S_\sigma S_W}\frac{q_p L_p^2}{8W_p\sigma_p}=1 \tag{4-1-25c}$$

显然,上式(4-1-25c)要成立,必须满足$\frac{S_F S_L}{S_\sigma S_W}=1$和$\frac{S_q S_L^2}{S_\sigma S_W}=1$。

由此可写出原型与模型相似的两个相似判据:

$$\pi_1=\frac{FL}{\sigma W},\pi_2=\frac{qL^2}{\sigma W} \tag{4-1-26}$$

由上式可以看出,各物理量之间的关系方程式,均可写成相似判据方程。

4.1.2.3 相似定理

第三相似定理表述为:凡具有同一特性的物理现象,当现象的单值条件彼此相似,并且由单值条件导出来的相似判据数值相等,则这些物理现象彼此相似。第三相似定理是现象彼此相似的充分和必要条件。

以静力结构试验为对象,其应力表达式可表示为

$$\sigma=f(L,F,E,G) \tag{4-1-27}$$

式中:L——结构几何尺寸;F——结构所受荷载;E——材料弹性模量;G——结构剪切模量。

写成无量纲表达式:

$$\text{模型}\frac{\sigma_m L_m^2}{F_m}=f\left(\frac{F_m}{E_m L_m^2},\frac{E_m}{G_m}\right),\text{原型}\frac{\sigma_p L_p^2}{F_p}=f\left(\frac{F_p}{E_p L_p^2},\frac{E_p}{G_p}\right)$$

由单值条件组成的相似判据数值相等,即

$$\frac{F_m}{E_m L_m^2}=\frac{F_p}{E_p L_p^2},\frac{E_m}{G_m}=\frac{E_p}{G_p}$$

则模型与原型相似,相似结果为

$$\frac{\sigma_m L_m^2}{F_m}=\frac{\sigma_p L_p^2}{F_p} \tag{4-1-28}$$

根据第三相似定理,当考虑一个新现象时,只要它的单值条件与曾经研究过的现象单值条件相同,并且存在相等的相似判据,就可以肯定它们的现象相似,从而可以将已研究过的现象结果应用到新现象上去。第三相似定理使相似原理构成一套完整的理论,同时也成为组织试验和进行模型试验的科学方法。

第一、第二相似定理是以现象相似为前提,确定了相似现象的性质,给出了相似现象的必要条件。第三相似定理补充了前面两个定理,明确了只要满足现象单值条件相似和由此导出的相似判据相等这两个条件,则现象必然相似。

在模型试验中,为了使模型与原型保持相似,必须按相似原理推导出相似判据方程。模型设计则应在保证这些相似判据方程成立的基础上确定相似常数。最后将试验所得数据整

理成判据间的函数关系来描述所研究的现象。

4.1.3　量纲分析法确定相似判据

讨论相似定理时，我们通常假定已知系统各物理量之间的基本关系，而进行结构模型试验时，并不能确切知道描述结构性能的某些关系，此时需要借助量纲分析，对结构体系的基本性能作判断。

4.1.3.1　量纲的基本概念

量纲分析法是根据描述结构物理量的量纲和谐原理，寻求各物理量间的关系而建立相似判据的方法。被测量的种类称为这个量的量纲。量纲的概念是在研究物理量的数量关系时产生的，它是区别量的种类而不区别量的不同度量单位。如测量距离用米、厘米、英尺等不同的单位，但它们都属于长度这一种类，因此把长度称为一种量纲，以[L]表示。时间种类用时、分、秒、微秒等单位表示，它是有别于其他种类的另一种量纲，以[T]表示。通常每一种物理量都应有一种量纲。例如，表示重力的物理量，它对应的量纲是属力的种类，用[F]量纲表示。

在自然现象中，各物理量之间存在着一定的联系。在分析一个现象时，可用参与该现象的各物理量之间的关系方程来描述，因此各物理量的量纲之间也存在着一定的联系。如果选定一组彼此独立的量纲作为基本量纲，而其他物理量的量纲可由基本量纲组成，则这些量纲称为导出量纲。在量纲分析中有两个基本量纲系统，即绝对系统和质量系统。绝对系统的基本量纲为长度、时间和力；而质量系统的基本量纲是长度、时间和质量。常用的物理量的量纲表示法见表 4.1.1。

表 4.1.1　常用物理量的量纲

物理量	质量系统	绝对系统	物理量	质量系统	绝对系统
长度	$[L]$	$[L]$	面积二次矩	$[L^4]$	$[L^4]$
时间	$[T]$	$[T]$	质量惯性矩	$[ML^2]$	$[FLT^2]$
质量	$[M]$	$[FL^{-1}T^2]$	表面张力	$[MT^{-2}]$	$[FL^{-1}]$
力	$[MLT^{-2}]$	$[F]$	应变	$[1]$	$[1]$
温度	$[\theta]$	$[\theta]$	比重	$[ML^{-2}T^{-2}]$	$[FL^{-3}]$
速度	$[LT^{-1}]$	$[LT^{-1}]$	密度	$[ML^{-3}]$	$[FL^{-4}T^2]$
加速度	$[LT^{-2}]$	$[LT^{-2}]$	弹性模量	$[ML^{-1}T^{-2}]$	$[FL^{-2}]$
角度	$[1]$	$[1]$	泊桑比	$[1]$	$[1]$
角速度	$[T^{-1}]$	$[T^{-1}]$	动力黏度	$[ML^{-1}T^{-1}]$	$[FL^{-2}T]$
角加速度	$[T^{-2}]$	$[T^{-2}]$	运动黏度	$[L^2T^{-1}]$	$[L^2T^{-1}]$
压强、应力	$[ML^{-1}T^{-2}]$	$[FL^{-2}]$	线热胀系数	$[\theta^{-1}]$	$[\theta^{-1}]$
力矩	$[ML^2T^{-2}]$	$[FL]$	导热率	$[MLT^{-3}\theta^{-1}]$	$[FT^{-1}\theta^{-1}]$
能量、热	$[ML^2T^{-2}]$	$[FL]$	比热	$[L^2T^{-2}\theta^{-1}]$	$[L^2T^{-2}\theta^{-1}]$
冲力	$[MLT^{-1}]$	$[FT]$	热容量	$[ML^{-1}T^{-1}\theta^{-1}]$	$[FL^{-2}\theta^{-1}]$
功率	$[ML^2T^{-3}]$	$[FLT^{-1}]$	导热系数	$[MT^{-3}\theta^{-1}]$	$[FL^{-1}T^{-1}\theta^{-1}]$

4.1.3.2 量纲的均衡性和齐次性

描述物理量的基本方程中，各项物理量应相等，相同物理量应采用同一单位，称为量纲的均衡性或齐次性。量纲间的相互关系可简要归结如下：

(1) 两个物理量相等，是指不仅数值相等，而且量纲也要相同。

(2) 两个同量纲参数的比值是无量纲参数，其值不随所取单位的大小而变。

(3) 一个完整的物理方程式中，各项的量纲必须相同，因此方程才能用加、减并用等号联系起来，这一性质称为量纲和谐。

(4) 导出量纲可和基本量纲组成无量纲组合，但基本量纲之间不能组成无量纲组合。

根据量纲的关系，可以证明两个相似物理过程的相对应的 π 数必然相等，仅仅是相应各物理量间数值大小不同。这就是用量纲分析法求相似指标的依据。

在试验过程中，用量纲分析法确定无量纲 π 数时(即相似判据)，只要弄清物理现象所包含的物理量所具有的量纲，而无需知道描述该物理现象的具体方程和公式。因此，寻求较复杂现象的相似判据，用量纲分析法是很方便的。量纲分析法虽能确定出一组独立的 π 数，但 π 数的取法有着一定的任意性，而且当参与物理现象的物理量愈多时，则其任意性愈大。所以量纲分析法中选择物理参数具有重要意义，物理参数的正确选择取决于模型设计者的专业知识以及对所研究的问题初步分析的正确程度。

下面以动力平衡方程式为例来说明量纲分析法。

$$ma + cv + kx = p, a = \frac{d^2x}{dt^2}, v = \frac{dx}{dt} \tag{4-1-29}$$

上式动力平衡方程可以用隐式表示为

$$f(m, c, k, a, v, x, p, t) = 0 \tag{4-1-30}$$

物理量个数为 8，采用绝对系统，基本量纲为 3 个，则用 π 表示的方程式为

$$g(\pi_1, \pi_2, \pi_3, \pi_4, \pi_5) = 0 \tag{4-1-31}$$

所有物理参数组成的无量纲数 π 的一般形式为：

$$\pi = m^{a_1} c^{a_2} k^{a_3} a^{a_4} v^{a_5} x^{a_6} p^{a_7} t^{a_8} \tag{4-1-32}$$

根据量纲和谐原则，并将各物理量的量纲代入，可以得到

$$[1] = [FL^{-1}T^2]^{a_1} [FL^{-1}T]^{a_2} [FL^{-1}]^{a_3} [LT^{-2}]^{a_4} [LT^{-1}]^{a_5} [L]^{a_6} [F]^{a_7} [T]^{a_8}$$

将上式按照基本物理量进行整理，可以得到下列方程

对[F]：　$a_1 + a_2 + a_3 + a_7 = 0$

对[L]：　$-a_1 - a_2 - a_3 + a_4 + a_5 + a_6 = 0$

对[T]：　$2a_1 + a_2 - 2a_4 - a_5 + a_8 = 0$

上式 3 个方程式中包含 8 个未知量，有无穷多组解，也即有无穷多种构造 π 的物理量组合，但独立的实际上只有 5 个，可先给定其中的 5 个未知量。例如先给定 a_1、a_2、a_3、a_4、a_5，则：

$$a_6 = a_1 + a_2 + a_3 - a_4 - a_5$$

$$a_7 = -(a_1 + a_2 + a_3)$$

$$a_8 = -2a_1 - a_2 + 2a_4 + a_5$$

为了得到独立的 5 个 π 数，分别如下：

取 $a_1 = 1, a_2 = 0, a_3 = 0, a_4 = 0, a_5 = 0$，得到 $a_6 = 1, a_7 = -1, a_8 = -2$；

取 $a_1=0, a_2=1, a_3=0, a_4=0, a_5=0$，得到 $a_6=1, a_7=-1, a_8=-1$；
取 $a_1=0, a_2=0, a_3=1, a_4=0, a_5=0$，得到 $a_6=1, a_7=-1, a_8=0$；
取 $a_1=0, a_2=0, a_3=0, a_4=1, a_5=0$，得到 $a_6=-1, a_7=0, a_8=2$；
取 $a_1=0, a_2=0, a_3=0, a_4=0, a_5=1$，得到 $a_6=-1, a_7=0, a_8=1$。

这样可以得到5个独立的 π 数：

$$\pi_1=\frac{mx}{pt^2}, \pi_2=\frac{cx}{pt}, \pi_3=\frac{kx}{p}, \pi_4=\frac{at^2}{x}, \pi_5=\frac{vt}{x} \tag{4-1-33}$$

4.1.4 方程式法确定相似判据

对于具有显式方程式的物理现象，其相似判据可直接从方程式推导而得。下面仍以动力平衡方程式为例来说明。分别用式(4-1-29)各等式右边除等式左边，可以得到

$$\frac{ma}{p}+\frac{cv}{p}+\frac{kx}{p}=1, \frac{a\,dt^2}{d^2x}=1, \frac{v\,dt}{dx}=1$$

根据量纲和谐的性质，就可以得到5个相似判据：

$$\pi_1=\frac{ma}{p}, \pi_2=\frac{cv}{p}, \pi_3=\frac{kx}{p}, \pi_4=\frac{at^2}{x}, \pi_5=\frac{vt}{x} \tag{4-1-34}$$

比较式(4-1-33)和(4-1-34)，除 π_1、π_2 两种方法计算结果有所不同外其余的 π 两种方法所得结果相同，将式(4-1-33)的 π_1、π_2 分别乘 π_4、π_5 就得到式(4-1-34)的 π_1、π_2，所以实际上两种方法得到的相似判据完全等效。相比量纲分析法，方程式法比较简单，但前提是必须有显式的方程式。

4.2 模型设计

模型设计是模型试验是否成功的关键。研究人员最关心的问题是模型试验结果在多大程度上能够反映原型结构性能。在模型设计中应综合考虑各种因素，如模型试验的类型、模型材料选取、模型试验条件以及模型制作等，才能得到合适的相似指标，并确定各物理量的相似常数。

结构模型设计一般程序为：

(1) 分析试验具体目的和要求，根据任务，确定模型类型，选择合适的模型制作材料。如一般缩尺比例较大的模型通常为弹性模型，而强度模型要求模型材料与原型材料具有相似的性能。

(2) 对研究对象进行理论分析，并结合具体情况确定相似指标，用量纲分析法或方程分析法获得相似判据。对于复杂结构无法用方程求得解析解而采用数值计算的情况，多采用量纲分析法获得相似判据。

(3) 根据实验室的试验条件，确定模型的几何尺寸，即几何相似常数，并选择模型材料。

(4) 根据相似指标确定模型各相似常数。

(5) 根据第三相似定理分析相似模型的单值条件，重点关注边界条件和荷载作用点等局部条件；同时分析相似误差，对相似常数进行必要的调整。

(6) 形成模型设计技术文件，包括模型施工图、测点布置图、加载装置图等。

结构模型试验的过程客观地反映出参与该模型工作的各有关物理量之间的相互关系。只有通过相似常数之间的关系——相似指标，才能将模型的试验结果应用到原型结构中，

因此，确定相似指标是模型设计的核心内容。

4.2.1　结构静力试验模型的相似指标

先通过一简单例子来说明采用方程式法确定相似指标的过程。

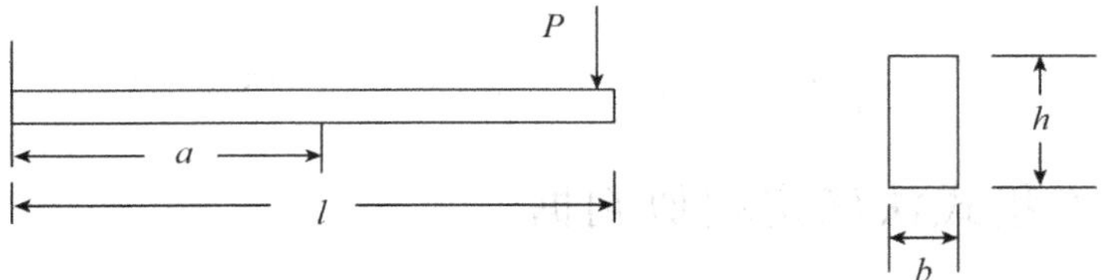

图 4.2.1　悬挑结构集中加载试验

图 4.2.1 所示为一悬臂梁结构，在梁端作用一集中荷载 P，在 a 截面处的弯矩、正应力和挠度为式(4-2-1)。

$$\begin{cases} M_P = P_p(l_p - a_p) \\ \sigma_p = \dfrac{M_p}{W_p} = \dfrac{P_p}{W_p}(l_p - a_p) \\ f_p = \dfrac{P_p a_p^2}{6E_p I_p}(3l_p - a_p) \end{cases} \tag{4-2-1}$$

当要求模型与原型相似时，首先要求满足几何相似

$$\frac{l_m}{l_p} = \frac{a_m}{a_p} = \frac{h_m}{h_p} = \frac{b_m}{b_p} = S_l, \frac{W_m}{W_p} = S_l^3; \frac{I_m}{I_p} = S_l^4。$$

同时要求材料的弹性模量 E 相似，即 $S_E = \dfrac{E_m}{E_p}$。要求作用于结构的荷载相似，即 $S_P = \dfrac{P_m}{P_p}$。当要求模型梁上 a_m 处的弯矩、应力和挠度和原型结构相似时，则弯矩、应力和挠度的相似常数分别为 $S_M = \dfrac{M_m}{M_p}$；$S_\sigma = \dfrac{\sigma_m}{\sigma_p}$；$S_f = \dfrac{f_m}{f_p}$。

将以上各物理量的相似关系代入式(4-2-1)，可得到

$$\begin{cases} M_m = \dfrac{S_M}{S_p \cdot S_l} P_m(l_m - a_m) \\ \sigma_m = \dfrac{S_\sigma S_l^2}{S_p} \cdot \dfrac{P_m}{W_m}(l_m - a_m) \\ f_m = \dfrac{S_f \cdot S_E \cdot S_1}{S_P} \cdot \dfrac{P_m a_m^2}{6E_m I_m}(3l_m - a_m) \end{cases} \tag{4-2-2}$$

因此，仅当

$$\begin{cases} \dfrac{S_M}{S_P \cdot S_l} = 1 \\ \dfrac{S_\sigma \cdot S_l^2}{S_P} = 1 \\ \dfrac{S_f \cdot S_E \cdot S_l}{S_P} = 1 \end{cases} \tag{4-2-3}$$

满足

$$\begin{cases} M_m = P_m(l_m - a_m) \\ \sigma_m = \dfrac{P_m}{W_m}(l_m - a_m) \\ f_m = \dfrac{P_m a_m^2}{6E_m I_m}(3l_m - a_m) \end{cases} \tag{4-2-4}$$

这说明只有当式(4－2－3)成立，模型才能和原型结构相似。因此式(4－2－3)是模型和原型应该满足的相似指标。

这时可以由模型试验获得的数据按相似指标推算得到原型结构的数据，即

$$\begin{cases} M_P = \dfrac{M_m}{S_M} = \dfrac{M_m}{S_P \cdot S_l} \\ \sigma_P = \dfrac{\sigma_m}{S_\sigma} = \sigma_m \cdot \dfrac{S_l^2}{S_P} \\ f_p = \dfrac{f_m}{S_f} = f_m \cdot \dfrac{S_E S_l}{S_P} \end{cases} \tag{4-2-5}$$

从上例可以发现，试验模型相似常数个数是多于相似指标的数目。模型设计初始阶段的一般步骤为：① 首先确定几何比例，即几何相似常数 S_l，此外，还可以设计确定几个物理量的相似常数；② 确定模型材料，并由此确定 S_E；③ 最后根据模型与原型的相似指标推导出其他物理量的相似常数的数值。表 4.2.1 列出了一般静力试验弹性模型的相似常数。当模型设计首先确定 S_l 及 S_E 时，其他物理量的相似常数一般是 S_l 或 S_E 的函数或是等于 1，如结构正应变、剪应变、材料泊松比均为无量纲数，它们的相似常数 S_ε，S_ν 和 S_θ 等都为 1。

表 4.2.1　一般静力弹性模型试验的完全相似指标

类型	物理量	量纲	相似指标
材料特性	应力 σ	FL^{-2}	$S_\sigma = S_E$
	应变 ε	—	1
	弹性模量 E	FL^{-2}	S_E
	泊松比 ν	—	1
	质量密度 ρ	$FL^{-4}T^2$	$S_\rho = S_E/S_l$
几何特性	长度 l	L	S_l
	线位移 x	L	$S_x = S_l$
	角位移 θ	—	1
	面积 A	L^2	$S_A = S_l^2$
	惯性矩 I	L^4	$S_I = S_l^4$
荷载	集中荷载 P	F	$S_P = S_E S_l^2$
	线荷载 q	FL^{-1}	$S_q = S_E S_l$
	面荷载 Q	FL^{-2}	$S_Q = S_E$
	力矩 M	FL	$S_M = S_E S_l^3$

如果在上例模型试验时，需要考虑结构自重对梁的影响，则由自重产生的弯矩、应力和挠度如下式表示：

$$\begin{cases} M_p = \dfrac{\gamma_p A_p}{2}(l_p - a_p)^2 \\ \sigma_p = \dfrac{M_p}{W_p} = \dfrac{\gamma_p A_p}{2W_p}(l_p - a_p)^2 \\ f_p = \dfrac{\gamma_p A_p a_p^2}{24E_p I_p}(6l_p^2 - 4l_p a_p + a_p^2) \end{cases} \tag{4-2-6}$$

式中：A_p—— 梁的截面积；γ_p—— 梁的材料容重。

同样，得到相似关系

$$\begin{cases} \dfrac{S_M}{S_\gamma \cdot S_l^4} = 1 \\ \dfrac{S_\sigma}{S_\gamma \cdot S_l} = 1 \\ \dfrac{S_f \cdot S_E}{S_\gamma \cdot S_l^2} = 1 \end{cases} \tag{4-2-7}$$

式中：S_γ—— 材料容重的相似常数。

模型设计与试验时，如假设模型与原型结构的应力相等，则 $\sigma_m = \sigma_p$，即 $S_\sigma = 1$，由式(4-2-7)可知，这时，$S_\sigma = S_\gamma S_l = 1$，$S_\gamma = \dfrac{1}{S_l}$。

如果模型缩尺1/4，即 $S_l = \dfrac{1}{4}$，则 $S_\gamma = 4$，即要求 $\rho_m = 4\rho_p$。若原型结构材料为钢材，模型试验时，根据相似原理要求模型材料容重是钢材的四倍，这种情况通常很难实现。即使原型结构采用钢筋混凝土材料，也存在着相当的困难。实际模型试验中，可以采用人工质量模拟的方法，即在模型结构上用增加荷载的方法，来弥补模型材料容重不足所产生的影响。但要求附加的人工质量必须不改变结构的强度和刚度等特性。

如不要求 $\sigma_m = \sigma_p$，而采用与原型结构同样的材料制作模型，满足 $\gamma_m = \gamma_p$ 和 $E_m = E_p$，这时 $S_\gamma = S_E = 1$，就不能满足表4.2.1的完全相似指标要求，模型应力和挠度表达如下

$$\begin{cases} \sigma_m = S_l \cdot \sigma_p \\ f_m = S_l^2 \cdot f_p \end{cases} \tag{4-2-8}$$

当模型比例很小时，模型试验得到的应力和挠度比原型的应力和挠度要小得多，这样对试验量测提出更高的要求，必须提高模型试验的量测精度。

对于钢筋混凝土结构的强度模型，模型试验要求能正确反映原型结构的弹塑性性质，包括具有和原型结构相似的破坏形态、极限变形能力以及极限承载能力。理想的模型混凝土和钢筋应和原结构的混凝土和钢筋具有相似的应力—应变关系。实际上只有模型在选用与原型结构相同强度和变形时才有可能满足这种相似指标，即表4.2.2中“实用模型”一栏的要求。

表 4.2.2　钢筋混凝土结构静力模型试验的相似常数

类型	物理量	量纲	一般模型	实用模型
材料性能	混凝土应力 σ	FL^{-2}	S_σ	1
	混凝土应变 ε	—	1	1
	混凝土弹性模量 E	FL^{-2}	S_σ	1
	泊松比 ν	—	1	1
	比重 ρ	FL^{-3}	S_σ/S_l	$1/S_l$
	钢筋应力 σ	FL^{-2}	S_σ	1
	钢筋应变 ε	—	1	1
	钢筋弹性模量 E	FL^{-2}	S_σ	1
	黏结应力 σ	FL^{-2}	S_σ	1
几何特性	长度 l	L	S_l	S_l
	线位移 x	L	S_l	S_l
	角位移 θ	—	1	1
	钢筋面积 A	L^2	S_l^2	S_l^2
荷载	集中荷载 P	F	$S_\sigma S_l^2$	S_l^2
	线荷载 w	FL^{-1}	$S_\sigma S_l$	S_l
	面荷载 q	FL^{-2}	S_σ	1
	力矩 M	FL	$S_\sigma S_l^3$	S_l^3

对于砌体结构静力模型，由于它也是由块材（砖、砌块）和砂浆两种材料复合组成，除了在几何比例上缩小，需要对块材作专门加工并且会给砌筑带来一定困难外，同样要求模型和原型有相似的应力 — 应变曲线。砌体结构模型的相似常数见表 4.2.3。

表 4.2.3　砌体结构模型试验的相似常数

类型	物理量	量纲	一般模型	实用模型
材料性能	砌体应力 σ	FL^{-2}	S_σ	1
	砌体应变 ε	—	1	1
	砌体弹性模量 E	FL^{-2}	S_σ	1
	砌体泊松比 ν	—	1	1
	砌体比重 ρ	FL^{-3}	S_σ/S_l	$1/S_l$
几何特性	长度 l	L	S_l	S_l
	线位移 x	L	S_l	S_l
	角位移 θ	—	1	1
	面积 A	L^2	S_l^2	S_l^2

续　表

类型	物理量	量纲	一般模型	实用模型
荷载	集中荷载 P	F	$S_\sigma S_l^2$	S_l^2
	线荷载 q	FL^{-1}	$S_\sigma S_l$	S_l
	面荷载 Q	FL^{-2}	S_σ	1
	力矩 M	FL	$S_\sigma S_l^3$	S_l^3

4.2.2　结构动力试验模型的相似指标

以单自由度为例，设单自由度质点受地面作用强迫振动的微分方程为

$$m\frac{d^2x}{dt^2}+c\frac{dx}{dt}+kx=-m\frac{d^2x_g}{dt^2}。$$

式中m、c、k分别为质点质量、阻尼和刚度，可参考第3章(如图3.2.8)。结构动力试验模型要求质点动力平衡方程式相似。按照结构静力试验模型的方法，同样可求得动力模型的相似指标

$$\begin{cases}\dfrac{S_c\cdot S_t}{S_m}=1\\[2mm]\dfrac{S_k\cdot S_t^2}{S_m}=1\end{cases}\tag{4-2-9}$$

上式中S_m、S_k、S_c、S_t分别为质量、刚度、阻尼和时间的相似常数。根据上章动力学原理，可求得固有周期的相似常数

$$S_T=\sqrt{\frac{S_m}{S_k}}\tag{4-2-10}$$

对于动力模型，为保证与原型结构的动力响应相似，除两者运动方程和边界条件相似外，还要求运动的初始条件相似，由此保证模型和原型的动力方程式的解满足相似要求。运动的初始条件包括质点的位移、速度和加速度的相似，即

$$S_x=S_l;S_{\dot{x}}=\frac{S_x}{S_t}=\frac{S_l}{S_t};S_{\ddot{x}}=\frac{S_x}{S_t^2}=\frac{S_l}{S_t^2}\tag{4-2-11}$$

式中S_x、$S_{\dot{x}}$和$S_{\ddot{x}}$分别为位移、速度和加速度的相似常数，反映了模型和原型运动状态在时间和空间上的相似关系。

在进行动力模型设计时，除了将长度[l]和力[F]作为基本物理量以外，还要考虑时间[T]的因素，表4.2.4为动力模型的相似常数，表4.2.5为结构动力模型的相似指标。

表4.2.4　动力模型的相似常数

相似常数 \ 模型	弹性模型	用人工质量模拟的弹塑性模型	忽略重力效应的弹性模型
	(1)	(2)	(3)
长度 S_L	S_L	S_L	S_L
时间 S_t	$\sqrt{S_L}$	$\sqrt{S_L}$	$S_L\sqrt{\dfrac{S_\rho}{S_E}}$

续　表

相似常数＼模型	弹性模型	用人工质量模拟的弹塑性模型	忽略重力效应的弹性模型
	(1)	(2)	(3)
频率 S_f	$\frac{1}{\sqrt{S_L}}$	$\frac{1}{\sqrt{S_L}}$	$\frac{1}{\sqrt{S_L}}\sqrt{\frac{S_E}{S_E}}$
速度 S_v	$\sqrt{S_L}$	$\sqrt{S_L}$	$\sqrt{\frac{S_E}{S_\rho}}$
重力加速度 S_g	1	1	忽略
加速度 S_a	1	1	$\frac{1}{S_L}\frac{S_E}{S_\rho}$
位移 S_d	S_L	S_L	S_L
弹性模量 S_E	S_E	S_E	S_E
应力 S_σ	S_E	S_E	S_E
应变 S_ε	1	1	1
力 S_F	$S_ES_L^2$	$S_ES_L^2$	$S_ES_L^2$
质量密度 S_ρ	$\frac{S_E}{S_L}$	S_ρ	S_ρ
能量 S_{EN}	$S_ES_L^3$	$S_ES_L^3$	$S_ES_L^3$

人工模拟质量的等效质量密度的相似常数可按照下式计算：

$$\rho_{1m}=\left(\frac{S_E}{S_L}-S'_\rho\right)\rho_{0p} \tag{4-2-12}$$

$$S'_\rho=\frac{\rho_{1m}+\rho_{0m}}{\rho_{0p}} \tag{4-2-13}$$

式中：ρ_{1m}—— 人工模拟质量施加于模型上的附加材料质量密度；ρ_{0m}—— 模型材料的质量密度；ρ_{0p}—— 原型结构的质量密度。

表 4.2.5　结构动力模型试验的相似指标

类型	物理量	量纲	相似指标
动力性能	质量 m	$FL^{-1}T^2$	$S_m=S_\rho S_l^3$
	刚度 k	FL^{-1}	$S_k=S_ES_l$
	阻尼 c	$FL^{-1}T$	$S_c=S_m/S_t$
	时间、固有周期 T	T	$S_t=(S_m/S_k)^{1/2}$
	速度 $\dot{x}$	FL^{-1}	$S_m=S_{\dot{x}}S_x/S_t$
	加速度 $\ddot{x}$	FL^{-2}	$S_{\ddot{x}}=S_x/S_t^2$

注：几何、材料、荷载类相似指标与静力部分相同。

结构抗震试验中，惯性力是作用在结构上的主要荷载，但结构动力模型和原型一般是在同样的重力加速度情况下进行试验的，即 $g_m = g_p$，所以 $S_g = 1$，因此在动力试验时要模拟惯性力、恢复力和重力等就产生了困难。

模型试验时，材料弹性模量、密度、几何尺寸和重力加速度等物理量之间的相似关系为

$$\frac{S_E}{S_g \cdot S_\rho} = S_l \tag{4-2-14}$$

由于 $S_g = 1$，则 $S_E/S_\rho = S_l$，当 $S_l < 1$ 的情况下，要求材料的弹性模量 $E_m < E_P$，而密度 $\rho_m > \rho_P$，这在模型设计选择材料时很难满足。如果模型采用原型结构同样的材料 $S_E = S_\rho = 1$，这时要满足 $S_g = 1/S_l$，则要求 $g_m > g_p$，即 $S_g > 1$，需要对模型施加非常大的重力加速度，在结构动力试验中有时难以实现。为满足 $S_\rho = S_E/S_l$ 的相似关系，实用上与静力模型试验一样，就是在模型上附加适当的分布质量，即采用高密度材料来增加结构上有效的模型材料的密度。

4.2.3 结构抗震试验模型相似常数

结构抗震模型尺寸对模拟结构抗震性能非常重要。模型几何相似常数越大，越能接近结构抗震性能，但加载所需荷载越大；模型越小则动力作用荷载可以较小，但相似误差越大。一般进行模型试验时，首先要选择尺寸相似常数。其他物理量的相似比多在尺寸相似比确定后才继续进行。为尽可能真实反映结构抗震性能，不同方法的结构抗震试验，所建议的模型尺寸如下：

(1) 拟静力和拟动力模型尺寸要求。

砌体结构的墙体试验原型与模型的比例不宜小于 1/4；混凝土结构墙体试验，高度和宽度尺寸与原型的比例，不宜小于原型的 1/6；框架节点试验，其尺寸与原型的比例不宜小于原型的 1/4；框架模型与原型的比例可取原型结构的 1/8。

(2) 模拟地震振动台试验模型尺寸。

结构弹性模型与原型的比例不宜小于原型结构的 1/100，结构的弹塑性模型与原型的比例不宜小于原型结构的 1/15。

4.3 模型试验材料及制作要求

掌握模型材料的物理性能及其对模型试验结果的影响，合理选用模型材料是结构模型试验成功的关键之一。相似设计要求模型与原型能描述同一物理现象，因此，要求模型材料与原型材料的物理性能、力学性能和加工性能相似。适用于制作模型的材料很多，选择理想的材料很难。正确地了解材料的性质及其对试验结果的影响，对于顺利完成模型试验往往有决定性的意义。

一般模型材料分为三类：① 模型材料与原型材料完全相同，如钢结构强度模型；② 模型与原型材料不同，性能相近，如细粒混凝土制作的普通混凝土强度模型；③ 模型材料与原型材料完全不同，主要用来研究结构弹性反应或风洞试验研究风载系数、风压分布等，有的利用有机玻璃制作模型。图 4.3.1 为长安大学风洞实验室用有机玻璃制作的体育馆建筑风洞模型。

图 4.3.1　体育馆有机玻璃风洞模型

4.3.1　模型试验材料

选用不同的材料作为试验模型用材，需要满足以下几点要求：

(1) 保证相似要求。

即要求模型设计满足相似指标，以致模型试验结果可按相似判据及相似指标推算到原型结构上去。

(2) 保证量测精度。

要求模型材料在试验时能产生的变形用量测仪表能够精确地予以读数。因此，在可能情况下，应选择弹性模量较低的模型材料，但不应影响试验结果。

(3) 保证材料性能稳定。

一般模型结构尺寸较小，对环境变化很敏感，以致其产生的影响远大于它对原型结构的影响，因此材料性能稳定是很重要的。应保证材料徐变小，由于徐变是时间、温度和应力的函数，故徐变对弹性模型试验的结果影响很大，事实上弹性变形不应该包括徐变。

(4) 保证加工制作方便。

模型材料应易于加工和制作。一般对于研究弹性阶段应力状态的模型试验，模型材料应尽可能与一般弹性理论的基本假定一致，即材料是匀质，各向同性，应力与应变呈线性变化，且有不变的泊松系数。对于研究结构的全部特性(即弹性和非弹性以及破坏时的特性) 的模型试验，通常要求模型材料与原型材料的特性较相似，最好是模型材料与原型材料一致。

常用的结构试验模型用材及其特点如下：

(1) 金属材料。

常用金属材料有钢铁、铝、铜等。金属材料力学性能大多符合弹性理论的基本假定。钢和铜焊接性能好，易于加工和连接，而铝合金一般采用铆接，连接特性很难满足原型的要求。另外，金属材料的弹性模量比混凝土高，所以，模型的试验荷载大。动力试验时，时间缩比大，加速度大，这时，可用等强度的方法，通过减小模型的断面来减小模型的刚度，从而减小试验荷载。当进行等强度设计时，应验算构件的局部稳定性能，使失稳时的荷载与原型相似。

(2) 无机高分子材料。

无机高分子材料主要为塑料制品，包括有机玻璃、环氧树脂、聚氯乙烯等。塑料作为模型材料的优点是在一定应力范围内具有良好的线弹性性能，强度较高而弹性模量低，容易加工。缺点是持续荷载作用下的徐变较大，弹性模量受温度变化的影响较大。

有机玻璃是各向同性的匀质材料，模型中用得较多。由于徐变较大，试验中应控制材料的应力。另外，模型的接头强度比较低，模型设计时，应考虑这一问题。有机玻璃弹性模量为 $2.3\times10^2\sim2.6\times10^2$MPa，泊松比为 0.33～0.35，抗拉强度为 30～40MPa。为控制徐变，一般最大应力不超过 10MPa。

环氧树脂可在半流体状态下浇筑成型，然后固化。在环氧树脂中掺入铝粉、水泥、砂等填充料，可改善材料的力学性能。一般情况下，填料增加，可提高材料的弹性模量，但抗拉强度下降。另外，环氧树脂的抗拉强度比抗压强度低，当应力较高时，应力—应变曲线呈现非线性。

(3) 石膏。

石膏模型通常作为混凝土结构的模型材料，其优点是容易加工，成本较低，泊松比与混凝土接近，约为 0.2；弹性模量一般为 1000～5000MPa。其脆性与混凝土相似，配筋的石膏模型可以用来模拟钢筋混凝土结构的破坏形式。采用石膏制作模型时，常掺入外加料来改善材料力学性能。可将石膏浆注入模具来制作石膏模型，或将石膏浇筑成整块后进行机械加工。

(4) 水泥砂浆。

水泥砂浆类的模型材料是以水泥为基本胶凝材料，添加部分外加材料而成。可用于制作钢筋混凝土板壳等薄壁结构的模型，其力学性能接近混凝土。

(5) 微粒混凝土。

微粒混凝土又称细石混凝土，与普通混凝土的差别就是粗骨料粒径较小。其是在砂浆的基础上，按相似比缩小粒径的骨料进行级配，使模型材料的应力—应变曲线与原型相似。为了满足弹性模量相似，有时可用掺入石灰浆的方法来降低模型材料的弹性模量。微粒混凝土的不足之处是它的抗拉强度一般情况下比要求值高，这一缺点在强度模型中延缓了模型的开裂，而在不考虑重力效应的模型中，有时能弥补重力失真的不足，使模型开裂荷载接近实际情况。

(6) 环氧微粒混凝土。

当模型很小时，用微粒混凝土制作不易浇捣密实，强度不均匀，易破碎，这时，可采用环氧微粒混凝土制作。环氧微粒混凝土是由环氧树脂和按一定级配的骨料拌和而成。骨料可采用水泥、砂等，但必须干燥。环氧微粒混凝土的应力—应变曲线与普通混凝土相似，但抗拉强度偏高。

(7) 模型钢筋。

混凝土或组合结构模型钢筋一般采用盘状细钢筋、镀锌铁丝，使用前，先要拉直，而拉直过程是一次冷加工过程，会改变材料的力学性能，所以，使用前应进行退火处理。为模拟钢筋与混凝土的握裹力，有时铁丝或细钢筋表面需要做一定的刻痕处理。

(8) 模型砌块。

对于砌体结构模型，一般采用按长度相似比缩小的模型砌块。对于混凝土小砌块和粉煤灰砌块，可采用与原型相同的材料，在小比例模具中浇筑而成。对于黏土砖，可制成模型砖坯烧结而成，也可用原型砖切割小尺寸而成。

4.3.2　模型试验的制作要点

由于模型为原结构缩尺，模型上小的制作误差或错误，其试验结果相似到原结构时，可能会得出与实际偏差较大的结果。因此，试验模型材料根据以上原则和各种材料特点选定后，进行模型制作时，需要掌握一定的技巧。各种类型模型制作特点如下：

（1）水泥砂浆、微粒混凝土、环氧微粒混凝土模型。

水泥砂浆、微粒混凝土和环氧微粒混凝土模型一般都是小比例模型，构件的尺寸很小，所以要求模板的尺寸误差小，表面平整，易于观察浇筑过程，易于拆模。一般采用有机玻璃做外模，泡沫塑料做内模。由于有机玻璃是透明的，可观察模型的浇筑质量，另外，有机玻璃表面平整，易于加工成各种形状，特别适用于制作圆柱和曲面模板。泡沫塑料容易切割，可加工成各种形状，而且强度和刚度低，易于拆模，即使局部模板拆不掉（如电梯井等），也不影响模型的强度和刚度，所以，现已广泛用于高层建筑模型制作中。

水泥砂浆、微粒混凝土和环氧微粒混凝土模型一般采用置模浇筑的方法制作，当无法浇筑时，也可用抹灰的方法制作，但抹灰施工的质量比浇筑的差，其强度一般只有浇筑的50%，且强度不稳定，所以，当有条件浇筑时，尽量采用浇筑的方法施工。为改善环氧微粒混凝土的脱模性能，应在模板表面涂一层蜡。

（2）砌体结构模型。

砌体结构模型的制作关键是灰缝的砌筑质量。砌体的强度受砂浆的强度、灰缝的厚度和饱满程度影响很大。由于模型缩小后，灰缝的厚度很难按比例缩小，所以，一般要求模型灰缝的厚度在5mm左右，砌筑后模型的砌体强度与原型相似。灰缝的饱满度是模型试验产生较大误差的主要原因之一。有些研究者片面强调模型的制作质量，灰缝砌得很饱满，使模型的抗震能力很高，与实际震害不符。从大量实际房屋的施工质量中，我们发现灰缝并不很饱满，其砌筑质量远不及模型质量。所以，为了使模型试验结构能真正反映实际震害，模型灰缝的饱满程度应与原型一致。

（3）钢结构及其他金属模型。

钢结构和其他金属模型的制作关键是材料的选取和节点的连接。由于模型缩小后，许多钢结构型材已无法找到合适的模型型材，只能用薄铁皮或铜皮加工焊接成模型型材。由于铁皮很薄，很难焊接，很容易将铁皮烧穿，也很容易使构件变形。所以，应认真研究模型制作方案，避免上述问题的发生。

铝合金材料很难焊接，所以，一般采用铆钉连接，不宜模拟钢结构的焊接性能，另外，铆钉连接结构的阻尼比焊接结构大，所以，在动力模型中不宜采用。

（4）有机玻璃模型。

有机玻璃模型可采用标准有机玻璃型材切割粘结而成。当要求的构件尺寸与型材尺寸有差距时，尽量采用相近的型材。有机玻璃接口处的强度一般要比有机玻璃的强度低，为了保证接口的强度，宜采用榫接，尽量减小连接间隙。

第 5 章　常用结构检测方法

工程结构检测的目的是为结构质量评价与安全鉴定提供可靠的数据，如果工程的结构检测出了问题，那么依据结构检测的结构安全鉴定就失去了可靠的基础，其鉴定结果必然无法同结构的实际情况相符，因此在这里先讨论结构检测的基本原则和方法。

开始检测前，应先明确建筑结构检测的目的，通过现场查勘、收集设计图纸及施工资料，了解被检测对象的质量现状，进一步确定结构检测的范围、内容、项目及检测抽样的方案。检测的内容和项目要能充分反映检测目的，并且结合现场情况选择适宜的检测方法。检测的抽样方法一般是需要根据委托方的检测目的和检测项目及结构的状况进行，符合相应的规范要求和被检测结构的状况。

5.1　混凝土结构检测

混凝土是当今土木工程领域最主要的结构材料之一，但由于混凝土结构在配料、搅拌、成型、养护等施工工程中，每一个环节稍有不慎都将影响质量，甚至危及整个结构的安全。因此，通过混凝土结构的现场检测，了解混凝土质量信息，已成为当前土木工程技术中的重要课题。

混凝土结构的工程现场检测可分为钢筋材料性能、混凝土强度、混凝土构件的外观质量和缺陷、尺寸与偏差、变形与损伤和钢筋配置等项目，针对既有混凝土结构的检测工作，主要包括以下几个方面的内容：

(1) 混凝土抗压强度检测，主要有回弹法、超声回弹综合法、钻芯法、拔出法等方法；

(2) 混凝土结构构件钢筋的检测，包括钢筋位置、混凝土保护层厚度、钢筋直径、钢筋锈蚀状态和钢筋力学性能等项目；

(3) 混凝土结构构件缺陷测试。

5.1.1　混凝土强度检测

混凝土抗压强度检测方法较多，一般可分为三种类型：第一种方法是局部破损法，它以不严重影响结构构件承载能力的前提下，在结构构件上直接进行局部破坏试验或直接取样，将检测值换算成特征强度，作为检测结果。局部破损检测方法有钻芯法、拔出法、射钉法、剪压法等，目前，钻芯法和拔出法使用较多。第二种方法是非破损法，以某些物理量与混凝土强度之间的相关性为基本依据，在不破坏结构混凝土的前提下，测得混凝土的某些物理特性，并按相关关系推算出混凝土的特征强度作为检测结果，其中回弹法和超声回弹综合法已经广泛应用于工程结构检测中，我国已制定相应的《回弹法检测混凝土抗压强度技术规程》

(JGJT 23—2011)、《超声回弹综合法检测混凝土强度技术规程》(CECS 02—2005)。第三种方法是局部破损法与非破损法的综合应用,通过两者的综合应用,可同时提高检测的效率和精度。混凝土强度检测方法较多,每种检测方法均有其自身的优点和局限性,因此要根据工程的检测项目、检测目的、结构状况和现场实际情况确定适合的检测方法。

5.1.1.1 回弹法混凝土抗压强度检测

(1) 回弹法检测概述。

回弹法是指使用回弹仪对普通混凝土结构构件表面硬度进行测试,通过回弹值获得混凝土结构构件表面硬度的信息,并建立起混凝土表面硬度与混凝土抗压强度之间的函数关系来获得混凝土抗压强度推定值。

回弹仪的主体结构主要由弹击系统、示值系统和壳体部件等组成,其内部结构如图 5.1.1 所示。

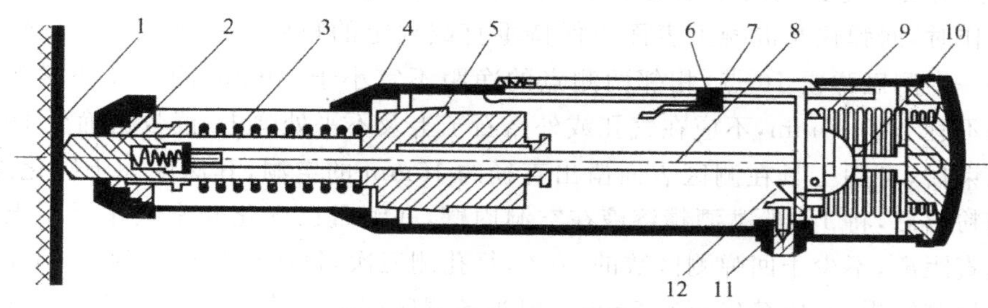

图 5.1.1 混凝土回弹仪构造

1—试验构件表面,2—弹击杆,3—拉力弹簧,4—套筒,5—冲击锤,6—指针滑块,7—刻度尺,8—中心导杆,9—压力弹簧,10—调整螺母,11—按钮,12—挂钩。

回弹法是普通混凝土抗压强度的非破损检测,所用回弹仪标准能量为 2.207J 的中型回弹仪,不适用于表层与内部质量有明显差异或内部存在缺陷的混凝土强度检测,被检混凝土构件的原材料应符合国家现行有关标准;需经蒸汽养护出池自然养护 7d 以上,自然养护龄期为 14~1000d,抗压强度应在 10~60MPa 范围内,且混凝土表面为干燥状态

当有非泵送混凝土粗骨料最大公称粒径大于 60mm,泵送混凝土粗骨料最大公称粒径大于 31.5mm,或者混凝土特种成型工艺制作的混凝土时,混凝土强度的确定不能按照规程(JGJ/T 23—2011)中的测强曲线,但可制定专门的测强曲线或者通过试验进行修正。

回弹法检测混凝土强度工作开始前,宜先了解工程名称及设计、施工、监理(或监督)和建设单位名称、检测原因,获得混凝土结构或构件名称、外形尺寸数据,混凝土强度等级以及必要的设计图纸和施工记录、环境或灾害对混凝土的影响等信息,有需要的话也应收集水泥品种、强度等级、安定性、厂名、砂石种类、粒径、外加剂或掺和料品种、掺量、混凝土配合比及施工时材料计量情况,模板、浇筑、养护情况及成型日期等信息。

回弹法检测前先应布置回弹测区,满足下列要求:

(a) 抽取构件,单个检测适于单位结构或构件,批量检测适于强度等级、生产工艺、原材料及配合比、成型工艺、养护条件相同的构件,所抽取的构件数量不得少于同批构件总数的 30%,且不少于 10 件,要随机抽取并使所抽取的构件具有代表性;

(b) 每一结构或构件测区数不应少于 10 个,对某一方向尺寸小于 4.5m 且另一方向尺

寸小于 0.3m,构件其测区数量可适当减少,但不应少于 5 个;

(c) 相邻两测区的间距应控制在 2m 以内,测区离构件端部或施工缝边缘的距离不宜大于 0.5m 且不宜小于 0.2m;

(d) 测区应选在使回弹仪处于水平方向检测混凝土浇筑侧面,当不能满足这一要求时,可使回弹仪处于非水平方向检测混凝土浇筑侧面、表面或底面,测区宜选在构件的两个对称可测面上,也可选在一个可测面上,且应均匀分布,在构件的重要部位及薄弱部位必须布置测区,并应避开预埋件;

(e) 测区的面积不宜大于 $0.04m^2$;

(f) 测区选好后,用有色笔画出测区的位置,并编号;

(g) 测试面应清洁、平整、干燥,不应有疏松层、饰面层、涂层、浮浆或油垢,避开蜂窝、麻面、钢筋或预埋件,必要时用磨石或砂轮予以清除,且不应有残留的粉末或碎屑;

(h) 对弹击时产生颤动的薄型或小型构件应予以固定。

回弹操作时,回弹仪与混凝土表面应保持垂直或规定的角度。缓慢施压,准确读数,快速复位。每一个测区弹击 16 点,相邻两测点的净距不宜小于 20mm,测点离外露钢筋或预埋件的距离不宜小于 30mm,不应在气孔或外露石子上及不平处弹击,读数精确至 1mm。

回弹结束后,可用工具在测区表面凿出直径约 15mm 的空洞,其深度大于碳化深度,清理空洞中的粉末后,将 1%酚酞酒精溶液在空洞内壁,并测量已碳化和未碳化混凝土交界面到表面的垂直距离,不少于回弹测区数的 30%,每孔测三次,每次读数精确到 0.25mm,应取平均值作为检测结果,并应精确至 0.5mm。但当各测区间的碳化深度差大于 2mm 时,说明各测区的碳化深度极差较大,应测得每个测区的碳化深度值。

(2) 回弹结果计算。

计算测区平均回弹值,应从该测区的 16 个回弹值中剔除 3 个最大值和 3 个最小值,余下的 10 个回弹值按式(5-1-1)计算求得平均值:

$$R_m = \frac{\sum_{i=1}^{10} R_i}{10} \tag{5-1-1}$$

式中:R_m——测区平均回弹值,精确至 0.1;R_i——第 i 个测点的回弹值。

根据碳化深度、回弹角度及是否为泵送混凝土,将回弹值换算为抗压强度值,具体参见《回弹法检测混凝土抗压强度技术规程》(JGJ/T 23—2011)规范附表。

泵送混凝土碳化深度值不大于 2.0mm 时,其强度可按式(5-1-2)进行修正;当碳化深度大于 2.0mm 时,应用钻芯法修正。

$$f = 0.034488 R^{19400} 10^{(-0.0173 d_m)} \tag{5-1-2}$$

非水平方向检测混凝土浇筑侧面时,按式(5-1-3)进行角度修正。

$$R_m = R_{m\alpha} + R_{a\alpha} \tag{5-1-3}$$

其中 $R_{m\alpha}$ 为非水平方向检测时的测区平均回弹值,精确到 0.1;$R_{a\alpha}$ 为非水平方向检测时回弹值的修正值,具体参见 JGJ/T 23—2011 附录。

水平方向检测混凝土浇筑面顶面或底面时,应将水平方向检测混凝土浇筑表面或底面时测区的平均回弹值,加上混凝土浇筑表面或底面回弹值的修正值,见式(5-1-4)和(5-1-5)。

$$R_m = R_m^t + R_a^t \tag{5-1-4}$$

$$R_m = R_m^b + R_a^b \tag{5-1-5}$$

式中，R_m^t、R_m^b 为水平方向检测混凝土浇筑面、底面时，测区的平均回弹值，精确至 0.1；R_a^t、R_a^b 为混凝土浇筑表面、底面回弹值的修正值，具体的数值按照 JGJ/T 23—2011 附录取用。

当检测时回弹仪为非水平方向且测试面为非混凝土浇筑面时，应先进行角度修正，再进行浇筑面修正。

当测区数为 10 个及以上时，计算抗压强度平均值和标准差，其计算公式如式(5-1-6)和(5-1-7)。

$$m_{f_{cu}^c} = \frac{\sum_{i=1}^{n} f_{cu,i}^c}{n} \tag{5-1-6}$$

$$S_{f_{cu}^c} = \sqrt{\frac{\sum_{i=1}^{n}(f_{cu,i}^c)^2 - n(m_{f_{cu}^c})^2}{n-1}} \tag{5-1-7}$$

式中：$m_{f_{cu}^c}$——结构或构件测区混凝土强度换算值的平均值(MPa)，精确至 0.1MPa；

$f_{cu,i}^c$——测区混凝土强度个别值(MPa)；

n——对于单个检测的构件，取一个构件的测区数；对批量检测的构件，取被抽检构件测区数之和；

$S_{f_{cu}^c}$——结构或构件测区混凝土强度换算值的标准差(MPa)，精确至 0.01MPa。

混凝土强度推定值($f_{cu,e}^c$)应按下列公式确定：

(a) 当测区数<10 个时，用最小测区强度作为推定值；

$$f_{cu,e}^c = f_{cu,\min}^c \tag{5-1-8}$$

式中：$f_{cu,\min}^c$——构件中最小的测区混凝土强度换算值。

(b) 当测区数≥10 个时，按式(5-1-9)计算：

$$f_{cu} = m_{f_{cu}^c} - 1.645 S_{f_{cu}^c} \tag{5-1-9}$$

(c) 当该结构或构件的测区强度值中出现小于 10.0MPa 时，则 $f_{cu,e}^c$<10.0MPa

回弹仪的使用环境温度应为－4～40℃，回弹检测前后均应在洛氏硬度为 60±2 的钢砧上对回弹仪进行率定，率定时钢砧表面应干燥、清洁，并应稳固地平放在刚度大的物体上；回弹值应取连续向下弹击三次的稳定回弹结果平均值，并分四个方向进行，且每个方向弹击前，弹击杆应旋转 90 度，每个方向的回弹平均值均应为 80±2，不能满足要求的可对回弹仪进行保养，经保养回弹率定值仍然不满足要求的，应进行维修，维修送回后需经计量检定方可使用。

(3) 回弹法测区强度换算值钻芯法或同条件修正。

当检测条件与规程适用条件有较大差异时，可采用在构件上钻取的混凝土芯样或同条件试块对测区混凝土强度换算值进行修正。对同一强度等级混凝土修正时，芯样数量不少于 6 个，公称直径宜为 100mm，高径比应为 1。芯样应在测区内钻取，每个芯样应只加工一个试件，同条件试块修正时，试块数量不少于 6 个，试块边长应为 150mm。计算时，测区混凝土强度修正量及测区混凝土强度换算值的修正应符合下列规定：

(a) 修正量应按照下列公式计算：

$$\Delta_{tot}=f_{cor,m}-f^{c}_{cu,m0} \tag{5-1-10}$$

$$\Delta_{tot}=f_{cu,m}-f^{c}_{cu,m0} \tag{5-1-11}$$

$$f_{cor,m}=\frac{1}{n}\sum_{i=1}^{n}f_{cor,i} \tag{5-1-12}$$

$$f_{cu,m}=\frac{1}{n}\sum_{i=1}^{n}f_{cu,i} \tag{5-1-13}$$

$$f^{c}_{cu,m0}=\frac{1}{n}\sum_{i=1}^{n}f^{c}_{cu,i} \tag{5-1-14}$$

式中：Δ_{tot}——测区混凝土强度修正量(MPa)，精确到 0.1 MPa；

$f_{cor,m}$——芯样试件混凝土强度平均值(MPa)，精确到 0.1 MPa；

$f_{cu,m}$——150mm 同条件立方体试块混凝土强度平均值(MPa)，精确到 0.1MPa；

$f^{c}_{cu,m0}$——对应于钻芯部位或同条件立方体试块回弹测区混凝土强度换算值的平均值(MPa)，精确到 0.1 MPa；

$f_{cor,i}$——第 i 个混凝土芯样试件的抗压强度；

$f_{cu,i}$——第 i 个混凝土立方体试块的抗压强度；

$f^{c}_{cu,i}$——对应于第 i 个芯样部位或同条件立方体试块测区回弹值和碳化深度值的混凝土强度换算值，可按《回弹法检测混凝土抗压强度技术规程》(JGJ/T 23—2011)附录 A 或 B 取值；

n——芯样或试块数量。

(b) 测区混凝土强度换算值的修正应按照下式计算：

$$f^{c}_{cu,i1}=f^{c}_{cu,i0}+\Delta_{tot} \tag{5-1-15}$$

式中：$f^{c}_{cu,i0}$——第 i 个测区修正前的混凝土强度换算值(MPa)，精确到 0.1 MPa；

$f^{c}_{cu,i1}$——第 i 个测区修正后的混凝土强度换算值(MPa)，精确到 0.1 MPa。

(4) 龄期修正系数修正。

当原结构混凝土强度等级的检测受实际条件限制而无法取芯时，且混凝土龄期超过回弹法测强曲线的适用范围，此时可依据《混凝土结构加固设计规范》(GB 50367)采用系数修正，其结果仅可用于结构的加固设计。

当采用龄期修正系数对回弹法检测得到的测区混凝土抗压强度换算值进行修正时，还需符合下列条件：

(a) 龄期已经超过 1000d，处于干燥状态的普通混凝土；

(b) 混凝土外观质量正常，未受环境介质作用的侵蚀；

(c) 经超声波或其他检测结果表明，混凝土内部无明显的不密实和蜂窝状局部缺陷；

(d) 混凝土抗压强度等级在 C20～C50 之间，且实测碳化深度大于 6mm。

此时，混凝土抗压强度换算值可乘以下表的修正系数 α_n 予以修正，见表 5.1.1。

表 5.1.1　测区混凝土抗压强度换算值龄期修正系数

龄期 d	1000	2000	4000	6000	8000	10000	15000	20000	30000
修正系数 α_n	1.00	0.98	0.96	0.94	0.93	0.92	0.89	0.86	0.82

例：现场测得某测区平均回弹值 R_m＝50.8；其平均碳化深度 d_m＞6.0mm，由《回弹法检测混凝土抗压强度技术规程》查得测区混凝土强度换算值 $f^c_{cu,i}$(1000d)＝40.3MPa。若被测龄期已达 15000d，则根据上表，龄期修正系数为 α_n＝0.89，$f^c_{cu,i}$(15000d)＝40.3×0.89＝35.8MPa。

5.1.1.2　超声回弹综合法

超声回弹综合法是采用低频超声波检测仪和回弹仪，在结构或构件的混凝土同一测区分别测量超声声时及回弹值并利用已经建立的测强公式，推算该测区混凝土强度的一种方法。应用超声回弹综合法时混凝土原材料应满足国家标准要求，混凝土龄期应在 7～2000d 范围内，混凝土的强度在 10～70MPa 范围，不适用于遭受冻害、化学侵蚀、火灾的结构，以及环境温度低于－4℃或高于 40℃，构件厚度小于 100mm 的混凝土结构。

(1) 测区布置。

超声回弹法按单个构件检测时，应在构件上均匀布置测区，每个构件的测区数不少于 10 个；按批抽样检测时，构件抽样数不应少于同批构件的 30%，且不应少于 10 件；对建筑结构性能的检测，可按照现行国家标准《建筑结构检测技术标准》(GB/T 50344)的规定抽样；对某一方向尺寸不大于 4.5m 且另一方向尺寸不大于 0.3m 的构件，其测区数量可适当减少，但不应少于 5 个。

测区宜优先布置在构件混凝土浇筑方向的侧面；测区可在构件的两个对应面、相邻面或同一面上布置；测区宜均匀布置，相邻两测区的间距不宜大于 2m；测区尺寸宜为 200mm×200 mm；采用平测时宜为 400mm×400mm，应避开钢筋密集区和预埋件，测试面应清洁、平整、干燥，不应有接缝、施工缝、饰面层、浮浆和油垢，并应避开蜂窝、麻面部位。必要时，可用砂轮片清除杂物和磨平不平整处，并擦净残留粉尘。用有色粉笔画出测区位置并编号。

(2) 检测程序。

对结构或构件的每一测区，应先进行回弹测试，后进行超声测试，按《回弹法检测混凝土抗压强度技术规程》(JGJ/T 23)进行回弹检测，在构件测区内超声波发射和接收面各弹击 8 点，超声波单面平测时，可在超声波的发射和接收测点之间弹击 16 点。每一测点的回弹值，测读精确度至 1，测点在测区范围内宜均匀布置，但不得布置在气孔或外露石子上。相邻两测点的间距不宜小于 30mm；测点距构件边缘或外露钢筋、铁件的距离不应小于 50mm，同一测点只允许弹击一次。

超声测试时，换能器辐射面应通过耦合剂与混凝土测试面良好耦合。

超声测点应布置在回弹测试的同一测区内，每一测区布置 3 个测点。超声测试宜优先采用对测或角测，当被测构件不具备对测或角测条件时，可采用单面平测。

(3) 回弹值的计算。

回弹值应从该测区的 16 个回弹值中剔除 3 个最大值和 3 个最小值，余下的 10 个回弹值按式(5－1－16)计算求得平均值：

$$R_m = \frac{\sum_{i=1}^{10} R_i}{10} \tag{5-1-16}$$

非水平状态下测得的回弹值，应按下列公式修正：

$$R_a = R + R_{a\alpha} \tag{5-1-17}$$

式中：R_a——非水平方向检测时的测区平均回弹值；$R_{a\alpha}$——非水平方向检测时回弹值的修正值，按表 5.1.2 选用。

由混凝土浇筑方向的顶面或底面测得的回弹值，应进行下列修正：

$$R_a = R + (R_a^t + R_a^b) \tag{5-1-18}$$

式中：R_a^t、R_a^b——水平方向检测混凝土浇筑面、底面时，测区的平均回弹值，按表 5.1.3 选用。

表 5.1.2　非水平状态测得的回弹修正值

测试角度 / $R_{a\alpha}$ / R_m	回弹仪向上				回弹仪向下			
	+90°	+60°	+45°	+30°	−30°	−45°	−60°	−90°
20	−6.0	−5.0	−4.0	−3.0	+2.5	+3.0	+3.5	+4.0
30	−5.0	−4.0	−3.5	−2.5	+2.0	+2.5	+3.0	+3.5
40	−4.0	−3.5	−3.0	−2.0	+1.5	+2.0	+2.5	+3.0
50	−3.5	−3.0	−2.5	−1.5	+1.0	+1.5	+2.5	+2.5

注：① 当测试角度 $\alpha=0°$ 时，修正值为 0，R 小于 20 或大于 50 时，分别按 20 或 50 查表；

② 表中未列出数值，可用内插法求得，精确至 0.1。

表 5.1.3　由混凝土浇筑的顶面或底面测得的回弹修正值 R_a^t、R_a^b

测试面 / R 或 R_a	顶面 R_a^t	底面 R_a^b	测试面 / R 或 R_a	顶面 R_a^t	底面 R_a^b
20	+2.5	−3.0	40	+0.5	−1.0
25	+2.0	−2.5	45	0	−0.5
30	+1.5	−2.0	50	0	0
35	+1.0	−1.5			

注：① 当测试角度等于 0 时，修正值为 0；R 小于 20 或大于 50 时，分别按 20 或 50 查表；

② 当先进行角度修正时，采用修正后的回弹代表值 R_a；

③ 表中未列数值，可用内插法求得。

当检测时回弹仪为非水平方向且测试面为非混凝土浇筑面时，应先进行角度修正，再进行浇筑面修正。

(4) 声速值计算。

当在混凝土浇筑方向的侧面对测时，测区混凝土中声速代表值应根据该测中 3 个测点的混凝土中声速值按下式计算：

$$\nu=\frac{1}{3}\sum_{i=1}^{3}\frac{l_i}{t_i-t_0} \tag{5-1-19}$$

式中：v—— 测区混凝土中声速代表值(km/s)；

l_i——第 i 个测点的超声测距(mm)；

t_i——第 i 个测点的声时读数(μs)；

t_0——声时初读数(μs)。

超声检测时，每个测区声速取平均值，当在混凝土浇筑的顶面或底面测试时应按式(5-1-20)修正：

$$\nu_a=\beta\cdot\nu \tag{5-1-20}$$

式中：v_a——修正后的测区混凝土中声速代表值(km/s)；

β——超声测试面的声速修正系数，在混凝土浇筑的顶面和底面间对测或斜测时，$\beta=1.034$；在顶面平测时，$\beta=1.05$；在底面平测时，$\beta=0.95$。

(5) 结构混凝土强度推定，根据修正后的测区回弹值和修正后的测区声速值优先采用专用或地区测强曲线推定，具体详见《超声回弹综合法检测混凝土强度技术规程》(CECS 02：2005)附录，当无此曲线时，可按式(5-1-21)或(5-1-22)计算。

当粗骨料为卵石时：$f^c_{cu,i}=0.0056(v_{ai})^{1.439}(R_{ai})^{1.769}$　　(5-1-21)

当粗骨料为碎石时：$f^c_{cu,i}=0.0162(v_{ai})^{1.656}(R_{ai})^{1.410}$　　(5-1-22)

式中：$f^c_{cu,i}$——第 i 个测区混凝土强度换算值，精确至 0.1MPa；

v_i——第 i 个测区修正后的超声声速值，精确至 0.01km/s；

R_i——第 i 个测区修正后的回弹值，精确至 0.1。

当结构或构件中的测区数不少于 10 个时，各测区混凝土抗压强度换算值的平均值和标准差按式(5-1-23)及(5-1-24)计算：

$$m_{f^c_{cu}}=\frac{\sum_{i=1}^{n}f^c_{cu,i}}{n} \tag{5-1-23}$$

$$S_{f^c_{cu}}=\sqrt{\frac{\sum_{i=1}^{n}(f^c_{cu,i})^2-n(m_{f^c_{cu}})^2}{n-1}} \tag{5-1-24}$$

式中：$f^c_{cu,i}$——结构或构件第 i 个测区混凝土强度换算值；

$m_{f^c_{cu}}$——结构或构件测区对混凝土强度换算值；

$S_{f^c_{cu}}$——结构或构件测区混凝土强度换算值的标准差，精确至 0.01MPa；

n——测区数，对于单个检测的构件，取一个构件的测区数；对批量检测的构件，取被抽检构件测区数之和。

当结构或构件所采用的材料及其龄期与测强曲线有较大差异时，应用同条件立方体试件或钻取的芯样抗压强度进行修正。试件数量不应少于 4 个。此时，采用式(5-1-25)和(5-1-26)计算测区混凝土抗压强度换算值应乘以下式修正数 η：

采用同条件立方体试件修正时：

$$\eta=\frac{1}{n}\sum_{i=1}^{n}f_{cu,i}/f^c_{cu,i} \tag{5-1-25}$$

采用混凝土芯样试件修正时：

$$\eta = \frac{1}{n}\sum_{i=1}^{n} f_{cor,i} / f_{cu,i}^{c} \tag{5-1-26}$$

式中：η——修正系数，精确至小数后两位；

$f_{cu,i}^{c}$——对应于第 i 个立方体试件或芯样试件的混凝土抗压强度换算值，精确至 0.1MPa；

$f_{cu,i}$——第 i 个混凝土立方体（边长 150mm）试件的抗压强度实测值；

$f_{cor,i}$——第 i 个混凝土芯样（ϕ100mm×100mm）试件的抗压强度实测值；

n——试件数。

结构或构件混凝土抗压强度推定值 $f_{cu,e}^{c}$ 按下列规定确定：

当结构或构件的测区抗压强度换算值中出现小于 10.0MPa 的值时，该构件的混凝土抗压强度推定值 f 取小于 10.0MPa；当该结构或构件测区数少于 10 个时：

$$f_{cu,e}^{c} = f_{cu,\min}^{c} \tag{5-1-27}$$

式中：$f_{cu,\min}^{c}$——构件中最小的测区混凝土强度换算值（MPa），精确至 0.1MPa。

当该结构或构件测区数不少于 10 个或按批量检测时，应按下列公式计算：

$$f_{cu} = m_{f_{cu}^{c}} - 1.645 S_{f_{cu}^{c}} \tag{5-1-28}$$

按批量检测的构件，当其标准差出现下列情况之一时，该批构件应全部按单个构件进行强度推定：

检测批构件的抗压强度平均值 $m_{f_{cu}^{c}}$ 小于 25MPa 时：$S_{f_{cu}^{c}} > 4.50$MPa；

检测批构件的抗压强度平均值 $m_{f_{cu}^{c}}$ 等于 25.0～50.0MPa 时：$S_{f_{cu}^{c}} > 5.50$MPa；

检测批构件的抗压强度平均值 $m_{f_{cu}^{c}}$ 大于 50.0MPa 时：$S_{f_{cu}^{c}} > 6.50$MPa。

当缺少专用地区测强曲线时，可采用规范规定方法的全国统一测强曲线，但使用前应进行验证。选用本地区常用原材料，按最佳配合比制作混凝土强度等级为 C15、C20、C30、C40、C50、C60 的混凝土，制作边长为 150mm 立方体试件各 3 组（共 18 组），7d 潮湿养护后再进行自然养护。按龄期为 28d、60d、90d 用回弹超声综合法测试，进行抗压强试验。根据测得的回弹值和声速值，得出抗压强度换算值。将抗压试验实测值和相应的换算值进行相对误差计算，如相对误差 $e_r \leqslant 15\%$，则可用全国统一测强曲线，如误差 $e_r > 15\%$，则应另行建立地区专用测强曲线。

5.1.1.3　拔出法

拔出法是指将安装在混凝土中的锚固件拔出，测出极限拔出力，利用事先建立的极限拔出力和混凝土强度间的相关关系，推定被测混凝土结构构件的混凝土强度的方法。拔出法分为预埋拔出法和后装拔出法两种。其中，预埋拔出法是指预先将锚固件埋入混凝土中的拔出法，适用于成批的、连续生产的混凝土构件；后装拔出法是指混凝土硬化后，在现场混凝土结构上后装锚固件，可按不同目的选择混凝土结构检测方法。

目前，极限拔出力与混凝土拔出破坏机理看法尚不一致，但实验证明，在常用混凝土范围内，拔出力与混凝土强度有着非常良好的相关关系，其检测结果与立方体试块强度的离散性较小，检测结果令人满意。

拔出法的试验方法是指在已硬化的混凝土构件上钻孔，埋入一个锚固件，然后根据测试锚固件被拔出时的拉力，来确定混凝土的拔出强度，并以此推算混凝土的抗压强度。

后拔出法的主要实验装置有钻孔机、磨槽机、锚固件及拔出仪等，钻孔机与磨槽机用以在混凝土上钻孔，并在孔壁上磨出凹槽。拔出仪分为圆环式和三点式两种：圆环式拔出仪的反力支承内径 $d_1=55\text{mm}$，锚固件的锚固深度 $h=25\text{mm}$，钻孔直径 $d_1=18\text{mm}$，其构造如图 5.1.2 和图 5.1.3 所示。拔出仪的最大拔出力不小于 60kN，工作行程不小于 4mm，允许示值误差为±2%F.S，测力装置具有峰值保持功能，用于粗骨料最大粒径不大于 40mm 的混凝土。三点式拔出仪的反力支承内径为 120mm，锚固件的锚固深度为 35mm，钻孔直径为 22cm，工作行程不小于 6mm，允许示值误差为±2%F.S，测力装置具有峰值保持功能，用于粗骨料最大粒径不大于 60mm 的混凝土。

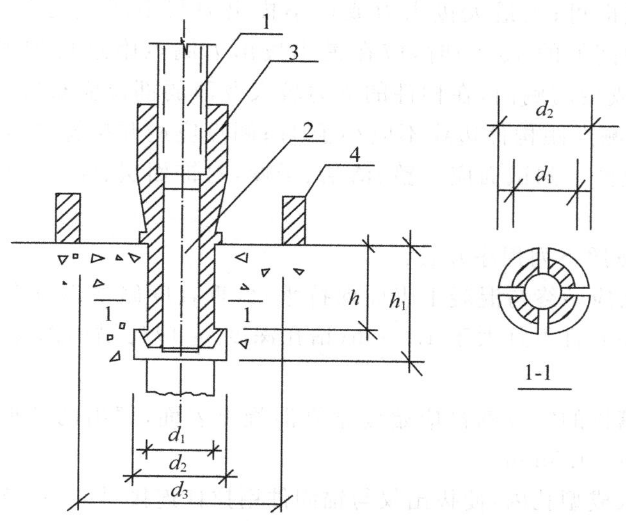

图 5.1.2 三点式拔出法试验装置示意图

1—拉杆，2—胀杆，3—胀簧，4—反力支承。

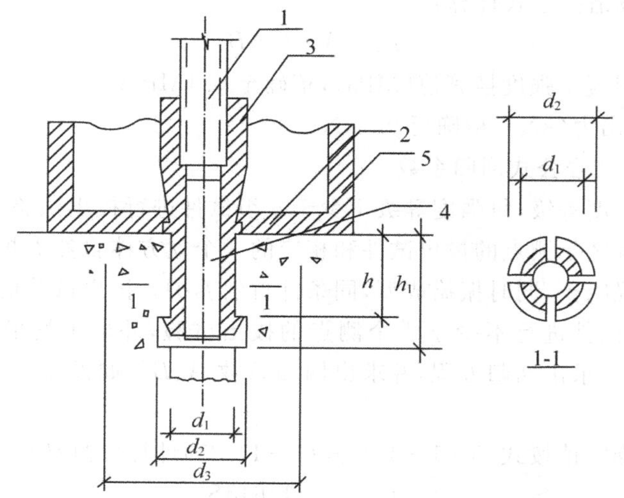

图 5.1.3 圆环式拔出法试验装置示意图

1—拉杆，2—对中圆盘，3—胀簧，4—胀杆，5—反力支承。

检测前应收集工程名称及设计、施工、建设单位名称；结构或构件名称、设计图纸及图纸要求的混凝土强度等级；粗骨料品种、最大粒径及混凝土配合比；混凝土浇筑和养护情况以及混凝土的龄期；结构或构件存在的质量问题，以及混凝土受损情况等相关资料。

结构或构件的混凝土强度可按单个构件检测或同批构件按批抽样检测。当混凝土强度等级相同，混凝土原材料、配合比、施工工艺、养护条件及龄期基本相同，构件种类相同，构件所处环境相同的构件可作为同批构件。

测点布置：当同批构件按批抽样检测时，抽检数量应不少于同批构件总数的 30%，且不少于 10 件，每个构件不应少于 3 个测点，按单个构件检测时，应在构件上均匀布置 3 个测点。当 3 个拔出力中的最大拔出力和最小拔出力与中间值之差均小于中间值的 15% 时，仅布置 3 个测点即可；当最大拔出力或最小拔出力与中间值之差大于中间值的 15%（包括两者均大于中间值的 15%）时，应在最小拔出力测点附近再加测 2 个测点；测点宜布置在构件混凝土成型的侧面，在构件的受力较大及薄弱部位应布置测点，相邻两测点的间距不应小于 10h，测点距构件边缘不应小于 4h；测点应避开接缝、蜂窝、麻面部位和混凝土表层的钢筋、预埋件。测试面应平整、清洁、干燥，对饰面层、浮浆等应予清除，必要时进行磨平处理。

拔出法检测应按照下列程序开展：

(1) 钻孔。钻头应始终与混凝土表面保持垂直，垂直度偏差不应大于 3°。钻孔直径 dl 应比规定值大 0.1mm，且不宜大于 1.0mm；钻孔深度 h_1 应比锚固深度 h 深 20～30mm，允许误差为±0.8mm。

(2) 磨槽。磨槽机的定位圆盘应始终紧靠混凝土表面，磨出的环形槽形状应规整。环形槽深度 c 应为 3.6～4.5mm。

(3) 将胀簧插入成型孔内，使拔出仪与锚固件用拉杆连接对准，并与混凝土表面垂直。

(4) 施加拔出力应连续均匀，其速度控制在 0.2～1.0kN/s。施加拔出力至混凝土开裂破坏、测力显示器读数不再增加为止，记录极限拔出力值精确至 0.1kN。

混凝土强度换算值按下式计算：

$$f_{cu}^{c}=A\cdot F+B \tag{5-1-29}$$

式中：f_{cu}^{c}——混凝土强度换算值(MPa)，精确至 0.1MPa；

F——拔出力(kN)，精确至 0.1kN；

A、B——测强公式回归系数。

用不少于 6 个强度等级，每强度等级不少于 6 组试件进行拔出试验和抗压强度试验，每组由 1 个至少可布置 3 个测点的拔出试件和相应的 3 个立方体自然养护。拔出试件和立方体试块应采用同盘混凝土，同时振捣成型，同条件自然养护。拔出试验的测点布置在试件成型侧面，在每一拔出试件进行不少于 3 个测点的拔出试验，并取平均值作为拔出力的计算值。建立回归方程，并求出回归方程，并求出回归系数 A、B。如没有建立回归方程，可采用 $A=1.59$，$B=-5.8$。

混凝土强度的推定值按式(5-1-30)、式(5-1-31)计算(均精确至 0.1MPa)：

$$f_{cu,e}=m_{f_{cu}^{c}}-1.645S_{f_{cu}^{c}} \tag{5-1-30}$$

$$f_{cu,e}=m_{f_{cu,\min}^{c}}=\frac{1}{m}\sum_{j=1}^{m}f_{cu,\min,j}^{c} \tag{5-1-31}$$

取式(5-1-30)和式(5-1-31)中的较大值作为该批构件的混凝土强度推定值。

式中：$f_{cu,e}$——混凝土强度推定值；

$m_{f_{cu}^c}$——本批构件混凝土强度换算值的平均值(MPa)，按下式计算：

$$m_{f_{cu}^c}=\frac{\sum_{i=1}^{n}f_{cu,i}^c}{n} \tag{5-1-32}$$

$f_{cu,i}^c$——第 i 个测点混凝土强度换算值；

$m_{f_{cu,\min}^c}$——本批构件混凝土强度换算值中最小值的平均值；

$f_{cu,\min,j}^c$——第 j 个构件混凝土强度换算值中的最小值；

m——批抽检的构件数；

n——批抽检构件的测点总数；

$S_{f_{cu}^c}$——本批构件混凝土换算值的标准差(MPa)，按下式计算：

$$S_{f_{cu}^c}=\sqrt{\frac{\sum_{i=1}^{n}(f_{cu,i}^c)^2-n(m_{f_{cu}^c})^2}{n-1}} \tag{5-1-33}$$

对于按批抽样检测的构件，当全部测点的强度标准差出现下列情况时，则该批构件应全部按单个构件检测：

当混凝土强度换算值的平均值小于或等于 25MPa 时，$S_{f_{cu}^c}>4.5$MPa；

当混凝土强度换算值的平均值大于 25MPa 时，$S_{f_{cu}^c}>5.5$MPa。

5.1.1.4　钻芯法

钻芯法是利用钻芯机、钻头、切割机等配套机具，在结构构件上钻取芯样，通过芯样抗压强度直接推定结构构件的强度或缺陷，无需通过其他参数等环节。它的优点是直观、准确、代表性强，缺点是对结构构件有局部破损，芯样数量不可太多，而且价格也相对昂贵。

我国从 20 世纪 80 年代开始，对钻芯法开展了广泛研究，目前我国已广泛应用并能够配套生产供应钻芯机、人造金刚石薄壁钻头、切割机及其他配套机具，钻机和钻头规格可达十几种。钻芯法除用以检测混凝土强度外，还可以检测结构混凝土受冻、火灾损伤深度、裂缝深度以及混凝土接缝、分层、离析、孔洞等缺陷。

由于钻芯法是根据芯样的抗压强度推定结构混凝土抗压强度的一种半破损现场检测方法，钻芯法的测定值就是芯样的抗压强度。目前，我国也已制定了《钻芯法检测混凝土强度技术规程》(CECS 03—2007)。

钻芯法检测的仪器设备主要有钻芯机、锯切机、研磨机。

钻芯机：钻孔取芯机是钻芯试验法的基本设备，它的主要作用是从混凝土结构物上钻取合格的芯样，通常由机架、驱动部分、减速部分及冷却和排渣系统五部分组成，应具有足够的刚度、操作灵活、固定和移动方便，主要轴径向跳动不超过 0.1mm，钻取芯样时宜采取 100mm 或 150mm 的金刚石或人造金刚石薄壁钻头。钻头胎体不得有肉眼可见的裂缝、缺边、少角、倾斜及喇叭口变形。钻头胎体对钢体的同心度偏差不得大于 0.3mm。

锯切机：用来切平芯样端面，要求切割后表面平整并与主轴垂直，应具有冷却系统和牢固夹紧芯样的装置；配套使用的人造金刚石圆锯片应有足够的刚度和平直度，一般要求锯片直径大于切割厚度的 3 倍，锯片旋转线速度不低于 40～45m/s。

研磨机：芯样锯切后端面如果达不到平整度的要求，或端面与中轴线不垂直，则需对端面进行磨平或补平处理。磨平时采用端面磨平机，也可以用硫磺胶泥或水泥净浆或砂浆补平。

按单个构件检测时，每个构件的钻芯数量不少于3个，对较小构件可取2个；对构件的局部区域进行检测时，应由委托单位提出芯样数量；芯样直径不宜小于骨料最大粒径的3倍，在任何情况下不得小于70mm且不得小于骨料最大粒位的2倍。

芯样应取在结构或构件受力较小、强度质量具有代表性且便于钻芯机安放与操作的部位，并应避开主筋、预埋件和管线的位置，并尽量避开其他钢筋，如果采用钻芯法和非破损法综合测定强度，应将钻芯位置与非破损检测取同一测区。

钻芯机就位并安放平稳后，应将钻芯机固定，保证其位置准确，工作时不产生位置偏移。固定的方法应根据钻芯机构造和施工现场的具体情况，分别采用顶杆支撑、配重、真空吸附或膨胀螺栓等方法。钻芯机在未安装钻头之前，应先通电检查主轴旋转方向，当确定为顺时针方向时方可安装钻头。其主轴线应与被测混凝土表面垂直。

接通电源和水源，调好速度，使钻头缓缓接触混凝土表面，当钻头刃部入槽稳定后，方可慢慢加压钻进，冷却水流量应调整至(3～5)L/min，出口水温不宜超过30℃，钻至规定位置后，取下芯样，将其编号并包装。

取得芯样后，当不能满足平整度及垂直度要求时，应采用磨平或补平的方法加工芯样。芯样表面应平滑，端面与侧面应相互垂直，芯样试件内不宜含有钢筋，如不能满足此项要求，每个标准芯样内只允许含有2根直径小于10mm的钢筋，公称直径小于100mm的芯样，每个试件最多允许有一根直径小于100mm的钢筋，且芯样的钢筋应与芯样试件的轴线基本垂直并离开端面100mm以上。

芯样的端面可在磨平机上磨平，或用水泥砂浆(或水泥净浆)或硫磺胶泥(或硫磺)等材料在专用补平装置上补平。水泥砂浆补平厚度不宜大于5mm，硫磺胶泥补平厚度不宜大于1.5mm，补平层应与芯样结合牢固，以使受压时补平层与芯样的结合面不提前破坏。

芯样尺寸测量：在相互垂直的两个位置上用卡尺测量芯样中部直径，取其平均值，精确至0.5mm，用钢板尺测量芯样高度，精确至1mm，垂直度用游标量角器测量两个端面与母线的夹角，精确至0.1°，用钢板尺测量试件端面的平整度。

经端面补平后的芯样高度小于0.95d或大于1.05d时(d为芯样试件平均直径)，沿试件高度任一直径与平均直径相差达2mm以上时，试件端面的不平整度在100mm长度内超过0.1mm时，试件端面与轴线的不垂直度超过1°时或芯样有裂缝或有其他较大缺陷时，不得用作抗压强度试验。

当芯样试件尺寸及平整度满足要求后，按现行国家标准《普通混凝土力学性能试验方法》(GB/T 50081)进行抗压试验，芯样的干湿程度应与结构构件一致。按自然干燥状态进行试验时，芯样试件在受压前应在室内自然干燥3d；按潮湿状态进行试验时，芯样试件应在20±5℃的清水中浸泡40～48h，从水中取出后应立即进行抗压试验。

芯样抗压强度按式(5-1-34)计算：

$$f_{cu,cor}=\frac{Fc}{A} \tag{5-1-34}$$

式中：$f_{cu,cor}$——芯样试件的混凝土抗压强度值(MPa)，精确至0.1MPa；

F_c——芯样试件的抗压试验测得的最大压力(N)；

A——芯样试件的抗压截面积。

当对检测批的混凝土强度采用钻芯法时，检测批的混凝土强度值应计算推定区间，推定区间的上限值和下限值按下列公式计算，强度值均应精确至 0.1MPa：

上限值：$f^c_{cu,e1}=f^c_{cu,cor,m}-k_1 s_{cor}$　(5-1-35)

下限值：$f^c_{cu,e2}=f^c_{cu,cor,m}-k_2 s_{cor}$　(5-1-36)

平均值：$f_{cu,cor,m}=\dfrac{\sum\limits_{i=1}^{n} f_{cu,cor,i}}{n}$　(5-1-37)

标准差：$S_{cor}=\sqrt{\dfrac{\sum\limits_{i=1}^{n}(f_{cu,cor,i}-f_{cu,cor,m})^2}{n-1}}$　(5-1-38)

式中：$f_{cu,cor,m}$——芯样试件的混凝土抗压强度平均值；

$f_{cu,cor,i}$——单个芯样试件的混凝土抗压强度值；

$f^c_{cu,e1}$——混凝土抗压强度推定上限值；

$f^c_{cu,e2}$——混凝土抗压强度推定下限值；

k_1，k_2——推定区间上限值系数和下限值系数，按 CECS 03—2007 附录 B 查表；

S_{cor}——芯样试件抗压强度样本的标准差。

$f^c_{cu,e1}$和 $f^c_{cu,e2}$ 所构成推定区间的置信度宜为 0.85，$f^c_{cu,e1}$ 与 $f^c_{cu,e2}$ 之间的差值不宜大于 5.0MPa 和 0.10$f_{cu,cor,m}$两者的较大值；宜以 $f^c_{cu,e1}$ 作为检测批混凝土强度的推定值。

钻芯确定检测批混凝土强度推定值时，可剔除芯样试件抗压强度样本中的异常值。剔除规则应按现行国家标准《数据的统计处理和解释　正态样本异常值的判断和处理》(GB/T 4883)的规定执行。当确有试验依据时，可对芯样试件抗压强度样本的标准差 S_{cor} 进行符合实际情况的修正或调整。

钻芯确定单个构件的混凝土强度推定值时，有效芯样试件的数量不应少于 3 个；对于较小构件，有效芯样试件的数量不得少于 2 个。单个构件的混凝土强度推定值不再进行数据的舍弃，而应按有效的芯样试件混凝土抗压强度值中的最小值确定。

当采用回弹法、超声回弹综合法等间接法检测混凝土结构强度时，可采用取芯对间接测强方法进行钻芯修正。

采用芯样修正的标准芯样试件的数量不应少于 6 个，小直径芯样试件数量宜适当增加。芯样应从采用间接检测方法的结构构件中随机抽取，取芯位置应符合本节相关规定，当采用的间接检测方法为无损检测方法时，钻芯位置应与间接检测方法相应的测区重合；当采用的间接检测方法对结构构件有损伤时，钻芯位置应布置在相应测区的附近。

钻芯修正后的换算强度可按下列公式计算：

$$f_{cu,i0}=f^c_{cu,i}+\Delta f \quad (5-1-39)$$

$$\Delta f=f_{cu,cor,m}-f_{cu,mj} \quad (5-1-40)$$

式中：$f_{cu,i0}$——修正后的换算强度；

$f^c_{cu,i}$——修正前的换算强度；

Δf——修正量；

$f_{cu,mj}$——所用间接检测方法对应芯样测区的换算强度的算术平均值。

钻芯修正方法确定检测批的混凝土强度推定值时，应采用修正后的样本算术平均值和标准差，并按本节式(5－1－35)～(5－1－38)的方法确定。

钻孔取芯后，结构物上留下的圆孔必须及时加以修补，一般可采用以合成树脂为胶结材料的细石聚合物混凝土，也可采用微膨胀水泥细石混凝土，修补时应充分清楚孔中污物，修补后应妥善保养，保证新填混凝土与结构母体的良好结合。一般来说，及时修补后构件的承载能力仍有可能低于未钻孔前的承载能力，所以，钻芯法不宜普遍采用，更不得在一个受力区域内集中钻孔。

钻芯法与其他方法比较，虽然更为直观和可靠，但是它毕竟是一种半破损的方法，试验费用也较高，一般不宜把钻芯作为经常性的检测手段。较适宜的方法是将钻芯法与其他非破损检测方法结合，利用非破损法减少取芯的数量，同时，通过钻芯法对非破损法进行修正，提高非破损法的精度。

5.1.2 混凝土中钢筋配置与钢筋锈蚀检测

5.1.2.1 钢筋间距和混凝土保护层厚度

钢筋位置以及保护层厚度检测分别有磁感仪和雷达法两种。电磁感应法是应用电磁感应原理检测混凝土中钢筋间距、混凝土保护层厚度及直径的方法。雷达法是通过发射和接收到的毫微秒级雷达波来检测混凝土中的钢筋间距、混凝土保护层厚度的方法。

磁感仪的基本原理是根据钢筋对仪器探头所发出的电磁场的感应强度来判定钢筋的位置和深度，磁感仪有多种型号，早期的磁感仪采用指针指示，目前常用的均为数字显示或成像显示，利用随机所带的软件，将图像传送至计算机，通过打印机输出图像。当混凝土保护层厚度为10～50mm时，应用校准试件进行校准，电磁感应法钢筋探测仪的混凝土保护层厚度检测误差不应大于±1mm，钢筋间距检测误差不应大于±3mm。

雷达仪是利用雷达波在混凝土中的传播速度来推算其传播距离，判断钢筋位置及保护层厚度，雷达法可以成像，宜用于结构构件中钢筋间距的大面积扫描检测，当精度满足要求时，也可用于混凝土保护层厚度检测。

对梁、板类构件，应抽取构件数量的2%且不少于5个构件进行检测。对选定的梁类构件，应对全部纵向受力钢筋的保护层厚度进行检验；对选定的板类构件，应抽取不少于6根纵向受力钢筋的保护层厚度进行检验。对每根钢筋，应在有代表性的部位测量1点。

当采用电磁感应法检测时，如遇到仪器要求钢筋直径已知方能确定保护层厚度，而钢筋直径未知或有异议的，钢筋实际根数、位置与设计有较大偏差的，采用具有铁磁性原材料配制混凝土的，构件饰面层未清除的情况下检测钢筋保护层厚度，钢筋以及混凝土材质与校准试件有显著差异等情况；或者采用雷达法检测时，钢筋实际根数、位置与设计有较大偏差或无资料可参考，混凝土含水率较高，钢筋以及混凝土材质与校准试件有显著差异，应选取不少于30%的已测钢筋且不少于6处(当实际检测数量不到6处时应全部抽取)，采用钻孔、剔凿等方法验证，用卡尺量测，精度为0.1mm。

检测前，应结合设计资料了解钢筋布置情况，钢筋保护层厚度或钢筋位置检测的结构部

位。必要时，应由业主、设计等各方根据其重要性共同选定。

进行钢筋位置检测时，探头有规律地在检测面上移动，直到仪器显示接收信号最强或保护层厚度值最小时，结合设计资料判断钢筋位置，此时探头中心线与钢筋轴线基本重合，在相应位置做好标记。按上述步骤将相邻的其他钢筋逐一标出。

钢筋定位后按下列步骤进行保护层厚度的检测：

设定好仪器量程范围及钢筋直径，沿被测钢筋轴线选择相邻钢筋影响较小的位置，并应避开钢筋接头，读取第一个保护层厚度值。每根钢筋的同一位置重复检测 1 次，每次读取 2 个保护层厚度检测值。

对同一处读取的 2 个保护层厚度值相差大于 1mm 时，应检查仪器是否偏离标准状态并及时调整(如重新调零)。不论仪器是否调整，其前次检测数据均舍弃，在该处重新进行 2 次检测并再次比较，如 2 个保护层厚度值相差仍大于 1mm 时，则应该更换检测仪器或采用钻孔、剔凿的方法核实。

当实际保护层厚度值小于仪器最小示值时，可以采用附加垫块的方法进行检测。宜优先选用仪器所附的垫块，自制垫块对仪器不应产生电磁干扰，表面光滑平整，其各方向厚度值偏差不大于 0.1mm，所加垫块厚度计算时应予扣除。

检测钢筋间距时，应将连续相邻的被测钢筋一一标出，不得遗漏，并不宜少于 7 根钢筋(即 6 个间距)，然后量测第一根钢筋和最后一根钢筋的轴线距离，并计算其间隔数。

根据钢筋设计图纸等资料，确定被测结构或构件中钢筋的排列方向，按钢筋位置检测的方法，对被测钢筋及其相邻钢筋进行准确定位并标记。被测钢筋周边的钢筋与探头边缘的距离应大于 50mm，并应避开钢筋接头。在定位的标记上，检测钢筋的直径，每根钢筋重复测两次，第 2 次检测时探头旋转 180°。同一处两个示值相差应小于 1mm，否则应检查仪器是否偏离零点状态并及时调整。不论仪器是否调整，其前次检测数据均舍弃，在该处重新进行两次检测并再次比较，如两个保护层厚度值相差仍大于 1mm 时，则应更换检测仪器或采用钻孔、剔凿的方法验证。

当采用雷达法检测时，检测前应根据被检测结构或构件所采用的混凝土，对雷达仪进行介电常数的校准，根据被测结构或构件中钢筋的排列方向，雷达仪探头或天线垂直于被测钢筋轴线方向进行扫描，仪器采集并记录被测部位的反射信号，经过适当处理后仪器可显示被测部位的图像，根据钢筋反射波位置可推算钢筋深度和间距。

钢筋混凝土保护层厚度平均测量值按下式计算：

$$c_{mi}^{t}=(c_1^t+c_2^t+2c_c-2c_0) \tag{5-1-41}$$

式中：c_{mi}^{t}——第 i 测点混凝土保护层厚度平均检测值；

c_1^t, c_2^t——第 1,2 次检测的混凝土保护层厚度检测值；

c_c——混凝土保护层厚度修正值，为同一规格钢筋的混凝土保护层厚度实测验证值减去检测值；

c_0——探头垫块厚度，精确至 0.1mm；不加垫块时，$c_0=0$。

钢筋间距测算一般采用绘图方式给出结果，当钢筋根数不少于 7 根(6 个以上间距)时，也可给出钢筋最大间距、最小间距，并计算平均间距：

$$s_{mi}=\frac{\sum_{i=1}^{n}s_i}{n} \tag{5-1-42}$$

式中：s_{mi}——钢筋平均间距，精确至1mm；

s_i——第 i 个钢筋间距，精确至1mm。

5.1.2.2 钢筋直径检测

检测钢筋公称直径一般采用数字显值的钢筋探测仪，仪器性能符合《混凝土中钢筋检测技术规程》(JGJ/T 152)有关要求。探测仪的操作按钢筋保护层检测要求进行，并作准确定位标记。探测仪检测钢筋公称直径应结合钻孔、剔凿验证法进行，剔凿处的数量不少于同规定已测钢筋数量的30%，且不少于3处。剔凿时不得损坏钢筋，应用游标卡尺量测，量测精度为0.1mm。相邻钢筋的间距应符合探测仪的要求，并避开钢筋接头及绑丝。记录探测仪显示的钢筋公称直径，每根钢筋重复检测2次，第2次检测时探头应旋转180°，每次读数必须一致，由于钢筋探测仪受到相邻钢筋的干扰而导致检测误差增大，因此当误差较大时，应凿除保护层，实测钢筋直径。钢筋实测时，根据游标卡尺的测量结果，通过相关钢筋产品标准得出对应的钢筋公称直径(钢筋直径的实际尺寸与公称直径是有一定误差的)。当钢筋探测仪测得的钢筋公称直径与验证实测得出的公称直径之差大于1mm时，应以验证实测结果为准。

5.1.2.3 钢筋锈蚀性状检测

混凝土结构中的钢筋会与水和氧气发生作用，发生电化学反应，引起钢筋锈蚀，使得钢筋有效截面积减小，同时锈蚀产物体积膨胀2～4倍，导致钢筋与混凝土的黏结力降低，锈蚀产生的膨胀力还会引起混凝土顺筋裂缝，严重时保护层剥落、钢筋锈断。

钢筋锈蚀的检测方法有剔凿法、取样法、自然电位法和综合分析判定法。

剔凿法是直接凿开混凝土保护层，用钢丝刷刷除钢筋浮锈，然后用游标卡尺量取钢筋的剩余直径，主要是量测钢筋截面有缺损部位的钢筋直径，以此计算钢筋截面损失率。

取样法是用合金钻头、手锯、或电焊截取钢筋，长度可以根据测试的项目进行确定，用来测定钢筋锈蚀程度的一般截取为直径的3～5倍。将取回的样品端部剧平或磨平，用游标卡尺测量样品的实际长度，在氢氧化钠溶液中通电除锈，将除锈后的试样放在天平上称出残余质量，残余质量与该种钢筋公称质量之比即为钢筋的剩余截面率，当已经获得锈前钢筋质量时，则取锈前质量与称重质量之差来衡量钢筋的锈蚀率。

自然电位法是利用电化学原理来定性判断混凝土中钢筋锈蚀程度的一种方法，当混凝土中的钢筋锈蚀时，钢筋表面会形成锈蚀电流，钢筋表面与混凝土表面存在电位差，电位差的大小与钢筋锈蚀程度有关，运用电位测量装置，可大致判断钢筋锈蚀的范围以及严重程度。

钢筋锈蚀状况的电化学检测可采用极化电极原理的检测方法，测定钢筋锈蚀电流和测定混凝土的电阻率，也可采用半电池原理测定钢筋的电位。电化学电位测定方法的测区及测点布置应根据构件的环境差异及外观检查的结果来确定，测区应能代表不同环境条件和不同的锈蚀外观表征，每种条件的测区数一般不少于3个，测区面积不宜大于5m×5m，每个测区应采用行、列式布点，可用100mm×100mm～500mm×500mm划分网格，常用的有200mm×200mm、300mm×300mm或200mm×100mm等。网格的节点应为电位测点，测区中的测点不宜少于20个，测点与构件边缘的距离应大于50mm。

电化学测试结果的表达要按一定的比例绘出测区平面图，如图 5.1.4 所示，标出相应点位置的钢筋锈蚀电位，得到数据阵列，绘出等值线图，通过数值相等各点或内插各等值点绘出等值线。

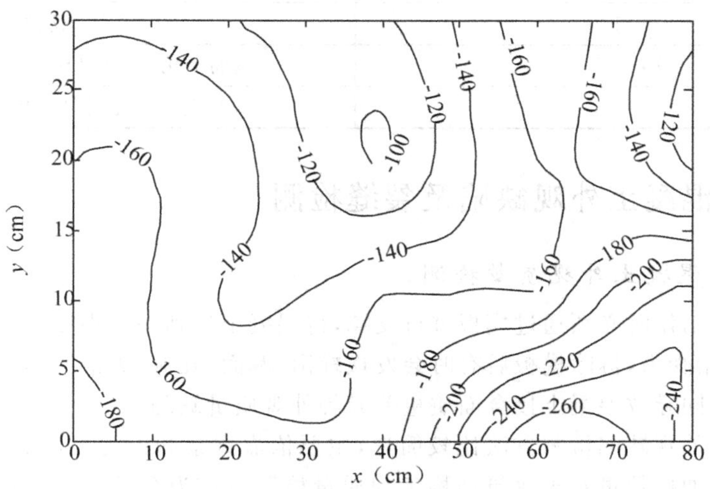

图 5.1.4　某钢筋锈蚀电化学检测电位等值线示意图

钢筋锈蚀检测结果的评定有半电池电位评价、钢筋锈蚀电流评价、混凝土电阻率与钢筋锈蚀状判别三种方法，具体见表 5.1.4～表 5.1.6。

表 5.1.4　半电池电位值评价钢筋锈蚀性状的判据

电位水平(mV)	钢筋锈蚀性状
＞－200	不发生锈蚀的概率＞90％
－200～－350	锈蚀性状不确定
＜－350	发生锈蚀的概率＞90％

表 5.1.5　钢筋锈蚀电流与钢筋锈蚀速率和构件损伤年限判别

锈蚀电流 Icor/(μA/cm²)	锈蚀速率	保护层出现损伤年限
＜0.2	钝化状态	——
0.2～0.5	低锈蚀速率	＞15 年
0.5～1.0	中等锈蚀速率	10～15 年
1.0～10	高锈蚀速率	2～10 年
＞10	极高锈蚀速率	不足 2 年

表 5.1.6　混凝土电阻率与钢筋锈蚀状态判别

混凝土电阻率(kΩ·cm)	钢筋锈蚀状态判别
>100	钢筋不会锈蚀
50～100	低速率锈蚀
10～50	钢筋活化时,可出现中高锈蚀速率
<10	电阻率不是锈蚀的控制因素

5.1.3　混凝土外观缺陷及裂缝检测

5.1.3.1　混凝土外观质量检测

混凝土构件制作时必须通过模板进行支撑,待混凝土达到一定强度时,再拆除模板和支撑,混凝土才开始受力,拆除模板后有时会发现蜂窝、麻面、孔洞、夹渣、漏筋、裂缝、酥松区和由于浇筑时间不同导致混凝土接合面质量差异等外观质量缺陷。

混凝土构件外观缺陷检测方法比较简单,主要依靠观察和人为的经验判断,采用目测、尺量方法检测。抽样数量对于建筑结构工程质量检测时宜为全部构件,混凝土构件外观缺陷的评定方法,按《混凝土结构工程施工质量验收规范》(GB 50204)分为一般缺陷和严重缺陷,结构外观质量缺陷是难免的,故允许存在一般缺陷,但应对其数量和程度进行控制并进行修补。对结构安全和使用有决定性影响的称为严重缺陷,应采取措施进行处理。

5.1.3.2　混凝土裂缝深度检测

混凝土构件的内部质量缺陷,如裂缝、内部不密实、空洞以及结合面缺陷的检测,一般可通过非金属超声波仪进行检测,这里主要介绍通过超声波检测混凝土的裂缝深度。

混凝土结构易出现裂缝,宽度 0.05mm 以上的裂缝是人眼直接可见的,裂缝检测是裂缝原因的分析和危害性评定必不可少的最基本调查。对于结构或构件裂缝的检测,应包括裂缝的位置、裂缝的形式、裂缝走向、长度、宽度、深度、数量、裂缝发生及开展的时间过程、裂缝是否稳定,裂缝内有无盐析、锈水等渗出物,裂缝表面的干湿度,裂缝周围材料的风化剥离情况,开裂时间、过程等,一般可采用照片、展开图、录像等形式。

裂缝的宽度检测仪器有对比卡、放大镜、裂缝塞尺、百分表、千分表等,裂缝宽度较小时,可采用刻度放大镜、裂缝比对卡;裂缝宽度较大时,可采用塞尺,裂缝的宽度在同一条裂缝上是不均匀的,应找出其最大的宽度值。

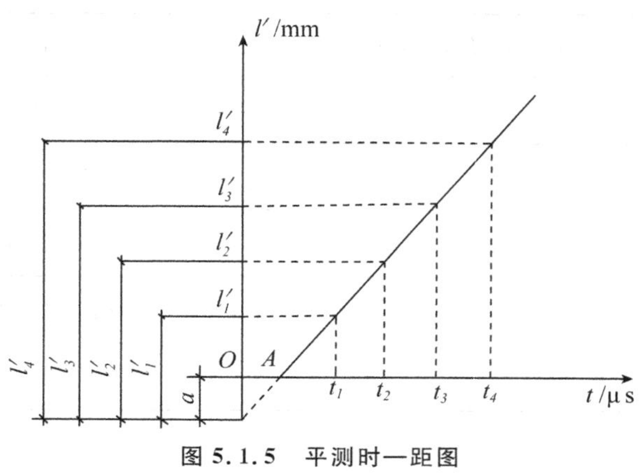

图 5.1.5　平测时一距图

裂缝的深度检测可采用超声法检测或局部开凿检测,必要时还可钻取芯样进行验证。采用非金属超声仪进行检测时,裂缝中不能有积水,当构件只有一个可测面且裂缝深度小于 500mm 时,应采用单

面平测法进行检测，其主要的检测步骤为：

不跨缝的声时测量：将 T 和 R 两个换能器置于裂缝附近同一侧，以两个换能器内边缘间距(l')等于 100mm、150mm、200mm、250mm……分别读取声时值 t_i，绘制"时—距"坐标图(如图 5.1.5)或用回归分析的方法求出声时与测距之间的回归直线方程：

$$l_i = a + bt_i \tag{5-1-43}$$

每测点超声波实际传播距离 l_i 为：

$$l_i = l' + |a| \tag{5-1-44}$$

式中：l_i——第 i 点的超声波实际传播距离；

l'——第 i 点的 R、T 换能器内边缘间距；

a——"时—距"图中 l' 轴的截距或回归直线方程的常数项。

不跨缝平测的混凝土声速值为：

$$v = (l_n' - l_1')/(t_n - t_1) \text{或} \tag{5-1-45}$$

$$v = b(\text{km/s}) \tag{5-1-46}$$

式中：l_n'、l_1'——第 n 点和第 1 点的测距；

t_n、t_1——第 n 点和第 1 点读取的声时值；

b——回归系数。

跨缝的声时测量：如图 5.1.6 所示，将 R、T 换能器分别置于以裂缝为对称的两侧，l' 取 100mm、150mm、200mm……分别读取声时值 t_i，同进观察首次波相位的变化。

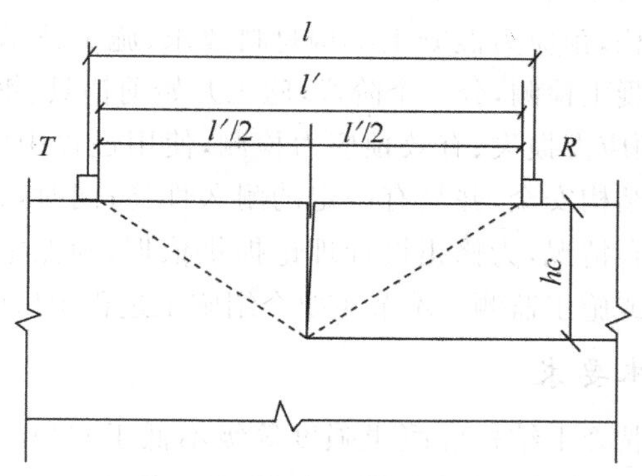

图 5.1.6　绕过裂缝示意图

平测法检测，裂缝深度应按下式计算：

$$h_{ci} = l_i/2\sqrt{(t_i v/l_i)^2 - 1} \tag{5-1-47}$$

$$m_{hc} = \frac{1}{n}\sum_{i=1}^{n} h_{ci} \tag{5-1-48}$$

式中：l_i——不跨缝平测时第 i 点的超声波实际传播距离(mm)；

h_{ci}——第 i 点计算的裂缝深度值(mm)；

t_i——第 i 点跨缝平测的声时值(μs)；

m_{hc}——各测点计算裂缝深度的平均值(mm)；

n——测点数。

裂缝深度的确定跨缝测量中，当在某测距发现首波反相时，可用该测距及两个相邻测距的测量值按式(5－1－47)计算 h_{ci} 值,取此三点 h_{ci} 的平均值作为该裂缝的深度值(h_c)。

跨缝测量中如难于发现首波反相,则以不同测距按式(5－1－47)及式(5－1－48)计算 h_{ci} 及其平均值 m_{hc}。将各距 l_i' 与 m_{hc} 相比较,凡测距 l_i' 小于 m_{hc} 和大于 $3m_{hc}$,应剔除该组数据,然后取余下 h_{ci} 的平均值,作为该裂缝的深度值。

5.1.4 预应力混凝土结构检测技术

自1886年前后,美国加州工程师 P. H. Jackson 申请混凝土楼板张紧内部钢筋的专利,混凝土预应力技术在土木工程中开始应用;1925年出现了无黏结预应力做法。1928年,法国人 E. Freyssinet 考虑混凝土收缩和徐变等损失,提出预应力混凝土必须采用高强钢材和高强混凝土,混凝土预应力技术关键理论获得突破。1939年,他发明了一种锚具用来锚固预应力钢筋,预应力结构在土木工程应用中得到重大发展。

20世纪50年代初至70年代末,我国房屋结构中开发研制了一整套预制构件预应力混凝土技术,如屋面梁、屋架、吊车梁、大型屋面板、空心楼板等,其中预应力空心板年产量达1千万立方米以上。这一时期的预应力技术特点是采用中、低强预应力钢材。80年代初至90年代末,房屋建筑中预应力混凝土技术得到巨大发展,其显著特点是采用高强预应力混凝土钢材及相应工艺技术,对整体结构施加预应力。1955年,铁路部门研制成功我国第一片跨度12米的预应力混凝土铁路桥梁,1956年建成28孔24米跨新沂河大桥,从而开始了预应力混凝土技术在我国桥梁工程中的应用。

相对于普通混凝土结构,预应力混凝土结构材料要求、施工技术以及质量验收、后期维护要求严格。关于预应力混凝土检测,分三个阶段,施工开始前锚具、钢绞线、混凝土强度等材料性能检测,施工过程中的预应力损失、有效预应力检测,使用过程中的预应力筋损失和耐久性能检测。为了保证预应力结构安全,并具有一定的耐久性能;同时,为准确掌握一些线形较为复杂的多跨连续预应力分布情况,为修正设计理论提供依据,确保施工能达到设计意图,有必要对预应力施工进行检测或施工监测。本节主要介绍施工过程中后张法预应力检测技术。

5.1.4.1 材料基本要求

一般情况下,预应力混凝土结构混凝土强度等级不低于C30,当采用钢绞线、钢丝、热处理钢筋或高强纤维作预应力筋时,混凝土强度等级不宜低于C40。预应力筋按照材料品种可分为钢丝、钢绞线(建筑用不锈钢钢绞线)、高强钢筋、高强纤维筋等。按照钢绞线涂层材料有镀锌钢丝、镀锌钢绞线、环氧涂层钢绞线、无粘结钢绞线、缓粘结钢绞线等。对于后张法预应力混凝土结构,宜选用高强度低松弛钢绞线。另外,锚具、夹具和连接器等根据预应力筋的品种选用。以上预应力结构材料要满足相关国家标准要求。

后张法预应力开始张拉施工前,以上材料需要进行抽检检验,材料性能符合相关标准后方能进行施工,由于预应力张拉荷载较大,劣质的材料在施工过程中会造成工程事故。

1. 静载锚固性能试验概念及要求

锚具、夹片的静载锚固性能试验可综合反映出锚具、夹片的硬度、强度、锚固能力等方面的性能,是检测锚具组装件性能的重要试验。

锚具的静载锚固性能由预应力筋—锚具组装件试验测定锚具效率系数(η_a)和达到实测极限拉力时的组装件受力长度的总应变(ε_{apu})确定。锚具的静载锚固性能应同时满足 $\eta_a \geqslant$

0.95，$\varepsilon_{apu}\geqslant 2.0\%$要求。锚具效率系数（$\eta_a$）按下列公式计算：

$$\eta_a=\frac{F_{apu}}{\eta_p F_{pm}} \tag{5-1-49}$$

$$F_{pm}=f_{pm}A_p \tag{5-1-50}$$

式中：F_{apu}——预应力筋—锚具组装件的实测极限拉力；

F_{pm}——按预应力筋—锚具组装件同批预应力筋的实测破断荷载平均值计算的预应力筋的实际平均极限抗拉力；

η_p——预应力筋的效率系数，当预应力筋—锚具组装件中预应力筋为 1 至 5 根时，$\eta_p=1$；6 至 12 根时，$\eta_p=0.99$；13 至 19 根时，$\eta_p=0.98$；20 根以上时，$\eta_p=0.97$；

f_{pm}——组装件试验用同批预应力筋钢材的实测极限抗拉强度平均值；

A_p——组装件中各根预应力钢筋公称截面面积之和。

当预应力筋—锚具组装件静载锚固性能试验达到实测极限拉力 F_{apu} 时，应由预应力筋断裂而不是锚具破坏导致的极限状态。

夹具的静载锚固性能，由预应力筋—夹具组装件试验测定锚具效率系数（η_g）确定。夹具的静载锚固性能应满足 $\eta_g\geqslant 0.92$ 要求。夹具的效率系数（η_g）按下列公式计算：

$$\eta_g=\frac{F_{gpu}}{F_{pm}}\geqslant 0.92 \tag{5-1-51}$$

式中：F_{gpu}——预应力筋—夹具组装件的实测极限拉力。

对于承受动力荷载的预应力混凝土结构，预应力筋—锚具组装件除以上要求外，还应满足循环次数为 200 万次的疲劳性能试验要求。抗震性能要求的预应力构件，预应力筋—锚具组装件还应满足循环次数为 50 次的周期荷载试验。两者循环应力幅有差别，具体根据相关规范或标准确定。

2. 静载锚固性能试验过程

静载试验装置如图 5.1.7 和图 5.1.8 所示。

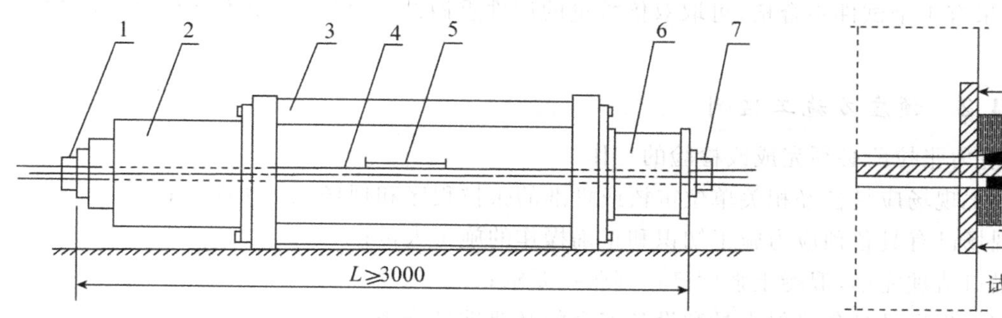

图 5.1.7 静载锚固性能试验装置

1,7—试验用锚具或夹具,2—加载千斤顶,3—承力台座,4—预应力筋,5—测量总应变装置,6—力传感器。

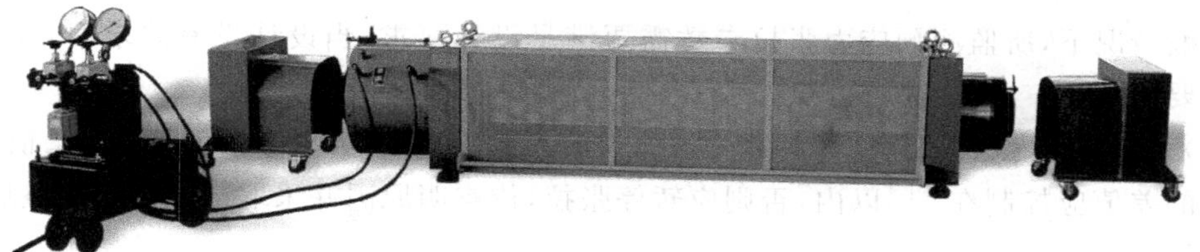

图 5.1.8 静载锚固性能试验系统

(1) 试验开始前按照图 5.1.7 装配钢绞线和锚具、夹具、引伸计等。

(2) 将锚具各根预应力筋的初应力调节均匀，初应力可取钢材抗拉强度标准值 f_{ptk} 的 5%～10%。测量总应变装置的标距不小于 1m，如果采用千斤顶活塞行程计算总应变，应扣除承力台座压缩变形、缝隙压紧量和试验用锚具或夹具的实测内缩量。预应力筋的计算长度为两端锚具起夹点的距离。

(3) 按照预应力筋抗拉强度标准值 f_{ptk} 的 20%、40%、60%、80%分四级等速加载，加载速度每分钟宜为 100Mpa。

(4) 达到预应力钢筋抗拉强度标准值的 80%后，持荷 1h，随后用低于每分钟 100Mpa 的加载速度逐步加载至破坏。

(5) 试验过程中测量和记录的项目包括：

1)有代表性的若干预应力筋与锚具、夹具之间在各级荷载作用下的相对位移 Δa；

2)锚具、夹具若干有代表性的零件之间在各级荷载作用下的相对位移 Δb；

3)达到 f_{ptk} 的 80%持荷 1h 期间，Δa、Δb 应保持稳定；

4)试件的极限拉力 F_{apu}(F_{gpu})；

5)达到极限拉力时的总应变 ε_{apu}；

6)记录试件破坏时的部位与形式。破坏应该是预应力筋断裂，锚具等零件不应有过大的塑性变形，在满足技术要求的条件下夹片允许有纵向裂纹。

静载锚固性能试验应连续进行三个组装件的试验，全部试验结果均应做记录，三个试验结果锚固效率系数和极限应变均应满足技术规范要求。

一般情况下，所抽检的材料尺寸和外观质量应符合相应图样规定，如果有一个零件不合格，出现裂纹等情况，应对本批全部产品进行逐件检验，合格方可使用。锚具、夹片等硬度检验如果发现有 1 个不合格，另取双倍数量零件重复检验，如果有 1 个不合格，则应逐个检验，合格后方可使用。静载锚固性能试验、疲劳试验和周期荷载试验结果如果符合标准要求，则为合格，如果有 1 个试件不合格，可取双倍数量的试件重做试验，仍有 1 个不合格，则该批产品不合格。

5.1.4.2 预应力施工监测

1. 预应力张拉前必须完成或检验的工作

(1) 施工现场应具备经相关单位审核或批准的张拉程序和现场施工说明书；

(2) 现场已有具备预应力施工知识和正确操作的施工人员；

(3) 锚口清理完毕，混凝土强度已达到张拉要求；

(4) 施工现场已具备确保人员和设备安全的必要准备措施；

(5) 与第三方施工监测人员进行技术沟通。

2. 检验标准

一般情况下，所监测预应力张拉参数需要满足设计要求，当设计没有要求时，应满足以下基本要求：

(1) 当预应力张拉采用应力控制方法张拉时，应以伸长值进行校核，实际伸长值与理论伸长值的差值应控制在 6%以内，否则应暂停张拉，待查明原因并采取措施予以调整后，方可继续张拉。

(2) 直线预应力筋张拉端锚固损失实测值与设计所提供的计算值偏差不应大于±5%；曲线或折线预应力张拉端锚固损失实测值与计算值的偏差当锚固损失消失于曲线反弯点以外时，不应大于±8%，当锚固损失消失于反弯点以内时，不应大于±10%。

(3) 预应力张拉端锚固后实测建立的有效预应力值 σ_{pct}^0 与设计规定检验值 σ_{pc}^0 相对允许偏差不超过±5%。

3. 测量参数

一般情况下，预应力混凝土构件进行施工监测通常测量以下几个参数：

(1) 预应力筋张拉伸长量测量。

预应力筋的理论伸长值 ΔL 可按照下式进行计算

$$\Delta L=\frac{P_P L}{A_P E_P} \tag{5-1-52}$$

式中：L——预应力筋的实际长度(mm)；A_P——预应力筋的截面积(mm^2)；E_P——预应力筋的弹性模量(N/mm^2)；P_P—预应力筋的平均张拉力(N)，直线筋取张拉端的拉力 P，曲线筋根据不同工程按照下式(5-1-53)或式(5-1-55)计算。

《公路桥涵施工技术规范》中的预应力平均张拉力计算方法如下式(5-1-53)。

$$P_P=\frac{P(1-e^{-(kx+\mu\theta)})}{kx+\mu\theta} \tag{5-1-53}$$

式中：P——预应力筋张拉端的拉力(N)；x——从张拉端至计算截面的孔道长度，也可近似取该段孔道在纵轴上的投影长度(m)；θ——从张拉端至计算截面曲线孔道部分切线的夹角之和(rad)；k——孔道每 m 局部偏差对摩擦的影响系数，见表 5.1.7；μ——预应力筋与孔道壁的摩擦系数，见表 5.1.7。

表 5.1.7　系数 k 及 μ 值表

孔道成型方式	k	μ		
		钢丝束、钢绞线、光圆钢筋	带肋钢筋	精轧螺纹钢
预埋铁皮管道	0.0030	0.35	0.40	—
抽芯成型管道	0.0015	0.55	0.60	—
预埋金属螺旋管道	0.0015	0.20～0.25	—	0.50

预应力筋张拉时，应先调整到初应力 σ_0，该初应力一般为张拉控制应力 σ_{con} 的10%～15%，伸长值从初应力开始量测。预应力筋的实际伸长值除量测的伸长值外，必须加上初应力以下的推算伸长值。

一般情况下，后张法省略张拉过程中构件弹性压缩值。因此预应力张拉的实际伸长值 ΔL_t 可按照下式(5-1-54)计算。

$$\Delta L_t=\Delta L_1+\Delta L_2 \tag{5-1-54}$$

式中：ΔL_1——从初应力至最大张拉应力间的实测伸长值(mm)；ΔL_2——初应力以下的推算伸长值(mm)，可采用相邻级的伸长值或图解法确定。

《建筑工程预应力施工规程》中的预应力筋平均张拉力计算方法如下式(5-1-55)。

$$P_P = P\left(\frac{1+e^{-(kx+\mu\theta)}}{2}\right) \tag{5-1-55}$$

系数 k 及 μ 值见表 5.1.8。

表 5.1.8 预应力钢丝和钢绞线的系数 k 及 μ 值表

孔道成型方式	k	μ	
		钢绞线、钢丝束	预应力螺纹钢筋
预埋金属波纹管	0.0015	0.25	0.50
预埋塑料波纹管	0.0015	0.15	—
预埋钢管	0.0010	0.30	—
抽芯成型	0.0014	0.55	0.60
无粘结预应力筋	0.0040	0.09	—

对于多曲线或直线段与曲线段组成的曲线预应力筋，张拉伸长值可分段计算，然后叠加

$$\Delta L = \sum \frac{(P_{i1}+P_{i2})L_i}{2A_P E_P} \tag{5-1-56}$$

式中：L_i——第 i 段预应力筋的长度；P_{i1}、P_{i2}——分别为第 i 段两端预应力筋的应力。

预应力张拉的实际伸长值 ΔL_t 可按照下式(5-1-57)计算。

$$\Delta L_t = \Delta L_1 + \Delta L_2 - na - b - c \tag{5-1-57}$$

式中：n——千斤顶回缸次数；a——张拉过程由于千斤顶行程不足而进行1次或多次锚固回缸所引起的预应力筋内缩值，其值按照下表 5.1.9 确定；b——千斤顶体内的预应力筋张拉伸长值，按照千斤顶缸体长度以式(5-1-52)计算；c——张拉阶段构件的弹性压缩值(可忽略)。

表 5.1.9 锚具变形和预应力筋内缩值

锚具类别		(mm)
支承式锚具(钢丝束墩头锚具等)	螺帽缝隙	1
	每块后加垫板的缝隙	1
夹片式锚具	有顶压时	5
	无顶压时	6～8

预应力张力计算如图 5.1.9 所示。

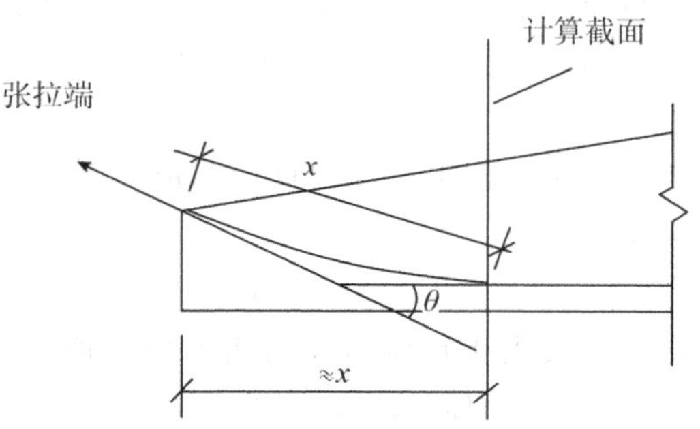

图 5.1.9 预应力各截面拉力计算示意图

（2）预应力张拉力及锚口损失测量。

现场测量预应力张拉力和锚口摩阻损失值可在锚具前后安装力传感器，如图 5.1.10 所示。

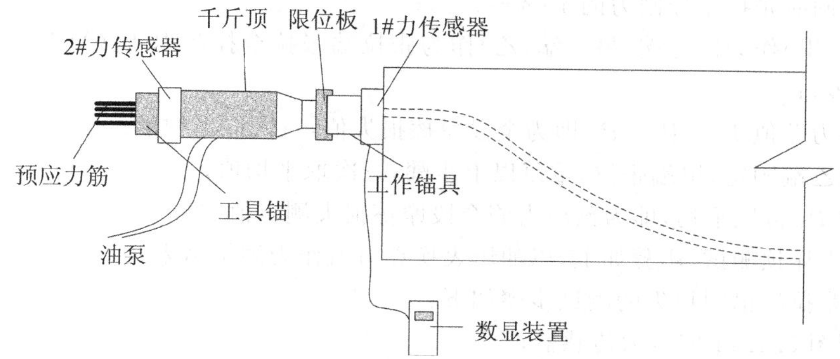

图 5.1.10 预应力张拉力及锚口损失测试示意图

施工现场锚口损失测试步骤如下：

1）在现场拟试验的预应力筋的端部（两端张拉时，可两端设置）按照上图 5.1.10 设置穿心式力传感器各两只；

2）试验张拉值设计规定的张拉控制力，测定锚具前后的力传感器力值 P_1 和 P_2，其中 P_2 为张拉力实测力值（P_1 为图 5.1.10 中 1＃传感器力值，P_2 为 2＃力传感器力值）；

3）$P_0=P_2-P_1$，结果为锚口摩阻损失值；

4）若为两端张拉，取两端锚口摩阻损失值的平均值作为锚口摩阻损失。

实验室内测定锚口摩阻损失可在张拉台上或组装件试验装置上进行，步骤如下：

1）两端安装千斤顶，然后同时张拉至油压 4MPa；

2）一端（甲）作为固定端（油压为 4Mpa），另一端（乙）作为张拉端从油压 4MPa 张拉至控制力 p_2（MPa），固定端张拉力为 p_1（MPa）；

3）则锚圈口摩阻力 $p_0=p_2-p_1$；

4）反复测试三次，取平均值；

5）改由乙端固定，甲端张拉，重复以上步骤，三次取平均值；

6）两次 p_0 再取平均，即为测定值。

（3）预应力筋与孔道壁摩擦损失和锚固损失测定。

预应力筋与孔道壁摩擦损失现场宜采用力传感器测量，两端张拉时，应在预应力筋两端锚具前安装力传感器，如图 5.1.11 所示。

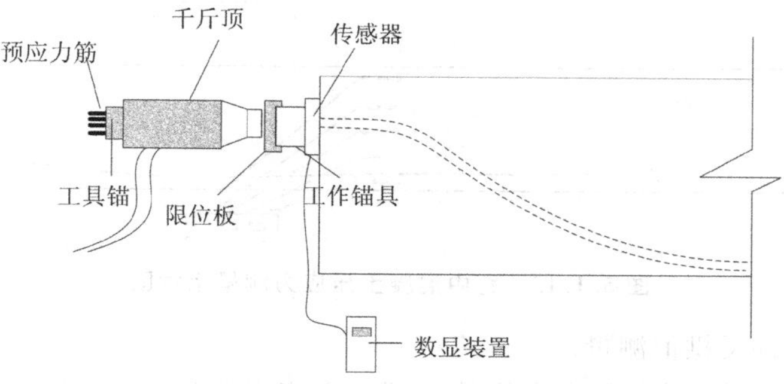

图 5.1.11 孔道摩擦损失和张拉端锚固损失测试示意图

步骤如下：

1）在张拉端锚具和预应力孔道端之间安装力传感器，然后安装锚具和夹片；

2）两端同时张拉至控制力的10%～15%；

3）一端（甲）作为固定端，另一端（乙）作为张拉端张拉至控制力 P_2（MPa），固定端张拉力为 P_1（MPa）；

4）两端力差值 $P_0=P_2-P_1$ 即为全段摩擦损失值，三次取平均值；

5）改由乙端固定，甲端张拉，重复以上步骤，三次取平均值；

6）两次 P_0 再取平均，即为预应力筋全段摩擦损失测定值。

若采用千斤顶测试，步骤如上，以油压表换算力值作为测量结果。

预应力张拉端锚固损失的测试步骤如下：

1）按照图5.1.11安装力传感器；

2）预应力筋张拉到设计张拉控制力，读取各端力传感器数值 P_1^0（甲端）和 P_2^0（乙端）；

3）放张预应力筋，并读取传感器力值 P_1^1（甲端）和 P_2^2（乙端）；

4）各端的两次差值即为锚固损失，$P_甲=P_1^0-P_1^1$，$P_乙=P_2^0-P_2^1$。

（4）预应力梁跨中预应力筋有效预应力测量。

预应力混凝土施工目的是为跨中混凝土受拉区建立一定压应力，因此施工过程中测量跨中有效预应力更为重要。测量方法有两种：一种是施工时，在预应力筋上粘贴应变片或应变计，张拉过程中及放张后测量跨中预应力筋应变值，通过预应力筋弹性模量计算跨中有效预应力，如图5.1.12所示。

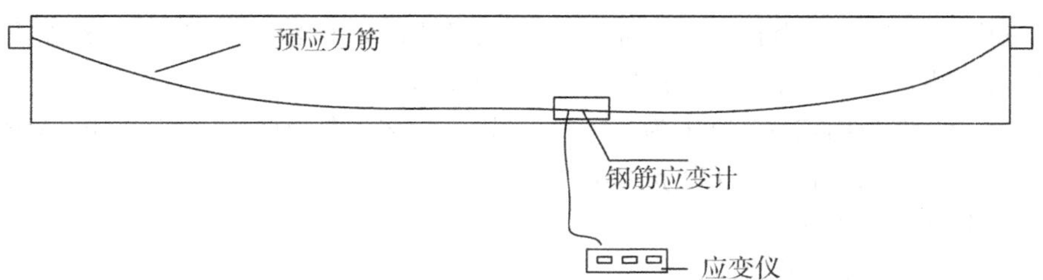

图5.1.12　跨中有效预应力测量示意图

另一种是在预应力混凝土表面贴混凝土应变片，测量预应力筋张拉完成后受拉区混凝土应变，根据混凝土弹性模量计算由预应力张拉尽力的混凝土压应变，由设计进行复核，如图5.1.13所示。

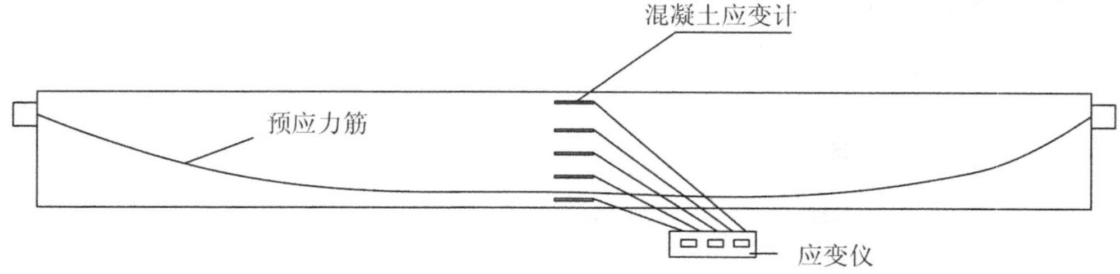

图5.1.13　跨中混凝土压应力测量示意图

（5）预应力构件反拱值测量。

预应力施工过程中，可在预应力构件上部建立变形观测点，将水准仪等安置在固定位置，测量施工完成后混凝土梁的起拱量来实现。

为保证预应力混凝土结构在结构服役期内的安全和正常使用，使用过程中和工程改造前，需要对预应力结构现状作出评价。这是目前预应力结构检测研究重点。目前有学者研究采用开槽法检测混凝土剩余工作应力，进而推算预应筋的拉力。通过此方法可以得到构件下部混凝土目前处于受拉还是受压状态，即原预应力结构建立的预应力是否失效，结合计算复核可以得到预应力钢绞线的工作状态。此外，还有张弦法测定预应力筋应力等。

5.2　砌体结构检测

砌体结构因造价低，施工工艺简单，具有良好的保温、隔热、隔声性能，在我国建筑结构体系中占有重要地位，我国城镇数十亿平方米的公共建筑、工业厂房和住宅为砌体结构，但由于种种原因，许多房屋已出现质量问题，如早期建筑的砌体结构房屋普遍存在砌筑砂浆质量问题，很多房屋需进行可靠性鉴定和维修，因此，开展对既有砌体结构房屋的质量检测工作显得尤为重要。

既有对砌体结构房屋的检测主要内容包括以下几个方面：① 砌筑砂浆抗压强度检测，包括贯入法、回弹法、射钉法、推出法、砂浆片剪切法、筒压法等方法；② 砌筑块体强度检测，包括回弹法、取样直接试验等方法；③ 砌体强度检测，包括原位轴压法、扁顶法等方法。

5.2.1　砌筑砂浆强度检测

5.2.1.1　*贯入法*

砂浆的贯入法检测是根据测钉贯入砂浆的深度和强度间的相关关系确定砌筑砂浆抗压强度的一种方法。

贯入法检测使用的仪器主要有贯入式砂浆强度检测仪和贯入深度测量表。贯入仪是针对砌体中灰缝砂浆检测的特殊要求，通过试验研究而设计的。贯入深度测量表是用机械式百分表改制而成的，目前使用较多的是使用方便、精度高且可靠耐用的数显式深度测量表。为了砌体灰缝检测的需要，贯入仪专门设计了扁头。贯入仪的贯入应力应为(800±8)N，工作行程为(20±0.10)mm。

检测砌筑砂浆抗压强度时，应以面积不大于 25m^2 的砌体构件为一个构件。被检测灰缝应饱满，其厚度不应小于 7mm(根据《砖砌体工程施工质量验收规范》的规定，砖体的灰缝应横平竖直，薄厚度宜为 10mm，但不应小于 8mm，也不应大于 12mm。贯入仪的扁头厚度便是依据上述规定而设计为 6mm。当灰缝厚度小于 7mm 时，扁头便有可能伸不进灰缝而导致无法检测。为了检测方便，一般应选用灰缝厚的部位进行检测)，并应避开竖直缝位置、门窗洞口、后砌洞口和预埋件的边缘。多孔砖砌体和空斗墙砌体的水平灰缝厚度应大于 30mm。检测范围内的饰面层、粉刷层、勾缝砂浆、浮浆以及表面损伤层等应清除干净，应使待测灰缝砂浆暴露并经打磨平整后方可进行检测。

贯入法是用来检测砂浆强度的，故测区的灰缝砂浆应该外露，如果外露灰缝不够整齐，还应该进行打磨至平整后才能进行检测，否则将对贯入深度的测量有误差，且主要是负偏差。对于砂浆表面粉饰，遭受高温、冻害、化学侵蚀、火灾等的砂浆，可以将损伤层磨去后再进行检测。每一构件应测试 16 点。测点应均匀分布在构件的水平灰缝上，相邻测点水平间距不宜小于 240mm，每条灰缝测点不宜多于 2 点。

贯入检测时首先将测钉插入贯入杆的测钉座中，测钉尖端朝外，固定好测钉；用摇柄旋紧螺母，直至挂钩挂上为止，然后将螺母退至贯入杆顶端；将贯入仪扁头对准灰缝中间，并垂直贴在被测砌体灰缝砂浆的表面，握住贯入仪把手，扳动扳机，将测钉贯入被测砂浆中。每次试验前，应清除测钉上附着的水泥灰渣等杂物，同时用测钉量规检验测钉的长度；测钉在试验中会受到磨损而变短，测钉的使用次数视所测砂浆的强度而定。测钉是否废弃，可以随贯入仪所附的测定量规来测量，当测钉能够通过测钉量规槽时，应重新选用新的测钉。操作过程中，当测点处的灰缝砂浆存在空洞或测孔周围砂浆不完整时，该测点应作废，另选测点补测。

将测钉拔出后，可用吹风器将测孔中的粉尘吹干净，开始量测贯入深度，将贯入深度测量表扁头对准灰缝，同时将测头插入测孔中，并保持测量表垂直于被测砌体灰缝砂浆的表面，直接读取测量显示值 d'_i，直接读数不方便时，可用按读数表的数值锁定键，然后取下贯入深度测量表读数。贯入深度应按下式计算：

$$d_i = 20.00 - d'_i \tag{5-2-1}$$

式中：d'_i——第 i 个测点贯入深度测量表读数，精确至 0.01mm；

d_i——第 i 个测点贯入深度值，精确至 0.01mm。

贯入深度测量表直接测量的并不是贯入深度，而是相当于 20.00mm 长测钉的外露长度。例如，贯入深度测量表的读数为 15.89mm，则贯入深度为 20.00－15.89＝4.11mm。

当砌体的灰缝经打磨仍难以达到平整时，可在测点处标记，贯入检测前用贯入深度测量表测读测点处的砂浆表面不平整度读数 d_i^0，然后再在测点处进行贯入检测，读取 d'_i，则贯入深度应按下式计算：

$$d_i = d_i^0 - d'_i \tag{5-2-2}$$

式中：d_i——第 i 个测点贯入深度值，精确至 0.01mm；

d_i^0——第 i 个测点贯入深度测量表的不平整度读数，精确至 0.01mm；

d'_i——第 i 个测点贯入深度测量表读数，精确至 0.01mm。

在检测时先测量测点处的不平整度并进行扣除，将较大幅度提高检测精度，检测数值中，应将 16 个贯入深度值中的 3 个较大值和 3 个较小值剔除，余下的 10 个贯入深度值可按下式取平均值：

$$m_{dj} = \frac{1}{10}\sum_{i=1}^{10} d_i \tag{5-2-3}$$

式中：m_{dj}——第 j 个构件的砂浆贯入深度平均值，精确至 0.01mm；

d_i——第 i 个测点的贯入深度值，精确至 0.01mm。

在一个测区内检测 16 个测点，在数据处理时将 3 个较大的值和 3 个较小的值剔除，是为了减少试验的粗大误差，在贯入试验时由于不正确、测试面状态不好和碰上砂浆内的孔洞或小石子等都会影响贯入深度，通过数据直接剔除基本上可以消除这些误差，比二倍标准差或三倍标准差剔除方法简单实用。

根据计算所得的构件贯入深度平均值 m_{dj}，可按不同的砂浆品种得出其砂浆抗压强度换算值 $f_{2,j}^c$，其他品种的砂浆可按《贯入法检测砌筑砂浆抗压强度技术规程》(JGJ/T 136)要求

建立专用测强曲线进行检测。有专用测强曲线时，砂浆抗压强度换算值的计算应优先采用专用测强曲线。

按批抽检时，同批构件砂浆应按下列公式计算其平均值和变异系数：

$$m_{f_2^c}=\frac{1}{n}\sum_{j=1}^{n}f_{2,j}^c \tag{5-2-4}$$

$$s_{f_2^c}=\sqrt{\frac{\sum_{j=1}^{n}(m_{f_2^c}-f_{2,j}^c)^2}{n-1}} \tag{5-2-5}$$

$$\delta_{f_2^c}=s_{f_2^c}/m_{f_2^c} \tag{5-2-6}$$

式中：$m_{f_2^c}$——同批构件砂浆抗压强度换算值的平均值；

$f_{2,j}^c$——第 j 个构件的砂浆抗压强度换算值；

$s_{f_2^c}$——同批构件砂浆抗压强度换算值的标准差；

$\delta_{f_2^c}$——同批构件砂浆抗压强度换算值的变异系数。

砌体砌筑砂浆抗压强度推定值 $f_{2,e}^c$ 应按下列规定确定：

(1) 当按单个构件检测时，该构件的砌筑砂浆抗压强度推定值应按下式计算：

$$f_{2,e}^c=f_{2,j}^c \tag{5-2-7}$$

式中：$f_{2,e}^c$——砂浆抗压强度推定值，精确至 0.1MPa；

$f_{2,j}^c$——第 j 个构件的砂浆抗压强度换算值，精确至 0.1MPa。

(2) 当按批抽检时，应按下列公式计算：

$$f_{2,e1}^c=m_{f_2^c} \tag{5-2-8}$$

$$f_{2,e2}^c=\frac{f_{2,min}^c}{0.75} \tag{5-2-9}$$

式中：$f_{2,e1}^c$——砂浆抗压强度推定值之一；

$f_{2,e2}^c$——砂浆抗压强度推定值之二；

$m_{f_2^c}$——同批构件砂浆抗压强度换算值的平均值；

$f_{2,min}^c$——同批构件中砂浆抗压强度换算值的最小值。

应取式(5-2-8)和(5-2-9)中的较小值作为该批构件的砌筑砂浆抗压强度推定值 $f_{2,e}^c$。

对于按批抽检的砌体，当该批构件砌筑砂浆抗压强度换算值变异系数不小于 0.3 时，则该批构件应全部按单个构件检测。同批砌筑砂浆的抗压强度换算值的变异系数不小于 0.3 时，按照《砌筑砂浆配合比设计规程》(JGJ 98)的相关规定，变异系数超过 0.3 时，已属较差施工水平，可以认为它们已不属于同一母体，不能构成同批砂浆，故应按单个构件检测。

砌筑砂浆抗压强度推定值相当于被测构件在该龄期下的同条件养护试场所对应的砂浆强度等级。

5.2.1.2　回弹法

回弹法是采用砂浆回弹仪检测墙体中砂浆的表面硬度，根据回弹值和碳化深度推定其强度的方法，适用于推定烧结普通砖或烧结多孔砖砌筑砂浆强度。检测时，应用回弹仪测试砂浆表面硬度，用酚酞试剂测试砂浆碳化值，以此两项指标换算为砂浆强度。不适用于推定高温、长期浸水、化学腐蚀、火灾等情况下的砂浆抗压强度。此外，被检测的砂浆强度不应小于 2MPa。回弹法检测砌筑砂浆抗压强度的主要特点有：属原单位无损伤检测，测区选择不受限制；回弹仪有定型产品，性能较稳定，操作简便。

当回弹检测的对象为整栋建筑物的一部分时，应将其划分为一个或若干个可以独立进行分析的结构单元，每一结构单元划分为若干个检测单元。每一个检测单元内，应随机选择 6 个构件（单片墙体、柱），作为 6 个测区。当一检测单元不足 6 个构件时，应将每个构件作为一个测区。测位宜选在承重墙的可测面上，并避开门窗及预埋件等附近的墙体。墙面上每个测位的的面积宜大于 0.3m²，每个测点数不应少于 5 个。

检测时，首先应将测位处的粉刷层，勾缝砂浆，污物等应清除干净；弹击点处砂浆的表面应仔细打磨平整，并除去浮灰。每个测位内均匀布置 12 个弹击点。选定弹击点应避开砖的边缘、气孔或松动的砂浆。相邻两弹击点的间距不应小于 20mm。在每个弹击点上，使用回弹仪连续弹击 3 次，第 1、第 2 次不读数，仅第 3 次回弹值，精确至 1 个刻度。测试过程中，回弹仪应始终处于水平状态，其轴线应垂线应垂直于砂浆表面，且不得移位。在每一测位内，选择 3 处灰缝，用游标尺和 1%的酚酞剂量测砂浆碳化深度，读数精确至 0.5mm。

从每个测位的 12 个回弹值中，分别剔除最大值、最小值，将余下的 10 个回弹值计算算术平均值，以 R 表示。每个测位的平均碳化深度，应取该测位各次测量的算术平均值，以 d 表示，精确至 0.5mm。平均碳化深度大于 3mm 时，取 3.0mm。第 i 个测区第 j 个测位的砂浆强度换算值，应根据该测位的平均回弹值和平均碳化深度值，分别按下列公式计算：

（1）$d \leqslant 1.0$mm 时：

$$f_{2ij} = 13.97 \times 10^{-5} R^{3.57} \tag{5-2-10}$$

（2）$1.0\text{mm} < d < 3.0\text{mm}$ 时：

$$f_{2ij} = 4.85 \times 10^{-4} R^{3.04} \tag{5-2-11}$$

（3）$d \geqslant 3.0$mm 时：

$$f_{2ij} = 6.34 \times 10^{-5} R^{3.60} \tag{5-2-12}$$

式中：f_{2ij}——第 i 个测区第 j 个测位的砂浆强度值（MPa）；

d——第 i 个测区第 j 个测位的平均碳化深度（mm）；

R——第 i 个测区第 j 个测位的平均回弹值。

测区的砂浆抗压强度平均值，应按下式计算：

$$f_{2i} = \frac{1}{n_1} \sum_{j=1}^{n_1} f_{2ij} \tag{5-2-13}$$

5.2.1.3 射钉法

射钉法是采用射钉枪将射钉射入墙体的水平灰缝中，根据射钉的射入量推定砂浆强度的方法，适用于推定烧结普通砖和多孔砖砌体中 M2.5～M15 范围内的砌体砂浆强度，宜与其他检测方法配合使用；检测时，采用射钉枪将射钉射入水平灰缝中，根据射钉的射入量推定砂浆强度。射钉法的主要特点是原位无损检测，测区选择不受限制，射钉枪、子弹、射钉有配套定型产品，设备较为轻便，墙体装修层面仅局部损伤。

射钉法检测的测试设备包括射钉器、射钉弹和游标卡尺，射钉器和射钉弹的计量性能可规定配套校验，在标准靶上的平均射入量为 29.1mm。

射钉法检测的主要步骤如下：

在各测区的水平灰缝上应按规定标出测点位置。测点处的灰缝厚度不应小于10mm；在门窗洞口附近和经修补的砌体上不应布置测点；清除测点表面的覆盖层和疏松层将砂浆表面修理平整；应事先量测射钉的全长 l_1，将射钉射入测点砂浆中，并量测射钉外露部分的长度 l_2。射钉的射入量应按下式计算。

$$l=l_1-l_2 \tag{5-2-14}$$

对长度指标的取值应精确至0.1mm。

射入砂浆中的射钉应垂直于砌筑面且无擦靠块材的现象，否则应舍去和重新补测。

测区的射钉平均射入量应按下式计算。

$$l_i=\frac{1}{n_1}\sum_{j=i}^{n}l_{ij} \tag{5-2-15}$$

式中：l_i——第 i 个测区的射钉平均射入量(mm)；

l_{ij}——第 i 个测区的第 j 个测点的射入量(mm)。

测区的砂浆抗压强度，应按下式计算。

$$f_{2i}=al_i^{-b} \tag{5-2-16}$$

式中：a、b 为射钉常数，按表5.2.1取值。

表5.2.1　射钉常数 a、b

砖品种	a	b
烧结普通砖	47000	2.52
烧结多孔砖	50000	2.40

5.2.1.4　筒压法

筒压法是采用将取样砂浆破碎、烘干并筛分成符合一定级配的颗粒，装入承压筒并施加筒压荷载后，检测其破损程度，用筒压比(砂浆试样经筒压实验并筛分后，留在孔径5mm筛以上的累积筛余量与该试样总量的比值)表示，以此推定砌筑砂浆抗压强度的方法。适用于推定烧结普通砖墙或烧结多孔砖砌体中砌筑砂浆的强度，不适用于推定高温、长期浸水、遭受火灾、环境侵蚀等砌筑砂浆的强度。检测时，应从砖墙中抽取砂浆试样，在试验室内进行筒压荷载试验，测试筒压比，然后换算为砂浆强度。

筒压法检测砂浆抗压强度主要有下列操作程序：

在每一测区，从距墙表面20mm以内的水平灰缝中凿取砂浆约4000g，砂浆片(块)的最小厚度不得小于5mm。各个测区的砂浆样品应分别放置并编号，不得混淆。

使用手锤击碎样品，筛取5～15mm的砂浆颗粒约3000g，在(105±5)℃的温度下烘干至恒重，待冷却至室温后备用。

每次取烘干样品约1000g，置于孔径5mm、10mm、15mm标准筛所组成的套筛中，机械摇筛2min或手工摇筛1.5min。称取粒级5～10mm和10～15mm的砂浆颗粒各250g，混合均匀后即为一个试样，共制备三个试样。

每个试样应分两次装入承压筒。每次约装1/2，在水泥跳桌上跳振5次。第二次装料并跳振后，整平表面，安上承压盖。如无水泥跳桌，可按照砂、石紧密体积密度的试验方法颠击密实。

将装料的承压筒置于试验机上，盖上承压盖，开动压力试验机，应于 20～40s 内均匀加荷至规定的筒压荷载值后，立即卸荷。不同品种砂浆的筒压荷载值分别为：水泥砂浆、石粉煤砂浆为 20kN；水泥混合砂浆、粉煤灰砂浆、特细水泥砂浆为 10kN。

将施压后的试样倒入由孔径 5mm 和 10mm 标准筛组成的套筛中，装入摇筛机摇筛 2min 或人工摇筛 1.5min，筛至每隔 5s 的筛出量基本相等。

称量各筛筛余试样的重量（精确至 0.1g），各筛的分计筛余量和底盘剩余量的总和，与筛分前的试样重量相比，相对差值不得超过试样重量的 0.5%；当超过时，应重新进行试验。

标准试样的筒压比，应按下式计算：

$$T_{ij}=\frac{t_1+t_2}{t_1+t_2+t_3} \tag{5-2-17}$$

式中：T_{ij}——第 i 个测区中第 j 个试样的筒压比，以小数计；

t_1,t_2,t_3——分别为孔径 5mm，10mm 筛的分计筛余量和底盘中剩余量。

测区的砂浆筒压比，应按下式计算：

$$T_i=\frac{1}{3}(T_{i1}+T_{i2}+T_{i3}) \tag{5-2-18}$$

式中：T_i——第 i 个测区的砂浆筒压比平均值，以小数计，精确至 0.01；

T_{i1},T_{i2},T_{i3}——分别为第 i 个测区三个标准砂浆试样的筒压比。

根据筒压比测区的砂浆强度平均值应按下列公式计算

水泥砂浆 $$f_{2i}=34.58(T_i)^{2.06} \tag{5-2-19}$$

特细砂水泥砂浆 $$f_{2i}=21.36(T_i)^{3.07} \tag{5-2-20}$$

水泥石灰混合砂浆 $$f_{2i}=6.1(T_i)+11(T_i)^2 \tag{5-2-21}$$

粉煤灰砂浆 $$f_{2i}=2.52-9.4(T_i)+32.8(T_i)^2 \tag{5-2-22}$$

石粉砂浆 $$f_{2i}=2.7-13.9(T_i)+44.9(T_i)^2 \tag{5-2-23}$$

砌筑砂浆的检测方法分为取样法和原位法两大类，两大类检测方法都有其长处和不足之处。点荷法、筒压法等取样法一般会增加工作量，取样一般在砌体的角部、窗台、女儿墙等部位，在砌体中部取样可采用钻芯机取出砂浆试样。

取样检测可通过选择试件排除局部缺陷对检测结果的影响，还可以消除砌体中应力和约束对检测结果的影响以及环境因素对检测结果的影响，因此，取样检测的测试精度较高。

回弹法、贯入法等原位检测方法优点是可以现场测定，测点数量多，操作方便，缺点是测试结果离散性大，而且存在较大的系统误差。

为提高检测的精度，发挥各自优点，克服彼此缺点，可采用综合法进行检测。即以原位测试方法为基础，取得足够多的数据，在部分原位测点对应部位取样检测，利用取样检测数据对原位测试数据进行修正，修正可采用一一对应修正系数法或对应样本修正法。综合法检测得到的数据量多、检测精度高，可以更准确、全面地反映砌体中砌筑砂浆的强度。

5.2.2 砌筑块材的检测

常用的砌筑块材料有烧结普通砖、烧结多孔砖、蒸压灰砂砖、蒸压粉煤灰砖、混凝土砌块以及石材，这些材料均有相应的产品标准用于检测和评价其质量。

砌筑块材的检测可分为砌筑块材的强度及强度等级、尺寸偏差、外观质量、抗冻性能、块材品种等检测项目，现场检测主要是对其强度进行检测。

对于砌体工程中的砌筑块材强度检测，可采用取样法、回弹法、取样结合回弹的方法检测。砌筑块材其他性能的检测和验收可参照有关产品标准的规定进行。

砌筑块材强度的检测，应根据设计图纸和检测的具体要求，将块材品种相同、强度等级相同、质量相近、环境相似的砌筑构件划为一个检测批，每个检测批砌体的体积不宜超过 $250m^3$。鉴定工作需要依据砌筑块材强度和砌筑砂浆强度确定砌体强度时，砌筑块材强度的检测位置宜与砌筑砂浆强度的检测位置对应。

取样检测的块材试样和块材的回弹测区，外观质量应符合相应产品标准的合格要求，不应选择受到灾害影响或环境侵蚀作用的块材作为试样或回弹测区；块材的芯样试件，不得有明显的缺陷。

砖和砌块的取样检测，检测批试样的数量应符合相应产品标准的规定，当对检测批进行推定时，块材试样的数量尚应满足《建筑结构检测技术标准》(GB/50344)有关检验批最小样本第 A 类的要求。块材试样强度的测试方法应符合相应产品标准的规定。

5.2.2.1 回弹法检测烧结普通砖抗压强度

烧结普通砖强度的现场检测可采用回弹法，回弹仪选用采用标称动能为 0.735J 的 HT75 型回弹仪，检测的回弹值与换算抗压强度之间换算关系应通过专门的试验确定。

对检测批的检测，每个检验批中可布置 5～10 个检测单元，共抽取 50～100 块砖进行检测，检测块材的数量尚应满足《建筑结构检测技术标准》表 3.3.13 中 A 类检测样本容量的要求。

回弹测点布置在外观质量合格砖的条面上，每块砖的条面布置 5 个回弹测点，测点应避开气孔等，且测点之间的间距不应小于 20mm，测点离砖边缘不应小于 20mm。每个测点只能弹击一次，测试时回弹仪应处于水平状态，其轴线应垂直于砖的侧面。

以每块砖的回弹测试平均值 R_m 为计算参数，按相应的测强曲线计算单块砖的抗压强度换算值；当没有相应的换算强度曲线时，经过试验验证后，可按下式计算单块砖的抗压强度换算值：

普通烧结砖：
$$f_{1ij}=2\times10^{-2}R^2-0.45R+1.25 \qquad (5-2-24)$$
烧结多孔砖：
$$f_{1ij}=1.70\times10^{-3}R^{2.48} \qquad (5-2-25)$$
式中：R ——第 i 块砖回弹测试平均值；

$f_{i,ij}$—— 第 i 块砖抗压强度换算值(MPa)。

按式(5-2-24)、(5-2-25)计算单块砖的抗压强度换算时，可采用取样修正的方法提高检测准确度，修正用砖数量不宜少于 6 块。可按下式进行强度换算值的计算

$$\Delta=f_{mi}-f_{1m,i} \qquad (5-2-26)$$
$$f_i=f_{1,i}+\Delta \qquad (5-2-27)$$

式中：f_{mi}——取样试件换算抗压强度样本的均值；

$f_{1m,i}$——被修正方法检测得到的抗压强度换算值样本的均值；

f_i——修正后砖抗压强度换算值；

$f_{1,i}$——修正前砖抗压强度换算值。

抗压强度的推定，以每块砖的抗压强度换算值为代表值，可按 5.2.3.3 节的相关规定

确定。

当块材的抗压强度计量检测结果的推定区间的上限值与下限值之差不大于块材相邻强度等级的差值和推定区间上限值与下限值算术平均值的10%两者中较大值时，可按检验批进行评定；否则按单个构件评定。

抗压强度的推定结果的判定，按照《建筑结构检测技术标准》(GB/T 50344)的规定，当设计要求相应数值小于或等于推定上限值时，可判定为符合设计要求；当设计要求相应数值大于或等于推定上限值时，可判定为低于设计要求；由于在《砌墙砖试验方法》(GB/T 2542)和《砌墙砖试验规则》(JC 466)中均以检验批的平均值来判断，所以也可按每块砖抗压强度换算值的平均值来计算检验批的砖抗压强度。

混凝土砌块、蒸压灰砂砖等其他砌筑块材的强度检测，应以取样结合回弹法检测，其中强度以取样检测为主，回弹作为材料匀质性的判别手段。当条件具备时，其他块材的抗压强度也可采用取样修正回弹的方法检测。

5.2.3 砌体强度检测

5.2.3.1 原位轴压法

原位轴压法是采用压力机在墙体上进行抗压试验，直接检测砌体抗压强度的方法，适用于推定240mm厚普通砖砌体的抗压强度。检测时，在墙体上开凿两条水平槽孔，安放原位压力机。原位压力机由手动油泵、扁式千斤顶、拉杆等组成，如图5.2.1所示。

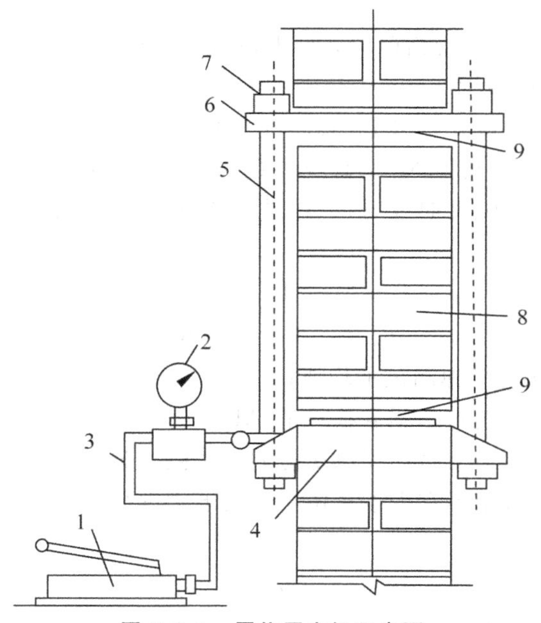

图5.2.1 原位压力机示意图

1—手泵，2—压力表，3—高压油管，4—扁式液压加载器，5—拉杆，6—反力板，7—螺母，8—槽间砌体，9—砂垫层。

原位轴压法检测的部位应具有代表性，而且槽间砌体应当有足够的约束墙体，为防止因约束不足而出现墙体剪切破坏而无法准确测得砌体抗压强度，每侧的墙体宽度不应小于

1.5m，同一墙体上测点不宜多于 1 个，且宜选在沿墙体长度的中间部位，测点多于 1 个时，其水平净距不得小于 2.0m。为确保结构安全，防止测试时墙体的较大局部破坏对正常受力不利，测试部位不得选在挑梁下、应力集中部位以及墙梁的墙体计算高度范围内。

试验开始前，首先应在测点上开凿水平槽孔时，应符合表 5.2.2 的规定。

表 5.2.2　上、下水平槽的尺寸要求

名　称	长度/mm	厚度/mm	高度/mm
上水平槽	250	240	70
下水平槽	250	240	≥110

(1) 上、下水平槽孔应对齐，普通砖砌体两槽之间应相距 7 皮砖，多孔砖砌体槽间高度应为 5 皮砖。开槽时，应避免扰动四周的砌体；槽间砌体的承压面应修平整。

(2) 开槽后，在两个槽孔间安放原位压力机，在上槽内的下表面和扁式千斤顶的顶面，应分别均匀铺设湿细砂或石膏等材料的垫层，垫层厚度可取 10mm，将反力板置于上槽孔，扁式千斤顶置于下槽孔，安放四根钢拉杆，使两个承压板上下对齐后，拧紧螺母并调整其平行度，四根钢拉杆的上下螺母间的净距误差不应大于 2mm。

(3) 正式测试前，应进行试加荷载试验，试加荷载值可取预估破坏荷载的 10%。检查测试系统的灵活性和可靠性，以及上下压板和砌体受压面接触是否均匀密实。经试加荷载，测试系统正常后卸荷，开始正式测试。

(4) 正式测试时，应分级加荷。每级荷载可取预估破坏荷载的 10%，并应在 1～1.5min 内均匀加完，然后恒载 2min。加荷至预估破坏荷载的 80%后，应按原定加荷速度连续加荷，直至槽间砌体破坏。当槽间砌体裂缝急剧扩展和增多，油压表的指针明显回退时，槽间砌体达到极限状态。

(5) 试验过程中，如发现上下压板与砌体承压面因接触不良，致使槽间砌体呈局部受压或偏心受压状态时，应停止试验。此时应调整试验装置，重新试验，无法调整时应更换测点。

(6) 试验过程中，应仔细观察槽间砌体初裂裂缝与裂缝开展情况，记录逐级荷载下的油压表读数、测点位置、裂缝随荷载变化情况简图等数据。

测试完成后，应根据槽间砌体初裂和破坏时的油压表读数，分别减去油压表的初始读数，按原位压力机的校验结果，计算槽间砌体的初裂荷载值和破坏荷载值。槽间砌体的抗压强度，应按下式计算：

$$f_{uij}=\frac{N_{uij}}{A_{ij}} \tag{5-2-28}$$

式中：f_{uij}——第 i 个测区第 j 个测点槽间砌体的抗压强度(MPa)；

N_{uij}——第 i 个测区第 j 个测点槽间砌体的受压破坏荷载值(N)；

A_{ij}——第 i 个测区第 j 个测点槽间砌体的受压面积(mm^2)。

再根据槽间砌体抗压强度换算为标准砌体的抗压强度：

$$f_{mij}=\frac{f_{uij}}{\xi_{1ij}} \tag{5-2-29}$$

$$\xi_{1ij}=1.25+0.60\sigma_{0ij} \tag{5-2-30}$$

式中：f_{mij}——第 i 个测区第 j 个测点的标准砌体抗压强度换算值(MPa)；

ξ_{1ij}——原位轴压法的无量纲的强度换算系数；

σ_{0ij}——该测点上部墙体的压应力(MPa)，其值可按墙体实际所承受的荷载标准值计算。

测区的砌体抗压强度平均值，应按下式计算。

$$f_{mi}=\frac{1}{n_1}\sum_{j=1}^{n_1}f_{mij} \tag{5-2-31}$$

式中：f_{mi}——第 i 个测区的砌体抗压强度平均值(MPa)；n_1——测区的测点数。

5.2.3.2 扁顶法

扁顶法不但可以原位推定普通砖砌体或多孔砖砌体的受压工作应力和抗压强度，还可以测出普通砖砌体的受压弹性模量。检测时，槽间砌体每侧的墙体宽度不应小于 1.5mm，在同一墙体上的测点数量不宜多于 1 个，测量数量不宜太多。

(1) 实测墙体的受压工作应力，在选定的墙体上，标出水平槽的位置并应牢固粘贴两对变形测量的脚标。脚标应位于水平槽正中并跨越该槽；脚标之间的标距应相隔 4 皮砖，宜取 250mm。

试验前应记录标距值，精确至 0.1mm。使用手持应变仪或千分表在脚标上测量读数，应测量 3 次，并取其平均值。在标出水平槽位置处，剔除水平灰缝内的砂浆。水平槽的尺寸应略大于扁顶尺寸。开凿时不应损伤点部位的墙体及变形测量脚标。应清理平整槽的四周，除去灰渣。使用手持式应变仪或千分表在脚标上测量开槽后的砌体变形值，待读数稳定后方可进行下一步试验工作。在槽内安装扁顶，扁顶上下两面宜垫尺寸相同的钢垫板，并应连接试验油路。

正式测试前应进行试加荷载试验，试加荷载值可取预估破坏荷载的 10%。检查测试系统的灵活性和可靠性以及上下压板和砌体受面接触是否均匀密实。经试加荷载，测试系统正常后卸荷，开始正式测试。

正式测试时，应分级加荷。每级荷载应为预估破坏荷载值的 5%，并应在 1.5～2min 内均匀加完，恒载 2min 后测读变形值。当变形值接近开槽前的读数时，应适当减小加荷级差，直至实测变形值达到开槽前的读数，然后卸荷。

(2) 实测墙内砌体抗压强度或弹性模量，在完成墙体的受压工作应力测试后，开凿第二条水平槽，上下槽应互相平行、对齐。当选用 250mm×250mm 扁顶时，两槽之间相隔 7 皮砖，净距宜取 430mm；当选用其他尺寸的扁顶时，两槽之间相隔 8 皮砖，净距宜取 490mm。遇有灰缝不规则或砂浆强度较高而难以凿槽的情况，可以在槽孔处取出一皮砖，安装扁顶时应采用钢制楔形块调整其间隙。在槽内安装扁顶，扁顶上下两面宜垫尺寸相同的钢垫板，并应连接试验油路。

正式测试前应进行反复试加荷载试验，试加荷载值可取预估破坏荷载的 10%。检查测试系统的灵活性和可靠性，以及上下压板和砌体受压面接触是否均匀密实。经试加荷载，测试系统正常后卸荷，开始正式测试。

正式测试时，应分级加荷。每级荷载可取预估破坏荷载的 10%，并应在 1～1.5min 内均匀加完，然后恒载 2min。加荷至预估破坏荷载的 50%后，应按原定加荷速度连续加荷，直至槽间砌体破坏。当槽间砌体裂缝急剧扩展和增多，油压表的指针明显回退时，槽间砌体达

到极限状态。

(3) 当需要测定砌体受压弹性模时，应在槽间砌体两侧各粘贴一对变形测量脚标，脚标应位于槽间砌体的中部，脚标之间相隔 4 条水平灰缝，净距宜取 250mm。试验前应记录标距值，精确至 0.1mm。按上述加荷方法进行试验，测记逐级荷载下的变形值。加荷的应力上限不宜大于槽间砌体极限抗压强度的 50%。

当槽间砌体上部压应力小于 0.2MPa 时，应加设反力平衡架，方可进行试验。反力平衡架可由两块反力板和四根钢拉杆组成。

最终实验完成时，应验记录内容应包括描绘测开会点布置图、墙体砌筑方式、扁顶位置、脚标位置、轴向变形值、逐级荷载下的油压表读数、裂缝荷载变化情况简图等。

根据扁顶的校验结果，应将油压表读数换算为试验荷载值。

根据试验结果，应按现行国家标准《砌体基本力学性能试验方法标准》的方法，计算砌体在有侧向约束情况下的弹性模量；当换算为标准砌体的弹性模量时，计算结果应乘以换算系数 0.85。墙体的受压工作应力，等于实测变形值达到开裂前的读数时所对应的应力值。

槽间砌体抗压强度换算为标准砌体的抗压强度，应按下列公式计算：

$$f_{mij}=f_{uij}/\xi_{2ij} \tag{5-2-32}$$

$$\xi_{2,ij}=1.25+0.60\sigma_{oij} \tag{5-2-33}$$

式中：f_{mij}——第 i 个测区第 j 个测点的标准砌体抗压强度换算值(MPa)；

ξ_{2ij}——扁顶法的无量纲的强度换算系数；

σ_{oij}——该测点上部墙体的压应力(MPa)，其值可按墙体实际所承受的荷载标准值计算。

最后，测区的砌体抗压强度平均值，应按 $f_{mij}=\frac{1}{n_1}\sum_{j=1}^{n_1}f_{mij}$ 计算。

5.2.3.3　强度推定

每一检测单元的强度平均值、标准差和变异系数，应分别按下列公式计算。

$$\bar{x}=\frac{1}{n_2}\sum_{i=1}^{n_2}f_i \tag{5-2-34}$$

$$s=\sqrt{\frac{\sum_{i=1}^{n_2}(\bar{x}-f_i)^2}{n_2-1}} \tag{5-2-35}$$

$$\delta=\frac{s}{\bar{x}} \tag{5-2-36}$$

式中：$\bar{x}$——同一检测单元的强度平均值(MPa)。当检测砂浆抗压强度时，$\bar{x}$ 即为 $f_{2,m}$；当检测砌体抗压强度时，$\bar{x}$ 即为 $f_{1,m}$；当检测砌体抗剪强度时，$\bar{x}$ 即为 $f_{v,m}$；

n_2——同一检测单元的测区数；

f_i——测区的强度代表值(MPa)。当检测砂浆抗压强度时，f_i 即为 f_{2i}；当检测砌体抗压强度时，f_i 即为 f_{1i}；当检测砌体抗剪强度时，f_i 即为 f_{vi}；

s——同一检测单元，按个测区计算的强度标准差(MPa)；

δ——同一检测单元的强度变异系数。

(1) 每一检测单元的砌筑砂浆抗压强度等级，应分别按下列规定进行推定。

当测区数 n_2 不小于 6 时，应取下列公式中的较小值：

$$f'_2 = f_{2,m} \tag{5-2-37}$$

$$f'_2 = 1.33 f_{2,\min} \tag{5-2-38}$$

式中：$f_{2,m}$——同一检测单元，按测区统计的砂浆抗压强度平均值；

f'_2——砂浆推定强度等级所对应的立方体抗压强度值；

$f_{2,\min}$——同一检测单元测区砂浆抗压强度的最小值。

当测区数 n_2 小于 6 时：

$$f'_2 = f_{2,\min} \tag{5-2-39}$$

当检测结果的变异系数 δ 大于 0.35 时，应检查检测结果离散性较大的原因，若系检测单元划分不当，宜重新划分，并可增加测区数进行补测然后重新推定。

（2）每一检测单元的砌体抗压强度标准值或砌体沿通缝截面的抗剪强度标准值，应分别按下列规定进行推定。

当测区数 n_2 不小于 6 时：

$$f_k = f_m - k \cdot s \tag{5-2-40}$$

$$f_{v,k} = f_{v,m} - k \cdot s \tag{5-2-41}$$

式中：f_k——砌体抗压强度标准值；

f_m——同一检测单元的砌体抗压强度平均值；

$f_{v,k}$——砌体抗剪强度标准值；

$f_{v,m}$—— 同一检测单元的砌体沿通缝截面的抗剪强度平均值；

k——有关的强度标准值计算系数见表 5.2.3；

a——确定强度标准值所取的概率分布下分位数本标准取 0.05；

c——置信水平，根据《砌体工程现场检测技术标准》(GB/T 50315)取 $c=0.60$。

表 5.2.3　计算系数

n_2	5	6	7	8	9	10	12	15
k	2.005	1.947	1.908	1.880	1.858	1.841	1.816	1.790
n_2	18	20	25	30	35	40	45	50
k	1.773	1.764	1.748	1.736	1.728	1.721	1.716	1.712

注：$C=0.60$，$a=0.05$。

当测区数 n_2 小于 6 时：

$$f_k = f_{mi,\min} \tag{5-2-42}$$

$$f_{v,k} = f_{vi,\min} \tag{5-2-43}$$

式中：$f_{mi,\min}$——同一检测单元中，测区砌体抗压强度的最小值(MPa)；

$f_{vi,\min}$——同一检测单元中，测区砌体抗剪强度的最小值(MPa)。

每一检测单元的砌体抗压强度或抗剪强度，当检测结果的变异系数 δ 分别大于 0.2 或 0.25 时，不宜直接按式(5-2-42)或(5-2-43)计算。此时应检查检测结果离散性较大的原因，若查明系混入不同总体的样本所致宜分别进行统计，并分别按式(5-2-40)至式(5-2-43)确定标准值。各种检测强度的最终计算或推定结果，均应精确至 0.01MPa。

5.2.4　砌筑质量与构造检测

砌筑构件的砌筑质量检测可分为砌筑方法、灰缝质量、砌体偏差和留槎及洞口等项目，既有砌筑构件砌筑方法、留槎、砌筑偏差和灰缝质量等，可采取剔凿表面抹灰的方法检测，检测时，应检测上、下错缝，内外搭砌等是否符合要求。灰缝质量检测可分为灰缝厚度、灰缝饱满程度和平直程度等项目，其中灰缝厚度的代表值应按 10 皮砖砌体高度折算。灰缝的饱和程度和平直程度按《砌体工程施工质量验收规范》(GB 50203)规定的方法进行检测。

砌体结构的构造检测可分为砌筑构件的高厚比、梁垫、壁柱、预制构件的搁置长度、大型构件端部的锚固措施、圈梁、构造柱或芯柱、砌体局部尺寸及钢筋网片和拉结钢筋等项目。

砌体中拉结筋的间距和长度，可采用钢筋磁感应测定仪和雷达测定仪进行检测，检测时，应首先将探头在纵横墙交接处或构造柱边缘附近的墙体垂直移动，以确定拉结筋的长度，应取 2～3 个连续测量值的平均值作为拉结筋的间距和长度代表值。拉结筋的直径应采用直接抽样测量的方法检测。

圈梁、构造柱或芯柱的设置，可通过测定钢筋状况判定；其尺寸可采用剔除表面抹灰的方法实测；圈梁、构造柱或芯柱的混凝土质量，可按混凝土的相关方法进行检测。

构件的高厚比，其厚度值应取构件厚度的实测值。跨度较大的屋架和梁支承面下的垫块和锚固措施，可剔除表面抹灰后再进行检测，预制钢筋混凝土板的支承长度，可采用剔凿楼面面层及垫层的方法检测。

5.3　钢结构检测

近十多年来，我国应用的钢结构越来越多，主要是工业厂房、高层建筑、大型体育场馆、会展中心、火车站候车大厅、空港客运大楼、大跨度桥梁等，并在很多大跨结构中应用预应力技术，对钢结构的设计、选材、施工质量等要求越来越高。

钢结构构件中的型钢一般是由钢厂批量生产，并需有合格证明，因此材料的强度及化学成分是有良好保证的。检测的重点在于加工、运输、安装过程中产生的偏差和误差，另外，由于钢结构的最大缺点是易于腐蚀、耐火性差，在钢结构工程中应重视涂装工程的质量检测。如果钢材无出厂合格证明，或对其质量有怀疑时，应增加钢材的力学性能试验，必要时再检测其化学成分。

5.3.1　钢结构外观质量检测

钢结构的外观质量是直观的、外部的表观质量，检测人员在进行外观质量检测前，应了解工程施工图纸和有关标准，熟悉工艺规程，提出目视检测的内容和要求。对于钢结构外观质量的检测，直接目视检测时，眼睛与被测工件表面的距离不得大于 600mm，视线与被测工件表面所成的视角不得小于 30°，并宜从多个角度对工件进行观察。被测工件表面应有足够的照明，一般情况下光照度不得低于 160lx；对细小缺陷进行鉴别时，光照度不得低于 540lx。对于细小缺陷进行鉴别时，可使用 2～5 倍的放大镜。对焊缝的外形尺寸可用焊缝检验尺进行测量。

钢材表面不得有裂纹、折叠、夹层,钢材端边或断口处不应有分层、夹渣等缺陷。当钢材的表面有锈蚀、麻点或划伤等缺陷时,其深度不得大于该钢材厚度负偏差值的1/2。

焊接外观质量的目视检测,应在焊缝清理完毕后进行,焊缝及焊缝附近区域不得有焊渣及飞溅物。焊缝焊后目视检测的内容应包括焊缝外观质量、焊缝尺寸,其外观质量及尺寸允许偏差应符合现行国家标准《钢结构工程施工质量验收规范》(GB 50205)的有关规定。

高强度螺栓连接副终拧后,螺栓丝扣外露应为2~3扣,其中允许有10%的螺栓丝扣外露1扣或4扣;扭剪型高强度螺栓连接副终拧后,未拧掉梅花头的螺栓数不宜多于该节点总螺栓数的5%。

涂层不应有漏涂,表面不应存在脱皮、泛锈、龟裂和起泡等缺陷,不应出现裂缝,涂层应均匀,无明显皱皮、流坠、乳突、针眼和气泡等,涂层与钢基材和各涂层之间应粘结牢固,无空鼓、脱层、明显凹陷、粉化松散和浮浆等缺陷。

5.3.2 表面质量的检测

5.3.2.1 表面质量的磁粉检测

磁粉检测主要是利用铁磁性材料构件被磁化后,由于金属表面不连续性的存在,使构件表面和近表面的磁力线发生局部畸变而产生漏磁场,吸附施加在构件表面的磁粉,在合适的光照下形成目视可见的磁痕,从而显示出不连续性的位置、大小、形状和严重程度。

磁粉检测主要适用于检测铁磁性材料表面和近表面缺陷,不适合检测埋藏较深的内部缺陷;适用于检测铁镍基铁磁性材料,不适用于检测非磁性材料;适用于检测未加工的原材料(如钢坯)和加工的半成品、成品件及在役与使用过的构件;适用于检测管材棒材板材形材和锻钢件铸钢件及焊接件;适用于检测构件表面和近表面的延伸方向与磁力线方向尽量垂直的缺陷,但不适用于检测延伸方向与磁力线方向夹角小于20度的缺陷;适用于检测构件表面和近表面较小的缺陷,不适合检测浅而宽的缺陷。

磁粉检测根据磁化试件的方法可分为永久磁铁法、直流电法、交流电法等;根据磁粉的施加可分为干粉法和湿粉法;根据试件在磁化的同时即施加磁粉并进行检测还是在磁化源切断后利用剩磁进行检测,又可以分为连续法和剩磁法。此外,还可以分为荧光磁粉法和非荧光磁粉法等。

磁粉探伤仪的装置应符合《无损检测　磁粉检测 第三部分:设备》(GB/T 15822.3)所规定的技术要求。需要注意的有:对于磁轭法检验装置,在极间距离为150mm、磁极与试件表面间隙为0.5mm时,交流电磁铁提升力应大于45N,直流电磁铁提升力应大于177N。对于铸钢件可采用触头法通过支杆直接通电,触头间距宜为75~200mm。

磁悬液可以选用油剂或者水剂作为载液,常用的油剂有无味煤油、变压器油、煤油与变压器油的混合液;常用的水剂可选用含有润滑剂、防锈剂、消泡剂等的水溶液。磁悬液时,应首先把磁粉或磁膏用少量载液调成均匀状,然后在连续搅拌中缓慢加入所需载液,使磁粉均匀弥散在载液中,直至磁粉和载液之间达到规定比例(对用非荧光磁粉配置的磁悬液,磁粉配置浓度宜为10~25g/L;对用荧光磁粉配置的磁悬液,磁粉配制浓度宜为1~2g/L),磁悬

液施加装置应保证能将磁悬液均匀地喷洒到试件上。

灵敏度试片用于检查磁粉探伤装置、磁粉或磁悬液的综合性能以及用于检定被检区域内磁场的分布规律。A 型灵敏度试片是用 100μm 厚的软磁材料制成，型号有 1＃、2＃、3＃三种，其人工槽深度分别为 15μm、30μm 和 60μm。具体几何尺寸如图 5.3.1 所示。

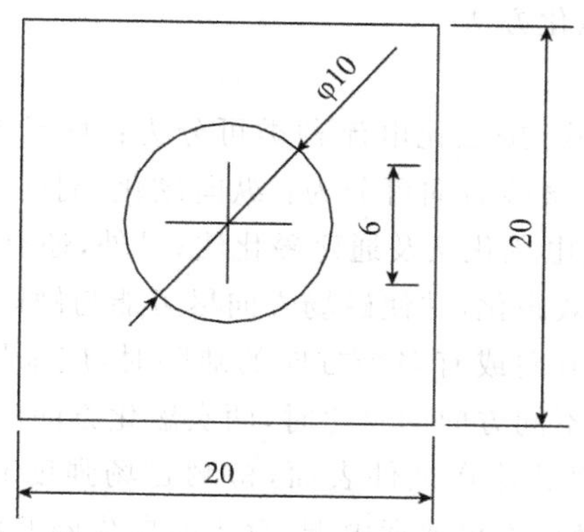

图 5.3.1　A 型灵敏度试片

当使用 A 型灵敏度试片有困难时，可用 C 型灵敏度试片(直线刻槽试片)来代替，C 型灵敏度试片其材质和 A 型灵敏度试片相同，其试片厚度为 50μm，人工槽深度为 8μm，几何尺寸如图 5.3.2 所示。

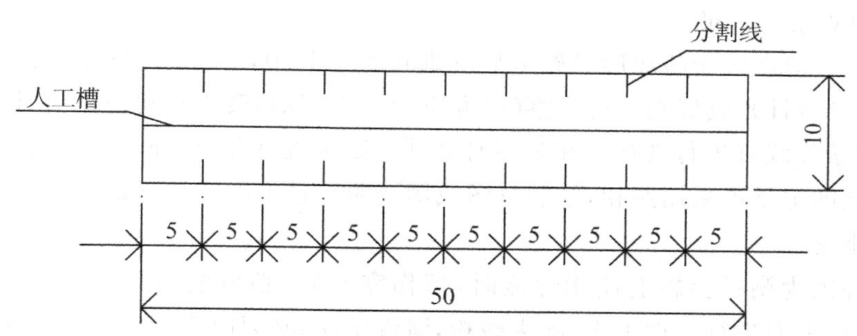

图 5.3.2　C 型灵敏度试片

在使用灵敏度试片时，应将刻有人工槽的一侧与被检试件表面紧贴，可以在灵敏度试片边缘用胶带粘贴，但胶带不得覆盖试片上的人工槽。

磁粉检测主要按照预处理、磁化、施加磁悬液、磁痕观察与记录、后处理等工艺步骤进行。只有正确地执行磁粉检测的各项工业要求，才能保证磁粉探伤的灵敏度，灵敏度越高，检测最小缺陷的能力越强，影响磁粉探伤灵敏度的主要因素有：磁场大小和方向的选择，磁化方法的选择，磁粉的性能，磁悬液的浓度，设备的性能，构件形状和表面粗糙度，缺陷的性质、形状和埋藏深度，正确的工艺操作，探伤人员的素质，照明条件。

(1) 预处理。

因为磁粉检测是用于检测表面缺陷的，构件表面状态对于磁粉探伤的操作和灵敏度都有很大的影响，所以在进行磁粉探伤前，应进行的预处理工作主要有：清洁，对试件探伤面进行清理，清除检测区域内试件上的附着物(油漆、油脂、涂料、焊接飞溅、氧化皮等)；在对焊缝进行磁粉检测时，清理区域应由焊缝向母材方向各延伸 20mm。打磨：有非导电覆盖层的工件必须通电磁化时，必须将与电极接触部位的非导电覆盖层打掉。封堵：若工件有盲孔和内腔，磁悬液流进后难以清洗，探伤前应将孔洞用非研磨性材料封堵上。应注意，检验使用过的工件时，小心封堵物掩盖疲劳裂缝。同时，需要根据工件表面的状况、试件使用要求，选用油剂载液或水剂载液；根据现场条件、灵敏度要求，确定用非荧光磁粉或荧光磁粉；根据被测试件的形状、尺寸选定磁化方法。

(2) 磁化。

磁化方法有多种分类形式，按磁化电流种类可分为：直流电磁化、交流电磁化、交直流磁化及冲击电流磁化法；按磁场线方向可分为：纵向磁化、周向磁化、综合磁化、旋转磁场磁化法；按磁化方式可分为：通电磁化法及通磁磁化法；另外，还有波动法等。

磁粉检测只有使工件有效磁化，并使磁场方向尽可能与缺陷方向垂直，才能取得满意的探伤结果。当无法确定缺陷方向或有多个方向的缺陷时，应采用旋转磁场或采用两次不同方向的磁化方法。采用两次不同方向的磁化时，两次磁化方向应垂直。

检测时，应先放置灵敏度试片在试件表面，检测磁场强度和方向以及操作方法是否正确；探伤装置在被检部位放稳后方可接通电源，移去时应先断开电源。

(3) 施加磁悬液。

施加磁悬液时，可先喷洒一遍磁悬液使被测在磁化时再次喷洒磁悬液。磁悬液一般应喷洒在行进方向的前方，磁化需一直持续到磁粉施加完成为止，形成的磁痕不能被流动的液体所破坏。

(4) 磁痕观察与记录。

磁痕的观察应在磁粉施加形成磁痕后立即进行。其中，非荧光磁粉的磁痕可在光线明亮的地方，用自然日光或灯光进行观察(亮度应大于 500lx)；荧光磁粉的磁痕可在暗处(亮度小于 20lx)用紫外线灯进行观察。在观察时必须对磁痕进行分析判断，区分缺陷磁痕和非缺陷磁痕。磁痕的记录可采用照相，绘制草图或用透明胶带把磁痕粘下来。

(5) 后处理。

被测试件因为剩磁会影响使用性能时，探伤完成后，必须根据需要对被测试件进行退磁，对被测部位表面进行清理工作，除去磁粉，清洗干净，必要时应进行防锈处理。

(6) 磁粉检测。

磁粉检测可允许有线型缺陷和圆型缺陷存在，当出现裂纹缺陷时，应直接评定为不合格。评定为不合格后，若工作允许表面修整，应进行返修，返修后进行复检，并重新进行质量评定。若表面缺陷对结构受力有影响，由委托单位确定处理方法。返修复检部位应在检测报告的检测结果中标明。

最终形成的检测记录或检测报告中应包括磁粉探伤装置型号、生产厂家、磁粉的类型、粒度及颜色；磁悬液种类及浓度；磁极的布置和探伤行走速度；探伤灵敏度(试片型号)；检测件的材质、规格、尺寸；记录缺陷磁痕、所在位置、形状尺寸及缺陷类型等。

5.3.2.2 渗透检测

渗透检测就是在被检材料或工件表面上浸涂某些渗透力比较强的液体，利用液体对微细孔隙的渗透作用，将液体渗入孔隙中，然后用水和清洗液清洗材料或工件表面的剩余渗透液，最后再用显示材料喷涂在被检工件表面，经毛细作用，将空隙中的渗透液吸出来并加以显示。

渗透检测工作原理简单易懂，对操作者的技术要求不高；应用面广，可用于多种材料的表面检测，而且基本上不受工件几何形状和尺寸大小的限制；缺陷的显示不受缺陷方向的限制，即一次检测可同时探测不同方向的表面缺陷；检测设备简单、成本低廉、使用方便；可检测各种表面开口性缺陷，如裂纹、折叠、气孔、疏松和冷隔等。

渗透检测方法一般分为 6 种：水洗型荧光法、后乳化剂荧光法、溶剂清洗型荧光法、水洗型着色法、后乳化剂型着色法及溶剂清洗型着色法等。

渗透检测剂包括渗透剂、清洗剂、显像剂。渗透检测剂的质量应符合《渗透检测用材料技术要求》(JB/T 7523)的要求，宜采用成品套装喷罐的渗透检测剂。渗透检测剂必须标明生产日期和有效期，并附带产品合格证和使用说明书。对于喷罐式渗透检测剂，其喷罐表面不得有锈蚀，喷罐不得出现泄漏。应使用同一厂家生产的同一系列配套检测剂，不应将不同种类的检测剂混合使用。

渗透检测必须配备铝合金试块(A 型对比试块)和不锈钢镀铬试块(B 型灵敏度试块)，其技术要求应符合《无损检测—渗透检查 A 型对比试块》(JB/T 9213)和《渗透探伤用镀铬试块技术条件》(JB/T 6064)规定。

试块灵敏度的分级应符合以下要求(见表 5.3.1)：

表 5.3.1　不同灵敏度等级下显示的裂纹区号

检测系统的灵敏度	不锈钢镀铬 B 型试块可显示的裂纹区号	检测系统的灵敏度	不锈钢镀铬 B 型试块可显示的裂纹区号
低	2～3	高	4～5
中	3～4	—	—

用不同灵敏度的渗透检测剂系统进行检测时，不锈钢镀铬 B 型试块上可显示的裂纹区号应如表 5.3.2 所示。

表 5.3.2　不锈钢镀铬试块裂纹区的长径显示尺寸

区号	1	2	3	4	5
长度(mm)	5.5～6.5	3.7～4.5	2.7～3.5	1.6～2.4	0.8～1.6

渗透检测包括预清洗、渗透、干燥、显示和观察评定等步骤。

预清洗：预清洗是渗透检测的关键步骤，如不充分去除工件表面的污染，将可能漏检某些缺陷。对检测面上有碍渗透检测的铁锈、氧化皮、焊接飞溅、铁刺以及各种涂覆保护层进行清除，可采用机械砂轮打磨和钢丝刷。不允许用喷砂、喷丸等可能封闭表面开口缺陷的清理方法，清理范围应从检测部位边缘向外扩展 30mm。检测面的表面粗糙度 $Ra \leqslant 12.5\mu m$，非机械加工面的粗糙度可适当放宽，但不得影响检测结果。对清理完毕的检测面进行清洗，可采用溶剂、洗涤剂或喷罐套装的清洗剂。清洗后，检测面必须要经过充分干燥后，才能进行检测。

渗透：渗透处理根据不同条件可采用液浸法、喷洒法、涂刷法或静电喷涂法等。将被检测部位完全被渗透剂覆盖，在环境温度10～50℃的条件下，以湿润状态至少保持15min。

干燥：经清洗处理后的检测面，可以自然干燥，也可用纸巾或布擦干，或用压缩空气吹干，或用热空气吹干，但检测面表面温度不能超过50℃。根据检测时的环境温度不同，干燥时间为5～10min。

显示：清洗干燥后即可进行显像处理，按所涂显像物质的不同，有干式、湿式和静电喷涂显像法等。显像剂的主要功能有：能将缺陷中的渗透液尽可能吸附出来；提供了渗透剂扩展的衬底；能提供一个与缺陷有良好对比的本底，同时能遮住工件表面不良的衬底；能起到一定的清除缺陷中残余渗透剂的作用。为检测方便，宜使用喷罐型的快干湿式显像剂。

观察评定：在施加显像剂的同时仔细观察检测面上的痕迹显示情况，但对缺陷显示的最终确认应在显像剂施加完毕后10～30min内完成。若显示不明显，可以适当延长观察时间。当检测面较大时，可以分区域检测，以保证每区域检测面可以在规定的时间内完成全部检测。对细小显示的观察可使用5～10倍放大镜对缺陷进行观察。观察应在光线充足的条件下进行，当发现不允许存在的缺陷，应及时作出标记。

渗透检测显示的缺陷评定方法同5.3.2.1(6)条。

5.3.3 连接的检测

5.3.3.1 焊缝缺陷的超声波检测

超声波检测是利用材料本身或内部缺陷对超声波传播的影响来判断结构内部及表面缺陷的大小、形状和分布情况的无损检测方法，其特点是适应性强，检测灵敏度高，对人体无害，使用灵活，设备轻巧、成本低廉，可及时得到探伤的结果，能够适应各种环境下的工作。

超声波是频率大于20000Hz的机械波，探伤中常用的超声波频率为0.5～10MHz，其中2～5MHz被推荐为焊缝探伤的公称频率。对于钢结构的探伤一般适用于母材厚度不小于8mm、曲率半径不小于160mm的普通碳素钢和低合金钢对接全熔透焊缝A型脉冲反射式手工超声波探伤的质量检验。

根据质量要求，检验等级分为A、B、C三级。检验工作的难度系数按A、B、C顺序逐渐增高。应根据工件的材质、结构、焊接方法、受力状态选用检验级别，如设计和结构上无特别指定，钢结构焊缝质量的超声波探伤一般宜选用B级检验。

A级检验采用一种角度探头在焊缝的单面单侧进行检验，只对允许扫查到的焊缝截面进行探测。一般不要求作横向缺陷的检验。母材厚度大于50mm时，不得采用A级检验。

B级检验原则上采用一种角度探头在焊缝的单面双侧进行检验，对整个焊缝截面进行探测。母材厚度大于100mm时，采用双面双侧检验。当受构件的几何条件限制时，可在焊缝的双面单侧采用两种角度的探头进行探伤。条件允许时要求作横向缺陷的检验。

C级检验至少要采用两种角度探头，在焊缝的单面双侧进行检验。同时要作两个扫查方向和两种探头角度的横向缺陷检验。母材厚度大于100mm时，采用双面双侧检验。

超声波探伤设备一般由超声波探伤仪、探头和试块组成。

超声波探伤仪的性能：超声波探伤仪使用A型显示脉冲反射式超声波探伤仪，水平线性误差不应大于1%，垂直线性误差不应大于5%。也可使用数字式超声波探伤仪，应至少

能存储 4 幅 DAC 曲线。超声仪主机工作频率应为 2～5MHz，且实时采用频率不应小于 40MHz。对于超声衰减大的工作，可选用低于 2.5MHz 的频率。

探头：探头又称换能器，其核心部件是压电晶片，又称晶片。晶片的功能是把高频电脉冲转换为超声波，又可把超声波转换为高频电脉冲，实现电—声能量相互转换的能量转换器件。由于焊缝形状和材质、探伤的目的及探伤条件等不同，需使用不同形式的探头。在焊接探伤中常采用以下几种探头形式：① 直探头：声速垂直于被探构件表面入射的探头称为直探头，可发射和接收纵波。② 斜探头：斜探头和直探头在结构上的主要区别是斜探头在压电晶体的下前方设置了透声斜楔块，斜楔块用有机玻璃制作，它与工件组成固定倾角的不同介质界面，使压电晶片发射的纵波通过波型转换，以单一折射横波的形式在工件中传播。通常横波斜探头以波在钢中折射角 β 标称：40°、45°、60°、70°，或以折射角的正切值标称 K($\tan\beta$)1.0、K1.5、K2.0、K2.5、K3.0。③ 双晶探头：又称分割式 TP 探头，内含两个压电晶片，分别为发射接收晶片，中间用隔声层隔开，主要用于近表面探伤和测厚。

试块：试块是按一定用途专门设计制作的具有简单形状人工反射体的试件。它是探伤设备系统的一个组成部分，也是探伤标准的一个组成部分，是判定探伤质量的重要尺度。根据使用目标和要求不同，通常将试块分成标准试块和对比试块。标准试块的制作技术要求和对比试块要求应符合《超声探伤用 1 号标准试块技术条件》(JB/T 10063)的规定。

首先要确定检验等级，按照不同检验等级和板厚范围选择探伤面、探伤方向和斜探头折射角 β(K 值)，测试探伤仪及探伤仪与探头的组合性能，确定检测区域的宽度及探头移动区，选用适当的耦合剂，仪器探伤范围的调节，根据所测工件的尺寸，调整仪器时间基线，绘制距离—波幅(DAC)曲线。

距离—波幅(DAC)曲线应由选用的仪器、探头系统在对比试块上的实测数据绘制而成。当探伤面曲率半径 R 小于等于 $W^2/4$(W 为探头接触面的宽度)时，距离—波幅(DAC)曲线的绘制应在曲面对比试块上进行。

绘制成的距离—波幅曲线应由评定线 EL、定量线 SL 和判废线 RL 组成。评定线与定量线之间(包括评定线)的区域规定为Ⅰ区，定量线与判废线之间(包括定量线)的区域规定为Ⅱ区，判废线及其以上区域规定为Ⅲ区，如图 5.3.3 所示。

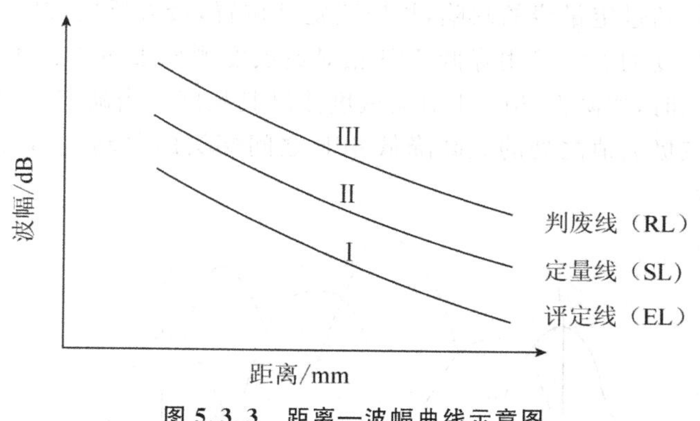

图 5.3.3　距离—波幅曲线示意图

不同验收级别所对应的各条线的灵敏度要求见表 5.3.3。表中的 DAC 是以 $\varphi3$ 横通孔作为标准反射体绘制的距离—波幅曲线——即 DAC 基准线。在满足被检工件最大测试厚度的整个范围内绘制的距离—波幅曲线在探伤仪荧光屏上的高度不得低于满刻度的 20%。

表 5.3.3 距离—波幅曲线的灵敏度

检验等级 / 板厚(mm) / DAC 曲线	A	B	C
板厚(mm)	8～50	8～300	8～300
判废线	DAC	DAC－4dB	DAC－2dB
定量线	DAC－10dB	DAC－10dB	DAC－8dB
评定线	DAC－16dB	DAC－16dB	DAC－14dB

超声波检测包括探测面的修整、涂抹耦合剂、探伤作业、缺陷的评定等步骤。

检测前应对探测面进行修整或打磨，清除焊接飞溅、油垢及其他杂质，表面粗糙度不应超过 6.3μm。采用一次反射或串列式扫查检测时，一侧修整或打磨区域宽度应大于 $2.5K\delta$；采用直射检测时，一侧修整或打磨区域宽度应大于 $1.5K\delta$，δ 为被测母材的厚度。

根据工件的不同厚度选择仪器时间基线水平、深度或声程的调节。当探伤面为平面或曲率半径 R 大于 $W^2/4$ 时，可在对比试块上进行时间基线的调节；当探伤面曲率半径 R 小于等于 $W^2/4$ 时，探头楔块应磨成与工件曲面相吻合的形状，参考反射体的布置可参照对比试块来确定，试块宽度应按下式计算

$$b \geqslant 2\lambda S/De \tag{5-3-1}$$

式中：b——试块宽度；λ——波长，mm；S——声程；De——声源有效直径，mm。

当受检工件的表面耦合损失及材质衰减与试块不同时，宜考虑表面补偿或材质补偿。耦合剂应具有良好透声性和适宜流动性，不应对材料和人体有损伤作用，同时应便于检测后清理。当工件处于水平面上检测时，宜选用液体类耦合剂；当工件处于竖立面检测时，宜选用糊状类耦合剂。

探伤灵敏度不应低于评定线灵敏度。扫查速度不应大于 150mm/s，相邻两次探头移动间隔应有探头宽度 10％的重叠。为查找缺陷，扫查方式有锯齿形扫查、斜平行扫查和平行扫查等。为确定缺陷的位置、方向、形状，观察缺陷动态波形，可采用前后、左右、转角、环绕等四种探头扫查方式。

对所有反射波幅超过定量线的缺陷，均应确定其位置，最大反射波幅所在区域和缺陷指示长度。缺陷指示长度的测定可用降低 6dB 相对灵敏度测长法和端点峰值测长法。当缺陷反射波只有一个高点时，用降低 6dB 相对灵敏度法测其长度。当缺陷反射波有多个高点时，则以缺陷两端反射波极大值之处的波高降低 6dB 之间探头的移动距离，作为缺陷的指示长度，如图 5.3.4 所示。

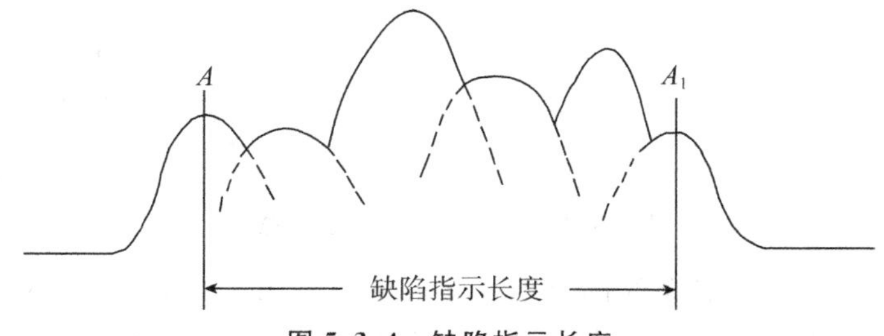

图 5.3.4 缺陷指示长度

当缺陷反射波在Ⅰ区未达到定量线时，如探伤者认为有必要记录时，将探头左右移动，使缺陷反射波幅降低到评定线，以此测定缺陷的指示长度。

端点峰值测长法：在确定缺陷类型时，可将探头对准缺陷作平动和转动扫查，观察波形的相应变化，并结合操作者的工程经验，作出大致判断。常见缺陷类型的反射波特性见表5.3.4。

表 5.3.4　常见缺陷类型的反射波特性

缺陷类型	反射波特性	备 注
裂缝	一般呈线状或面状，反射明显。探头平动时，反射波不会很快消失；探头转动时，多峰波的最大值交替错动。	危险性缺陷
未焊透	表面较规则，反射明显。沿焊缝方向移动探动时，反射波较稳定；在焊缝两侧扫查时，得到的反射波大致相同。	危险性缺陷
未熔合	从不同方向绕缺陷探测时，反射波高度变化显著。垂直与焊缝方向探动时，反射波较高。	危险性缺陷
夹渣	属于体积型缺陷，反射不明显。从不同方向绕缺陷探测时，反射波高度变化不明显。	非危险性缺陷
气孔	属于体积型缺陷。从不同方向绕缺陷探测时，反射波高度变化不明显。	非危险性缺陷

最大反射波幅位于 DAC 曲线Ⅱ区的非危险性缺陷，其指示长度小于 10mm 时，可按 5mm 计。在检测范围内，相邻两个缺陷间距不大于 8mm 时，两个缺陷指示长度之和作为单个缺陷的指示长度；相邻两个缺陷间距大于 8mm 时，两个缺陷分别计算各自指示长度。

最大反射波幅位于Ⅱ区的非危险性缺陷，根据缺陷指示长度 ΔL 按下表 5.3.5 予以评级。

表 5.3.5　缺陷的等级分类

检验等级 / 评定等级	A	B	C
板厚(mm)	8～50	8～300	8～300
Ⅰ	$2\delta/3$，最小 12	$\delta/3$，最小 10，最大 30	$\delta/3$，最小 10，最大 20
Ⅱ	$3\delta/4$，最小 12	$2\delta/3$，最小 12，最大 50	$\delta/2$，最小 10，最大 30
Ⅲ	δ，最小 20	$3\delta/4$，最小 16，最大 75	$2\delta/3$，最小 12，最大 50
Ⅳ	超过Ⅲ级者		

注：焊缝两侧母材板厚 δ 不同时，取较薄侧母材厚度。

最大反射波幅不超过评定线(未达到Ⅰ区)的缺陷均评为Ⅰ级。最大反射波幅超过评定线不到定量线的非裂纹类缺陷均评为Ⅰ级。

最大反射波幅超过评定线的缺陷，检测人员判定为裂纹等危害性缺陷时，无论其波幅和尺寸如何均评定为Ⅳ级。最大反射波幅位于Ⅲ区的缺陷，无论其指示长度如何，均评定为Ⅳ级。

5.3.3.2 高强度螺栓终拧扭矩检测

高强度螺栓连接具有施工简单，拆装方便，连接紧密，受力良好，耐疲劳，可拆换，安装简单，便于养护以及动力荷载作用下不易松动等优点，因而在钢结构设计、施工中有不可替代的作用，也正因为高强度螺栓在结构承载力中责任重大，故在其施工及质量验收过程不容忽视，在钢结构检测中也是重要的一个项目。

常用的高强度螺栓有高强度大六角头螺栓连接副；扭剪型高强度螺栓连接副；网架螺栓球节点用高强度螺栓。上述连接用紧固标准件、焊接球、螺栓球、封板、锥头和套筒等原材料及成品进场，对其进场产品、拼装、安装质量是否符合钢结构施工质量规范和现行国家产品标准的要求。

在对高强度螺栓连接副进行检测前，应了解工程使用的高强螺栓的型号、规格、扭矩施加方法，对高强度螺栓连接副施工质量检测，应在终拧 1h 之后、48h 之内完成。用于进行检测的扭矩扳手的最大量程应根据高强螺栓的型号、规格选择，工作值宜控制在被选用扳手的量限值 20%～80%之间，同时扭矩扳手的检测精度不应大于 3%，且具有峰值保持功能。

高强螺栓终拧扭矩检测前，应清除螺栓及周边涂层。螺栓表面有锈蚀时，尚应进行除锈处理。高强螺栓终拧扭矩检测，应经外观检查或敲击检查合格后进行。高强度螺栓连接副终拧后，螺栓丝扣外露应为 2～3 扣，其中允许有 10%的螺栓丝扣外露 1 扣。用小锤(0.3kg)敲击法对高强度螺栓进行普查，敲击检查时，一手扶螺栓(或螺母)，另一手敲击，要求螺母(或螺栓头)不偏移、不颤动、不松动，锤声清脆。

高强螺栓终拧扭矩检测采用松扣、回扣法，先在检查扳手套筒和拼接板面上作一直线标记，然后反向将螺栓拧松约 60°，再用检查扳手将螺母拧回原位，使两条线重合，读取此时的扭矩值。

检测时力必须加在手柄尾端，使用时用力要均匀、缓慢。扳手手柄上宜施加拉力而不是推力。要调整操作姿势，防止操作失效时人员跌倒。除有专用配套的加长柄或套管外，不得在尾部加长柄或套管后，测定高强螺栓终拧扭矩。

使用后，擦拭干净放入盒内。定力扳手使用后要注意将示值调节到最小值处。若扳手长时间未用，在使用前应先预加载几次，使内部工作机构被润滑油均匀润滑。

对高强度螺栓终拧扭矩检测结果，在 0.9～1.1Tc(Tc 为高强度螺栓连接副终拧扭矩)范围内，则为合格。对于小锤敲击检查时发现有松动的高强度螺栓，应直接判断定其终拧扭矩不合格。

5.3.4 变形观测

钢结构和构件的变形是影响结构受力性能和结构安全的重要技术指标之一，其变形指标包含：结构整体垂直度、整体平面弯曲以及构件垂直度、弯曲变形、跨中挠度等项目。这些结构变形过大，将导致钢结构失稳破坏。检测和控制这些变形，是控制钢结构施工质量和安全使用的重要任务。

钢结构工程事故中，因失稳导致破坏者较为常见，近几十年来，由于结构形式的不断发展和高强度钢材的应用，使构件更超轻型而壁薄，更容易出现失稳现象，因而重视钢结构各种变形的检测是很有必要的。

用于钢结构构件变形的测量仪器有水准仪、经纬仪、激光垂准仪和全站仪等，测量仪器和精度可参照《建筑变形测量规范》(JGJ 8)的要求，变形测量精度可按三级考虑。

在对钢结构或构件变形检测前，宜先清除饰面层(如涂层、浮锈)。如构件各测试点饰面层厚度基本一致，且不明显影响评定结果，可不清除饰面层。在测量结构或构件变形时，应设置辅助基准线，对于变截面构件和有预起拱的结构或构件，还应当考虑其初始位置的影响。

当测量尺寸不大于 6m 的构件变形，可用拉线、吊线锤的方法检测。测量构件弯曲变形时，从构件两端拉紧一根细钢丝或细线，然后测量跨中构件与拉线之间的距离，该数值即是构件的变形。测量构件的垂直度时，从构件上端吊一线锤直至构件下端，当线锤处于静止状态后，测量吊锤中心与构件下端的距离，该数值即是构件的水平移位。

测量跨度大于 6m 的钢构件挠度，宜采用全站仪或水准仪检测。钢构件挠度观测点应沿构件的轴线或边线布设，每一构件不得少于 3 点；将全站仪或水准仪测得的两端和跨中的读数相比较，即可求得构件的跨中挠度；钢网架结构总拼完成及屋面工程完成后的挠度值检测，跨度 24m 及以下钢网架结构测量下弦中央一点；跨度 24m 以上钢网架结构测量下弦中央一点及各向下弦跨度的四等分点。

测量尺寸大于 6m 的钢构件垂直度、侧向弯曲矢高以及钢结构整体垂直度与整体平面弯曲宜采用全站仪或经纬仪检测。可用计算测点间的相对位置差来计算垂直度或弯曲度，也可通过仪器引放置量尺直接读取数值的方法。

钢构件、钢结构安装主体垂直度检测，应测定钢构件、钢结构安装主体顶部相对于底部的水平位移与高差，分别计算垂直度及倾斜方向。

钢结构或构件变形应符合《钢结构设计规范》(GB 50017)、《钢结构工程施工质量验收规范》(GB 50205)等的要求。通常检测项目的允许偏差应符合下表 5.3.6 的规定。

表 5.3.6　钢结构安装变形的允许偏差(mm)

<table>
<tr><th colspan="2">项　　目</th><th colspan="2">允许偏差</th></tr>
<tr><td rowspan="2">跨中垂直度</td><td>钢屋(托)架、桁架、梁及受压杆件</td><td colspan="2">$h/250$，且不应大于 15.0</td></tr>
<tr><td>钢吊车梁</td><td colspan="2">$h/500$</td></tr>
<tr><td rowspan="6">弯曲矢高</td><td rowspan="3">钢屋(托)架、桁架、梁及受压杆件侧向弯曲矢高</td><td>$l\leq 30\text{m}$</td><td>$l/1000$，且不应大于 10.0</td></tr>
<tr><td>$30\text{m}<l\leq 60\text{m}$</td><td>$l/1000$，且不应大于 30.0</td></tr>
<tr><td>$l>60\text{m}$</td><td>$l/1000$，且不应大于 50.0</td></tr>
<tr><td>钢吊车梁侧向弯曲矢高</td><td colspan="2">$l/1500$，且不应大于 10.0</td></tr>
<tr><td>钢吊车梁垂直上拱矢高</td><td colspan="2">10.0</td></tr>
<tr><td>单层钢柱</td><td colspan="2">$H/1200$，且不应大于 50.0</td></tr>
<tr><td rowspan="4">垂直度</td><td rowspan="2">单层柱</td><td>$H\leq 10\text{m}$</td><td>$H/1000$</td></tr>
<tr><td>$H>10\text{m}$</td><td>$H/1000$，且不应大于 25.0</td></tr>
<tr><td rowspan="2">多节柱</td><td>单节柱</td><td>$H/1000$，且不应大于 10.0</td></tr>
<tr><td>柱全高</td><td>35.0</td></tr>
</table>

续 表

项目		允许偏差
主体结构的整体垂直度	单层钢结构	$H/1000$，且不应大于 25.0
	多层钢结构	$(H/1000+10.0)$，且不应大于 50.0
主体结构的整体平面弯曲	单层钢结构	$H/1500$，且不应大于 25.0
	多层钢结构	$H/1000$，且不应大于 25.0

对既有建筑的整体垂直度检测，当发现有个别测点超过规范要求时，宜进一步核实其是否由外饰面不平等非结构受力作用引起的。

5.3.5 钢结构涂层厚度检测

钢结构涂层表面质量的检测应在涂层干燥后进行，在检测前应进行外观检查，检测时构件表面不应有结露。构件表面涂层不应误涂、漏涂，涂层不应出现脱皮和返锈等。涂层应表面均匀、无明显皱皮、流坠、针眼和气泡等；防火涂料不应有误涂、漏涂、涂层应闭合无脱层、空鼓、明显凹陷、粉化松散和浮浆等外观缺陷，乳突已剔除。防腐涂料表面不应有焊渣、焊疤、灰尘、油污、水和毛刺等。

防腐涂层一般采用数字式测厚仪，通过磁感应方式来测定涂层厚度，涂层测厚仪的最大测量值不应小于 1200μm，最小分辨力不大于 2μm，示值相对误差不应大于 3%。

防火涂层测厚检测可以采用数字式测厚仪或测针，且检测设备的分辨率不应低于 0.5mm，量程应大于被测的防火涂层厚度。测针由针杆和可滑动的圆盘组成，圆盘始终保持与针杆垂直，并在其上装有固定装置，圆盘直径不大于 30mm，以保证完全接触被测试件的表面，如果厚度测量仪不易插入被测材料中，也可以采用其他适宜的方法测试。测试时，将测厚探针垂直插入防火涂层直至钢基材表面，记录标尺读数。

(1) 防腐涂层检测。

防腐涂层检测时，检测前应对仪器进行校准，宜采用二点校准，经校准后方可开始测试，应使用与试件基体金属具有相同性质的标准片对仪器进行校准；也可用待涂覆试件进行校准。

测试时，探头与测点表面应垂直接触，并保持 1～2 秒钟，读取仪器显示的测量值，每个构件检测 5 处，每处以 3 个相距不小于 50mm 测点的平均值作为该处涂层厚度的代表值，对测试值进行打印或记录并依次进行测量，测点距试件边缘或内转角处的距离不宜小于 20mm。

(2) 防火涂层检测。

检测前应清除测试点表面的灰尘、附着物等，并避开构件的连接部位。

楼板和墙体的防火涂层厚度检测，可选两相邻纵、横轴线相交的面积为一个构件，在其对角线上，按每米长度选 1 个测点。

梁、柱及桁架杆件的防火涂层厚度检测，在构件长度内每隔 3m 取一个截面，且每个构件不应少于 2 个截面进行检测。对梁、柱及桁架杆件的测试截面按图 5.3.5 所示布置测点。

在测点处，将仪器的测针或窄片垂直插入防火涂层直至钢材防腐涂层表面，记录标尺读数，测试值应精确到 0.5mm，如探针不易插入防火涂层内部，可采用将防火涂层局部剥除的方法测量。剥除面积不宜大于 15mm×15mm。

防腐涂层检测结果评价：每处 3 个测点的涂层厚度平均值不应小于设计厚度的 85%，同一构件上 15 个测点的涂层厚度平均值不应小于设计厚度。当设计对涂层厚度无要求时，涂层干漆膜总厚度：室外应为 150μm，室内为 125μm，其允许偏差为 −25μm。

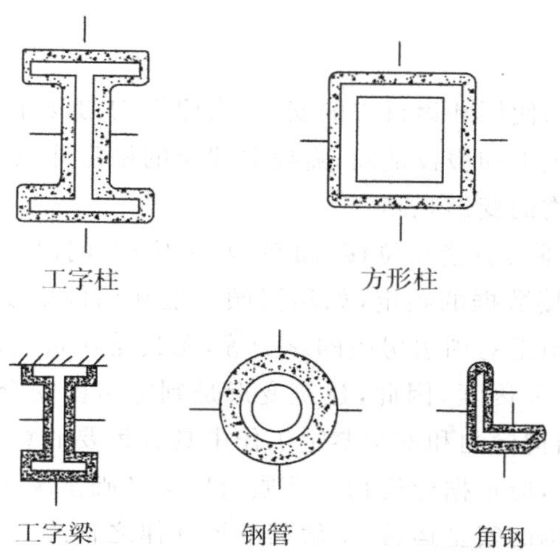

图 5.3.5　钢结构防火涂层测点布置图

防火涂层检测结果评价：对于楼板和墙面，在所选择的面积中，至少测出 5 个点；对于梁和柱在所选择的位置中，分别测出 6 个和 8 个点，分别计算出它们的平均值，精确到 0.5mm，平均值不应小于设计厚度的 85%，构件上所有测点厚度的平均值不应小于设计厚度。

第 6 章　结构变形观测

为保证建筑物在施工、使用和运行中的安全，为建筑物的设计、施工、管理及科学研究提供可靠的资料，在建筑物施工和服役期间，需要对建筑的稳定性及结构构件的变形情况进行观测，这种观测称为建筑物的变形观测。

房屋变形观测包括沉降、裂缝和位移（倾斜、水平位移和挠度等），在既有房屋的安全鉴定过程中，既可以用于直接数据的判定，如房屋倾斜度和构件挠度等，又可以用于房屋变形过程的监测，如工程建设施工对周边房屋的影响等，尤其是在软土地区，房屋沉降、倾斜变形往往是影响房屋安全的主要因素，因此，建筑变形是判定房屋安全的重要参数之一，对建筑变形的检测在实际房屋结构检测和安全鉴定工作中具有重要的意义。

变形观测的具体内容，应根据建筑物的性质与地基基础情况来定，能正确反映出建筑物的变形情况，达到监视结构的安全运营、了解其变形规律之目的。对于基础而言，主要观测内容是均匀沉降与不均匀沉降，从而计算绝对沉降值、平均沉降值、差异沉降、相对弯曲、相对倾斜、平均沉降速度以及绘制沉降分布图。对于建筑物本身来说，则主要是倾斜与裂缝观测。对于工业企业、科学试验设施与军事设施中的各种工艺设备、导轨等，其主要观测内容是水平位移和垂直位移。对于高大的塔式建筑物和高层房屋，还应观测其瞬时变形、可逆变形和扭转。

6.1　构件变形观测

6.1.1　梁、板、屋架等水平构件的挠度检测

混凝土构件的挠度，可采用激光测距仪、激光扫平仪、水准仪或拉线的方法进行检测。

梁、板结构跨中变形测量的方法是在梁、板构件支座之间用仪器找出一个水平面或水平线，然后测量构件跨中部位、两端支座与水平线（或水平面）之间的距离，所测数值计算分析即是梁板构件的挠度。

采用水准仪、全站仪等测量梁、板跨中变形，其数据较拉线的方法更为精确。具体的检测方法如下：

将标杆分表垂直立于梁、板构件两端和跨中，通过仪器或拉线为基准测出同一水准高度时标杆上的读数。将测得的两端和跨中的读数相比较即可求得梁、板构件的跨中挠度值，如下式（6-1-1）。

$$f = f_0 - (f_1 - f_2)/2 \qquad (6-1-1)$$

式中：f_0，f_1，f_2—— 分别为构件跨中和两端标杆的读数。

用水准仪测量标杆读数时，至少测读 3 次，并以 3 次读数的平均值作为跨中标杆读数。

网架的挠度值，采用水准仪和激光测距仪两种仪器相结合的方法共同测量。先用激光测距仪检测网架各个节点距地面的高度，然后用水准仪测量各个地面点的相对高度；以靠近混凝土支座下弦节点的标高值为基准平面计算出网架各个测点的相对高差值，即挠度值。依据有关标准的规定，网架结构的实测挠度值不得超过相应设计值的 15%，用这种方法测量挠度，检测人员均可在地面进行操作，测量结果也比较准确。

6.1.2 墙、柱等竖向构件的倾斜检测

混凝土构件或结构的倾斜，可采用经纬仪、激光定位仪、三轴定位仪或吊锤的方法检测，倾斜检测时宜区分倾斜中施工偏差造成的倾斜、变形造成的倾斜、灾害造成的倾斜等。

检测墙、柱倾斜可采用经纬仪测量，其主要步骤如下：

确定经纬仪位置：测量墙体、柱的倾斜时，经纬仪位置如图 6.1.1 所示，要求经纬仪至墙、柱的距离应大于墙柱的高度。

数据测读：先瞄准墙、柱顶部 M 点向下垂直投影得 N 点，然后量出墙、柱相同水平高度的水平距离 a。以 M 点为基准，采用经纬仪测出垂直角角度 α，计算测点高度 H。计算公式为式(6-1-2)。

$$H = l\tan\alpha \tag{6-1-2}$$

式中：H—— 墙、柱顶点 M 至下部投影点 N 之间的垂直距离；

α—— 经纬仪上读出的 M 点与 N 点之间的角度差；

l—— 经纬仪至墙体之间的水平距离。

则墙、柱或建筑物的倾斜量 i 为

$$i = a/H \tag{6-1-3}$$

墙、柱或整幢建筑物的倾斜量 Δ 为

$$\Delta = i(H + H') \tag{6-1-4}$$

根据以上测算结果，即可描述墙、柱或建筑物的倾斜量。

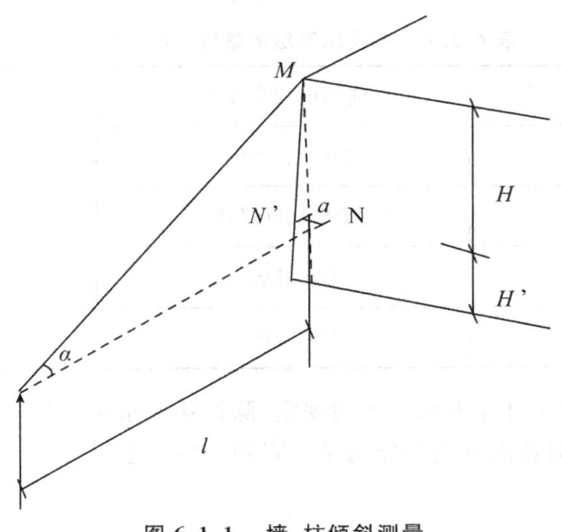

图 6.1.1 墙、柱倾斜测量

6.2 结构沉降与倾斜观测

6.2.1 沉降观测

沉降监测主要是通过水准点用水准仪定期进行水准测量，逐次测定建筑物上观测点的高程，从而计算出沉降量。具体内容是观测点和水准点的布设、观测方法及成果整理与分析等。

由于建筑物的全部荷载都由它下面的地基来承担，由于建筑物的建造，使地基中原有的地基土应力状态发生变化而产生变形，表现为地基沉降。确定地基承载力是一个比较复杂的问题，必须综合考虑各种因素。而当地基承载力的设计计算数据与实际情况不相符，就会产生建筑物不均匀沉降，影响建筑物的使用。特别是当建筑物荷载过大，超过地基土所承受的能力，发生剪切破坏，将给建筑物安全带来隐患和危害。因此，可在建筑物施工和运行过程中对建筑物开展沉降观测，了解地基基础的变形情况。

建筑物上埋设的观测点，点位和数量应能全面反映建筑物沉降情况，它与建筑物大小、形状、结构、荷载以及地质条件等有关。一般观测点是均匀设置的，但在荷载有变化的部位、平面形状改变处、沉降缝两侧及具有代表性的支柱和基础上，应加设观测点。高层建筑物，一般沿建筑物四周每 10 ～ 30m 设置一个观测点，在建筑物转角、沉降缝两侧、纵横墙的连接处均应设置观测点。总之，观测点布置要合理，能精确全面地反映沉降情况，并将布置方案绘制成 1：100 ～ 1：500 比例尺平面图，加以编号，并应设置标志，以便进行观测、记录和寻找。建筑物的沉降观测，是根据水准点进行的，应从水准点的稳定、观测上的方便等方面考虑，合理地埋设一些水准点。为了保证水准点高程的准确性和便于相互检核，一般不得少于三个水准点。它们应埋在受压、受震的范围以外，离开铁路、公路、地下管道尽量远些。水准点离开观测点不能过远，宜在 100m 左右，以提高观测精度。

沉降观测的主要仪器设备为水准仪，应配备的最低等级仪器设备具体见表 6.2.1：

表 6.2.1 各观测等级的最低一起设备配置

级别	使用的仪器型号	标尺类型
特级	DS05、DSZ05	铟瓦尺、条码尺
一级	DS05、DSZ05	铟瓦尺、条码尺
二级	DS1、DSZ1	铟瓦尺、条码尺
三级	DS3、DSZ3	木质标尺

沉降测量精度要求应符合表 6.2.2 的规定。除特殊要求情况外，对一般性的房屋沉降观测，采用二等水准测量的观测方法就能满足沉降观测的要求。

表 6.2.2　沉降测量精度表

监测精度等级	一级	二级	三级
监测点测站高差中误差	±0.15	±0.5	±1.5

沉降监测网应采用水准测量方法一次布设成闭合环或形成附合路线构成的结点网形式，一般共分三级，主要技术指标应符合表 6.2.3 的规定。

表 6.2.3　沉降监测网水准测量技术指标

监测网等级	测站高差中误差	往返较差及符合或环线闭合差	检测已测测段高差之差	适用范围
一级	±0.15	$\leqslant 0.3\sqrt{n}$	$\leqslant 0.45\sqrt{n}$	一级监测
二级	±0.5	$\leqslant 1.0\sqrt{n}$	$\leqslant 1.5\sqrt{n}$	二级或三级监测
三级	±1.5	$\leqslant 3.0\sqrt{n}$	$\leqslant 4.5\sqrt{n}$	与城市水准点联测

注：表中 n 为测站数。

沉降观测点布设：在进行沉降观测前，应首先把水准基点布设成闭合水准路线或附合水准路线，以便检查水准基点的高程是否发生变化，在保证水准基点高程没有变化的情况下，再进行沉降观测。

建筑物比较少或者测区较小：可以将水准基点和沉降观测点组合成单一层次的闭合水准路线或附合水准路线形式；建筑物比较多或测区较大的地方：可以先将水准基点组成高程控制网，然后再把沉降观测点和水准基点组成扩展网。高程控制网一般组合成闭合水准路线形式或者附合水准路线形式（如图 6.2.1）。

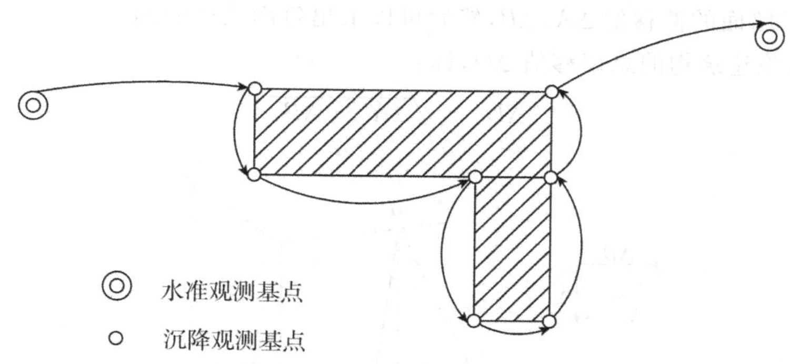

图 6.2.1　某沉降观测水准路线

对于正常使用下的房屋，一般情况下按照观测 100 天，每月观测 1 次的频率进行观测；对于外界环境对房屋沉降有影响的状况，应按照房屋的重要性等级和结构安全程度，在施工过程中 1 ～ 3 天观测 1 次，施工完成后根据需要定期对房屋沉降进行观测，直至房屋沉降进入稳定阶段。房屋是否进入稳定阶段，应由沉降量与时间关系曲线测定，当最后 100 天沉降速率小于 0.01 ～ 0.04mm/d 时，可认为已进入稳定阶段，其具体取值还应根据各地区地基土的压缩性能确定。

6.2.2 倾斜观测

由于种种原因建筑物都将产生各种变形，其变形观测也有很多方法。特别是近年来，各地区的高层建筑不断增多，倾斜对高层建筑物危害较大，对建筑物的使用寿命有直接影响。所以，有必要对建筑物的倾斜观测进行探讨。

房屋倾斜观测应测定房屋顶部观测点相对于底部固定点或上层相对于下层观测点的倾斜度、倾斜方向及倾斜速率。刚性建筑的整体倾斜，可通过测量顶面或基础的差异沉降来间接确定。

当从房屋外部观测时，测站点的点位应选在与倾斜方向成正交的方向线上距照准目标1.5～2.0倍目标高度的固定位置。当利用房屋内部竖向通道观测时，可将通道底部中心点作为测站点；对于整体倾斜，观测点及底部固定点应沿着对应测站点的房屋主体竖直线，在顶部和底部上下对应布设；对于分层倾斜，应按分层部位上下对应布设。

房屋倾斜观测可采用全站仪、经纬仪和激光定位仪、三轴定位仪、吊锤等仪器检测，对于正常使用的房屋，可一次完成房屋倾斜度的观测；对于受环境影响倾斜变化的房屋，可视倾斜速度每1～3个月观测一次，异常时应增加观测次数。倾斜观测应避开强日照和风荷载影响大的时间段。

倾斜观测的主要方法有投点法、坐标法和解析法。

(1) 投点法。

将经纬仪安置在固定测站上，该测站到建筑物的距离，为建筑物高度的1.5倍以上。瞄准建筑物 X 墙面上部的观测点 M，用盘左、盘右分中投点法，定出下部的观测点 N。用同样的方法，在与 X 墙面垂直的 Y 墙面上定出上观测点 P 和下观测点 Q。M、N 和 P、Q 即为所设观测标志。

在原固定测站上，安置经纬仪，分别瞄准上观测点 M 和 P，用盘左、盘右分中投点法，得到 N' 和 Q'。如果，N 与 N'、Q 与 Q' 不重合，说明观测期间建筑物发生了倾斜，可以根据用尺子，量出在 X、Y 墙面的偏移值 ΔA、ΔB，然后可以求出每面墙体的倾斜。也可以采用矢量相加的方法，计算出该建筑物的总偏移值 ΔD，即：

$$\Delta D = \sqrt{\Delta A^2 + \Delta B^2} \tag{6-2-1}$$

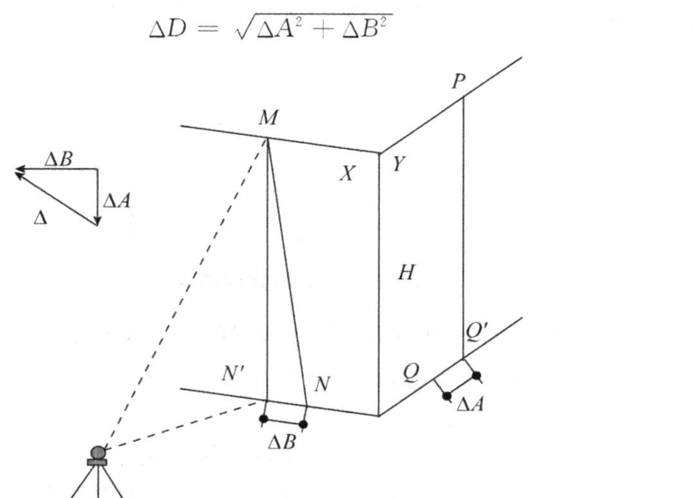

图 6.2.2 倾斜观测示意图

根据总偏移值 ΔD 和建筑物的高度 H 即可计算出其倾斜度 i，

$$i = \Delta D / H \tag{6-2-2}$$

其中 ΔD 为建筑物总偏移量，H 为建筑的总高度。

(2) 坐标法。

选取建筑物的墙角，在站点与测点水平距离约为所测点高度的 1.5 倍处设站；采用免棱镜功能的全站仪，根据所测建筑物的外围轴线进行定向(定向线必需平行于建筑物的外围轴线)，如果是正北方向定向，定向点的三维坐标 X、Y、Z 可虚拟地设为(100,0,0)。为方便观测，把测站点的三维坐标设置为(0,0,0)。

照准 A、B 点，采用激光测距模式，测得 A、B 点的坐标(X_A, Y_A, Z_A)、(X_B, Y_B, Z_B)。

AB 间的距离 $L_{AB} = Z_A - Z_B$，南北向的倾斜率 $K = (X_A - X_B)/L_{AB}$，东西向的倾斜率 $K = (X_A - X_B)/L_{AB}$，南北向和东西向的总倾斜量分别等于南北向和东西向的倾斜量乘以总房高。

(3) 解析法。

同方法一，先选取全站仪的测站点，将测站点假设为三维坐标零点，然后照准建筑物上的 A、B 点，分别测得 A、B 点的水平角和垂直角 $A(\alpha_A, \beta_A)$、$B(\alpha_B, \beta_B)$；再根据几何解析计算公式，求出倾斜率 K：

$$K = \tan(\alpha_A - \alpha_B)/(\tan\beta_A - \tan\beta_B) \tag{6-2-3}$$

其中 α_A，α_B，β_A，β_B 分别为 A、B 点的水平角和垂直角，进一步求出建筑物的 A、B 点之间的倾斜率 M：

$$M = K \times H \tag{6-2-4}$$

式中：H—— 该建筑物的高度。

由于建筑倾斜测量每次站点移动都会造成测量误差，因此可以借助相对沉降量间接确定建筑整体倾斜时，可选用下列方法：

(1) 倾斜仪测记法。可采用水管式倾斜仪、水平摆倾斜仪、气泡倾斜仪或电子倾斜仪进行观测。倾斜仪应具有连续读数、自动记录和数字传输的功能。监测建筑上部层面倾斜时，仪器可安置在建筑顶层或需要观测的楼层的楼板上。监测基础倾斜时，仪器可安置在基础面上，以所测楼层或基础面的水平倾角变化值反映和分析建筑倾斜的变化程度。

(2) 测定基础沉降差法。可在基础上选设观测点，采用水准测量方法，以所测各周期基础的沉降差换算求得建筑整体倾斜度及倾斜方向。

6.3　结构水平位移及裂缝观测

6.3.1　水平位移观测

当房屋建在坡体上，并可能出现水平位移时，或周边有深基坑等施工影响可能导致房屋水平位移时，在既有房屋的安全鉴定检测中，应对房屋水平位移进行观测。建筑水平位移观测点的位置应选在墙角、柱基及裂缝两边等处。标志可采用墙上标志，具体形式及其埋设应根据点位条件和观测要求确定，其精度应测量精度要求同倾斜观测。

水平位移观测的主要仪器设备有全站仪、激光测距仪或经纬仪等，也可采用GPS测量方法。

观测前，首先在稳定的场地选取一条基线 J_1，J_2，并平行于所测建筑物的纵轴线或横轴线，J_1 为基点，设置坐标为(0,0)，J_2 为定向点，如果以正北方向定向，则 J_2 的虚拟坐标为(100,0)。

如果基点不能直接观测建筑物，则中间须加设工作基点，如果可以直接观测，则照准建筑物上的测点，并读取首次坐标(X_1，Y_1)。

二次观测同首次观测，并读取二次坐标(X_2，Y_2)，则南北向的位移量 $d = X_2 - X_1$；东西向的位移量 $d = Y_2 - Y_1$。

6.3.2 裂缝观测

应测定建筑上的裂缝分布位置和裂缝的走向、长度、宽度及其变化情况。

对需要观测的裂缝应统一进行编号。每条裂缝应至少布设两组观测标志，其中一组应在裂缝的最宽处，另一组应在裂缝的末端。每组应使用两个对应的标志，分别设在裂缝的两侧。

裂缝观测标志应具有可供量测的明晰端面或中心。长期观测时，可采用镶嵌或埋入墙面的金属标志、金属杆标志或楔形板标志；短期观测时，可采用油漆平行线标志或用建筑胶粘贴的金属片标志。当需要测出裂缝纵横向变化值时，可采用坐标方格网板标志。使用专用仪器设备观测的标志，可按具体要求另行设计。

对于数量少、量测方便的裂缝，可根据标志形式的不同分别采用比例尺、小钢尺或游标卡尺等工具定期量出标志间距离求得裂缝变化值，或用方格网板定期读取"坐标差"计算裂缝变化值；对于大面积且不便于人工量测的众多裂缝宜采用交会测量或近景摄影测量方法；需要连续监测裂缝变化时，可以采用粘贴石膏饼法，将厚度10mm左右、宽度为50～80mm的石膏饼牢固地粘贴在裂缝处，定期观察石膏是否开裂，也可采用测缝计或传感器自动测记方法观测。

裂缝观测的周期应根据其裂缝变化速度而定。开始时可半月测一次，以后一月测一次。当发现裂缝加大时，应及时增加观测次数。裂缝观测中，裂缝宽度数据应量至0.1mm，每次观测应绘出裂缝的位置、形态和尺寸，注明日期，并拍摄裂缝照片。

6.4 基坑施工周边房屋监测

随着城市发展，在有限的城市空间内进行工程建设活动越来越频繁，而近年来城市区域内建筑高度的不断提升，使得基坑开挖的深度越来越大，而深基坑的开挖极易对周围地下管线、临近的建筑物、一般地下设施造成不利影响，而城市中部分基础情况较差的老旧房屋，对于基坑施工尤为敏感(如图6.4.1)。因此，在基坑施工的各个阶段，必须根据基坑开挖情况，做好周边房屋的各项监测工作，并对监测数据结合施工进度进行详细分析。

(a) 基坑施工及周边房屋

(b) 基坑塌陷

图 6.4.1　基坑及周边建筑

6.4.1　基坑等级划分

基坑工程监测项目的选择与基坑工程的安全等级有关。目前基坑工程安全等级的划分不同规范中有所不同。

1.《建筑地基基础工程施工质量验收规范》(GB 50202—2002)的划分方法

符合下列情况之一的基坑,定为一级基坑:

(1) 重要工程或支护结构作为主体结构的一部分;

(2) 开挖深度大于 10m;

(3) 与邻近建筑物、重要设施的距离在开挖深度以内的基坑;

(4) 基坑范围内有历史文物、近代优秀建筑、重要管线等需要严加保护的基坑。

三级基坑为开挖深度小于 7m,且周围环境无特别要求的基坑。除一级基坑和三级基坑外的基坑均属二级基坑。

2.《建筑基坑支护技术规程》(JGJ 120—2012)的划分方法

基坑侧壁安全等级按照基坑破坏后果划分,见表 6.4.1。

表 6.4.1　基坑侧壁安全等级表

安全等级	破坏后果
一级	支护结构失效、土体失稳或过大变形对基坑周边环境及地下结构施工影响很严重
二级	支护结构失效、土体失稳或过大变形对基坑周边环境及地下结构施工影响一般
三级	支护结构失效、土体失稳或过大变形对基坑周边环境及地下结构施工影响不严重

注:有特殊要求的建筑基坑侧壁安全等级可根据具体情况另行确定。

3.《建筑地基基础设计规范》(GB 50007—2011)的划分方法

该规范中的基坑监测项目的选择是按照地基基础设计等级确定的,它将地基基础设计等级分为甲、乙、丙三个设计等级。其中“位于复杂地质条件及软土地区的二层及二层以上地下室的基坑工程”属于甲级设计等级。

6.4.2　周边房屋监测范围及测点布置

基坑施工前应对周边房屋的现状、裂缝开展情况进行前期调查,并详细记录或拍照、摄像,作为施工前档案资料,前期调查范围宜达到基坑边线外 3 倍基坑深度。监测的范围宜达到基坑边线以外 2 倍以上基坑深度,并符合工程保护范围的规定,或按工程设计要求确定。

基坑工程整个施工期内,每天均应有专人对基坑周边地下管道有无破损、泄露,周边建筑物有无裂缝出现,道路(地面)有无裂缝、沉陷,邻近基坑及建筑物的施工情况等环境情况进行巡视检查。检查监测的基准点、测点完好状况;有无影响观测工作的障碍物;监测元件的完好及保护情况。巡视检查的检查方法以目测为主,可辅以锤、钎、量尺、放大镜等工器具以及摄像、摄影等设备进行。

监测的主要内容一般有:裂缝监测、沉降监测、水平位移监测、倾斜监测、振动监测等,具体的监测测点的布置及监测频次应根据房屋的重要性、结构安全状况及与基坑工程的相邻距离进行确定。

建筑物的竖向位移监测点应布置在以下位置：建(构)筑物四角、沿外墙每 10 ～ 15m 处或每隔 2 ～ 3 根柱基上，且每边不少于 3 个监测点；不同地基或基础的分界处；建(构)筑物不同结构的分界处；变形缝、抗震缝或严重开裂处的两侧；新、旧建筑物或高、低建筑物交接处的两侧；建(构)筑物的水平位移监测点应布置在建筑物的墙角、柱基及裂缝的两端，每侧墙体的监测点不应少于 3 处。

建筑物倾斜监测点宜布置在建筑物角点、变形缝或抗震缝两侧的承重柱或墙上，沿主体顶部、底部对应布设，上、下监测点应布置在同一竖直线上。当采用铅锤观测法、激光铅直仪观测法时，应保证上、下测点之间具有一定的通视条件。

建筑物的裂缝监测点应选择有代表性的裂缝进行布置，在基坑施工期间当发现新裂缝或原有裂缝有增大趋势时，应及时增设监测点。每一条裂缝的测点至少设 2 组，裂缝的最宽处及裂缝末端宜设置测点。

变形测量点分为基准点、工作基点和变形监测点。每个基坑工程至少应有 3 个稳固可靠的点作为基准点，工作基点应选在稳定的位置。在通视条件良好或观测项目较少的情况下，可不设工作基点，在基准点上直接测定变形监测点；施工期间，应采用有效措施，确保基准点和工作基点的正常使用；监测期间，应定期检查工作基点的稳定性。

对同一监测项目，监测时宜固定观测人员，采用相同的观测路线和观测方法，使用同一监测仪器和设备，基本相同的环境和条件下工作以保证监测工作的连续性和完整性。

基坑工程监测频率应以能系统反映监测对象所测项目的重要变化过程，而又不遗漏其变化时刻为原则。基坑工程监测工作应贯穿于基坑工程和地下工程施工全过程。监测工作一般应从基坑工程施工前开始，直至地下工程完成为止。对有特殊要求的周边环境的监测应根据需要延续至变形趋于稳定后才能结束。监测项目的监测频率应考虑基坑工程等级、基坑及地下工程的不同施工阶段以及周边环境、自然条件的变化。当监测值相对稳定时，可适当降低监测频率。对于应测项目，在无数据异常和事故征兆的情况下，开挖后监测频率的确定可参照表 6.4.2。

表 6.4.2　基坑工程开挖后监测频率

基坑类别	施工进程		基坑设计开挖深度			
			≤ 5m	5 ～ 10m	10 ～ 15m	＞ 15m
一级	开挖深度(m)	≤ 5	1 次 /1d	1 次 /2d	1 次 2d	1 次 /2d
		5 ～ 10	——	1 次 /1d	1 次 /1d	1 次 /1d
		＞ 10	——	——	2 次 /1d	2 次 /1d
	底板浇筑后时间(d)	≤ 7	1 次 /1d	1 次 /1d	2 次 /1d	2 次 /1d
		7 ～ 14	1 次 /3d	1 次 /2d	1 次 /1d	1 次 /1d
		14 ～ 28	1 次 /5d	1 次 /3d	1 次 /2d	1 次 /1d
		＞ 28	1 次 /7d	1 次 /5d	1 次 /3d	1 次 /3d

续　表

基坑类别	施工进程		基坑设计开挖深度			
			≤5m	5～10m	10～15m	>15m
二级	开挖深度(m)	≤5	1 次 /2d	1 次 /2d	—	—
		5～10	——	1 次 /1d	—	—
	底板浇筑后时间(d)	≤7	1 次 /2d	1 次 /2d	—	—
		7～14	1 次 /3d	1 次 /3d	—	—
		14～28	1 次 /7d	1 次 /5d	—	—
		>28	1 次 /10d	1 次 /10d	—	—

注：① 当基坑工程等级为三级时，监测频率可视具体情况要求适当降低；
② 基坑工程施工至开挖前的监测频率视具体情况确定；
③ 宜测、可测项目的仪器监测频率可视具体情况要求适当降低；
④ 有支撑的支护结构各道支撑开始拆除到拆除完成后 3d 内监测频率应为 1 次 /1d。

6.4.3　周边房屋监测报警

当出现监测数据达到报警值，监测数据变化量较大或者速率加快，施工时发现存在勘察中未发现的不良地质条件，超深、超长开挖或未及时加撑等未按设计施工，基坑及周边大量积水、长时间连续降雨、市政管道出现泄漏，基坑附近地面荷载突然增大或超过设计限值，支护结构出现开裂，周边地面出现突然较大沉降或严重开裂，邻近的建筑物出现突然较大沉降、不均匀沉降或严重开裂，坑底部、坡体或支护结构出现管涌、渗漏或流砂等现象，基坑工程发生事故后重新组织施工应加强监测，提高监测频率，当有危险事故征兆时，应实时跟踪监测。基坑工程监测报警值应符合基坑工程设计的限值、地下主体结构设计要求以及监测对象的控制要求。

受基坑施工周围土体变形影响，周边已有建筑可能受影响而出现影响结构安全或正常使用的各种变形、开裂等。由于周边建筑通常建造年代、地基基础、上部结构形式和高度等、建筑质量和使用用途、距离基坑都各不相同。因此，建立统一的周边建筑地基变形限值较为困难且不现实。结合各类标准，当监测过程中发现以下情况时，需要停止施工并采取一定措施。

1. 参考《危险房屋鉴定标准》(JGJ 125—99)(2004 年版)

当地基基础部分出现以下现象之一，可认为处于危险状态，需立即采取措施：

(1) 地基沉降速度连续 2 个月大于 4mm/ 月，并短期内无收敛趋向；

(2) 地基产生不均匀沉降，砌体承重结构局部倾斜达到 0.002，整体倾斜达到 0.004；

(3) 上部墙体因沉降引起的裂缝宽度大于 10mm，且房屋倾斜率大于 1%；

(4) 地基不稳定产生滑移，水平位移量大于 10mm，并对上部结构有显著影响，且仍有继续滑动迹象。

2. 参考《民用建筑可靠性鉴定标准》

若基坑周边房屋沉降出现下列情况时，可认为处于危险状态，应立即报警。

(1) 基坑支护结构（或其后土体）的最大水平位移已大于基坑开挖深度的

1/200(1/300)，或其水平位移速率已连续三日大于 3mm/d(2mm/d)。

(2) 基坑支护结构的支撑(或锚杆) 体系中有个别构件出现应力剧增、压屈、断裂、松弛或拔出迹象。

(3) 若建筑物的不均匀沉降(差异沉降) 大于现行建筑地基基础设计规范规定的允许沉降差，或建筑物的倾斜速率已经连续三日大于 0.0001H/d(H 为建筑物承重结构高度)。

(4) 已有建筑物的砌体部分出现宽度大于 3mm(1.5mm) 的变形裂缝；或其附近地面出现宽度大于 15mm(10mm) 的裂缝；且上述裂缝尚有可能发展。

(5) 基坑底部或周围土体出现可能导致剪切破坏的迹象或其他可能影响安全的征兆(如少量流沙、涌土、隆起、陷落等)。

(6) 根据当地经验判断认为，已出现其他必须加强监测的情况。

若毗邻的已有建筑物为人群密集场所或文物、历史、纪念性建筑，或地处交通要道，或有重要管线，或地下设施需要严加保护时，宜按照括号内限值使用。若当地有工程经验，可对以上限值进行修正或补充，但应经过当地主管部门批准。

3.《建筑基坑监测技术规范》(GB 50497—2009)

基坑周边房屋监测报警值的限值应根据主管部门的要求确定，如无具体规定，可参考表 6.4.3 确定。

表 6.4.3　建筑基坑工程周边环境监测报警值

监测对象 \ 项目				累计值		变化速率/mm·d^{-1}	备注
				绝对值/mm	倾斜		
1	地下水位变化			1000	—	500	—
2	管线位移	刚性管道	压力	10 ～ 30	—	1 ～ 3	直接观察点数据
			非压力	10 ～ 40	—	3 ～ 5	
		柔性管线		10 ～ 40	—	3 ～ 5	—
3	邻近建(构)筑物		最大沉降	10 ～ 60	—	—	—
			差异沉降	—	2/1000	0.1H/1000	—

注：① H 为建(构)筑物承重结构高度；② 第 3 项累计值取最大沉降和差异沉降两者的小值。

(1) 周边建(构)筑物报警值应结合建(构)筑物裂缝观测确定，并应考虑建(构)筑物原有变形与基坑开挖造成的附加变形的叠加。

(2) 当出现下列情况之一时，必须立即报警；若情况比较严重，应立即停止施工，并对基坑支护结构和周边的保护对象采取应急措施。

(a) 当监测数据达到报警值；

(b) 基坑支护结构或周边土体的位移出现异常情况或基坑出现渗漏、流砂、管涌、隆起或陷落等；

(c) 基坑支护结构的支撑或锚杆体系出现过大变形、压屈、断裂、松弛或拔出的迹象；

(d) 周边建(构)筑物的结构部分、周边地面出现可能发展的变形裂缝或较严重的突发裂缝；

(e) 根据当地工程经验判断，出现其他必须报警的情况。

第 7 章　房屋鉴定

7.1　房屋鉴定的基本要求

7.1.1　鉴定原则

房屋鉴定必须独立、客观、公正、科学、合理，贯彻执行国家“安全第一，预防为主”的方针。一般情况下，房屋鉴定应遵循以下原则：

(1) 综合评定原则。在对照标准进行房屋各种状态鉴定的过程中，通过全面分析，综合判断，最大限度发挥专业技术人员的丰富实践经验和综合分析能力，更好地保证鉴定结论的科学性、合理性。

(2) 鉴定时点原则。鉴定结果应是被鉴房在鉴定时点所处的实际状态或状况。

(3) 有限条件原则。因技术水平、现场条件以及仪器设备等各方面的限制，有时只能对房屋某些方面作出结论；因此房屋鉴定前应与委托方约定所鉴定的具体内容。

(4) 鉴定时效原则。经鉴定为非危险房屋的(或其他等同于非危险房屋)，在正常使用条件下鉴定文书的有效时限一般不超过 1 年。

7.1.2　一般程序

鉴定程序为委托、调查、编制鉴定检测方案、现场详细查勘检测、内部作业和出具鉴定报告，接到街道房屋鉴定的委托之后，对于体量较大或疑难的鉴定项目应成立专门的鉴定组，首先开展房屋结构调查，包括资料调查和现场调查，然后制订可操作的鉴定检测方案，根据方案进行现场查勘检测，必要时作补充检测，再进行内部作业，包括检测数据处理、结构复核和房屋各类问题的分析，最后出具鉴定报告，鉴定程序如图 7.1.1 所示。

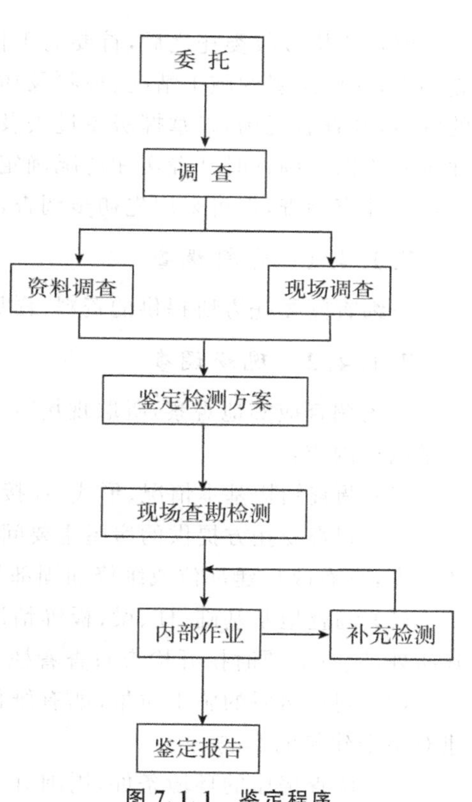

图 7.1.1　鉴定程序

7.1.3 委托

委托方应向鉴定机构提出书面委托，并提供如下资料：

(1) 建筑结构检测和鉴定委托书。说明该建筑的类别、检测与鉴定的目的、要求及完成时间等，必要时签订合同。

(2) 建筑结构的基本资料。包括该建筑的位置、用途、竣工日期，以及建筑面积、结构类型、层数、层高、基础形式、承重结构形式、维护结构形式、装修情况、抗震设防等级、地下水位等资料；设计、施工、监理单位等信息。

(3) 主要设计和施工资料。包括设计计算书、施工图(建筑图、结构图及水暖电图)、地质勘察报告、全部竣工资料(包括开、竣工报告、材料合格证及检测报告、混凝土配合比及其强度检测报告、质量验收报告、质量验收记录、设计变更、施工记录、隐蔽工程验收记录集竣工图等)、地基沉降观测记录等。

(4) 建筑的使用情况及维修、加固改造情况。包括房屋存在的病害(如渗漏、裂缝、变形、沉降)及维修记录、改变用途、房屋所处环境条件或条件改变(有无影响房屋耐久性的震动、腐蚀性介质等)、已有调查资料或加固、加层、改建或扩建施工资料。

7.1.4 调查

鉴定机构接收委托之后，首要的工作就是开展调查，调查分为资料调查、现场调查及补充调查，并以房屋的施工情况、现状及质量问题为主，做到有重点的调查。要仔细查看已有的资料，并查看现场，以掌握房屋过去及目前的情况，作为制定鉴定检测方案及对结构分析评价的依据。调查时掌握实际情况确定鉴定检测方案及分析结构状况的主要一环，必要时可进行补充调查，也可采用先初步调查，后详细调查的调查方案。

7.1.4.1 资料调查

仔细查阅委托方所提供的资料(详见 7.1.3 节)，并做好记录。

7.1.4.2 现场调查

现场调查应实地观察，听取现场有关人员的意见，并做好现场调查记录。现场调查着重记录以下内容：

(1) 调查结构基本情况、形式、连接，以及荷载变更情况。

(2) 调查委托方提供的房屋主要问题，如变形、裂缝、渗漏等病害或缺陷；受灾结构的损坏程度，查看改扩建部位或维修加固部位的结构状况。

(3) 调查地基基础、柱、梁、板等情况的工作状态。如基础沉降程度(沉降观测记录)及其所处环境(必要时挖开检查)；查看柱、梁、板有无裂缝、钢筋锈蚀等现象。

(4) 调查房屋的施工质量，如有维修、改扩建、加固或加层，应查看其施工质量，以及改建对整个建筑的影响。

(5) 调查房屋的环境条件，周围有无空气污染或水污染，以及相邻工程对房屋建筑的影响等情况。

资料调查与现场调查应结合进行。

(6) 填写初步调查表。

7.1.4.3　补充调查

对于现场调查的未尽事宜、遗漏部分或需要增加数据的情况可进行补充调查。补充调查主要涉及个别项目或个别部位,应在现场调查后尽快进行。

7.1.5　编写鉴定检测方案

7.1.5.1　鉴定检测方案内容

(1) 工程概况：包括工程位置、建筑面积、结构类型、层数、装修情况、竣工日期、房屋用途、使用情况、地震设防等级、环境状况,以及涉及施工、监理单位等(即由委托单位提供,由现场调查落实的概况)；

(2) 鉴定目的：或委托方的鉴定要求；

(3) 鉴定依据：包括依据的检测方法、质量标准、鉴定规程和有关技术资料；

(4) 检测项目、选定的检测方法和抽样数量：统计各种构件的数量,确定其批量,然后确定抽样数量；

(5) 鉴定人员和仪器设备；

(6) 鉴定工作进度计划；

(7) 所需要的配合工作,特别是需要委托方配合的工作；

(8) 鉴定中的安全及环保措施。

7.1.5.2　鉴定检测要求

鉴定检测方案实际上是整个鉴定检测的计划安排,是人员、设备及工作的统一调度,应结合实际,力求详尽。以下是编写检测方案的几点要求：

(1) 结合实际,编写鉴定检测方案一定要符合实际情况,根据具体工程安排人力、设备和工作进程,切实防止闭门造车；

(2) 编写前要充分查看已有的资料,掌握结构类型、主要结构构件、施工情况及已发现的问题,做到心中有数；

(3) 对现场调查结果有清晰的概念,结合资料所提供的信息,对鉴定的主要目的、重点有切中要害的分析,并体现在方案中；

(4) 对于检测数量和方法,应坚持普检与重点检相结合的原则,做到由点及面、点面结合；

(5) 进度计划要留有余地,实事求是；

(6) 绘出检测平面图,标明各种检测项目的抽样位置；

(7) 重要大型工程和新型结构体系的安全性监测,应根据结构的受力特点制定监测方案,并对其进行论证。

7.1.5.3　鉴定检测重点

在制定鉴定检测方案时,应该以下列部位为鉴定检测重点：

(1) 出现渗水漏水部件的构件；

(2) 受到较大反复荷载或动力荷载作用的构件；

(3) 暴露在室外的构件；

(4) 受到腐蚀性介质侵蚀的构件;
(5) 受到污染影响的构件;
(6) 与侵蚀性土壤直接接触的构件;
(7) 受到冻融影响的构件;
(8) 委托方年检怀疑有安全隐患的构件;
(9) 容易受到磨损、冲击损伤的构件。

7.1.6 现场查勘检测

现场查勘检测是检测与鉴定程序中重要的一环,现场查勘检测要求准确、可靠,并具有一定代表性,因此,现场查勘检测需要有较好的组织,以保障圆满完成查勘检测任务。

7.1.6.1 准备工作

准备工作是搞好现场检测的基础,因而检测前要做好充分的准备,包括人员准备、设备机具准备、资料准备等。首先成立检测小组,指定负责人,该负责人应熟悉现场查勘检测工作,而且有一定组织能力,小组成员应具有一定的建筑结构检测经验,持有相关的上岗证。检测前需召集小组全体成员进行任务、技术和安全交底,使大家明确任务内容和具体做法。

对现场查勘检测人员,应提出如下安全要求:

(1) 应服从负责人或安全人员的指挥,不得随便离开检测场地,或擅自到其他与检测无关的场地,也不得乱动与检测无关的设备;

(2) 应穿戴好必需的防护衣帽方可进入现场;

(3) 高空作业前需检查梯子等登高机具,查勘检测人员应佩戴安全带;

(4) 临时用电应由持证电工接线,并设有地线或漏电保护器,以策安全;

(5) 检测人员在整个工作期间严禁饮酒;

(6) 对于没有任何保护措施的架空部位,必须由持证架子工搭好脚手架,并经检查合格,不得在无任何保护措施的情况下进行操作;做好仪器、机具的准备,检查仪器是否已经计量,检查是否完好。准备好检测记录和必要的资料。

7.1.6.2 结构检查重点

(1) 简易结构检查重点。

(a) 墙体的整体性和稳定性;

(b) 纵横墙交接处的拉结措施可靠性;

(c) 墙体的基础、勒脚,墙面、顶面防水防潮,室内外地坪高差,室外排水等;

(d) 土墙、乱石墙、混合墙,应着重检查其倾斜、扭曲、开裂、墙脚风化、硝化和受潮软化潮酥的变化情况,鼠洞危害情况,周围环境和排水情况等;

(e) 梁下部搁置处的强度,梁、板搁置长度以及梁板的情况;

(f) 屋架强度和支撑的可靠性;

(g) 屋面材料的枯脆、老化、蛀蚀程度;

(h) 墙体高厚比 β,单层房屋 β 不宜大于 14,二层房屋 β 不宜大于 12。

(2) 木结构检查重点。

(a) 木结构整体变形和稳定性;

(b) 房屋场地和周围环境；

(c) 受压构件的长细比λ、倾斜弯曲值；受弯构件的单向(双向)弯曲及抗剪强度、挠度；受剪构件的剪切面强度；受拉构件裂缝、节点连接的可靠性；

(d) 支撑系统(榫卯结构)的可靠性；

(e) 木结构受潮、腐朽、蚁(虫)蛀、裂缝及木节、斜纹和其他缺陷的影响；

(f) 连接铁件的锈蚀、变形程度。

(3) 砌体结构的检查重点。

(a) 房屋的整体高宽比，墙的高厚比，柱的长细比；

(b) 房屋内外墙连接处，房屋转角处，两端山墙、檐墙、砖栏杆、女儿墙；

(c) 承重墙、柱和变截面处；

(d) 不同材料结合处；

(e) 拱脚、拱面、拱顶的砌体和门窗周围的砌体；

(f) 悬挑构件(楼梯、阳台、雨篷、挑梁)上下部砌体；

(g) 基础和墙脚的变形、风化剥落、墙体砌筑、砂浆粉化等情况。

(4) 钢结构检查重点。

(a) 受压构件的长细比λ；

(b) 构件的焊(连)接处及附近区域；

(c) 锈蚀程度对截面减少的影响；

(d) 构件弯曲、扭曲等变形情况；

(e) 支撑系统的稳定性；

(f) 锚接、支座、搁置长度等。

(5) 钢筋混凝土结构检查重点。

(a) 梁支座附近、集中力作用点、跨中部位；

(b) 梁柱节点联系处、柱脚、柱顶；

(c) 板支座附近、跨中及板面；

(d) 屋架的弦杆、腹杆、节点；

(e) 悬挑构件的根部；

(f) 屋架支撑系统；

(g) 装配式结构构件连接处。

(6) 地基及基础检查重点。

(a) 地基及基础的变形(沉降、滑移、裂缝等)；

(b) 地基及基础的稳定情况；

(c) 地基及基础的周围环境(地下水、危岩危坎、滑坡、侧向挤压、膨胀、室外排水等)。

7.1.6.3 现场检测

(1) 检测方法。

适用于不同结构的现场检测方法有很多。有相应规范或标准(如国标或行标等)规定的检测方法，有规范或标准建议的或扩大的检测方法(如规范附录中的方法)，有地方标准的检测方法及检测单位自行开发或引进的检测方法等，应优先选用国家标准或行业标准的检测方法。

此外，对于破损及非破损检测方法，应优先选用非破损或局部破损的检测方法，以保证原建筑结构的完整性，如采用破损检测方法时，必须保证结构的受力状态不变。

(2) 检测过程。

进入现场后，应按检测方案合理地安排工作，使整个过程有序进行。检测注意事项如下：

(a) 检测前应预先检查现场准备工作是否落实，包括接通现场电源、水源，准备好脚手架，影响检测的设备等已移开；同时检查仪器等准备工作是否落实。

(b) 现场检测宜选用对结构或构件无损伤的检测方法。当选用局部破损的取样检测方法或原位检测方法时，宜选择结构构件受力较小的部位，并不得损害结构的安全性。

(c) 当对古建筑或有纪念性的既有建筑结构进行检测时，应避免对建筑结构造成损伤。

(d) 现场抽检的试样必须做好标识并妥为保存，在整个运输过程中，应有专人负责保管，防止丢失、混淆或被调包。

(e) 每项检测至少有 2 人参加，做好检测记录，记录应使用专用的记录纸，要求记录数据准确、字迹清晰、信息完整，不得追记、涂改，如有笔误，应进行更改。

(3) 补充数据。

当发现检测数据不足需要增补数据时，或检测数据有疑问需要重新检测时，应进行补充检测。补充检测时，应尽量在现场检测后尽快进行，并保持检测人员及设备不变。

(4) 善后工作。

现场检测结束后，根据合同的要求，对有破损的结构(如钻芯留下的空洞)应予以修补，修补后的结构构件应满足承载力的要求。

7.1.7 内部作业

内部作业一般包含以下几个工作环节：

(1) 详细调查(包括补充调查)情况的整理、分析等；

(2) 检测数据的计算、判断、分析；

(3) 结构复核验算；

(4) 形成鉴定报告；

(5) 鉴定报告的流转：包括鉴定报告的拟稿、审核、批准等流程。

7.1.8 鉴定报告

7.1.8.1 鉴定报告的基本格式

一般由编号、绪言、鉴定事由、资料(案情)摘要、查勘情况、鉴定分析、鉴定结论、鉴定建议、结尾、附件等部分组成。

(1) 编号(包括鉴定机构名称、日期和编号)：机构名用缩略语、年份用[]括起，编号由“专业名缩略语＋鉴定文书性质缩略语＋编号”组成。

(2) 绪言：写明委托单位(人)、委托事项、鉴定对象(房屋)地点(坐落)、查勘日期等内容。

(3) 鉴定事由及鉴定说明：系对委托方(合同)所载明的委托目的事件(案情)梗概(摘要)的阐述，重点要写清鉴定目的、鉴定内容、鉴定依据；鉴定说明系指根据委托方提供的资料和鉴定勘查能得到的资料，鉴定报告能做到或达到的程度及鉴定结论的可能性或确定性大小。

(4) 房屋概况：系对被鉴房屋、相邻影响因素(如邻房建设、爆破作业、振动、挤土、驳坎、地下降水、车祸、火灾等)的详细描述(要求先写建筑，续写结构)。

被鉴房屋概况：建筑概况、结构概况、建造年代、建筑面积、周围地形地貌、房屋地基土质。引用材料要注明出处，口述材料要有当事人、记录人的签字，材料应客观全面，重点摘录有助于说明鉴定(检测、书证审查、咨询)结果的内容。

影响因素概况：要调查清楚影响因素与被鉴房距离、影响时间、影响源等概况。

(5) 查勘情况：查勘过程是鉴定文书的核心，其查勘的详细性、准确性直接影响到鉴定结论，具体要求如下：

(a) 裂缝要求"9要素"：写清部位、缝宽(指最大缝宽)、缝长、走向(×高×低、纵向、横向、水平、竖向)、形态(单条、几条、多条)、贯通与否、新旧程度(陈旧性暂不作硬性规定，能判断出则可写明)、裂缝性质、发展方向(可判断时写明)等，主要构件裂缝画示意图；

(b) 倾斜要求"5要素"：写清部位、方向、最大位移值、倾斜率、引起倾斜主要原因等；

(c) 破(缺)损(渗漏)、腐朽要求"5要素"：写清部位、面积、程度、深度、原因等；

(d) 低洼凹陷要求"3要素"：写清低洼深度、面积、原因等；

(e) 沉降要求"4要素"：写清楚最大沉降量(上升或下降)、日(月)沉降速率差异沉降、引起沉降主要原因等；

(f) 对于较多非主要结构构件则可写清损坏的百分率或使用"绝大多数(90%以上)"、"大多数(70%～90%)"、"多数(50%～70%)"、"基本(30%～50%)"、"少数(20%～30%)"、"绝少数(5%～20%)"、"个别(5%以下)"等定性词汇，但重要的结构构件(如预制多孔板、梁、柱)尽管仅一块板或一根梁、柱的横向断裂，也应写明；

在写此节内容时，要求抓住结构性的、对鉴定结果有重要影响的内容，逐一写清；对于普遍的、共性的、非主体结构的破损现象，可以用归纳法写出迹象，并在迹象后面附写"如×××室、×××室……"。

(6) 检测情况(包括现场检查、检验、测量、测试)。检测方法和检测结果是鉴定文书的重点，直接关系到鉴定结论，其内容主要应包括：

(a) 检测目的；

(b) 检测技术方法；

(c) 检测引用的标准；

(d) 检测结果；

(e) 检测分析；

(f) 必要时提出检测意见或建议。

(7) 鉴定分析。这是鉴定文书的关键部分。鉴定分析应依据上述资料、查勘、检测结果，经过复核计算、对照分析、引用标准阐述理由和因果关系，解答鉴定事由和有关问题，得出鉴定结论和导出鉴定意见。

(8) 鉴定结论(意见)。根据客观事实检查的结果和分析说明的理由，依据相应的标准或行业公认的类似问题结论，综合评判出有科学根据的结论（或意见）。

(9) 鉴定建议（意见）。根据检查发现的问题及鉴定结论，提出相应的处理建议（或意见）或为避免以后造成损失（或产生影响）提出相应的措施建议，以供委托人参考，但鉴定建议（意见）要有针对性和可操作性。

(10) 结尾。包括下列内容：

(a) 鉴定拟稿人、鉴定复核人、鉴定审核人、鉴定签发人的姓名、技术职称、本人签名；

(b) 鉴定机构名称，并加盖相应的鉴定专用章；

(c) 在鉴定机构名称下列鉴定报告签发日期。

(11) 附件清单。包括以下内容：

(a) ××图××张；

(b) 照片资料××页；

(c) 参考文献、标准、规范目录（名称、编号、颁发部门）。

7.1.8.2 鉴定文书书写要求

(1) 基本概念清楚，使用统一专业术语；

(2) 文字简练、用词准确、语句通顺、描述确切无误；

(3) 使用国家标准计量单位和符号，使用国家标准简体汉字，对因历史使用原因可按国家当时历史条件下使用的标准、规范抄录，如混凝土强度（150＃、200＃等）、砌筑砂浆强度（50＃、100＃等）等；

(4) 内容系统全面，实事求是，分析说明逻辑性强；文体结构层次分明，论据可靠充分，结论准确无误，不使用有歧义的字、词、句；

(5) 尽可能附图、表、照片、参考文献等说明性附件。

7.2 房屋完损程度鉴定

7.2.1 房屋完损等级的概念

房屋的完损等级是指对现有房屋的完好或损坏程度划分的等级，也就是现有房屋的质量等级。确定房屋完损等级是房屋质量管理的重要内容。

房屋在日常生活的住用过程中，随着时间的推移，由于环境影响、使用、管理或原设计、材料、施工质量不好，会出现不同程度的各种损坏，直至呈现危险状况。各地房屋管理部门经过长期观察、实践和总结，对这些房屋逐渐形成了完好房、损坏房和危险房的概念，并且各自相继制定了标准。但由于各地所制定的标准不尽相同，不利于国家宏观管理，为此，原城乡建设环保部于 1985 年 1 月 1 日颁发了《房屋完损等级评定标准》（简称《完标》）在全国试行。

《完标》是按照统一的标准、统一的项目、统一的评定方法，对现有整幢房屋进行综合性的完好或损坏的等级评定的准绳。对房屋完损等级进行评定必须按《完标》进行。这项工作专业技术性强，既有目测检测，也有定量、定性的分析，应该认真而又慎重地进行。

7.2.2　评定房屋完损等级的目的和意义

通过对现有房屋完损等级评定，可以掌握各类结构的房屋中完好房、基本完好房、一般损坏房、严重损坏房和危险房的数量和各类的比重多少。掌握了这些房屋完损状况的基础资料，对编制房屋管理规划和制订房屋的修缮生产计划及施工方案，确定修缮的范围标准及房产交易、拆迁、赔偿计算折旧等都提供了依据。房屋完损等级的评定，也为房屋管理部门科学管理、房屋健康调查打下了一定的基础，还为城市规划和旧城改造提供比较确切的资料依据。

总之，现有房屋进行完损状态的检查评定工作，是一项关系到房屋的使用安全和对房产管理和修缮经营活动具有重要经济意义的工作。房屋完损等级评定工作的好坏，直接反映出房屋管理部门的管理、技术水平。

7.2.3　房屋结构的分类与完损等级评定的计量单位

7.2.3.1　房屋结构的分类

房屋的建筑主要是根据房屋的梁、柱、墙及各种构架等主要承重结构的建筑材料来划分的，一般分成以下六类：

(1) 钢结构。承重的主要结构是用钢材建造的。

(2) 钢、钢筋混凝土结构。承重的主要结构是用钢、钢筋混凝土建造的。如一幢房屋一部分梁柱采用钢制构架，一部分梁柱采用钢筋混凝土架构建造。

(3) 钢筋混凝土结构。承重的主要结构是用钢筋混凝土建造的。施工方法有现浇和装配式两种。

(4) 混合结构。承重的主要结构是用钢筋混凝土和砖木建造的。如一幢房屋的梁、楼板、屋盖为钢筋混凝土建造的，以墙(柱)为砖砌承重的；或者梁是木材建造的，柱是钢筋混凝土建造的。

(5) 砖木结构。承重的主要结构是用砖、木材建造的。如一幢房屋是木屋架、木楼板，砖墙(柱)为承重墙，或者木骨架填充砖墙。

(6) 其他结构。承重的主要结构是用竹木、砖石、土建造的简易房屋。如竹结构、砖拱结构、窑洞等房屋。

7.2.3.2　房屋完损等级的分类

《完标》就每一种结构每类房屋分结构、装修、设备三个部分：结构部分分为地基基础、承重构件、非承重墙、屋面、楼地面等项目；装修部分分为门窗、外抹灰、顶棚、细木装修等项目；设备部分分为水卫、电暖、暖气、特种设备(如消防栓、避雷装置等)项目。每个项目分别以构件的完损程度列出完好、基本完好、一般损坏、严重损坏的标准。按照这些标准，根据各类房屋的结构、装修、设备等组成部分的完好、损坏程度，把房屋分为完好房、基本完好房、一般损坏房、严重损坏房、危险房等五个等级：

(1) 完好房。指房屋的结构构件完好，装修和设备完好，齐全完整，管道畅通，现状良好，使用正常；或个别分项有轻微损坏，一般经过小修就能修复的。

(2) 基本完好房。指房屋结构构件基本完好，少量构部件有轻微损坏，装修基本完好，油漆大部分完好，少量缺乏保养，设备、管道现状基本良好，能正常使用，经过一般性的维修能恢复的。

(3) 一般损坏房。指房屋结构一般性损坏，部分构部件有损坏或变形，屋面局部漏雨，装修局部有破损，油漆大部分老化，设备管道不够畅通，水卫、电照管线、器具和零件有部分老化、损坏或残缺，需进行中修或局部大修更换部件的。

(4) 严重损坏房。指房屋年久失修、结构明显变形或损坏，屋面严重漏雨，装修严重变形、破损，油漆老化见底，设备陈旧不齐全，管道严重堵塞，水卫、电照的管线、器具和零部件残缺及严重损坏，需要进行大修或翻修、改修的。

(5) 危险房(简称危房)。指结构已严重损坏，或承重已属危险构件，随时可能丧失稳定和承载能力，不能保证居住和使用安全的房屋，详见《危险房屋鉴定标准》(JGJ 125—99)(2004 年版)。

房屋完损等级的评定，一般以幢(栋)为评定单位，一律以建筑面积(平方米)为计量单位。

7.2.3.3 房屋完好率的计算

房屋完好率是房产管理和经营单位的一个重要经济技术指标。房屋完好率是指房屋主体结构完好，设备完整，上下水道通畅，室内地面平整，能保证住(用)户安全和正常使用的完好房屋和基本完好房屋数量(建筑面积)之和与房屋总量(建筑面积)之比。其计算公式为：

$$\text{房屋完好率}=\frac{\text{完好房建筑面积}+\text{基本完好房建筑面积}}{\text{总的房屋建筑面积}}\times 100\%$$

例如：某房管所所管辖的总的房屋建筑面积为 100,000m^2，其中完好房屋有 40,000m^2，基本完好房屋有 30,000m^2，则该房管所所管辖房屋的完好率为：

$$\text{房屋完好率}=\frac{40000\text{m}^2+30000\text{m}^2}{100000\text{m}^2}\times 100\%=70\%$$

房屋经过大、中修竣工验收后，应重新评定调整房屋完好率(但零星小修后的房屋不能调整房屋完好率)。正在大修中的房屋可暂时按大修前的房屋评定，但竣工后应重新评定；新接管的新建房屋，同样应按《完标》的标准评定完好率。

7.2.4 房屋的各类分项完损标准

房屋的各类分项完损标准是指房屋的结构、装修、设备等各组成部分的各项目完好或损坏程度的标准，房屋各组成部分的各项目的完损程度是评定整个房屋完损等级的基础。评定各分项完损程度的确切与否，会直接影响到整个房屋完损等级的正确评定，必须认真细致地进行。

由于房屋设计、施工质量不一，养护和维修程度不同及住房使用、爱护程度不同等原因，致使房屋的结构、装修、设备等各项完损程度不一，在评定时必须分别逐项对照完损标准进行评定。

房屋的结构组成部分分为：地基基础、承重构件、非承重墙、屋面和楼地面；装修部分分为：门窗、外抹灰、内抹灰、顶棚和西细木装修；设备组成部分分为：水卫、电暖、暖气及特种设备(如消防栓、避雷针装置、电梯等)。对有些组成部分中尚不能包括的部分，如烟囱、楼梯等，各地可自行取定归并某一个分项中。具体标准见表 7.2.1。

表 7.2.1 房屋安全鉴定量化指标表

项目／完损标准	结构部分	
	地基基础	承重构件
完好标准	地基基础有足够的承载能力，灰土、三合土、砖土、混凝土、钢筋混凝土等各类基础，符合设计强度要求，有足够的强度，无不均匀沉降或超过允许范围的不均匀沉降。	1. 钢筋混凝土的梁、柱、墙、板、屋架等无倾斜、变形和非收缩性裂缝，无混凝土剥落和钢筋外露等损坏。 2. 承重砖墙（柱）砌块：无裂缝、倾斜、弓凸（鼓闪）、风化等损坏。 3. 木结构（梁、屋架、柱、檩条、格栅）：无倾斜、变形、节点松动、木材腐朽和蛀蚀。 4. 竹结构（柱、檩条、构架）：无倾斜、开裂、蛀蚀、节点松动。 5. 土墙：完整牢固，无破损松动、倾斜弓凸。 6. 钢构件：无变形，无锈蚀，焊接缝密实，屋架支撑部件牢固不松动，稳定性要求高。
基本完好标准	地基基础有承载能力，灰土、三合土、砖土、混凝土、钢筋混凝土等各类基础，符合设计强度要求，稍有超过允许范围的不均匀沉降，个别承重构件呈细裂缝，但已稳定，无继续发展的趋势。	1. 钢筋混凝土的梁、柱、墙、板、屋架等构件个别有轻微形变、细小裂缝，混凝土有轻度剥落或露筋，钢筋混凝土屋架节点牢固完好，无混凝土剥落、露筋、钢杆件表面有锈蚀。 2. 钢屋架平直不变形，各部件节点焊接完好，表面有锈蚀。 3. 承重砖墙（柱）、砌块等砌体有少量细裂缝。 4. 木屋架各部件节点连接基本完好，稍有隙缝，铁件齐全，有少量锈蚀，木的梁、柱、板等稍有变形、裂缝、倾斜，个别节点和支撑稍有松动，铁件有锈蚀。 5. 竹的柱、檩条和构架等节点牢固，有轻度蛀蚀或铁件稍有锈蚀。
一般损坏标准	地基承载能力不足，灰土、三合土、砖土、混凝土、钢筋混凝土等各类基础局部强度不足，有超过允许范围的不均匀沉降，对上部结构构件有变形、裂缝等影响。	1. 钢筋混凝土的梁、柱、墙、板、屋架等构件局部有变形、裂缝，变形裂缝值超过设计规范的规定，混凝土的剥落面积占全面积的10%以内，有露筋锈蚀钢筋，钢筋混凝土屋架有剥落露筋，钢杆件表面有锈蚀。 2. 钢屋架有轻微倾斜式变形，少数支撑部件有损坏，锈蚀严重。 3. 承重砖墙（柱）、砌块等砌体有部分细裂缝、倾斜、弓凸、风化、腐蚀和灰缝勾缝酥松剥落等损坏。 4. 木的梁、柱、板等局部有倾斜、下垂、侧向变形、腐朽、裂缝，少数节点松动、脱锚、铁件锈蚀。木屋架端部有局部锈蚀、蛀蚀，个别节点连接松动，木质局部有裂缝、变形、倾斜等损坏，铁件锈蚀。 5. 竹的柱、檩条和构架等个别节点松动，竹材部分开裂，蛀蚀腐朽，局部变形。
严重损坏标准	地基承载能力不足，有明显的滑动，灰土、三合土、砖土、混凝土、钢筋混凝土等各类基础局部强度不足，有明显的不均匀沉降或压碎、折断、冻酥、腐蚀等损坏，并且在继续，对上部结构有明显的影响。	1. 钢筋混凝土的梁、柱、墙、板、屋架等构件有明显下垂变形、裂缝，混凝土有剥落和露筋，锈蚀严重，下垂变形、裂缝值超过设计规范的规定，混凝土的剥落面积占全面积的10%以上，钢筋混凝土屋架有倾斜式变形，混凝土严重腐蚀剥落，露筋锈蚀，部分支撑损坏，连接体不齐全，钢杆件锈蚀严重。 2. 钢屋架有明显倾斜式变形，部分支撑部件弯曲松脱，锈蚀严重。 3. 承重砖墙（柱）、砌块强度稳定性严重不足，有严重裂缝，倾斜、弓凸、风化、腐蚀和灰缝勾缝酥松剥落等损坏。 4. 木的梁、柱、板等严重倾斜、下垂、侧向变形、腐朽、裂缝，木质脆枯、节点松动、锚头这段或拔出、锚眼压裂，铁件严重锈蚀或部分残缺，木屋架端部节点腐朽、蛀蚀，夹板有裂缝，并由明显下垂或缺陷、铁件严重锈蚀、支撑松动。 5. 竹的柱、檩条和构架等节点松动、变形，竹材弯曲断裂、腐朽，整个房屋倾斜变形。

续 表

完损标准＼项目	结构部分	
	非承重墙	屋面
完好标准	1. 预制钢筋混凝土墙板无损坏、裂缝，节点安装牢固，拼缝处不渗漏。 2. 砖墙（砌块）平直完好，无风化破损。 3. 石墙无风化、弓凸。 4. 木、竹、芦苇、土等墙体完整牢固，无破损松动。	1. 平屋面的隔热层、保温层无损完好，刚性防水层完好平整，有足够的抗渗能力，无裂缝、起砂，分隔缝填嵌严密，粘结牢固无损。 2. 平瓦屋面瓦片搭接紧密，无缺角、裂缝瓦（合理安排利用除外），瓦出线完好无损，屋背牢固完好。 3. 青瓦屋面（小瓦）瓦垄顺直，搭接均匀，瓦头整齐，无碎瓦，翘角瓦和张口瓦，节筒俯瓦灰，灰梗牢固无松动，各种屋背完好无松动。 4. 铁皮和石棉瓦屋面的铁皮、石棉瓦完好，安装牢固，接缝咬口处严密无开缝，铁皮无锈蚀。 5. 石灰炉渣屋面，密实、平整光滑、无松动。 6. 油毡屋面（二毡三油）无空鼓脱壳、破损、无老化。（其他结构的房屋屋面以不漏水为标准。）
基本完好标准	1. 预制钢筋混凝土墙板稍有裂缝，间隔墙稍有破损，拼缝处的嵌料缝隙稍有断裂，局部稍有渗漏。 2. 砖墙（砌块）表面稍有风化，细裂缝、勒脚有侵蚀。 3. 石墙稍有裂缝、弓凸不平。 4. 木、竹、芦苇、土等墙体基本牢固，稍有破损松动。 5. 土墙底部稍有侵蚀酥松。	1. 平屋面的隔热层、保温层稍有破损，刚性防水层稍有龟裂、起砂，分隔缝填嵌料老化稍有开裂，块体防水层稍有脱壳、裂缝，冷膏、油膏等防水层稍有老化和封口脱开，卷材防水层稍有老化、气泡、空鼓、翘边和封口脱开。 2. 平瓦屋面瓦片裂碎缺角、风化，瓦出线稍有裂缝，屋背有裂缝、松动，木基层有下垂变形。 3. 小瓦屋面瓦垄少量不直、少量破碎，节筒俯瓦有松动，灰梗和屋背抹灰有裂缝，木基层有下垂变形。 4. 铁皮和石棉瓦屋面有少量咬口或嵌缝不严实，部分铁皮生锈，石棉瓦稍有破裂，油漆或防腐涂料脱皮。 5. 石灰炉渣、青瓦屋面稍有裂缝，油毡屋面稍有破损。
一般损坏标准	1. 预制钢筋混凝土墙板的边、角有裂缝，拼缝处的嵌缝料裂缝脱落，有渗漏，间隔墙面层局部损坏。 2. 砖墙（砌块）有裂缝、弓凸、倾斜、风化，灰缝勾缝有剥落酥松，勒脚有部分侵蚀剥落。 3. 石墙稍有裂缝、弓凸不平。 4. 木、竹、芦苇等墙体部分破损。 5. 土墙部分稍有倾斜、开裂、硝碱，底部有侵蚀酥松。	1. 平屋面的隔热层、保温层有较多破损，刚性防水层部分有裂缝、起壳，块体防水层部分松动、裂缝、风化，卷材防水层部分有老化、气泡、空鼓、翘边和封口脱开，冷膏、油膏等防水层部分有龟裂、气泡和封口脱开。 2. 平瓦屋面瓦片破碎、风化，瓦出线严重裂缝、起壳，屋背局部松动、破损。 3. 小瓦屋面部分瓦片破碎、风化，瓦垄不顺直，节筒俯瓦破碎残缺，灰梗部分脱落，屋背抹灰有裂缝、脱落，脊瓦瓦片松动。 4. 石灰炉渣屋面局部风化、脱壳、剥落，石棉瓦稍有破裂，油毡屋面有破洞。 5. 铁皮石棉瓦屋面部分咬口或填缝不严实，铁皮严重锈蚀，石棉瓦局部有破洞。

续 表

项目 完损标准	结构部分	
	地基基础	屋面
严重损坏标准	1. 预制钢筋混凝土墙板有严重裂缝、变形、节点锈蚀，拼缝处的嵌缝料裂缝脱落，严重漏水，面层严重破损。 2. 砖墙(砌块)有严重裂缝、弓凸、倾斜、风化，灰缝酥松，勒脚严重侵蚀。 3. 石墙严重开裂、弓凸、倾斜、风化、腐蚀，砂浆酥松，石块脱落。 4. 木、竹、芦苇等墙体严重破损，竖筋松动、断裂。 5. 土墙严重开裂，倾斜，底部严重侵蚀、风化、硝碱。	1. 平屋面的隔热层、保温层有严重破损，刚性防水层严重开裂、起壳、起砂，嵌缝料断裂脱落，块体防水层严重松动、裂缝、风化，冷膏、油膏等防水层普遍老化，纤维玻璃布露出，封口严重脱开，卷材防水层普遍老化、裂缝、翘边、封口脱开、沥青流淌。 2. 平瓦屋面瓦平面凌乱不落槽、破碎、风化严重，瓦出线严重破损脱落，屋脊严重松动、开裂、破损。 3. 小瓦屋面瓦片零乱、风化，碎瓦多，瓦垄不直、脱接，节筒俯瓦严重破损脱落，灰梗脱落，屋脊严重损坏。 4. 石灰炉渣屋面大部冻鼓、裂缝、脱壳、剥落，油毡层面严重老化，大部分破损。 5. 铁皮石棉瓦屋面严重锈蚀、破损、变形下垂、咬口开裂，填缝料脱落。

续　表

项目 完损标准	结构部分	装修部分		
	楼地面	门窗	外抹灰	内抹灰
完好标准	1. 整体水泥面层平整牢固，无空鼓、裂缝、起砂等损坏。 2. 木楼地面平整坚固、稳定，表面稍有磨损或轻微稀缝、无腐朽、下沉等损坏。 3. 砖、混凝土块料面层平整无裂缝、残缺、掉角等损坏。 4. 灰土地面平整无沉陷凹凸等损坏。	1. 完整无损，开关灵活，玻璃、五金齐全，油漆完好有光泽，个别钢门、窗有轻度锈蚀，开关稍有碰轧。 2. 其它结构的房屋装修无油漆要求。	1. 完整、粘结牢固、无空鼓剥落、裂缝和破损（风裂除外），勾缝砂浆密实。 2. 其它结构的房屋外抹灰完整无破损为标准。	完整、牢固，无破损、空鼓和裂缝（风裂除外）。
基本完好标准	1. 整体水泥面层稍有空鼓、裂缝、起砂。 2. 木楼地面稍有磨损和稀缝，有轻度颤动。 3. 砖、混凝土块料面层磨损起砂，稍有裂缝、空鼓、缺损。 4. 灰土地面有磨损，凹凸不平和裂缝。	有少量变形，开关不灵，玻璃少量松动、破碎、残缺，五金、纱窗少量残缺，油漆稍有起皮剥落，少量钢门窗有锈蚀。	稍有空鼓、裂缝、风化、剥落，勾缝砂浆少量酥松脱落。	稍有空鼓、裂缝、剥落。
一般损坏标准	1. 整体水泥面层部分空鼓、裂缝，严重起砂。 2. 木楼地面部分磨损、蛀蚀、翘裂、松动，稀缝，局部变形下沉，有颤动。 3. 砖、混凝土块料面层磨损，部分破损、裂缝、脱落、高低不平。 4. 灰土地面坑洼不平。	木门窗部分翘裂，榫头松动，木质腐朽，开关不灵，钢门、窗部分铁胀变形、锈蚀，玻璃、五金、纱窗部分残缺，油漆老化起皮剥落。	部分有空鼓、裂缝、风化、剥落，勾缝砂浆部分酥松脱落，嵌缝条部分脱落。	部分有空鼓、裂缝、剥落。
严重损坏标准	1. 整体水泥面层严重起砂、剥落、裂缝、沉陷、空鼓。 2. 木楼地面严重磨损、蛀蚀、翘裂、松动，稀缝变形下沉和颤动。 3. 砖、混凝土块料面层严重松动、脱落、下沉、高低不平、破碎、残缺不全。 4. 灰土地面严重坑洼不平。	木质腐朽，开关普遍不灵，榫头松动、翘裂，钢门、窗严重变形锈蚀，玻璃五金、纱窗残缺，油漆老化剥落见底。	严重空鼓、裂缝、剥落，墙面渗水，勾缝砂浆严重酥松脱落，嵌缝条普遍脱落。	严重空鼓、裂缝、剥落。

续 表

项目 完损标准	装修部分		设备部分		
	顶棚	细木装修	水卫	电照	其他设备
完好标准	灰板条、各种装饰板、隔音板、铝塑板、木板、纸等顶棚吊筋牢固，面层完整无破损、变形、下垂、腐朽、脱落，油漆完好。	护墙板、窗帘盆、贴脸板、挂镜线、木扶手及木栏板等完整牢固，油漆完好。	上、下水管道畅通，无锈蚀，各种卫生器具完好，零件齐全无损，个别稍有渗漏。	电器设备、线路及各种照明装置完好、牢固，绝缘性良好。	
基本完好标准	灰板条、各种装饰板、隔音板、铝塑板、木板、纸等顶棚吊筋无明显变形下垂，抹灰层稍有裂缝，其它面层稍有脱钉、翘角、松动，压条有松动脱落，油漆失光。	护墙板、窗帘盆、贴脸板、挂镜线、木扶手及木栏板等基本完整牢固稍有松动、残缺，油漆失光。	上、下水管道基本畅通，各种卫生器具基本完好，个别零部件损坏残缺。	电器设备、线路、照明装置基本完好、无漏电现象，个别零件损坏。	
一般损坏标准	灰板条、各种装饰板、隔音板、铝塑板、木板、纸等顶棚吊筋有明显变形下垂，抹灰层局部有裂缝，面层局部有脱钉、翘角、松动，部分压条脱落，油漆老化。	护墙板、窗帘盆、贴脸板、挂镜线、木扶手及木栏板等部分腐朽、蛀蚀、破裂、松动，油漆老化。	上、下水管道不够畅通，管道内有较多积垢、锈蚀，个别滴漏，卫生器具零部件损坏、残缺。	电器设备陈旧、电线部分老化，绝缘性能较差，少量照明装置有损坏、残缺。	
严重损坏标准	灰板条、各种装饰板、隔音板、铝塑板、木板、纸等顶棚吊筋严重变形下垂，木筋弯曲翘裂、腐朽、蛀蚀，面层严重破损，压条脱落，油漆见底。	护墙板、窗帘盆、贴脸板、挂镜线、木扶手及木栏板等木质腐朽、蛀蚀、破裂、松动，油漆老化见底。	上、下水管道严重堵塞、锈蚀、漏水，卫生器具零部件严重损坏、残缺。	设备陈旧残缺，电线普遍老化、零乱，照明装置残缺不全，绝缘不符合安全用电要求。	

各组成部分在评定过程中应注意的事项：

(1) 在评定时遇到断面明显不足的构件时，必要时应经过复核或测试才能确定完损或危险程度。

(2) 在评定分项完损程度时，遇到一个分项内有几种完损内容，以严重的某一内容为准，再评定该项的完损程度。

(3) 在评定分项完损程度时，除结构组成部分的各项外，其余组成部分的各项可以数量最多的完损程度为准来评定该项的完损程度。

(4) 对于房屋组成部分中未列出的分项，如阳台、楼梯、烟囱、壁橱等，在评定完损程度时，要分别列入房屋的组成部分中去评定。至于列入哪一个分项，各地可自行确定，如烟囱可归入屋面。

7.2.5 房屋完损等级的评定方法

房屋完损的等级，标志着房屋质量的好与差，它是根据房屋各个组成部分的完损程度来综合评定的。具体方法是按照《完标》的规定，将房屋划分为钢筋混凝土结构(含钢结构)、混合结构、砖木结构、其他结构(简易结构)四类。每类房屋分结构、装修、设备三个组成部分。结构部分分地基基础、承重构件、非承重墙、屋面、楼地面等项目；装修部分分为门窗、外抹灰、内抹灰、顶棚和细木装修等项目；设备部分分为水卫、电暖、暖气及特种设备(如消防栓、避雷装置)等项目。对每个项目依据《完标》分别评定出完好、基本完好、一般损坏、严重损坏四个标准。然后依据其分项完损程度综合评定出该房屋为完好房屋、基本完好房屋、一般损坏房屋、严重损坏房屋和危险房屋(按现行《危险房屋鉴定标准》)。

7.2.5.1 钢筋混凝土、混合、砖木结构房屋完损等级的评定方法

(1) 房屋的结构、装修、设备等组成部分各项完损程度符合同一个完损标准，则该房屋的完损等级就是分项所评定的完损程度。例如，某幢钢筋混凝土结构房屋的结构、装修、设备等组成部分分项完损程度均符合完好标准，则该房屋完损等级评定为“完好房”，其余以此类推。

(2) 房屋的结构部分各项完损程度符合同一个完损标准，在装修设备中有一、二项完损程度下降一个等级，其余各项仍和结构部分符合同一个完损标准，则该房屋的完损等级按结构部分的完损程度来确定。例如，某幢混合结构房屋的结构部分各项完损程度均符合标准，装修部分中的门窗和设备部分中水卫分项完损程度符合基本完好标准(或一项)，其余各分项的完损程度均符合完好标准，则该房屋的完损等级应评定为“完好房”。其余以此类推。

(3) 房屋结构中非承重墙或楼地面分项完损程度下降一个完损标准等级，在装修或设备部分中有一项完损程度下降一个完损标准等级，其余三个组成部分的各项都符合上一个等级以上的完损标准，则该房屋的完损等级可按上一个等级的完损程度确定。例如，某幢砖木结构房屋的结构部分中的非承重墙(或楼地面)和装修部分中的门窗(或设备部分中的一项)分项完损程度符合一般损坏标准，其余各分项的完损程度均符合基本完好标准，则该房屋完损等级应评定为“基本完好房”。其余以此类推。

(4) 房屋结构部分中地基基础、承重构件、屋面等项的完损程度符合同一个完损标准，其余各分项完损程度可有高出一个等级的完损标准，则该房屋完损等级可按地基基础、承重构件、屋面等项的完损程度评定。例如，某幢砖木结构房屋的地基基础、承重构件、屋面等项

完损程度符合严重损坏标准，其余各分项完损程度均符合一般损坏标准，则该房屋完损等级应评定为“严重损坏房”。其余以此类推。

7.2.5.2　其他结构房屋完损等级的评定方法

其他结构房屋是指竹、木、石结构、砖拱、窑洞类的房屋（通常称简易结构），此类结构的房屋，在评定完损等级时，按以下两种方法评定：

(1) 房屋的结构、装修、设备等部分各项完损程度符合同一个完损标准，则该房屋的完损等级就是分项的完损程度。例如，某幢竹结构的房屋的结构、装修、设备等部分各项完损程度均符合完好标准，则该房屋的完损等级评定为“完好房”。其余以此类推。

(2) 房屋的结构、装修、设备等绝大多数项目完损程度符合一个完损标准，有少量分项完损程度高出一个等级完损标准，则该房屋的完损等级按绝大多数分项的完损程度评定。例如，某幢砖拱结构的房屋中只有屋面和内抹灰的完损程度符合完好标准，其余各项完损程度符合基本完好标准，则该房屋的完损等级应评定为“基本完好房”。

7.2.5.3　评定房屋完损等级的注意事项

(1) 评定房屋的完损等级，应在评定出房屋的结构、装修、设备等组成部分的各项完损程度的基础上，再对整幢房屋的完损程度进行综合评定。

(2) 在评定房屋的完损等级时，要以房屋的实际完损程度为依据，严格按《房屋完损等级评定标准》中规定的方法进行，不能按建筑年代来代替划分评定，也不能以房屋的原设计标准的高低来代替评定房屋完损等级。

(3) 评定房屋完损等级时，要特别认真对待结构部分完损程度的评定，这是因为地基基础、承重构件、屋面等项的完损程度，是决定该房屋的完损等级的主要条件。若地基基础、承重构件、屋面等三项的完损程度不在同一完损标准时，则以最低的完损标准来评定。

(4) 完好房屋结构部分中各项，一定要达到完好标准，这样才能保证完好房屋的质量。

(5) 评定房屋完损等级时，若超过规定允许的下降分项的范围内时，则整幢房屋完损等级可下降一个等级，但不能下降到危险房屋的等级。

(6) 评定严重损坏房时，结构、装修、设备等各项的完损程度，不能下降到危险房屋的标准。

(7) 在遇到对主要房屋评定完损等级时，必要时应对地基基础、承重构件进行复核或测试后，才能确定其完损程度。

(8) 正在大修理中的房屋可暂按大修前房屋评定。

(9) 危险房的标准与评定方法按现行《危险房屋鉴定标准》(JGJ 125)进行。

(10) 评定房屋完损等级时，遇到公私房交叉，若公房无屋面、承重山墙、基础等，其评定方法不宜按本章规定的方法进行，可视实际损坏的程度进行评定。

7.2.5.4　房屋完损等级评定的程序和方法

一切结论的产生是在调查研究之后，这是常理。因此，评定房屋的完损程度和等级，必须在对房屋认真查勘检查、观察之后才能确定。

(1) 评定的一般程序。首先按《房屋完损等级评定标准》所定的项目和内容，对房屋现场观测所取得的房屋结构、装修、设备部分的各个项目完损情况的资料，进行整理分析。进而根据整理后的各项完损程度，逐一按该《标准》所示的房屋的完好、基本完好、一般损坏、严重损坏的标准“对号入座”，归类按等级汇列。然后按照《房屋完损等级评定标准》中的“房屋完损等级评定方法”，所列举的完好房、基本完好房、一般损坏房、严重损坏房的条件，把检查观测的房屋对照评议，以确定应归属哪一完损等级的房屋。

(2) 评定的参考方法。《完标》中列举的各等级的完损项目很多，把房屋的现场检查观测到的资料，逐一分析，“对号入座”，需耐心细致、有条有理地进行。否则，评定结果就容易产生粗糙和欠准确的效果。分析评定工作量是较大的，手续也不少，为了使评定时的工作方便，下面提供一个《房屋完损等级评定方法参考表》，并加以一些解释说明，供读者参考。

《房屋完损等级评定方法参考表》把《房屋完损等级评定标准》中评定方法提出的各类等级房屋的完损要求和条件，以符号表示，并分析一一列出(见表 7.2.2)。从表上清楚地看出，可评定完好房的有六种情况，可评定为基本完好房的有八种情况，可评定为一般损坏房的有八种情况，可评定为严重损坏房的有两种情况。如把房屋检查观测结果，与参考表对照，属于表中的 24 项中的一项的，就按那一项所在的等级定级。例如有一幢房屋，现场检查观测分析后，它的结构部分的基础、承重构件、屋面各项的完损程度符合一般损坏的标准，结构部分的楼地面有一项符合严重损坏的标准，另装修部分有一项符合严重损坏的标准，其余各项符合一般损坏以上的标准。对照参考表，其情况属于表中第 21 项的类型。按照规定，该房屋应评定为“一般损坏房”。

如房屋检查观测分析结果，其损坏项目的情况、数量与参考表相适项对照，不尽相同时，当损坏项目数量少于相适项者，向上靠；多于相适项者向下靠。仍以上述的例子为例：假如装修部分损坏项目增加为两项符合严重损坏标准时，则该房屋就不能评为“一般损坏房”，而应评为“严重损坏房”了。

表 7.2.2 房屋完损等级评定方法

完损房分类＼房屋各部分		结构部分	装修部分	设备部分	备注
完好房	1	○	○	○	(1) 符号说明。 ○表示完好 ⌓表示基本完好及以上 ⌓1表示有一项基本完好 ⌓2表示有两项基本完好 ⌓JCW表示基础、承重构件、屋面基本完好 △表示一般损坏及以上 △1表示有一项一般损坏 △2表示有两项一般损坏 △JCW表示基础、承重构件、屋面一般损坏 △少表示有少数项目一般损坏 □表示严重损坏 □1表示有一项严重损坏 □2表示有两项严重损坏 (2) 本表适用于钢筋混凝土结构、混合结构、砖木结构房屋完损等级的评定使用。其他结构房屋完损等级的评定须另行编表。
	2	○	○⌓1	○	
	3	○	○	○⌓1	
	4	○	○⌓1	○⌓1	
	5	○	○⌓2	○	
	6	○	○	○⌓2	
基本完好房	7	⌓	⌓	⌓	
	8	⌓	⌓△1	⌓	
	9	⌓	⌓	⌓△1	
	10	⌓	⌓△1	⌓△1	
	11	⌓	⌓△2	⌓	
	12	⌓	⌓	⌓△2	
	13	△JCW△1	⌓△1	⌓	
	14	△JCW△1	⌓	⌓△1	

续　表

完损房分类 \ 房屋各部分		结构部分	装修部分	设备部分	备注
一般完好房	15	△	△1⃞	△	(1) 符号说明。 ○表示完好 ◠表示基本完好及以上 ◠(1)表示有一项基本完好 ◠(2)表示有两项基本完好 ◠(JCW)表示基础、承重构件、屋面基本完好 △表示一般损坏及以上 △(1)表示有一项一般损坏 △(2)表示有两项一般损坏 △(JCW)表示基础、承重构件、屋面一般损坏 △(少)表示有少数项目一般损坏 □表示严重损坏 1⃞表示有一项严重损坏 2⃞表示有两项严重损坏 (2) 本表适用于钢筋混凝土结构、混合结构、砖木结构房屋完损等级的评定使用。其他结构房屋完损等级的评定须另行编表。
	16	△	△1⃞	△	
	17	△	△	△1⃞	
	18	△	△1⃞	△1⃞	
	19	△	△2⃞	△	
	20	△	△	△2⃞	
	21	△(JCW)1⃞	△1⃞	△	
	22	△(JCW)1⃞	△	△1⃞	
严重损坏房	23	□	□	□	
	24	□△(少)	□△(少)	□△(少)	

7.3　房屋危险性鉴定

7.3.1　概述

危险房屋(简称危房)为结构已严重损坏,或承重构件已属危险构件,随时可能丧失稳定和承载能力,不能保证居住和使用安全的房屋。

《危险房屋鉴定标准》(GJ 13—86)发布实施后,在促进既有房屋的有效利用、保障房屋的使用安全方面发挥了重要作用。但随着时间的推移和检测技术的发展,该标准的部分内容已显陈旧,因此,在认真总结实践工作经验的基础上,吸纳当时国内外有关房屋鉴定方面的先进技术和经验以及鉴定方法与程序,建设部于 1999 年颁布实施《危险房屋鉴定标准》(JGJ 125—99)。该标准把当时国际上流行的将房屋安全性质量等级与结构的失效概率相结合的理念引入到新的危险房屋鉴定标准中来。采用了三层次四等级的综合评定方法,摈弃了传统的房屋鉴定处理综合评判问题的方法——打分法(即评分法),并首次将模糊数学中的模糊集概念运用到新标准中。这种分层综合评判模式,克服了传统的打分法在反映客观事物由量变到质变的规律性时的局限性。使得在处理危险房屋综合评判方面具有理论上较科学合理、应用上易学易懂、操作简便的特点。2004 年,根据房屋鉴定新形势的要求以及在工作经验的基础上,对标准进行了局部修订,增加了鉴定程序和评定方法、钢结构构件鉴定以及以模糊集为理论基础,建立了分层综合评判模式等内容，并颁布实施《危险房屋鉴定标准》(JGJ 125—99)(2004 年版)(以下简称《危标》)。作为我国危险房屋鉴定领域的第一部技术标准，在促进既有房屋的有效利用、保障房屋的安全使用方面发挥了重要作用。随着检测鉴定水平的不断提高，对房屋危险性鉴定也提出了新的要求和变化，以适应新的发展和需要，目前新标准的征求意见稿已出台。

7.3.2 《危标》适用范围及鉴定程序

7.3.2.1 适用范围

《危标》适用于既有房屋的危险性鉴定。房屋的危险性鉴定不但需要一段时间过程，而且其鉴定结论直接决定了接下来需对该房屋采取的应对措施，该措施还须在一定的时间段内保持持续的有效性。但实际情况是不同房屋所处的环境也不尽相同，对于房屋的各种不利影响也有所差异，有的不利影响源对房屋的作用相对缓慢而持续，如相邻地下工程施工影响、天然地基土扰动影响、自然侵蚀老化影响等，有的不利影响源对房屋的作用相对短暂而强烈，如地震、火灾、撞击等。对于不同环境的房屋，在房屋危险性鉴定的过程中，一定要把握好时点，明确鉴定报告的时效性。

对于有特殊要求(如高温、高湿、强振、腐蚀等特殊环境)的工业建筑和公共建筑、文物保护建筑等的房屋危险性鉴定，除应符合本标准规定外，尚应符合国家其他有关现行标准的规定。

7.3.2.2 适用范围鉴定程序

房屋危险性鉴定应依次按下列程序进行：

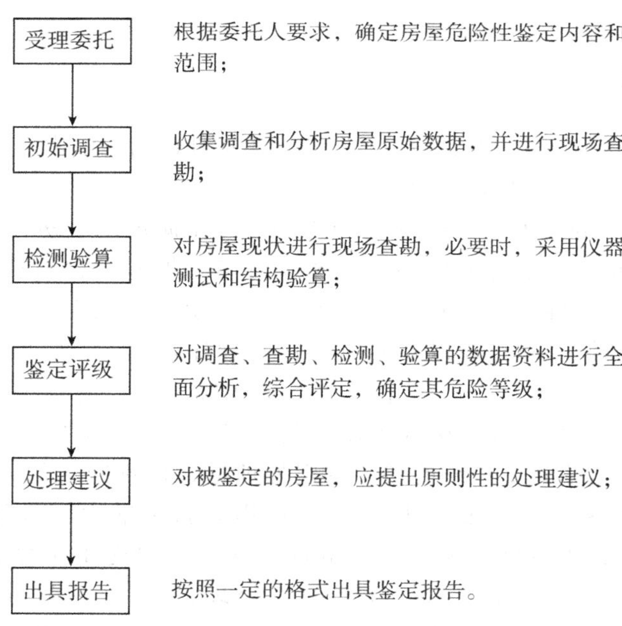
受理委托
根据委托人要求，确定房屋危险性鉴定内容和范围；
初始调查
收集调查和分析房屋原始数据，并进行现场查勘；
检测验算
对房屋现状进行现场查勘，必要时，采用仪器测试和结构验算；
鉴定评级
对调查、查勘、检测、验算的数据资料进行全面分析，综合评定，确定其危险等级；
处理建议
对被鉴定的房屋，应提出原则性的处理建议；
出具报告
按照一定的格式出具鉴定报告。

7.3.3　房屋危险性综合评定层次等级划分

根据十多年来的鉴定实践经验，认为《危标》中的第二层次三部分内容，即地基基础、承重结构和围护结构，在构件条文中不完整，且这个层次对结果评定和处理没有太实质的意义。为求更加科学、合理和便于操作，满足实际工作的需要，房屋危险性鉴定的综合评定在《危标》的基础上实行二层四等级是最为方便、合理的。房屋危险性鉴定应根据被鉴定房屋的构造特点和承重体系的种类，按其危险程度和影响范围，按照《危标》进行鉴定。危房以幢为鉴定单位，按建筑面积进行计量。

7.3.3.1　第一层次鉴定评级

应为构件危险性鉴定其等级评定应分为危险构件(T_d)和非危险构件(F_d)两类。

7.3.3.2　第二层次鉴定评级

应为房屋危险性鉴定，其等级评定应分为 A、B、C、D 四个等级。其划分应如下列条款所述：

A 级：结构承载力能满足正常使用要求，未发现危险点，房屋结构安全。

B 级：结构承载力基本满足正常使用要求，个别结构构件处于危险状态，但不影响主体结构，基本满足正常使用要求。

C 级：部分承重结构承载力不能满足正常使用要求，局部出现险情，构成局部危房。

D 级：承重结构承载力已不能满足正常使用要求，房屋整体出现险情，构成整幢危房。

7.3.3.3　综合评定原则

(1) 房屋危险性鉴定应以整幢房屋的地基基础、结构构件危险程度的严重性鉴定为基础，结合历史状态、环境影响以及发展趋势，全面分析，综合判断。

(2) 在地基基础或结构构件发生危险的判断上，应考虑它们的危险是孤立的还是相关的。当构件的危险是孤立的时，则不构成结构系统的危险；当构件的危险是相关的时，则应联系结构的危险性判定其范围。

(3) 全面分析、综合判断时，应考虑下列因素：

(a) 各构件的破损程度；

(b) 破损构件在整幢房屋中的地位；

(c) 破损构件在整幢房屋所占的数量和比例；

(d) 结构整体周围环境的影响；

(e) 有损结构的人为因素和危险状况；

(f) 结构破损后的可修复性；

(g) 破损构件带来的经济损失。

7.3.4　构件危险性评定

危险构件是指其承载能力、裂缝和变形不能满足正常使用要求的结构构件。单个构件的划分应符合下列规定：

(1) 基础。

(a) 独立柱基：以一根柱的单个基础为一构件；

(b) 条形基础：以一个自然间一轴线单面长度为一构件；

(c) 板式基础：以一个自然间的面积为一构件。

(2) 墙体以一个计算高度、一个自然间的一面为一构件。

(3) 柱以一个计算高度、一根为一构件。

(4) 梁、檩条、搁栅等以一个跨度、一根为一构件。

(5) 板以一个自然间面积为一构件，预制板以一块为一构件。

(6) 屋架、桁架等以一榀为一构件。

7.3.4.1 结构承载能力的验算

房屋结构构件的承载能力是判定其危险性的主要依据之一。但由于不同时期所采取的规范标准不同，当初建造的房屋在结构形式、建造材料、施工工艺等各方面均可能无法达到现行规范的要求。目前现行的各种设计规范均明确其应用范围为新建建筑的设计，采用现行设计规范评定之前建造的既有房屋显得过于保守，使得当某幢房屋在完全满足当初设计规范的情况下，采用现行规范验算后竟出现大量承载力不足的现象，结果不甚合理。使用现行设计规范评定之前建造的既有房屋，特别是在房屋危险性鉴定中，会造成大量原本满足当初设计规范的构件被“算”出来危险。

基于“满足当初建造时的设计规范要求即为安全”的原则，对 1989 年以前建造、1989—2001 年期间建造及 2001 年以后建造三个时期房屋结构抗力与作用效应比值进行放大调整，按照现行设计规范进行验算，计算时不考虑地震力作用。调整系数按下表确定。

表 7.3.1 结构构件抗力与效应之比调整系数(λ)

构件类型 / 建造年代	砌体构件	混凝土构件			木结构
	受压	正截面受压	正截面受弯	斜截面	受拉、受弯
1989 年以前	1.20	1.40	1.35	1.40	1.25
1989—2001 年	1.10	1.25	1.20	1.25	1.15
2001 年以后	1.00	1.00	1.00	1.00	1.00

7.3.4.2 地基基础危险性鉴定

地基基础的鉴定，一般情况下可以通过房屋的沉降观测资料和其不均匀沉降引起上部结构反应的检查结果进行判定；对特殊需要时，可以通过开挖检测和承载力验算结果进行判定。

(1) 地基基础危险性鉴定应包括地基和基础两部分。地基基础应重点检查基础与承重砖墙连接处的斜向阶梯形、水平裂缝、竖向裂缝状况，基础与框架柱根部连接处的水平裂缝状况，房屋的倾斜位移状况，地基滑坡、稳定、特殊土质变形和开裂等状况。

(2) 当地基部分有下列现象之一者应评定为危险状态。

表 7.3.2 地基危险状态

项目	主要鉴定内容	评定标准
地基	沉降速度	连续2个月>4mm/月，且短期内无收敛趋势
	水平滑移	>10mm，且未稳定
	墙体裂缝宽度	>10mm 且>1%
	房屋局部倾斜率	

对于房屋处于相邻地下工程等施工影响中时，应参考《基坑监测技术规范》等规定的警戒值进行判定。

(3) 当房屋基础有下列现象之一者应评定为危险点。

表 7.3.3 基础危险状态

项目	主要鉴定内容	评定标准
基础	承载力	$\lambda R/\gamma_0 S > 85\%$
	裂损程度	老化、腐蚀、酥碎、折断
	基础滑动速度	连续2个月>4mm/月，且短期内无收敛趋势

7.3.4.3 砌体结构构件

(1) 砌体结构构件的危险性鉴定应包括承载能力、构造与连接、裂缝和变形等内容。

(2) 需对砌体结构构件进行承载力验算时，应测定砌块及砂浆强度等级，推定砌体强度，或直接检测砌体强度。实测砌体截面有效值，应扣除因各种因素造成的截面损失。

(3) 砌体结构应重点检查砌体的构造连接部位，纵横墙交接处的斜向或竖向裂缝状况，砌体承重墙体的变形和裂缝状况以及拱脚裂缝和位移状况。注意其裂缝宽度、长度、深度、走向、数量及其分布，并观测其发展状况。

(4) 砌体结构构件有下列现象之一者应评定为危险点：

(a) 受压构件承载力小于其作用效应的85%；

(b) 受压墙柱沿受力方向产生缝宽大于2mm、缝长超过层高1/2的竖向裂缝，或产生缝长超过层高1/3的多条竖向裂缝；

(c) 受压墙柱表面风化、剥落，砂浆粉化，有效截面削弱达1/4以上；

(d) 支承梁或屋架端部的墙体或柱截面因局部受压产生多条竖向裂缝，或裂缝宽度已超过1mm；

(e) 墙柱因偏心受压产生水平裂缝，缝宽大于0.5mm；

(f) 墙、柱产生倾斜，其倾斜率大于0.7%，或相邻墙体连接处断裂成通缝；

(g) 墙、柱刚度不足，出现挠曲鼓闪，且在挠曲部位出现水平或交叉裂缝；

(h) 砖过梁中部产生明显的竖向裂缝，或端部产生明显的斜裂缝，或支承过梁的墙体产生水平裂缝，或产生明显的弯曲、下沉变形；

(i) 砖筒拱、扁壳、波形筒拱、拱顶沿母线裂缝，或拱曲面明显变形，或拱脚明显位移，或拱体拉杆锈蚀严重，且拉杆体系失效；

(j) 石砌墙(或土墙)高厚比：单层大于14，二层大于12，且墙体自由长度大于6m。墙体的偏心距达墙厚的1/6。

7.3.4.4 木结构构件

(1) 木结构构件的危险性鉴定应包括承载能力、构造与连接、裂缝和变形等内容。

(2) 需对木结构构件进行承载力验算时，应对木材的力学性质、缺陷、腐朽、虫蛀和铁件的力学性能以及锈蚀情况进行检测。实测木构件截面有效值，应扣除因各种因素造成的截面损失。

(3) 木结构构件应重点检查腐朽、虫蛀、木材缺陷、构造缺陷、结构构件变形、失稳状况、木屋架端节点受剪面裂缝状况，屋架出平面变形及屋盖支撑系统稳定状况。

(4) 木结构构件有下列现象之一者应评定为危险点：

(a) 木结构构件承载力小于其作用效应的90%；

(b) 连接方式不当，构造有严重缺陷，已导致节点松动变形、滑移、沿剪切面开裂、剪坏或铁件严重锈蚀、松动致使连接失效等损坏；

(c) 主梁产生大于 $L_0/150$ 的挠度或受拉区伴有较严重的材质缺陷；

(d) 屋架产生大于 $L_0/120$ 的挠度且顶部或端部节点产生腐朽或劈裂或出平面倾斜量超过屋架高度的 $h/150$；

(e) 檩条、搁栅产生大于的挠度，入墙木质部位腐朽、虫蛀或空鼓；

(f) 木柱侧弯变形，其矢高大于 $h/150$，或柱顶劈裂，柱身断裂。柱脚腐朽，其腐朽面积大于原截面1/5以上；

(g) 对受拉受弯偏心受压和轴心受压构件其斜纹理或斜裂缝的斜率 ρ 分别大于7%、10%、15%和20%；

(h) 存在任何心腐缺陷的木质构件。

注：L_0 为计算跨度，h 为截面高度。

7.3.4.5 混凝土结构构件

(1) 混凝土结构构件的危险性鉴定应包括承载能力、构造与连接、裂缝和变形等内容。

(2) 需对混凝土结构构件进行承载力验算时应对构件的混凝土强度、碳化和钢筋的力学性能、化学成分、锈蚀情况进行检测；实测混凝土构件截面有效值，应扣除因各种因素造成的截面损失。

(3) 混凝土结构构件应重点检查柱、梁、板及屋架的受力裂缝和主筋锈蚀状况，柱的根部和顶部的水平裂缝，屋架倾斜以及支撑系统稳定等。

(4) 混凝土构件有下列现象之一者应评定为危险点：

(a) 构件承载力小于作用效应的85%；

(b) 梁、板产生超过 $L_0/150$ 的挠度且受拉区的裂缝宽度大于1mm；

(c) 简支梁连续梁跨中部位受拉区产生竖向裂缝，其一侧向上延伸达梁高的2/3以上，且缝宽大于0.5mm，或在支座附近出现剪切斜裂缝，缝宽大于0.4mm；

(d) 梁、板受力主筋处产生横向水平裂缝和斜裂缝，缝宽大于1mm，板产生宽度大于0.4mm的受拉裂缝；

(e) 梁、板因主筋锈蚀，产生沿主筋方向的裂缝，缝宽大于 1mm，或构件混凝土严重缺损，或混凝土保护层严重脱落、露筋；

(f) 现浇板面周边产生裂缝，或板底产生交叉裂缝；

(g) 预应力梁、板产生竖向通长裂缝；或端部混凝土松散露筋，其长度达主筋直径的 100 倍以上；

(h) 受压柱产生竖向裂缝，保护层剥落，主筋外露锈蚀；或一侧产生水平裂缝，缝宽大于 1mm，另一侧混凝土被压碎，主筋外露锈蚀；

(i) 墙中间部位产生交叉裂缝，缝宽大于 0.4mm；

(j) 柱、墙产生倾斜、位移，其倾斜率超过高度的 1%，其侧向位移量大于 $h/500$；

(k) 柱、墙混凝土酥裂、碳化、起鼓，其破坏面大于全截面的 1/3；且主筋外露，锈蚀严重，截面减小；

(l) 柱、墙侧向变形，其极限值大于 $h/250$，或大于 30mm；

(m) 屋架产生大于 $L_0/200$ 的挠度，且下弦产生横断裂缝，缝宽大于 1mm；

(n) 屋架的支撑系统失效导致倾斜，其倾斜率大于屋架高度的 2%；

(o) 压弯构件保护层剥落，主筋多处外露锈蚀；端节点连接松动，且伴有明显的变形裂缝；

(p) 梁、板有效搁置长度小于规定值的 70%。

7.3.4.6　钢结构构件

(1) 钢结构构件的危险性鉴定应包括承载能力、构造和连接、变形等内容。

(2) 当需进行钢结构构件承载力验算时，应对材料的力学性能、化学成分、锈蚀情况进行检测。实测钢构件截面有效值，应扣除因各种因素造成的截面损失。

(3) 钢结构构件应重点检查各连接节点的焊缝、螺栓、铆钉等情况；应注意钢柱与梁的连接形式、支撑杆件、柱脚与基础连接损坏情况，钢屋架杆件弯曲、截面扭曲、节点板弯折状况和钢屋架挠度、侧向倾斜等偏差状况。

(4) 钢结构构件有下列现象之一者应评定为危险点：

(a) 构件承载力小于其作用效应的 90%；

(b) 构件或连接件有裂缝或锐角切口；焊缝、螺栓或铆接有拉开、变形、滑移、松动、剪坏等严重损坏；

(c) 连接方式不当，构造有严重缺陷；

(d) 受拉构件因锈蚀，截面减少大于原截面的 10%；

(e) 梁板等构件挠度大于 $L_0/250$，或大于 45mm；

(f) 实腹梁侧弯矢高大于 $L_0/600$，且有发展迹象；

(g) 受压构件的长细比大于现行国家标准《钢结构设计规范》(GB 50017—2003)中规定值的 1.2 倍；

(h) 钢柱顶位移平面内大于 $h/150$，平面外大于 $h/500$，或大于 40mm；

(i) 屋架产生大于 $L_0/250$ 或大于 40mm 的挠度；屋架支撑系统松动失稳，导致屋架倾斜，倾斜量超过 $h/150$。

7.4 民用建筑可靠性鉴定

7.4.1 概述

民用建筑是指已建成可验收的或已投入使用的非生产性的居住建筑和公共建筑。民用建筑在长期使用过程中，在人为、自然等各因素影响作用下，建筑结构逐渐老化损坏，房屋需要维护、修缮或加固等处理。要做好这些工作，首先必须对建筑结构的耐久性状况、是否安全、能否继续正常使用等问题要有国家统一的鉴定方法和标准，《民用建筑可靠性鉴定标准》(GB 50292—1999)(以下简称《民标》)正是在这样的背景下颁布实施的。

《民标》采用以概率理论为基础，以结构各种功能要求的极限状态为鉴定依据的可靠性鉴定方法，简称概率极限状态鉴定法。该方法将已建成两年以上且投入使用的建筑物可靠性鉴定，划分为安全性鉴定、正常使用性鉴定两个部分。安全性鉴定是从承载能力极限状态出发，以检查结构是否安全为目的的可靠性鉴定；正常使用性鉴定是从正常使用状态出发，检查结构是否保持正常使用状态的可靠性鉴定。对可靠性鉴定结果如何采取措施的问题，提出了民用建筑适修性评估的概念，它是通过对民用建筑的技术特性、修复难度与经济效果等作综合分析所得到的结论，提出最后的处理方案。

《危标》不能用于结构可靠性鉴定，只能用于危险房屋鉴定。目前有些部门混淆危险房屋与结构可靠性的概念，认为只要符合危险房屋鉴定标准的要求，未被评为危险的房屋，就可以使用。不危险不等于安全性符合要求，安全性不符合要求的房屋必须经过处理才能使用。因此，《危标》不能代替可靠性鉴定。

经过十多年的鉴定实践和经验，《民标》部分条款存在的问题逐渐暴露出来，同时随着可靠性鉴定水平的不断提高，目前新标准的征求意见稿已出台。

7.4.2 《民标》适用范围及鉴定程序

7.4.2.1 适用范围

(1) 安全性鉴定的范围。

(a) 危房鉴定及各种应急鉴定：如承重结构出现可能影响安全的异常征兆时，对建筑物进行的以抢险和紧急加固为目标的安全性检查与鉴定；或有严重灾情预报时，对可能受袭击或威胁的建筑物进行的以排险与临时性支顶加固为目标的安全性检查与鉴定；或特别重要的理由必须确保某一建筑物在指定期间的高度安全时，对该建筑物进行的以消除隐患与组织监控为目标的紧急检查与鉴定；

(b) 房屋改造前的安全检查；

(c) 临时性房屋需要延长使用期的检查；

(d) 使用性鉴定中发现的安全问题。

(2) 正常使用性鉴定的范围。

(a) 建筑物日常维护的检查；

(b) 建筑物使用功能的鉴定；
(c) 建筑物有特殊使用要求的专门鉴定。
(3) 可靠性鉴定的范围。
(a) 建筑物大修前的全面检查；
(b) 重要建筑物的定期检查；
(c) 建筑物改变用途或使用条件的鉴定；
(d) 建筑物超过设计基准期继续使用的鉴定；
(e) 为制订建筑群维修改造规划而进行的普查。
适修性评估用于需要采取修复措施的鉴定。

7.4.2.2　鉴定程序

民用建筑可靠性鉴定的程序可按图 7.4.1 进行。

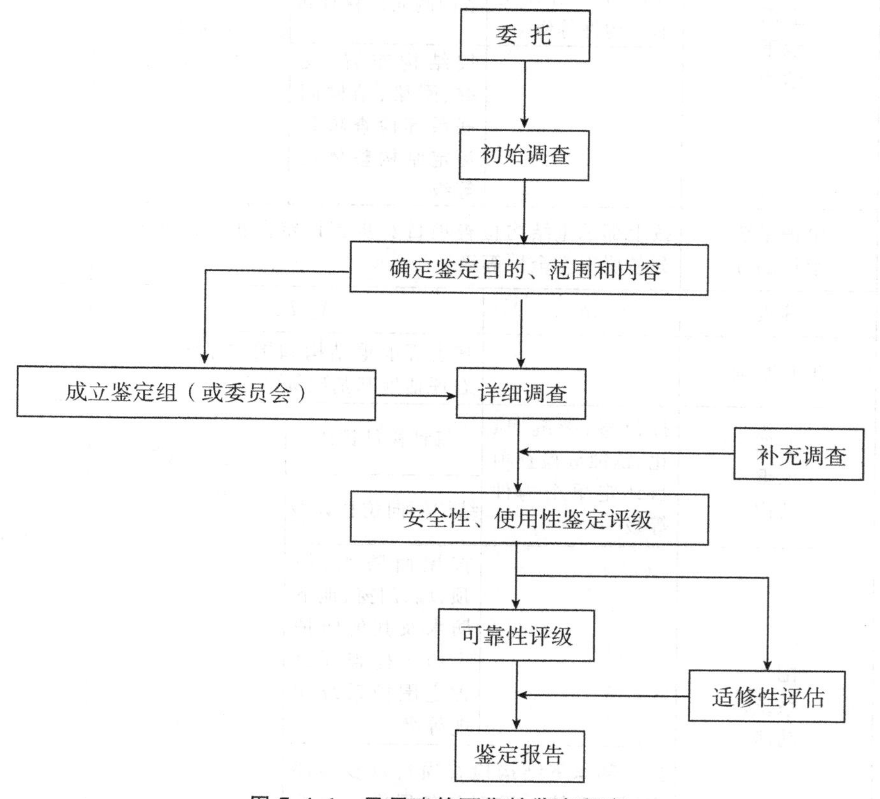

图 7.4.1　民用建筑可靠性鉴定程序

7.4.2.3　可靠性鉴定评级的层次、等级划分

(1) 安全性和正常使用性的鉴定评级，应按构件、子单元和鉴定单元各分三个层次。每一层次分为四个安全性等级和三个使用性等级，并应按表 7.4.1 规定的检查项目和步骤，从第一层开始，分层进行。

表 7.4.1 可靠性鉴定评级的层次、等级划分及工作内容

<table>
<tr><td colspan="2">层次</td><td>一</td><td colspan="2">二</td><td>三</td></tr>
<tr><td colspan="2">层名</td><td>构件</td><td colspan="2">子单元</td><td>鉴定单元</td></tr>
<tr><td rowspan="8">安全性鉴定</td><td>等级</td><td>a_u、b_u、c_u、d_u</td><td colspan="2">A_u、B_u、C_u、D_u</td><td>A_{su}、B_{su}、C_{su}、D_{su}</td></tr>
<tr><td rowspan="3">地基基础</td><td>—</td><td>地基变形评级</td><td rowspan="3">地基基础评级</td><td rowspan="7">鉴定单元安全性评级</td></tr>
<tr><td rowspan="2">按同类材料构件各检查项目评定单个基础等级</td><td>地基稳定性评级（斜坡）</td></tr>
<tr><td>承载力评级</td></tr>
<tr><td rowspan="3">上部承重结构</td><td rowspan="2">按承载能力、构造、不适于继续承载的位移或残损等检查项目评定单个构件等级</td><td>每种构件评级</td><td rowspan="3">上部承重结构评级</td></tr>
<tr><td>结构侧向位移评级</td></tr>
<tr><td>—</td><td>按结构布置、支撑、圈梁、结构间联系等检查项目评定结构整体性等级</td></tr>
<tr><td>围护系统承重部分</td><td colspan="3">按上部承重结构检查项目及步骤评定围护系统承重部分各层次安全性等级</td></tr>
<tr><td rowspan="6">正常使用性鉴定</td><td>等级</td><td>a_s、b_s、c_s</td><td colspan="2">A_s、B_s、C_s</td><td>A_{ss}、B_{ss}、C_{ss}</td></tr>
<tr><td>地基基础</td><td>—</td><td colspan="2">按上部承重结构和围护系统工作状态评估地基基础等级</td><td></td></tr>
<tr><td rowspan="2">上部承重结构</td><td rowspan="2">按位移、裂缝、风化、锈蚀等检查项目评定单个构件等级</td><td>每种构件评级</td><td rowspan="2">上部承重结构评级</td><td rowspan="4">鉴定单元正常使用性评级</td></tr>
<tr><td>结构侧向位移评级</td></tr>
<tr><td rowspan="2">围护系统功能</td><td>—</td><td>按屋面防水、吊顶、墙、门窗、地下防水及其他防护设施等检查项目评定围护系统功能等级</td><td rowspan="2">围护系统评级</td></tr>
<tr><td colspan="2">按上部承重结构检查项目及步骤评定围护系统承重部分各层次安全性等级</td></tr>
<tr><td rowspan="4">可靠性鉴定</td><td>等级</td><td>a、b、c、d</td><td colspan="2">A、B、C、D</td><td>Ⅰ、Ⅱ、Ⅲ、Ⅳ</td></tr>
<tr><td>地基基础</td><td colspan="3" rowspan="3">以同层次安全性和正常使用性评定结果并列表达，或按本标准规定的原则确定其可靠性等级</td><td rowspan="3">鉴定单元可靠性评级</td></tr>
<tr><td>上部承重结构</td></tr>
<tr><td>围护系统</td></tr>
</table>

注：① 根据构件各检查项目评定结果，确定单个构件等级；

② 根据子单元各检查项目及各种构件的评定结果，确定子单元等级；

③ 根据各子单元的评定结果，确定鉴定单元等级。

(2) 各层次可靠性鉴定评级，应以该层次安全性和正常使用性的评定结果为依据综合确定。每一层次的可靠性等级分为四级。

(3) 当仅要求鉴定某层次的安全性或正常使用性时，检查和评定工作可只进行到该层次相应程序规定的步骤。

7.4.2.4 鉴定评级标准

(1) 民用建筑安全性鉴定评级的各层次分级标准，应按表7.4.2的规定采用。

表7.4.2 安全性鉴定分级标准

层次	鉴定对象	等级	分级标准	处理要求
一	单个构件或其检查项目	a_u	安全性符合本标准对 a_u 级的要求，具有足够的承载能力	不必采取措施
		b_u	安全性略低于本标准对 a_u 级的要求，尚不显著影响承载能力	可不采取措施
		c_u	安全性不符合本标准对 a_u 级的要求，显著影响承载能力	应采取措施
		d_u	安全性极不符合本标准对 a_u 级的要求，已严重影响承载能力	必须及时或立即采取措施
二	子单元中的每种构件	A_u	安全性符合本标准对 A_u 级的要求，具有足够的承载能力	不必采取措施
		B_u	安全性略低于本标准对 A_u 级的要求，尚不显著影响承载能力	可不采取措施
		C_u	安全性不符合本标准对 A_u 级的要求，显著影响承载能力	应采取措施
		D_u	安全性极不符合本标准对 A_u 级的要求，已严重影响承载能力	必须及时或立即采取措施
	子单元的检查项目	A_u	安全性符合本标准对 A_u 级的要求，不影响整体承载	可不采取措施
		B_u	安全性略低于本标准对 A_u 级的要求，尚不显著影响整体承载	可能有极个别构件应采取措施
		C_u	安全性不符合本标准对 A_u 级的要求，显著影响整体承载	应采取措施，且可能有个别构件应立即采取措施
		D_u	安全性极不符合本标准对 A_u 级的要求，已严重影响整体承载	必须立即采取措施

续 表

层次	鉴定对象	等级	分级标准	处理要求
二	子单元	A_u	安全性符合本标准对 A_u 级的要求，不影响整体承载	可能有极少数一般构件应采取措施
		B_u	安全性略低于本标准对 A_u 级的要求，尚不显著影响整体承载	可能有极少数构件应采取措施
		C_u	安全性不符合本标准对 A_u 级的要求，显著影响整体承载	应采取措施，且可能有少数构件必须立即采取措施
		D_u	安全性极不符合本标准对 A_u 级的要求，已严重影响整体承载	必须立即采取措施
三	鉴定单元	A_{su}	安全性符合本标准对 A_{su} 级的要求，不影响整体承载	可能有极少数一般构件应采取措施
		B_{su}	安全性略低于本标准对 A_{su} 级的要求，尚不显著影响整体承载	可能有极少数构件应采取措施
		C_{su}	安全性不符合本标准对 A_{su} 级的要求，显著影响整体承载	应采取措施，且可能有少数构件必须立即采取措施
		D_{su}	安全性严重不符合本标准对 A_{su} 级的要求，已严重影响整体承载	必须立即采取措施

(2) 民用建筑正常使用鉴定评级的各层次分级标准，应按表 7.4.3 的规定采用。

表 7.4.3 使用性鉴定分级标准

层次	鉴定对象	等级	分级标准	处理要求
一	单个构件或其检查项目	a_s	使用性符合本标准对 a_s 级的要求，具有正常的使用功能	不必采取措施
		b_s	使用性略低于本标准对 a_s 级的要求，尚不显著影响使用功能	可不采取措施
		c_s	使用性不符合本标准对 a_s 级的要求，显著影响使用功能	应采取措施
二	子单元中的每种构件	A_s	使用性符合本标准对 A_s 级的要求，具有正常的使用功能	不必采取措施
		B_s	使用性略低于本标准对 A_s 级的要求，尚不显著影响使用功能	可不采取措施
		C_s	使用性不符合本标准对 A_s 级的要求，显著影响使用功能	应采取措施

续　表

层次	鉴定对象	等级	分级标准	处理要求
二	子单元的检查项目	A_s	使用性符合本标准对 A_s 级的要求，不影响整体使用功能	可不采取措施
		B_s	使用性略低于本标准对 A_s 级的要求，尚不显著影响整体使用功能	可能有极个别构件应采取措施
		C_s	使用性不符合本标准对 A_s 级的要求，显著影响整体使用功能	应采取措施
	子单元	A_s	使用性符合本标准对 A_s 级的要求，不影响整体使用功能	可能有极少数一般构件应采取措施
		B_s	使用性略低于本标准对 A_s 级的要求，尚不显著影响整体使用功能	可能有极少数构件应采取措施
		C_s	使用性不符合本标准对 A_s 级的要求，显著影响整体使用功能	应采取措施
三	鉴定单元	A_{ss}	使用性符合本标准对 A_{ss} 级的要求，不影响整体使用功能	可能有极少数一般构件应采取措施
		B_{ss}	使用性略低于本标准对 A_{ss} 级的要求，尚不显著影响整体使用功能	可能有极少数构件应采取措施
		C_{ss}	使用性不符合本标准对 A_{ss} 级的要求，显著影响整体使用功能	应采取措施

(3) 民用建筑可靠性鉴定评级的各层次分级标准，应按表 7.4.4 的规定采用。

表 7.4.4　可靠性鉴定的分级标准

层次	鉴定对象	等级	分级标准	处理要求
一	单个构件	a	可靠性符合本标准对 a 级的要求，具有正常的承载能力和使用功能	不必采取措施
		b	可靠性略低于本标准对 a 级的要求，尚不显著影响承载能力和使用功能	可不采取措施
		c	可靠性不符合本标准对 a 级的要求，显著影响承载能力和使用功能	应采取措施
		d	可靠性极不符合本标准对 a 级的要求，已严重影响安全	必须及时或立即采取措施
二	子单元中的每种构件	A	可靠性符合本标准对 A 级的要求，不影响整体的承载能力和使用功能	可不采取措施
		B	可靠性略低于本标准对 A 级的要求，但尚不显著影响整体的承载能力和使用功能	可能有个别构件或极少数构件必须立即采取措施

续 表

层次	鉴定对象	等级	分级标准	处理要求
二	子单元中的每种构件	C	可靠性不符合本标准对 A 级的要求，显著影响整体的承载能力和使用功能	应采取措施，且可能有个别构件必须立即采取措施
		D	可靠性极不符合本标准对 A 级的要求，已严重影响安全	必须立即采取措施
	子单元	A	可靠性符合本标准对 A 级的要求，不影响整体的承载能力和使用功能	可不采取措施
		B	可靠性略低于本标准对 A 级的要求，但尚不显著影响整体的承载能力和使用功能	可能有个别构件或极少数构件必须立即采取措施
		C	可靠性不符合本标准对 A 级的要求，显著影响整体的承载能力和使用功能	应采取措施，且可能有个别构件必须立即采取措施
		D	可靠性极不符合本标准对 A 级的要求，已严重影响安全	必须立即采取措施
三	鉴定单元	Ⅰ	可靠性符合本标准对Ⅰ级的要求，不影响整体承载能力和使用功能	可能有极少数一般构件应采取措施
		Ⅱ	可靠性略低于本标准对Ⅰ级的要求，尚不显著影响整体承载能力和使用功能	可能有极少数构件应采取措施
		Ⅲ	可靠性不符合本标准对Ⅰ级的要求，显著影响整体承载能力和使用功能	应采取措施，且可能有少数构件必须立即采取措施
		Ⅳ	可靠性严重不符合本标准对Ⅰ级的要求，已严重影响安全	必须立即采取措施

(4) 民用建筑适修性评级的各层次分级标准，可分别按表 7.4.5 和表 7.4.6 的规定采用。

表 7.4.5 每种构件适修性评级的分级标准

等级	分级标准
A'_r	易修，修后功能可达到现行设计标准的要求；所需总费用远低于新建的造价；适修性好，应予修复
B'_r	稍难修，但修后尚能恢复或接近恢复原功能；所需总费用不到新建造价的 70%；适修性尚好，宜予修复
C'_r	难修，修后需降低使用功能，或限制使用条件，或所需总费用为新建造价 70%以上；适修性差，是否有保留价值，取决于其重要性和使用要求
D'_r	该鉴定对象已严重残损，或修后功能极差，已无利用价值，或所需总费用接近、甚至超过新建造价，适修性很差；除文物、历史、艺术及纪念性建筑外，宜予拆除重建

表 7.4.6　子单元或鉴定单元适修性评级的分级标准

等级	分级标准
A'_r/A_r	易修或易改造，修后能恢复原功能，或改造后的功能可达到现行设计标准的要求，所需总费用远低于新建的造价，适修性好，应予修复或改造
B'_r/B_r	稍难修，或稍难改造，修后尚能恢复或接近恢复原功能，或改造后的功能尚可达到现行设计标准的要求，所需总费用不到新建造价的 79%。适修性尚好，宜予修复或改造
C'_r/C_r	难修，或难改造，修后或改造后需降低使用功能或限制使用条件，或所需费用为新建费用 70%以上。适修性差，是否有保留价值，取决于其重要性和使用要求
D'_r/D_r	该鉴定对象已严重残损，或修后功能极差，已无利用价值，或所需总费用接近、甚至超过新建的造价。适修性很差，除纪念性或历史性建筑外，宜予拆除、重建

7.4.3　民用建筑安全性鉴定

民用建筑安全性鉴定评级分为构件安全性鉴定评级、子单元的安全性鉴定评级和鉴定单元的安全性评级三层进行。

7.4.3.1　构件安全性鉴定评级

1. 构件安全性鉴定评级的原则

(1) 单个构件安全性的鉴定评级，应根据构件的不同种类，分别按有关章节的规定执行。

(2) 当验算被鉴定结构或构件的承载能力时，应遵守下列规定：

(a) 结构构件验算采用的结构分析方法，应符合国家现行设计规范的规定；

(b) 结构构件验算使用的计算模型，应符合其实际受力与构造状况；

(c) 结构上的作用应经调查或检测核实，并应按本标准有关规定取值；

(d) 结构构件作用效应的确定，应符合下列要求：

a) 作用的组合、作用的分项系数及组合值系数，应按现行国家标准《建筑结构荷载规范》(GB 50009)的规定执行；

b) 当结构受到温度、变形等作用，且对其承载有显著影响时，应计入由之产生的附加内力。

(e) 构件材料强度的标准值应根据结构的实际状态按下列原则确定：

a) 若原设计文件有效，且不怀疑结构有严重的性能退化或设计、施工偏差，可采用原设计的标准值；

b) 若调查表明实际情况不符合上款的要求，应按有关规定进行现场检测，并按本标准有关规定确定其标准值。

(f) 结构或构件的几何参数应采用实测值，并应计入锈蚀、腐蚀、腐朽、虫蛀、风化、局部缺陷或缺损以及施工偏差等的影响；

(g) 当需检查设计责任时，应按原设计计算书、施工图及竣工图，重新进行一次复核。

(3) 结构构件安全性鉴定采用的检测数据，应符合下列要求：

(a) 检测方法应按国家现行有关标准采用。当需采用不止一种检测方法同时进行测试时，应事先约定综合确定检测值的规则，不得事后随意处理。

(b) 检测应按本标准划分的构件单位进行，并应有取样、布点方面的详细说明。当测点较多时，尚应绘制测点分布图。

(c) 当怀疑检测数据有异常值时，其判断和处理应符合国家现行有关标准的规定，不得随意舍弃数据。

(4) 当需通过荷载试验评估结构构件的安全性时，应按现行专门标准进行。若检验合格，可根据其完好程度，定为 a_u 级或 b_u 级，若检验不合格，可根据其严重程度，定为 c_u 级或 d_u 级。

结构构件可仅作短期荷载试验，其长期效应的影响可通过计算补偿。

(5) 当建筑物中的构件符合下列条件时，可不参与鉴定：

(a) 该构件未受结构性改变、修复、修理或用途、或使用条件改变的影响；

(b) 该构件未遭明显的损坏；

(c) 该构件工作正常，且不怀疑其可靠性不足。

若考虑到其他层次鉴定评级的需要，而有必要给出该构件的安全性等级，可根据其实际完好程度定为 a_u 级或 b_u 级。

(6) 当检查一种构件的材料由于与时间有关的环境效应或其他系统性因素引起的性能退化时，允许采用随机抽样的方法，在该种构件中确定 5～10 个构件作为检测对象，并按现行的检测方法标准测定其材料强度或其他力学性能。

2. 混凝土构件

(1) 混凝土结构构件的安全性鉴定，应按承载能力、构造以及不适于继续承载的位移(或变形)和裂缝(或其他损伤)等四个检查项目，分别评定每一受检构件的等级，并取其中最低一级作为该构件安全性等级。

(2) 当混凝土结构构件的安全性按承载能力评定时，应按表 7.4.7 的规定，分别评定每一验算项目的等级，然后取其中最低一级作为该构件承载能力的安全性等级。

表 7.4.7　混凝土结构构件承载能力等级的评定

构件类别	$R/\gamma_0 S$			
	a_u 级	b_u 级	c_u 级	d_u 级
主要构件	≥1.0	≥0.95，且<1	≥0.90，且<0.95	<0.90
一般构件	≥1.0	≥0.90，且<1	≥0.85，且<0.90	<0.85

(3) 当混凝土结构构件的安全性按构造评定时，应按表 7.4.8 的规定，分别评定两个检查项目的等级，然后取其中较低一级作为该构件构造的安全性等级。

表 7.4.8　混凝土结构构件构造等级的评定

检查项目	a_u 级或 b_u 级	c_u 级或 d_u 级
结构构造	结构、构件的构造合理，符合或基本符合现行设计规范要求	结构、构件的构造不当，或有明显缺陷，不符合现行设计规范要求

续　表

检查项目	a_u 级或 b_u 级	c_u 级或 d_u 级
连接(或节点)构造	连接方式正确,构造符合国家现行设计规范要求,无缺陷,或仅有局部的表面缺陷,工作无异常	连接方式不当,构造有明显缺陷,已导致焊缝或螺栓等发生变形、滑移、局部拉脱、剪坏或裂缝
受力预埋件	构造合理,受力可靠,无变形、滑移、松动或其他损坏	构造有严重缺陷,已导致预埋件发生明显变形、滑移、松动或其他损坏

(4) 当混凝土结构构件的安全性按不适于继续承载的位移或变形评定时,应遵守下列规定:

(a) 对桁架(屋架、托架)的挠度,当其实测值大于其计算跨度的 1/400 时,应按本节第 2 条验算其承载能力。验算时,应考虑由位移产生的附加应力的影响,并按下列规定评级:

a) 若验算结果不低于 b_u 级,仍可定为 b_u 级;

b) 若验算结果低于 b_u 级,应根据其实际严重程度定为 c_u 级或 d_u 级。

(b) 对其他受弯构件的挠度或施工偏差超限造成的侧向弯曲,应按表 7.4.9 的规定评级。

表 7.4.9　混凝土受弯构件不适于继续承载的变形的评定

检查项目	构件类别		c_u 级或 d_u 级
挠度	主要受弯构件——主梁、托梁等		$>l_0/250$
	一般受弯构件	$l_0\leqslant 9\text{m}$	$>l_0/150$ 或 $>45\text{mm}$
		$l_0>9\text{m}$	$>l_0/200$
侧向弯曲的矢高	预制屋面梁、桁架或深梁		$>l_0/500$

注:表中 l_0 为计算跨度,评定结果取 c_u 或 d_u 级,可根据实际严重程度确定。

(5) 当混凝土结构构件出现表 7.4.10 所列的受力裂缝时,应视为不适于继续承载的裂缝,并应根据其实际严重程度定为 c_u 级或 d_u 级。

表 7.4.10　混凝土构件不适于继续承载的裂缝宽度的评定

检查项目	环　境	构件类别		c_u 级或 d_u 级
受力主筋处的弯曲(含一般弯剪)裂缝和受拉裂缝宽度(mm)	室内正常环境	钢筋混凝土	主要构件	>0.50
			一般构件	>0.70
		预应力混凝土	主要构件	>0.20(0.30)
			一般构件	>0.30(0.50)
	高湿度环境	钢筋混凝土	任何构件	>0.40
		预应力混凝土		>0.10(0.20)
剪切裂缝和受压裂缝(mm)	任何环境	钢筋混凝土或预应力混凝土		出现裂缝

(6) 当混凝土结构构件出现下列情况之一的非受力裂缝时，也应视为不适于继续承载的裂缝，并应根据其实际严重程度定为 c_u 级或 d_u 级：

(a) 因主筋锈蚀(或腐蚀)，导致混凝土产生沿主筋方向开裂、保护层脱落或掉角。

(b) 因温度、收缩等作用产生的裂缝，其宽度已比表 7.4.10 规定的弯曲裂缝宽度值超过 50%，且分析表明已显著影响结构的受力。

(7) 当混凝土结构构件同时存在受力和非受力裂缝时，应按本节第 5、6 条分别评定其等级，并取其中较低一级作为该构件的裂缝等级。

(8) 当混凝土结构构件有较大范围损伤时，应根据其实际严重程度直接定为 c_u 级或 d_u 级。

3. 钢结构构件

(1) 钢结构构件的安全性鉴定，应按承载能力、构造以及不适于继续承载的位移(或变形)等三个检查项目，分别评定每一受检构件等级；钢结构节点、连接域的安全性鉴定，应按承载能力和构造两个检查项目，分别评定每一节点、连接域等级；对冷弯薄壁型钢结构、轻钢结构、钢桩以及地处有腐蚀性介质的工业区，或高湿、临海地区的钢结构，尚应以不适于继续承载的锈蚀作为检查项目评定其等级；然后取其中最低一级作为该构件的安全性等级。

(2) 当钢结构构件的安全性按承载能力评定时，应按表 7.4.11 的规定，分别评定每一验算项目的等级，然后取其中最低一级作为该构件承载能力的安全性等级。

表 7.4.11　钢结构构件承载能力等级的评定

构件类别	$R/\gamma_0 S$			
	a_u 级	b_u 级	c_u 级	d_u 级
主要构件	≥1.0	≥0.95	≥0.90	<0.90
一般构件	≥1.0	≥0.90	≥0.85	<0.85

(3) 当钢结构构件的安全性按构造评定时，应按表 7.4.12 的规定评级。

表 7.4.12　钢结构构件构造安全性评定标准

检查项目	a_u 级或 b_u 级	c_u 级或 d_u 级
构件构造	构件组成形式、长细比(或高跨比)、宽厚比(或高厚比)等符合或基本符合国家现行设计规范要求；无缺陷，或仅有局部表面缺陷；工作无异常	构件组成形式、长细比或高跨比、宽厚比或高厚比等不符合国家现行设计规范要求；或符合要求，但存在明显缺陷，已影响或显著影响正常工作
节点、连接构造	节点、连接方式正确，符合或基本符合国家现行设计规范要求；无缺陷或仅有局部的表面缺陷(如焊缝表面质量不合格、焊缝尺寸稍有不足、连接板位置稍有偏差等)，工作无异常	节点、连接方式不当，构造有明显缺陷(包括施工遗留缺陷)，如焊缝质量不合格，有裂缝；部分螺栓或铆钉有松动、变形、断裂、脱落等；或连接板、铸件有裂纹或显著变形，已影响或显著影响正常工作

(4) 当钢结构构件的安全性按不适于继续承载的位移或变形评定时，应遵守下列规定：

(a) 对桁架(屋架、托架)的挠度，当其实测值大于桁架计算跨度的 1/400 时，应按本节第 2 条验算其承载能力。验算时，应考虑由于位移产生的附加应力的影响，并按下列原则评级：

a) 若验算结果不低于 b_u 级，仍定为 b_u 级，但宜附加观察使用一段时间的限制；

b）若验算结果低于 b_u 级，应根据其实际严重程度定为 c_u 级或 d_u 级。

（b）对桁架顶点的侧向位移，当其实测值大于桁架高度的 1/200，且有可能发展时，应定为 c_u 级或 d_u 级。

（c）对其他受弯构件的挠度，或偏差造成的侧向弯曲，应按表 7.4.13 的规定评级。

表 7.4.13　钢结构受弯构件不适于继续承载的变形的评定

检查项目	构件类别			c_u 级或 d_u 级
挠度	主要构件	网架	屋盖（短向）	$>l_s/200$，且可能发展
			楼盖（短向）	$>l_s/250$，且可能发展
		主梁、托梁		$>l_0/300$
	一般构件	其他梁		$>l_0/180$
		檩条梁		$>l_0/120$
侧向弯曲的矢高	深梁			$>l_0/660$
	一般实腹梁			$>l_0/500$

注：表中 l_0 为构件计算跨度；l_s 为网架短向计算跨度。

（d）对柱顶的水平位移（或倾斜），当其实测值大于下节表 7.4.25 所列的限值时，应按下列规定评级：

a）若该位移与整个结构有关，应根据评定结果，取与上部承重结构相同的级别作为该柱的水平位移等级；

b）若该位移只是孤立事件，则应在其承载能力验算中考虑此附加位移的影响，并根据验算结果按本条第 1 款的原则评级；

c）若该位移尚在发展，应直接定为 d_u 级。

（e）对偏差超限或其他使用原因引起的柱（包括桁架受压弦杆）的弯曲，当弯曲矢高实测值大于柱的自由长度的 1/660 时，应在承载能力的验算中考虑其所引起的附加弯矩的影响，并按本条第 1 款规定的原则评级。

（f）对钢桁架中有整体弯曲变形，但无明显局部缺陷的双角钢受压腹杆，其整体弯曲变形不大于表 7.4.14 规定的限值时，其承载能力可根据实际情况评为 a_u 级或 b_u 级；若整体弯曲变形已大于该表规定的限值时，应根据实际情况评为 c_u 级或 d_u 级。

表 7.4.14　钢桁架双角钢受压腹杆双向弯曲变形限值

轴向压力设计值与无缺陷时抗压承载力之比	双向弯曲限值				
	方向	弯曲矢高与杆件长度之比			
1.0	平面外	1/500	1/600	1/700	≤1/800
	平面内	1/1000	1/950	1/900	1/800
0.9	平面外	1/400	1/500	1/600	≤1/800
	平面内	1/750	1/650	1/600	1/500

续 表

轴向压力设计值与无缺陷时抗压承载力之比	双向弯曲限值				
	方向	弯曲矢高与杆件长度之比			
0.8	平面外	1/300	1/400	1/500	≤1/800
	平面内	1/550	1/450	1/400	1/350
≤0.7	平面外	1/250	1/300	≤1/400	—
	平面内	1/350	1/300	1/250	—

(5) 当钢结构构件的安全性按不适于继续承载的锈蚀评定时，除应按剩余的完好截面验算其承载能力外，尚应按表 7.4.15 的规定评级。

注：按剩余完好截面验算构件承载能力时，应考虑锈蚀产生的受力偏心效应。

表 7.4.15　钢结构构件不适于继续承载的锈蚀的评定

等级	评　定　标　准
c_u	在结构的主要受力部位，构件截面平均锈蚀深度 Δt 大于 $0.05t$，但不大于 $0.1t$
d_u	在结构的主要受力部位，构件截面平均锈蚀深度 Δt 大于 $0.1t$

注：表中 t 为锈蚀部位构件原截面的壁厚，或钢板的板厚。

(6) 对钢索构件的安全性鉴定，除应按本节第 2 条至第 5 条规定的项目评级外，尚应按下列补充项目评级：

(a) 索中有断丝，若断丝数不超过索中钢丝总数的 5%，应定为 c_u 级；若断丝数超过 5%，应定为 d_u 级；

(b) 索构件发生松弛，应根据其实际严重程度定为 c_u 级或 d_u 级；

(c) 对下列情况，应直接定为 d_u 级：

a) 索节点锚具出现裂纹；

b) 索节点出现滑移；

c) 索节点锚塞出现渗水裂缝。

(7) 对钢网架结构的焊接空心球节点和螺栓球节点的安全性鉴定，除应按第 2 条及第 3 条规定的项目评级外，尚应按下列项目评级：

(a) 空心球壳出现可见的变形时，应定为 c_u 级；

(b) 空心球壳出现裂纹时，应定为 d_u 级；

(c) 壳筒松动时，应定为 c_u 级；

(d) 螺栓未能按设计要求的长度拧入螺栓球时，应定为 d_u 级。

(8) 对摩擦型高强度螺栓连接，若其摩擦面有翘曲，未能形成闭合面时，应直接定为 c_u 级。

(9) 对大跨度钢结构支座节点，若铰支座不能实现设计所要求的转动或滑移时，应定为 c_u 级；若支座的焊缝出现裂纹、锚栓出现变形或断裂时，应定为 d_u 级。

(10) 对橡胶支座，若橡胶板与螺栓(或锚栓)发生挤压变形时，应定为 c_u 级。

4. 砌体结构构件

(1) 砌体结构构件的安全性鉴定,应按承载能力、构造以及不适于继续承载的位移和裂缝(或其他损伤)等四个检查项目,分别评定每一受检构件等级,并取其中最低一级作为该构件的安全性等级。

(2) 当砌体结构构件的安全性按承载能力评定时,应按表 7.4.16 的规定,分别评定每一验算项目的等级,然后取其中最低一级作为该构件承载能力的安全性等级。

表 7.4.16　砌体构件承载能力等级的评定

构件类别	$R/\gamma_0 S$			
	a_u 级	b_u 级	c_u 级	d_u 级
主要构件	≥1.0	≥0.95	≥0.90	<0.90
一般构件	≥1.0	≥0.90	≥0.85	<0.85

注:当材料的最低强度等级不符合原设计当时应执行的国家标准《砌体结构设计规范》(GB 50003)的要求时,应直接定为 c_u 级。

(3) 当砌体结构构件的安全性按连接及构造评定时,应按表 7.4.17 的规定,分别评定两个检查项目的等级,然后取其中较低一级作为该构件的安全性等级。

表 7.4.17　钢结构构件构造安全性评定标准

检查项目	a_u 级或 b_u 级	c_u 级或 d_u 级
墙、柱的高厚比	符合或略不符合国家现行设计规范的要求	不符合国家现行设计规范的要求,且已超过限值的 10%
连接及构造	连接及砌筑方式正确,构造符合国家现行设计规范要求,无缺陷或仅有局部的表面缺陷,工作无异常	连接及砌筑方式不当,构造有严重缺陷(包括施工遗留缺陷),已导致构件或连接部位开裂、变形、位移或松动,或已造成其他损坏

(4) 当砌体结构构件安全性按不适于继续承载的位移或变形评定时,应遵守下列规定:

(a) 对墙、柱的水平位移(或倾斜),当其实测值大于下节表 7.4.36 条所列的限值时,应按下列规定评级:

a) 若该位移与整个结构有关,应根据评定结果,取与上部承重结构相同的级别作为该墙、柱的水平位移等级;

b) 若该位移只是孤立事件,则应在其承载能力验算中考虑此附加位移的影响。若验算结果不低于 b_u 级,可根据其实际严重程度定为 c_u 级或 d_u 级。

c) 若该位移尚在发展,应直接定为 d_u 级。

注:构造合理的组合砌体柱、墙以及配筋砌块柱、剪力墙可按混凝土柱、墙评定。

(b) 对偏差或其他使用原因造成的柱(不包括带壁柱)的弯曲,当其矢高实测值大于柱的自由长度的 1/300 时,应在其承载能力验算中计入附加弯矩的影响,并根据验算结果按本条第 1 款第 2 项的原则评级。

(c) 对拱或壳体结构构件出现的下列位移或变形，可根据其实际严重程度定为 c_u 级或 d_u 级：

a)拱脚或壳的边梁出现水平位移；

b)拱轴线或筒拱、扁壳的曲面发生变形。

(5) 当砌体结构的承重构件出现下列受力裂缝时，应视为不适于继续承载的裂缝，并应根据其严重程度评为 c_u 级或 d_u 级：

(a) 桁架、主梁支座下的墙、柱的端部或中部，出现沿块材断裂(贯通)的竖向裂缝或斜裂缝。

(b) 空旷房屋承重外墙的变截面处，出现水平裂缝或沿块材断裂的斜向裂缝。

(c) 砌体过梁的跨中或支座出现裂缝；或虽未出现肉眼可见的裂缝，但发现其跨度范围内有集中荷载。

(d) 筒拱、双曲筒拱、扁壳等的拱面、壳面，出现沿拱顶母线或对角线的裂缝。

(e) 拱、壳支座附近或支承的墙体上出现沿块材断裂的斜裂缝。

(f) 其他明显的受压、受弯或受剪裂缝。

(6) 当砌体结构、构件出现下列非受力裂缝时，也应视为不适于继续承载的裂缝，并根据其实际严重程度评为 c_u 级或 d_u 级。

(a) 纵横墙连接处出现通长的竖向裂缝。

(b) 承重墙体墙身裂缝严重，且最大裂缝宽度已大于 5mm。

(c) 独立柱已出现宽度大于 1.5mm 的裂缝，或有断裂、错位迹象。

(d) 其他显著影响结构整体性的裂缝。

注：非受力裂缝系指由温度、收缩、变形或地基不均匀沉降等引起的裂缝。

(7) 当砌体结构、构件存在可能影响结构安全的损伤时，应根据其严重程度直接定为 c_u 级或 d_u 级。

5. 木结构构件

(1) 木结构构件的安全性鉴定，应按承载能力、构造、不适于继续承载的位移(或变形)和裂缝以及危险性的腐朽和虫蛀等六个检查项目，分别评定每一受检构件等级，并取其中最低一级作为该构件的安全性等级。

(2) 当木结构构件及其连接的安全性按承载能力评定时，应按表 7.4.18 的规定，分别评定每一验算项目的等级，然后取其中最低一级作为该构件承载能力的安全性等级。

表 7.4.18　木结构构件及其连接承载能力等级的评定

构件类别	$R/\gamma_0 S$			
	a_u 级	b_u 级	c_u 级	d_u 级
主要构件及连接	≥1.0	≥0.95	≥0.90	<0.90
一般构件	≥1.0	≥0.90	≥0.85	<0.85

(3) 当木结构构件的安全性按构造评定时，应按表 7.4.19 的规定，分别评定两个检查项目的等级，并取其中较低一级作为该构件构造的安全性等级。

表 7.4.19　木结构构件构造安全性评定标准

检查项目	a_u 级或 b_u 级	c_u 级或 d_u 级
构件构造	构件长细比或高跨比、截面高宽比等符合或基本符合国家现行设计规范的要求；无缺陷、损伤，或仅有局部表面缺陷；工作无异常	构件长细比或高跨式、截面高宽比等不符合国家现行设计规范的要求；或符合要求，但存在明显缺陷；已影响或显著影响正常工作
节点、连接构造	节点、连接方式正确，构造符合国家现行设计规范要求；无缺陷，或仅有局部的表面缺陷；通风良好；工作无异常	节点、连接方式不当，构造有明显缺陷（包括通风不良），已导致连接松弛变形、滑移、沿剪面开裂或其他损坏

（4）当木结构构件的安全性按不适于继续承载的变形评定时，应按表 7.4.20 的规定评级。

表 7.4.20　木结构构件不适于继续承载的变形的评定

检查项目	构件类别	c_u 级或 d_u 级
挠度	桁架（屋架、托架）	$>l_0/200$
	主梁	$>l_0^2/3000h$ 或 $>l_0/150$
	搁栅、檩条	$>l_0^2/2400h$ 或 $>l_0/120$
	椽条	$>l_0/100$，或已劈裂
侧向弯曲的矢高	柱或其他受压构件	$>l_c/200$
	矩形截面梁	$>l_0/150$

注：① 表中 l_0 为计算跨度；l_c 为柱的无支长度；h 为截面高度；

② 表中的侧向弯曲，主要是由木材生长原因或干燥、施工不当所引起的。

（5）当木结构构件具有下列斜率（ρ）的斜纹理或斜裂缝时，应根据其严重程度定为 c_u 级或 d_u 级。

对受拉构件及拉弯构件　　$\rho>10\%$

对受弯构件及偏压构件　　$\rho>15\%$

对受压构件　　$\rho>20\%$

（6）当木结构构件的安全性按危险性腐朽或虫蛀评定时，应按下列规定评级：

（a）一般情况下，应按表 7.4.21 的规定评级。

（b）当封入墙、保护层内的木构件或其连接已受潮时，即使木材尚未腐朽，也应直接定为 c_u 级。

表 7.4.21　木结构构件危险性腐朽、虫蛀的评定

检查项目	构件类别	c_u 级或 d_u 级
表层腐朽	上部承重结构构件	截面上的腐朽面积大于原截面面积的 5%，或按剩余截面验算不合格
	木桩	截面上的腐朽面积大于原截面面积的 10%
心腐	任何构件	有心腐
虫蛀		有新蛀孔；或未见蛀孔，但敲击有空鼓音，或用仪器探测，内有蛀洞

7.4.3.2 子单元安全性鉴定评级

民用建筑安全性的第二层次鉴定评级，包括地基基础、上部承重结构和围护系统的承重部分划分为三个子单元，若不要求评定围护系统可靠性，也可不将围护系统承重部分列入子单元，而将其安全性鉴定并入上部承重结构中。

当仅要求对某个子单元的安全性进行鉴定时，该子单元与其他相邻子单元之间的交叉部位，也应进行检查，并应在鉴定报告中提出处理意见。

1. 地基基础

地基基础的安全性鉴定，包括地基变形（或地基承载力）和地基稳定性（斜坡）等两个检查项目，以及基础和桩两种构件（必要时）。

（1）当鉴定地基、桩基的安全性时，应遵守下列规定：

（a）一般情况下，宜根据地基、桩基沉降观测资料，以及其不均匀沉降在上部结构中反应的检查结果进行鉴定评级；

（b）对建造在斜坡场地上的建筑物，应进行历史情况调查和实地考察，以评估场地地基的稳定性；

（c）当需要对地基、桩基的承载力进行鉴定评级时，应根据岩土工程勘察档案和有关检测资料，必要时，还应补充近位勘探点，进一步查明土层分布情况，并结合当地工程经验进行核算和评价。

（2）当地基（或桩基）基础的安全性按地基变形（建筑物沉降）观测资料或其上部结构反应的检查结果评定时，应按下列规定评级：

A_u 级：不均匀沉降小于现行国家标准《建筑地基基础设计规范》（GB 50007）规定的允许沉降差；沉降速率小于 0.01mm/d；建筑物无沉降裂缝、变形或位移。

B_u 级：不均匀沉降不大于现行国家标准《建筑地基基础设计规范》（GB 50007）规定的允许沉降差；沉降速率小于 0.05mm/d，连续两个月地基沉降量小于每月 2mm；建筑物的上部结构虽有轻微裂缝，但无发展迹象。

C_u 级：不均匀沉降大于现行国家标准《建筑地基基础设计规范》（GB 50007）规定的允许沉降差；沉降速率大于 0.05mm/d，建筑物上部结构的沉降裂缝有继续发展趋势。

D_u 级：不均匀沉降远大于现行国家标准《建筑地基基础设计规范》（GB 50007）规定的允许沉降差；沉降速率大于 0.05mm/d，且尚有变快趋势；建筑物上部结构的沉降裂缝发展显著；砌体的裂缝宽度大于 3mm；现浇结构也已开始出现沉降裂缝。

注：本条规定的沉降标准，仅适用于建成已 2 年以上且建于一般地基土上的建筑物；对建在高压缩性黏性土或其他特殊性土地基上的建筑物，此年限宜根据当地经验适当加长。

（3）当地基（或桩基）基础的安全性按其承载力评定时，可根据本标准第 7.2.2 条规定的检测和计算分析结果，采用下列规定评级：

（a）当地基基础承载力符合现行国家标准《建筑地基基础设计规范》（GB 50007）或现行行业标准《建筑桩基技术规范》（JGJ 94）的要求时，可根据建筑物的完好程度评为 A_u 级或 B_u 级。

（b）当地基基础承载力不符合现行国家标准《建筑地基基础设计规范》（GB 50007）或现行行业标准《建筑桩基技术规范》（JGJ 94）的要求时，可根据建筑物开裂损伤的严重程度评为 C_u 级或 D_u 级。

(4) 当地基基础的安全性按地基稳定性(斜坡)项目评级时,应按下列标准评定:

A_u 级:建筑场地地基稳定,无滑动迹象及滑动史。

B_u 级:建筑场地地基在历史上曾有过局部滑动,经治理后已停止滑动,且近期评估表明,在一般情况下,不会再滑动。

C_u 级:建筑场地地基在历史上发生过滑动,目前虽已停止滑动,但若触动诱发因素,今后仍有可能再滑动。

D_u 级:建筑场地地基在历史上发生过滑动,目前又有滑动或滑动迹象。

(5) 在鉴定中若发现地下水位或水质有较大变化,或土压力、水压力有显著改变,且可能对建筑物产生不利影响时,应对此类变化所产生的不利影响进行评价,并提出处理的建议。

(6) 地基基础(子单元)的安全性等级,应根据本节第 2 条至第 5 条关于地基基础和场地的评定结果按其中最低一级确定。

2. 上部承重结构

上部承重结构(子单元)的安全性鉴定评级,应根据其所含的各种构件集的安全性等级、结构的整体性等级以及结构侧向位移等级等评定结果进行确定。

(1) 当评定一种结构构件的安全性等级时,应遵守下列规定:

(a) 对多层和高层房屋,以每层的每种构件集为评定对象;对单层房屋,以子单元中每种构件集为评定对象;

(b) 对多层和高层房屋的评级,允许仅抽取若干层为代表层进行评定;代表层的选择应符合下列规定:

a) 代表层的层数,应按$\sqrt{m}$计算确定;m 为该鉴定单元的层数,若$\sqrt{m}$为非整数时,应多取一层;

b) 代表层中应包括有底层、顶层和转换层;其余代表层应是外观质量较差的层,以及 c_u 级和 d_u 级构件较多的层;

c) 代表层的构件包括该层楼板及其下的梁、柱和墙等。

(2) 在抽取的$\sqrt{m}$层中,评定一种主要构件集的安全性等级时,应根据该层该种构件中每一受检构件的评定结果,按表 7.4.22 的分级标准评级。

表 7.4.22 主要构件集安全性等级的评定标准

等级	多层及高层房屋	单层房屋
A_u	在该种构件中,不含 c_u 级和 d_u 级,可含 b_u 级,但一个子单元含 b_u 级的楼层数不多于($\sqrt{m}/m$)%,每一楼层的 b_u 级含量不多于 25%,且任一轴线(或任一跨)上的 b_u 级含量不多于该轴线(或该跨)构件数的 1/3	在该种构件中不含 c_u 级和 d_u 级,可含 b_u 级,但一个子单元的含量不多于 30%,且任一轴线(或任一跨)的 b_u 级含量不多于该轴线或(或该跨)构建数的 1/3
B_u	在该种构件中,不含 d_u 级,可含 c_u 级,但一个子单元含 c_u 级的楼层数不多于($\sqrt{m}/m$)%,每一楼层的 c_u 级含量不多于 15%,且任一轴线(或任一跨)上的 c_u 级含量不多于该轴线(或该跨)构件数的 1/3	在该种构件中不含 d_u 级可含 c_u 级,但一个子单元的含量不多于 20%且任一轴线(或任一跨)上的 c_u 级含量不多于该轴线(或该跨)构件数的 1/3

续　表

等级	多层及高层房屋	单层房屋
C_u	在该种构件中，可含 d_u 级，但一个子单元含有 d_u 级楼层数不多于 $(\sqrt{m}/m)\%$，每一楼层的 d_u 级含量不多于 5%，且任一轴线（或任一跨）上的 d_u 级含量不多于 1 个	在该种构件中可含 d_u 级，但一个子单元的含量不多于 7.5%，且任一轴线（或任一跨）上的 d_u 级含量不多于 1 个
D_u	在该种构件中，d_u 级的含量或其分布多于 C_u 级的规定数	在该种构件中，d_u 级的含量或其分布多于 C_u 级的规定数

（3）在抽取的 $\sqrt{m}$ 层中，评定一种一般构件集的安全性等级时，应按表 7.4.23 的分级标准评级。

表 7.4.23　一般构件集安全性等级的评定标准

等级	多层及高层房屋	单层房屋
A_u	在该种构件中，不含 c_u 级和 d_u 级，可含 b_u 级，但一个子单元含 b_u 级的楼层数不多于 $(\sqrt{m}/m)\%$，每一楼层的 b_u 级含量不多于 30%，且任一轴线（或任一跨）上的 b_u 级含量不多于该轴线（或该跨）构件数的 2/5	在该种构件中不含 c_u 级和 d_u 级，可含 b_u 级，但一个子单元的含量不多于 35%，且任一轴线（或任一跨）的 b_u 级含量不多于该轴线（或该跨）构件数的 2/5
B_u	在该种构件中，不含 d_u 级，可含 c_u 级，但一个子单元含 c_u 级的楼层数不多于 $(\sqrt{m}/m)\%$，每一楼层的 c_u 级含量不多于 20%，且任一轴线（或任一跨）上的 c_u 级含量不多于该轴线（或该跨）构件数的 2/5	在该种构件中不含 d_u 级可含 c_u 级，但一个子单元的含量不多于 25%且任一轴线（或任一跨）上的 c_u 级含量不多于该轴线（或该跨）构件数的 2/5
C_u	在该种构件中，可含 d_u 级，但一个子单元含有 d_u 级楼层数不多于 $(\sqrt{m}/m)\%$，每一楼层的 d_u 级含量不多于 7.5%，且任一轴线（或任一跨）上的 d_u 级含量不多于该轴线（或该跨）构件数的 1/3	在该种构件中可含 d_u 级，但一个子单元的含量不多于 10%，且任一轴线（或任一跨）上的 d_u 级含量不多于该轴线（或该跨）构件数的 1/3
D_u	在该种构件中，d_u 级的含量或其分布多于 C_u 级的规定数	在该种构件中，d_u 级的含量或其分布多于 C_u 级的规定数

（4）当评定结构整体性等级时，应按表 7.4.24 的规定，先评定其每一检查项目的等级，然后按下列原则确定该结构整体性等级：

（a）若四个检查项目均不低于 B_u 级，可按占多数的等级确定；

（b）若仅一个检查项目低于 B_u 级，可根据实际情况定为 B_u 级或 C_u 级。

表 7.4.24　结构整体性等级的评定

检测项目	A_u 级或 B_u 级	C_u 级或 D_u 级
结构布置及构造	布置合理，形成完整的体系，且结构选型及传力路线设计正确，符合现行设计规范要求	布置不合理，存在薄弱环节，未形成完整的体系；或结构选型、传力路线设计不当，不符合现行设计规范要求，或结构产生明显振动

续　表

检测项目	A_u 级或 B_u 级	C_u 级或 D_u 级
支撑系统(或其他抗侧力系统)的构造	构件长细比及连接构造符合现行设计规范要求,形成完整的支撑系统,无明显残损或施工缺陷,能传递各种侧向作用	构件长细比或连接构造不符合现行设计规范要求,未形成完整的支撑系统,或构件连接已失效或有严重缺陷,不能传递各种侧向作用
结构、构件间的联系	设计合理、无疏漏;锚固、拉结、连接方式正确、可靠,无松动变形或其他残损	设计不合理,多处疏漏;或锚固、拉结、连接不当,或已松动变形,或已残损
砌体结构中圈梁及构造柱的布置与构造	布置正确,截面尺寸、配筋及材料强度等符合现行设计规范要求,无裂缝或其他残损,能起封闭系统作用	布置不当,截面尺寸、配筋及材料强度不符合现行设计规范要求,已开裂,或有其他残损,或不能起封闭系统作用

(5) 对上部承重结构不适于继续承载的侧向位移,应根据其检测结果,按下列规定评级:

(a) 当检测值已超出表 7.4.25 界限,且有部分构件(含连接、节点域)出现裂缝、变形或其他局部损坏迹象时,应根据实际严重程度定为 C_u 级或 D_u 级。

(b) 当检测值虽已超出表 7.4.25 界限,但尚未发现上款所述情况时,应进一步作计入该位移影响的结构内力计算分析,验算各构件的承载能力,若验算结果均不低于 b_u 级,仍可将该结构定为 B_u 级,但宜附加观察使用一段时间的限制。若构件承载能力的验算结果有低于 b_u 级时,应定为 C_u 级。

表 7.4.25　各类结构不适于继续承载的侧向位移评定

检测项目	结构类别				顶点位移	层间位移
					C_u 级或 D_u 级	C_u 级或 D_u 级
结构平面内的侧向位移	混凝土结构或钢结构	单层建筑			$>H/400$	$>H_i/350$
		多层建筑			$>H/450$	$>H_i/350$
		高层建筑	框架		$>H/550$	$>H_i/450$
			框架剪力墙		$>H/700$	$>H_i/600$
	砌体结构	单层建筑	墙	$H\leqslant 7$m	>25	—
				$H>7$m	$>H/280$ 或 >50	—
			柱	$H\leqslant 7$m	>20	—
				$H>7$m	$>H/350$ 或 >40	—
		多层建筑	墙	$H\leqslant 10$m	>40	$>H_i/100$ 或 >20
				$H>10$m	$>H/250$ 或 >90	
			柱	$H\leqslant 10$m	>30	$>H_i/150$ 或 >15
				$H>10$m	$>H/330$ 或 >70	
单层排架平面外侧倾					$>H/750$ 或 >30mm	—

注:H 为结构顶点高度,H_i 为第 i 层层间高度。

(6) 上部承重结构的安全性等级，应根据本节第 1 条至第 5 条的评定结果，按下列原则确定：

(a) 一般情况下，应按各种主要构件集和结构侧向位移（或倾斜）的评级结果，取其中最低一级作为上部承重结构（子单元）的安全性等级。

(b) 当上部承重结构按上款评为 B_u 级，但若发现各主要构件集所含的 c_u 级构件（或其节点、连接域）处于下列情况之一时，宜将所评等级降为 C_u 级：

a) c_u 级沿建筑物某方位呈规律性分布，或过于集中在结构的某部位；

b) 出现 c_u 级构件交汇的节点连接；

c) c_u 级存在于人群密集场所或其他破坏后果严重的部位。

(c) 当上部承重结构按本条第 1 款评为 C_u 级，但若发现其主要构件集有下列情况之一时，宜将所评等级降为 D_u 级。

a) 多层或高层房屋中，其底层柱集为 C_u 级；

b) 多层或高层房屋的底层，或任一空旷层，或框支剪力墙结构的框架层的柱集中，出现 d_u 级；或任何两相邻层同一轴线的柱同时出现 d_u 级；或脆性材料结构中出现 d_u 级；或大跨度结构的支座节点为 d_u 级；

c) 在人群密集场所或其他破坏后果严重部位，出现 d_u 级。

(d) 当上部承重结构按上款评为 A_u 级或 B_u 级，而结构整体性等级为 C_u 级时，应将所评的上部承重结构安全性等级降为 C_u 级。

(e) 当上部承重结构在按本条第 4 款的规定作了调整后仍为 A_u 级或 B_u 级，而各种一般构件集中，其等级最低的一种为 C_u 级或 D_u 级时，尚应按下列规定调整其级别：

a) 若设计考虑该种一般构件参与支撑系统（或其他抗侧力系统）工作，或在抗震加固中，已加强了该种构件与主要构件锚固，应将所评的上部承重结构安全性等级降为 C_u 级；

b) 当仅有一种一般构件为 C_u 级或 D_u 级，且不属于 a)的情况时，可将上部承重结构的安全性等级定为 B_u 级；

c) 当不止一种一般构件为 C_u 级或 D_u 级，应将上部承重结构的安全性等级降为 C_u 级。

(7) 对检测、评估认为可能存在整体稳定性问题的大跨度结构，应根据实际检测结果建立计算模型，采用可行的结构分析方法进行整体稳定性验算；若验算结果尚能满足设计要求，仍可评为 B_u 级；若验算结果不满足设计要求，应根据其严重程度评为 C_u 级或 D_u 级，并应在上部承重结构安全性评定等级中予以考虑。

3. 围护系统的承重部分

围护系统承重部分（子单元）的安全性，应根据该系统专设的和参与该系统工作的各种承重构件的安全性等级，以及该部分结构整体性的安全性等级进行评定。

(1) 当评定一种构件的安全性等级时，应根据每一受检构件的评定结果及其构件类别，分别按上节第 1 条或第 2 条的规定评级。

(2) 当评定围护系统承重部分的结构整体性时，可按本上节第 3 条的规定评级。

(3) 围护系统承重部分的安全性等级，可根据本节第 1 条和第 2 条的评定结果，按下列原则确定：

(a) 当仅有 A_u 级和 B_u 级时，按占多数级别确定。

(b) 当含有 C_u 级或 D_u 级时，可按下列规定评级：

a) 若 C_u 级或 D_u 级属于主要构件时，按最低等级确定；

b) 若 C_u 级或 D_u 级属于一般构件时，可按实际情况，定为 B_u 级或 C_u 级。

(c) 围护系统承重部分评定的安全性等级，不得高于上部承重结构的等级。

7.4.3.3 鉴定单元的安全性鉴定评级

民用建筑鉴定单元的安全性鉴定评级，应根据其地基基础、上部承重结构和围护系统承重部分等的安全性等级，以及与整幢建筑有关的其他安全问题进行评定。

(1) 鉴定单元的安全性等级，按下列原则规定：

(a) 一般情况下，应根据地基基础和上部承重结构的评定结果按其中较低等级确定。

(b) 当鉴定单元的安全性等级按上款评为 A_{su} 级或 B_{su} 级，但围护系统承重部分的等级为 C_u 级或 D_u 级时，可根据实际情况将鉴定单元所评等级降低一级或二级，但最后所定的等级不得低于 C_u 级。

(2) 对下列任一情况，可直接评为 D_{su} 级建筑：

(a) 建筑物处于有危房的建筑群中，且直接受到其威胁；

(b) 建筑物朝一方向倾斜，且速度开始变快。

(3) 当新测定的建筑物动力特性，与原先记录或理论分析的计算值相比，有下列变化时，可判其承重结构可能有异常，但应经进一步检查、鉴定后再评定该建筑物的安全性等级。

(a) 建筑物基本周期显著变长(或基本频率显著下降)；

(b) 建筑物振型有明显改变(或振幅分布无规律)。

7.4.4 民用建筑正常使用性鉴定评级

民用建筑正常使用性鉴定评级分为构件正常使用性鉴定评级、子单元正常使用性鉴定评级和鉴定单元的正常使用性鉴定评级三层进行。

7.4.4.1 构件的正常使用性鉴定评级

1. 构件正常使用性鉴定评级的原则

(1) 单个构件正常使用性的鉴定评级，应根据其不同的材料种类，分别按有关章节的规定执行。

(2) 正常使用性的鉴定，应以现场的调查、检测结果为基本依据。鉴定采用的检测数据，应符合有关条款的要求。

(3) 当遇到下列情况之一时，结构构件的鉴定，尚应按正常使用极限状态的要求进行计算分析和验算：

(a) 检测结果需与计算值进行比较；

(b) 检测只能取得部分数据，需通过计算分析进行鉴定；

(c) 为改变建筑物用途、使用条件或使用要求而进行的鉴定。

(4) 对被鉴定的结构构件进行计算和验算，除应符合现行设计规范的规定和有关要求外，尚应遵守下列规定：

(a) 对构件材料的弹性模量、剪变模量和泊松比等物理性能指标，可根据鉴定确认的材料品种和强度等级，按现行设计规范规定的数值采用；

(b) 验算结果应按现行标准、规范规定的限值进行评级。若验算合格，可根据其实际完好程度评为 a_s 级或 b_s 级；若验算不合格，应定为 c_s 级；

(c) 若验算结果与观察不符，应进一步检查设计和施工方面可能存在的差错。

(5) 当同时符合下列条件时，构件的使用性等级，可根据实际工作情况直接评为 a_s 级或 b_s 级：

(a) 经详细检查未发现构件有明显的变形、缺陷、损伤、腐蚀，也没有累积损伤问题；

(b) 经过长时间的使用，构件状态仍然良好或基本良好，能够满足设计使用年限内的正常使用要求；

(c) 在下一目标使用年限内，构件上的作用和环境条件与过去相比不会发生变化。

2. 混凝土结构构件

混凝土结构构件的正常使用性鉴定，应按位移(变形)、裂缝、缺陷和损伤等四个检查项目，分别评定每一受检构件的等级，并取其中最低一级作为该构件正常使用性等级。

(1) 当混凝土桁架和其他受弯构件的正常使用性按其挠度检测结果评定时，应按下列规定评级：

(a) 若检测值小于计算值及现行设计规范限值时，应评为 a_s 级；

(b) 若检测值大于或等于计算值，但不大于现行设计规范限值时，应评为 b_s 级；

(c) 若检测值大于现行设计规范限值时，应评为 c_s 级。

(2) 当混凝土柱的正常使用性需要按其柱顶水平位移(或倾斜)检测结果评定时，可按下列原则评级：

(a) 若该位移的出现与整个结构有关，应根据评定结果，取与上部承重结构相同的级别作为该柱的水平位移等级；

(b) 若该位移的出现只是孤立事件，则可根据其检测结果直接评级。评级所需的位移限值，可按表 7.4.26 所列的层间限值乘以 1.1 的系数确定。

(3) 当混凝土结构构件的使用性按其裂缝宽度检测结果评定时，应遵守下列规定：

(a) 当有计算值时：

a) 若检测值小于计算值及现行设计规范限值时，应评为 a_s 级；

b) 若检测值大于或等于计算值，但不大于现行设计规范限值时，应评为 b_s 级；

c) 若检测值大于现行设计规范限值时，应评为 c_s 级。

(b) 若无计算值时，应按表 7.4.26 或表 7.4.27 的规定评级。

(c) 对沿主筋方向出现的锈迹或细裂缝，应直接评为 c_s 级。

(d) 若一根构件同时出现两种裂缝，应分别评级，并取其中较低一级作为该构件的裂缝等级。

表 7.4.26 钢筋混凝土构件裂缝宽度评定标准

检查项目	环境类别和作用等级	构件种类		裂缝评定标准		
				a_s 级	b_s 级	c_s 级
受力主筋处的弯曲裂缝或弯剪裂缝宽度(mm)	Ⅰ－A	主要构件	屋架、托架	≤0.15	≤0.20	>0.20
			主梁、托梁	≤0.20	≤0.30	>0.30
		一般构件		≤0.25	≤0.40	>0.40
	Ⅰ－B、Ⅰ－C	任何构件		≤0.15	≤0.20	>0.20
	Ⅱ	任何构件		≤0.10	≤0.15	>0.15
	Ⅲ、Ⅳ	任何构件		无肉眼可见的裂缝	≤0.10	>0.10

表 7.4.27 预应力混凝土构件裂缝宽度评定标准

检查项目	环境类别和作用等级	构件种类	裂缝评定标准		
			a_u 级	b_u 级	c_u 级
受力主筋处的弯曲裂缝或弯剪裂缝宽度(mm)	Ⅰ－A	主要构件	无裂缝(≤0.05)	≤0.05(≤0.10)	>0.05(>0.10)
		一般构件	≤0.02(≤0.15)	≤0.10(≤0.25)	>0.10(>0.25)
	Ⅰ－B、Ⅰ－C	任何构件	无裂缝	≤0.02(≤0.05)	>0.02(>0.05)
	Ⅱ、Ⅲ、Ⅳ	任何构件	无裂缝	无裂缝	有裂缝

注：① 表中括号内限值仅适用于采用热轧钢筋为预应力筋的预应力混凝土构件；

② 当构件无裂缝时，评定结果取 a_s 级或 b_s 级，可根据其混凝土外观质量的完好程度判定。

(4) 混凝土构件的缺陷和损伤项目应按表 7.4.28 的规定评级。

表 7.4.28 混凝土构件的缺陷和损伤等级的评定

检查项目	a_s 级	b_s 级	c_s 级
缺陷	无明显缺陷	局部有缺陷，但缺陷深度小于钢筋保护层厚度	有较大范围的缺陷，或局部的严重缺陷，且缺陷深度大于钢筋保护层厚度
钢筋锈蚀损伤	无锈蚀现象	探测表明：有可能锈蚀	已出现沿主筋方向的锈蚀裂缝，或明显的锈迹
混凝土腐蚀损伤	无腐蚀损伤	表面有轻度腐蚀损伤	有明显腐蚀损伤

3. 钢结构构件

(1) 钢结构构件的使用性鉴定，应按位移或变形、缺陷(含偏差)和锈蚀(腐蚀)等三个检查项目，分别评定每一受检构件等级，并以其中最低一级作为该构件的使用性等级。

对钢结构受拉构件，尚应以长细比作为检查项目参与上述评级。

(2) 当钢桁架和其他受弯构件的使用性按其挠度检测结果评定时,应按下列规定评级:

(a) 若检测值小于计算值及现行设计规范限值时,可评为 a_s 级;

(b) 若检测值大于或等于计算值,但不大于现行设计规范限值时,可评为 b_s 级;

(c) 若检测值大于现行设计规范限值时,可评为 c_s 级。

(3) 当钢柱的使用性按其柱顶水平位移(或倾斜)检测结果评定时,可按下列原则评级:

(a) 若该位移的出现与整个结构有关,应根据评定结果,取与上部承重结构相同的级别作为该柱的水平位移等级;

(b) 若该位移的出现只是孤立事件,则可根据其检测结果直接评级,评级所需的位移限值,可按表 7.4.36 所列的层间限值确定。

(4) 当钢结构构件的使用性按其缺陷(含偏差)和损伤的检测结果评定时,应按表 7.4.29 的规定评级。

表 7.4.29 钢结构构件缺陷(含偏差)和损伤等级的评定

检查项目	a_s 级	b_s 级	c_s 级
桁架(屋架)不垂直度	不大于桁架高度的 1/250,且不大于 15mm	略大于 a_s 级允许值,尚不影响使用	大于 a_s 级允许值,已影响使用
受压构件平面内的弯曲矢高	不大于构件自由长度的 1/1000,且不大于 10mm	不大于构件自由长度的 1/660	大于构件自由长度的 1/660
实腹梁侧向弯曲矢高	不大于构件计算跨度的 1/660	不大于构件跨度的 1/500	大于构件跨度的 1/500
其他缺陷或损伤	无明显缺陷或损伤	局部有表面缺陷或损伤,尚不影响正常使用	有较大范围缺陷或损伤,且已影响正常使用

(5) 当钢结构构件的使用性按其锈蚀(腐蚀)的检查结果评定时,应按表 7.4.30 的规定评级。

表 7.4.30 钢结构构件和连接的锈蚀(腐蚀)等级的评定

锈 蚀 程 度	等级
面漆及底漆完好,漆膜尚有光泽	a_s 级
面漆脱落(包括起鼓面积),对普通钢结构不大于 15%;对薄壁型钢和轻钢结构不大于 10%;底漆基本完好,但边角处可能有锈蚀;易锈部位的平面上可能有少量点蚀	b_s 级
面漆脱落面积(包括起鼓面积),对普通钢结构大于 15%;对薄壁型钢和轻钢结构大于 10%;底漆锈蚀面积正在扩大;易锈部位可见到麻面状锈蚀	c_s 级

(6) 对钢索构件,若索的保护层有损伤性缺陷时,应根据其影响正常使用的程度评定为 b_s 级或 c_s 级。

(7) 当钢结构受拉构件的使用性按其长细比的检测结果评定时,应按表 7.4.31 的规定评级。

表 7.4.31 钢结构受拉构件长细比等级的评定

构件类别		a_s 级或 b_s 级	c_s 级
主要受拉构件	桁架拉杆	≤350	>350
	网架支座附近处拉杆	≤300	>300
一般受拉构件		≤400	>400

4. 砌体结构构件

(1) 砌体结构构件的使用性鉴定，应按位移、非受力裂缝、腐蚀（风化或粉化）等三个检查项目，分别评定每一受检构件等级，并取其中最低一级作为该构件的正常使用性等级。

(2) 当砌体墙、柱的使用性按其顶点水平位移（或倾斜）的检测结果评定时，可按下列原则评级：

(a) 若该位移与整个结构有关，应根据评定结果，取与上部承重结构相同的级别作为该构件的水平位移等级。

(b) 若该位移只是孤立事件，则可根据其检测结果直接评级。评级所需的位移限值，可按表 7.4.36 所列的层间限值乘以 1.1 的系数确定。

(c) 构造合理的组合砌体墙、柱应按混凝土墙、柱评定。

(3) 当砌体结构构件的使用性按其非受力裂缝检测结果评定时，应按表 7.4.32 的规定评级。

表 7.4.32 砌体结构构件非受力裂缝等级的评定

检查项目	构件类别	a_s 级	b_s 级	c_s 级
非受力裂缝宽度(mm)	墙及带壁柱墙	无肉眼可见裂缝	≤1.5	>1.5
	柱	无肉眼可见裂缝	无肉眼可见裂缝	出现肉眼裂缝

(4) 当砌体结构构件的使用性按其腐蚀（风化或粉化）检测结果评定时，应按表 7.4.33 的规定评级。

表 7.4.33 砌体结构构件腐蚀（风化或粉化）等级的评定

检查部位		a_s 级	b_s 级	c_s 级
块材	实心砖	无腐蚀现象	小范围出现腐蚀现象，最大腐蚀深度不大于 8mm，且无发展趋势	较大范围出现腐蚀现象或最大腐蚀深度大于 8mm，或腐蚀有发展趋势
	多孔砖实心砖小砌块		小范围出现腐蚀现象，最大腐蚀深度不大于 5mm，且无发展趋势	较大范围出现腐蚀现象或最大腐蚀深度大于 5mm，或腐蚀有发展趋势
砂浆层		无腐蚀现象	小范围出现腐蚀现象，最大腐蚀深度不大于 10mm，且无发展趋势	较大范围出现腐蚀现象或最大腐蚀深度大于 10mm，或腐蚀有发展趋势
砌体内部钢筋锈蚀		无锈蚀现象	有锈蚀可能或有轻微锈蚀现象	明显锈蚀或锈蚀有发展趋势

5. 木结构构件

(1) 木结构构件的使用性鉴定，应按位移、干缩裂缝和初期腐朽等三个检查项目的检测结果，分别评定每一受检构件等级，并取其中最低一级作为该构件的正常使用性等级。

(2) 当木结构构件的使用性按其挠度检测结果评定时，应按表 7.4.34 的规定评级。

表 7.4.34 木结构构件挠度等级的评定

构件类别		a_s 级	b_s 级	c_s 级
桁架(含屋架、托架)		$\leqslant l_0/500$	$\leqslant l_0/400$	$>l_0/400$
檩条	$l_0\leqslant 3.3$m	$\leqslant l_0/250$	$\leqslant l_0/200$	$>l_0/200$
	$l_0>3.3$m	$\leqslant l_0/300$	$\leqslant l_0/250$	$>l_0/250$
椽条		$\leqslant l_0/200$	$\leqslant l_0/150$	$>l_0/150$
吊顶中的受弯构件	抹灰吊顶	$\leqslant l_0/360$	$\leqslant l_0/300$	$>l_0/300$
	其他吊顶	$\leqslant l_0/250$	$\leqslant l_0/200$	$>l_0/200$
楼盖梁、搁栅		$\leqslant l_0/300$	$\leqslant l_0/250$	$>l_0/250$

注：l_0 为计算跨度。

(3) 当木结构构件的使用性按干缩裂缝检测结果评定时，应按表 7.4.35 的规定评级。若无特殊要求，原有的干缩裂缝可不参与评级，但应在鉴定报告中提出嵌缝处理的建议。

表 7.4.35 木结构构件干缩裂缝等级的评定

检查项目	构件类别		a_s 级	b_s 级	c_s 级
干缩裂缝深度(t)	受拉构件	板材	无裂缝	$t\leqslant b/6$	$t>b/6$
		方材	可有微裂	$t\leqslant b/4$	$t>b/4$
	受弯或受压构件	板材	无裂缝	$t\leqslant b/5$	$t>b/5$
		方材	可有微裂	$t\leqslant b/3$	$t>b/3$

注：b 为截面宽度。

(4) 在湿度正常、通风良好的室内环境中，对无腐朽迹象的木结构构件，可根据其外观质量状况评为 a_s 级或 b_s 级；对有腐朽迹象的木结构构件，应评为 c_s 级；但若能判定其腐朽已停止发展，仍可评为 b_s 级。

7.4.4.2 子单元正常使用性鉴定评级

民用建筑正常使用性的第二层次鉴定评级，应按地基基础、上部承重结构和维护系统划分为三个单元，并分别按第 1 至 3 节规定的鉴定方法和评级标准进行评定。当仅要求对某个子单元的使用性进行鉴定时，该子单元与其他相邻子单元之间的交叉部分，也应进行检查，并应在鉴定报告中提出处理意见。

1. 地基基础

(1) 地基基础的使用性，可根据其上部承重结构或围护系统的工作状态进行评估。

（2）地基基础的使用性等级，应按下列原则确定：

（a）当上部承重结构和围护系统的使用性检查未发现问题，或所发现问题与地基基础无关时，可根据实际情况定为 A_s 级或 B_s 级。

（b）当上部结构承重结构和围护系统所发现的问题与地基基础有关时，可根据上部承重结构和围护系统所评的等级，取其中较低一级作为地基基础使用性等级。

2. 上部承重结构

（1）上部承重结构（子单元）的使用性鉴定评级，应根据其所含各种构件集的使用性等级和结构的侧向位移等级进行评定。当建筑物的使用要求对振动有限制时，还应评估振动（颤动）的影响。

（2）当评定一种构件的使用性等级时，应遵守下列原则：

（a）对多层和高层房屋，以每层的每种构件集为评定对象；对单层房屋，以子单元中每种构件集为评定对象；

（b）对多层和高层房屋的评级，允许仅抽取若干层为代表层进行评定；代表层的选择应符合下列规定：

a）代表层的层数，应按 $\sqrt{m}$ 确定；m 为该鉴定单元的层数，若 $\sqrt{m}$ 为非整数时，应多取一层；

b）代表层中应包括有底层、顶层和转换层；其余代表层应是外观质量较差或使用空间较大的层；

c）代表层构件包括该层楼板及其下的梁、柱、墙等。

（3）在抽取的 $\sqrt{m}$ 层中，评定一种构件集的使用性等级时，应根据该层该种构件中每一受检构件的评定结果，按下列分级的标准评级：

A_s 级：该种构件集中，不含 c 级构件，可含 b 级构件，但含量不多于 25%～35%；

B_s 级：该种构件集中，可含 c 级构件，但含量不多于 20%～25%；

C_s 级：该种构件集中，c 级含量多于 20%～25%。

注：每种构件集评级，在确定各级百分比含量的限值时，对主要构件取下限；对一般构件取偏上限或上限，但应在检测前确定所采用的限值。

（4）当上部承重结构的使用性需考虑侧向（水平）位移的影响时，可采用检测或计算分析的方法进行鉴定，但应按下列规定进行评级：

（a）对检测取得的主要是由综合因素（可含风和其他作用，以及施工偏差和地基不均匀沉降等，但不含地震作用）引起的侧向位移值，应按表 7.4.36 的规定评定每一测点的等级，并按下列原则分别确定结构顶点和层间的位移等级；

a）对结构顶点，按各测点中占多数的等级确定；

b）对层间，按各测点最低的等级确定。

根据以上两项评定结果，取其中较低等级作为上部承重结构侧向位移使用性等级。

（b）当检测有困难时，允许在现场取得与结构有关参数的基础上，采用计算分析方法进行鉴定。若计算的侧向位移不超过表 7.4.36 中 B_s 级界限，可根据该上部承重结构的完好程度评为 A_s 级或 B_s 级。若计算的侧向位移值已超出表 7.4.36 中 B_s 级的界限，应定为 C_s 级。

表 7.4.36　结构侧向(水平)位移等级的评定

检查项目	结构类别		位移限值		
			A_s 级	B_s 级	C_s 级
钢筋混凝土结构或钢结构的侧向位移	多层框架	层间	$\leqslant H_i/600$	$\leqslant H_i/450$	$>H_i/450$
		结构顶点	$\leqslant H/750$	$\leqslant H/550$	$>H/550$
	高层框架	层间	$\leqslant H_i/650$	$\leqslant H_i/500$	$>H_i/500$
		结构顶点	$\leqslant H/850$	$\leqslant H/650$	$>H/650$
	框架—剪力墙框架筒体	层间	$\leqslant H_i/900$	$\leqslant H_i/750$	$>H_i/750$
		结构顶点	$\leqslant H/1000$	$\leqslant H/800$	$>H/800$
	筒中筒	层间	$\leqslant H_i/950$	$\leqslant H_i/800$	$>H_i/800$
		结构顶点	$\leqslant H/1100$	$\leqslant H/900$	$>H/900$
	剪力墙	层间	$\leqslant H_i/1050$	$\leqslant H_i/900$	$>H_i/900$
		结构顶点	$\leqslant H/1200$	$\leqslant H/1000$	$>H/1000$
砌体结构侧向位移	多层房屋（墙承重）	层间	$\leqslant H_i/550$	$\leqslant H_i/400$	$>H_i/400$
		结构顶点	$\leqslant H/650$	$\leqslant H/500$	$>H/500$
	多层房屋（柱承重）	层间	$\leqslant H_i/650$	$\leqslant H_i/500$	$>H_i/500$
		结构顶点	$\leqslant H/750$	$\leqslant H/550$	$>H/550$

注：H 为结构顶点高度，H_i 为层间高度。

(5) 上部承重结构的使用性等级，应根据本节第(1)～(4)条的评定结果，按下列原则确定：

(a) 一般情况下，应按各种主要构件集及结构侧移所评等级，取其中最低一级作为上部承重结构的使用性等级。

(b) 若上部承重结构按上款评为 A_s 级或 B_s 级，而一般构件集所评等级为 C_s 级时，尚应按下列规定进行调整：

a) 当仅发现一种一般构件集为 C_s 级，且其影响仅限于自身时，可不作调整。若其影响波及非结构构件、高级装修或围护系统的使用功能时，则可根据影响范围的大小，将上部承重结构所评等级调整为 B_s 级或 C_s 级。

b) 当发现多于一种一般构件集为 C_s 级时，可将上部承重结构所评等级调整为 C_s 级。

(6) 当需评定振动对某种构件集或整个结构使用性的影响时，可根据本规范附录 H 的规定，对该种构件或整个结构进行检测和评定，若其结果不合格，应按下列原则对本节第 2 条及第 4 条所评的等级进行修正：

(a) 当振动仅涉及一种构件集时，可仅将该种构件集所评等级降为 C_s 级。

(b) 当振动的影响涉及整个结构或多于一种构件集时，应将上部承重结构以及所涉及的各种构件集均降为 C_s 级。

(7) 当遇到下列情况之一时，可不按本节第 6 条的规定，而直接将该上部承重结构定为 C_s 级。

(a) 在楼层中,其楼面振动(或颤动)已使室内精密仪器不能正常工作,或已明显引起人体不适感。

(b) 在高层建筑的顶部几层,其风振效应已使用户感到不安。

(c) 振动引起的非结构构件开裂或其他损坏,已可通过目测判定。

3. 围护系统

(1) 围护系统(子单元)的使用性鉴定评级,应根据该系统的使用功能及其承重部分的使用性等级进行评定。

(2) 当评定围护系统使用功能时,应按表 7.4.37 规定的检查项目及其评定标准逐项评级,并按下列原则确定围护系统的使用功能等级:

(a) 一般情况下,可取其中最低等级作为围护系统的使用功能等级。

(b) 当鉴定的房屋对表中各检查项目的要求有主次之分时,也可取主要项目中的最低等级作为围护系统使用功能等级。

(c) 当按上款主要项目所评的等级为 A_s 级或 B_s 级,但有多于一个次要项目为 C_s 级时,应将所评等级降为 C_s 级。

表 7.4.37　围护系统使用功能等级的评定

检查项目	A_s 级	B_s 级	C_s 级
屋面防水	防水构造及排水设施完好,无老化、渗漏及排水不畅的迹象	构造、设施基本完好,或略有老化迹象,但尚不渗漏及积水	构造、设施不当或已损坏,或有渗漏,或积水
吊顶(天棚)	构造合理,外观完好,建筑功能符合设计要求	构造稍有缺陷,或有轻微变形或裂纹,或建筑功能略低于设计要求	构造不当或已损坏,或建筑功能不符合设计要求,或出现有碍外观的下垂
非承重内墙(含隔墙)	构造合理,与主体结构有可靠联系,无可见变形,面层完好,建筑功能符合设计要求	略低于 A_s 级要求,但尚不显著影响其使用功能	已开裂、变形,或已破损,或使用功能不符合设计要求
外墙(自承重墙或填充墙)	墙体及其面层外观完好,墙脚无潮湿迹象,墙厚符合节能要求	略低于 A_s 级要求,但尚不显著影响其使用功能	不符合 A_s 级要求,且已显著影响其使用功能
门窗	外观完好,密封性符合设计要求,无剪切变形迹象,开闭或推动自如	略低于 A_s 级要求,但尚不显著影响其使用功能	门窗构件或其连接已损坏,或密封性差,或有剪切变形,已显著影响其使用功能
地下防水	完好,且防水功能符合设计要求	基本完好,局部可能有潮湿迹象,但尚不渗漏	有不同程度损坏或有渗漏
其他防护设施	完好,且防护功能符合设计要求	有轻微缺陷,但尚不显著影响其防护功能	有损坏,或防护功能不符合设计要求

(3) 当评定围护系统承重部分的使用性时,应按上节第 3 条的标准评级其每种构件的

等级，并取其中最低等级，作为该系统承重部分使用性等级。

(4) 围护系统的使用性等级，应根据其使用功能和承重部分使用性的评定结果，按较低的等级确定。

(5) 对围护系统使用功能有特殊要求的建筑物，除应按本标准鉴定评级外，尚应按现行专门标准进行评定。若评定结果合格，可维持按本标准所评等级不变；若不合格，应将按本标准所评的等级降为 C_s 级。

7.4.4.3 鉴定单元使用性评级

民用建筑鉴定单元的使用性鉴定评级，应根据地基基础、上部承重结构和围护系统的使用性等级，以及与整幢建筑有关的其他使用功能问题进行评定，按三个子单元中最低的等级确定。

当鉴定单元的使用性等级评定为 A_{ss} 级或 B_{ss} 级时，若遇到下列情况之一时，宜将所评等级降为 C_{ss} 级。

(1) 房屋内外装修已大部分老化或残损。

(2) 房屋管道、设备已需全部更新。

7.4.5 民用建筑可靠性评级

民用建筑的可靠性鉴定，应按表 7.4.1 划分的层次，以其安全性和使用性的鉴定结果为依据逐层进行。

(1) 当不要求给出可靠性等级时，民用建筑各层次的可靠性，可采取直接列出其安全性等级和使用性等级的形式予以表示。

(2) 当需要给出民用建筑各层次的可靠性等级时，可根据其安全性和正常使用性的评定结果，按下列原则确定：

(a) 当该层次安全性等级低于 b_u 级、B_u 或 B_{su}级时，应按安全性等级确定。

(b) 除上款情形外，可按安全性等级和正常使用性等级中较低的一个等级确定。

(c) 当考虑鉴定对象的重要性或特殊性时，允许对评定结果作不大于一级的调整。

7.4.6 民用建筑适修性评估

在民用建筑可靠性鉴定中，若委托方要求对 C_{su}级和 D_{su}级鉴定单元，或 C_u 级和 D_u 级子单元(或其中某种构件)的处理提出建议时，宜对其适修性进行评估。

(1) 适修性评估应按表 7.4.5 和表 7.4.6 进行，并可按下列处理原则提出具体建议：

(a) 对评为 A_r、B_r 或A'_r、B'_r 的鉴定单元和子单元(或其中某种构件)，应予以修缮或修复使用。

(b) 对评为 C_r 的鉴定单元和C'_r 子单元(或其中某种构件)，应分别作出修复与拆换两方案，经技术、经济评估后再作选择。

(c) 对评为 C_{su}—D_r、D_{su}—D_r 和 C_u—D'_r、D_u—D'_r 的鉴定单元和子单元(或其中某种构件)，宜考虑拆换或重建。

(2) 对有文物、历史、艺术价值或有纪念意义的建筑物，不进行适修性评估，而应予以修复或保存。

7.5 工业建筑可靠性鉴定

7.5.1 概述

工业建筑是指为工业生产服务,可以进行和实现各种生产工艺过程的建筑物和构筑物。工业建、构筑物是工业企业的重要组成部分。为了适应工业建筑安全使用和维修改造的需要,加强对既有工业建筑的技术管理,不仅要进行经常性的管理与维护,而且还要进行定期或应急的可靠性鉴定,以对存在的缺陷和损伤、遭受事故或灾害、达到设计使用年限、改变用途和使用条件等问题进行鉴定,并提出安全适用、经济合理的处理措施,给出可依据的鉴定方法和评定标准。在原《工业厂房可靠性鉴定标准》(GBJ 144—90)实施的十几年里,工业建筑的可靠性鉴定有了很大的发展,并对原鉴定标准提出了一些新问题和更高的要求,为了适应工业建筑可靠性鉴定的发展和需要,在总结十几年来工程鉴定实践经验和科研成果的基础上,《工业建筑可靠性鉴定标准》(GB 50144—2008)(以下简称《工标》)颁布实施。

相对于原标准,《工标》扩大了对既有工业建筑可靠性鉴定的适用范围,将钢结构从原来的单层厂房扩充到多层厂房,并增加了烟囱、贮仓、通廊、水池等一般工业构筑物的可靠性鉴定。同时,《工标》对评定体系也进行了几个方面大的修改和补充,如子单元由原来的结构布置和支撑系统并入上部承重结构,增加地基基础结构系统的评定项目,使工业建筑的评定体系得到了完善,也更加接近《民标》的评价体系,使得可靠性鉴定标准达到更大的统一。

7.5.2 《工标》适用范围及鉴定程序

7.5.2.1 适用范围

(1) 在下列情况下,应进行可靠性鉴定:

(a) 达到设计使用年限拟继续使用时;

(b) 用途或使用环境改变时;

(c) 进行改造或增容、改建或扩建时;

(d) 遭受灾害或事故时;

(e) 存在较严重的质量缺陷或者出现较严重的腐蚀、损伤、变形时。

(2) 在下列情况下,宜进行可靠性鉴定:

(a) 使用维护中需要进行常规检测鉴定时;

(b) 需要进行全面、大规模维修时;

(c) 其他需要掌握结构可靠性水平时。

(3) 当结构存在下列问题且仅为局部的不影响建、构筑物整体时,可根据需要进行专项鉴定:

(a) 结构进行维修改造有专门要求时;

(b) 结构存在耐久性损伤影响其耐久年限时;

(c) 结构存在疲劳问题影响其疲劳寿命时；
(d) 结构存在明显振动影响时；
(e) 结构需要长期监测时；
(f) 结构受到一般腐蚀或存在其他问题时。

7.5.2.2 鉴定程序

工业建筑可靠性鉴定的程序可按图 7.5.1 进行。

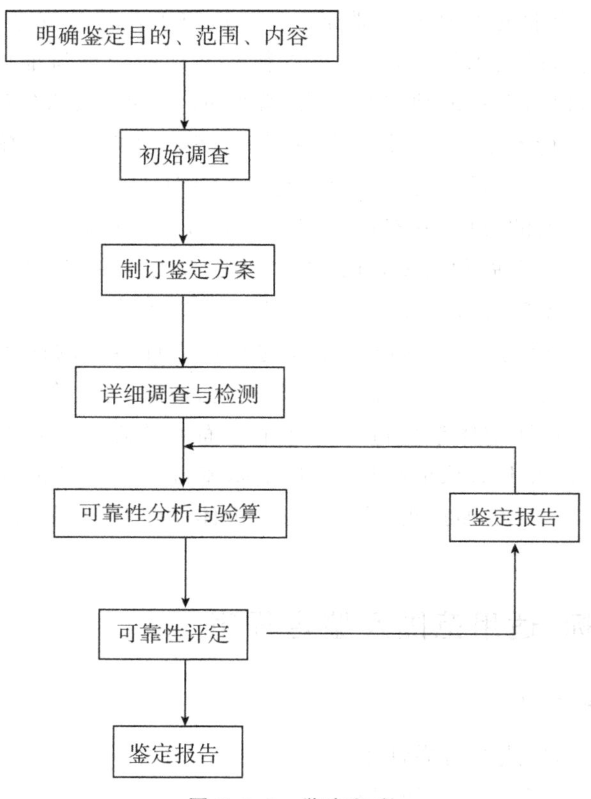

图 7.5.1 鉴定程序

7.5.2.3 工业建筑物的可靠性鉴定评级

工业建筑物的可靠性鉴定评级，应划分为构件、结构系统、鉴定单元三个层次。其中结构系统和构件两个层次的鉴定评级，应包括安全性等级和使用性等级评定，需要时由此综合评定其可靠性等级。安全性分四个等级，使用性分三个等级，各层次的可靠性分四个等级，并应按表 7.5.1 规定的评定项目分层次进行评定。当不要求评定可靠性等级时，可直接给出安全性和正常使用性评定结果。

表 7.5.1　工业建筑可靠性鉴定评级的层次、等级划分及项目内容

<table>
<tr><td>层次</td><td colspan="2">Ⅰ</td><td colspan="3">Ⅱ</td><td>Ⅲ</td></tr>
<tr><td>层名</td><td colspan="2">鉴定单元</td><td colspan="3">结构系统</td><td>构件</td></tr>
<tr><td rowspan="11">可靠性鉴定</td><td>可靠性等级</td><td>一、二、三、四</td><td rowspan="6">安全性评定</td><td>等级</td><td>A、B、C、D</td><td>a、b、c、d</td></tr>
<tr><td colspan="2" rowspan="10">建筑物整体或某一区域</td><td rowspan="2">地基基础</td><td>地基变形、斜坡稳定性</td><td>—</td></tr>
<tr><td>承载力</td><td>—</td></tr>
<tr><td rowspan="2">上部承重结构</td><td>整体性</td><td>—</td></tr>
<tr><td>承载能力</td><td>承载能力构造和连接</td></tr>
<tr><td>围护结构</td><td>承载能力、构造连接</td><td>—</td></tr>
<tr><td rowspan="5">正常使用性评定</td><td>等级</td><td>A、B、C</td><td>—</td></tr>
<tr><td>地基基础</td><td>影响上部结构正常使用的地基变形</td><td>a、b、c</td></tr>
<tr><td rowspan="2">上部承重结构</td><td>使用状况</td><td>变形、裂缝、缺陷损伤、腐蚀</td></tr>
<tr><td>水平位移</td><td>—</td></tr>
<tr><td>围护系统</td><td>功能与状况</td><td>—</td></tr>
</table>

注：① 单个构件可按《工标》附录 A 划分；

② 若上部承重结构整体或局部有明显振动时，尚应考虑振动对上部承重结构安全性、正常使用性的影响进行评定。

7.5.2.4　鉴定评级标准

工业建筑可靠性鉴定的构件、结构系统、鉴定单元应按下列规定评定等级：

(1) 构件(包括构件本身及构件间的连接点)。

(a) 构件的安全性评级标准：

a 级：符合国家现行标准规范的安全性要求，安全，不必采取措施；

b 级：略低于国家现行标准规范的安全性要求，仍能满足结构安全性的下限水平要求，不影响安全，可不必采取措施；

c 级：不符合国家现行标准规范的安全性要求，影响安全，应采取措施；

d 级：极不符合国家现行标准规范的安全性要求，已严重影响安全，必须及时或立即采取措施。

(b) 构件的使用性评级标准：

a 级：符合国家现行标准规范的正常使用要求，在目标使用年限内能正常使用，不必采取措施；

b 级：略低于国家现行标准规范的正常使用要求，在目标使用年限内尚不明显影响正常使用，可不采取措施；

c 级：不符合国家现行标准规范的正常使用要求，在目标使用年限内明显影响正常使用，应采取措施。

(c) 构件的可靠性评级标准：

a 级：符合国家现行标准规范的可靠性要求，安全，在目标使用年限内能正常使用或尚不明显影响正常使用，不必采取措施；

b 级：略低于国家现行标准规范的可靠性要求，仍能满足结构可靠性的下限水平要求，不影响安全，在目标使用年限内能正常使用或尚不明显影响正常使用，可不采取措施；

c 级：不符合国家现行标准规范的可靠性要求，或影响安全，或在目标使用年限明显影响正常使用，应采取措施；

d 级：极不符合国家现行标准规范的可靠性要求，已严重影响安全，必须立即采取措施。

(2) 结构系统。

(a) 结构系统的安全性评级标准：

A 级：符合国家现行标准规范的安全性要求，不影响整体安全，可能有个别次要构件宜采取适当措施；

B 级：略低于国家现行标准规范的安全性要求，仍能满足结构安全性的下限水平要求，尚不显著影响整体安全，可能有极少数构件应采取措施；

C 级：不符合国家现行标准规范的安全性要求，影响整体安全，应采取措施，且可能有极少数构件必须立即采取措施；

D 级：极不符合国家现行标准规范的安全性要求，已严重影响整体安全，必须立即采取措施。

(b) 结构系统的使用性评级标准：

A 级：符合国家现行标准规范的正常使用要求，在目标使用年限内不影响整体正常使用，可能有个别次要构件宜采取适当措施；

B 级：略低于国家现行标准规范的正常使用要求，在目标使用年限内尚不明显影响整体正常使用，可能有极少数构件应采取措施；

C 级：不符合国家现行标准规范的正常使用要求，在目标使用年限内明显影响整体正常使用，应采取措施。

(c) 结构系统的可靠性评级标准：

A 级：符合国家现行标准规范的可靠性要求，不影响整体安全，在目标使用年限内不影响或不明显影响整体正常使用，可能有个别次要构件宜采取适当措施；

B 级：略低于国家现行标准规范的可靠性要求，仍能满足结构可靠性的下限水平要求，尚不显著影响整体安全，在目标使用年限内不影响或尚不显著影响整体正常使用，可能有极少数构件应采取措施；

C 级：不符合国家现行标准规范的可靠性要求，或影响整体安全，或在目标使用年限内影响整体正常使用，应采取措施，且可能有极少数构件必须立即采取措施；

D 级：极不符合国家现行标准规范的可靠性要求，已严重影响整体安全，必须立即采取措施。

(3) 鉴定单元。

一级：符合国家现行标准规范的可靠性要求，不影响整体安全，在目标使用年限内不影响整体正常使用，可能有极少数次要构件宜采取适当措施；

二级：略低于国家现行标准规范的可靠性要求，仍能满足结构可靠性的下限水平要求，

尚不明显影响整体安全，在目标使用年限内不影响或尚不明显影响整体正常使用，可能有极少数构件应采取措施，极个别次要构件必须立即采取措施；

三级：不符合国家现行标准规范的可靠性要求，影响整体安全，在目标使用年限内明显影响整体正常使用，应采取措施，且可能有极少数构件必须立即采取措施；

四级：极不符合国家现行标准规范的可靠性要求，已严重影响整体安全，必须立即采取措施。

7.5.3 使用条件的调查与检测

(1) 使用条件的调查和检测应包括结构上的作用、使用环境和使用历史三个部分，调查中应考虑使用条件在目标使用年限内可能发生的变化。

(2) 结构上作用的调查和检测，可根据建、构筑物的具体情况以及鉴定的内容和要求，选择表 7.5.2 中的调查项目。

表 7.5.2 结构上的作用调查

作用类别	调查项目
永久作用	1. 结构构件、建筑配件、固定设备等自重 2. 预应力、土压力、水压力、地基变形等作用
可变作用	1. 横断面活荷载 2. 屋面活荷载 3. 屋面、楼面、平台积灰荷载 4. 吊车荷载 5. 雪、冰荷载 6. 风荷载 7. 温度作用 8. 动力荷载
偶然作用	1. 地震作用 2. 火灾、爆炸、撞击等

(3) 结构上的作用标准值应按下列规定取值：

(a) 经调查符合现行国家标准《建筑结构荷载规范》(GB 50009)规定取值者，应按规定选用。

(b) 当现行国家标准《建筑结构荷载规范》(GB 50009)未作规定或按实际情况难以直接选用时，可根据现行国家标准《建筑结构可靠度设计统一标准》(GB 50068)有关的原则规定确定。

(4) 当结构构件、建筑配件或构造层的自重在结构总荷载中起重要作用且与设计差异较大时，应对其自重进行测试。测试的自重标准值可按构件的实际尺寸和国家现行荷载规范规定的重力密度确定；当自重变异较大或国家现行荷载规定尚无规定时，可按第(3)条(b)款的规定确定。

(5) 当屋面、楼面、平台的积灰荷载在结构总荷载中起重要作用时，应调查积灰范围、厚度分析、积灰速度和清灰制度等，测试积灰厚度及干、湿容重，并结合调查情况确定积灰荷载。

(6) 吊车荷载、相关参数和使用条件应按下列规定进行调查和检测：

(a) 当吊车及吊车梁系统运行使用状况正常，吊车梁系统无损坏且相关资料齐全符合实际时，宜进行常规调查和检测。

(b) 当吊车及吊车梁系统运行使用状况不正常，吊车梁系统有损坏或无吊车资料或对已有资料有怀疑时，除应进行常规调查和检测外，还应根据实际状况和鉴定要求进行专项调查和检测。

(7) 设备荷载的调查，应查阅设备和物料运输荷载资料，了解工艺和实际使用情况，同时还应考虑设备检修和生产不正常时，物料和设备的堆积荷载。当设备振动对结构影响较大时，尚应了解设备的扰力特性及其制作和安装质量，必要时应进行测试。

(8) 建、构筑物的使用环境应包括气象条件、地质环境和结构工作环境三项内容，可按表 7.5.3 所列的项目进行调查。

表 7.5.3　建、构筑物使用环境调查

项次	环境条件	调查项目
1	气象条件	大气气温、大气湿度、干湿交替、降雨量、降雪量、霜冻期、冻融交替、风向、风玫瑰图、土壤冻结深度、建、构筑物方向等
2	地理环境	地形、地貌、工程地质、周围建、构筑物等
3	结构工作环境	结构、构件所处的局部环境，厂区大气环境、车间大气环境、结构所处侵蚀性气体、液体、固体环境等

注：结构工作环境是指结构所处的环境，可根据构件所处的环境类别和环境作用等级按第(9)条的规定进行调查。

(9) 建、构筑物结构和结构构件所处的环境类别和环境作用等级，可按表 7.5.4 的规定进行调查。

表 7.5.4　结构所处环境类别和作用等级

环境类别		作用等级	环境条件	说明和结构构件事例
Ⅰ	一般环境	A	室内干燥环境	室内正常环境
		B	露天环境、室内潮湿环境	一般露天环境、室内潮湿环境
		C	干湿交替环境	频繁与水或冷凝水接触的室内、外构件
Ⅱ	冻融环境	C	轻度	微冻地区钢筋混凝土高度饱水；严寒和寒冷地区钢筋混凝土中度饱水，无盐环境
		D	中度	微冻地区盐冻；严寒和寒冷地区钢筋混凝土高度饱水，无盐；钢筋混凝土中度饱水，有盐环境
		E	重度	严寒和寒冷地区的盐冻环境；钢筋混凝土高度饱水、有盐环境

续 表

环境类别		作用等级	环境条件	说明和结构构件事例
Ⅲ	海洋氯化环境	C	水下区和土中区	桥墩、基础
		D	大气压(轻度盐雾)	涨潮岸线 100～300m 陆上室外靠海陆上室外构件、桥墩上部构件
		E	大气区(重度盐雾); 非热带潮汐区、浪溅区	涨潮岸线 100m 以内陆上室外靠海陆上室外构件、桥梁上部构件、桥墩、码头
		F	炎热地区潮汐区、浪溅区	桥墩、码头
Ⅳ	除冰盐等其他氯化物环境	C	轻度	受除冰盐雾轻度作用钢筋混凝土构件
		D	中度	受除冰盐水溶液轻度溅射作用钢筋混凝土构件
		E	重度	直接接触除冰盐溶液钢筋混凝土构件
Ⅴ	化学腐蚀环境	C	轻度(气体、液体、固体)	一般大气污染环境;汽车或机车废气;弱腐蚀液体、固体
		D	中度(气体、液体、固体)	酸雨 pH 值>4.5;中度腐蚀气体、液体、固体
		E	重度(气体、液体、固体)	酸雨 pH 值<4.5;强腐蚀气体、液体、固体

注:① 当需要评估钢筋混凝土构件的耐久性时,对大气环境普通钢筋混凝土结构可按《工标》附录 B 的规定确定环境类别、环境作用等级和计算参数。其他环境可按国家现行标准《钢筋混凝土结构耐久性评定标准》(CECS 220)的规定根据评定需要确定环境类别、环境作用等级和计算参数。

② 本表中化学腐蚀环境,可根据工业建筑鉴定的需要按照现行国家标准《工业建筑防腐蚀设计规范》(GB 50046)或《岩土工程勘察规范》(GB 50021)(对地基基础和地下结构),进一步详细确定环境类别和环境作用等级。

(10) 建、构筑物的使用历史调查应包括建、构筑物的设计与施工、用途和使用时间、维修与加固、用途变更与改扩建、超载历史、动荷载作用历史以及受灾害和事故等情况。

7.5.4 工业建筑的调查与检测

(1) 对工业建筑物的调查和检测应包括地基基础、上部承重结构和围护结构三部分。

(2) 对地基基础的调查,除应查阅岩土工程勘察报告及有关图纸资料外,尚应调查工业建筑现状、实际使用荷载、沉降量和沉降稳定情况、沉降差、上部结构倾斜、扭曲和裂损情况,以及临近建筑、地下工程和管线等情况。当地基基础资料不足时,可根据国家现行有关标准的规定,对场地地基进行补充查勘或进行沉降观测。

(3) 地基的岩土性能标准值和地基承载力特征值,应根据调查和补充勘察结果按国家现行有关标准的规定取值。

基础的种类和材料性能,应通过查阅图纸资料确定;当资料不足时,可开挖基础检查,验证基础的种类、材料、尺寸及埋深,检查基础变位、开裂、腐蚀或损坏程度等,并通过检测评定基础材料的强度等级。

(4) 对上部承重结构的调查，可根据建筑物的具体情况以及鉴定的内容和要求，选择表7.5.5中的调查项目。

表 7.5.5　上部承重结构的调查

调查项目	调查内容
结构整体性	结构布置，支撑系统，圈梁和构造柱，结构单元的连接构造
结构和材料性能	材料强度，结构或构件几何尺寸，构件承载性能、抗裂性能和刚度，结构动力特性
结构缺陷、损伤和腐蚀	制作和安装偏差，材料和施工缺陷，构件及其节点的裂缝、损伤和腐蚀
结构变形和振动	结构顶点和层间位移，柱倾斜，受弯构件的挠度和侧弯，结构和结构构件的动力特性和动态反应
构件的构造	保证构件承载能力、稳定性、延性、抗裂性能、刚度等有关构造措施

注：① 结构振动的调查和检测内容和要求，应按《工标》附录F确定；

② 检查中应注意对旧规范设计的建筑结构在结构布置、节点构造、材料强度等方面存在的差异。

(5) 结构和材料性能、几何尺寸和变形、缺陷和损伤等检测，可按下列原则进行：

(a) 结构材料性能的检测，当图纸资料有明确说明且无怀疑时，可进行现场抽检验证；当无图纸资料或存在问题有怀疑时，应按国家现行有关检测技术标准的规定，通过现场取样或现场测试进行检测。

(b) 结构或构件几何尺寸的检测，当图纸资料齐全完整时，可进行现场抽检复核；当图纸资料残缺不全或无图纸资料时，应通过对结构布置和结构体系的分析，对重要的有代表性的结构或构件进行现场详细测量。

(c) 结构顶点和层间位移、柱倾斜、受弯构件的挠度和侧弯的观测，应在结构或构件变形状况普遍观察的基础上，对其中有明显变形的结构或构件，可按国家现行有关检测标准的规定进行检测。

(d) 制作和安装偏差，材料和施工缺陷，应根据国家现行有关建筑材料、施工质量验收标准和有关规定进行检测。

构件及其节点的损伤，应在其外观全数检查的基础上，对其中损伤相对严重的构件和节点进行详细检测。

(e) 当需要进行构件结构性能、结构动力特性和动力反应的测试时，可根据国家现行有关结构性能检验或检测技术标准，通过现场试验进行检测。

构件的结构性能现场载荷试验，应根据同类构件的使用状况、荷载状况和检验目的选择有代表性的构件。

动力特性和动力反应测试，应根据结构的特点和检测的目的选择相应的测试方法，仪器宜布置于质量集中、刚度突变、损伤严重以及能够反映结构动力特征的部位。

(6) 当需对钢筋混凝土结构构件进行材质及有关耐久性检测时，尚应符合下列要求：

(a) 钢筋混凝土强度的检验宜采用取芯、超声、回弹或其他有效方法综合确定，并应符合国家现行有关检测技术标准、规程的规定。

(b) 钢筋混凝土构件的老化可通过外观状况检查，钢筋混凝土中性化测试和钢筋锈蚀

状况等检测确定。必要时应进行劣化钢筋混凝土岩相及化学分析，钢筋混凝土表层渗透性测定等。

(c) 从钢筋混凝土构件中截取的钢筋力学性能和化学成分，应按国家现行标准的规定进行检验。

(7) 当需对钢结构构件进行钢材性能检验时，以同类结构构件同一规格的钢材为一批进行检验。

(8) 当需对砌体结构构件进行砌筑质量和砌体强度检测时，尚应符合下列要求：

(a) 砌体强度检测，应根据国家现行砌体工程检测技术标准选择适当的检测方法检测。

(b) 对于砌筑质量明显较差，不满足现行国家标准《砌体工程施工质量验收规范》(GB 50203)要求的结构构件，应增加抽样数量。

(9) 围护结构的调查，除应查阅有关图纸资料外，尚应现场核实围护结构系统的布置，调查该系统中围护构件和非承重墙体及其构造连接的实际状况、对主体结构的不利影响，以及围护系统的使用功能、老化损伤、破坏失效等情况。

7.6.5　结构分析与校核

(1) 结构或构件应按承载能力极限状态进行校核，需要时还应按正常使用极限状态进行校核。

(2) 结构分析与校核应符合下列规定：

(a) 结构分析与结构或构件的校核方法，应符合国家现行设计规范的规定。

(b) 结构分析与结构或构件的校核所采用的计算模型，应符合结构的实际受力和构造状况。

(c) 结构上的作用标准值应按有关规定取值。

(d) 作用效应的分项系数和组合系数，应按现行国家标准《建筑结构荷载规范》(GB 50009)的规定确定。根据不同期间内具有相同的原则，可对风荷载、雪荷载的荷载分项系统按目标使用年限予以适当折减。

(e) 当结构构件受到不可忽略的温度、地基变形等作用时，应考虑它们产生的附加作用效应。

(f) 材料强度的标准值，应根据构件的实际状况和已获得的检测数据按下列原则取值：

a) 当材料的种类和性能符合原设计要求时，可按原设计标准值取值；

b) 当材料的种类和性能与原设计不符或材料性能已显著退化时，应根据实测数据按国家现行有关检测技术标准的规定取值。

(g) 当钢筋混凝土结构表面温度长期高于 60℃，钢结构表面温度长期高于 150℃时，应按有关的现行国家标准规范计入由温度产生的附加内力。

(h) 结构或构件的几何参数应取实测值，并结合结构实际的变形、施工偏差以及裂缝、缺陷、损伤、腐蚀等影响确定。

(3) 当需要通过结构构件载荷试验检验其承载性能和使用性能时，应按有关的现行国家标准规范执行。

7.5.6 构件的鉴定评级

(1) 单个构件的鉴定评级，应对其安全性等级和使用性等级进行评定，需要评定其可靠性等级时，应根据安全性等级和使用性等级评定结果按下列原则确定：

(a) 当构件的使用性等级为 c 级，安全性等级不低于 b 级时，宜定为 c 级；其他情况应按安全性等级确定。

(b) 位于生产流程关键性部位的构件，可按安全性等级和使用性条块结合中的较低等级确定或调整。

(2) 构件的安全性等级和使用性等级，应根据实际情况按下列规定评定：

(a) 构件的安全性等级应通过承载能力项目(构件的抵抗力 R 与作用效应 $\gamma_0 S$ 的比值 $R/\gamma_0 S$)的校核和连接构造项目分析评定，构件的使用性等级应通过裂缝、变形、缺陷和损伤、腐蚀等项目对构件正常使用的影响分析评定。

(b) 当构件的状态和条件符合下列规定时，可直接评定其安全性等级或使用性等级：

a) 已确定构件处于危险状态时，构件的安全性等级应评定为 d 级；

b) 已确定构件符合本节第 4 条或第 5 条规定的条件时，构件的安全性等级或使用性等级可分别按第 4 条或第 5 条的规定评定。

(c) 当构件不具备分析验算条件且结构载荷试验对结构性能的影响能控制在可接受的范围时，构件的安全性等级和使用性等级可通过载荷试验按本标准第 6.1.3 条的规定评定。

(d) 当构件的变形过大、裂缝过宽、腐蚀以及缺陷和损伤严重时，除应对使用性等级评为 c 级外，尚应结合工程实际经验、严重程度以及承载能力验算结果等综合分析对其安全性评级的影响。

(3) 当构件按结构载荷试验评定其安全性等级和使用性等级时，应根据试验目的和检验结果、构件的实际状况和使用条件，按国家现行有关检测技术标准的规定进行评定。

(4) 当同时符合下列条件时，构件的安全性等级可根据实际情况评定为 a 级或 b 级：

(a) 经详细检查未发现有明显的变形、缺陷、损伤、腐蚀，无疲劳或其他累积损伤。

(b) 构件受力明确、构造合理，在传力方面不存在影响其承载的缺陷，无脆性破坏倾向。

(c) 经过长期的使用，构件对曾出现的最不利作用和环境影响仍具有良好的性能。

(d) 在目标使用年限内，构件上的作用和环境条件与过去相比不会发生变化。

(e) 构件在目标使用年限内仍具有足够的耐久性能。

(5) 当同时符合下列条件时，构件的使用性等级可根据实际使用状况评定为 a 级或 b 级：

(a) 经详细检查未发现构件有明显的变形、缺陷、损伤、腐蚀，也没有累积损伤。

(b) 经过长时间使用，构件状态仍然良好或基本良好，能够满足目标使用年限内的正常使用要求。

(c) 在目标使用年限内，构件上的作用和环境条件与过去相比不会发生变化。

(d) 构件在目标使用年限内可保证有足够的耐久性能。

(6) 需评估钢筋混凝土构件的耐久年限时，对大气环境普通钢筋混凝土结构可按《工标》附录 B 的方法进行，其他情况可按国家现行标准《钢筋混凝土结构耐久性评定标准》(CECS 220)进行评估。

(7) 对于重级工作制钢吊车梁和中级以上工作制钢吊车桁架，需要评估残余疲劳寿命时，可按《工业建筑可靠性鉴定标准》(GB 50144—2008)附录 C 的方法进行。

7.5.7　混凝土构件

(1) 钢筋混凝土构件的安全性等级应按承载能力、构造和连接两个项目评定，并取其中较低等级作为构件的安全性等级。

(2) 钢筋混凝土构件的承载能力项目应按表 7.5.6 评定等级。

表 7.5.6　钢筋混凝土构件承载能力评定等级

构件种类	$R/\gamma_0 S$			
	a	*b*	*c*	*d*
重要构件	≥1.0	<1.0，≥0.90	<0.90，≥0.85	<0.85
次要构件	≥1.0	<1.0，≥0.87	<0.87，≥0.82	<0.82

注：① 钢筋混凝土构件的抗力 R 与作用效应 $\gamma_0 S$ 的比值 $R/\gamma_0 S$，应取各受力状态验算结果中的最低值；γ_0 为现行国家标准《建筑结构可靠度设计统一标准》(GB 50068)中规定的结构重要性系数。
② 当构件出现受压及斜压裂缝时，视其严重程度，承载能力项目直接评为 *c* 级或 *d* 级；当出现过宽的受拉裂缝、过度的变形、严重的缺陷损伤及腐蚀情况时，应按有关规定考虑其对承载能力的影响，且承载能力项目评定等级不应高于 *b* 级。

(3) 钢筋混凝土构件的构造和连接项目包括构造、预埋件、连接节点的焊缝或螺栓等，应根据对构件安全使用的影响按下列规定评定等级：

(a) 当结构构件的构造合理，满足国家现行标准要求时评为 *a* 级；基本满足国家现行标准要求时评为 *b* 级；当结构构件的构造不满足国家现行标准要求时，根据其不符合的程度评为 *c* 级或 *d* 级。

(b) 当预埋件的锚板和锚筋的构造合理、受力可靠，经检查无变形或位移等异常情况时，可视具体情况评为 *a* 级或 *b* 级；当预埋件的构造有缺陷，锚板有变形或锚板、锚筋与钢筋混凝土之间有滑移、拨脱现象时，可根据其严重程度评为 *c* 级或 *d* 级。

(c) 当连接节点的焊缝或螺栓连接方式正确，构造符合国家现行规范规定和使用要求时，或仅有局部表面缺陷，工作无异常时，可视具体情况评为 *a* 级或 *b* 级；当节点焊缝或螺栓连接方式不当，有局部拉脱、剪断、破损或滑移时，可根据其严重程度评为 *c* 级或 *d* 级。

(d) 应取本条第 1、2、3 款中较低等级作为构造和连接项目的评定等级。

(4) 钢筋混凝土构件的使用性等级应按裂缝、变形、缺陷和损伤、腐蚀四个项目评定，并取其中的最低等级作为构件的使用性等级。

(5) 钢筋混凝土构件的裂缝项目可按下列规定评定等级：

(a) 钢筋混凝土构件的受力裂缝宽度可按表 7.5.7～表 7.5.8 评定等级；

(b) 钢筋混凝土构件因钢筋锈蚀产生的沿筋裂缝在腐蚀项目中评定，其他非受力裂缝应查明原因，判定裂缝对结构的影响，可根据具体情况进行评定。

表 7.5.7 钢筋钢筋混凝土构件裂缝宽度评定等级

环境类别与作用等级	构件种类与工作条件		裂缝宽度(mm)		
			a	b	c
Ⅰ—A	室内正常环境	次要构件	<0.3	>0.3,≤0.4	>0.4
		重要构件	≤0.2	>0.2,≤0.3	>0.3
Ⅰ—B,Ⅰ—C	露天或室内高湿度环境,干湿交替环境		≤0.2	>0.2,≤0.2	>0.3
Ⅲ,Ⅳ	使用除冰盐环境,滨海室外环境		≤0.1	>0.1,≤0.2	>0.2

表 7.5.8 采用热轧钢筋配筋的预应力钢筋混凝土构件裂缝宽度评定等级

环境类别与作用等级	构件种类与工作条件		裂缝宽度(mm)		
			a	b	c
Ⅰ—A	室内正常环境	次要构件	≤0.20	>0.20,≤0.35	>0.35
		重要构件	≤0.05	>0.05,≤0.10	>0.10
Ⅰ—B,Ⅰ—C	露天或室内高湿度环境,干湿交替环境		无裂缝	≤0.05	>0.05
Ⅲ,Ⅳ	使用除冰盐环境,滨海室外环境		无裂缝	≤0.02	>0.02

表 7.5.9 采用钢绞线、热处理钢筋、预应力钢丝配筋的预应力钢筋混凝土构件裂缝宽度评定等级

环境类别与作用等级	构件种类与工作条件		裂缝宽度(mm)		
			a	b	c
Ⅰ—A	室内正常环境	次要构件	≤0.02	>0.02,≤0.10	>0.10
		重要构件	无裂缝	≤0.05	>0.05
Ⅰ—B,Ⅰ—C	露天或室内高湿度环境,干湿交替环境		无裂缝	≤0.02	>0.02
Ⅲ,Ⅳ	使用除冰盐环境,滨海室外环境		无裂缝	—	有裂缝

注:当构件出现受压及斜压裂缝时,裂缝项目直接评为 c 级。

(6) 钢筋混凝土构件的变形项目应按表 7.5.10 评定等级。

表 7.5.10 钢筋混凝土构件变形评定等级

构件种类	a	b	c
单层厂房托架、屋架	$\leq L_0/500$	$>L_0/500$,$\leq L_0/450$	$>L_0/450$

续 表

构件种类		a	b	c
多层框架主梁		$\leqslant L_0/400$	$>L_0/400, \leqslant L_0/350$	$>L_0/350$
屋盖、楼盖及楼梯构件	$L_0>9$m	$\leqslant L_0/300$	$>L_0/300, \leqslant L_0/250$	$>L_0/250$
	7m$\leqslant L_0 \leqslant$9m	$\leqslant L_0/250$	$>L_0/250, \leqslant L_0/200$	$>L_0/200$
	$L_0<7$m	$\leqslant L_0/200$	$>L_0/200, \leqslant L_0/175$	$>L_0/175$
吊车梁	电动吊车	$\leqslant L_0/600$	$>L_0/600, \leqslant L_0/500$	$>L_0/500$
	手动吊车	$\leqslant L_0/500$	$>L_0/500, \leqslant L_0/450$	$>L_0/450$

注：① 表中 L_0 为构件的计算宽度；

② 本表所列的为按荷载效应的标准组合并考虑荷载长期作用影响的挠度值，应减去或加上制作反拱或下挠值。

（7）钢筋混凝土构件缺陷和损伤项目应按表 7.5.11 评定等级。

表 7.5.11 钢筋混凝土构件缺陷和损伤评定等级

a	*b*	*c*
完好	局部有缺陷和损伤，缺损深度小于保护层厚度	有较大范围的缺陷和损伤，或者局部有严重的缺陷和损伤，缺损深度大于保护层厚度

（8）钢筋混凝土构件腐蚀项目包括钢筋锈蚀和钢筋混凝土腐蚀，应按表 7.5.12 的规定评定，其等级应取钢筋锈蚀和钢筋混凝土腐蚀评定结果中的较低等级。

表 7.5.12 钢筋混凝土构件腐蚀评定等级

评定等级	*a*	*b*	*c*
钢筋锈蚀	无锈蚀现象	有锈蚀可能和轻微锈蚀现象	外观有沿筋缝或明显锈迹
钢筋混凝土腐蚀	无腐蚀现象	表面有轻度腐蚀损伤	表面有明显腐蚀损伤

注：对于墙板类和梁柱构件中的钢筋及箍筋，当钢筋锈蚀状况符合表中 *b* 级标准时，钢筋截面锈蚀损伤不应大于 5%，否则应评为 *c* 级。

7.5.8 钢构件

（1）钢构件的安全性等级应按承载能力（包括构造和连接）项目评定，并取其中最低等级作为构件的安全性等级。

（2）承重构件的钢材应符合建造当时钢结构设计规范和相应产品标准的要求，如果构件的使用条件发生根本的改变，还应该符合国家现行标准规范的要求，否则，应在确定承载能力和评级时考虑其不利影响。

（3）钢构件的承载能力项目，应根据结构构件的抗力 R 和作用效应 S 及结构重要性系数 γ_0 按表 7.5.13 评定等级。在确定构件抗力时，应考虑实际的材料性能和结构构造，以及缺陷损伤、腐蚀、过大变形和偏差的影响。

表 7.5.13　构件承载能力评定等级

构件种类	$R/\gamma_0 S$			
	a	*b*	*c*	*d*
重要构件、连接	≥1.00	<1.00，≥0.95	<0.95，≥0.90	<0.90
次要构件	≥1.00	<1.00，≥0.92	<0.92，≥0.87	<0.87

注：① 当结构构造和施工质量满足国家现行规范要求，或虽不满足要求但在确定抗力和荷载效应已考虑了这种不利因素时，可按表中规定评级，否则不应按表中数值评级，可根据经验按照对承载力的影响程度，评为 *b* 级、*c* 级或 *d* 级；

② 构件有裂缝、断裂、存在不适宜继续承载的变形时，应评为 *c* 级或 *d* 级；

③ 吊车梁受拉区或吊车桁架受拉杆及其节点板有裂缝时，应评为 *d* 级；

④ 构件存在严重、较大面积的均匀腐蚀并且截面有明显削弱或对材料力学性能有不利影响时，可按《工标》附录 *D* 的方法进行检测验算并按表中规定评定其承载能力项目的等级；

⑤ 吊车梁的疲劳性能应根据疲劳强度验算结果、已使用年限和吊车梁系数的损伤程度进行评级，不受表中数值的限制。

(4) 钢桁架中有整体弯曲缺陷但无明显局部缺陷的双角钢受压腹杆，其整体弯曲不超过表 7.5.14 中的限值时，其承载能力可评为 *a* 级或 *b* 级；若整体弯曲严重已超过表中限值时，可根据实际情况和对其承载力影响严重程度，评为 *c* 级或 *d* 级。

表 7.5.14　双角钢受压腹杆的双向弯曲缺陷的容许限值

所受轴压力设计值与无缺陷时的抗压承载力之比	双向弯曲的限值							
	方向	弯曲矢高与杆件长度之比						
1.0	平面外，平面内	1/4000	1/500，1/1000	1/700，1/900	1/800，1/800	——	——	——
0.9	平面外，平面内	1/2500	1/300，1/1000	1/400，1/750	1/500，1/650	1/600，1/600	1/700，1/550	1/800，1/500
0.8	平面外，平面内	1/1500	1/200，1/1000	1/250，1/600	1/300，1/550	1/400，1/450	1/500，1/400	1/800，1/350
0.7	平面外，平面内	1/1000	1/150，1/750	1/200，1/450	1/250，1/350	1/300，1/300	1/400，1/250	1/800，1/250
0.6	平面外，平面内	1/1000	1/150，1/300	1/200，1/250	1/300，1/200	1/500，1/180	1/700，1/170	1/800，1/170

(5) 钢构件的使用性等级应按变形、偏差、一般构造和腐蚀等项目进行评定，并取其中最低等级作为构件的使用性等级。

(6) 钢构件的变形是指荷载作用下梁板等受弯构件的挠度，应按下列规定评定构件变形项目的等级：

a 级：满足国家现行相关设计规范和设计要求；

b 级：超过 *a* 级要求，尚不明显影响正常使用；

c 级：超过 *a* 级要求，对正常使用有明显影响。

(7) 钢构件的偏差包括施工过程中存在的偏差和使用过程中出现的永久性变形，应按下列规定评定构件偏差项目的等级：

a 级：满足国家现行相关施工验收规范和产品标准的要求；

b 级：超过 *a* 级要求，尚不明显影响正常使用；

c 级：超过 *a* 级要求，对正常使用有明显影响。

(8) 钢构件的腐蚀和防腐项目应按下列规定评定等级：

a 级：没有腐蚀且防腐措施完备；

b 级：已出现腐蚀但截面还没有明显削弱，或防腐措施不完备；

c 级：已出现较大面积腐蚀并且截面有明显削弱，或防腐措施已破坏失效。

(9) 与构件正常使用性有关的一般构造要求，满足设计规范要求时应评为 *a* 级，否则应评为 *b* 或 *c* 级。

7.5.9　砌体构件

(1) 砌体结构的安全性等级应按承载能力、构造和连接两个项目评定，并取其中的较低等级作为构件的安全性等级。

(2) 砌体构件的承载能力项目应根据承载能力的校核结果按表 7.5.15 的规定评定。

表 7.5.15　砌体构件承载能力评定等级

构件种类	$R/\gamma_0 S$			
	a	*b*	*c*	*d*
重要构件	≥1.00	<1.00，≥0.9	<0.9，≥0.85	<0.85
次要构件	≥1.00	<1.00，≥0.87	<0.87，≥0.82	<0.82

注：① 表中 R 和 S 分别为结构构件的抗力和作用效应，γ_0 为现行国家标准《建筑结构可靠度设计统一标准》(GB 50068) 中规定的结构重要性系数；

② 当砌体构件出现受压、受弯、受剪、受拉等受力裂缝时，应按有关规定考虑其对承载能力的影响，且承载能力评定项目等级不应高于 *b* 级；

③ 当构件受到较大面积腐蚀并使截面严重削弱时，应评定为 *c* 级或 *d* 级。

(3) 砌体构件构造与连接项目的等级应根据墙、柱的高厚比，墙、柱、梁的连接构造，砌筑方式等涉及构件安全性的因素，按下列规定的原则评定：

a 级：墙、柱高厚比不大于国家现行设计规范允许值，连接和构造符合国家现行规范的要求；

b 级：墙、柱高厚比大于国家现行设计规范允许值，但不超过 10%，或连接和构造局部不符合国家现行规范的要求，但不影响构件的安全使用；

c 级：墙、柱高厚比大于国家现行设计规范允许值，但不超过 20%，或连接和构造不符合国家现行规范的要求，已影响构件的安全使用；

d 级：墙、柱高厚比大于国家现行设计规范允许值，且超过 20%，或连接和构造严重不符合国家现行规范的要求，已危及构件的安全。

(4) 砌体构件的使用性等级应按裂缝、缺陷和损伤、腐蚀三个项目评定，并取其中的最低等级作为构件的使用性等级。

(5) 砌体构件的裂缝项目应根据裂缝的性质，按表 7.5.16 的规定评定。裂缝项目的等级应取种类裂缝评定结果中的较低等级。

表 7.5.16 砌体构件裂缝评定等级

类型 \ 等级		a	b	c
变形裂缝、湿度裂缝	独立柱	无裂缝	——	有裂缝
	墙	无裂缝	小范围开裂，最大裂缝宽度不大于 1.5mm，且无发展趋势	较大范围开裂，或最大裂缝宽度大于 1.5mm，或裂缝有继续发展的趋势
受力裂缝		无裂缝	——	有裂缝

注：① 本表仅适用于砖砌体构件，其他砌体构件的裂缝项目可参考本表评定；
② 墙包括带壁柱墙；
③ 对砌体构件的裂缝有严格要求的建筑，表中的裂缝宽度限值可乘以 0.4。

(6) 砌体构件的缺陷和损伤项目应按表 7.5.17 规定评定。缺陷和损伤项目的等级应取各种缺陷、损伤评定结果中的较低等级。

表 7.5.17 砌体构件缺陷和损伤评定等级

类型 \ 等级	a	b	c
缺陷	无缺陷	有较小缺陷，尚明显不影响正常使用	缺陷对正常使用有明显影响
损伤	无损伤	有轻微损伤，尚不明显影响正常使用	损伤对正常使用有明显影响

注：① 缺陷指现行国家标准《砌体工程施工质量验收规范》(GB 50203)控制的质量缺陷；
② 损伤指开裂、腐蚀之外的撞伤、烧伤等。

(7) 砌体构件的腐蚀项目应根据砌体构件的材料类型，按表 7.5.18 规定评定。腐蚀项目的等级应取各材料评定结果中的较低等级。

表 7.5.18 砌体构件腐蚀评定等级

类型 \ 等级	a	b	c
块材	无腐蚀现象	小范围出现腐蚀现象，最大腐蚀深度不大于 5mm，且无发展趋势，不明显影响使用功能	较大范围出现腐蚀现象，或最大腐蚀深度大于 5mm，或腐蚀有发展趋势，或明显影响使用功能
砂浆	无腐蚀现象	小范围出现腐蚀现象，且最大腐蚀深度不大于 10mm，且无发展趋势，不明显影响使用功能	非小范围出现腐蚀现象，或最大腐蚀深度大于 10mm，或腐蚀有发展趋势，或明显影响使用功能
钢筋	无锈蚀现象	出现锈蚀现象，但锈蚀钢筋的截面损失率不大于 5%，尚不明显影响使用功能	锈蚀钢筋的截面损失率大于 5%，或锈蚀有发展趋势，或明显影响使用功能

注：① 本表仅适用于砖砌体，其他砌体构件的腐蚀项目可参考本表评定；

② 对砌体构件的块材风化和砂浆粉化现象可参考表中对腐蚀现象的评定，但风化和粉化的最大深度宜比表中相应的最大腐蚀深度从严控制。

7.5.10　结构系统的鉴定评级

(1) 工业建筑鉴定第二层次结构系统的鉴定评级，应对其安全性等级和使用性等级进行评定，需要评定其可靠性等级时，应按《工标》第 7.1.2 条规定的原则确定。地基基础、上部承重结构和围护结构三个结构系统的安全性等级和使用性等级，应按有关规定评定。

(2) 结构系统的可靠性等级，应分别根据每个结构系统的安全性等级和使用性等级评定结果，按下列原则确定：

(a) 当系统的使用性等级为 *C* 级，安全性等级不低于 *B* 级时，宜定为 *C* 级；其他情况应按安全性等级确定。

(b) 位于生产工艺流程重要区域的结构系统，可按安全性等级和使用性等级中的较低等级确定或调整。

(3) 当需要对上部承重结构系统中的某个子系统进行鉴定评级时，其安全性等级、使用性等级和可靠性等级可按一定的原则确定。

(4) 当振动对上部承重结构整体或局部的安全、正常使用有明显影响时，可按《工标》附录 E 规定的方法进行评定。

7.5.11　地基基础

(1) 地基基础的安全性等级评定应遵循下列原则：

(a) 应根据地基变形观测资料和建、构筑物现状进行评定。必要时，可按地基基础的承载力进行评定。

(b) 建在斜坡场地上的工业建筑，应对边坡场地的稳定性进行检测评定。

(c) 对有大面积地面荷载或软弱地基上的工业建筑，应评价地面荷载、相邻建筑以及循环工作荷载引起的附加沉降或桩基侧移对工业建筑安全使用的影响。

(2) 当地基基础的安全性按地基变形观测资料和建、构筑物现状的检测结果评定时，应按下列规定评定等级：

A 级：地基变形小于现行国家标准《建筑地基基础设计规范》(GB 50007)规定的允许值，沉降速率小于 0.01mm/d，建、构筑物使用状况良好，无沉降裂缝、变形或位移，吊车等机械设备运行正常。

B 级：地基变形不大于现行国家标准《建筑地基基础设计规范》(GB 50007)规定的允许值，沉降速率小于 0.05mm/d，半年内的沉降量小于 5mm，建、构筑物有轻微沉降裂缝出现，但无进一步发展趋势，沉降对吊车等机械设备的正常运行基本没有影响。

C 级：地基变形大于现行国家标准《建筑地基基础设计规范》(GB 50007)规定的允许值，沉降速率大于 0.05mm/d，建、构筑物的沉降裂缝有进一步发展趋势，沉降已影响到吊车等机械设备的正常运行，但尚有调整余地。

D 级：地基变形大于现行国家标准《建筑地基基础设计规范》(GB 50007)规定的允许

值，沉降速率大于 0.05mm/d，建、构筑物的沉降裂缝发展显著，沉降已使吊车等机械设备不能正常运行。

(3) 当地基基础的安全性需要按承载力项目评定时，应根据地基和基础的检测、验算结果，按下列规定评定等级：

A 级：地基基础的承载力满足现行国家标准《建筑地基基础设计规范》(GB 50007)规定的要求，建、构筑物完好无损。

B 级：地基基础的承载力略低于现行国家标准《建筑地基基础设计规范》(GB 50007)规定的要求，建、构筑物可能局部有轻微损伤。

C 级：地基基础的承载力不满足现行国家标准《建筑地基基础设计规范》(GB 50007)规定的要求，建、构筑物有开裂损伤。

D 级：地基基础的承载力不满足现行国家标准《建筑地基基础设计规范》(GB 50007)规定的要求，建、构筑物有严重开裂损伤。

(4) 当场地地下水位、水质或土压力等有较大改变时，应对此类变化产生的不利影响进行评价。

(5) 地基基础的安全性等级，应根据地基基础和场地的评定结果按最低等级确定。

(6) 地基基础的使用性等级宜根据上部承重结构和围护结构使用状况评定。

(7) 根据上部承重结构和围护结构使用状况评定地基基础使用性等级时，应按下列规定评定等级：

A 级：上部承重结构和围护结构的使用状况良好，或所出现的问题与地基基础无关。

B 级：上部承重结构和围护结构的使用状况基本正常，结构或连接因地基基础变形有个别损伤。

C 级：上部承重结构和围护结构的使用状况不完全正常，结构或连接因地基变形有局部或大面积损伤。

7.5.12 上部承重结构

(1) 上部承重结构的安全性等级，应按结构整体性和承载功能两个项目评定，并取其中较低的评定等级作为上部结构的安全性等级，必要时可考虑过大水平位移或明显振动对该结构系统或其中部分结构安全性的影响。

(2) 结构整体性的评定应根据结构布置和构造、支撑系统两个项目，按表 7.5.19 的要求进行评定，并取结构布置和构造、支撑系统两个项目中的较低等级作为结构整体性的评定等级。

表 7.5.19 结构整体性评定等级

评定等级	*A* 或 *B*	*C* 或 *D*
结构布置和构造	结构布置合理，形成完整的系统；传力路径明确或基本明确；结构形式和构件选型、整体性构造和连接等符合或基本符合国家现行标准规范的规定，满足安全要求或不影响安全	结构布置不合理，基本上未形成或未形成完整的体系；传力路径不明确或不当；结构形式和构件选型、整体性构造和连接等不符合或严重不符合国家现行标准规范的规定，影响安全或严重影响安全

续　表

评定等级	A 或 B	C 或 D
支撑系统	支撑系统布置合理，形成完整的支撑系统；支撑杆件长细比及节点构造符合或基本符合现行国家标准规范的要求，无明显缺陷或损伤	支撑系统布置不合理，基本上未形成或未形成完整的支撑系统；支撑杆件长细比及节点构造不符合或严重不符合现行国家标准规范的要求，有明显缺陷或损伤

注：表中结构布置和构造、支撑系统的 A 级或 B 级，可根据其实际完好程度确定；C 级或 D 级可根据其实际严重程度确定。

（3）上部承重结构承载功能的评定等级，精确的评定应根据结构体系的类型及空间作用等，按照国家现行标准规范规定的结构分析原则和方法以及结构的实际构造和结构上的作用确定合理的计算模型，通过结构作用效应分析和结构抗力分析，并结合该体系以往的承载状况和工程经验进行。在进行结构抗力分析时还应考虑结构、构件的损伤、材料劣化对结构承载能力的影响。

（4）当单层厂房上部承重结构是由平面排架或平面框架组成的结构体系时，其承载能力的等级可按下列规定近似评定：

（a）根据结构布置和荷载分布将上部承重结构分为若干框排架平面计算单元。

（b）将平面计算单元中的每种构件按构件的集合及其重要性区分为：重要构件集（同一种重要构件的集合）或次要构件集（同一种次要构件的集合）。平面计算单元中每种构件集的安全性等级，以该种构件集中所含构件的各个安全性等级所占的百分比按下列规定确定：

a）重要构件集：

A 级：构件集中不含 c 级、d 级构件，可含 b 级构件且含量不多于 30%；

B 级：构件集中不含 d 级构件，可含 c 级构件且含量不多于 20%；

C 级：构件集中含 c 级构件且含量不多于 50%，或含 d 级构件且含量少于 10%（竖向构件）或 15%（水平构件）；

D 级：构件集中含 c 级构件且含量多于 50%，或含 d 级构件且含量不少于 10%（竖向构件）或 15%（水平构件）。

b）次要构件集：

A 级：构件集中不含 c 级、d 级构件，可含 b 级构件且含量不多于 35%；

B 级：构件集中不含 d 级构件，可含 c 级构件且含量不多于 25%；

C 级：构件集中含 c 级构件且含量不多于 50%，或含 d 级构件且含量少于 20%；

D 级：构件集中含 c 级构件且含量多于 50%，或含 d 级构件且含量不少于 20%。

（c）各平面计算单元的安全性等级，宜按该平面计算单元内各重要构件集中的最低等级确定。当平面计算单元中次要构件集的最低安全性等级比重要构件集的最低安全性等级低二级或三级时，其安全性等级可按重要构件集的最低安全性等级降一级或降二级确定。

（d）上部承重结构承载功能的评定等级可按下列规定确定：

A 级：不含 C 级和 D 级平面计算单元，可含 B 级平面计算单元且含量不多于 30%；

B 级：不含 D 级平面计算单元，可含 C 级平面计算单元且含量不多于 10%；

C 级：含 D 级平面计算单元且含量少于 5%；

D 级：含 D 级平面计算单元且含量不少于 5%。

(5) 多层厂房上部承重结构承载功能的评定等级可按下列规定评定：

(a) 沿厂房的高度方向将厂房划分若干单层子结构，宜以每层楼板及其下部相连的柱子、梁为一个子结构；子结构上的作用除本子结构直接承受的作用外还应考虑其上部各子结构传到本子结构上的荷载作用。

(b) 子结构承载功能的等级应按有关规定确定。

(c) 整个多层厂房的上部承重结构承载功能的评定等级可按子结构中的最低等级确定。

(6) 上部承重结构的使用性等级应按上部承重结构使用状况和结构水平位移两个项目评定，并取其中较低的评定等级作为上部承重结构的使用性等级，必要时尚应考虑振动对该结构系统或其中部分结构正常使用性的影响。

(7) 单层厂房上部承重结构使用状况的评定等级，可按屋盖系统、厂房柱、吊车梁三个子系统中的最低使用性等级确定；当厂房中采用轻级工作制吊车时，可按屋盖系统和厂房柱两个子系统的较低等级确定。子系统的使用性等级应根据其所含构件使用性等级的百分数确定：

A 级：子系统中不含 c 级构件，可含 b 级构件且含量不多于 35%；

B 级：子系统中可含 c 级构件且含量不多于 25%；

C 级：系统中含 c 级构件且含量多于 25%。

注：屋盖系统、吊车梁系统包含相关构件和附属设施，包括吊车检修平台、走道板、爬梯等。

(8) 整个多层厂房上部承重结构使用状况的评定等级按下列规定评级：

(a) 若不含 C 级子结构，含 B 级子结构且含量多于 30%时定为 B 级，不多于 30%时可定为 A 级。

(b) 若含 C 级子结构且含量多于 20%时定为 C 级，不多于 20%时可定为 B 级。

(9) 当上部承重结构的使用性等级评定需考虑结构水平位移影响时，可采用检测或计算分析的方法，按表 7.5.20 的规定进行评定。当结构水平位移过大达到 C 级标准的严重情况时，应考虑水平位移引起的附加内力对结构承载能力的影响，并参与相关结构的承载功能等级评定。

表 7.5.20　结构侧向(水平)位移评定等级

结构类别	评定项目			位移或倾斜值(mm)		
				A 级	B 级	C 级
钢筋混凝土结构或钢结构	单层厂房	有吊车厂房柱位移		$\leqslant H_C/1250$	$>A$ 级限值，但不影响吊车运行	$>A$ 级限值，影响吊车运行
		无吊车厂房柱倾斜	钢筋混凝土柱	$\leqslant H/1000$，$H>10$m 时 $\leqslant 20$	$>H/1000$，$\leqslant H/750$；$H>10$m 时 >20，$\leqslant 30$	$>H/750$ 或 $H>10$m 时 >30
			钢柱	$\leqslant H/1000$，$H>10$m 时 $\leqslant 25$	$>H/1000$，$\leqslant H/700$；$H>10$m 时 >25，$\leqslant 35$	$>H/700$ 或 $H>10$m 时 >35

续 表

结构类别	评定项目			位移或倾斜值(mm)		
				A 级	B 级	C 级
钢筋混凝土结构或钢结构	多层厂房	层间位移		$\leq h/400$	$>h/400, \leq h/350$	$>h/350$
		顶点位移		$\leq H/500$	$>H/500 \leq H/450$	$>H/450$
		厂房柱倾斜	钢筋混凝土柱	$\leq H/1000$，$H>10$m 时≤ 30	$>H/1000, \leq H/750$；$H>10$m 时$>30, \leq 40$	$>H/750$ 或 $H>10$m 时>40
			钢柱	$\leq H/1000, H>10$m 时≤ 35	$>H/1000, \leq H/700$；$H>10$m 时$>35, \leq 45$	$>H/700$ 或 $H>10$m 时>45
砌体结构	单层厂房	有吊车厂房墙、柱位移		$\leq H_C/1250$	$>A$ 级限值，但不影响吊车运行	$>A$ 级限值，影响吊车运行
		无吊车厂房位移或倾斜	独立柱	≤ 10	$>10, \leq 15$ 和 $1.5H/1000$ 中的较大值	>15 和 $3H/1000$ 中的较大值
			墙	≤ 10	$>10, \leq 30$ 和 $3H/1000$ 中的较大值	>30 和 $3H/1000$ 中的较大值
	多层厂房	层间位移或倾斜		≤ 5	$>5, \leq 20$	>20
		顶点位移或倾斜		≤ 15	$>15, \leq 30$ 和 $3H/1000$ 中的较大值	>30 和 $3H/1000$ 中的较大值

注：① 表中 H 为自基础顶面至柱顶高度；h 为层高；H_C 为基础顶面至吊车梁顶面的高度；

② 表中有吊车厂房的水平位移 A 级限值，是在吊车水平荷载作用下按平面结构图形计算的厂房柱的横向位移；

③ 在砌体结构中，墙包括带壁柱墙，多层厂房是以墙为主要承重结构的厂房；

④ 多层厂房中，可取层间位移和结构顶点总位移中的较低等级作为结构侧移项目的评定等级；

⑤ 当结构安全性无问题，倾斜超过表中 B 级的规定值但不影响使用功能时，可对 B 级规定值适当放宽。

（10）当鉴定评级中需要考虑明显振动对上部承重结构整体或局部的影响时，可按有关规定进行评定。若评定结果对结构的安全性有影响时，应在上部承重结构承载功能的评定等级中予以考虑；若评定结果对结构的正常使用性有影响，则应在上部结构使用状况的评定等级中予以考虑。

（11）当需要对上部承重结构的某个子系统进行安全性等级和使用性等级评定时，应根据该子系统在上部承重结构系统中的地位与作用按第 4 条和第 5 条的有关规定评定该子系统的安全性等级，按第 7 条和第 8 条的规定评定该子系统的使用性等级。

7.5.13 围护结构系统

（1）围护结构系统的安全性等级，应按承重围护结构的承载功能和非承重围护结构的构造连接两个项目进行评定，并取两个项目中较低的评定等级作为该围护结构系统的安全性等级。

非承重围护结构构造连接项目的评定等级，可按表 7.5.21 评定，并按其中最低等级作为该项目的安全性等级。

表 7.5.21 非承重围护结构构造连接评定等级

项目	A 级或 B 级	C 级或 D 级
构造	构造合理，符合或基本符合国家现行标准规范要求，无变形或无损坏	构造不合理，不符合或严重不符合国家现行标准规范要求，有明显变形或损坏
连接	连接方式正确，连接构造符合或基本符合国家现行标准规范要求，无缺陷或仅有局部的表面缺陷或损伤，工作无异常	连接方式不当，连接构造有缺陷或有严重缺陷，已有明显变形、松动、局部脱落、裂缝或损伤
对主体结构安全的影响	构造选型及布置合理，对主体结构的安全没有或有较轻的不利影响	构造选型及布置不合理，对主体结构的安全有较大或严重的不利影响

注：① 表中的构造指围护系统自身的构造，如砌体围护墙的高厚比、墙板的配筋、防水层的构造等；连接指系统本身的连接及其与主体结构的连接；对主体结构安全的影响主要指围护结构是否对主体结构的安全造成不利影响或使其受力方式发生改变等；

② 对表中的各项目评定时，可根据其实际程度评为 A 级或 B 级，根据其实际严重程度评为 C 级或 D 级。

(2) 围护结构系统的使用性等级，应根据承重围护结构的使用状况、围护系统的使用功能两个项目评定，并取两个项目中较低评定等级作为该围护结构系统的使用性等级。

承重围护结构使用状况的评定等级，应根据其结构类别按第 7.5.8～7.5.10 节相应构件和第 7.5.12 节第 7 条有关子系统的评级规定评定。

围护系统（包括非承重围护结构和建筑功能配件）使用功能的评定等级，宜根据表 7.5.22 中各项目对建筑物使用寿命和生产的影响程度确定出主要项目和次要项目逐项评定，并按下列原则确定：

(a) 系统的使用功能等级可取主要项目的最低等级。

(b) 若主要项目为 A 级或 B 级，次要项目一个以上为 C 级，宜根据需要的维修量大小将使用功能等级降为 B 级或 C 级。

表 7.5.22 围护系统使用功能评定等级

项目	A 级	B 级	C 级
屋面系统	构造层、防水层完好，排水畅通	构造基本完好，防水层有个别老化、鼓泡、开裂或损坏，排水有个别堵塞现象，但不渗水	构造层有损坏，防水层多处老化、鼓泡、开裂、腐蚀或局部损坏、穿孔，排水有局部严重堵塞或漏水现象
墙体及门窗	墙体完好，无开裂、变形或渗水现象；门窗完好	墙体有轻微开裂、变形，局部破损或轻微渗水，但不明显影响使用功能；门窗框、扇完好，连接或玻璃等轻微损坏	墙体已开裂、变形、渗水，明显影响使用功能；门窗或连接局部破坏，已影响使用功能
地下防水	完好	基本完好，虽有较大潮湿现象，但无明显渗漏	局部损坏或有渗漏现象
其他防护设施	完好	有轻微损坏，但不影响防护功能	局部损坏已影响防护功能

注：① 表中的墙体指非承重墙体；

② 其他防护设施系指为了隔热、隔冷、隔尘、防潮、防腐、防撞、防爆和安全而设置的各种设施及爬梯、天棚吊顶等。

7.5.14 工业建筑物的综合鉴定评级

(1) 工业建筑物的可靠性综合鉴定评级，可按所划分的鉴定单元进行可靠性等级评定，综合鉴定评级结果宜列入表 7.5.23。

表 7.5.23 工业建筑物的综合鉴定评级

鉴定单元	结构系统名称	结构系统可靠性等级	鉴定单元可靠性等级	备注
		A、B、C、D	一、二、三、四	
Ⅰ	地基基础			
	上部承重结构			
	围护结构系统			
Ⅱ	地基基础			
	上部承重结构			
	围护结构系统			

(2) 鉴定单元的可靠性等级，应根据其地基基础、上部承重结构和围护结构系统的可靠性评级评定结果，以地基基础、上部承重结构为主，按下列原则确定：

(a) 当围护结构系统与地基基础和上部承重结构的等级相差不大于一级时，可按地基基础和上部承重结构中的较低等级作为该鉴定单元的可靠性等级。

(b) 当围护结构系统比地基基础和上部承重结构中的较低等级低二级时，可按地基基础和上部承重结构中的较低等级降一级作为该鉴定单元的可靠性等级。

(c) 当围护结构系统比地基基础和上部承重结构中的较低等级低三级时，可根据本条第 2 款的原则和实际情况，按地基基础和上部承重结构中的较低等级降一级或降二级作为该鉴定单元的可靠性等级。

7.6 火灾后建筑结构鉴定

7.6.1 概述

建筑灾害主要有五大类，即地震、火灾、水灾、风灾及战争灾害。在这五大灾害中又以火灾和地震灾害带来的损失为最大。地震灾害所造成的损失虽然大，但其发生的概率很低。火灾虽然属于点现象，但由于发生的概率大、频度高，累计损失却相当可观。由于火灾的突发性和火场的复杂性，使火灾后建筑结构的承载能力等性能发生了很大变化，而且构件彼此之间的受损程度差别也较大，这就对火灾后的结构检测与鉴定提出了更高的要求，在实际鉴定工作中，火场的温度判断、建筑结构损伤后的性能、影响区域等都是鉴定工作中最重要的。

《火灾后建筑结构鉴定标准》(CECS 252：2009)的颁布实施，为规范建筑结构火灾后的检测鉴定工作，以及后续处理决策提供了技术依据。

7.6.2 火灾对建筑结构的影响

7.6.2.1 火灾对钢筋混凝土结构的影响

(1) 混凝土失水变形。火灾发生后，钢筋混凝土结构表面要承受 300～1000℃以上的温度，混凝土首先失去游离水、化学结合水，然后是硅酸钙和铝酸钙脱水分解，由于水主要存在水泥浆中，故混凝土的失水大部分在水泥浆中进行，随着温度的升高，水泥浆发生两种变形：因温度升高的热膨胀和因脱水而产生的收缩，由于膨胀有限，故水泥浆的收缩是主要的变形，水泥浆的过渡收缩使混凝土产生裂缝；此时骨料则在高温下产生膨胀，而同水泥浆形成相反的变形，加剧了混凝土的开裂。此外，由于混凝土与钢筋的热膨胀系数的差异，使两者的粘结力大大降低。

(2) 内部水分因混凝土表面温度很高而汽化，在里面造成很大的蒸汽压力，在混凝土比较密实的情况下，蒸汽难以排出，便会将混凝土的钢筋保护层爆裂，不但使混凝土损伤，而且钢筋也因外露而损伤。

(3) 混凝土因内外温差过大而引起开裂，在火灾的初期，混凝土表面温度可达很高，而内部温度却未能升上来，造成内外层温差过大，混凝土会因热膨胀的不同而开裂；同时，混凝土在温度很高的情况下，突然浇以消防用水，表面产生激冷，混凝土也会因此产生裂缝。

(4) 混凝土因火灾产生大量的二氧化碳，使混凝土表面快速碳化，产生碳化收缩，并使钢筋因失去碱性环境而提高腐蚀速度。

7.6.2.2 火灾对钢结构的影响

钢材的比强度远大于混凝土，塑性和韧性又是混凝土无法比拟的，所以钢结构建筑具有自重轻、抗震性能优越、综合经济效益显著等优点，故近年来得到了快速的发展。然而钢结构耐火性差是其无法忽视的缺点之一，一旦发生火灾，钢结构很容易发生倒塌或破坏。研究表明，过火温度在 400℃以下时，几乎对钢结构不产生任何影响，而当过火温度达 600℃以上时，钢结构则受热软化，并附加程度不同的热胀冷缩而产生变形，使钢结构失去承载力或稳定性，如过火温度较高，或时间较长，将导致房屋倒塌破坏。2001 年 9 月 11 日，美国纽约世贸中心大楼南北楼分别被劫持客机撞击后发生大火，经过一个多小时的燃烧后南北楼相继倒塌。

钢结构在整个火灾过程中，经历了升温、降温或消防用水的激冷过程；钢结构在经受升温后，又缓慢降温，整个过程类似于正火或退火；而升温后遭遇消防用水的激冷，又近似于猝火，但由于过火温度的不恒定，及过火时间的长短不同，这只能视为不完全的热处理。因此，火灾后钢结构的力学性能及变形检测与鉴定就显得非常重要。

7.6.2.3 火灾对砌体结构的影响

火灾中砌体抗压强度受众多因素的影响，但砖块材质和砂浆性能的影响尤为突出。砂浆的弹性模量比砖的弹性模量小，热膨胀比砖的大，使其在高温受压时产生比砖块更大的横向变形，砂浆和砖之间的粘结作用增大了砖的横向受拉而使砖产生竖向裂缝。砌体的强度很大程度上取决于砂浆的强度，但随着温度的升高，砂浆强度下降很快，其产生的脱水和相应的化学变化使之对砖的粘结约束作用明显下降，因而也减少了由于砌体竖向受压而产生的砖的横向拉应力，在温度较高时，砂浆的粘结作用很小，砌体强度主要取决于砖的强度。

7.6.3　火灾后建筑结构的鉴定程序

建筑物发生火灾后应及时对建筑结构进行检测鉴定，检测人员应到现场调查所有过火房间和整体建筑物。对有垮塌危险的结构构件，应首先采取防护措施。

根据结构鉴定的需要，建筑结构火灾后的鉴定分为初步鉴定和详细鉴定两阶段进行，具体如图 7.6.1 所示。

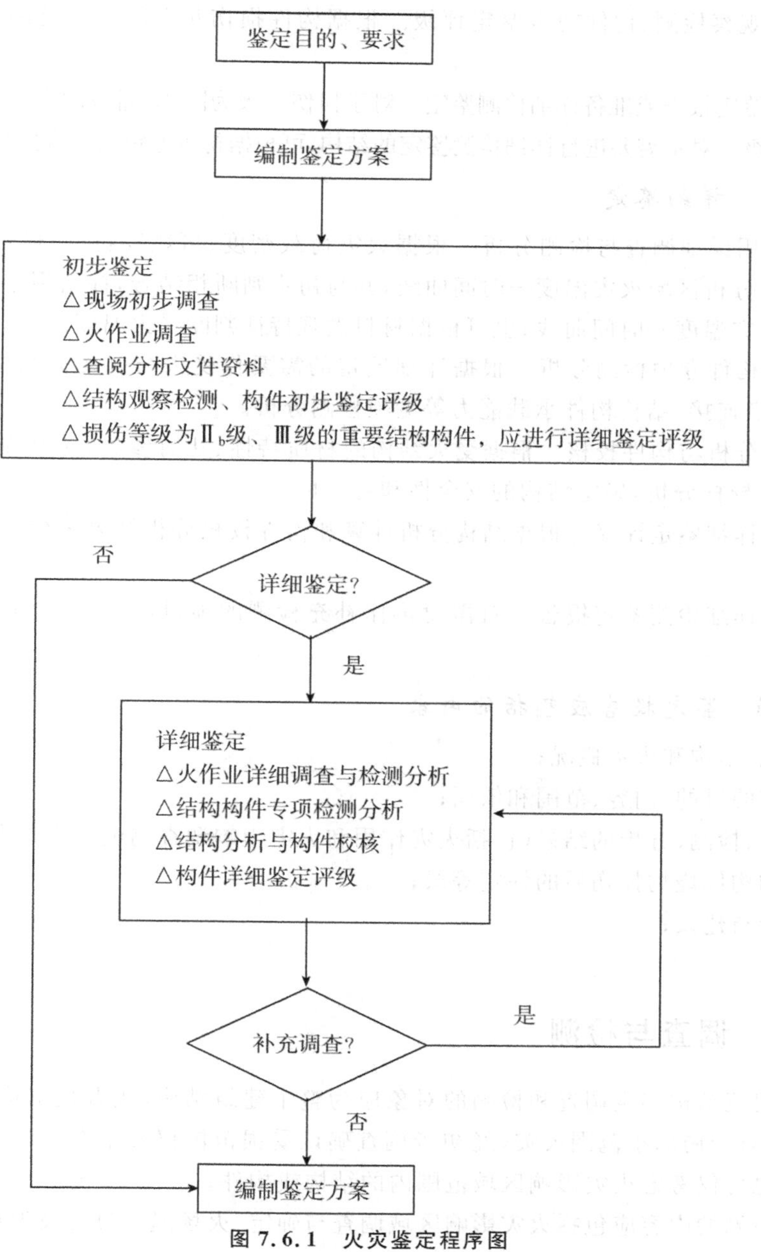

图 7.6.1　火灾鉴定程序图

7.6.3.1 初步鉴定

(1) 现场初步调查。现场勘察火灾残留状况；观察结构损伤严重程度；了解火灾过程；制定鉴定检测方案。

(2) 火作用调查。根据火灾过程、火场残留物状况初步判断结构所受的温度范围和作用时间。

(3) 调阅分析文件资料。查阅火灾报告、结构设计和竣工等资料，并进行核实。对结构所能承受火灾作用的能力作出初步判断。

(4) 结构观察检测、构件初步鉴定评级。根据构件损伤状态特征进行结构构件的初步鉴定评级。

(5) 编制鉴定报告或准备详细检测鉴定。对于损伤等级为II_b级、Ⅲ级的重要结构构件，应进行详细鉴定评级。对不需要进行详细检测鉴定的结构，可根据初步鉴定结果直接编制鉴定报告。

7.6.3.2 详细鉴定

(1) 火作用详细调查与检测分析。根据火灾荷载密度、可燃物特性、燃烧环境、燃烧条件、燃烧规律，分析区域火灾温度—时间曲线，并与初步判断相结合，提出用于详细检测鉴定的各区域的火灾温度—时间曲线；也可根据材料微观特征判断受火温度。

(2) 结构构件专项检测分析。根据详细鉴定的需要作受火与未受火结构的材质性能、结构变形、节点连接、结构构件承载能力等专项检测分析。

(3) 结构分析与构件校核。根据受火结构的材质特性、几何参数、受力特征进行结构分析计算和构件校核分析，确定结构的安全性和可靠性。

(4) 构件详细鉴定评级。根据结构分析计算和构件校核分析结果进行结构构件详细鉴定评级。

(5) 编制详细检测鉴定报告。对需要再作补充检测的项目，待补充检测完成后再编制最终鉴定报告。

7.6.3.3 鉴定报告应包括的内容

(1) 建筑、结构和火灾概况；

(2) 鉴定的目的、内容、范围和依据；

(3) 调查、检测、分析的结果(包括火灾作用和火灾影响调查测试分析结果)；

(4) 结构构件烧灼损伤后的评定等级；

(5) 结论与建议；

(6) 附件。

7.6.4 调查与检测

火灾后建筑结构鉴定调查和检测的对象应为整个建筑结构，或者是结构系统相对独立的部分结构；对于局部小范围火灾，经初步调查确认受损范围仅发生在有限区域内时，调查和检测对象也可仅考虑火灾影响区域范围内的结构或构件。

调查和检测的内容应包括火灾影响区域调查与确定、火场温度过程及温度分布推定、结构内部温度推定、结构现状检查与检测。

7.6.4.1　火作用调查

火灾对结构的作用温度、持续时间及分布范围应根据火灾调查、结构表观状况、火场残留物状况及可燃物特性、通风条件、灭火过程等综合分析推断，对于重要烧损结构应有结构材料微观分析结果参与推断。

(1) 火场温度过程可根据火荷载密度、可燃物特性、受火墙体及楼盖的热传导特性、通风条件及灭火过程等按燃烧规律推断；必要时可采用模拟燃烧试验确定。

(2) 构件表面曾经达到的温度及作用范围可根据火场残留物熔化、变形、燃烧、烧损程度等，按照表 7.6.1、表 7.6.2 和表 7.6.3 推断。

表 7.6.1　玻璃、金属材料和塑料的变态温度

分类	名称	代表制品	形态	温度(℃)
玻璃	模制玻璃	玻璃砖、缸、杯、瓶，玻璃装饰物	软化或粘着	700～750
			变圆	750
			流动	800
	片装玻璃	门窗玻璃、玻璃板、增强玻璃	软化或粘着	700～750
			变圆	800
			流动	850
金属材料	铅	铅管、蓄电池、玩具等	锐边变圆、有滴状物	300～500
	锌	锚固件、镀锌材料	有滴状物形成	400
	铝及合金	机械部件、门窗及配件、支架、装饰材料、厨房用品	锐边变圆、有滴状物形成	650
	银	装饰物、餐具、银币	锐边变圆、有滴状物形成	950
	黄铜	门拉手、锁、小五金	锐边变圆、有滴状物形成	950
	青铜	窗框、装饰物	锐边变圆、有滴状物形成	1000
	紫铜	电线、铜币	方角变圆、有滴状物形成	1100
	铸铁	管子、暖气片及其支座等	有滴状物形成	1100～1200
	低碳钢	管子、夹具、支架等	扭曲变形	>700
建筑塑料	聚乙烯	地面、壁纸等	软化	50～100
	聚丙烯	装饰材料	软化	60～95
	聚苯乙烯	涂料	软化	60～100
	聚乙烯	隔热、防潮材料	软化	80～135
	硅	防水材料	软化	200～215
	氟化塑料	配管	软化	150～290
	聚酯树脂	地面材料	软化	120～230
	聚氨酯	防水、热材料，涂料	软化	90～120
	环氧树脂	地面材料、涂料	软化	95～290

表 7.6.2 部分材料燃点

材料名称	燃点温度(℃)	材料名称	燃点温度(℃)
木材	240～270	聚氯乙烯	454
纸	130	粘胶纤维	235
棉花	150	涤纶纤维	390
棉布	200	橡胶	130
麻绒	150	尼龙	424
酚醛树脂	571	聚四氟乙烯	550
聚乙烯	342	乙烯丙烯共聚	454

表 7.6.3 油漆烧损状况

温度(℃)	<100	100～300	300～600	>600	
烧损状况	一般油漆	表面附着黑烟	有裂缝和脱皮	变黑、脱落	烧光
	防锈油漆	完好	完好	变色	烧光

(3) 火灾后结构构件内部截面曾经达到的温度可根据火场温度过程、构件受火状况及构件材料特性按热传导规律推断。

(4) 火灾中直接受火烧灼的混凝土结构构件表面曾经达到的温度及范围可根据混凝土表面颜色、裂损剥落、锤击反应等,按照表 7.6.4 推断。

表 7.6.4 混凝土表面颜色、裂损剥落、锤击反应与温度的关系

温度(℃)	<200	300～500	500～700	700～800	>800
颜色	灰青,近视正常	浅灰、略显粉红	浅灰白	灰白、显浅黄	浅黄色
爆裂、剥落	无	局部粉刷层	角部混凝土	大面积	酥松、大面积剥落
开裂	无	细微裂缝	角部出现裂缝	较多裂缝	贯穿裂缝
锤击反应	声音响亮、表面不留下痕迹	较响亮,表面留下明显痕迹	声音较闷,混凝土粉碎和塌落,留下痕迹	声音发闷、混凝土粉碎和塌落	声音发硬,混凝土严重脱落

7.6.4.2 结构现状检测

结构现状检测应包括下列全部或部分内容:结构烧灼损伤状况检查;温度作用损伤或损坏检查;结构材料性能检测。

(1) 对直接暴露于火焰或高温烟气的结构构件,应全数检查烧灼损伤部位。对于一般构件可采用外观目测、锤击回声、探针、开挖探槽(孔)等手段检查,对于重要结构构件或连接,必要时可通过材料微观结构分析推断。

(2) 对承受温度应力作用的结构构件及连接节点,应检查变形、裂损状况;对于不便观察或仅通过观察难以发现问题的结构构件,可辅以温度作用应力分析判断。

(3) 火灾后结构材料的性能可能发生明显改变时，应通过抽样检验或模拟试验确定材料性能指标；对于烧灼程度特征明显，材料性能对建筑物结构性能影响敏感程度较低，且火灾前材料性能明确，可根据温度场推定结构材料的性能指标，并宜通过取样检验修正。

7.6.5　火灾后结构分析与构件校核

火灾过程中的结构分析，应针对不同的结构或构件(包括节点连接)，考虑火灾过程中的最不利温度条件和结构实际作用荷载组合，进行结构分析与构件校核。

火灾后的结构分析，应考虑火灾后结构残余状态的材料力学性能、连接状态、结构几何形状变化、构件的变形和损伤等进行结构分析和构件校核。

结构内力分析可根据结构概念和解决工程问题的需要在满足安全的条件下，进行合理的简化：对于局部火灾未造成整体结构明显变位、损伤及裂缝时，可仅考虑局部作用；对于支座没有明显变位的连续结构可不考虑支座变位的影响。

火灾后结构构件的抗力，在考虑火灾作用对结构材料性能、结构受力性能的不利影响后，可按现行设计规范和标准的规定进行验收分析；对于烧灼严重、变形明显等损伤严重的结构构件，必要时应采用更精确的计算模型进行分析；对于重要的结构构件，宜通过试验检验分析确定。

7.6.6　火灾后结构构件鉴定评级

7.6.6.1　初步鉴定评级和详细鉴定评级

火灾后结构构件的鉴定评级分为初步鉴定评级和详细鉴定评级。

(1) 初步鉴定评级，应根据构件烧灼损伤、变形、开裂(或断裂)程度按以下评定损伤状态等级。

$Ⅱ_a$ 级：轻微或未直接遭受烧灼作用，结构材料及结构性能未受或仅受轻微影响，可不采取措施或仅采取提高耐久性的措施。

$Ⅱ_b$ 级：轻度烧灼，未对结构材料及结构性能产生明显影响，尚不影响结构安全，应采取提高耐久性或局部处理和外观修复措施。

Ⅲ级：中度烧灼尚未破坏，显著影响结构材料或结构性能，明显变形或开裂，对结构安全或正常使用产生不利影响，应采取加固或局部更换措施。

Ⅳ级：破坏，火灾中或火灾后结构倒塌或构件塌落；结构烧灼损坏、变形损坏或开裂损坏，结构承载能力丧失，危及结构安全，必须立即采取安全支护、彻底加固或拆除更换措施。

(2) 详细鉴定评级，应根据检测鉴定分析结果，评为 b、c、d 级。

b 级：基本符合国家现行标准下限水平要求，尚不影响安全，尚可正常使用，宜采取适当措施。

c 级：不符合国家现行标准要求，在目标使用年限内影响安全和正常使用，应采取措施。

d 级：严重不符合国家现行标准要求，严重影响安全，必须及时或立即加固或拆除。

7.6.6.2　混凝土结构构件的鉴定评级

(1) 火灾后混凝土楼板、屋面板初步鉴定评级应按表 7.6.5 进行。当混凝土楼板、屋面板火灾后严重破坏，难以加固修复，需要拆除或更换时，该构件初步鉴定可评为Ⅳ级。

表 7.6.5　火灾后混凝土楼板、屋面板初步鉴定评级标准

等级评定要素		各级损伤等级状态特征		
		Ⅱ$_a$	Ⅱ$_b$	Ⅲ
油烟和烟灰		无或局部有	大面积或局部被烧光	大面积被烧光
混凝土颜色改变		基本未变色或被黑色覆盖	粉红	土黄色或灰白色
火灾裂缝		无火灾裂缝或轻微火灾裂缝	表面轻微裂缝网	粗裂缝网
锤击反应		声音响亮，混凝土表面不留下痕迹	声音较响或较闷，混凝土表面留下较明显痕迹或局部混凝土酥脆	声音发闷，混凝土粉碎或塌落
混凝土脱落	实心板	无	≤5 块，且每块面积≤$100cm^2$	>5 或单块面积>$100cm^2$，或穿透或全面脱落
	肋形板	无	肋部有，锚固区无；板中个别处有，但面积不大于 20%板面积，且不在跨中	大面积露筋，露筋长度大于 20%板跨，或锚固区露筋
受力钢筋露筋		无	有露筋，露筋长度小于 20%板跨，且锚固区未露筋	大面积露筋，露筋长度大于 20%板跨，或锚固区露筋
受力钢筋粘结性能		无影响	略有降低，但锚固区无影响	降低严重
变形		无明显变形	略有变形	较大变形

（2）混凝土梁火灾后初步鉴定评级应按表 7.6.6 进行，当火灾后混凝土梁严重破坏，难以加固修复，需要拆除或更换时该构件初步鉴定可评为Ⅳ级。

表 7.6.6　火灾后混凝土梁初步鉴定评级标准

等级评定要素	各级损伤等级状态特征		
	Ⅱ$_a$	Ⅱ$_b$	Ⅲ
油烟和烟灰	无或局部有	多处有或局部烧光	大面积烧光
混凝土颜色改变	基本未变色或被黑色覆盖	粉红	土黄色或灰白色
火灾裂缝	无火灾裂缝或轻微火灾裂缝	表面轻微裂缝网	粗裂缝网
锤击反应	声音响亮，混凝土表面不留下痕迹	声音较响或较闷，混凝土表面留下较明显痕迹或局部混凝土酥脆	声音发闷，混凝土粉碎或塌落
混凝土脱落	无	下表面局部脱落或少量局部脱落	跨中和锚固区单排钢筋保护层脱落或多排钢筋大面积钢筋深度烧伤

续　表

等级评定要素	各级损伤等级状态特征		
	Ⅱ$_a$	Ⅱ$_b$	Ⅲ
受力钢筋露筋	无	受理钢筋外露不大于30%梁跨度，单排钢筋不多于一根，多排钢筋不多于二根	受力钢筋外露大于30%的梁跨度，或单排钢筋多于一根，多排钢筋多余二根
受力钢筋粘结性能	无影响	略有降低，但锚固区无影响	降低严重
变形	无明显变形	中等变形	较大变形

(3) 混凝土柱火灾后初步鉴定评级应按表 7.6.7 进行。当混凝土柱火灾后严重破坏，难以加固修复，需要拆除或变更时该构件初步鉴定可评为Ⅳ级。截面小于 400mm×400mm 的框架柱，火灾后鉴定评级宜从严。

表 7.6.7　火灾后混凝土柱初步鉴定评级标准

等级评定要素	各级损伤等级状态特征		
	Ⅱ$_a$	Ⅱ$_b$	Ⅲ
油烟和烟灰	无或局部有	多处有或局部烧光	大面积烧光
混凝土颜色改变	基本未变色或被黑色覆盖	粉红	土黄色或灰白色
火灾裂缝宽度	无火灾裂缝或轻微火灾裂缝	轻微裂缝网	粗裂缝网
锤击反应	声音响亮，混凝土表面不留下痕迹	声音较响或较闷，混凝土表面留下较明显痕迹或局部混凝土粉碎	声音发闷，混凝土粉碎或塌落
混凝土脱落	无	部分混凝土脱落	大部分混凝土脱落
受力钢筋露筋	无	轻微露筋，不多于一根，露筋长度不大于20%柱高	露筋多于一根，或露筋长度大于20%柱高
受力钢筋粘结性能	无影响	略有降低	降低严重
变形	$\delta/h \leqslant 0.002$	$0.002 < \delta/h \leqslant 0.007$	$\delta/h > 0.007$

(4) 火灾后混凝土墙初步鉴定评级应按表 7.6.8 进行。当混凝土墙火灾后严重破坏，难以加固修复，需要拆除或变更时该构件初步鉴定可评为Ⅳ级。

表 7.6.8　火灾后混凝土墙初步鉴定评级标准

等级评定要素	各级损伤等级状态特征		
	$Ⅱ_a$	$Ⅱ_b$	Ⅲ
油烟和烟灰	无或局部有	大面积或部分烧光	大面积烧光
混凝土颜色改变	基本未变色或被黑色覆盖	粉红	土黄色或灰白色
火灾裂缝	无或轻微裂缝	微细网状裂缝，且无贯穿裂缝	严重网状裂缝，或有贯穿裂缝
锤击反应	声音响亮，混凝土表面不留下痕迹	声音较响或较闷，混凝土表面留下较明显痕迹或局部混凝土粉碎	声音发闷，混凝土粉碎或塌落
混凝土脱落	无	脱落面积小于 $50\times50cm^2$，且为表面剥落	最大块脱落面积不小于 $50\times50cm^2$，或大面积剥落
受力钢筋露筋	无	小面积露筋	大面积露筋或锚固区露筋
受力钢筋粘结性能	无影响	略有降低	降低严重
变形	无明显变形	略有变形	有较大变形

(5) 火灾后混凝土结构构件的详细鉴定评级。

(a) 混凝土结构构件火灾截面温度场取决于构件的截面形式、材料热性能、构件表面最高温度和火灾持续时间。

(b) 火灾后混凝土和钢筋力学性能指标宜根据钻取混凝土芯样、取钢筋试验检验，也可根据构件截面温度场按表 7.6.9 至表 7.6.13 判定。火灾后钢筋与混凝土弹性模量以及钢筋与混凝土粘结强度折减系数可根据构件截面温度场参照表 7.6.14 和表 7.6.15 判定。

表 7.6.9　混凝土高温时抗压强度折减系数

温度(℃)	常温	300	400	500	600	700	800
$f_{cu,t}/f_{cu}$	1.00	1.00	0.80	0.70	0.60	0.40	0.20

表 7.6.10　高温混凝土自然冷却后抗压强度折减系数

温度(℃)	常温	300	400	500	600	700	800
$f_{cu,t}/f_{cu}$	1.00	0.80	0.70	0.60	0.50	0.40	0.20

表 7.6.11　高温混凝土水冷却后抗压强度折减系数

温度(℃)	常温	300	400	500	600	700	800
$f_{cu,t}/f_{cu}$	1.00	1.70	0.60	0.50	0.40	0.25	0.10

表 7.6.12　高温时钢筋强度折减系数

温度(℃)	折减系数		
	HPB235	HPB335	冷拔钢丝
室温	1.00	1.00	1.00
100	1.00	1.00	1.00
200	1.00	1.00	0.75
300	1.00	0.80	0.55
400	0.60	0.70	0.35
500	0.50	0.60	0.20
600	0.30	0.40	0.15
700	0.10	0.25	0.05
900	0.05	0.10	0.00

表 7.6.13　HPB335 钢筋高温冷却后强度折减系数

温度(℃)	折减系数	
	屈服强度	极限抗拉强度
室温	1.00	1.00
100	0.95	1.00
200	0.95	1.00
250	0.95	0.95
300	0.95	0.95
350	0.95	0.95
400	0.95	0.90
450	0.90	0.90
500	0.90	0.90
600	0.90	0.85
700	0.85	0.85
800	0.85	0.85
900	0.80	0.80

表 7.6.14　高温自然冷却后混凝土弹性模量折减系数

温度(℃)	常温	300	400	500	600	700	800
$E_{h,5}/E_h$	1.00	0.75	0.46	0.39	0.11	0.05	0.03

表 7.6.15　高温自然冷却后混凝土与钢筋粘结强度折减系数

钢筋种类＼温度(℃)	常温	300	400	500	600	700	800
HPB235 钢筋	1.00	0.90	0.70	0.40	0.20	0.10	0.00
HPB335 钢筋	1.00	090	0.90	0.80	0.60	0.50	0.40

(c) 火灾后混凝土结构和砌体结构构件承载能力可按表 7.6.16 的分级进行鉴定评级。鉴定评级应考虑火灾对材料强度和构件变形的影响。

表 7.6.16　火灾后混凝土构件承载能力评定等级标准

构件类别		$Rt/\gamma_o S$		
		b	c	d
重要构件	工业建筑	≥0.90	≥0.85	<0.85
	民用建筑	≥0.95	≥0.90	<0.90
次要构件	工业建筑	≥0.87	≥0.82	<0.82
	民用建筑	≥0.90	≥0.85	<0.85

7.6.6.3　火灾后钢结构构件的鉴定评级

(1) 火灾后钢结构构件的初步鉴定评级，应根据构件防火保护受损、残余变形与撕裂、局部屈曲与扭曲、构件整体变形四个子项进行评定，并取按各子项所评定的损伤等级中的最严重级别作为构件损伤等级。

(a) 火灾后钢构件的防火保护受损、残余变形与撕裂、局部屈曲和扭曲三个子项，可按表 7.6.17 的规定评定损伤等级。

表 7.6.17　火灾后基于防火保护受损、残余变形与撕裂、局部屈曲与扭曲的初步鉴定评级标准

等级评定要素		各级损伤等级状态特征		
		$Ⅱ_a$	$Ⅱ_b$	Ⅲ
1	涂装与防火保护层	基本无损；防火保护层有细微裂纹，但无脱落	防腐涂装完好；防火涂装或防火保护层开裂但无脱落	防腐涂装碳化；防火涂装或防火保护层局部范围脱落
2	残余变形与撕裂	无	局部轻度残余变形，对承载力无明显影响	局部残余变形，对承载力有一定的影响
3	局部屈曲与扭曲	无	轻度局部屈曲或扭曲，对承载力无明显影响	主要受力界面有局部屈曲或扭曲，对承载力无明显影响；非主要受力界面有明显局部屈曲或扭曲

(b) 火灾后钢结构构件的整体变形子项，按表 7.6.18 的规定评定损伤等级。但构件火灾后严重烧灼损坏、出现过大的整体变形、严重残余变形、局部屈曲、扭曲或部分焊缝撕裂导致承载力丧失或大部丧失，应采取安全支护、加固或拆除更换措施时评为Ⅳ级。

表 7.6.18　火灾后钢构件基于整体变形的初步鉴定评级标准

等级评定要素	构件类别		各级损伤等级状态特征	
			$Ⅱ_a$ 级或 $Ⅱ_b$ 级	Ⅲ级
挠度	屋架、网架		$>l_0/400$	$>l_0/200$
	主梁、托梁		$>l_0/400$	$>l_0/200$
	吊车梁	自动	$>l_0/800$	$>l_0/400$
		手动	$>l_0/500$	$>l_0/250$
	次梁		$>l_0/250$	$>l_0/125$
	檩条		$>l_0/200$	$>l_0/150$
弯曲矢高	柱		$>l_0/1000$	$>l_0/500$
	受压支撑		$>l_0/1000$	$>l_0/500$
柱顶侧移	多高层框架的层间水平位移		$>h/400$	$>h/200$
	单层厂房中柱倾斜		$>H/1000$	$>H/500$

注：l_0 为构件计算跨度，h 为框架高，H 为柱总高。

(c) 当火灾后钢结构构件严重破坏，难以加固修复，需要拆除或更换时该构件初步鉴定可评为Ⅳ级。

(2) 火灾后钢结构连接的初步鉴定评级，应根据防火保护受损、连接板残余变形与撕裂、焊缝撕裂与螺栓滑移及变形断裂三个子项按表 7.6.19 进行评定，并取按各子项所评定的损伤等级中的最严重级别作为构件损伤等级。当火灾后钢构件连接大面积损坏、焊缝严重变形或撕裂、螺栓烧损或断裂脱落，需要拆除或更换时，该构件连接初步鉴定可评为Ⅳ级。

表 7.6.19　火灾后钢结构连接的初步鉴定评级标准

等级评定要素		各级损伤等级状态特征		
		$Ⅱ_a$	$Ⅱ_b$	Ⅲ
1	涂装与防火保护层	基本无损；防火保护层有细微裂纹且无脱落	防腐涂装完好；防火涂装或防火保护层开裂但无脱落	防腐涂装碳化；防火涂装或防火保护层局部范围脱落
2	连接板残余变形与撕裂	无	轻度残余变形，对承载力无明显影响	主要受力节点板有一定的变形，或节点加劲肋有较明显的变形
3	焊缝撕裂与螺栓滑移及变形断裂	无	个别连接螺栓松动	螺栓松动，有滑移；受拉区连接板之间脱开；个别焊缝撕裂

(3) 火灾后钢结构详细鉴定应包括下列内容：

(a) 受火钢构件的材料特性：

a) 屈服强度与极限强度；

b) 延伸率；

c) 冲击韧性；

d）弹性模量。

(b) 受火钢构件的承载力：

a）截面抗弯承载力；

b）截面抗剪承载力；

c）构件和结构整体稳定承载力；

d）连接强度。

(4) 对于无冲击韧性要求的钢构件，可按承载力评定等级。对于有冲击韧性要求的钢构件，当构件受火后材料的冲击韧性不满足原设计要求，且冲击韧性等级相差一级时，构件承载能力评定应评为 c 级；当其冲击韧性等级相差两级及以上时，构件的承载能力评定应评为 d 级。

(5) 构件承载力鉴定时，应考虑火灾对材料强度和构件变形的影响，按表 7.6.20 评定构件承载能力等级。

表 7.6.20　火灾后钢结构构件(含连接)按承载能力评定等级标准

构件类别	$Rt/\gamma_0 S$		
	b 级	c 级	d 级
重要构件、连接	≥0.95	≥0.90	<0.90
次要构件	≥0.92	≥0.87	<0.87

(6) 受火构件的材料强度与冲击韧性可通过现场取样试验或同种钢材加温冷却试验确定。现场取样应避开构件的主要受力位置和截面最大应力处，并对取样部位进行补强。采取同种钢材加温冷却试验来确定受力构件的材料强度与冲击韧性时，钢材的最高温度应与构件在火灾中所经历的最高温度相同，并且冷却方式应能反映实际火灾中的情况。

7.6.6.4　火灾后砌体结构构件的鉴定评级

(1) 火灾后砌体结构初步鉴定，根据外观损伤、裂缝和变形分别按表 7.6.21 和表 7.6.22进行初步鉴定评级。当砌体结构构件火灾后严重损坏，需要拆除或变更时，该构件初步鉴定可评为Ⅳ级。

表 7.6.21　火灾后砌体结构基于外观损伤和裂缝的初步鉴定评级标准

等级评定要素		各级损伤等级状态特征		
		$Ⅱ_a$	$Ⅱ_b$	Ⅲ
外观损伤		无损伤、墙面或抹灰层有烟黑	抹灰层有局部脱落或脱落，灰缝砂浆无明显烧伤	抹灰层有局部脱落或脱落部位砂浆烧伤在 15mm 以内、块材表面尚未开裂变形
变形裂缝	墙、壁柱墙	无裂缝，略有灼烤痕迹	有裂缝显示	有裂缝，最大宽度 $w_m \leqslant 0.6$mm
	独立柱	无裂缝，无灼烤痕迹	无裂缝，有灼烤痕迹	有裂缝
受压裂缝	墙、壁柱墙	无裂缝，略有灼烤痕迹	个别块材有裂缝	裂缝贯通 3 皮材料
	独立柱	无裂缝，无灼烤痕迹	个别块材有裂缝	有裂缝贯通块材

注：对墙体裂缝有严格要求的建筑结构，表中裂缝宽度，对次要建筑可放宽为 1.0mm。

表 7.6.22　火灾后砌体结构侧向(水平)位移变形的初步鉴定评级标准(mm)

<table>
<tr><td colspan="3">等级评定要素</td><td>Ⅱ_a 或Ⅱ_b</td><td>Ⅲ</td></tr>
<tr><td rowspan="2">多层房屋
(包括多层厂房)</td><td colspan="2">层间位移或倾斜</td><td>≤20</td><td>>20</td></tr>
<tr><td colspan="2">顶点位移或倾斜</td><td>≤30 和 3H/1000 中的较大值</td><td>>30 和 3H/1000 中的较大值</td></tr>
<tr><td rowspan="3">单层房屋
(包括单层厂房)</td><td colspan="2">有吊车房屋墙、柱位移</td><td>>H_T/1250，但不影响吊车运行</td><td>>H_T/1250，影响吊车运行</td></tr>
<tr><td rowspan="2">无吊车房屋
位移或倾斜</td><td>独立柱</td><td>≤15 和 1.5H/1000 中的较大值</td><td>>15 和 1.5H/1000 中的较大值</td></tr>
<tr><td>墙</td><td>≤30 和 3H/1000 中的较大值</td><td>>30 和 3H/1000 中的较大值</td></tr>
</table>

注：H_T 为基础顶面至吊车梁顶面的高度。

(2) 火灾后砌体结构构件的详细鉴定评级：

(a) 砌体结构构件火灾后截面温度场取决于构件的截面形式、材料的热性能、构件表面最高温度和火灾持续时间。

(b) 火灾后砌体、砌块和砂浆强度可按照现行国家标准《砌体工程现场检测技术标准》(GB/T 50315)进行现场检测；也可现场取样分别对砌块和砂浆进行材料试验检测；还可根据构件截面温度按照表 7.6.23 推定砖和砂浆强度。当根据温度场推定火灾后材料力学性能指标时，宜用抽样试验进行修正。

表 7.6.23　火灾后粘土砖、砂浆、砖砌体强度与受火温度对应关系及折减系数

指标	构件表面所受其作用的最高温度(℃)及折减系数					
	<100	200	300	500	700	900
粘土砖抗压强度	1.0	1.0	1.0	1.0	1.0	0
砂浆抗压强度	1.0	0.95	0.90	0.85	0.65	0.35
M2.5 砂浆粘土砖砌体抗压强度	1.0	1.0	1.0	0.95	0.90	0.32
M10 砂浆粘土砖砌体抗压强度	1.0	0.80	0.65	0.45	0.38	0.10

(c) 火灾后砌体结构构件承载能力指标，应按表 7.6.16 规定的评级标准执行。

7.7　房屋抗震鉴定

7.7.1　概述

我国位于世界两大地震带——环太平洋地震带与欧亚地震带的交汇部位，受太平洋板块、印度板块和菲律宾海板块的挤压，地震断裂带十分发育，地震活动频度高，是世界上地震灾害最严重的国家之一。唐山地震、汶川地震等造成的伤亡和损失刻骨铭心。

地震中建筑物的破坏是造成地震灾害的主要原因。现有建筑有些未考虑抗震设防，有些虽然考虑了抗震设防，但与现行的地震动参数区划图等的规定相比，并不能满足相应的设防要求。1977年以来建筑抗震鉴定、加固的实践和震害经验表明，对现有建筑进行抗震鉴定，并对不满足鉴定要求的建筑采取适当的抗震对策，是减轻地震灾害的重要途径。

唐山大地震的生痛教训，使得我国第一部抗震鉴定标准《工业与民用建筑抗震鉴定标准》(TJ 23—77)迅速颁布实施。多次震害经验表明，按照77版鉴定标准进行鉴定加固的房屋，在20世纪八九十年代我国的多次地震中，均经受了考验。然而，随着我国抗震技术的不断发展，尤其是《建筑抗震设计规范》(GBJ 11—89)颁布后，77版鉴定标准部分内容已明显不适合新的要求。95版《建筑抗震鉴定标准》(GB 50023)正是在77版鉴定标准的基础上修订而成的，针对建造于20世纪90年代以前的建筑，在震前进行抗震鉴定和加固的要求编制的。考虑到当时的经济、技术条件和需要加固工程量很大的具体情况，鉴定和加固的设法目标略低于89版《建筑抗震设计规范》的设防目标。2001年《中国地震动参数区划图》颁布实施，明确了我国各地抗震设防的风险水准。特别是汶川大地震的震害经验教训，促使了对抗震鉴定方法的创新、补充和完善，《建筑抗震鉴定标准》(GB 50023—2009)(以下简称《抗标》)应运而生，开始颁布实施。

7.7.2 《抗标》适用范围及基本规定

7.7.2.1 适用范围

对于抗震设防烈度为6～9度地区的现有建筑，在下列情况下应进行抗震鉴定：

(1) 接近或超过设计使用年限需要继续使用的建筑；

(2) 原设计未考虑抗震设防或抗震设防要求提高的建筑；

(3) 需要改变结构的用途和使用环境的建筑；

(4) 其他有必要进行抗震鉴定的建筑。

7.7.2.2 现有建筑按规定选择后续使用年限及采用的抗震鉴定方法

现有建筑鉴定的后续使用年限，根据现有建筑设计建造年代及原设计依据规范的不同，将其后续使用年限划分为30、40、50年三个档次。现有建筑应根据实际需要和可能，按下列规定选择其后续使用年限：

(1) 在70年代及以前建造经耐久性鉴定可继续使用的现有建筑，其后续使用年限不应少于30年；在80年代建造的现有建筑，宜采用40年或更长，且不得少于30年。(89规范正式执行一般不晚于1993年7月1日)

(2) 在90年代(按当时施行的抗震设计规范系列设计)建造的现有建筑，后续使用年限不宜少于40年，条件许可时应采用50年。(01规范正式执行一般不晚于2003年1月1日)

(3) 在2001年以后(按当时施行的抗震设计规范系列设计)建造的现有建筑，后续使用年限宜采用50年。

不同后续使用年限的现有建筑，其抗震鉴定方法应符合下列要求：

(1) 后续使用年限30年的建筑(简称A类建筑)，应根据《抗标》要求的A类建筑进行抗震鉴定。

(2) 后续使用年限40年的建筑(简称B类建筑)，应根据《抗标》要求的B类建筑进行抗震鉴定。

(3) 后续使用年限 50 年的建筑(简称 C 类建筑)，应根据现行国家标准《建筑抗震设计规范》(GB 50011)的要求进行抗震鉴定。

7.7.2.3　现有建筑抗震设防分类标准及设防目标

现有建筑按其重要性及使用用途划分为特殊设防类、重点设防类、标准设防类和适度设防类，不同设防类别的建筑具有相应的鉴定要求：

(1) 丙类，应按本地区设防烈度的要求核查其抗震措施并进行抗震验算。

(2) 乙类，6～8 度应按比本地区设防烈度提高一度的要求核查其抗震措施，9 度时应适当提高要求；抗震验算应按不低于本地区设防烈度的要求采用。

(3) 甲类，应经专门研究按不低于乙类的要求核查其抗震措施，抗震验算应按高于本地区设防烈度的要求采用。

(4) 丁类，7～9 度时，应允许按比本地区设防烈度降低一度的要求核查其抗震措施，抗震验算应允许比本地区设防烈度适当降低要求；6 度时应允许不做抗震鉴定。

抗震设防三个水准目标是：一般情况下，遭遇第一水准烈度——众值烈度(多遇地震)影响时，建筑处于正常使用状态，从结构抗震分析角度，可以视为弹性体系，采用弹性反应谱进行弹性分析，即“小震不坏”；遭遇第二水准烈度——基本烈度(设防地震)影响时，结构进入非弹性工作阶段，但非弹性变形或结构体系的损坏控制在可修复的范围，即“中震可修”；遭遇第三水准烈度——最大预估烈度(罕遇地震)影响时，结构有较大的非弹性变形，但应控制在规定的范围内，以免倒塌，即“大震不倒”。

7.7.2.4　鉴定程序

现有建筑抗震鉴定的程序可按图 7.7.1 进行。

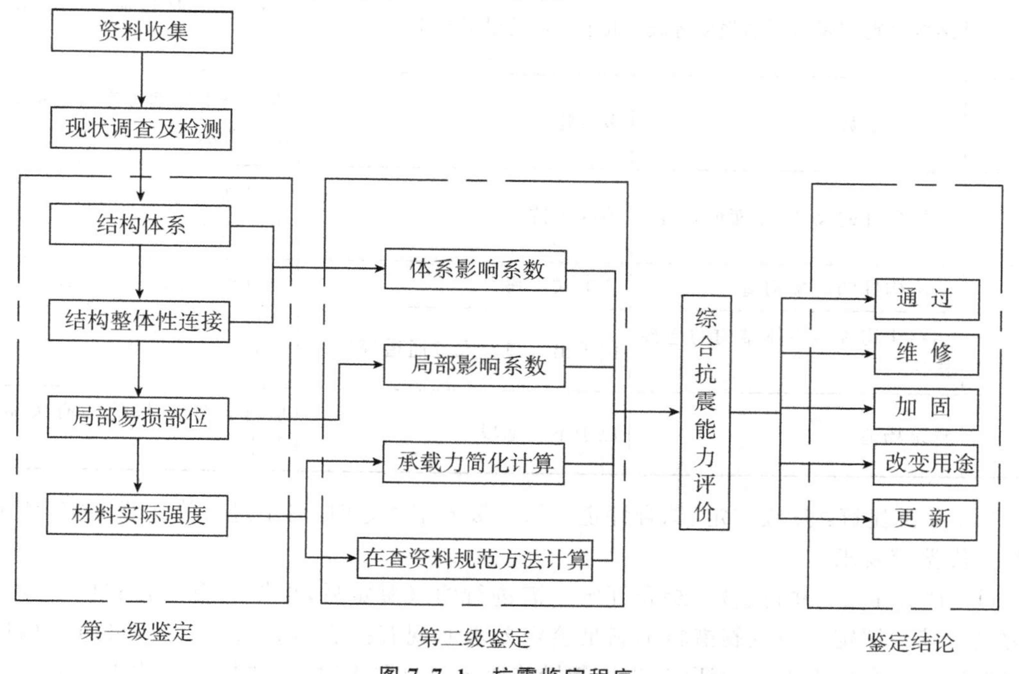

图 7.7.1　抗震鉴定程序

(1) 现有建筑的抗震鉴定应包括下列内容及要求：

(a) 搜集建筑的勘察报告、施工和竣工验收的相关原始资料；当资料不全时，应根据鉴定的需要进行补充实测。

(b) 调查建筑现状与原始资料相符合的程度、施工质量和维护状况，发现相关的非抗震缺陷。

(c) 根据各类建筑结构的特点、结构布置、构造和抗震承载力等因素，采用相应的逐级鉴定方法，进行综合抗震能力分析。

(d) 对现有建筑整体抗震性能作出评价，对符合抗震鉴定要求的建筑应说明其后续使用年限，对不符合抗震鉴定要求的建筑提出相应的抗震减灾对策和处理意见。

(2) 现有建筑的分级鉴定方法。

抗震鉴定分为两级：第一级鉴定应以宏观控制和构造鉴定为主进行综合评定(具体内容和要求见表7.7.1)；第二级鉴定应以抗震验算为主结合构造影响进行综合评价。

表 7.7.1　第一级鉴定构造鉴定表

序号	项目	基本内容	具体要求
1	建筑的平立面、质量、刚度分布和墙体等抗侧力构件的布置	在平面内明显不对称	应进行地震扭转效应不利影响的分析
2	结构竖向构件	上下不连续或刚度沿高度分布突变	应找出薄弱部位并按相应的要求鉴定
3	结构体系	房屋有错层或不同类型结构体系相连	应提高其相应部位的抗震鉴定要求
4	结构材料实际达到的强度等级	低于规定的最低要求	应提出采取相应的抗震减灾对策
5	高度和层数	多层建筑	应符合本标准各章规定的最大限值要求
6	结构构件的尺寸、截面形式等	不利于抗震	宜提高该构件的配筋等构造抗震鉴定要求
7	结构构件的连接构造	装配式厂房	应有较完整的支撑系统
8	非结构构件与主体结构的连接构造	位于出入口及人流通道等处	应有可靠的连接
9	建筑场地	位于不利地段	应符合地基基础的有关鉴定要求

(a) A类建筑：逐级鉴定、综合评定。第一级鉴定通过时，可不进行第二级鉴定，评定为满足抗震鉴定要求。

(b) B类建筑：并行鉴定、综合评定。需进行两级鉴定后，根据抗震措施和现有抗震承载力进行综合评定。当抗震措施不满足鉴定要求而现有抗震承载力较高时，可通过构造影响系数进行综合抗震能力的评定；当抗震措施鉴定满足要求时，主要抗侧力构件承载力不低于规定值的 95%、次要抗侧力构件承载力不低于规定值的 90%时,可不进行加固。

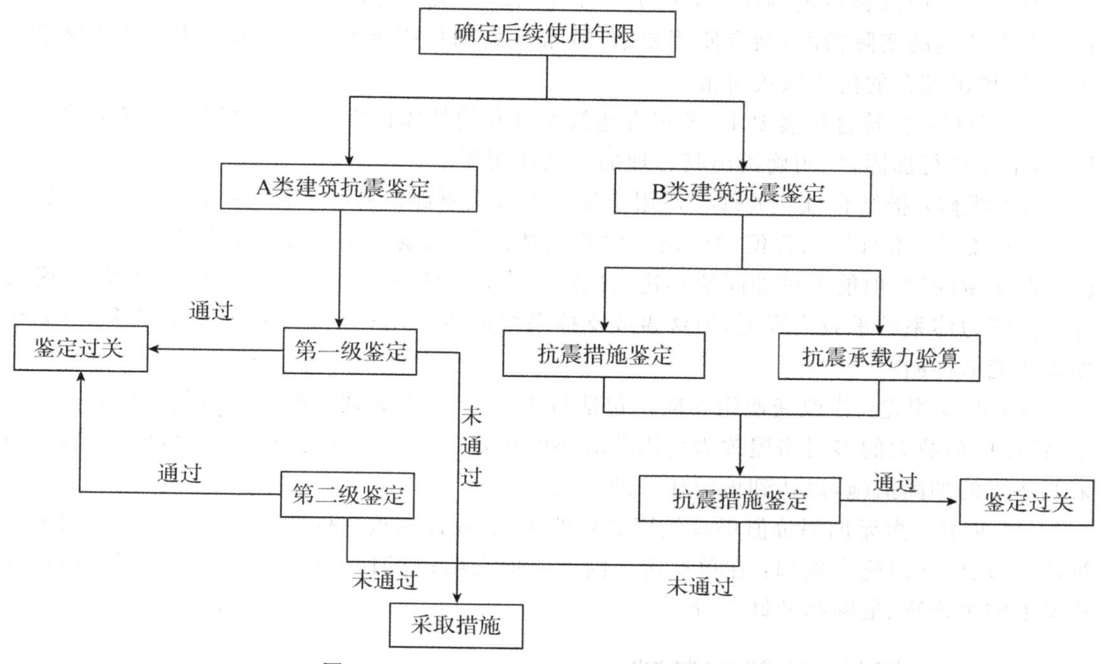

图 7.7.2　A、B 建筑应采用的抗震鉴定方法

(3) 现有建筑抗震鉴定的区别对待原则。

(a) 建筑结构类型不同的结构,其检查的重点、项目内容和要求不同,应采用不同的鉴定方法;

(b) 对重点部位和一般部位,应按不同的要求进行检查和鉴定;

(c) 对抗震性能有整体影响的构件和仅有局部影响的构件,在综合抗震能力分析时应分别对待;

(d) 抗震设防烈度的高低不同,检查的内容也不一致;

(e) 抗震设防类别的不同,对抗震措施的要求也不同;

(f) 场地、地基基础和周围环境影响不同,规定的要求也不同:Ⅰ类场地,丙类建筑,7~9 度构造降一度;Ⅳ类场地,地形复杂,提高要求;全地下室,箱筏桩基可降低抗震要求;密集建筑群,抗震隙两侧,提高相关要求。

(4) 综合抗震能力评定。

综合抗震能力是指整个建筑结构综合考虑其构造和承载力等因素所具有抵抗地震作用的能力,可通过抗震验算确定。

$$S \leqslant \psi_1 \psi_2 R/\gamma_{Ra} = R * (\psi_1 \psi_2 / \gamma_{Ra})$$

γ_{Ra}:抗震鉴定的承载力调整系数,一般情况下,按现行国家标准《建筑抗震设计规范》(GB 50011)的承载力抗震调整系数取值。A 类建筑抗震鉴定时,钢筋混凝土构件应取调整系数的 0.85 倍。

对于砌体结构和钢筋混凝土结构,可通过一定的简化方法进行验算,具体详见后续相关章节的内容。

(5) 抗震鉴定结论。

对建筑结构抗震鉴定的结果,可分为五种处理措施:合格、维修、加固、改变用途和更新。根据建筑的实际情况,结合使用要求、城市规划和加固难易等因素的分析,通过技术经济比较,提出综合的抗震减灾对策。

(a) 合格:指符合抗震要求,即现有建筑所具有的整体抗震能力可达到标准规定的设防目标,不需进行加固,应明确给出其合理的后续使用年限。

(b) 维修:指结合维修处理。适用于仅有少数次要部位局部不符合抗震要求的情况。

(c) 加固:指有加固价值的建筑。大致包括:① 无地震作用时能正常使用;② 建筑虽已存在质量问题,但能通过加固使其达到抗震要求;③ 建筑因使用年久或其他原因(如腐蚀等),抗侧力体系的承载力降低,但楼盖或支撑系统尚可利用;④ 建筑局部缺陷虽多,但易于加固或能够加固。

(d) 改变用途:指改变使用功能。包括将生产车间、公共建筑改为不引起次生灾害的仓库,将使用荷载大的多层房屋改为荷用荷载小的次要房屋等。改变使用功能后的建筑,仍应采取适当的加固措施,以达到该类建筑的抗震要求。

(e) 更新:指无加固价值仍有使用需要的建筑,或计划近期拆迁的不符合抗震要求的建筑,需采取应急措施。例如:在单层房屋内设防护支架;将烟囱、水塔周围划为危险区;拆除建筑上的装饰物、危险物及卸载等。

7.7.3 场地、地基和基础

7.7.3.1 场地

地震造成建筑的破坏,除地震动直接引起结构破坏外,还有场地条件的原因,诸如:地震引起的地表错动与地裂,地基土的不均匀沉陷、滑坡和粉、砂土液化等,因此抗震设防区的建筑工程宜选择有利的地段,避开不利的地段并不在危险的地段建设。

(1) 6、7 度时及建造于对抗震有利地段的建筑,可不进行场地对建筑影响的抗震鉴定。

(2) 对建造于危险地段的现有建筑,应结合规划更新(迁离);暂时不能更新的,应进行专门研究,并采取应急的安全措施。

(3) 7~9 度时,建筑场地为条状突出山嘴、高耸孤立山丘、非岩石和强风化岩石陡坡、河岸和边坡等不利地段,应对其他地震稳定性、地基滑移及对建筑的可能危害性进行评估;非岩石和强风化岩石陡坡的坡度及建筑场地与坡脚的高差均较大时,应估算局部地形导致其他地震影响增大的后果。

(4) 建筑场地有液化侧向扩展且距常时水线 100m 范围内,应判明液化后土体流滑与开裂的危险。

7.7.3.2 地基和基础

(1) 地基基础现状的鉴定,应着重调查上部结构的不均匀沉降裂缝和倾斜,基础有无腐蚀、酥碱、松散和剥落,上部结构的裂缝、倾斜以及有无发展趋势。

(2) 符合下列情况之一的现有建筑,可不进行其他地基基础的抗震鉴定:

(a) 丁类建筑;

(b) 地基主要受力层范围内不存在软弱土、饱和沙土和饱和粉土或严重不均匀土层的乙类、丙类建筑；

(c) 6 度时的各类建筑；

(d) 7 度时，地基基础现状无严重静载缺陷的乙类、丙类建筑。

(3) 存在软弱土、饱和沙土和饱和粉土的地基基础，应根据烈度、场地类别、建筑现状和基础类型，进行液化、震陷及抗震承载力的两级鉴定。符合第一级鉴定的规定时，应评定为地基符合抗震要求，不再进行第二级鉴定。

静载下已出现严重缺陷的地基基础，应同时审核其静载下的承载力。

(4) 地基基础第一、第二级鉴定要求(见表 7.7.2)。

表 7.7.2　地基基础鉴定要求

鉴定等级	鉴定要求
第一级鉴定	1. 基础下主要受力层存在饱和砂土或饱和粉土时，对下列情况可不进行液化影响的判别： 1) 对液化沉陷不敏感的丙类建筑； 2) 符合现行国家标准《建筑抗震设计规范》(GB 50011)液化初步判别要求的建筑。 2. 基础下主要受力层存在软弱土时，对下列情况可不进行建筑在地震作用下沉陷的估算： 1) 8、9 度时，地基土静承载力特征值分别大于 80 kPa 和 100 kPa； 2) 8 度时，基础底面以下的软弱土层厚度不大于 5m。 3. 采用桩基的建筑，对下列情况可不进行桩基的抗震验算： 1) 现行国家标准《建筑抗震设计规范》(GB 50011)规定可不进行桩基抗震验算的建筑； 2) 位于斜坡但地震时土体稳定的建筑。
第二级鉴定	1. 饱和土液化的第二级判别，应按现行国家标准《建筑抗震设计规范》(GB 50011)的规定，采用标准贯入试验判别法。判别时，可计入地基附加应力对土体抗液化强度的影响。存在液化土时，应确定液化指数和液化等级，并提出相应的抗液化措施。 2. 软弱土地基及 8、9 度时Ⅲ、Ⅳ类场地上的高层建筑和高耸结构，应进行地基和基础的抗震承载力验算。

7.7.4　多层砌体房屋

7.7.4.1　多层砌体房屋外观和内在质量要求

(1) 墙体不空鼓、无严重酥碱和明显歪闪。

(2) 支承大梁、屋架的墙体无竖向裂缝，承重墙、自承重墙及其交接处无明显裂缝。

(3) 木楼、屋盖构件无明显变形、腐朽、蚁蚀和严重开裂。

(4) 梁、柱及其节点的混凝土仅有少量微小开裂或局部剥落，钢筋无露筋、锈蚀。

(5) 填充墙无明显开裂或与框架脱开。

(6) 主体结构构件无明显变形、倾斜或歪扭。

7.7.4.2　多层砌体检查的具体项目

现有砌体房屋的抗震鉴定，应按房屋高度和层数、结构体系的合理性、墙体材料的实际强度、主要构件整体性连接构造的可靠性、局部易损易倒部位构件自身及其与主体结构连接构造的可靠性以及墙体抗震承载力的综合分析，对整幢房屋的抗震能力进行鉴定。

当砌体房屋层数超过规定时，应评为不满足抗震鉴定要求；当仅有出入口和人流通道处的女儿墙、出屋面烟囱等不符合规定时，应评为局部不满足抗震鉴定要求。

7.7.4.3 A类多层砌体房屋抗震鉴定

A类砌体房屋应进行综合抗震能力的两级鉴定。在第一级鉴定中，墙体的抗震承载力应依据纵、横墙间距进行简化验算，当符合第一级鉴定的各项规定时，应评为满足抗震鉴定要求；不符合第一级鉴定要求时，除有明确规定的情况外，应在第二级鉴定中采用综合抗震能力指数的方法，计入构造影响做出判断。

第一级鉴定分两种情况。对刚性体系的房屋，先检查其整体性和易引起局部倒塌的部位，当整体性良好且易引起局部倒塌的部位连接良好时，可不必计算墙体面积率而直接按房屋宽度、横墙间距和砌筑砂浆强度等级来判断是否满足抗震要求，不符合时才进行第二级鉴定；对非刚性体系的房屋，第一级鉴定只检查其整体性和易引起局部倒塌的部位，并需进行第二级鉴定。

第二级鉴定分四种情况进行综合抗震能力的分析判断。一般需计算砖房抗震墙的面积率，当质量和刚度沿高度分布明显不均匀，或房屋的层数在7、8、9度时分别超过六、五、三层，需按设计规范的方法和要求验算其抗震承载力，鉴定的承载力调整系数 γ_{Ra} 取值与设计规范的承载力抗震调整系数 γ_{RE} 相同。当面积率较高时，可考虑构造上不符合第一级要求的程度，利用体系影响系数和局部影响系数来综合评定。

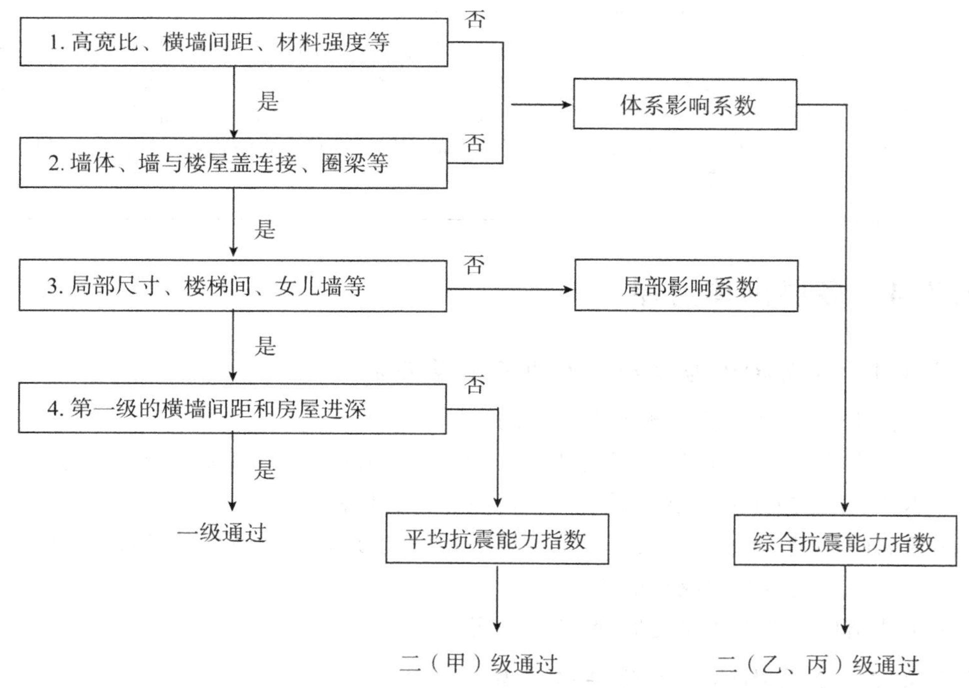

图7.7.3 A类多层砌体房屋两级鉴定

1. 第一级鉴定

多层砌体房屋第一级鉴定可按以下框图进行(如图 7.7.4)。

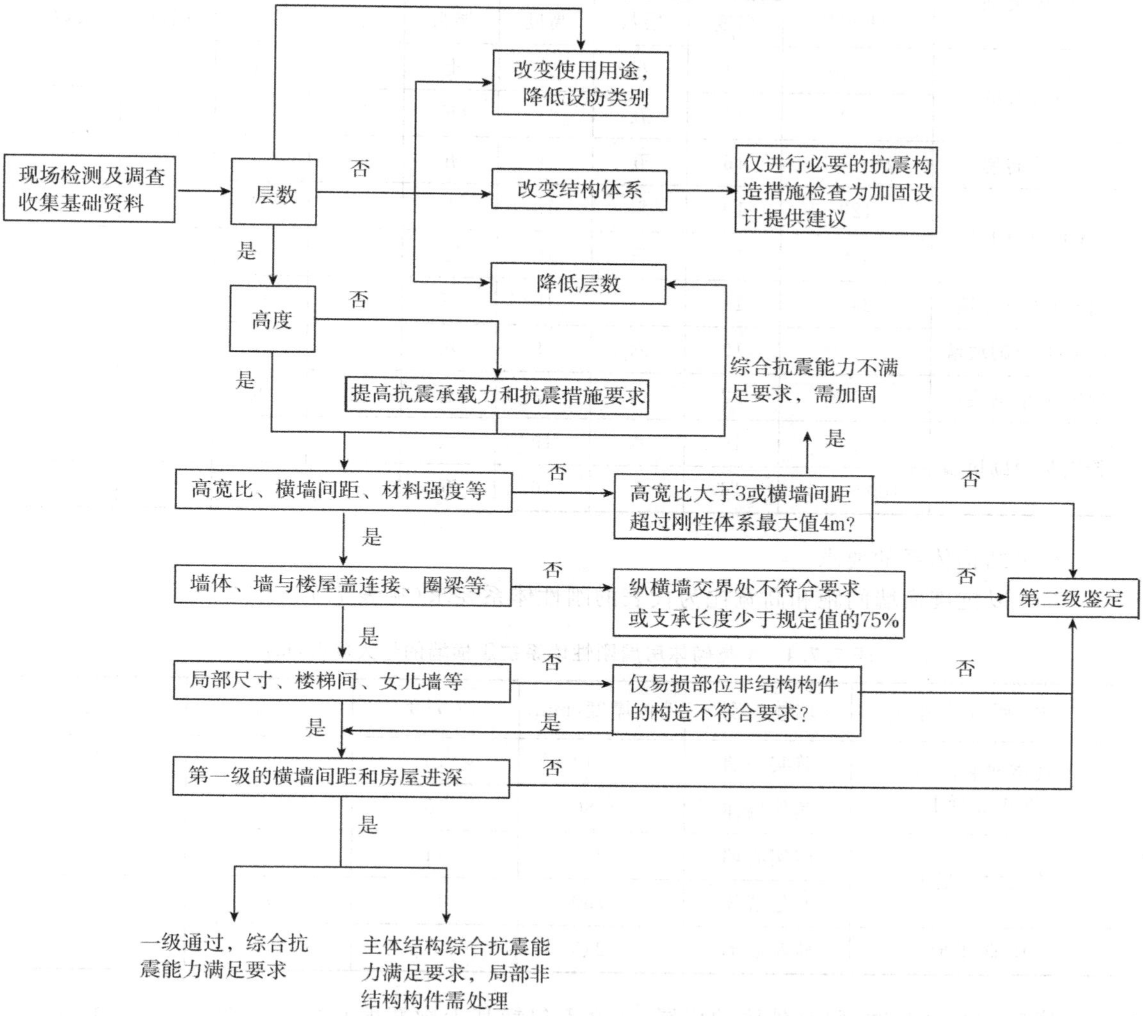

现场检测及调查收集基础资料

层数

否

改变使用用途，降低设防类别

改变结构体系

仅进行必要的抗震构造措施检查为加固设计提供建议

降低层数

是

高度

否

提高抗震承载力和抗震措施要求

是

综合抗震能力不满足要求，需加固

是

高宽比、横墙间距、材料强度等

否

高宽比大于3或横墙间距超过刚性体系最大值4m?

否

是

墙体、墙与楼屋盖连接、圈梁等

否

纵横墙交界处不符合要求或支承长度少于规定值的75%

否

第二级鉴定

是

局部尺寸、楼梯间、女儿墙等

否

仅易损部位非结构构件的构造不符合要求?

否

是

是

第一级的横墙间距和房屋进深

否

是

一级通过，综合抗震能力满足要求

主体结构综合抗震能力满足要求，局部非结构构件需处理

图 7.7.4　砌体结构第一级鉴定

(1) 高度和层数的要求。

抗震横墙较少的房屋,高度和层数应分别降低 3m 和一层;对横向抗震墙很少的房屋,还应再减少一层。

乙类设防时按本地区设防烈度查表,但层数应减少一层且总高度应降低 3m;其抗震墙不应为 180mm 普通砖实心墙、普通砖空斗墙。

当乙类设防的房屋属于横墙较少时,需比表 7.7.3 内的数值减少 2 层和 6m。

表 7.7.3　A 类砌体房屋的最大高度(m)和层数限值

墙体类别	墙体厚度(mm)	6 度		7 度		8 度		9 度	
		高度	层数	高度	层数	高度	层数	高度	层数
砖实心墙	≥240	24	八	22	七	19	六	10	三
	180	16	五	16	五	13	四	10	三
多孔砖墙	180～240	16	五	16	五	13	四	10	三
普通砖空心墙	420	19	六	19	六	13	四		
	300	10	三	10	三	10	三		
普通砖空斗墙	240	10	三	10	三	10	三		
混凝土中砌块墙	≥240	19	六	19	六	13	四		
混凝土小砌块墙	≥190	22	七	22	七	16	五		
粉煤灰中砌块墙	≥240	19	六	19	六	13	四		
	180～240	16	五	16	五	10	三		

(2) 结构体系的要求。

(a) 以抗震横墙间距和高宽比为代表的刚性体系要求(见表 7.7.4)。

表 7.7.4　A 类砌体房屋刚性体系抗震横墙的最大间距(m)

楼、屋盖类别	墙体类别	墙体厚度(mm)	6、7 度	8 度	9 度
现浇或装配整体式混凝土	砖实心墙	≥240	15	15	11
	其他墙体	≥180	13	10	
装配式混凝土	砖实心墙	≥240	11	11	7
	其他墙体	≥180	10	7	
木、砖拱形	砖实心墙	≥240	7	7	4

房屋的高度与宽度(有外廊的房屋,宽度不包括其走廊宽度)之比不宜大于 2.2,且高度不大于底层平面的最长尺寸。

(b) 规则性要求。

① 质量和刚度沿高度分布比较规则均匀,立面高度变化不超过一层,同一楼层的楼板标高相差不大于 500mm。

② 楼层的质心和计算刚心基本重合或接近。

③ 跨度不小于 6m 的大梁,不宜由独立砖柱支承;乙类设防时不应由独立砖柱支承。

④ 教学楼、医疗用房等横墙较少、跨度较大的房屋,宜为现浇或装配整体式楼、屋盖。

(3) 砖、砌块和砂浆强度等级的要求。

(a) 砖、砌体的强度。

砖、砌块的强度等级低于表 7.7.5 规定一级以内时,墙体的砂浆强度等级宜降低一级采用。

表 7.7.5　砖、砌块最低强度等级

块材	最低强度等级
砖	MU7.5，且不低于砌筑砂浆强度等级
中型砌块	MU10
小型砌块	MU5

(b) 砂浆的强度。

砂浆强度等级高于砖、砌块的强度等级时，墙体的砂浆强度等级宜按砖、砌块的强度等级采用，见表 7.7.6。

表 7.7.6　砂浆最低强度等级

<table>
<tr><td colspan="2" rowspan="2">设防烈度</td><td rowspan="2">6 度</td><td colspan="2">7 度</td><td rowspan="2">8、9 度</td></tr>
<tr><td>层数不超过二层</td><td>层数二层以上</td></tr>
<tr><td rowspan="2">最低强度等级</td><td>砖墙体</td><td>M0.4</td><td>M0.4</td><td>M1</td><td>M1</td></tr>
<tr><td>砌块墙体</td><td colspan="4">M2.5</td></tr>
</table>

(4) 整体性连接构造要求。

(a) 墙体的布置。

① 墙体布置在平面内应闭合，纵横墙交接处应有可靠连接，不应被烟道、通风道等竖向孔道削弱。

② 纵横墙交接处应咬槎较好，当为马牙槎砌筑或有钢筋混凝土构造柱时，沿墙高每 10 皮砖(中型砌块每道水平灰缝)或 500mm 应有 2φ6 拉结钢筋；空心砌块有钢筋混凝土芯柱时，芯柱在楼层上下应连通，且沿墙高每隔 600mm 应有 φ4 点焊钢筋网片与墙拉结。

③ 乙类设防时，应按本地区抗震设防烈度和表 7.7.7 检查构造柱设置情况。

表 7.7.7　乙类设防时 A 类砖房构造柱设置要求

<table>
<tr><td colspan="4">房屋层数</td><td colspan="2" rowspan="2">设置部位</td></tr>
<tr><td>6 度</td><td>7 度</td><td>8 度</td><td>9 度</td></tr>
<tr><td>四、五</td><td>三、四</td><td>二、三</td><td></td><td rowspan="3">外墙四角，错层部位横墙于外纵墙交界处，较大洞口两侧，大房间内外墙交接处</td><td>7、8 度时，楼、电梯间四角</td></tr>
<tr><td>六、七</td><td>五、六</td><td>四</td><td>二</td><td>隔开间横墙(轴线)与外墙交接处，山墙与内纵墙交接处；1～9 度时，楼、电梯间四角</td></tr>
<tr><td></td><td></td><td>五</td><td>三</td><td>内墙(轴线)于外墙交接处，内墙的局部较小墙垛处；7～9 度时楼、电梯间四角；9 度时内纵墙于横墙(轴线)交接处。</td></tr>
</table>

注：横墙较少时，按增加一层的层数查表。砌块房屋按表中提高一度的要求检查芯柱或构造柱。

(b) 圈梁的布置和构造。

① 装配式混凝土楼盖、屋盖(或木屋盖)砖房的圈梁布置和配筋应满足表 7.7.8 的要求。纵墙承重房屋的圈梁布置要求应相应提高；空斗墙、空心墙和 180mm 厚砖墙的房屋，外墙每层应有圈梁。

表 7.7.8　A 类砌体房屋圈梁的布置和构造要求

位置和配筋量		7 度	8 度	9 度
屋盖	外墙	除层数为二层的预制板或有木望板、木龙骨吊顶时，均应有	均应有	均应有
	内墙	同外墙，且纵横墙上圈梁的水平间距分别不应大于 8m 和 16m	纵横墙上圈梁的水平间距分别不应大于 8m 和 12m	纵横墙上圈梁的水平间距均不应大于 8m
楼盖	外墙	横墙间距大于 8m 或层数超过四层是应隔层有	横墙间距大于 8m 时每层应有，横墙间距不大于 8m 时层数超过三层时，应隔层有	层数超过二层且横隔墙间距大于 4m 时，每层均应有
	内墙	横墙间距大于 8m 或层数超过四层时，应隔层有且圈梁的水平间距不应大于 16m	同外墙，且圈梁的水平间距不应大于 12m	同外墙，且圈梁的水平间距不应大于 8m
配筋量		4φ8	4φ10	4φ12

② 装配式混凝土楼、屋盖的砌块房屋，每层均应有圈梁；6～8 度时内墙上圈梁的水平间距与配筋应分别符合上表中 7～9 度时的规定。

③ 现浇和装配整体式钢筋混凝土楼、屋盖可无圈梁。

④ 圈梁截面高度，多层砖房不宜小于 120mm，中型砌块房屋不宜小于 200mm，小型砌块房屋不宜小于 150mm。

⑤ 圈梁位置与楼、屋盖宜在同一标高或紧靠板底。

⑥砖拱楼、屋盖房屋，每层所有内外墙均应有圈梁，当圈梁承受砖拱楼、屋盖的推力时，配筋量不应少于 4φ12。

⑦屋盖处的圈梁应现浇；楼盖处的圈梁可为钢筋砖圈梁，其高度不小于 4 皮砖，砌筑砂浆强度等级不低于 M5，总配筋量不少于上表中的规定。

⑧现浇钢筋混凝土板墙或钢筋网水泥砂浆面层中的配筋加强带可代替该位置上的圈梁；与纵墙圈梁有可靠联结的进深梁或配筋板带也可代替该位置上的圈梁。

(c) 楼(屋)盖及其与墙体的连接要求。

① 木屋架不应为无下弦的人字屋架，隔开间应有一道竖向支撑或有木望板和木龙骨顶棚。

② 楼、屋盖构件的支承长度不应小于表 7.7.9 的规定。

③ 混凝土预制构件应有座浆；预制板缝应有混凝土填实，板上应有水泥砂浆面层。

表 7.7.9　楼、屋盖构件的最小支承长度(mm)

构件名称	混凝土预制板		预制进深梁	木屋架、木大梁	对接檩条	木龙骨、木檩条
位置	墙上	梁上	墙上	墙上	屋架上	墙上
支承长度	100	80	180 且有梁垫	240	60	120

(5) 易引起局部倒塌的构件及其连接要求。

(a) 结构构件。

① 承重的门窗间墙最小宽度和外墙尽端至门窗洞边的距离及支承跨度大于 5m 的大梁的内墙阳角至门窗洞边的距离,7、8、9 度时分别不宜小于 0.8m、1.0m、1.5m。

② 非承重外墙尽端至门窗洞边的距离,7、8 度时不宜小于 0.8m,9 度时不宜小于 1.0m。

③ 楼梯间的墙体,悬挑楼层、通长阳台或房屋尽端局部悬挑阳台,过街楼的支承墙体,与独立承重砖柱相邻的承重墙体,均应提高有关墙体承载能力的要求。

④ 楼梯间及门厅跨度不小于 6m 的大梁,在砖墙转角处的支承长度不宜小于 490mm。

⑤ 出屋面的楼、电梯间和水箱间等小房间,8、9 度时墙体的砂浆强度等级不宜低于 M2.5;门窗洞口不宜过大;预制楼、屋盖与墙体应有连接。

(b) 非结构构件。

① 出入口或人流通道处的女儿墙和门脸等装饰物应有锚固。

② 出屋面小烟囱在出入口或人流通道处应有防倒塌措施。

③ 钢筋混凝土挑檐、雨罩等悬挑构件应有足够的稳定性。

④ 隔墙与两侧墙体或柱应有拉结,长度大于 5.1m 或高度大于 3m 时,墙顶还应与梁板有连接。

⑤ 无拉结女儿墙和门脸等装饰物,当砌筑砂浆的强度等级不低于 M2.5 且厚度为 240mm 时,其突出屋面的高度,对整体性不良或非刚性结构的房屋不应大于 0.5m;对刚性结构房屋的封闭女儿墙不宜大于 0.9m。

(6) 抗震横墙间距和房屋宽度的第一级鉴定限值要求。

(a) 适用条件:现有建筑的刚性体体系、整体性连接构造、易引起局部倒塌的部件及其连接均满足要求。

(b) 简化验算方法:层高 3m 左右,墙厚为 240mm 的普通粘土砖房屋,在层高 1/2 处承重纵、横向开洞的水平面积率分别不大于 50%和 25%时,只要依据砂浆强度、设防烈度按表 7.7.10 检验抗震横墙间距和房屋宽度。

(c) 修正系数。

① 不同墙体类别及厚度按《抗标》修正。

② 自承重墙修正:取限值的 1.25 倍。

③ 局部突出结构修正:取 1/3 限值。

④ 楼梯间的墙体,悬挑楼层、通长阳台或房屋尽端局部悬挑阳台,过街楼的支承墙体,与独立承重砖柱相邻的承重墙体的修正:0.8 倍限值。

⑤ 楼屋盖类型的修正:楼盖为混凝土而屋盖为木屋架或钢木屋架时,表中顶层的限值宜乘以 0.7。

⑥内纵墙数量对房屋宽度的修正:有一道同样厚度的内纵墙时可取 1.4 倍,2 道时取 1.8 倍。

⑦墙体开洞率的修正:墙体的门窗洞所占的水平截面面积率 λ_A,横墙与 25%或纵墙与 50%相差较大时,可分别按($0.25/\lambda_A$)和($0.50/\lambda_A$)换算。

⑧材料强度的修正:砂浆强度等级为 M7.5 时,按表中数据内插取值。

⑨重力荷载代表值的修正:当层高较大或楼层重力荷载代表值 g 与 12.0kN/m² 相差较多时,表中数值需乘以($12.0/g$)。

表 7.7.10 抗震承载力简化验算的抗震横墙间距和房屋宽度限值(m)

楼层总数	检查楼层	砂浆强度等级																			
		M0.4		M1		M2.5		M5		M10		M0.4		M1		M2.5		M5		M10	
		L	B	L	B	L	B	L	B	L	B	L	B	L	B	L	B	L	B	L	B
		6度										7度									
二	2	6.9	10	11	15	15	15	—	—	—	—	4.8	7.1	7.9	11	12	15	15	15	—	—
	1	6.0	8.8	9.2	14	13	15	—	—	—	—	4.2	6.2	6.4	9.5	9.2	13	12	15	—	—
三	3	6.1	9.0	10	14	15	15	15	15	—	—	4.3	6.3	7.0	10	11	15	15	15	—	—
	1—2	4.7	7.1	7.0	11	9.8	14	14	15	—	—	3.3	5.0	5.0	7.4	6.8	10	9.2	15	—	—
四	4	5.7	8.4	9.4	14	14	15	15	15	—	—	—	—	6.6	9.3	9.8	12	12	12	—	—
	3	4.3	6.3	6.6	9.6	9.3	14	13	15	—	—	—	—	4.6	6.7	6.5	9.5	8.9	12	—	—
	1—2	4.0	6.0	5.9	8.9	8.1	12	11	15	—	—	—	—	4.1	6.2	5.7	8.5	7.5	11	—	—
五	5	5.6	9.2	9.0	12	12	12	12	12	—	—	—	—	6.3	9.0	9.4	12	12	12	—	—
	4	3.8	6.5	6.1	9.0	8.7	12	12	12	—	—	—	—	4.3	6.3	6.1	8.9	8.3	12	—	—
	1—3	—	—	5.2	7.9	7.0	10	9.1	12	—	—	—	—	3.6	5.4	4.9	7.4	6.4	9.4	—	—
六	6	—	—	8.9	12	12	12	12	12	—	—	—	—	6.1	8.8	9.2	12	12	12	—	—
	5	—	—	5.9	8.6	8.3	12	11	12	—	—	—	—	4.1	6.0	5.8	8.5	7.8	11	—	—
	4	—	—	—	—	6.8	10	9.1	12	—	—	—	—	—	—	4.8	7.1	6.4	9.3	—	—
	1—3	—	—	—	—	6.3	9.4	8.1	12	—	—	—	—	—	—	4.4	6.6	5.7	8.4	—	—
七	7	—	—	8.2	12	12	12	12	12	—	—	—	—	—	—	3.9	7.2	3.9	7.2	—	—
	6	—	—	5.2	8.3	8.0	11	11	12	—	—	—	—	—	—	3.9	7.2	3.9	7.2	—	—
	5	—	—	—	—	6.4	9.6	8.5	12	—	—	—	—	—	—	3.9	7.2	3.9	7.2	—	—
	1—4	—	—	—	—	5.7	8.5	7.3	11	—	—	—	—	—	—	—	—	3.9	7.2	—	—
八	6—8	—	—	—	—	3.9	7.8	3.9	7.8	—	—	—	—	—	—	—	—	—	—	—	—
	1—5	—	—	—	—	3.9	7.8	3.9	7.8	—	—	—	—	—	—	—	—	—	—	—	—

续　表

楼层总数	检查楼层	砂浆强度等级																			
		M0.4		M1		M2.5		M5		M10		M0.4		M1		M2.5		M5		M10	
		L	B	L	B	L	B	L	B	L	B	L	B	L	B	L	B	L	B	L	B
		8 度										9 度									
二	2 1	— —	— —	5.3 4.3	7.8 6.4	7.8 6.2	12 8.9	10 8.4	15 12	— —	— —	— —	— —	3.1 —	4.6 —	4.7 3.7	7.1 5.3	6.0 5.0	9.2 7.1	11 6.4	11 9.0
三	3 1—2	— —	— —	4.7 3.3	6.7 4.9	7.0 4.6	9.9 6.8	9.7 6.2	14 8.8	13 7.7	15 11	— —	— —	— —	— —	4.2 —	5.9 —	5.8 3.7	8.2 5.3	7.7 4.6	10 6.7
四	4 3 1—2	— — —	— — —	4.4— —	5.7— —	6.5 4.3 3.5	9.2 6.3 5.1	9.1 5.9 5.0	12 8.5 7.3	12 7.6 6.2	12 11 9.1	— — —	— — —	— — —	— — —	— — —	— — —	3.3 — —	5.8 — —	3.3 3.3 2.8	5.9 4.8 4.0
五	5 4 1—3	— — —	— — —	— — —	— — —	6.5 4.1 3.2	8.9 5.9 4.5	8.8 5.5 4.3	12 7.8 6.3	11 7.1 5.3	12 10 7.8	— — —	— — —	— — —	— — —	— — —	— — —	— — —	— — —	— — —	— — —
六	6 5 4 1—3	— — —	— — —	— — —	— — —	3.9— —	6.0— —	3.9 3.9 3.2—	6.0 5.1 4.7—	3.9 3.9 3.9 3.9	5.9 5.9 5.9 5.9	— — —	— — —	— — —	— — —	— — —	— — —	— — —	— — —	— — —	— — —

(7) 第一级鉴定结果。

多层砌体房屋符合第一级鉴定的各项规定时,可评为综合抗震能力满足抗震鉴定要求。当遇下列情况之一时,可不再进行第二级鉴定,但应评为综合抗震能力不满足抗震鉴定要求,且要求对房屋采取加固或其他相应措施:

(a) 房屋高宽比大于3或横墙间距超过刚性体系最大值4m。

(b) 纵横墙交接处连接不符合要求,或支承长度少于规定值的75%。

(c) 仅易损非结构构件不满足抗震鉴定要求。

(d) 其他多项明显不符合要求时。

2. 第二级鉴定

(1) A类房屋的第二级鉴定可采用综合抗震能力指数的方法进行第二级鉴定,并根据房屋不符合第一级鉴定的具体情况,分别采用(最弱)楼层平均抗震能力指数方法、(最弱)楼层综合抗震能力指数方法和(最弱)墙段综合抗震能力指数方法。指数大于等于1.0时,应评定为满足抗震鉴定要求;当小于1.0时,应要求对房屋采取加固或其他相应措施。

(2) 房屋的质量和刚度沿高度分布明显不均匀,或7、8、9度时房屋的层数分别超过六、五、三层,可按鉴定标准B类房屋的抗震承载力验算方法进行验算,验算时应按规定估算构造的影响,由综合评定进行第二级鉴定。

(3) 现有结构体系、整体性连接和易引起倒塌的部位符合第一级鉴定要求,但横墙间距和房屋宽度均超过或其中一项超过第一级鉴定限值的房屋,可采用楼层平均抗震能力指数式(7-7-1)方法进行第二级鉴定,又称二(甲)级鉴定。

$$\beta_i = A_i / (A_{bi} \xi_{0i} \lambda) \tag{7-7-1}$$

式中:β_i——第i楼层纵向或横向墙体平均抗震能力指数;

A_i——第i楼层纵向或横向抗震墙在层高1/2处净截面积的总面积,其中不包括高宽比大于4的墙段截面面积;

A_{bi}——第i楼层建筑平面面积;

ξ_{0i}——第i楼层纵向或横向抗震墙的基准面积率;

λ——烈度影响系数;6、7、8、9度时,分别按0.7、1.0、1.5和2.5采用,设计基本地震加速度为0.15g和0.30g,分别按1.25和2.0采用。当场地处于《抗标》4.1.3条规定的不利地段时,尚应乘以增大系数1.1~1.6。

(4) 现有结构体系、楼屋盖整体性连接、圈梁布置和构造及易引起局部倒塌的结构构件不符合第一级鉴定要求的房屋,可采用楼层综合抗震能力指数式(7-7-2)方法进行第二级鉴定,又称二(乙)级鉴定。

$$\beta_{ci} = \psi_1 \psi_2 \beta_i \tag{7-7-2}$$

式中:β_i——第i楼层的纵向或横向墙体综合抗震能力指数;

ψ_1——体系影响系数;

ψ_2——局部影响系数。

对于体系影响系数,可根据房屋不规则性、非刚性和整体性连接不符合第一级鉴定要求的程度,经综合分析后确定;也可由表7.7.11各项系数的乘积确定。当砖砌体的砂浆强度等级为M0.4时,尚应乘以0.9;丙类设防的房屋当有构造柱或芯柱时,尚可根据满足B类建筑相关规定的程度乘以1.0~1.2的系数;乙类设防的房屋,当构造柱或芯柱不符合规定时,尚应乘以 0.8～0.95 的系数。单项不符合的程度超过表 7.7.11 规定或不符合的项目超过 3 项时，应采取加固或其他相应措施。

表 7.7.11　体系影响系数值

项目	不符合的程度	Ψ_1	影响范围
房屋高宽比 η	$2.2<\eta<2.6$ $2.6<\eta<3.0$	0.85 0.75	上部 1/3 楼层 上部 1/3 楼层
横墙间距	超过表 7.7.4 最大值 在 4m 以内	0.90 1.00	楼层的 β_{ci} 墙段的 β_{cj}
错层高度	大于 0.5m	0.90	错层上下
立面高度变化	超过一层	0.90	所有变化的楼层
相邻楼层的墙体刚度比 λ	$2<\lambda<3$ $\lambda>3$	0.85 0.75	刚度小的楼层 刚度小的楼层
楼、屋盖构件的支承长度	比规定少 15%以内 比规定少 15%～25%	0.90 0.80	不满足的楼层 不满足的楼层
圈梁布置和构造	屋盖外墙不符合 楼盖外墙一道不符合 楼盖外墙二道不符合 内墙不符合	0.70 0.90 0.80 0.90	顶层 缺圈梁的上、下楼层 所有楼层 不满足的上、下楼层

对于局部影响系数，可根据易引起局部倒塌各部位不符合第一级鉴定要求的程度，经综合分析后确定；也可由表 7.7.12 各项系数中的最小值确定。不符合的程度超过表 7.7.12 规定时，应采取加固或其他相应措施。

表 7.7.12　局部影响系数值

项目	不符合程度	Ψ_2	影响范围
墙体局部尺寸	比规定少 10%以内 比规定少 10%～20%	0.95 0.90	不满足的楼层 不满足的楼层
楼梯间等大梁的支承长度 l	$370<l<490$	0.80 0.70	该楼层的 该墙段的
出屋面小房间		0.33	出屋面小房间
支承悬挑结构构件的承重墙体		0.80	该楼层和墙段
房屋尽段设过街或楼梯间		0.80	该楼层和墙段
有独立砌体柱称重的房屋	柱顶有拉结 柱顶无拉结	0.80 0.60	楼层、柱两侧相邻墙段 楼层、柱两侧相邻墙段

(5) 实际横墙间距超过刚性体系规定的最大值、有明显扭转效应和易引起局部倒塌的结构构件不符合第一级鉴定要求的房屋，当最弱的楼层综合抗震能力指数小于 1.0 时，可采用墙段综合抗震能力指数(式 7-7-3，7-7-4)方法进行第二级鉴定，又称二(丙)级鉴定。

$$\beta_{cij}=\psi_1\psi_2\beta_{ij} \tag{7-7-3}$$

$$\beta_{ij}=A_{ij}/(A_{bij}\xi_{0i}\lambda) \tag{7-7-4}$$

式中：β_{cij}——第 i 层第 j 墙段综合抗震能力指数；

β_{ij}——第 i 层第 j 墙段抗震能力指数；

A_{ij}——第 i 层第 j 墙段在 1/2 层高处的净截面积；

A_{bij}——第 i 层第 j 墙段计及楼盖刚度影响的从属面积。

墙段从属面积与楼盖的刚度有关，计算方法如下：

(a) 刚性楼盖：由楼层建筑平面面积按墙段的侧移刚度分配。

$$A_{bij} = (K_{ij} / \sum K_{ij}) A_{bi} \tag{7-7-5}$$

墙段抗震能力指数等于楼层平均抗震能力指数，$\beta_{ij} = \beta_i$。

(b) 柔性楼盖：按左右两侧相邻抗震墙间距之半计算。

$$A_{bij} = A_{bij,0} \tag{7-7-6}$$

墙段抗震能力指数，$\beta_{ij} = (A_{ij}/A_i)(A_{bi}/A_{bij,0})\beta_i$。

(c) 中等刚性楼盖：取上述两者的平均值

$$A_{bij} = 0.5(K_{ij} / \sum K_{ij}) A_{bi} + 0.5 A_{bij,0} \tag{7-7-7}$$

墙段抗震能力指数，$\beta_{ij} = (A_{ij}/A_i)(A_{bi}/A_{bij})\beta_i$。

7.7.4.4 B 类多层砌体房屋抗震鉴定

对 B 类建筑抗震鉴定的要求，与 A 类建筑抗震鉴定相同的是，同样对结构体系、材料强度、整体连接和局部易损部位进行鉴定；不同的是，B 类建筑抗震鉴定，在整体性连接构造的检查中尚应包括构造柱的设置情况，必须经过墙体抗震承载力验算，方可对建筑的抗震能力进行评定，同时也可按照 A 类砌体房屋计入构造影响进行综合抗震能力的评定(如图7.7.5)。

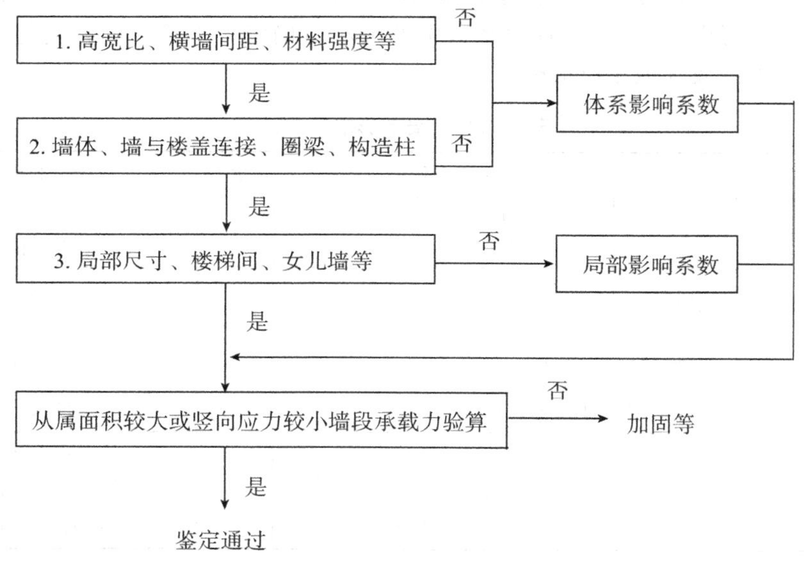

图 7.7.5 B 类多层砌体房屋鉴定

B 类房屋的抗震鉴定，分为抗震措施鉴定和抗震承载力验算两部分，与 A 类不同抗震承载力验算必须进行。

1. 抗震措施鉴定

(1) 房屋的层数和总高度要求。

现有 B 类多层砌体房屋实际的层数和总高度不应超过表 7.7.13 规定的限值；对教学楼、医疗用房等横墙较少的房屋总高度，应比表 7.7.13 的规定降低 3m，层数相应减少一层；

各层横墙很少的房屋，还应再减少一层。乙类设防时可按本地区设防烈度查表，但层数应减少一层且总高度应降低 3m。

表 7.7.13　B 类多层砌体房屋的层数和总高度限值(m)

砌体类别	最小墙厚(mm)	烈度							
		6		7		8		9	
		高度	层数	高度	层数	高度	层数	高度	层数
普通砖	240	24	八	21	七	18	六	12	四
多孔砖	240	21	七	21	七	18	六	12	四
	190	21	七	18	六	15	五	不宜采用	
混凝土小砌块	190	21	七	18	六	15	五		
混凝土中砌块	200	18	六	15	五	9	三		
粉煤灰中砌块	240	18	六	15	五	9	三		

注：① 高度计算方法同现行国家标准《建筑抗震设计规范》(GB 50011)的规定；

② 乙类设防时应允许本地区设防烈度查表，但层数应减少一层且总高度应降低 3m。

(2) 层高要求。

现有普通砖和 240mm 厚多孔砖房屋的层高，不宜超过 4m；190mm 厚多孔砖和砌块房屋的层高，不宜超过 3.6m。

(3) 结构体系要求。

(a) 抗震横墙最大间距应不超过表 7.7.14 的要求。

表 7.7.14　B 类多层砌体房屋的抗震横墙最大间距(m)

楼、屋盖类别	普通砖、多孔砖房屋				中砌块房屋			小砌块房屋		
	6 度	7 度	8 度	9 度	6 度	7 度	8 度	6 度	7 度	8 度
现浇和装配整体式钢筋混凝土	18	18	15	11	15	13	10	15	15	11
装配式混凝土	15	15	11	7	10	10	7	11	11	7
木	11	11	7	4	不宜采用					

(b) 房屋的高宽比不宜超过表 7.7.15 的要求。

表 7.7.15　房屋最大高宽比

烈度	6	7	8	9
最大高宽比	2.5	2.5	2.0	1.5

(c) 纵横墙的布置宜均匀对称，沿平面内宜对齐，沿竖向应上下连续；同一轴线上的窗间墙宽度宜均匀。

(d) 8、9 度时，房屋立面高差在 6m 以上，或有错层，且楼板高差较大，或各部分结构刚度、质量截然不同时，宜有防震缝，缝两侧均应有墙体，缝宽宜为 50～100mm。

(e) 房屋的尽端和转角处不宜有楼梯间。

(f) 跨度不小于 6m 的大梁,不宜由独立砖柱支承;乙类设防时不应由独立砖柱支承。

(g) 教学楼、医疗用房等横墙较少、跨度较大的房间,宜为现浇或装配整体式楼盖、屋盖。

(h) 同一结构单元的基础(或桩承台)宜为同一类型,底面宜埋置在同一标高上,否则应有基础圈梁并应按 1∶2 的台阶逐步放坡。

(4) 材料强度要求。

(a) 承重墙体的砌筑、砂浆实际达到的强度等级,砖墙体不应低于 M2.5,砌块墙体不应低于 M5。

(b) 砌体块材实际达到的强度等级,普通砖、多孔砖不应低于 MU7.5,混凝土小砌块不宜低于 MU5,混凝土中型砌块、粉煤灰中砌块不宜低于 MU10。

(c) 构造柱、圈梁、混凝土小砌块芯柱实际达到的混凝土强度等级不宜低于 C15,混凝土中砌块芯柱混凝土强度等级不宜低于 C20。

(5) 房屋的整体性连接构造要求。

(a) 墙体布置在平面内应闭合,纵横墙交接处应咬槎砌筑,烟道、风道、垃圾道等不应削弱墙体,当墙体被削弱时,应对墙体采取加强措施。

(b) 钢筋混凝土构造柱或芯柱的设置要求:

a) 砖砌体房屋的钢筋混凝土构造柱应按表 7.7.16 设置,粉煤灰中砌块房屋应根据增加一层后的层数,按表 7.7.16 设置;

表 7.7.16　砖砌体房屋构造柱设置要求

房屋层数				设置部位	
6 度	7 度	8 度	9 度		
四、五	三、四	二、三	——	外墙四角,错层部位横墙与外纵墙交接处,较大洞口两侧大房间内外墙交接处	7、8 度时,楼、电梯间四角
六～七	五、六	四	二		隔开间横墙(轴线)与外墙交接处,山墙与内纵墙交接处,7～9 度时,楼、电梯间四角
——	七	五、六	三、四		内墙(轴线)于外墙交接处,内墙的局部较小墙垛处;7～9 度时,楼、电梯间四角;9 度时内纵墙于横墙(轴线)交接处

b) 混凝土小砌块房屋的钢筋混凝土芯柱应按表 7.7.17 设置;

表 7.7.17　混凝土小砌块房屋芯柱设置要求

房屋层数			设置部位	设置数量
6 度	7 度	8 度		
四、五	三、四	二、三	外墙转角、楼梯间四角;大房间内外墙交接处	外墙四角,填实 3 个孔;内外墙交接处,填实 4 个孔
六	五	四	外墙转角、楼梯间四角;大房间内外墙交接处;山墙与内纵墙交接处,隔开间横墙(轴线)与外纵墙交接处	
七	六	五	外墙转角、楼梯间四角;大房间内外墙交接处;8 度时,内纵墙于横墙(轴线)交接处和门洞两侧	外墙四角,填实 5 个孔;内外墙交接处,填实 4 个孔;内墙交接处,填实 4～5 个孔;洞口两侧各填实 1 个孔

c）混凝土中砌块房屋的钢筋混凝土芯柱应按表 7.7.18 设置；

表 7.7.18　混凝土中砌块房屋芯柱设置要求

烈度	设置部位
6、7	外墙四角，楼梯间四角，大房间内外墙交接处，山墙与内纵墙交接处，隔开间（轴线）与外纵墙交接处
8	外墙四角，楼梯间四角，横墙（轴线）与纵墙交接处，横墙门洞两侧，大房间内外墙交接处

d）外廊式和单面走廊式的多层房屋，应根据房屋增加一层后的层数，分别按本款第 a）～c）项的要求检查构造柱或芯柱，且单面走廊两侧的纵墙均应按外墙处理；

e）教学楼、医疗用房等横墙较少的房屋，应根据房屋增加一层后的层数，分别按本款第 a）～c）项的要求检查构造柱或芯柱；当教学楼、医疗用房等横墙较少的房屋为外廊式或单面走廊式时，应按本款第 1～4 项的要求检查，但 6 度不超过四层、7 度不超过三层和 8 度不超过二层时应按增加二层后的层数进行检查。

（c）现有房屋楼、屋盖及其与墙体的连接要求：

a）现浇钢筋混凝土楼板或屋面板伸进外墙和不小于 240mm 厚内墙的长度，不应小于 120mm；伸进 190mm 厚内墙的长度不应小于 90mm；

b）装配式钢筋混凝土楼板或屋面板，当圈梁未设在板的同一标高时，板端伸进外墙的长度不应小于 120mm，伸进不小于 240mm 厚内墙的长度不应小于 100mm，伸进 190mm 厚内墙的长度不应小于 80mm，在梁上不应小于 80mm；

c）当板的跨度大于 4.8m 并与外墙平行时，靠外墙的预制板侧边与墙或圈梁应有拉结；

d）房屋端部大房间的楼盖，8 度时房屋的屋盖和 9 度时房屋的楼盖、屋盖，当圈梁设在板底时，钢筋混凝土预制板应相互拉结，并应与梁、墙或圈梁拉结。

（6）构造柱或芯柱的构造和配筋要求。

（a）砖砌体房屋的构造柱最小截面可为 240mm×180mm，纵向钢筋宜为 4φ12，箍筋间距不宜大于 250mm，且在柱上下端宜适当加密，7 度时超过六层、8 度时超过五层和 9 度时构造柱纵向钢筋宜为 4φ14，箍筋间距不应大于 200mm。

（b）混凝土小砌块房屋芯柱截面，不宜小于 120mm×120mm；构造柱最小截面尺寸可为 240mm×240mm。芯柱（或构造柱）与墙体连接处应有拉结钢筋网片，竖向插筋应贯通墙身且与每层圈梁连接；插筋数量混凝土小砌块房屋不应少于 1φ12，混凝土中砌块房屋，6 度和 7 度时不应少于 1φ14 或 2φ10，8 度时不应少于 1φ16 或 2φ12。

（c）构造柱与圈梁应有连接；隔层设置圈梁的房屋，在无圈梁的楼层应有配筋砖带，仅在外墙四角有构造柱时，在外墙上应伸过一个开间，其他情况应在外纵墙和相应横墙上拉通，其截面高度不应小于四皮砖，砂浆强度等级不应低于 M5。

（d）构造柱与墙连接处宜砌成马牙槎，并应沿墙高每隔 500mm 有 2φ6 拉结钢筋，每边伸入墙内不宜小于 1m。

（e）构造柱应伸入室外地面下 500mm，或伸入浅于 500mm 的基础圈梁内。

（7）圈梁的构造和配筋要求。

（a）装配式钢筋混凝土楼盖、屋盖或木楼盖、屋盖的砖房，横墙承重时，现浇钢筋混凝土圈梁应按表 7.7.19 的要求检查；纵墙承重时每层均应有圈梁，且抗震横墙上的圈梁间距应比表 7.7.19 的规定适当加密。

(b) 砌块房屋采用装配式钢筋混凝土楼盖时，每层均应有圈梁，圈梁的间距应按表 7.7.19 提高一度的要求检查。

表 7.7.19　多层砖房圈梁设置和配筋要求

墙类和配筋量		烈度		
		6、7 度	8 度	9 度
墙类	外墙和内纵墙	屋盖处及各层楼盖处应有	屋盖处及每层楼盖处均应有	屋盖处及每层楼盖处均应有
	内横墙	屋盖处及隔层楼盖处应有，屋盖处间距不应大于 7；楼盖处间距不应大于 15m；构造柱对应部位	屋盖处及每层楼盖处应有；屋盖处沿所有横墙，且间距不应大于 7m；楼盖处间距不应大于 7m；构造柱对应部位	屋盖处及每层楼盖处应有；各层所有横墙应有
最小纵筋		4φ8	4φ10	4φ12
最大箍筋间距(mm)		250	200	150

(c) 现浇或装配整体式钢筋混凝土楼、屋盖与墙体有可靠连接的房屋，可无圈梁，但楼板应与相应的构造柱有钢筋可靠连接；6～8 度砖拱楼盖、屋盖房屋，各层所有墙体均应有圈梁。

(d) 圈梁应闭合，遇有洞口应上下搭接。圈梁宜与预制板设在同一标高处或紧靠板底。

(e) 圈梁在表 7.7.19 要求的间距内无横墙时，可利用梁或板缝中配筋替代圈梁。

(f) 圈梁的截面高度不应小于 120mm，当需要增设基础圈梁以加强基础的整体性和刚性时，截面高度不应小于 180mm，配筋不应少于 4φ12，砖拱楼、屋盖房屋的圈梁应按计算确定，但不应少于 4φ10。

(8) 房屋的楼、屋盖与墙体的连接要求。

(a) 楼、屋盖的钢筋混凝土梁或屋架应与墙、柱(包括构造柱、芯柱)或圈梁可靠连接，梁与砖柱的连接不应削弱柱截面，各层独立砖柱顶部应在两个方向均有可靠连接。

(b) 坡屋顶房屋的屋架应与顶层圈梁有可靠连接，檩条或屋面板应与墙及屋架有可靠连接，房屋出入口和人流通道处的檐口瓦应与屋面构件锚固；8 度和 9 度时，顶层内纵墙顶宜有支撑端山墙的踏步式墙垛。

(9) 房屋中易引起局部倒塌的部件及其连接要求。

(a) 后砌的非承重砌体隔墙应沿墙高每隔 500mm 由 2φ6 钢筋与承重墙或柱拉结，并每边伸入墙内不应小于 500mm，8 度和 9 度时长度大于 5.1m 的后砌非承重砌体隔墙的墙顶，尚应与楼板或梁有拉结。

(b) 下列非结构构件的构造不符合要求时，位于出入口或人流通道处应加固或采取相应措施：

a) 预制阳台应与圈梁和楼板的现浇板带有可靠连接；

b）钢筋混凝土预制挑檐应有锚固；

c）附墙烟囱及出屋面的烟囱应有竖向配筋。

(c) 门窗洞处不应为无筋砖过梁；过梁支承长度，6～8 度时不应小于 240mm，9 度时不应小于 360mm。

(d) 房屋中砌体墙段实际的局部尺寸，不宜小于表 7.7.20 的规定。

表 7.7.20　房屋的局部尺寸限值

部位	烈度			
	6 度	7 度	8 度	9 度
承重窗间墙最小宽度	1.0	1.0	1.2	1.5
承重围墙尽端至门窗洞边的最小距离	1.0	1.0	1.5	2.0
非承重围墙尽端至门窗洞边的最小距离	1.0	1.0	1.0	1.0
内墙阳角至门窗洞边的最小距离	1.0	1.0	1.5	2.0
无锚固女儿墙(非出入口或人流通道处)最大高度	0.5	0.5	0.5	0.0

(10) 楼梯间的要求。

(a) 8 度和 9 度时，顶层楼梯间横墙和外墙宜沿墙高每隔 500mm 设 2φ6 通长钢筋；9 度时其他各层楼梯间墙体应在休息平台或楼层半高处有 60mm 厚的配筋砂浆带，其砂浆强度等级不应低于 M5，钢筋不宜少于 2φ10。

(b) 8 度和 9 度时，楼梯间及门厅内墙阳角处的大梁支承长度不应小于 500mm，并应与圈梁有连接。

(c) 突出屋面的楼梯间、电梯间，构造柱应伸到顶部，并与顶部圈梁连接，内外墙交接处应沿墙高每隔 500mm 有 2φ6 拉结钢筋，且每边伸入墙内不应小于 1m。

(d) 装配式楼梯段应与平台板的梁有可靠连接，不应有墙中悬挑式踏步或踏步竖肋插入墙体的楼梯，不应有无筋砖砌栏板。

2. 抗震承载力验算

B 类现有砌体房屋的抗震分析，可采用底部剪力法，并可按现行国家标准《建筑抗震设计规范》(GB 50011)规定只选择从属面积较大或竖向力较小的墙段进行抗震承载力验算；当抗震措施不满足《抗标》相关要求时，可按第二级鉴定的方法综合考虑构造的整体影响和局部影响，其中，当构造柱或芯柱的设置不满足本节的相关规定时，体系影响系数尚应根据不满足程度乘以 0.8～0.95 的系数。当场地处于《抗标》相关条款规定的不利地段时，尚应乘以增大系数 1.1～1.6。

各层层高相当且较规则均匀的 B 类多层砌体房屋，尚可按 A 类房屋第二级鉴定的规定采用楼层综合抗震能力指数的方法进行综合抗震能力验算。其中，烈度影响系数在 6、7、8、9 度时应分别按 0.7、1.0、2.0 和 4.0 采用，设计基本地震加速度为 0.15g 和 0.30g 时应分别按 1.5 和 3.0 采用。

7.7.5 多层及高层钢筋混凝土房屋

7.7.5.1 适用范围

(1) A类钢筋混凝土房屋抗震鉴定时，房屋的总层数不超过10层。

(2) B类钢筋混凝土房屋抗震鉴定时，房屋适用的最大高度应符合表7.7.21的要求，对不规则结构、有框支层抗震墙结构或Ⅳ类场地上的结构，适用的最大高度应适当降低。

(3) 结构类型不包括筒体结构。

表7.7.21 B类现浇钢筋混凝土房屋适用的最大高度(m)

结构类型	烈度			
	6度	7度	8度	9度
框架结构	同非抗震设计	55	45	25
框架—抗震墙结构		120	100	50
抗震墙结构		120	100	60
框支抗震墙结构	120	100	80	不应采用

7.7.5.2 外观和内在质量要求

(1) 梁、柱及其节点的混凝土仅有少量微小开裂或局部剥落，钢筋无露筋、锈蚀；

(2) 填充墙无明显开裂或与框架脱开；

(3) 主体结构构件无明显变形、倾斜或歪扭。

7.7.5.3 钢筋混凝土房屋检查的具体项目

应依据其设防烈度重点检查下列薄弱部位：

(1) 6度时，应检查局部易掉落伤人的构件、部件以及楼梯间非结构构件的连接构造；

(2) 7度时，除第1款外，尚应检查梁柱节点的连接方式、框架跨数及不同结构体系之间的连接构造；

(3) 8、9度时，除第1、2款外，尚应检查梁、柱的配筋，材料强度，各构件间的连接，结构体型的规则性，短柱分布，使用荷载的大小和分布等。

7.7.5.4 鉴定方法

现有钢筋混凝土房屋的抗震鉴定，应按结构体系的合理性、结构构件材料的实际强度、结构构件的纵向钢筋和横向箍筋的配置和构件连接的可靠性、填充墙等与主体结构的拉接构造以及构件抗震承载力的综合分析，对整幢房屋的抗震能力进行鉴定。

当梁柱节点构造和框架跨数不符合规定时，应评为不满足抗震鉴定要求；当仅有出入口、人流通道处的填充墙不符合规定时，应评为局部不满足抗震鉴定要求。

7.7.5.5 A类钢筋混凝土房屋抗震鉴定

A类钢筋混凝土房屋应进行综合抗震能力两级鉴定。当符合第一级鉴定的各项规定

时，除 9 度外应允许不进行抗震验算而评为满足抗震鉴定要求；不符合第一级鉴定要求和 9 度时，除有明确规定的情况外，应在第二级鉴定中采用屈服强度系数和综合抗震能力指数的方法作出判断。

第一级鉴定强调了梁、柱的连接形式和跨数，混合承重体系的连接构造和填充墙与主体结构的连接。7 度Ⅲ、Ⅳ类场地和 8、9 度时，增加了规则性要求和配筋构造要求。

第二级鉴定分三种情况进行楼层综合抗震能力的分析判断。屈服强度系数是结构抗震承载力计算的简化方法，该方法以震害为依据，通过震害实例验算的统计分析得到，设计规范用来控制结构的倒塌，对评估现有建筑破坏程度有较好的可靠性。在第二级鉴定中，构造影响系数的取值对材料强度等级和纵向钢筋不作要求，其他构造要求用结构构造的体系影响系数和局部影响系数来体现。

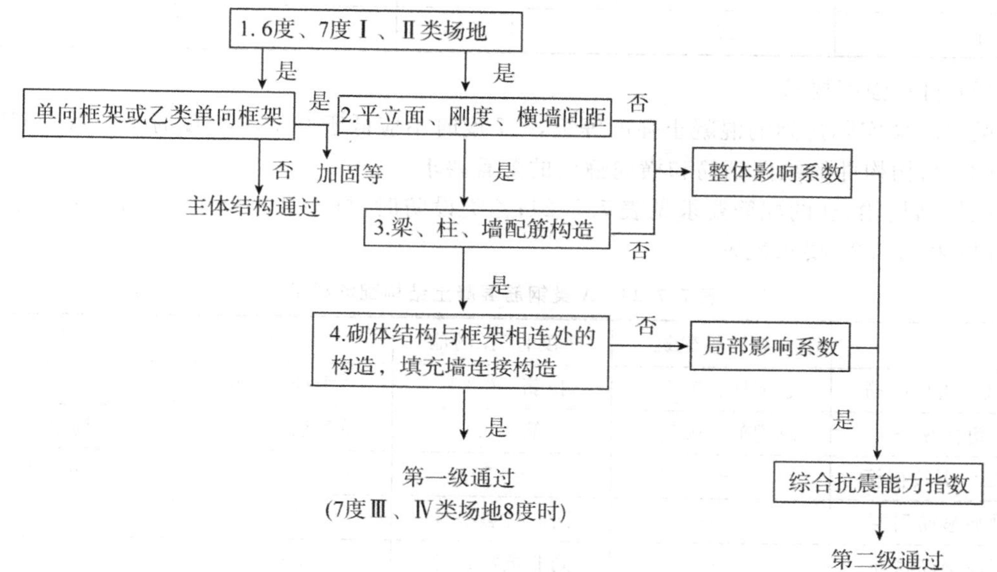

图 7.7.6　A 类多层钢筋混凝土房屋的两级鉴定

1. 第一级鉴定

（1）结构体系要求。

（a）框架结构宜为双向框架，装配式框架宜有整浇节点，8、9 度时不应为铰接节点。

（b）框架结构不宜为单跨框架；乙类设防时，不应为单跨框架结构，且 8、9 度时按梁柱的实际配筋、柱轴向力计算的框架柱的弯矩增大系数宜大于 1.1。

（c）8、9 度时，现有结构体系宜按下列规则性的要求检查：

a）平面局部突出部分的长度不宜大于宽度，且不宜大于该方向总长度的 30%。

b）立面局部缩进的尺寸不宜大于该方向水平总尺寸的 25%。

c）楼层刚度不宜小于其相邻上层刚度的 70%，且连续三层总的刚度降低不宜大于 50%。

d）无砌体结构相连，且平面内的抗侧力构件及质量分布宜基本均匀对称。

（d）抗震墙之间无大洞口的楼、屋盖的长宽比不宜超过表 7.7.22 的规定，超过时应考虑楼盖平面内变形的影响。

表 7.7.22　A 类钢筋混凝土房屋抗震墙无大洞口的楼盖、屋盖的长宽比

楼、屋盖类别	烈度	
	8	9
现浇、迭合梁板	3.0	2.0
装配式楼盖	2.5	1.0

(e) 8 度时，厚度不小于 240mm、砌筑砂浆强度等级不低于 M2.5 的抗侧力粘土砖填充墙，其平均间距应不大于表 7.7.23 规定的限值。

表 7.7.23　抗侧力粘土砖填充墙平均间距的限值

总层数	三	四	五	六
间距(mm)	17	14	12	11

(2) 材料强度要求。

梁、柱、墙实际达到的混凝土强度等级，6、7 度时不应低于 C13，8、9 度时不应低于 C18。

(3) 结构构件的纵向钢筋和横向箍筋的配置要求。

框架结构梁、柱的配筋要求见表 7.7.24；乙类设防时，框架柱箍筋的最大间距和最小直径，宜按表 7.7.25 要求配置。

表 7.7.24　A 类钢筋混凝土结构配筋要求

项目	6 度乙类建筑	7 度Ⅲ、Ⅳ场地	8 度	9 度
中柱、边柱纵筋	总配筋≥0.5%	拉筋≥0.2%	总配筋≥0.6%	总配筋≥0.8%
角柱纵筋	总配筋≥0.7%	拉筋≥0.2%	总配筋≥0.8%	总配筋≥1.0%
柱上、下端箍筋	——	φ6@200	φ6@200	φ8@150
梁端箍筋间距	——	同非抗震设计	200	150
短柱全高箍筋	——	同非抗震设计	φ8@150	φ8@100
柱截面宽度	——	不宜小于 300mm	300mm 400mm(Ⅲ、Ⅳ场地)	400mm

表 7.7.25　乙类设防时框架柱箍筋的最大间距和最小直径

烈度和场地	7 度(0.1g)～7 度(0.15g)Ⅰ、Ⅱ类场地	7 度(0.15g)Ⅲ、Ⅳ场地～8 度(0.30g)Ⅰ、Ⅱ类场地	8 度(0.30g)Ⅲ、Ⅳ类场地和 9 度
箍筋最大间距(取较大值)	8d,150mm	8d,100mm	6d,100mm
箍筋最小直径	8mm	8mm	10mm

(4) 砖砌体填充墙、隔墙与主体结构的连接要求。

(a) 考虑填充墙抗侧力作用时，填充墙的厚度，6～8 度时不应小于 180mm，9 度时不应小于 240mm；砂浆强度等级，6～8 度时不应低于 M2.5，9 度时不应低于 M5；填充墙应嵌砌于框架平面内。

(b) 填充墙沿柱高每隔 600mm 左右应有 2φ6 拉筋伸入墙内，8、9 度时伸入墙内的长度不宜小于墙长的 1/5 且不小于 700mm；当墙高大于 5m 时，墙内宜有连系梁与柱连接；对于长度大于 6m 的粘土砖墙或长度大于 5m 的空心砖墙，8、9 度时墙顶与梁应有连接。

(c) 房屋的内隔墙应与两端的墙或柱有可靠连接；当隔墙长度大于 6m，8、9 度时墙顶尚应与梁板连接。

(5) 结果评判。

符合上述各项规定可评为综合抗震能力满足要求，不需要进行第二级鉴定；但当遇下列情况之一时，可不再进行第二级鉴定，但应评为综合抗震能力不满足抗震要求，且应对房屋采取加固或其他相应措施：

(a) 梁柱节点构造不符合要求的框架及乙类的单跨框架结构。

(b) 8、9 度时混凝土强度等级低于 C13。

(c) 与框架结构相连的承重砌体结构不符合要求。

(d) 仅女儿墙、门脸、楼梯间填充墙等非结构构件不符合有关要求。

(e) 结构布置和构造要求的其他规定有多项明显不符合要求

2. 第二级鉴定

A 类钢筋混凝土房屋，可采用平面结构的楼层综合抗震能力指数进行第二级鉴定。也可按现行国家标准《建筑抗震设计规范》(GB 50011)的方法进行抗震计算分析，按《抗标》第 3.0.5 条的规定进行构件抗震承载力验算，计算时构件组合内力设计值不做调整；尚可按本节的规定估算构造的影响，由综合评定进行第二级鉴定。

(1) 楼层综合抗震能力指数法。

现有钢筋混凝土房屋采用楼层综合抗震能力指数进行第二级鉴定时，应分别选择下列平面结构：

(a) 应至少在两个主轴方向分别选取有代表性的平面结构。

(b) 框架结构与承重砌体结构相连时，除应符合本条第 1 款的规定外，尚应选取连接处的平面结构。

(c) 有明显扭转效应时，除应符合本条第 1 款的规定外，尚应选取计入扭转影响的边榀结构。

$$\beta=\psi_1\psi_2\xi_y \qquad (7-7-8)$$

$$\xi_y=V_y/V_e \qquad (7-7-9)$$

式中：β——平面结构楼层综合抗震能力指数；

ψ_1——体系影响系数；ψ_2——局部影响系数；

ξ_y——楼层屈服强度系数；

V_y——楼层现有受剪承载力；

V_y——楼层弹性地震剪力。

A 类钢筋混凝土的体系影响系数可根据结构体系、梁柱箍筋、轴压比等符合第一级鉴定要求的程度和部位，按下列情况确定：

(a) 当上述各项构造均符合现行国家标准《建筑抗震设计规范》(GB 50011)的规定时，可取 1.4。

(b) 当各项构造均符合《建筑抗震鉴定标准》(GB 50023—2009)第 6.3 节 B 类建筑(89 规范)的规定时，可取 1.25。

(c) 当各项构造均符合本节第一级鉴定的规定时，可取 1.0。

(d) 当各项构造均符合非抗震设计规定时，可取 0.8。

(e) 当部分构造符合第一级鉴定要求而部分构造符合非抗震设计要求时，可在 0.8～

1.0 之间取值。

(f) 当结构受损伤或发生倾斜而已修复纠正，上述数值尚宜乘以 0.8～1.0(通常宜考虑新旧部分不能完全共同发挥效果而取小于 1.0 的影响系数)。

A 类钢筋混凝土的局部影响系数，可根据局部构造不符合第一级鉴定要求的程度，采用下列三项系数选定后的最小值：

(a) 与承重砌体结构相连的框架，取 0.8～0.95。

(b) 填充墙等与框架的连接不符合第一级鉴定要求，取 0.7～0.95。

(c) 抗震墙之间楼、屋盖长宽比超过表 7.7.22 的规定值，可按超过的程度，取 0.6～0.9。

(2) 楼层的弹性地震剪力。

对规则结构可采用底部剪力法计算，地震作用分项系数取 1.0；对考虑扭转影响的边楅结构，可按现行国家标准《建筑抗震设计规范》(GB 50011)规定的方法计算。当场地处于不利地段时，地震作用尚应乘以增大系数 1.1～1.6。

(3) 鉴定结果。

符合下列规定之一的多层钢筋混凝土房屋，可评定为满足抗震鉴定要求；当不符合时应要求采取加固或其他相应措施：

(a) 楼层综合抗震能力指数不小于 1.0 的结构。

(b) 按规定进行抗震承载力验算并满足要求的其他结构。

7.7.5.6 B 类钢筋混凝土房屋抗震鉴定

与 A 类混凝土房屋抗震鉴定相同的是，同样强调了梁、柱的连接形式和跨数，混合承重体系的连接构造和填充墙与主体结构的连接问题，以及规则性要求和配筋构造要求。

B 类钢筋混凝土房屋应根据所属的抗震等级进行结构布置和构造检查，并应通过内力调整进行抗震承载力验算；或按照 A 类钢筋混凝土房屋计入构造影响对综合抗震能力进行评定(如图 7.7.7)。

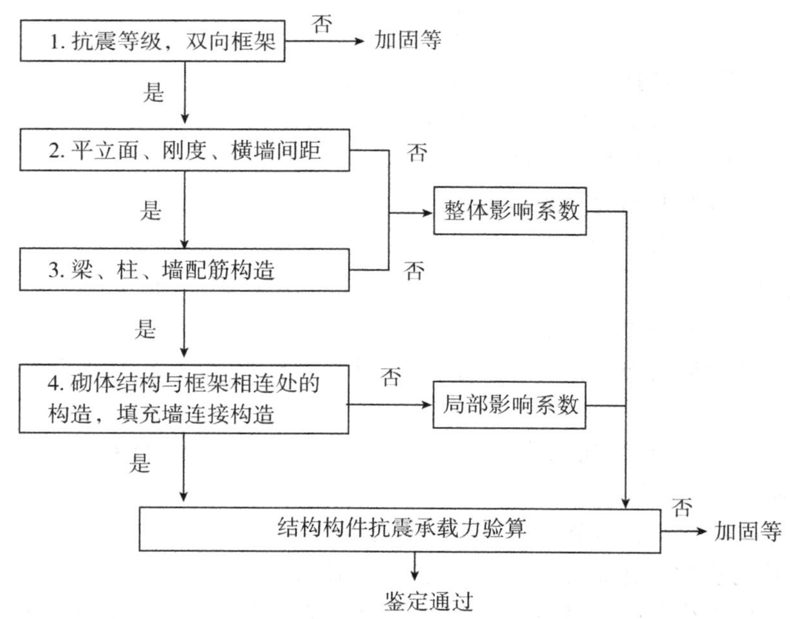

图 7.7.7 B 类钢筋混凝土房屋的抗震鉴定

1. 抗震措施鉴定

(1) 抗震等级的选取。

现有 B 类钢筋混凝土房屋的抗震鉴定，应按表 7.7.26 确定鉴定时所采用的抗震等级，并按其所属抗震等级的要求核查抗震构造措施。乙类设防时，抗震等级应提高一度。

表 7.7.26　钢筋混凝土结构的抗震等级

<table>
<tr><th colspan="2" rowspan="2">结构类型</th><th colspan="9">烈度</th></tr>
<tr><th colspan="2">6</th><th colspan="2">7</th><th colspan="3">8</th><th colspan="2">9</th></tr>
<tr><td rowspan="2">框架结构</td><td>房屋高度</td><td>≤25</td><td>>25</td><td>≤35</td><td>>35</td><td>≤35</td><td colspan="2">>35</td><td colspan="2">≤25</td></tr>
<tr><td>框架</td><td>四</td><td>三</td><td>三</td><td>二</td><td>二</td><td colspan="2">一</td><td colspan="2">一</td></tr>
<tr><td rowspan="3">框架—抗震墙结构</td><td>房屋高度</td><td>≤50</td><td>>50</td><td>≤60</td><td>>60</td><td><50</td><td>50～80</td><td>>80</td><td>≤25</td><td>>25</td></tr>
<tr><td>框架</td><td>四</td><td>三</td><td>三</td><td>二</td><td>三</td><td>二</td><td>一</td><td>二</td><td>一</td></tr>
<tr><td>抗震墙</td><td colspan="2">三</td><td colspan="2">二</td><td>二</td><td colspan="2">一</td><td colspan="2">一</td></tr>
<tr><td rowspan="4">抗震墙结构</td><td>房屋高度</td><td>≤60</td><td>>60</td><td>≤80</td><td>>80</td><td><35</td><td>35～80</td><td>>80</td><td>≤25</td><td>>25</td></tr>
<tr><td>一般抗震墙</td><td>四</td><td>三</td><td>三</td><td>二</td><td>三</td><td>二</td><td>一</td><td>二</td><td>一</td></tr>
<tr><td>有框支层的落地抗震底部加强部位</td><td>三</td><td>二</td><td>二</td><td>二</td><td>一</td><td></td><td rowspan="2">不宜采用</td><td colspan="2" rowspan="2">不应采用</td></tr>
<tr><td>框支层框架</td><td>三</td><td>二</td><td>二</td><td>一</td><td>二</td><td>一</td></tr>
</table>

(2) 结构体系要求。

(a) 框架结构体系要求：框架结构不宜为单跨框架；乙类设防时不应为单跨框架结构，且 8、9 度时按梁柱的实际配筋、柱轴向力计算的框架柱的弯矩增大系数宜大于 1.1；框架应双向布置，框架梁与柱的中线宜重合。

(b) 规则性要求：结构布置宜按 A 类钢筋混凝土抗震鉴定的要求检查其规则性，不规则房屋设有防震缝时，其最小宽度应符合现行国家标准《建筑抗震设计规范》(GB 50011)的要求，并应提高相关部位的鉴定要求。

(c) 框架结构梁柱截面、柱轴压比的要求：梁的截面宽度不宜小于 200mm；梁截面的高宽比不宜大于 4；梁净跨与截面高度之比不宜小于 4；柱的截面宽度不宜小于 300mm，柱净高与截面高度(圆柱直径)之比不宜小于 4；柱轴压比不宜超过表 7.7.27 的规定，超过时宜采取措施；柱净高与截面高度(圆柱直径)之比小于 4，Ⅳ类场地上较高的高层建筑的柱轴压比限值应适当减小。

表 7.7.27 柱轴压比限值

类别	抗震等级		
	一	二	三
框架柱	0.7	0.8	0.9
框架—抗震墙的柱	0.9	0.9	0.95
框支柱	0.6	0.7	0.8

(d) 框剪结构抗震墙布置要求：抗震墙宜双向设置，框架梁与抗震墙的中线宜重合；抗震墙宜贯通房屋全高，且横向与纵向宜相连；房屋较长时，纵向抗震墙不宜设置在端开间；抗震墙之间无大洞口的楼、屋盖的长宽比不宜超过表 7.7.28 的规定，超过时应计入楼盖平面内变形的影响；抗震墙墙板厚度不应小于 160mm 且不应小于层高的 1/20，在墙板周边应有梁(或暗梁)和端柱组成的边框。

表 7.7.28 B 类钢筋混凝土房屋抗震墙无大洞口的楼、屋盖长宽比

楼屋盖	烈度			
	6	7	8	9
现浇、叠合板	4.0	4.0	3.0	2.0
装配式楼盖	3.0	3.0	2.5	不宜采用
框支层现浇梁板	2.5	2.5	2.0	不宜采用

(e) 抗震墙结构抗震墙布置要求：较长的抗震墙宜分成较均匀的若干墙段，各墙段(包括小开洞墙及联肢墙)的高宽比不宜小于 2；抗震墙有较大洞口时，洞口位置宜上下对齐；一、二级抗震墙和三级抗震墙加强部位的各墙肢应有翼墙、端柱或暗柱等边缘构件，暗柱或翼墙的截面范围按现行国家标准《建筑抗震设计规范》(GB 50011)的规定检查；两端有翼墙或端柱的抗震墙墙板厚度，一级不应小于 160mm，且不宜小于层高的 1/20，二、三级不应小于 140mm，且不宜小于层高的 1/25。

(f) 框支层布置要求：房屋底部有框支层时，框支层的刚度不应小于相邻上层刚度的 50%；落地抗震墙间距不宜大于四开间和 24m 的较小值，且落地抗震墙之间的楼盖长宽比不应超过表 7.7.28 规定的数值。

(g) 抗侧力粘土砖填充墙的相关要求：二级且层数不超过五层、三级且层数不超过八层和四级的框架结构，可计入粘土砖填充墙的抗侧力作用；填充墙在平面和竖向的布置，宜均匀对称，宜与框架柱柔性连接，但墙顶应与框架紧密结合。当砌体填充墙与框架为刚性连接时，沿框架柱高每隔 500mm 有 2φ6 拉筋，拉筋伸入填充墙内长度，一、二级框架宜沿墙全长拉通；三、四级框架不应小于墙长的 1/5 且不小于 700mm；墙长度大于 5m 时，墙顶部与梁宜有拉结措施，墙高度超过 4m 时，宜在墙高中部有与柱连接的通长钢筋混凝土水平系梁。

填充墙的布置应符合框架—抗震墙结构中对抗震墙的设置要求；墙厚不应小于 240mm，砂浆强度等级不应低于 M5，宜先砌墙后浇框架。

(3) 材料强度要求。

梁、柱、墙实际达到的混凝土强度等级不应低于 C20。一级的框架梁、柱和节点不应低于 C30。

(4) 结构构件纵向钢筋和横向箍筋的设置要求。

(a) 框架梁的配筋和构造要求：

a) 梁端纵向受拉钢筋的配筋率不宜大于 2.5%，且混凝土受压区高度和有效高度之比，一级不应大于 0.25，二、三级不应大于 0.35。

b) 梁端截面的底面和顶面实际配筋量的比值，除按计算确定外，一级不应小于 0.5，二、三级不应小于 0.3。

c) 梁端箍筋实际加密区的长度、箍筋最大间距和最小直径应按表 7.7.29 的要求检查，当梁端纵向受拉钢筋配筋率大于 2% 时，表中箍筋最小直径数值应增大 2mm。

表 7.7.29　梁加密区的长度、箍筋最大间距和最小直径

抗震等级	加密区长度 (采用最大值)(mm)	箍筋最大间距 (采用较小值)(mm)	箍筋最小直径 (mm)
一	$2h_0$，500	$h_b/4$，6d，100	10
二	$1.5h_0$，500	$h_b/4$，8d，100	8
三	$1.5h_0$，500	$h_b/4$，8d，150	8
四	$1.5h_0$，500	$h_b/4$，8d，150	6

d) 梁顶面和底面的通长钢筋，一、二级不应少于 2φ14，且不应少于梁端顶面和底面纵向钢筋中较大截面面积的 1/4，三、四级不应少于 2φ12。

e) 加密区箍筋肢距，一、二级不宜大于 200mm，三、四级不宜大于 250mm。

(b) 框架柱的配筋与构造要求：柱实际纵向钢筋的总配筋率不应小于表 7.7.30 的规定，对Ⅳ类场地上较高的高层建筑，表中的数值应增加 0.1。

表 7.7.30　柱纵向钢筋的最小总配筋率(%)

类别	抗震等级			
	一	二	三	四
框架中柱和边柱	0.8	0.7	0.6	0.5
框架角柱、框支柱	1.0	0.9	0.8	0.7

柱箍筋在规定的范围内应加密，加密区的箍筋最大间距和最小直径，不宜低于表 7.7.31 的要求。当二级框架柱的箍筋直径不小于 10mm 时，最大间距应允许为 150mm；当三级框架柱的截面尺寸不大于 400mm 时，箍筋最小直径应允许为 6mm；当框支柱和剪跨比不大于 2 的柱，箍筋间距不应大于 100mm。

表 7.7.31　柱加密区的箍筋最大间距和最小直径

抗震等级	箍筋最大间距(采用较小值)(mm)	箍筋最小直径(mm)
一	6d,100	10
二	8d,100	8
三	8d,150	8
四	8d,150	8

柱加密区的范围：

a) 柱端，为截面高度(圆柱直径)、柱净高的 1/6 和 500mm 三者的最大值；

b) 底层柱为刚性地面上下各 500mm；

c) 柱净高与柱截面高度之比小于 4 的柱(包括因嵌砌填充墙等形成的短柱)、框支柱、一级框架的角柱，为全高。

柱加密区的箍筋最小体积配箍率，不宜小于表 7.7.32 的规定。一、二级时，净高与柱截面高度(圆柱直径)之比小于 4 的柱的体积配箍率，不宜小于 1.0%。

表 7.7.32　柱加密区的箍筋最小体积配箍率(%)

抗震等级	箍筋形式	柱轴压比		
		<0.4	0.4～0.6	>0.6
一	普通箍、复合箍	0.8	1.2	1.6
	螺旋箍	0.8	1.0	1.2
二	普通箍、复合箍	0.6～0.8	0.8～1.2	1.2～1.6
	螺旋箍	0.6	0.8～1.0	1.0～1.2
三	普通箍、复合箍	0.4～0.6	0.6～0.8	0.8～1.2
	螺旋箍	0.4	0.6	0.8

柱加密区箍筋肢距，一级不宜大于 200mm，二级不宜大于 250mm，三、四级不宜大于 300mm，且每隔一根纵向钢筋宜在两个方向有箍筋约束。

柱非加密区的实际箍筋量不宜小于加密区的 50%，且箍筋间距，一、二级不应大于 10 倍纵向钢筋直径，三级不应大于 15 倍纵向钢筋直径。

(c) 框架节点核心区箍筋配置要求：框架节点核心区内箍筋的最大间距和最小直径宜按表 7.7.31 检查，一、二、三级的体积配箍率分别不宜小于 1.0%、0.8%、0.6%，但轴压比小于 0.4 时仍按表 7.7.32 检查。

(d)抗震墙墙板的配筋与构造要求：抗震墙墙板横向、竖向分布钢筋的配筋，均应符合表 7.7.33 的要求；Ⅳ类场地上三级的较高的高层建筑，其一般部位的分布钢筋最小配筋率不应小于 0.2%。框架—抗震墙结构中的抗震墙板，其横向和竖向分布筋均不应小于 0.25%。

表 7.7.33　抗震墙墙板横向、竖向分布钢筋的配筋要求

抗震等级	最小配筋率(百分率)		最大间距(mm)	最小直径(mm)
	一般部位	加强部位		
一	0.25	0.25	300	8
二	0.20	0.25		
三、四	0.15	0.20		

抗震墙边缘构件的配筋，应符合表 7.7.34 的要求；框架—抗震墙端柱在全高范围内箍筋，均应符合表 7.7.34 中底部加强部位的要求。

表 7.7.34　抗震墙边缘构件的配筋要求

抗震等级	底部加强部位			其他部位		
	纵向钢筋最小量(取较大值)	箍筋或拉筋		纵向钢筋最小量	箍筋或拉筋	
		最小直径(mm)	最大间距(mm)		最小直径(mm)	最大间距(mm)
一	$0.010A_c$ 4φ16	8	100	$0.008A_c$ 4φ14	8	150
二	$0.008A_c$ 4φ14	8	150	$0.006A_c$ 4φ12	8	200
三	$0.005A_c$ 2φ14	6	150	$0.004A_c$ 2φ12	6	200
四	2φ12	6	200	2φ12	6	250

抗震墙的竖向和横向分布钢筋，一级的所有部位和二级的加强部位应为双排布置，二级的一般部位和三、四级的加强部位宜为双排布置。双排分布钢筋间拉筋的间距不应大于 600mm，且直径不应小于 6mm，对底部加强部位，拉筋间距尚应适当加密。

2. 抗震承载力验算

现有钢筋混凝土房屋，应根据现行国家标准《建筑抗震设计规范》(GB 50011)的方法进行抗震分析，按《抗标》的规定进行构件承载力验算，乙类框架结构尚应进行变形验算；当抗震构造措施不满足要求时，可按 A 类钢筋混凝土房屋抗震鉴定的方法计入构造的影响进行综合评价。

B 类钢筋混凝土房屋的体系影响系数，可根据结构体系、梁柱箍筋、轴压比、墙体边缘构件等符合鉴定要求的程度和部位，按下列情况确定：

(1) 当上述各项构造均符合现行国家标准《建筑抗震设计规范》(GB 50011)的规定时，可取 1.1。

(2)当各项构造均符合本节的规定时，可取 1.0。

(3)当各项构造均符合 A 类房屋鉴定的规定时，可取 0.8。

(4)当结构受损伤或发生倾斜而已修复纠正，上述数值尚宜乘以 0.8～1.0。

7.8 房屋司法鉴定

7.8.1 房屋司法鉴定概述

司法鉴定是在诉讼过程中，对于案件中的某些专业性问题，按诉讼法的规定，经当事人申请，司法机关决定，或由司法机关主动决定，指派、聘请具有专门知识的鉴定人，运用科学技术手段和国家标准，对专业性问题做出判断结论的一种核实证据的活动。

随着我国改革开放的不断深化和法治建设的不断完善，人民法院审理案件中涉及的专门性问题越来越多，司法鉴定范围日益扩大。人民法院审判方式和证据制度改革的不断深化，推动了司法鉴定制度的改革。随着对证据材料举证、质证、认证的庭审模式日趋规范，当事人可以实施举证鉴定，也可以申请专家证人出庭。举证鉴定的推出和专家证人的出现，使我国一直奉行的职权制鉴定制度受到了冲击，特别是举证责任的强化，带来了大量涉及诉讼的鉴定需求，面向社会服务的各类中介鉴定机构应运而生。

举证鉴定虽然可以作为证据材料使用，但绝不能等同为司法鉴定。对于诉讼单方委托的举证鉴定，其鉴定人的中立性和送检材料的真实性、全面性难免受到质疑。司法鉴定与举证鉴定是决然不同的两种委托管理模式。中立性是司法鉴定的本质要求，在程序上必须体现司法公正性。人民法院依职权或应当事人申请决定启动司法鉴定，指派或委托鉴定人时必须符合程序规范，要求双方当事人均无疑义且无利害关系，委托鉴定事项及送检材料也是经过法庭质证审查确定的。这样首先从形式上保障了鉴定职责的中立性、鉴定主体的合法性、鉴定客体的真实性。司法鉴定结论还要通过法庭质证审查，才能确定其证明力和可采性。

司法的公正性要求司法鉴定结论的科学性、客观性和公正性。鉴定结论的公正性体现在鉴定的中立性，这有赖于鉴定程序的规范化；鉴定结论的客观性取决于鉴定人的职业道德；而鉴定结论的科学性除了取决于鉴定人的专业知识、实践经验外，还与技术标准的选用、鉴定的方法有关。针对同一个鉴定客体，选用的技术标准不同可能会得出完全不同的鉴定结论。因而如何根据鉴定的类型，科学地选用合适的技术标准非常重要。由于鉴定的目的不同，司法鉴定的方法不同于一般的技术鉴定。

所谓房屋司法鉴定，是指依法取得房屋司法鉴定许可证的司法鉴定机构中的司法鉴定人依法运用建筑工程结构知识和技能以及质量检测技术，对涉及诉讼活动的房屋质量和安全等专门性问题进行科学鉴别和判定的活动。它是对房屋质量和安全进行科学求证的认识活动。

房屋司法鉴定是近几年才出现的，有许多问题需要探讨。

7.8.2 房屋司法鉴定的特点

房屋司法鉴定在我国尚处于起步阶段，建筑工程产品不同于其他产品而有其自身的固有特点，因而，对建筑工程进行司法鉴定要受这些特点的影响和限制。

(1) 建筑产品的固定性。即建筑产品必须固定在一定地方，并且和土地连在一体，位置不能随便移动。因而，对房屋建筑进行鉴定，需要多次到现场收集资料、采集试样、观察现状、问询情况，有时还需要露天作业。房屋的固定性使房屋司法鉴定工作具有一定的流动性。

(2) 建筑产品具有单件性和类型多样性，即建筑产品体形庞大、结构复杂而且是一个单件产品，因其使用功能不同，在类别、品种、规格、型号、式样上也各不相同。即使同一类工程，各个单件也有差别。所以，房屋司法鉴定工作具有一定的复杂性，即使案情类似的工程也不能简单类比。

(3) 建筑产品的整体性。建筑产品是由许多建筑材料、半成品(构件)和成品加工、装配组合而形成的综合、严密、完整的体系。对其进行鉴定时既要查明案情真正原因，还要尽量保证其使用功能，尽量不破坏房屋结构构件或其他设施。

因此，对房屋进行司法鉴定，除了需要从业人员具有丰富的工程设计经验、工程施工经验、工程管理经验以外，还要精通法律。显然，一个人由于受个人经历与自身精力的限制很难做到样样精通。鉴定工作需要众多专家、学者与工程技术人员共同协作、共同完成。简单地把专家意见罗列或组织到一起讨论，鉴定结论有时会受某一权威或其他因素的影响，从而影响鉴定效果。

7.8.3　房屋司法鉴定的类型

在涉及房屋质量和安全的有关民事诉讼中，依据鉴定的目的，房屋司法鉴定的类型很多，以下就是常见的几个类型。

(1) 施工质量鉴定。一般发生在建设单位或开发商与施工单位之间的民事纠纷中。发现或怀疑施工质量存在问题，通常有三种情况：一是施工过程中或竣工验收时由监理或建设单位技术负责人发现，如混凝土试块强度没有达到设计要求、外观质量出现异常等；二是施工单位起诉建设单位拖欠工程款，建设单位反诉施工单位，怀疑施工质量存在问题；三是房屋购买者发现有施工质量问题。从司法实践来看，第二、第三种情况居多，这从一个侧面反映了目前我国工程质量的监督体制尚不完善，开发商并没有像关心销售那样来关心工程质量。如果没有工程款等其他经济纠纷牵涉在内，第一种情况一般以协商为主，只有极少数进入司法程序。

(2) 勘察、设计质量鉴定。发生在业主或建设单位与勘察设计单位之间的民事纠纷中。勘察设计质量问题一般较难直接发现，通常都是由其他问题，如成品质量、工程事故牵涉出来。目前推行的施工图审查制度属于事前检查，不属于设计质量鉴定的范畴。

(3) 房屋质量鉴定。一般发生在开发商与商品房购买者之间的民事纠纷中。随着住房商品化的推进和法制的逐步健全，居民的维权意识越来越强烈，加上开发商对房屋的质量淡漠，这类案件呈上升趋势。尽管住户发现房屋质量问题大多是从施工质量，特别是外观质量开始的，如屋面漏水、粉刷层脱落等，但房屋质量不仅与施工质量有关，还涉及勘察设计质量。根据最高人民法院 2003 年 5 月 6 日公布的“关于审理商品房买卖合同纠纷案件适用法律若干问题的解释”，如果购买的商品房因质量问题严重影响正常居住使用，法院应支持买房户解除房屋买卖合同。所谓质量问题严重影响正常居住使用，应该对应鉴定标准中的“安全性显著影响整体承载”这一等级。因此，成品质量鉴定包括了施工质量鉴定和勘察设计质量鉴定。

(4) 环境变化对临近房屋的损害鉴定。发生在住户与施工单位的民事纠纷中。城市密集区的基坑开挖、地铁施工、地下水抽取、采矿等引起的地面沉降都会对临近建筑产生不利影响。与上面三种情况不同,鉴定的焦点并不是房屋的安全现状,而是引起的有害变化以及这种变化的程度,因而需要了解损害前后的情况,并加以对比,这需要做施工前的证据保全。

(5) 工程事故鉴定。当发生重大工程质量事故时,为了认定责任,需要做事故鉴定。工程事故鉴定并不单纯是技术鉴定,还涉及管理、政策法规等其他方面。依据事故的性质,除了追究民事责任外,可能还涉及刑事责任,是最为复杂的。

7.8.4 房屋司法鉴定的基本原则

我国三大诉讼法都明确规定,为了查明案情,需要解决案件中某些专门性问题时,应当交由法定部门,或者指派、聘请有专门知识的人进行鉴定。房屋司法鉴定就是取证手段之一。因此必须以事实为依据,遵循科学、客观、独立、公正、合法的基本原则。

(1) 以事实为依据原则。房屋司法鉴定和其他类型的司法鉴定一样,是为司法活动服务的,是司法活动不可分割的重要组成部分。房屋司法鉴定的法律属性决定了其整个过程必须严格遵循以事实为依据的根本原则。

(2) 尊重科学原则。房屋司法鉴定是运用工程结构知识和技能以及质量检测技术去解决各种鉴定客体在司法活动中的证明作用,也就是对房屋质量和安全进行科学鉴别和作出判定的过程,它要求鉴定人具有尊重科学、相信科学、依靠科学的素质,根据建筑工程专业技术理论、知识和方法,采用各类检测技术、设备和手段,根据一系列国家强制性标准规范的要求,对具体的工程质量和安全进行识别、比较和认定、判断,并得出科学的专业性结论。因此,尊重科学是房屋司法鉴定最重要的原则。

(3) 客观原则。房屋司法鉴定不但涉及诉讼双方当事人的切身利益,而且房屋的质量和安全的优劣状态直接涉及工程使用者的生命、财产安全,关系重大,责任重大。因此,无论是鉴定的程序、方法,还是鉴定结论都必须遵循和体现客观的原则。

(4) 独立原则。房屋司法鉴定只在法律界定的范围内进行活动,在任何情况下都不受人情、私利、外界压力等因素的影响。一旦有所违背将会使鉴定偏离事实、客观、科学,严重的会造成本来可以发现和避免的工程质量事故的发生,甚至造成重大人员伤亡的严重后果。因此,独立原则是房屋司法鉴定不可违背的最基本的原则。

(5) 公正原则。公正原则是一切司法活动应遵循的基本原则,房屋司法鉴定必须遵循和体现这一原则。无论鉴定委托来自司法机关及司法行政机关还是来自公民及社会组织,甚至是来自犯罪嫌疑人,在委托鉴定业务的地位上应视为平等。鉴定人的出发点和落脚点均不能存在偏袒任何一方的迹象,这就是公正原则在房屋司法鉴定中具体的表现特征。

(6) 合法原则。公民及社会组织从事的一切活动均必须遵循合法原则,房屋司法鉴定亦必须遵循合法原则。鉴定机构和鉴定人必须在法律界定的范围内从事鉴定活动,其鉴定程序、原理、方法、技术手段及运用的标准不但要符合我国三大诉讼法的要求,同时还要符合与其密切相关的专项法律、法规的规定。

7.8.5 房屋司法鉴定的程序

房屋司法鉴定既是房屋评定的专业技术性工作,同时也是司法审判证据链的组成部分

（如图 7.8.1）。

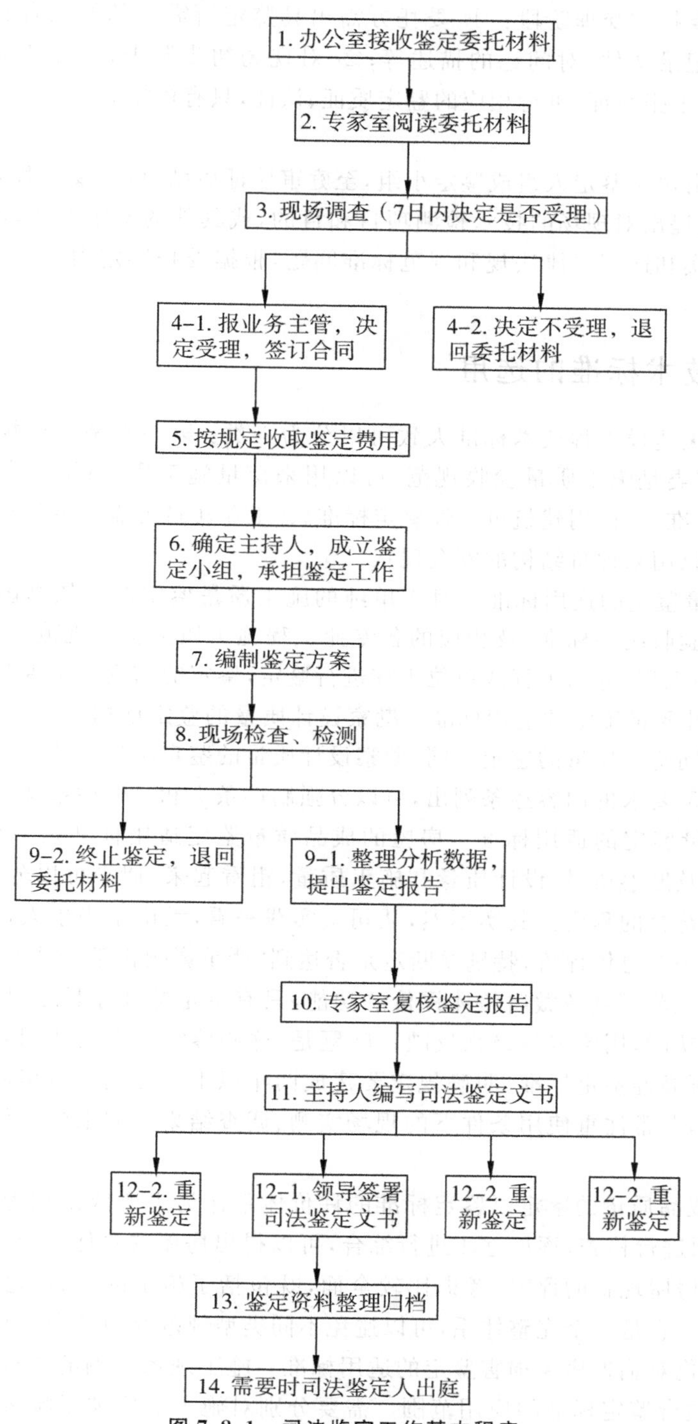

图 7.8.1　司法鉴定工作基本程序

因此，房屋司法鉴定必然有其两者结合的特点，表现出房屋司法鉴定所具有的技术路线和工作程序。在司法鉴定活动中，程序公正、公开是确保司法鉴定工作公正、公平的前提。

司法鉴定的基本程序可分为两个基本阶段。

第一阶段是委托和受理阶段：① 委托方需出具鉴定所需要的原始资料或介绍房屋状况，如图纸、施工记录文件、对问题的描述等；② 对现场初步调查，主要任务是收集事实依据，由当事人对其主张举证，进行相应的鉴定质证、认证，只有依据有效的证据才能进行专业性的技术鉴定。

第二阶段是由司法鉴定人组成鉴定小组，至庭审质证后结束，主要过程是提出具体鉴定方案，如由鉴定人提出对现场的技术检测项目和目的，或其他的鉴定方法，以便解决对该房屋鉴定依据的事实和适用法律法规和规范标准问题，根据委托鉴定内容，做出鉴定结论，写成司法鉴定文书。

7.8.6 技术标准的选用

目前我国有关建设工程技术标准大致可以分为三类：第一类是设计规范，可以用来衡量设计质量；第二类是施工质量验收规范，可以用来衡量施工质量；第三类是鉴定标准，如《危险房屋鉴定标准》、《民用建筑可靠性鉴定标准》、《工业建筑可靠性鉴定标准》、《建筑抗震鉴定标准》等，可以用来评价结构的安全现状。

(1) 施工质量鉴定的适用标准。对于单纯的施工质量鉴定应该依据国家现行规范《建筑工程施工质量验收统一标准》及相应的各专业工程施工质量验收规范。根据完成的施工内容，分别对分项工程、分部工程或单位工程进行鉴定，鉴定的结论为是否合格。

(2) 勘察设计质量鉴定的适用标准。勘察设计质量的鉴定依据是国家现行各类设计规范和勘察规范。同施工质量的鉴定不同，勘察设计质量的鉴定结果无法得出一个总体结论，只能对不符合规范要求的内容逐条列出，可以分强制性条文和一般性条文。

(3) 成品质量鉴定的适用标准。房屋的成品质量鉴定适用标准是一个值得探讨的问题。成品质量涉及勘察质量、设计质量和施工质量，粗看起来，似乎可以分别对照国家的相应规范来评价其符合的程度。其实不然，从司法实践来看，无论是当事人还是法官，都希望对成品质量做出一个总体评价，特别要断定是否达到“严重影响正常居住使用”这样的程度。而目前的设计类规范不具备做出整体评价的功能，只有鉴定标准才具备对房屋的整体安全状况做出评价的功能，用鉴定等级来反映。问题是，这些鉴定标准的适用对象是既有房屋，其中《民用建筑可靠性鉴定标准》明确规定要建成两年以上。强调既有房屋，是因为鉴定标准的评价体系中，非常注重使用条件下的现场实测、调查结果。如果尚未使用，这些数据就无从得到。

相对而言，成品质量的鉴定以鉴定标准的评价体系作为主要依据较为合适，理由有三：① 通过分层分项进行检查，逐层逐步进行综合，可以得出房屋的总体鉴定结论，符合鉴定的目标；② 它是对房屋现状的评定，考虑比较全面，既包括了施工的因素，也包括设计的因素和使用的因素；③ 它是一个完整体系，可以避免不同类型规范混用带来的匹配问题。

(4) 环境变化对临近房屋损害鉴定的适用标准。施工现场周围的临近房屋一般既有用房屋，因而完全适合鉴定标准的应用范围。需要分别对施工前后被影响房屋的安全现状做出评级，然后比较鉴定等级的下降，确定造成的损害程度。

(5) 工程事故鉴定的适用标准。工程事故的鉴定主要是为了分清责任，宜分别对照勘测设计规范、施工验收规范以及其他有关管理规定，找出各自的失误。

7.8.7 鉴定中需要注意的问题

司法鉴定和可靠性鉴定的目的不尽相同，可靠性鉴定是为采取相应措施提供科学依据；而司法鉴定主要是为了分清相关的责任。所以尽管两者依据的技术标准相同，司法鉴定方法与一般可靠性鉴定方法会有所不同。以下一些问题笔者认为值得注意。

(1) 规范版本。随着科学技术水平的提高和社会的进步，国家的规范、标准定期会进行修订。规范版本的不同，有时也会导致结论的差异。一般来说，新规范比旧规范标准更高、要求更严。这意味着按旧规范满足要求，按新规范可能不满足要求。但也可能出现相反的情况，例如对于砌体结构的抗压承载力计算，旧规范不考虑构造柱作用，一些小墙段的抗压承载力常常不能满足要求；而新规范按组合砖墙考虑就可能满足承载力要求。进行可靠性鉴定时，采用的相关技术标准是现行规范，即鉴定时国家执行的规范，这主要是从保证下一个目标使用期安全使用的角度出发的。而作为司法鉴定，应该采用当时执行的规范。当被鉴定项目刚好处于新、旧规范过渡时期，而双方的合同文件对依据的规范版本未作明确规定时，根据“从轻原则”，应该采用新旧规范中较低的标准。

(2) 事后鉴定。施工质量的司法鉴定与施工质量验收存在明显不同。施工质量验收属于过程检验，最后对单位工程或分部工程质量的评定结论主要是建立在工程建设过程中随时进行的检验批和分项工程的验收基础上的；而司法鉴定属于现状检验，不像监理工程师，鉴定人员没有参与施工过程，无法直接对检验批和分项工程做出评价。

受检测手段的限制，相当多的检验项目尚无法事后采用检测方法进行复查，因而施工验收资料是重要的鉴定依据。问题是发生施工质量纠纷的工程项目，其施工质量验收常常是合格的，甚至是优良工程，如何判断验收资料的真实性则成为鉴定的关键。

相对而言，鉴定合格比鉴定不合格更困难。因为后者只需找到一项不合格的指标就行了；而前者则需要验证所有指标合格。从工程实践来看，如果所有验收资料都无法采信，要鉴定一项工程完全合格几乎是不可能的。鉴定人员在接受委托时最好让原、被告双方对竣工资料中没有疑义的部分加以确认，将施工质量的疑义范围尽可能缩小，并双方约定检测的方法。

(3) 责任分析。一般的可靠性鉴定尽管也做原因分析，但更注重其安全现状的评定以及如何采取措施；而司法鉴定侧重原因分析和责任认定。

当某一损伤现象由多种原因引起时，要分清各自的责任是相当困难的，因为各因素相互作用的机理尚不清楚，缺乏相关的技术标准。简单的处理方法是采用排除法，设计、施工某一方面并不违反规范，则排除这方面的原因。

采用这种方法可能会出现找不到责任人的情况，使得房屋的业主无法接受鉴定结论或夸大易于检测项目的原因。以混凝土结构的裂缝为例，当无超载和地基不均匀沉降原因时，影响因素包括伸缩缝长度、配筋情况和混凝土质量，前者属于设计问题，后者属于施工问题。有关混凝土质量的事后检测指标仅包括强度，对裂缝影响很大的收缩值目前尚无法现场检测。如果设计方面满足了规范要求，混凝土强度也是合格的，则责任人都排除了；如果混凝土强度碰巧低于设计要求，则很容易把原因全部归结为施工方面。实际上，混凝土强度仅仅是原因之一。即使设计方面满足规范要求，施工质量也是符合要求的，仍然可能出现裂缝。新的混凝土设计规范对温度钢筋和腰筋都增加了就说明了这一点。一个合格的工程师除了要满足规范外，还应该根据自己的工程经验进行设计。

要做出合理的责任分析需要鉴定人员依据自己的专业知识和工程经验做主观判断和推论。

(4) 证据。房屋质量和安全的鉴定结论是民事诉讼的证据之一，是成立在证据之上的证据。房屋司法鉴定结论的形成同样必须依靠证据，证据的合法性是鉴定结论能够被采信的基础，其中，证据确认的程序是其合法性体现的充要条件。因此，在确认证据过程中应注意以下几个问题：

(a) 要做到全面接纳证据，鉴定人不应以不属工程资料或与鉴定内容无关的主观判断拒收证据资料，也不应在当事人提交证据时做出对效力判断的表示。

(b) 所有的证据均应经过交换和相应的鉴定质证，当事人对其鉴定主张所提交的证据资料均应填写资料目录，并附简要的证明作用说明。所有的鉴定证据资料当事人之间均应进行证据交换，对对方提交的证据应附注说明对其法律效力、证明作用的意见。根据当事人提交证据资料、主张及申辩意见，有时鉴定人可组织召开当事人会议，对争议鉴定证据进行相互鉴定质证，鉴定人认为须明确的事项，也应向当事人提问(附证据资料目录、证据资料核对意见格式)。

(c) 对证据的确认应与法庭审判程序相配合。建筑工程中的合同、约定、签证等是房屋司法鉴定的重要依据，同时也是民事诉讼审理的核心内容。鉴定人应对鉴定证据效力确认权有明确的界定认识，切忌“以鉴代判”超越职权。一般来说，鉴定证据是否符合房屋鉴定技术规范及其效力问题应由鉴定人确认，对涉及案件定性问题的事件、行为如合同、协议的效力问题由委托方认定，须由委托方认定的证据，应及时交由委托方认定其效力后，再行鉴定，或在可能条件下设定认定不同结果情况下的不同的鉴定结论，供委托方庭审质证后确认。

(d) 查阅案卷是进行房屋司法鉴定的重要工作，而诉讼案件中要求解决的房屋质量和安全问题每个案件都有其个性，只有在查阅案卷和对工程现场充分调查的基础上，才有可能了解案件的事实，明确争诉的焦点，理解委托内涵，为科学公正地开展鉴定工作奠定基础。

(e) 现场调查与检测。一般房屋质量和安全评估与鉴定均是以设计图纸或施工记录文件、竣工图、签证资料等，进行必要的计算，其结果再依据相关法规、标准做出的结论。

然而工程质量发生诉讼纠纷，多是因为施工资料不齐全或未按合同履行行为，才形成对工程质量的争议。因此，现场调查与检测是取得鉴定事实依据的重要环节，对有现场调查与检测条件的，均应进行现场调查与检测。

(f) 鉴定记录。鉴定记录是房屋司法鉴定的工作内容，与普通的房屋质量和安全评定相比较，一个显著特点是鉴定记录是形成房屋司法鉴定结论的依据。鉴定记录不仅是鉴定结论形成的重要依据，同时也是鉴定行为合法、规范的证明，对委托方采信鉴定结论有较好的说明意义。鉴定记录对一些当事人争议的事实，有可能在鉴定中达成协议；对一些当事人的鉴定主张，有时需要在调查中落实事实。因此，鉴定人应做好鉴定过程中相关内容的记录，有条件的，可辅之于拍照、录相等方式。

(g) 鉴定结论听证。房屋司法鉴定结论的形成包含鉴定人两部分鉴定行为：一是鉴定人对鉴定证据资料的认定；二是鉴定人对各类技术标准、规范的适用。根据公开鉴定的原则，当事人对鉴定人确认证据及适用有关技术标准、规范的依据享有知情权，并可做出相应的主张和申辩，因此，鉴定结论听证是以鉴定人出具的报告为主线展开的鉴定依据听证、举证、质证过程。鉴定人应以适当的程序和方式进行这项工作听证，房屋鉴定引用事实证据和适用技术标准、规范的项目较为分散、繁杂，以听证勘误的方式进行该项程序内容较为适当。鉴定人在完成听证工作后，应制作司法鉴定听证报告，送交当事人进行听证勘误，听证勘误报告的内容与鉴定报告基本相同，对应该公开的内容在听证勘误报告中均应体现，对技术报告与结果报告重复的部分可适当地省略。听证勘误报告的基本内容为：

a）鉴定内容；

b）鉴定人资质、资格；

c）鉴定的事实依据和法律、法规、标准、规范依据；

d）现场调查检测记录和计算过程；

e）鉴定结论及鉴定结论成立的限制条件说明。

告知当事人对鉴定听证勘误报告所引用、依据的证据资料均可公开查阅，按规定应保密的除外，并进行听证、质证。当事人对听证勘误报告的异议，对其异议主张进行申辩，负有举证责任，应在限期内以书面形式提出。鉴定人与当事人在实体问题上的分歧是客观存在的，对鉴定人把握程序的顺利进行增加了一定的难度。鉴定正确处理实体异议当然是问题的关键，但掌握程序上的一些原则和技巧也是十分必要的，所以应该：

a）坚持鉴定人主持鉴定的原则。鉴定权是委托方赋予鉴定人的权利。鉴定权中一项重要的内容就是主持鉴定工作的正常进行，主持鉴定权并不因当事人对鉴定行为提出异议而改变。

b）尽职尽责地履行听证义务。对当事人提出的听证要求，应认真、全面地进行列举，并做必要的说明。

c）全面认真地听取当事人的异议主张、反驳申辩理由，并做好相应的记录。

d）不与当事人辩论。鉴定过程中鉴定人与当事人分歧的实质体现就是对一方有利而对另一方不利的后果。鉴定人在司法中充当“技术法官”的角色，鉴定人与当事人的辩论实质上会形成鉴定人代替一方当事人进行争辩的不对称后果，同时会使鉴定人和当事人之间形成情绪的对立。因为鉴定人与当事人的辩论对行使司法鉴定权并没有程序上和实体上确定，所以会形成“裁判代理”的误区。

e）对当事人的异议应逐条逐项进行答复。根据召开当事人会议听证、异议、举证、质证内容，鉴定人应针对当事人提出的异议进行逐条逐项的答复，并送交当事人。这既是保障鉴定公正性、对鉴定人鉴定行为的一项约束机制，同时也是鉴定人对鉴定依据和结论的自我检验过程。鉴定人对当事人异议的答复应作为鉴定报告的附件报送委托方。制作的听证报告应同时报送委托方，以便对鉴定结论与委托内容是否相符、有关证据效力认定是否与庭审过程相冲突等及时进行协商、协调。

f）出庭质证。出庭质证是鉴定人的基本义务，也是力求使委托方采信鉴定结论的过程。在庭审过程中，针对当事人对鉴定报告异议，鉴定人当庭出示形成鉴定结论的事实依据和法律、法规、规范依据，支持鉴定结论的成立。对经法庭质证后，鉴定结论不被采信的，鉴定人应当尊重和服从委托方对鉴定结论的采信权。对在庭审中出现新的鉴定证据或委托方认定证据效力与鉴定人不一致，委托方要求按法庭认定效力重新鉴定的，鉴定人应当尽快做出补充鉴定结论。对委托方提出适用法律、法规和标准、技术规范与鉴定人意见不一致的，鉴定人有权拒绝做出更正或补充鉴定。

房屋质量和安全纠纷是建筑工程合同民事诉讼中经常涉及的问题。房屋司法鉴定是确定房屋质量和安全的专门性工作，因此人民法院对房屋鉴定机构、执业人员及行为效力逐步健全了相应的规定，从专业性技术的需求和对房屋鉴定证据效力的要求，人民法院对诉讼中房屋质量和安全的争议，依法委托具有执业资格的机构和司法鉴定人进行鉴定，使房屋司法鉴定相应成为民事诉讼中鉴定取证的一项重要的工作内容。房屋司法鉴定是司法鉴定相互纵深发展新的业务内容，在工作程序、技术路线和实体问题处理上与司法活动有着密切的联系，研究和解决工程技术在司法鉴定中的应用问题，对改进房屋鉴定技术在司法鉴定中的应用，保证房屋鉴定结论科学性和公正性具有重要的意义。

第 8 章　结构试验数据处理和分析

8.1　概述

通过结构试验，获得了大量的试验数据，这些数据有些是人工记录，有些是设备记录，数据需要通过整理和换算、统计分析和归纳演绎，最后以公式、表格、图像、数值、数学模型等方式总结出结构各参量间相互关系和变化规律，直观或方便地表示出试验结果。

原始数据往往不是最后关心的物理量，必须进行整理转换成试验结果所需的物理量以供进一步分析。例如，实测的应变乘以弹性模量可获得结构应力，通过数据处理，可以把应变式传感器测得的应变值换算成位移、加速度或力值。由各测点的位移值计算挠度和曲率，分析结构变形和荷载的关系得到结构的屈服点、延性和恢复力模型等。

由于结构试验所测数据受各种因素影响，直接采集得到的原始数据不可避免地包含误差甚至错误。所以，必须对原始数据进行处理，剔除错误数据，对大量近似数据可以通过统计分析原理计算真值的估计值，并分析估计值的真实程度。以适当的方式直观、简明地表达这些规律，以便于实际应用，是结构试验数据处理的重要内容。

试验数据处理内容通常包括以下几个方面：

(1) 数据的整理和转换；

(2) 数据的统计分析；

(3) 数据的误差分析；

(4) 试验结果的数据表达。

8.2　数据的整理与转换

试验所获得的数据之间存在内在的规律和逻辑关系，各种数据处理方法的目的之一就是通过数据处理获得结构受力性能的规律。根据所处理的数据对结构性能进行多角度描述，于结构理论发展和实践是有非常重要的意义，因此数据的整理与转换非常必要。

(1) 数据采集时，由于种种原因，得到一些异常的或偏差较大的错误数据，例如，仪表参数(如应变计、压电传感器灵敏系数等) 设置错误造成数据出错，人工读数读错，人工记录时笔误，环境因素造成的数据失真(如环境温度变化引起的应变变化)，仪器缺陷或布置错误造成数据出错等，这些数据错误应通过检查、复核等方法寻找出来加以剔除，当这些错误数据造成试验结果不能真实反映结构受力状态时，应重新进行试验。

(2) 由于不同仪器设备采集的数据有效位数多少不一，为满足试验要求或者测量精度，原始数据经常依据《数值修约规则与极限数值的表示和判定》(GB/T 8170—2008) 进行必要的修约，修约至有关标准规定的有效位数值。

(3) 原始数据的物理单位通常与我们所熟练运用和分析的有所不同，因此常常需要转换为我们所需要的物理量。例如：结构试验的应变数据换算成应力，再将应力转换为结构的轴力、弯矩、剪力等内力形式；把结构试验的位移数据换算成挠度、转角、曲率等。结构动力测试当中，将传感器的电压值或电荷量等物理量转换为速度或加速度值；或将结构动力响应的时域曲线通过傅里叶变换，转换到频域，得到频谱曲线。

应变到应力的换算应根据试件材料的应力 — 应变关系和应变测点的布置进行，如材料属于线弹性体，可按照材料力学有关公式进行，公式中的弹性模量 E 和泊松比 μ 应先考虑采用实际测定的数值，如没有实际测定值时，也可以采用有关资料提出的数值，应力与应变之间的关系如式(8－2－1) 和式(8－2－2)。

$$\sigma = E\varepsilon \tag{8-2-1}$$

式中：σ—— 结构构件截面正应力；E—— 材料弹性模量；ε—— 测试应变。

$$\tau = G\gamma = \frac{E}{2(1+\mu)}\gamma \tag{8-2-2}$$

式中：τ—— 结构构件截面剪应力；μ—— 材料泊松比；γ—— 结构剪应变。

受弯矩和轴力共同作用的试件，应用平截面假定，即试验过程中，结构构件截面不发生变化，截面应力和应变沿平面分布。因此，只要测得构件截面上三个不在同一直线上点处的应变值，就可求得该截面的应变、应力分布和内力。

在梁、柱构件的试验中，在构件的上下边缘安装应变计，根据试验获得的应变值和平截面假定，可采用下列公式计算截面曲率：

$$\kappa = \frac{1}{\rho} = \frac{\varepsilon_t - \varepsilon_c}{h} \tag{8-2-3}$$

式中：κ—— 为截面曲率；ρ—— 截面曲率半径；ε_t、ε_c—— 截面受拉和受压边缘的应变，受拉时为正；h—— 截面高度。

复杂应力状态时，在测点多个方向上布置应变计(或应变花) 量测应变，可根据测试数据，按照材料力学公式计算主应变方向与坐标方向的夹角以及主方向上的应变。

如图 8.2.1 所示框架，试验中测试了框架在荷载作用下横梁的水平位移，评价框架结构抗震性能常用层间变形指标。水平位移除以柱子高度，可得弦切角正切并近似认为等于弦切角 θ，进一步可算得柱子剪力并绘出框架的剪力 — 转角曲线(V—θ 曲线)。

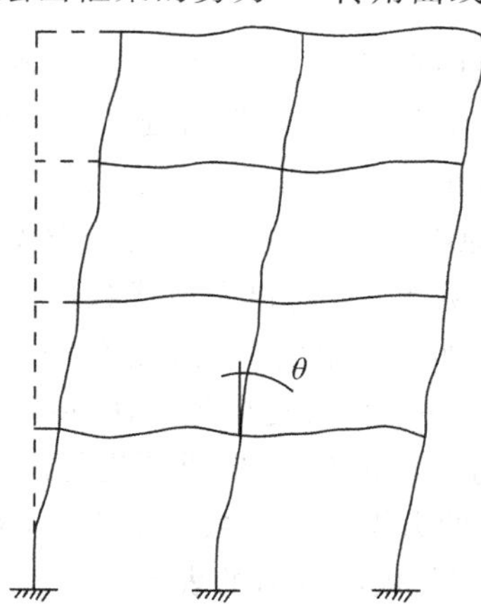

图 8.2.1　框架结构抗震试验

在墙体结构试验或框架结构的节点试验中，经常要将量测的线位移转换为试验结构的剪切变形。图 8.2.2 为墙体的剪切变形试验，试验时固定墙体底部，量测墙体顶部和底部的水平位移 Δ_1 和 Δ_2，以及墙体底部转角 α，剪应变计算公式如式(8-2-4)，

$$\gamma=\frac{\Delta_1-\Delta_2}{h}-\alpha \tag{8-2-4}$$

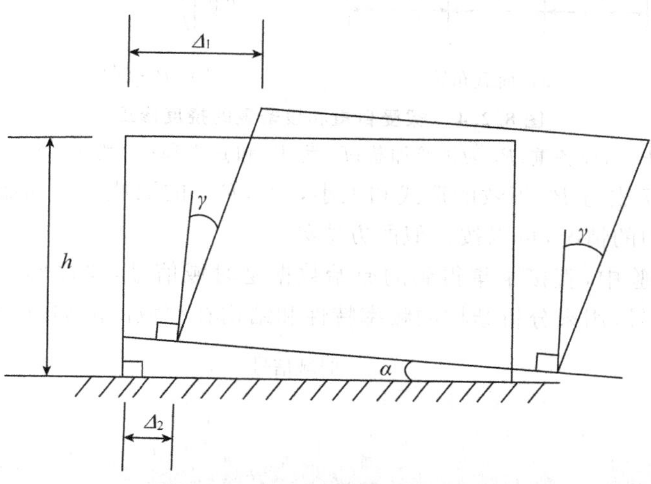

图 8.2.2　墙体试验的剪切变形

图 8.2.3 为梁柱节点核心区的剪切变形，试验时，通过量测矩形区域对角测点相对位移 $(\Delta_1+\Delta_2)$ 和 $(\Delta_3+\Delta_4)$，通过式(8-2-5)计算节点核心区的剪应变。

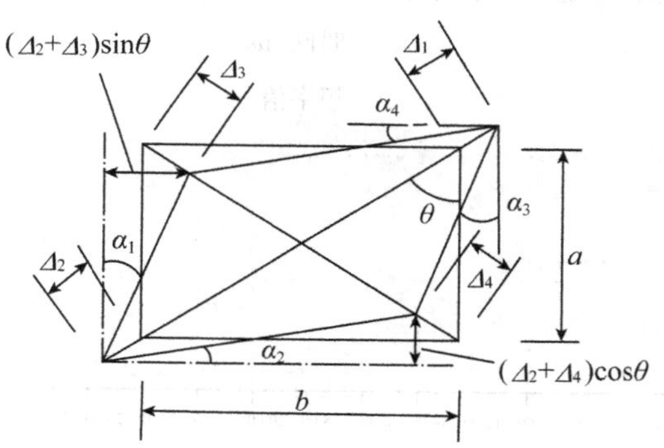

图 8.2.3　梁柱节点的剪切变形

$$\gamma=\frac{1}{2}(\Delta_1+\Delta_2+\Delta_3+\Delta_4)\frac{\sqrt{a^2+b^2}}{ab} \tag{8-2-5}$$

结构原位静载试验等，由于试验开始前，结构自重作用通常已经完成，因此结构在自重和加载设备重量等作用下的变形一般不能直接测量得到。但进行结构静载力学性能评价时，需要考虑结构自重的影响。因此，需要通过试验得到的外部荷载与变形的关系曲线推算求得。图 8.2.4 为混凝土梁受弯试验的挠度修正，由试验得到荷载与挠度(P—f)关系曲线，从曲线的初始线性段外插值计算自重和设备重量作用下的挠度 f_0：

$$f_0=\frac{f_1}{P_1}\cdot P_0 \tag{8-2-6}$$

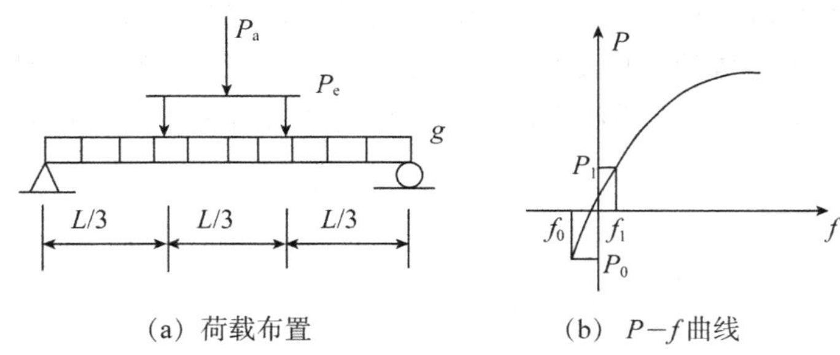

(a) 荷载布置　　(b) $P-f$曲线

图 8.2.4　梁受自重和设备重的挠度修正

注：g 为梁自重；P_e 为设备重；P_a 为试验加载；P_0 为 P_e 和 g 之和；f_0 为 P_0 作用下的挠度。

式中 P_0 应转换成与 P_a 等效的形式和大小，(f_1, P_1) 的取值应在初始线性段内，如开裂前。其他构件或结构的情况，可以按类似的方法处理。

大多数动载试验中，直接采集得到的原始数据是时域信号，通过傅立叶变换，可将时域信号变换为频域信号，用来分析结构的频率特性和结构在频域内的响应（如图 8.2.5）。

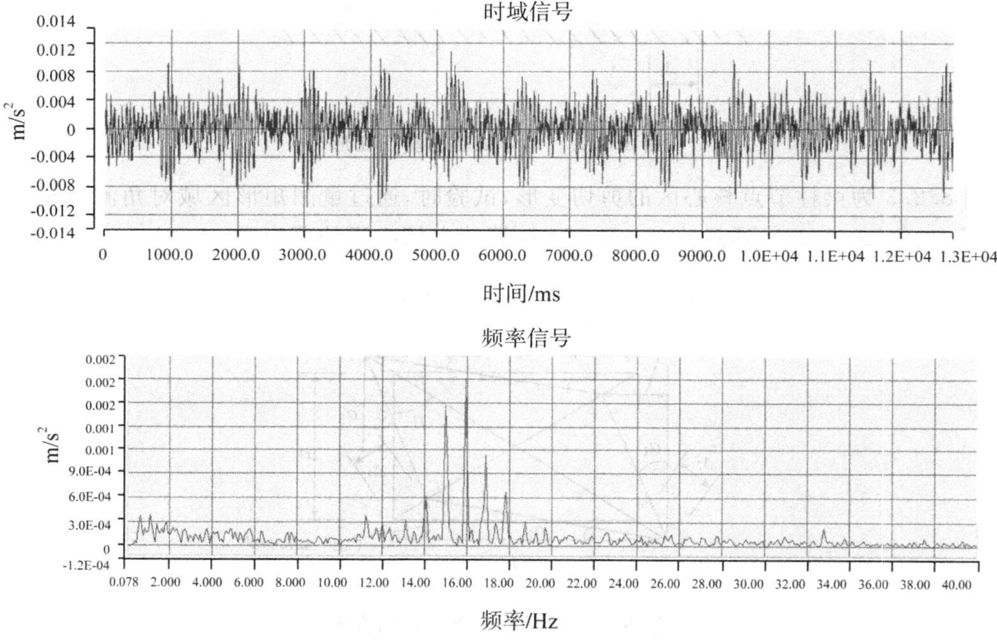

图 8.2.5　结构动载试验的响应

以上介绍了结构试验原始数据转换的一般情况，对于研究型结构试验，我们期待从测试数据中有所发现，应根据具体情况进行具体分析，灵活确定数据换算或转换的方案。

试验结果数值修约规则：

(1) 确定修约间隔。

(a) 指定修约间隔为 10^{-n}（n 为正整数），或指明将数值修约到 n 位小数；

(b) 指定修约间隔为 1，或指明将数值修约到“个”位数；

(c) 指定修约间隔为 10^n（n 为正整数），或指明将数值修约到 10^n 数位，或指明将数值修约到“十”、“百”、“千”…… 数位。

（2）进舍规则。

（a）拟舍弃数字的最左一位数字小于5，则舍去；大于5，则保留数字的末位+1；即进一位；

（b）拟舍弃数字的最左一位数字等于5，且其后有非0数字时，保留数字的末位+1，即进一位；

（c）拟舍弃数字的最左一位数字等于5，且其后无数字或为0时，若保留数字的末位为奇数，则末位+1，即进一位；若保留数字的末位为偶数，则舍去；

（d）负数修约时，先将绝对值按照以上方法修约，完毕后再加上负号。

（3）0.5单位修约或0.2单位修约。

（a）0.5单位修约是指按指定修约间隔对拟修约数值的0.5单位进行的修约。方法如下：将拟修约的数值X乘以2，按指定修约间隔为$2X$按照（2）节规定进行修约，所得数值（$2X$修约值）再除以2。修约到"个"数位的0.5单位修约举例见表8.2.1。

表8.2.1　0.5单位数值修约

拟修约值X	$2X$	$2X$的修约值	X修约值
60.25	120.50	120	60.0
60.38	120.76	121	60.5
60.28	120.56	121	60.5
−60.75	−121.50	−122	−61.0

（b）0.2单位修约是指按指定修约间隔对拟修约数值的0.2单位进行的修约。方法如下：将拟修约的数值X乘以5，按指定修约间隔为$5X$按照（2）节规定进行修约，所得数值（$5X$修约值）再除以5。修约到"百"数位0.2单位修约举例见表8.1.2。

表8.2.2　0.2单位数值修约

拟修约值X	$5X$	$5X$的修约值	X修约值
830	4150	4200	840
842	4210	4200	840
832	4160	4200	840
−930	−4650	−4600	−920

8.3　数据的统计分析

试验数据处理过程中，经常要用到统计方法，通过对一组数据统计分析，得到结构响应的一个或若干代表值，有时也可以通过统计分析对试验误差进行分析。经常用到均值、样本方差、推定值等概念。

8.3.1 数据均值

数据处理中，常用的平均值有算术平均值、几何平均值和加权平均值，按照以下公式计算。

(1) 算术平均值 $\bar{x}$。

$$\bar{x} = \frac{1}{n}(x_1 + x_2 + x_3 + \cdots + x_n) \tag{8-3-1}$$

式中：$\bar{x}$—— 算术平均值；x_n—— 量测的数据；n—— 数据数量。

算术平均值是最常用的平均值计算方法，更少受到随机因素的影响，但也存在更容易受到极端值的影响。

(2) 几何平均 $\bar{x}_a$。

$$\bar{x}_a = \sqrt[n]{x_1 x_2 \cdots x_n} \text{ 或 } \lg\bar{x}_a = \frac{1}{n}\sum_{i=1}^{n}\lg x_i \tag{8-3-2}$$

适用于对比率数据的平均，并主要用于计算数据平均增长(变化) 率。当 $x_1, x_2, \cdots, x_n$ 为正数时，算术平均值大于等于几何平均值。

(3) 加权平均值 $\bar{x}_w$。

加权平均值是具有不同比重的数据(或平均数) 的算术平均数。比重也称为权重，数据的权重反映了该变量在总体中的相对重要性，每种变量的权重的确定与一定的理论经验或变量在总体中的比重有关。依据各个数据的重要性系数(即权重) 进行相乘后再相加求和，就是加权和。

$$\bar{x}_w = \frac{x_1 w_1 + x_2 w_2 + \cdots x_n w_n}{w_1 + w_2 + \cdots w_n} \tag{8-3-3}$$

式中：w_n—— 表示第 n 个试验数据所对应的权值，所有权值之和为 1。在计算不同试验方法或不同条件下观测的同一物理量的均值时，可根据数据获得的可靠程度给予不同的权值。

8.3.2 数据标准差

当一组试验数据中，各元素的可靠程度相同时，其标准差可表示 S 为

$$S = \sqrt{\frac{1}{(n-1)}\sum_{i=1}^{n}(x_i - \bar{x})^2} \tag{8-3-4}$$

当各元素的可靠程度不同时，其标准差 S_w 可表示为

$$S_w = \sqrt{\frac{1}{(n-1)\sum_{i=1}^{n} w_i}\sum_{i=1}^{n} w_1 (x_i - \bar{x}_w)^2} \tag{8-3-5}$$

试验数据的标准差表示一组试验数据在平均值附近的分散或偏离程度。标准差越大表示数据越离散，标准差越小表示数据离散程度小。

8.3.3 数据变异系数

变异系数 C_v 通常用来衡量数据的相对偏差程度，定义如下

$$C_v = \frac{S}{\bar{x}} \text{或} C_v = \frac{S_w}{\bar{x}_w} \quad (8-3-6)$$

变异系数又称“标准差率”，是衡量一组数据变异程度的一个统计量。当进行两组或多组数据变异程度的比较时，如果度量单位与平均数相同，可以直接利用标准差来比较。如果度量单位和（或）平均数不同时，比较其变异程度就不能采用标准差，而需采用标准差与平均数的比值 C_v（相对值）来比较。变异系数可以消除单位和（或）平均数不同对两组或多组数据变异程度比较的影响。

8.3.4　随机变量与正态分布

在传统的试验数据处理中，将试验数据作为随机变量进行处理，随机变量既有分散性和不确定性，统计意义上又有一定的规律。对于随机变量，我们通常用概率统计的方法进行分析研究，得到随机变量的统计规律和概率分布，当需要对变量进行统计分析时，需要有大量的实测数据，通过统计分析，获得数据的分布函数，各种分布函数的构造方法或者公式可以参考相关的专业书籍。

结构试验中，经常将测量数据近似为正态分布。正态分布是最常用的描述随机变量概率分布的函数，由高斯于 1795 年提出，因此又称为高斯分布。

正态分布的概率密度函数 $f(x)$ 如图 8.3.1 所示，可以表示为

$$f(x) = \frac{1}{\sqrt{2\pi\sigma}} e^{\frac{(x-\mu)^2}{2\sigma^2}} \quad (8-3-7)$$

式中：μ—— 随机变量的均值；σ—— 随机变量的标准差。则随机变量分布在区间 $[a,b]$ 间的概率 $P(a \leqslant x \leqslant b)$ 为

$$P(a \leqslant x \leqslant b) = \int_b^a f(x)\mathrm{d}x \quad (8-3-8)$$

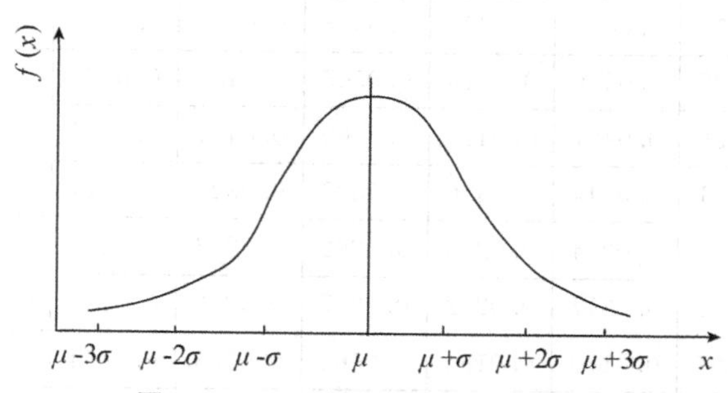

图 8.3.1　正态分布概率密度函数

从图 8.3.1 可以看出，正态分布曲线为单峰曲线，峰点所对应的横坐标就是平均值 μ，曲线关于 μ 对称，曲线峰值两侧各有一个反弯点，此反弯点距离均值的差值大小为标准差 σ，标准差越大，$\mu-\sigma$ 值越大，正态分布曲线越平坦，说明数据越离散。曲线越陡峭说明数据越集中，标准差越小。

$\mu=0$，$\sigma=1$ 的正态分布称为标准正态分布，如果已知随机变量的均值和标准差，利用正态分布表（见表 8.3.1）可以得到 $P(x \leqslant \mu-\sigma) = 15.87\%$，$P(x \leqslant \mu-1.645\sigma) = 5.0\%$，$P(x \leqslant \mu-2\sigma) = 2.28\%$，$P(x \leqslant \mu-3\sigma) = 0.13\%$，则随机变量在 $\mu \pm 3\sigma$ 范围内取值的概率为 99.73%。说明随机变量偏离平均值达到 $\pm 3\sigma$ 的可能性很小。因此，在数据分析中，通常以 3σ

为界限,判断数据是否出现异常,称为 3σ 准则。

除正态分布外,常见的概率分布有二项分布、X^2 分布、t 分布以及 F 分布等,具体可参考相关概率论与数理统计书籍。

表 8.3.1 标准正态分布表 $P(x \geqslant x_0)=\int_{x_0}^{+\infty}=\frac{1}{\sqrt{2\pi}}e^{-\frac{x}{2}}dx=\frac{a}{2}$

x_0	0.00	0.01	0.02	0.03	0.04	0.05	0.06	0.07	0.08	0.09
0.0	0.5000	0.4960	0.4920	0.4880	0.4840	0.4801	0.4761	0.4721	0.4681	0.4641
0.1	0.4602	0.4562	0.4522	0.4483	0.4443	0.4404	0.4364	0.4325	0.4286	0.4247
0.2	0.4207	0.4168	0.4129	0.4090	0.4052	0.4013	0.3974	0.3936	0.3897	0.3859
0.3	0.3821	0.3783	0.3745	0.3707	0.3669	0.3632	0.3594	0.3557	0.3520	0.3481
0.4	0.3446	0.3409	0.3372	0.3336	0.3300	0.3264	0.3228	0.3192	0.3156	0.3121
0.5	0.3095	0.3050	0.3015	0.2981	0.2946	0.2912	0.2877	0.2843	0.2810	0.2776
0.6	0.2743	0.2709	0.2676	0.2643	0.2611	0.2578	0.2546	0.2514	0.2483	0.2451
0.7	0.2430	0.2389	0.2358	0.2327	0.2297	0.2266	0.2236	0.2206	0.2172	0.2148
0.8	0.2119	0.2090	0.2061	0.2030	0.2005	0.1977	0.1949	0.1922	0.1894	0.1867
0.9	0.1841	0.1814	0.1788	0.1762	0.1736	0.1711	0.1685	0.1660	0.1635	0.1611
1.0	0.1587	0.1562	0.1539	0.1515	0.1592	0.1469	0.1446	0.1423	0.1401	0.1379
1.1	0.1357	0.1335	0.1314	0.1292	0.1271	0.1251	0.1230	0.1210	0.1190	0.1170
1.2	0.1151	0.1131	0.1112	0.1093	0.1075	0.1056	0.1038	0.1020	0.1003	0.0985
1.3	0.0968	0.0951	0.0934	0.0918	0.0901	0.0885	0.0869	0.0853	0.0838	0.0823
1.4	0.0808	0.0793	0.0774	0.0761	0.0740	0.0735	0.0721	0.0703	0.0691	0.0681
1.5	0.0668	0.0655	0.0643	0.0630	0.0618	0.0606	0.0591	0.0582	0.0571	0.0559
1.6	0.0548	0.0537	0.0526	0.0516	0.0505	0.0495	0.0485	0.0475	0.0465	0.0455
1.7	0.0446	0.0436	0.0427	0.0418	0.0409	0.0401	0.0392	0.0384	0.0375	0.0367
1.8	0.0359	0.0351	0.0344	0.0336	0.0329	0.0322	0.0314	0.0307	0.0301	0.0294
1.9	0.0287	0.0281	0.0274	0.0268	0.0262	0.0256	0.0250	0.0244	0.0239	0.0233
2.0	0.0228	0.0222	0.0217	0.0212	0.0207	0.0202	0.0197	0.0192	0.0188	0.0183
2.1	0.0179	0.0197	0.0170	0.0166	0.0162	0.0158	0.0154	0.0150	0.0146	0.0143
2.2	0.0139	0.0136	0.0132	0.0129	0.0125	0.0122	0.0119	0.0116	0.0113	0.0110
2.3	0.0107	0.0104	0.0102	0.00990	0.00961	0.00939	0.00914	0.00889	0.00866	0.00842
2.4	0.00820	0.00798	0.00776	0.00755	0.00734	0.00714	0.00695	0.00676	0.00657	0.00639
2.5	0.00621	0.00604	0.00587	0.00570	0.00554	0.00539	0.00523	0.00508	0.00494	0.00480
2.6	0.00466	0.00453	0.00440	0.00427	0.00415	0.00402	0.00391	0.00379	0.00368	0.00357
2.7	0.00347	0.00336	0.00326	0.00317	0.00307	0.00298	0.00289	0.00280	0.00272	0.00264
2.8	0.00258	0.00248	0.00240	0.00233	0.00226	0.00219	0.00212	0.00206	0.00199	0.00193
2.9	0.00187	0.00181	0.00175	0.00169	0.00164	0.00159	0.00154	0.00149	0.00144	0.00139

8.4　试验误差分析

结构试验中，被测对象的值是客观存在的，称为真值 x，每次测量得到的值 $x_i(i=1,2,3,\cdots,n)$ 称为实测值，真值和实测值的差值为测量误差，简称为误差 δ_I，按式(8-4-1)计算

$$\delta_I = x_i - x \tag{8-4-1}$$

实际试验中，真值是无法确定的，一般用平均值代表真值。由于种种主客观原因，任何测量数据都包含一定程度的误差。只有了解了试验误差的性质和范围，才能正确估计试验数据的精度，按照统计分析方法计算真值的估计值，并确定它接近真实值的程度。对试验误差进行分析有助于在试验中控制和减少误差的产生。根据误差产生的原因和性质，可将误差分为系统误差、随机误差和过失误差三类。一般而言，在试验过程中所获得的数据中，这三种误差同时存在。在进行结构试验及处理试验数据时，尽可能地消除系统误差，剔除过失误差，运用数理统计方法处理随机误差。

8.4.1　系统误差

产生系统误差的原因很多，但通常是由某些固定的原因所造成的，其特点是在整个测量过程中始终有规律地存在着，其绝对值和符号保持不变或按某一规律变化。对具体的试验项目要具体分析，从数值上看，常见的系统误差可分为“固定系统误差”和“可变系统误差”两类。

固定系统误差是在某一测试过程中全部量测数据始终有规律存在，其数值符号保持不变或按照某一规律变化。固定系统误差不能通过在同一测试方法下的多次重复测试来发现和消除，但可以采用不同的测试方法或不同的测量工具进行测试比较，发现固定系统误差及其产生的原因。固定系统误差产生的原因主要是由于测试方法或仪器仪表方面的缺陷引起。

例如，振动测试信号中常有 50Hz 的频率成分，一般是 50Hz 的交流电源工频干扰所致，若采用直流供电，50Hz 频率消失，则说明其为仪器方面存在的问题。固定的系统误差常常因量测方法不正确或试验工作不严谨而导致。例如，长期使用的机械式仪表因磨损导致精度下降，液压加载系统因泄漏导致压力表读数与加载油缸实际压力不符等。

可变系统误差表现为累积变化、周期变化或按某一复杂规律变化。当测试数据有规律地向一个方向变化(增大或减小)，而这种变化趋势又与我们根据结构受力特点所预测的变化规律完全不同时，可以判断试验数据中存在累积的系统误差。

系统误差不容易直接从试验数据中发现，只能用不同的量测方法或不同的量测仪表观测同一物理量，通过比较发现系统误差。当系统误差无法消除时，应对试验数据进行修正。例如，在荷载试验中，水平加载和垂直加载，试件的支座多少会产生位移，在试件上量测的位移数据中包含了支座位移的影响，应根据实测的支座位移进行修正。

测试工作可以多次重复进行。例如，传感器的标定试验，可以根据测试数据出现的频率绘成频率直方图。由于随机误差符合正态分布，如果频率直方图与正态分布曲线相差较大，即试验结果不符合正态分布。此时，可判断测试数据中存在系统误差，因为系统误差通常不符合正态分布。

系统误差的识别和处理需要丰富的结构试验经验，熟悉测试仪器仪表以及加载设备的工作原理和性能。此外，对试验结构的性能也要有基本的认识，但往往正是因为人们对所试验对象的结构性能缺少认识才进行结构试验，其试验数据的变化规律并不被我们完全掌握，因此，对试验数据的处理必须非常认真仔细。系统误差的大小可以用准确度表示，准确度高表示测量的系统误差小。

8.4.2 随机误差

随机误差是由一些随机因素造成的，也称为偶然误差，它的数值绝对值和符号变化是不确定的，但通过大量的测量，随机误差的数值分布符合一定的统计规律，一般认为其服从正态分布。

产生随机误差的原因有仪器仪表、测试方法和环境因素等方面的，如电源电压的波动，环境温度、湿度和气压的微小波动，磁场干扰等；也有试验人员操作上的微小差别等。随机误差在测量中是无法避免的，即使是很有经验的试验人员，对同一试验对象进行多次测量，其结果不会完全一致，总是有高有低的。随机误差有以下特点：

(1) 误差的绝对值不会超过一定的界限；

(2) 绝对值小的误差比绝对值大的误差出现的次数多，近于零的误差出现的次数最多；

(3) 绝对值相等的正误差与负误差出现的次数几乎相等；

(4) 误差的算术平均值，随着测量次数的增加而趋向于零。

另外要注意，在实际试验中，随机误差和系统误差很难区分开来，因此，许多误差都是这两类误差的组合。随机误差的大小可以用精密度表示，精密度高表示测量的随机误差小。

8.4.3 过失误差

过失误差是由于试验人员技术水平不高、粗心大意、不按操作规程办事等原因造成的误差，如读错仪表刻度(位数、正负号)、记录和计算错误等。过失误差一般数值较大，并且常明显不合理，必须把过失误差从试验数据中剔除，还应分析出现过失误差的原因，采取措施防止再次出现。

8.4.4 误差计算与传递

随机误差计算方法可根据8.3节随机变量计算方法进行分析计算。

进行结构试验时，一些物理量(如结构应力)不能直接量测得到，须由一些直接测得的物理量经换算得到或由若干个直接测量值计算某一物理量的值。其相关物理量的函数关系表达成式(8-4-2)。

$$y = f(x_1, x_2, \cdots, x_n) \tag{8-4-2}$$

式中 $x_1, x_2, \cdots, x_n$ 是直接测量的独立的物理量，y 为受 x_i 影响的物理量。当 x_i 存在误差时，y 也会产生误差，此称为误差传递。

假设 x_i 的测量误差为 Δx_i，若换算物理量 y 的误差为 Δy，则有

$$y + \Delta y = f(x_1 + \Delta x_1, x_2 + \Delta x_2, \cdots, x_n + \Delta x_n) \tag{8-4-3}$$

将上式按泰勒级数展开，略去二阶以上微量，得近似式

$$y+\Delta y=f(x_1,x_2,\cdots,x_n)+\frac{\partial f}{\partial x_1}\Delta x_1+\frac{\partial f}{\partial x_2}\Delta x_2+\cdots+\frac{\partial f}{\partial x_n}\Delta x_n \qquad (8-4-4)$$

比较式(8－4－2) 和(8－4－4),可得绝对误差为

$$\Delta y=\frac{\partial f}{\partial x_1}\Delta x_1+\frac{\partial f}{\partial x_2}\Delta x_2+\cdots+\frac{\partial f}{\partial x_n}\Delta x_n=\sum_{i=1}^{n}\frac{\partial f}{\partial x_i}\Delta x_i \qquad (8-4-5)$$

设 $\delta=\dfrac{\Delta y}{y}$,称为相对误差,由式(8－4－5) 可以得到

$$\begin{aligned}\delta&=\frac{\Delta y}{y}=\frac{\partial f}{\partial x_1}\frac{\Delta x_1}{y}+\frac{\partial f}{\partial x_2}\frac{\Delta x_2}{y}+\cdots+\frac{\partial f}{\partial x_n}\frac{\Delta x_n}{y}\\&=\frac{\partial f}{\partial x_1}\delta_1+\frac{\partial f}{\partial x_2}\delta_2+\cdots+\frac{\partial f}{\partial x_n}\delta_n\\&=\sum_{i=1}^{n}\frac{\partial f}{\partial x_i}\delta_i\end{aligned} \qquad (8-4-6)$$

则最大绝对误差和最大相对误差分别为

$$\Delta y_{\max}=\pm\left(\left|\frac{\partial f}{\partial x_1}\Delta x_1\right|+\left|\frac{\partial f}{\partial x_2}\Delta x_2\right|+\cdots+\left|\frac{\partial f}{\partial x_n}\Delta x_n\right|\right)=\pm\sum_{i=1}^{n}\left|\frac{\partial f}{\partial x_i}\Delta x_i\right| \qquad (8-4-7)$$

$$\delta_{\max}=\frac{\Delta y_{\max}}{|y|}=\pm\left(\left|\frac{\partial f}{\partial x_1}\right|\delta_1+\left|\frac{\partial f}{\partial x_2}\right|\delta_2+\cdots+\left|\frac{\partial f}{\partial x_n}\right|\delta_n\right)=\pm\sum_{i=1}^{n}\left|\frac{\partial f}{\partial x_i}\right|\delta_i \qquad (8-4-8)$$

式(8－4－7) 和式(8－4－8) 中 $\delta_i=\left|\dfrac{\Delta x_i}{y}\right|$。

例如,若 $y=x_1\cdot x_2$,则

$$\Delta y_{\max}=\pm\left(\left|\frac{\partial f}{\partial x_1}\Delta x_1\right|+\left|\frac{\partial f}{\partial x_2}\Delta x_2\right|\right)=|x_2\Delta x_1|+|x_1\Delta x_2|,$$

$$\delta_{\max}=\frac{\Delta y_{\max}}{|y|}=\pm\left(\left|\frac{\partial f}{\partial x_1}\delta_1\right|+\left|\frac{\partial f}{\partial x_2}\delta_2\right|\right)=\pm\left(\left|\frac{\Delta x_1}{x_1}\right|+\left|\frac{\Delta x_2}{x_2}\right|\right),$$

可计算获得试验数据的最大绝对误差和最大相对误差。

8.5　试验结果的表达

合理、直观的试验数据表达方式,有助于研究人员分析试验结果,发现试验规律,便于准确地理解结构性能。通常试验数据的表达方式有表格法、图像法和函数法。

8.5.1　表格方式

以表格方式给出试验结果是最常见的方式之一。表格按照其内容和格式分为汇总表格和关系表格。表格数据为二维数据格式,可以表达实测的多个物理量与某一个物理量之间的对应关系,也可以采用标签方式列举试验参数以及对应的试验结果。由于表格为列表表示,因此表格方式给出的试验数据是离散的。

汇总表格常用于试验结果的总结、比较或归纳,将试验的主要结果和重要数据汇集于一表之中,起着类似于摘要和结论的作用。

表 8.5.1 为某一实际工程混凝土结构钢筋保护层的碳化残量的检测结果。作为汇总表

格为一个示例。

表 8.5.1 碳化残量的实际工程检测结果

试件编号	保护层厚度 /mm		碳化深度 /mm		钢铁锈蚀状况描述	c_1-x_1	c_2-x_2	x_0
	c_1	c_2	x_1	x_2		(mm)	(mm)	(mm)
A6	35.0	42.0	26.33	29.00	基本未锈,局部锈迹	8.67	13.00	8.67
A9	22.4	40.0	7.23	16.70	基本未锈,局部锈迹	15.17	23.30	15.17
A33	40.0	43.0	7.33	16.67	基本未锈,局部肋有锈迹	32.67	25.33	25.33
A43	29.0	30.0	5.17	12.00	基本未锈,肋上有锈迹	23.83	18.00	18.00
B9	29.0	25.0	6.50	20.33	局部有锈迹	22.50	4.67	4.67
C3	28.0	30.0	5.83	20.67	基本无锈	22.17	9.33	9.33
	25.0	32.0	11.17	20.00	主肋局部有锈迹	13.83	12.00	12.00
C14		27.5		13.50	局部锈迹,大肋无锈,总体较好		14.00	14.00
C16	32.0	31.0	8.00	18.00	大肋局部有锈迹,其他无锈	24.00	13.00	13.00
C19	44.0	50.0	3.00	22.33	局部有锈迹,大部分无锈	41.00	27.67	27.67
C26	42.0	35.0	21.67	20.67	局部有锈迹	20.33	14.33	14.33
C27	44.0	33.5	5.50	21.33	未锈,局部锈迹	38.50	12.17	12.17
C36	27.0	35.0	5.33	19.33	基本未锈	21.67	15.67	15.67

关系式数据表格用来给出结构试验中实测的物理量之间的关系。例如,荷载与应变、位移的关系。通常,一个试验或一个试件使用一张表格。表格的第一列为控制试验进程的荷载或位移数据,其他列为结构测点的测试数据。如钢筋混凝土简支梁的静力荷载试验,第一列为试验荷载实测控制值,其他列为荷载作用下测点的应变、位移等数据。一般而言,第一列和其他任意一列的数据可以用曲线描绘在一个平面坐标系内。表中除测试数据列外,还可以根据需要加上编号列(常在最左面)和备注列(常在最后一列),用来记录试验过程中的特殊现象(如混凝土开裂、屈服、破坏等)。如情况需要,也可以按行布置变量数据,组成行表格。

表 8.5.2 为一关系表格的实例,某一塔状结构模型在 Y 方向(水平方向)加载时的位移,由表中数据可清楚看到不同标高处结构位移与荷载的关系及在某一级荷载时结构的整体变形情况。

表 8.5.2 Y 方向加载时的位移

测点 / 荷载 (N)	底座钢板(±0.000)		PT(0.510)		ZG2 (1.100)	ZG1 (1.520)	备 注
	Y_1(*mm*)	$\theta_1(10^{-4})$	Y_2(mm)	$\theta_1(10^{-2})$	Y_3(mm)	Y_4(mm)	
60	0	0	0	0	0	0	加载设备重 T_1、T_2 混凝土开裂 T_3 混凝土也开裂 T_1、T_2、T_3 混凝土压碎
820	0.0184	0.5305	−0.0174	0.549	3.726	8.509	
1200	0.0226	0.7958	0.0255	0.742	5.242	10.46	
1580	0.0368	1.061	0.1634	1.04	7.413	14.49	

续　表

荷载(N) \ 测点	底座钢板(±0.000)		PT(0.510)		ZG2 (1.100)	ZG1 (1.520)	备　注
	Y_1(mm)	$\theta_1(10^{-4})$	Y_2(mm)	$\theta_1(10^{-2})$	Y_3(mm)	Y_4(mm)	
1960	0.0552	1.592	0.4482	1.65	12.16	23.08	加载设备重
2340	0.0693	1.857	0.7031	2.62	18.64	35.63	T_1、T_2 混凝土开裂 T_3 混凝土也开裂
2720	0.0435	2.122	0.628	4.63	30.55	57.2	T_1、T_2、T_3 混凝土压碎

注：Y_1、Y_2、Y_3、Y_4 为结构模型不同标高处的 Y 方向线位移，θ_1、θ_2 为不同标高处的转角位移，T_i 为试件编号。

表格的主要组成部分和基本要求如下：

(1) 每个表格都应该有一个名称，说明表格的内容，当一个试验有多个表格时，应该为表格按一定顺序编号。

(2) 表格的每一列起始位置必须有列名，说明该列数据的物理量及单位。

(3) 表格中的符号和缩写应采用标准格式，表中的数据应该整齐、准确。对于相同的物理量，采用相同精度的数据。数据的写法应整齐规范，数据为零时记“0”，不可遗漏。数据空缺时记为“—”。

(4) 有些试验现象或需要说明的内容可以在表格下面添加注解，注解构成表格的一部分。

(5) 表格内容尽量完整并采用合适的顺序列表表达试验现象。

8.5.2　图形方式

试验数据还可以用图形方式表达，与表格方式比较，图形方式表达最主要的优点是直观，便于人们从总体上发现规律或问题。常见的图形方式有曲线(面)图、形态图、直方图、散点分布图、条码图、扇形图等。

(1) 曲线(面)图。

曲线图一般用来表达试验过程中两个物理量之间的关系，而曲面图则用来表达三个物理量之间的关系。曲线可以直观地显示两个或两个以上的变量之间关系的变化过程，可显示出变化过程中的转折点、最高点、最低点及周期变化的规律；对于定性分布和整体规律分析来说，曲线图是最合适的方法。

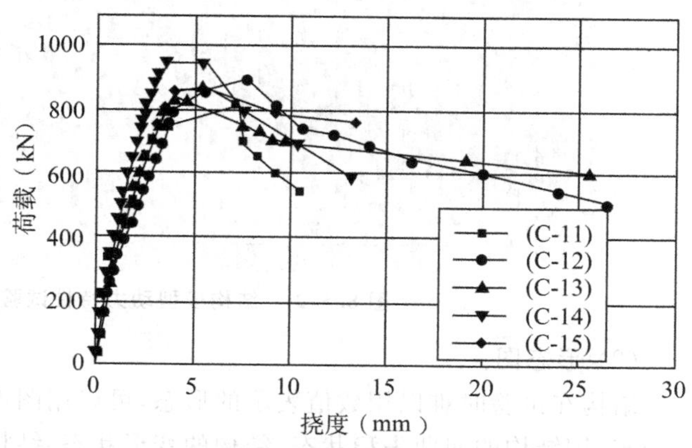

图 8.5.1　钢筋混凝土偏心受压

图 8.5.1 给出了钢筋混凝土偏心受压柱的荷载—中点位移曲线。从图中可以看到，大偏心受压构件的中点位移较大，达到最大荷载后，曲线平缓下降；相同配筋的小偏心受压柱，最大

荷载明显增加，但最大荷载后，曲线迅速下降，说明破坏具有脆性特征。在一个图中可以描绘多条曲线，以便于分析者对不同方案进行比较。

对曲线图的基本要求是：

(a) 标注应清楚、全面。包括图号、图名、纵横坐标轴的物理意义及单位，试件及测点编号等都应在图中表示清楚。

(b) 合理布图。曲线图常用直角坐标系，选择合适的坐标刻度和坐标原点。坐标的形式、比例和长度可根据数据的范围决定，可采用线性坐标轴或对数坐标轴。

(c) 选用合适的线形。通常取横坐标作为自变量，取纵坐标作为因变量，自变量通常只有一个，因变量可以有若干个；一个自变量与一个因变量可以组成一条曲线，一个曲线图中可以有多条曲线。

(d) 当一个图中有多条试验曲线时，可以采用不同的线型，如实线、虚线、点划线等。试验点也可采用不同的标记，如实心圆点、空心圆点、三角形等。也可以用文字说明来加以区别。

(e) 应对试验曲线给出必要的文字或图形说明。如加载方式、测点位置、试验现象或试验中出现的异常情况等。

对于离散的试验数据，一般可用直线连接试验点得到试验曲线，如所得曲线出现毛刺、振荡等，影响对试验结果的分析时，也可以采用理论曲线(如二次曲线、三次曲线、指数曲线、对数曲线等)逼近试验点，对试验曲线进行修匀、光滑处理。

图 8.5.2 为三维关系图，结构模态试验时，所识别的各模态确认准则图(Mode Assurance Criterion)。图的横坐标和纵坐标为结构各阶固有频率，竖向坐标为相关 MAC 值，当纵横坐标频率完全相关时，MAC 值为 1，如果不相关，则 MAC 值为 0。

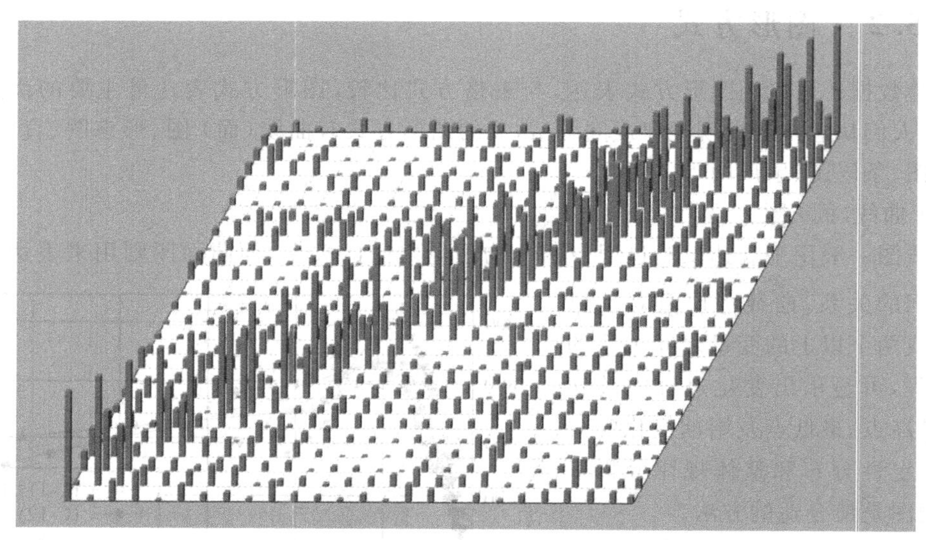

图 8.5.2　结构模型动力特性试验模态确认关系图

(2) 形态图。

结构在试验时难以用数值表示的形态，可以用图像表示。如混凝土结构或砌体结构的裂缝分布、钢结构的屈曲失稳状态、结构的变形状态、结构的破坏状态等。

形态图的制作方式有摄影照片和手工或CAD画图，照片可以真实地反映实际情况，但有时却把一些不需要的细节也包括在内；手工绘制的图形可以突出地表现我们关心的试验现象，更好地反映本质情况，例如，某建筑结构地基沉降引起的结构裂缝分布就很难用一张照片清楚地照下来，所以采用CAD绘制。形态图可用来表示结构的损伤情况、破坏形态等，通过裂缝分布情况，可以判断产生裂缝的原因，如图8.5.3所示。

图8.5.3　地基不均匀沉降引起的某建筑结构外墙开裂图

近年来，基于CCD技术的数码照相机和数码摄像机以及计算机图像处理技术的发展，使数字图像在结构试验中得到广泛应用。例如，钢结构受荷载引起的失稳问题(如图8.5.4)试验过程中可以拍摄大量数码照片并传送至计算机，应用计算机的文字处理和图像处理技术，形成对试验现象的真实描述。

图8.5.4　雪灾引起的门式钢架钢梁失稳

(3) 直方图。

直方图的主要作用是统计分析。通常，直方图横坐标为结构试验的某一物理量，纵坐标为某一物理量的出现频率。通过绘制频率直方图和累积频率直方图来判断其随机分布规律。首先要对该量进行大量观测，数据太少绘制直方图是没有意义的。获得大量原始数据后，按照以下步骤绘制直方图：

(a) 收集数据。作直方图的数据一般应大于50个。

(b) 确定数据的极差。用数据的最大值减去最小值求得。

(c) 确定组距(h)。确定组数、组距Δx，先确定直方图的组数，然后以此组数去除极差，可得直方图每组的宽度，即组距。组数的确定要适当。组数太少，会引起较大计算误差；组数太多，会影响数据分组规律的明显性，且计算工作量加大。

(d) 确定各组的界限值。为避免出现数据值与组界限值重合而造成频数据计算困难，组的界限值单位应取最小测量单位的 1/2。

(e) 编制频数分布表。把多个组上下界限值分别填入频数分布表内，并把数据表中的各个数据列入相应的组，统计各组频数据 m_i，计算各组的频率 $f_i\left(f_i = m_i/\sum m_i\right)$ 和累积频率。

(f) 按数据值比例画出横坐标。

(g) 按频数值比例画出纵坐标。以观测值数目或百分数表示。

(h) 画直方图。按纵坐标画出每个长方形的高度，它代表取落在此长方形中的数据数（注意：每个长方形的宽度都是相等的）。在直方图上应标注出公差范围、样本大小(n)、样本平均值($\bar{x}$)、样本标准偏差值(S) 等。

从频率直方图和累积频率直方图的形状，可以判断该随机变量的分布规律。

图 8.5.5 给出某工地 C30 级混凝土抗压强度试验结果的直方图。从图中可以看出，在 192 组试验结果中，立方体抗压强度低于 30N/mm^2(30MPa) 的试验结果很少，可以满足规范规定的 95% 保证率的要求。按照概率论，随机事件发生的频率随试验数目的增加趋于其概率。因此，直方图给出的分布曲线趋于正态分布的概率密度函数曲线。

(4) 散点分布图。

散点分布图常用于建立试验结果的经验公式或半经验公式。通过若干组独立试验获得试验观测数据，然后采用回归分析确定试验中试验变量之间的统计规律，最后用散点分布图给出数据分析结果。图 8.5.6 为混凝土立方体抗压强度和混凝土棱柱体抗压强度的散点分布图。从图中可以直观地看到两者之间的关系以及数据的偏离程度。从图中也可看到由试验数据获得的经验公式与试验数据之间的偏差。

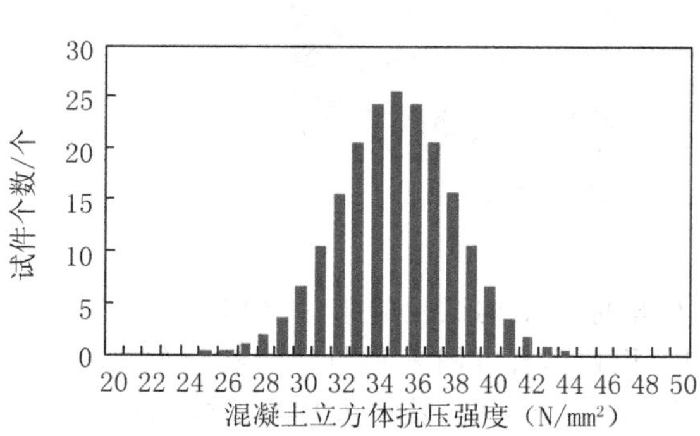

图 8.5.5　某工地 C30 级混凝土抗压强度试验结果的直方图

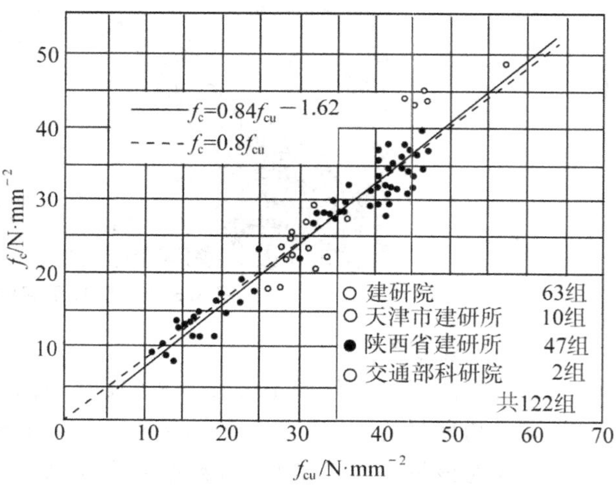

图 8.5.6　混凝土立方体和棱柱体抗压强度的散点分布图

8.5.3　函数曲线拟合方式

结构试验所整理的数据之间存在的相互关系，可用函数来表达，即用函数所表示的曲线去拟合试验数据。在线性回归分析中，用直线来拟合试验数据，但在实际结构中，试验所反映的结构物理性能不一定是线性关系，因此需要用高阶次的函数曲线拟合试验数据。线性回归分析可以认为是曲线拟合的特例。

为在试验数据之间建立函数关系，需要做两个方面的工作：一是确定函数形式；二是求解函数表达式中的系数。例如，钢梁受弯构件在材料屈服前，挠度和荷载呈线性关系，屈服后为非线性关系；钢筋混凝土梁的荷载和挠度之间在混凝土开裂后不是线性关系，但它们之间肯定存在着因果关系，只是很难从理论推演给出这个关系的表达式。函数曲线拟合的方法，就是要运用试验数据来寻找一个最佳的近似函数来表达这个因果关系。

(1) 确定函数形式。

在对试验数据进行曲线拟合时，函数形式的选择对曲线拟合的精度有很大的影响。有了一定的函数形式，才能进一步利用数学手段求得函数式中的各个系数。

函数形式可以从试验数据的分布规律中得到，通常把试验数据作为函数坐标点画在坐标纸上，根据这些函数点的大致趋势，确定一种函数形式。如试验点形成的轨迹明显呈现某类曲线(如二次曲线、指数曲线)特征，如果简单地采用直线进行拟合，所得经验公式必然有很大误差。有时试验数据形成的轨迹呈曲线形式，但可以通过变量转换，将原来呈曲线的关系变换为另一物理量的线性关系。常用的函数形式及相应的线性转换见表 8.5.3。

图 8.5.7 为钢筋混凝土压弯构件的延性系数与配筋率的关系曲线。图中延性系数等于构件的极限位移与其屈服位移的比值。可以看出，双曲线较好地表示了两者之间的关系，因而可以选择双曲线函数对试验数据进行曲线拟合。

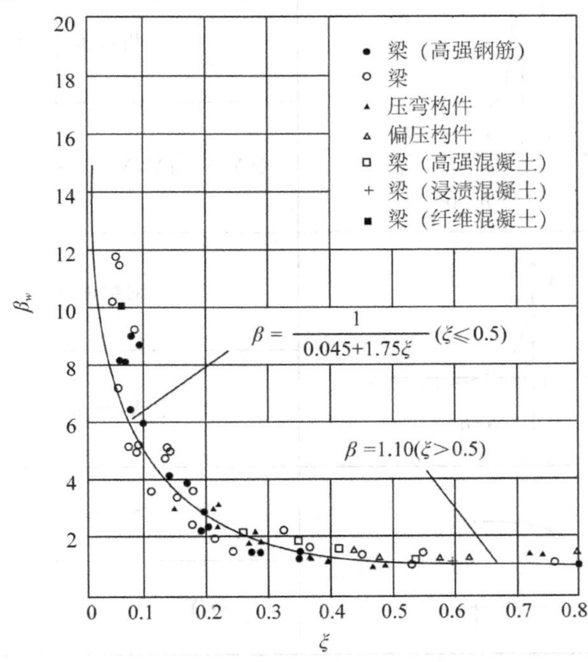

图 8.5.7　钢筋混凝土压弯构件的延性系数与配筋率的关系曲线

表 8.5.3 常见函数形式以及相应的线性变换

图形及特征	名称及方程
$a>0$, $b<0$；$a>0$, $b<0$	双曲线 $\frac{1}{Y}=a+\frac{b}{X}$ 令 $Y'=\frac{1}{Y}$，$X''=\frac{1}{X}$，其中 $Y'=a+bX'$
$b>0$（$b>1$，$b=1$，$0<b<1$）；$b<0$（$-1<b<0$，$b=-1$，$b<-1$）	幂函数曲线 $Y=rX^{b}$ 令 $Y'=\lg Y$，$X'=\lg X$，$a=\lg r$，则 $Y'=a+bX'$
$b>0$；$b<0$	指数函数曲线 $Y=re^{bX}$ 令 $Y'=\ln Y$，$a=\ln r$，则 $Y'=a+bX$
$b<0$；$b>0$	指数函数曲线 $Y=re^{\frac{b}{X}}$ 令 $Y'=\ln Y$，$X'=\frac{1}{X}$，$a=\ln r$，则 $Y'=a+bX'$
$b>0$；$b<0$	对数曲线 $Y=a+b\lg X$ 令 $X'=\lg X$，则 $Y=a+bX'$
$1/a$	S 型曲线 $Y=\frac{1}{a+be^{-X}}$ 令 $Y'=\frac{1}{Y}$，$X'=e^{-X}$，则 $Y'=a+bX'$

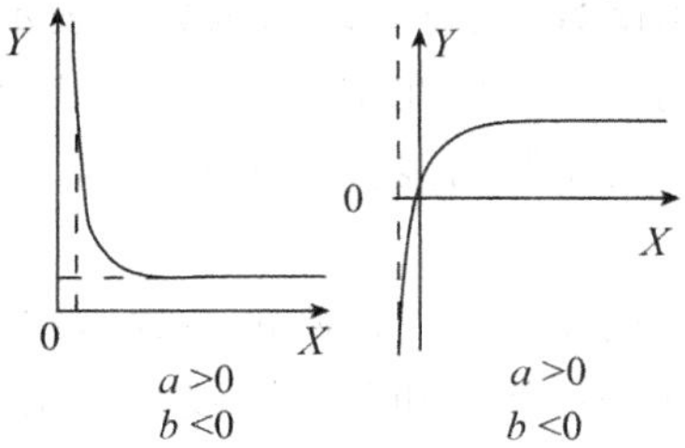

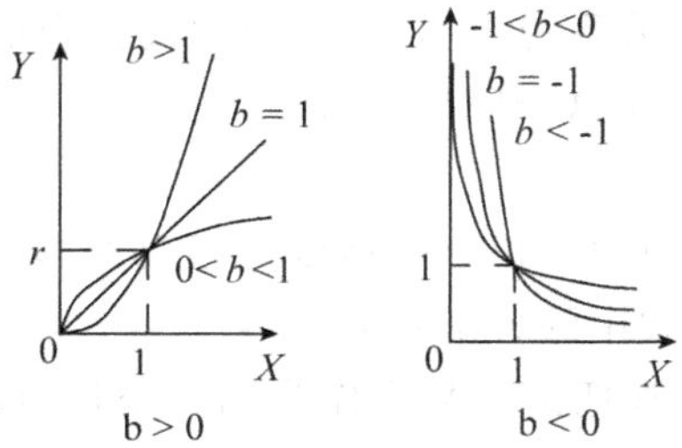

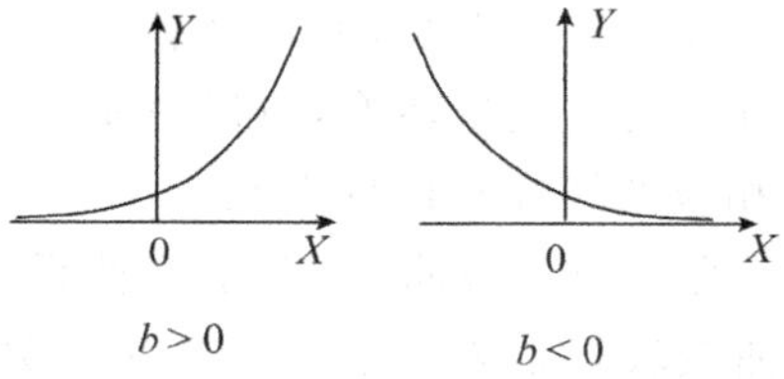

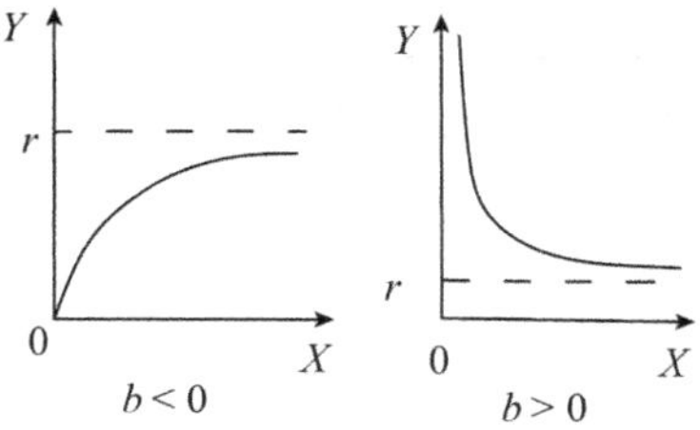

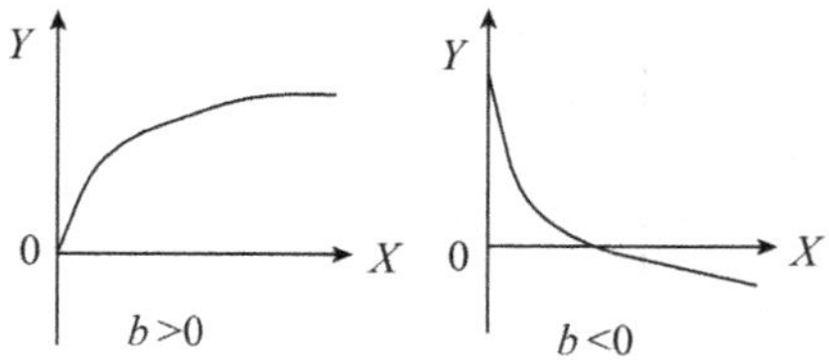

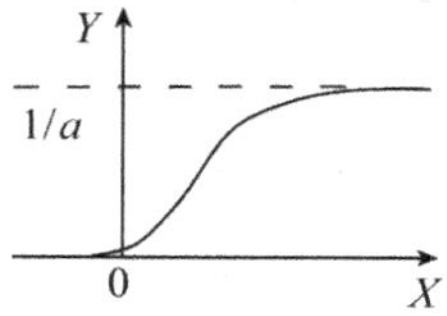

还可采用多项式如：

$$y = a_0 + a_1 x + a_2 x^2 + \cdots + a_n x^n \tag{8-5-1}$$

确定函数形式时，应该考虑试验结构的数据特点，如是否经过原点、是否有水平或垂直或沿某一方向的渐近线以及极值点的位置等，这些特征对确定函数表达式很有作用。严格来说，所确定的函数表达式，只在试验数据的范围内才有效；如要把所确定的函数形式推广到试验数据的范围以外，必须有充分的根据。

(2) 确定函数表达式的系数。

对某一试验数据系列，确定了函数形式后，应通过数学方法求其系数，所求得的系数应使按照这一函数所算得的数值与相应的试验数据按照某一准则尽可能相符。常用的数学方法有回归分析和系统识别，本章仅介绍回归分析法。

(a) 回归分析的意义。

设试验数据序列为$(x_i, y_i; i = 1, 2, \cdots, n)$，选用的函数表达式中有待定系数 $a_j(j = 1, 2, \cdots, m)$，函数表达式可写为：

$$y = f(x, a_j; j = 1, 2, \cdots, m) \tag{8-5-2}$$

式中：a_j—— 回归系数，应按照函数式计算所得数值与试验数据以某种准则最佳近似的原则来确定，常用的准则有最小二乘法。

所谓最小二乘法，就是使由函数式算得的数值与试验数据的偏差平方之和 Q 为最小，依照这个原则确定回归系数 a_j 的计算方法。Q 可以表示为 a_j 的函数：

$$Q = \sum_{i=1}^{n} [y_i - f(x, a_j; j = 1, 2, \cdots, m)]^2 \tag{8-5-3}$$

式中：(x_i, y_i)—— 试验数据，根据多元函数的极值定理，要使 Q 为极小的必要条件是 Q 对 $a_j(j = 1, 2, \cdots, m)$ 的偏导数全为零，即

$$\frac{\partial Q}{\partial a_j} = 0 \quad (j = 1, 2, \cdots, m) \tag{8-5-4}$$

求解以上方程组，就可以解得使 Q 值为最小的回归系数 a_j。

(b) 一元线性回归分析。

经观察，试验数据 x_j 与 y_j 之间存在着线性关系，可设直线方程为：

$$y = a + bx \tag{8-5-5}$$

则偏差平方和 Q 为

$$Q = \sum_{i=1}^{n} [y_i - a - bx_i]^2 \tag{8-5-6}$$

上式是关于回归系数 a 和 b 的二次函数，求 Q 对 a，b 的偏导数并令它们为零，可得下列计算结果：

$$\frac{\partial Q}{\partial a} = \sum_{i-1}^{n} (y_i - a - bx_i) = 0 \tag{8-5-7}$$

$$\frac{\partial Q}{\partial b} = \sum_{i-1}^{n} (y_i - a - bx_i) x_i = 0 \tag{8-5-8}$$

解上述方程可得

$$a = \bar{y} - b\bar{x} \tag{8-5-9}$$

$$b=\frac{S_{xy}}{S_{xx}} \tag{8-5-10}$$

式中：$\bar{x}=\frac{1}{n}\sum_{i=1}^{n}x_i,\bar{y}=\frac{1}{n}\sum_{i=1}^{n}y_i$　　(8-5-11)

$$S_{xx}=\sum_{i=1}^{n}(x_i-\bar{x})^2=\sum_{i=1}^{n}x_i^2-\frac{1}{n}\left(\sum_{i=1}^{n}x_i\right)^2 \tag{8-5-12}$$

$$S_{xy}=\sum_{i=1}^{n}(x_i-\bar{x})(y_i-\bar{y})=\sum_{i=1}^{n}x_iy_i-\frac{1}{n}\left(\sum_{i=1}^{n}x_i\right)\left(\sum_{i=1}^{n}y_i\right) \tag{8-5-13}$$

线性回归方法本身并不能够保证 y 和 x 之间一定存在线性关系，如果实测数据比较分散或 y 和 x 之间根本不存在线性关系时，采用线性回归方法，也可以得到回归系数 a 和 b，但所得直线经验公式是没有意义的。因此，必须建立一个标准，以便对回归分析结果的有效性进行评价。

这个标准就是相关系数 γ，它反映了 y 和 x 之间线性相关的程度，γ 定义如下：

$$\gamma=\frac{S_{xy}}{\sqrt{S_{xx}S_{yy}}}$$

式中：$S_{yy}=\sum_{i=1}^{n}(y_i-\bar{y})^2$，$|\gamma|\leqslant 1$，当 $|\gamma|=1$，称为完全线性相关，此时所有的数据点 (x_i,y_i) 都在回归直线上；当 $|\gamma|=0$，有 $S_{xy}=0$，对应 $b=0$，称为完全线性无关，此时 y 和 x 不存在线性关系。$|\gamma|$ 越大线性关系越好，$|\gamma|$ 很小时，线性关系很差，这时再用一元线性回归方程来代表 y 和 x 之间关系就极不合理了。图 8.5.8 给出了相关系数的图形示例。

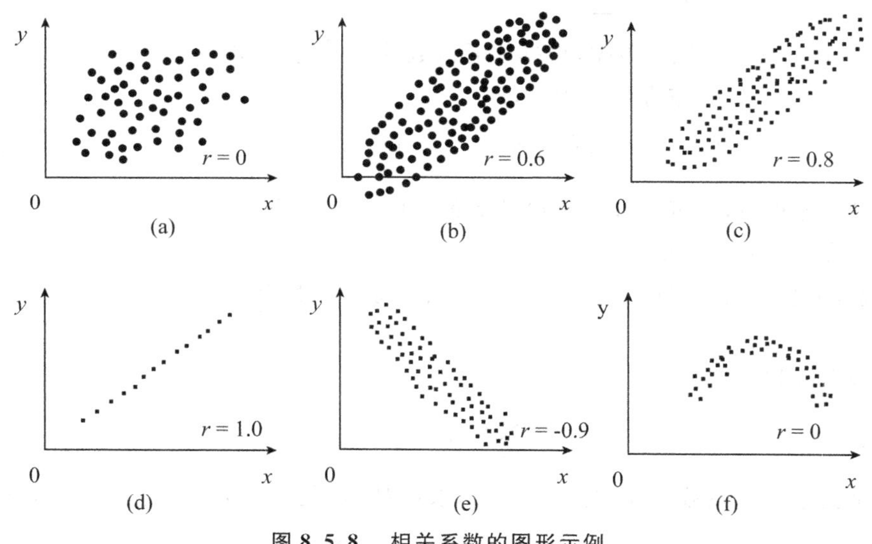

图 8.5.8　相关系数的图形示例

表 8.5.4 给出了不同样本容量 n 在三种置信度(95%,98%,99%)下，相关系数的下限值。当 $|\gamma|$ 大于表中相应的数值，所得到的线性回归方程才有意义。

表 8.5.4　不同置信度下的线性回归相关系数

n－2	置信度			n－2	置信度		
	95%	98%	99%		95%	98%	99%
1	0.9969	0.9995	0.9999	17	0.4555	0.5265	0.5751
2	0.9500	0.9800	0.9900	18	0.4438	0.5155	0.5614
3	0.8783	0.9343	0.9587	19	0.4329	0.5034	0.5487
4	0.8114	0.8822	0.9172	20	0.4227	0.4921	0.5368
5	0.7545	0.8329	0.8745	25	0.3809	0.4451	0.4869
6	0.7067	0.7837	0.8343	30	0.3494	0.4093	0.4487
7	0.6664	0.7498	0.7977	35	0.3246	0.3810	0.4182
8	0.6319	0.7155	0.7646	40	0.3044	0.3578	0.3932
9	0.6021	0.6851	0.7348	45	0.2876	0.3384	0.3721
10	0.5760	0.6581	0.7079	50	0.2732	0.3218	0.3541
11	0.5529	0.6339	0.6835	60	0.2500	0.2948	0.3248
12	0.5324	0.6120	0.6614	70	0.2319	0.2737	0.3017
13	0.5139	0.5923	0.6411	80	0.2172	0.2565	0.2830
14	0.4973	0.5742	0.6226	90	0.2050	0.2422	0.2673
15	0.4821	0.5577	0.6055	100	0.1946	0.2301	0.2540
16	0.4683	0.5425	0.5897				

(c) 一元非线性回归分析。

若试验数据 y_i 和 x_i 之间的关系不是线性关系，可以利用表 8.5.3 进行变量代换，转换成线性关系，再应用线性回归求出函数式中的系数；也可以直接进行非线性回归分析，用最小二乘法求出函数式中的系数。对变量 y 和 x 进行相关性检验，可以用下列的相关指数 R^2 来表示。

$$R^2 = 1 - \frac{\sum (y_i - y)^2}{\sum (y_i - \bar{y})^2} \tag{8-5-14}$$

式中：$y = f(x_i)$ 是把 x_i 代入回归方程得到的函数值，y_i 为试验数据，$\bar{y}$ 为试验数据 y_i 的平均值。

相关指数 R^2 的平方根 R 称为相关系数，它与前面的线性相关系数不同。相关指数 R^2 和相关系数 R 是表示回归曲线与试验数据拟合的程度，R^2 和 R 趋近 1 时，表示回归曲线的拟合程度好；R^2 和 R 趋向零时，表示回归曲线的拟合程度差。

(d) 多元线性回归分析。

当所研究的问题中有两个以上的变量，其中自变量为两个或两个以上时，应采用多元线性回归分析。设试验结果为 $(x_{1i}, x_{2i}, \cdots, x_{mi}, y_i, i = 1,2,\cdots,n)$，其中自变量为 $x_{ji}(j = 1,2,\cdots,m)$，y 与 x_j 之间的关系由下式表示：

$$y = a_0 + a_1 x_1 + a_2 x_2 + \cdots + a_m x_m \tag{8-5-15}$$

上式中的 $a_j (j = 0, 1, \cdots, m)$ 为回归系数，用最小二乘法求得。

非线性回归问题常常可以转化为多元线性回归的问题来处理，例如，采用 3 次多项式曲线拟合试验数据，

$$y = a_0 + a_1 x + a_2 x^2 + a_3 x^3 \tag{8-5-16}$$

这是一元非线性回归问题。做变量代换，令 $x_1 = x, x_2 = x^2, x_3 = x^3$，上式成为：

$$y = a_0 + a_1 x_1 + a_2 x_2 + a_3 x_3 \tag{8-5-17}$$

问题转化为三元线性回归分析的问题。

有些函数不能转换为线性函数，例如有理分式函数和一些组合函数，这时应该采用非线性回归方法。

第 9 章　结构试验附录

试验一　电阻应变片灵敏系数的测定

一、试验目的

掌握通用电阻应变片灵敏系 K 值的测定方法。

二、试验设备及仪表

1. 静态电阻应变仪；

2. 等应力梁；

3. 待测电阻应变片。

三、试验方法

测试装置见附图 1.1 所示。灵敏系数 K 值是电阻应变片的一个综合性能指标，不能单纯由理论计算，一般均需要用试验方法测定。对要求较高的应变测点，有必要进行灵敏系数 K 检测。

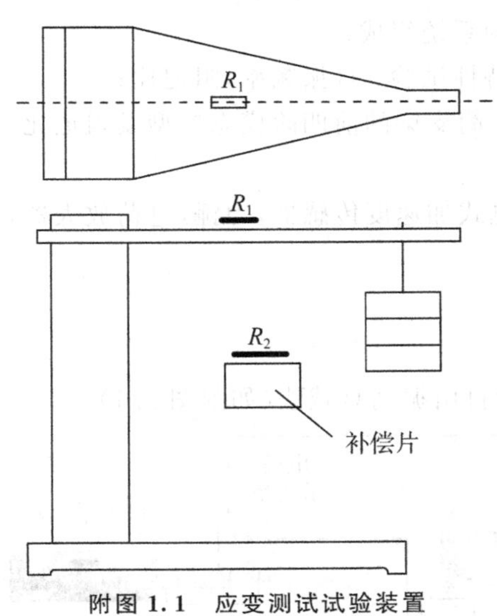

附图 1.1　应变测试试验装置

具体方法为：

1. 在等应力梁上沿轴向准确贴好应变片；

2. 用半桥将应变片接入应变仪，灵敏系数调节器旋钮置于某任意选定的 $K_{仪}$ 值(如 $K_{仪}=2$)；

3. 给梁逐级加砝码，由钢梁所加重量换算出已知应变 $\varepsilon_{计}$(梁的材料弹性模量已知)；

$\varepsilon_{计}=\dfrac{M}{EW}$，式中：$M$——贴片处截面处的弯矩，$E$——梁弹性模量，$W$——贴片处抗弯截面模量。

4. 由应变仪测取每级荷载下的应变值 $\varepsilon_{仪}$ 记入表格(附表 1.1)。

对测定的应变片，均需要加卸荷载三次，从而得到三组灵敏系数 K 值，再取三组的平均值即为所代表的同批产品的平均灵敏系数 K 值。

附表 1.1　电阻应变片灵敏系数测试结果表

荷载值 / 测定项目	0N	50N	100N
实测应变值 $\varepsilon_{仪}$ ($\mu\varepsilon$)			
计算应变值 $\varepsilon_{计}$ ($\mu\varepsilon$)			
$K=\frac{\varepsilon_{仪}}{\varepsilon_{计}}K_{仪}$			

四、试验报告

1. 按试验要求算出灵敏系数 K 值；

2. 讨论试验中为准确测定 K 值应注意的事项。

试验二　简支或悬臂钢梁动力特性试验

一、试验目的

1. 了解动态测试系统的系统组成；

2. 单自由度结构动力特性试验：自振频率，阻尼比；

3. 简支梁的模态测试：简支梁的前四阶模态振型及阻尼比。

二、试验设备及仪器

1. 振动测试系统：压电式加速度传感器，力锤，电荷放大器，采集器等；

2. 计算机分析系统；

3. 悬臂装置、简支钢梁。

三、试验方法及步骤

基频和阻尼比试验采用自由振动衰减法(如附图 2.1)。

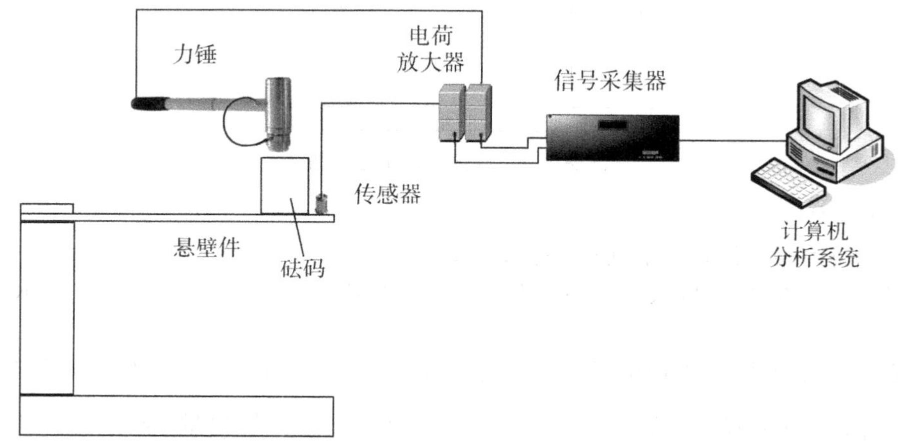

附图 2.1　结构自振频率及阻尼比试验系统图

试验步骤：

1. 试验准备工作。

(1) 将砝码粘结就位，支座位置保持平整，防止结构刚体运动；

(2) 将传感器用专用底座吸附或粘结于悬臂构件上；

(3) 用专用导线将传感器、电荷放大器、采集器以及分析系统按照附图 2.1 连接，按照传感器的相关参数、结构自振频率范围、振动幅值等调整设置电荷放大器；

(4) 打开测试软件，设置振动测试分析软件相关参数，调试仪器。

2. 阻尼比及固有频率试验。

(1) 用力锤敲击悬臂梁使其产生自由衰减振动。

(2) 记录自由衰减振动波形，采集振动时程曲线(可按照需要硬件积分成速度、位移幅值)，分位移、速度、加速度三组数据。

(3) 计算分析系统阻尼比 ξ 和固有频率 f_0，绘制时程曲线和频谱曲线。

(4) 可将砝码加重或减轻，重新试验。

3. 简支梁模态试验。

简支钢梁的模态测试系统图如附图 2.2 所示。

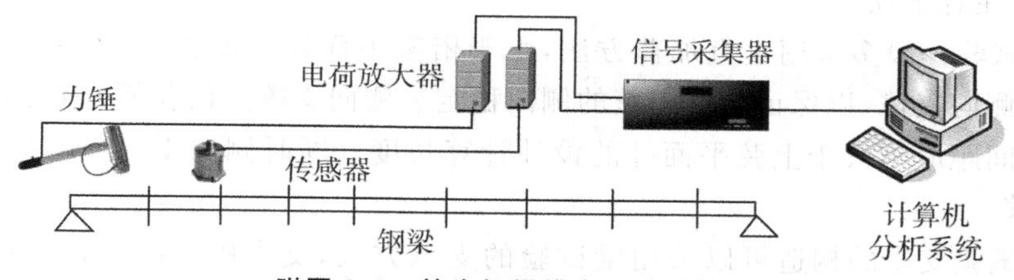

附图 2.2　简支钢梁模态测试系统图

将钢梁 9 等分划线，在模态测试软件中建立钢梁几何模型，按照附图 2.2 连接仪器，固定接收传感器，移动力锤沿钢梁逐点敲击同时采集数据，最后用模态分析软件分析、拟合得到结构的前四阶模态。

四、试验报告

1. 记录测试时程曲线，分析结构固有频率，计算结构阻尼比，通过改变砝码质量体会结构固有频率和质量之间的关系。

2. 了解结构进行模态试验的意义。

试验三　简支钢桁架非破损试验

一、试验目的

1. 进一步学习和掌握几种常用仪表的性能、安装和使用方法；

2. 通过对桁架结点位移、杆件内力、支座处上弦杆转角的测量，对桁架结构的工作性能作出分析，并验证理论计算的正确性。

二、试验设备和仪器

1. 试件——钢桁架、跨度 4.2m，上下弦杆采用等边角钢 2∟30×3，腹杆采用 2∟25×3，

节点板厚 $\delta=4\text{mm}$，测点布置如附图 3.1 所示；

2. 加载设备——千斤顶，压力传感器；

3. 静态电阻应变仪；

4. 百分表、挠度计及支架；

5. 倾角仪等。

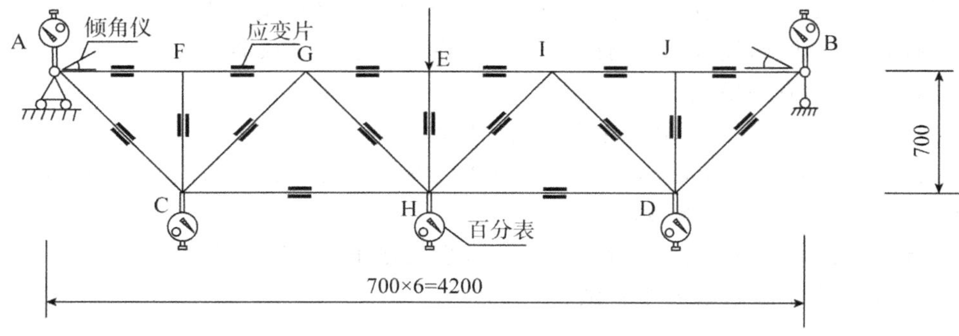

附图 3.1 测点布置

三、试验注意事项

1. 桁架试验一般多采用垂直加荷方法，由于桁架平面外刚度较弱，安装时必须采用专门措施，设置侧向支撑，以保证桁架上弦的侧向稳定。侧向支撑点的位置应根据设计要求确定，支撑点的间距应不大于上弦平面外的设计计算长度。同时侧向支撑应不妨碍桁架在其平面内的位移。

2. 桁架试验支座的构造可以采用梁试验的支承方式，支承中心线的位置尽可能准确，其偏差对桁架端结点的局部受力影响较大，对钢筋混凝土桁架影响更大，故应严格控制。三角形屋架受荷后，下弦伸长较多，滚动支座的水平位移往往较大，因此支座垫板应有足够的尺寸。

3. 桁架的试验荷载不能与设计荷载相符合时，亦可采用等效荷载代换，但应验算，使主要受力构件或部位的内力接近设计情况，还应注意荷载改变后可能引起的局部影响，防止产生局部破坏。试验结果内力等效，但变形不会等效，如果要考察结构变形情况，则需要对挠度等进行修正。

4. 观测项目一般有杆件应变、抗裂度、挠度和裂缝宽度等。测量挠度，可采用挠度计或水准仪，测点一般布置于下弦结点。为测量支座沉陷，在桁架两支座的中心线上应安置垂直方向的位移计。另外还可在下弦两端安装两个水平方向的位移计，以测量在荷载作用下固定支座和滚动支座的水平侧向位移。杆件应变测量，可用电阻应变片或接触式位移计，其安装位置随杆件受力条件和测量要求而定。

荷载分级、开裂荷载和破坏荷载的判别，按照第 2 章原则确定。

桁架试验加荷载过程中要特别注意安全，做破坏试验时，应根据预先估计的可能破坏情况设置防护支撑，以防损坏仪器设备和造成人身伤害。

本试验采用缩尺钢桁架做非破损检验，以达到熟悉的目的。杆件应变测量点设置在每一杆件的中间区段，为消除自重弯矩的影响，电阻应变片均安装在截面的重心线上，如附图 3.2 所示。在水平杆 AF 及 BJ 的支座处装倾角仪，量测在各级荷载下的转角变化。挠度测

点均布置在桁架下弦结点上，同时支座处尚应装置百分表测量沉降值(及侧移值)。

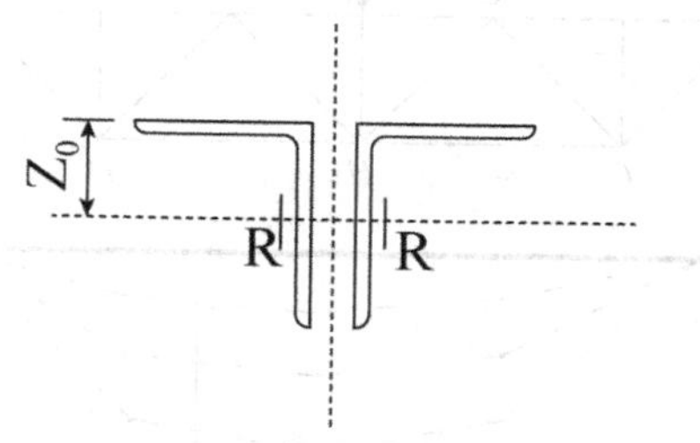

附图 3.2　应变片粘贴位置

四、试验步骤

1. 检查试件与试验装置，装上仪表(电阻应变片已预先贴好，只接线测量)。

2. 预载试验(取试验状态荷载的 10%～20%)，测取仪表读数，检查装置、试件和仪表工作是否正常，然后卸载，如发现问题应及时排除。

3. 仪表调零，记取初读数，做好记录和描绘试验曲线的准备。

4. 正式试验，用 5 级加载，每级 4kN，每级持荷时间为 10min，持荷结束并数据稳定后进行读数。

5. 满载为 20kN，持荷结束并记录读数、检查结构外观情况等后，分二级卸载，并记下读数。

6. 正式试验重复两次。

五、试验结果的整理、分析和试验报告

1. 原始资料。

(1) 桁架各杆内力如附图 3.3 所示。

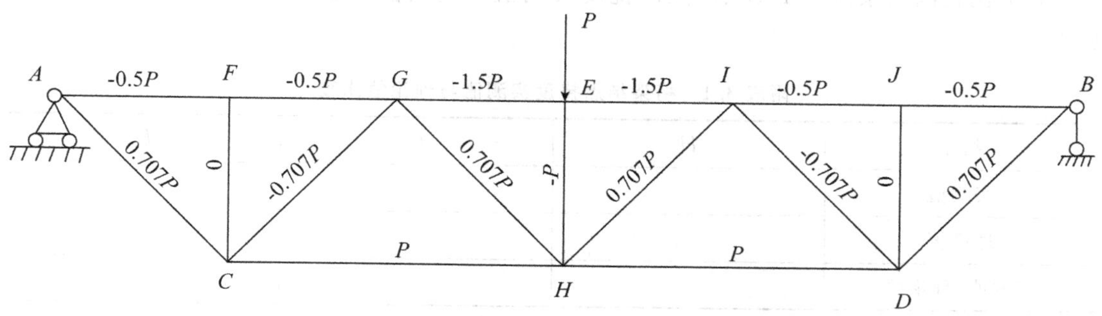

附图 3.3　桁架各杆内力

(2) 桁架下弦 D、H、C 结点的位移及 AF 杆的转角按下式近似计算：

$$a_H=\frac{9618.8P}{EA},a_C=\frac{4139.8P}{EA},\theta_F=\frac{5.9093P}{EA}\cdot\frac{180}{\pi}$$

式中：a_H——桁架下弦 D 结点竖向位移(mm)；a_c——桁架下弦 C 结点竖向位移(mm)；θ_F——桁架下弦 AF 杆的转角(°)；P——桁架上弦中点(E 结点)处所施加的竖向荷载(N)；A——桁架杆件截面积(mm^2)；E——桁架杆件材料弹性模量(N/mm^2)。

2. 桁架下弦 D、H、C 结点的荷载——挠度分析。

(1) 绘出各级荷载下桁架整体变形图(如附图 3.4)。

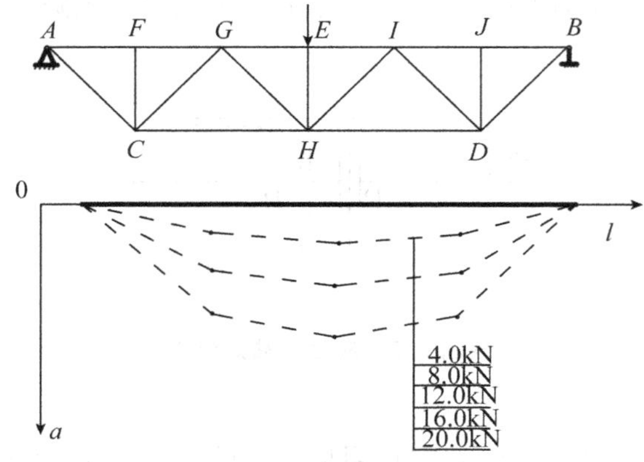

附图 3.4 桁架整体变形图

(2) 分别绘出各级荷载下 H、C 点的荷载—挠度曲线及理论曲线(如附图 3.5)。

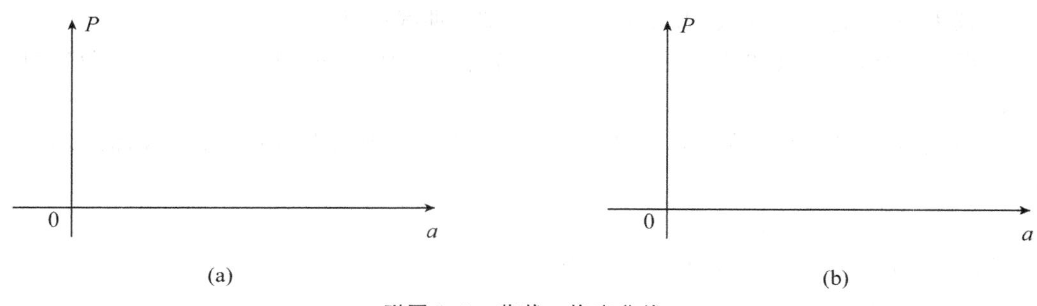

附图 3.5 荷载—挠度曲线

(3) 比较满载条件下 H、C、D 点的挠度实测值与理论值得差异(见附表 3.1)并分析其原因。

附表 3.1 桁架结点挠度实测值与理论值比较

测点	H	C	D
实测值			
理论值			
实测值/理论值			

3. 桁架上弦杆 AF 端杆的转角分析。

(1) 绘出上弦 AF 端杆的荷载—转角曲线图(如附图 3.6)。

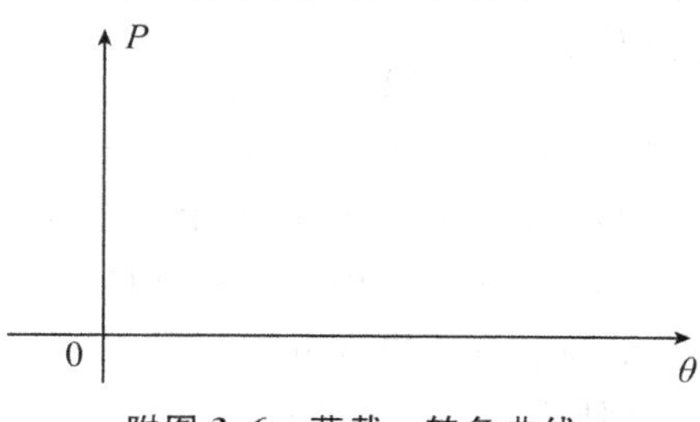

附图 3.6 荷载—转角曲线

(2) 比较各级荷载下 AF 端杆转角实测值与理论值得差异(见附表 3.2)并分析其原因。

附表 3.2　桁架上弦 AF 端杆转角实测值与理论值比较

荷载(kN)	4.0	8.0	12.0	16.0	20.0
实测值					
理论值					
实测值/理论值					

4. 桁架各杆件的内力分析。

从杆件的实测应变值求出内力值,并与理论计算值比较。

5. 检验结论。

根据试验结果与理论计算的比较,讨论理论计算的准确性,并根据试验结果的综合分析,对桁架的工作状况作出结论。

试验四　回弹法检测混凝土抗压强度

一、试验目的

1. 学习回弹仪的使用方法和应用范围。

2. 学习回弹仪检测混凝土抗压强度的方法和步骤。

二、试验仪器设备

混凝土回弹仪,酚酞溶液,率定钢砧(洛氏硬度 HRC 60±2),混凝土构件,卷尺、凿子及榔头。

三、试验原理

回弹法检测混凝土抗压强度是通过检测混凝土表面硬度,以碳化修正后来推算混凝土内部强度的一种方法。国家或地方通过大量的试验,获得统一测强曲线或者地方测强曲线。

四、适用范围

符合下列条件的混凝土应采用统一测强曲线进行测区混凝土强度换算:

1. 普通混凝土采用的材料、拌和用水符合现行国家有关标准;

2. 不掺外加剂或仅掺非引气型外加剂;

3. 采用普通成型工艺;

4. 采用符合现行国家标准《混凝土结构工程施工及验收规范》(GB 50204)规定的钢模、木模及其他材料制作的模板;

5. 自然养护或蒸气养护出池后经自然养护 7d 以上,且混凝土表层为干燥状态;

6. 龄期为 14～1000d;

7. 抗压强度为 10～60MPa。

当有下列情况之一时,测区混凝土强度值不得按照统一测强曲线换算,可制定专用测强曲线或通过试验进行修正,专用测强曲线的制定方法宜符合有关规定:

1. 粗集料最大粒径大于 60mm;

2. 特种成型工艺制作的混凝土;

3. 检测部位曲率半径小于 250mm；

4. 潮湿或浸水混凝土。

五、试验方法及步骤

1. 回弹仪率定。

回弹仪率定试验宜在干燥、室温为 5～35℃的条件下进行。率定时，钢砧应稳固地平放在刚度大的物体上。测定回弹值时，取连续向下弹击三次的稳定回弹平均值。弹击杆应分四次旋转，每次旋转宜为 90°。弹击杆每旋转一次的率定平均值应为 80±2。

2. 配置酚酞溶液。

按照比例配置浓度为 1%的酚酞酒精溶液。

3. 测区布置。

测区应符合下列规定：

(1) 每一结构或构件测区数不应少于 10 个，对某一方向尺寸小于 4.5m 且另一方向尺寸小于 0.3m 的构件，其测区数量可适当减少，但不应少于 5 个。

(2) 相邻两测区的间距应控制在 2m 以内，测区离构件端部或施工缝边缘的距离不宜大于 0.5m，且不宜小于 0.2m。

(3) 测区应选在使回弹仪处于水平方向检测混凝土浇筑侧面。当不能满足这一要求时，可使回弹仪处于非水平方向检测混凝土浇筑侧面、表面或底面。

(4) 测区宜选在构件的两个对称可测面上，也可选在一个可测面上，且应均匀分布。在构件的重要部位及薄弱部位必须布置测区，并应避开预埋件。

(5) 测区的面积不宜大于 $0.04m^2$。

(6) 检测面应为混凝土表面，并应清洁、平整，不应有疏松层、浮浆、油垢、涂层以及蜂窝、麻面，必要时可用砂轮清除疏松层和杂物，且不应有残留的粉末或碎屑。

(7) 对弹击时产生颤动的薄壁、小型构件应进行固定。

4. 测量。

根据所划分的测区，在混凝土构件上的 10 个测区，每个测区回弹 16 次，同一位置不得重复弹击，操作时，将回弹仪垂直对准混凝土侧面并轻压回弹仪，使弹击杆伸出，然后正常试验。

回弹完成后，进行混凝土碳化试验，在有代表性的位置上测量碳化深度值，测点表不应少于构件测区数的 30%，取其平均值为该构件每测区的碳化深度值。当碳化深度值极差大于 2.0mm 时，应在每一测区测量碳化深度值。

碳化深度值测量，可采用适当的工具在测区表面形成直径约 15mm 的孔洞，其深度应大于混凝土的碳化深度。孔洞中的粉末和碎屑应除净，并不得用水擦洗。同时，应采用浓度为 1%的酚酞酒精溶液滴在孔洞内壁的边缘处，当已碳化与未碳化界线清楚时，再用深度测量工具测量已碳化与未碳化混凝土交界面到混凝土表面的垂直距离，测量不应少于 3 次，取其平均值。每次读数精确至 0.25mm，平均值精确至 0.5mm。

5. 数据处理。

按照 JGJ/T 23—2011 或第 5 章介绍的方法进行处理。

六、试验报告

1. 原始数据，数据处理过程，计算结果。

2. 采用回弹法检测混凝土抗压强度，假设某混凝土构件一个测区的回弹值为 41，42，

36,41,32,34,39,42,42,44,45,45,48,30,40,47,平均碳化深度 3.0(见附表 4.1),试给出此测区回弹换算值;若此构件 10 个测区的强度换算值见附表 4.2,试计算出该构件强度推定值(见附表 4.3)。

附表 4.1　测区混凝土强度换算值(MPa)

碳化深度	回弹平均值										
	40.0	40.2	40.4	40.6	40.8	41.0	41.2	41.4	41.6	41.8	42.0
3.0	31.7	32	32.3	32.6	32.9	33.2	33.5	33.8	34.2	34.5	34.9

附表 4.2　各测区混凝土强度换算值(MPa)

30.3	27.0	23.6	27.7	24.5	23.6	24.9	20.6	27.1	26.7

附表 4.3　回弹法测量混凝土抗压强度记录表

编　号		回　弹　值																	碳化深度(mm)
构件	测区	1	2	3	4	5	6	7	8	9	10	11	12	13	14	15	16	Rm	
	1																		
	2																		
	3																		
	4																		
	5																		
	6																		
	7																		
	8																		
	9																		
	10																		

测面状态	侧面表面底面风干潮湿光洁粗糙	泵送	□　是　□否	回弹仪	型号	
测试角度	水平向上向下	示意图			编号	
					率定值	

日期:　　　　操作人员:　　　　记录人员:　　　　计算人员:

试验五　超声—回弹综合法检测混凝土强度

一、试验目的

1. 了解回弹仪的基本构造,掌握回弹仪的正确使用方法;
2. 熟练掌握非金属超声仪的使用方法;

3. 处理回弹值及超声声时值结果，掌握对被测混凝土构件的抗压强度综合评定方法。

二、主要仪器与设备

1. 混凝土回弹仪；

2. 非金属超声波仪；

3. 打磨工具、耦合剂以及计算器等。

三、试验步骤

1. 回弹仪的使用及率定操作。

2. 回弹值的测量。

用回弹仪测试时宜使仪器处于水平状态测试混凝土浇筑方向的侧面。如不能满足这一要求也可非水平状态测试或测试混凝土浇筑方向的顶面或底面。对构件上每一测区的两个相对测试面各弹击点每一测点的回弹值测读精确至 1.0。相邻两测点的间距一般不小于 30mm，测点距构件边缘或外露钢筋铁件的距离不小于 50mm 且同一测点只允许弹击一次。

3. 超声声时值的测量。

超声测点应布置在回弹测试的同一测区内。测量超声声时时应保证换能器与混凝土耦合良好。测试的声时值应精确至 0.1μs，声速值应精确至 0.01km/s。在每个测区内的相对测试面上应各布置 3 个测点，且发射和接收换能器的轴线应在同一轴线上。

按照规程 CECS：02 或第 5 章方法进行回弹及声时测量。

4. 混凝土强度的推定。

构件第 i 个测区的混凝土强度换算值 $f_{cu,i}^{c}$，应根据修正后的测区回弹值 R_{ai} 及修正后的测区声速值 v_{ai}，优先采用专用或地区测强曲线推定，当无该类测强曲线时经验证后也可按下列公式计算：

（1）当粗骨料为卵石时

$$f_{cu,i}^{c}=0.0056v_{ai}^{1.439}R_{ai}^{1.769}$$

（2）当粗骨料为碎石时

$$f_{cu,i}^{c}=0.0162v_{ai}^{1.656}R_{ai}^{1.410}$$

式中：$f_{cu,i}^{c}$——第 i 个测区的混凝土强度换算值(MPa，精确到 0.1MPa)；

v_{ai}——第 i 个测区修正后的声速值(km/s，精确到 0.01 km/s)；

R_{ai}——第 i 个测区修正后的回弹值(精确到 0.1)。

四、试验结果

附表 5.1　混凝土回弹值测试结果

		测区									
		1	2	3	4	5	6	7	8	9	10
回弹值 Rm	1										
	2										
	3										
	4										
	5										
	6										
	7										

续　表

		测区									
		1	2	3	4	5	6	7	8	9	10
回弹值 *Rm*	8										
	9										
	10										
	11										
	12										
	13										
	14										
	15										
	16										
	修正后的回弹值 *Ra*										
测试面：				回弹修正值：			测试角度：			回弹修正值 $R_{\alpha a}$：	
备注(测试表面破坏情况，测区的划分以及编号以及注意事项等)：											
操作：			记录：			计算：			日期：		

附表 5.2　混凝土超声声速值的测试结果

		测区									
		1	2	3	4	5	6	7	8	9	10
测距 *l*(mm)											
声时值 *ti*(μs)	t_1										
	t_2										
	t_3										
	t_m										
声速值 ν_i(km/s)											
修正后的声速值 ν_i(km/s)											
测试面：						声时修正值：					
备注(超声波测试仪使用步骤以及注意事项等)：											
操作：			记录：			计算：			日期：		

附表 5.3　超声回弹综合法测试混凝土强度的测试结果

<table>
<tr><td colspan="2" rowspan="2"></td><td colspan="10">测　　区</td></tr>
<tr><td>1</td><td>2</td><td>3</td><td>4</td><td>5</td><td>6</td><td>7</td><td>8</td><td>9</td><td>10</td></tr>
<tr><td colspan="2">修正后的声速值
v_a(km/s)</td><td></td><td></td><td></td><td></td><td></td><td></td><td></td><td></td><td></td><td></td></tr>
<tr><td colspan="2">修正后的
回弹值 Ra</td><td></td><td></td><td></td><td></td><td></td><td></td><td></td><td></td><td></td><td></td></tr>
<tr><td rowspan="2">混凝土
强度换
算值
(MPa)</td><td>仪器推
荐曲线
结果</td><td></td><td></td><td></td><td></td><td></td><td></td><td></td><td></td><td></td><td></td></tr>
<tr><td>计算
公式
结果</td><td></td><td></td><td></td><td></td><td></td><td></td><td></td><td></td><td></td><td></td></tr>
<tr><td colspan="2">声速值 ν_i(km/s)</td><td></td><td></td><td></td><td></td><td></td><td></td><td></td><td></td><td></td><td></td></tr>
<tr><td colspan="2"></td><td></td><td></td><td></td><td></td><td></td><td></td><td></td><td></td><td></td><td></td></tr>
<tr><td colspan="12">测试面：　　　　　　　　声时修正值：</td></tr>
<tr><td colspan="12">备注(超声波测试仪使用步骤以及注意事项等)：</td></tr>
<tr><td colspan="2">操作：</td><td colspan="3">记录：</td><td colspan="3">计算：</td><td colspan="4">日期：</td></tr>
</table>

试验六　钢筋混凝土梁静载试验

一、试验的目的

1. 了解钢筋混凝土梁受力的全过程。
2. 了解对钢筋混凝土结构进行试验研究的方法。
3. 得到进行钢筋混凝土结构试验的一些基本技能的训练。

二、试验内容

1. 了解试验方案的确定。
2. 了解试验梁的设计和制作过程。
3. 了解试验梁的加载装置及其性能。
4. 试验梁上安装测量仪表。
5. 在加载试验过程中测读量测数据。观察试验梁外部的开裂,裂缝发展和变形情况。
6. 整理试验数据,写出试验报告。

三、试验梁

1. 试验梁混凝土强度等级为 C_{20}。

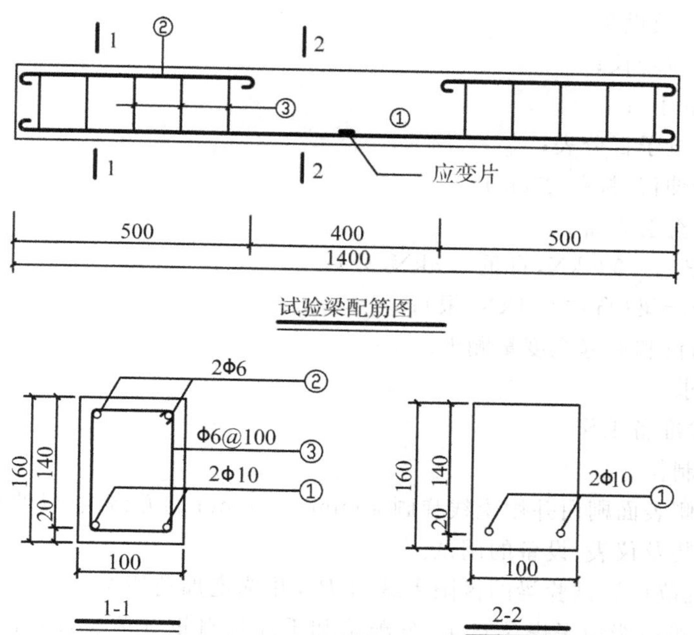

试验梁配筋图

2. ① 号筋要留三根长 500mm 的钢筋，用作测试其应力应变关系的试件。

3. 在浇筑混凝土时，同时要浇筑三个 150mm×150mm×150mm 的立方体试块。作为梁试验时，测定混凝土的强度。

四、试验梁的加载及仪表布置

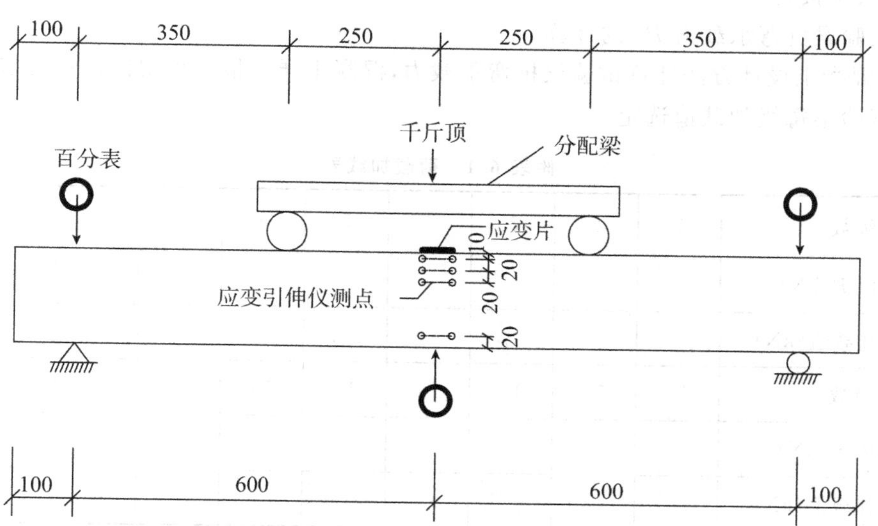

五、试验量测数据内容

1. 各级荷载下支座沉陷与跨中的挠度。

2. 各级荷载下主筋跨中的拉应变及混凝土受压边缘的压应变。

3. 各级荷载下梁跨中上边纤维，中间纤维，受拉筋处纤维的混凝土应变。

4. 记录、观察梁的开裂荷载和开裂后在各级荷载下裂缝的发展情况(包括裂缝的 w_{max})。

六、试验仪器及设备

1. 静态电阻应变仪；
2. 千分表(备用)；
3. 百分表或电子百分表；
4. 手持式引伸仪(标距 25cm)；
5. 高压油泵全套设备；
6. 千斤顶(P_{max}=320kN，自重 0.3kN/只)；
7. 工字钢分配梁(自重 0.1kN/根)；
8. 裂缝观测仪和裂缝宽度量测卡。

七、试验要求

1. 部分试验准备工作。

(1) 试件的制作。

(2) 试件两侧表面刷白并用墨线弹画 40mm×100mm 的方格线(以便观测裂缝)。

(3) 试件安装及仪表、设备的调试。

2. 按现行规范计算试验梁的极限承载力 P_u，并选定加荷级数(一般选用 10 级)及每级加载的荷载量。第一级应考虑梁自重、分配梁和千斤顶自重等荷载，临近开裂和破坏时，可半级或 1/4 级加载。

3. 试验中要求正确记录各要求的数据。

4. 试验后整理试验数据，并写出试验报告。

八、试验报告

1. 试验梁抗弯承载力 P_u 的计算。

按照混凝土设计方法计算试验梁抗弯承载力，混凝土强度根据预留试块强度取值。

2. 试验梁每级加载值选定。

附表 6.1　荷载加载表

级数	1	2	3	4	5	6	7	8	9	10
加载值 P(kN)										
千斤顶加载值(kN)										
级数	11	12	13	14	15	16	17	18	19	20
加载值 P(kN)										
千斤顶加载值(kN)										

注：① 第 1 级千斤顶加载值按下式调整

P_1* = 加载值 $P_1-P_{千}$(千斤顶自重)$-P_{分}$(分配梁自重)$-P_{梁}$(梁自重)×2

② 将试验梁均布自重按弯矩等效折算为集中自重 $P_{梁}$：即

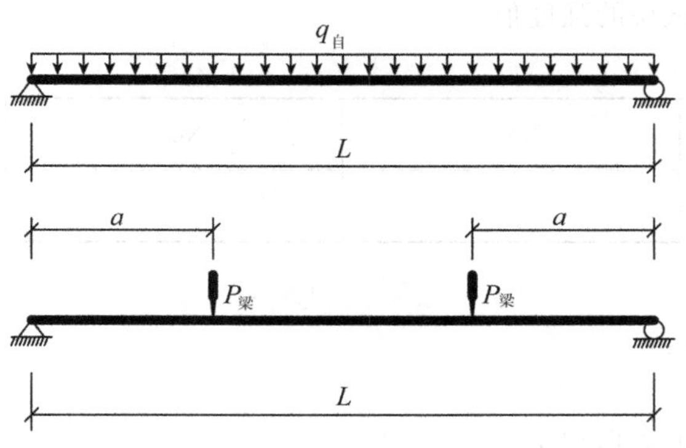

$\frac{1}{8}q_{自}L^2=P_{梁}\times a, P_{梁}=\frac{1}{8a}q_{自}L^2$

3. 主筋的 $\sigma\sim\varepsilon$ 曲线。

（1）数据：　　钢筋直径 φ：　　mm　　；　钢筋面积 A_s：　　mm^2

No. 1	拉力(kN)								
	应变(10^{-6})								
No. 2	拉力(kN)								
	应变(10^{-6})								
No. 3	拉力(kN)								
	应变(10^{-6})								
平均	拉力(kN)								
	应变(10^{-6})								

（2）$\sigma\sim\varepsilon$ 曲线图。

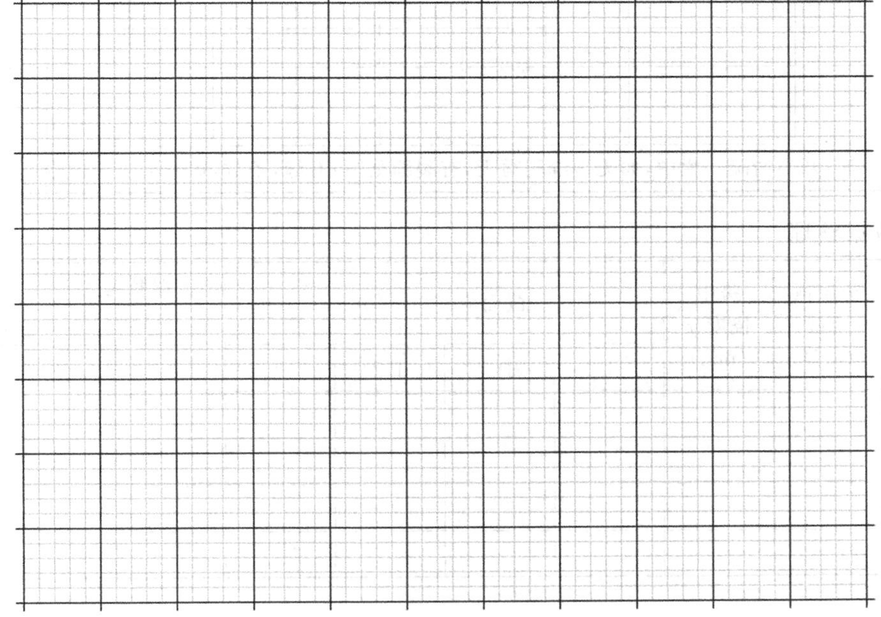

4. 梁混凝土立方试块的强度值。

(1) 数据：

立方试块号	No. 1	No. 2	No. 3
破坏压力(kN)			

(2) 平均压力值：

(3) 计算下列各值：

$f_{cu}^{t}=$ $f_{c}^{t}=$

5. 梁加载中各量测数据记录。

级别	千斤顶荷载(kN)	百分表			手持式应变				箍筋应变		混凝土受压应变	开裂情况
		左	中	右	上	中 1	中 2	下	应变 1	应变 2		
初读数												
1												
2												
3												
4												
5												
6												
7												
8												
9												
10												
11												
12												
13												
14												
15												

注：开裂情况一栏中，如无裂缝则写无，有裂缝则写：有缝，条数，*Wmax* 三个内容。

6. 数据整理。

级别	千斤顶荷载(kN)	跨中挠度 f (mm)	截面应变(10^{-6})				钢筋应变 ε_s (10^{-6})		混凝土受压应变 ε_c
			上	中 1	中 2	下	1	2	(10^{-6})
1									
2									
3									
4									

续　表

级别	千斤顶荷载(kN)	跨中挠度 f (mm)	截面应变(10^{-6})				钢筋应变 ε_s (10^{-6})		混凝土受压应变 ε_c (10^{-6})
			上	中1	中2	下	1	2	
5									
6									
7									
8									
9									
10									
11									
12									
13									
14									
15									
注：跨中挠度＝中－0.5(左＋右)									

7. 画出以下曲线图(考虑自重，分配梁及千斤顶等荷载的影响修正)。

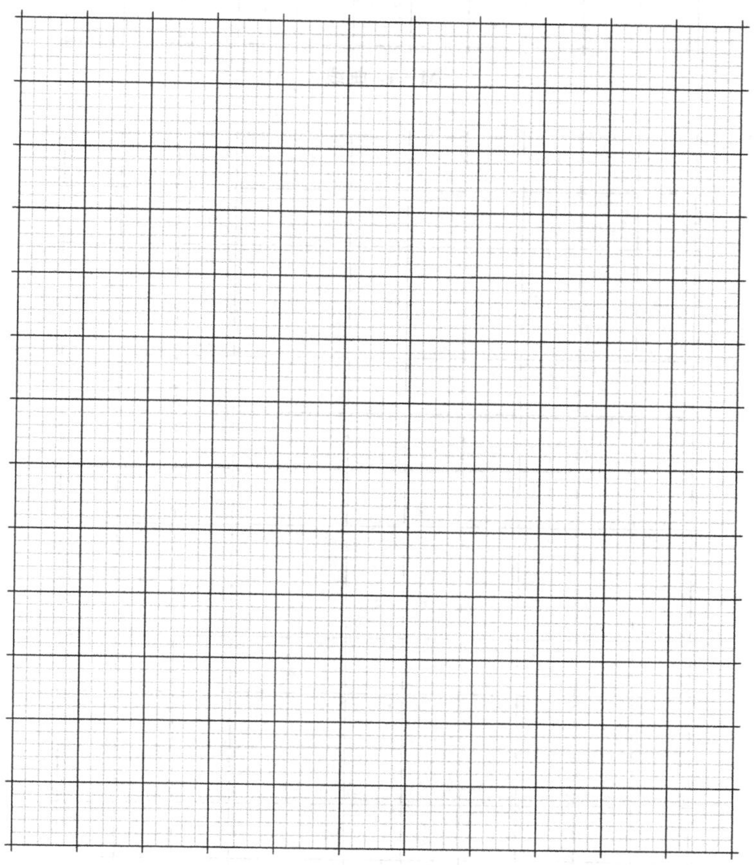

M～f 曲线

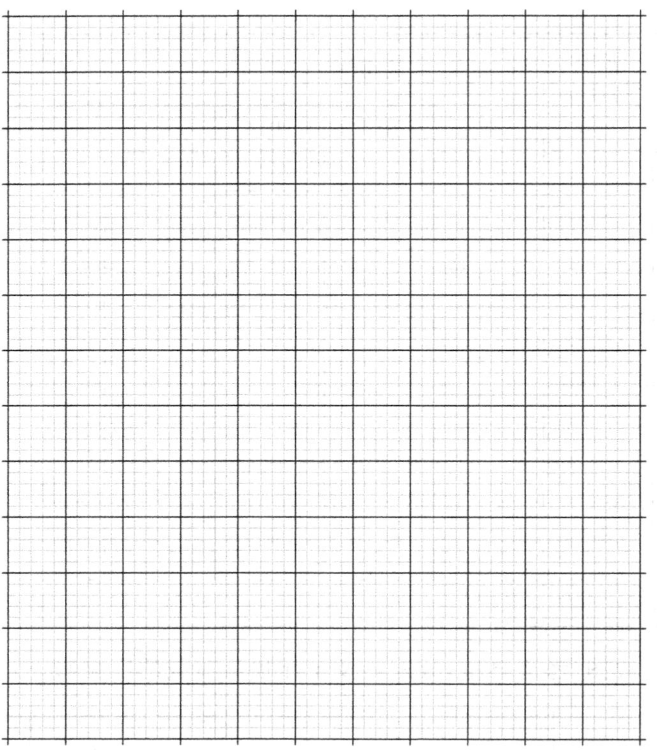

$M \sim \varepsilon_c$ 曲线

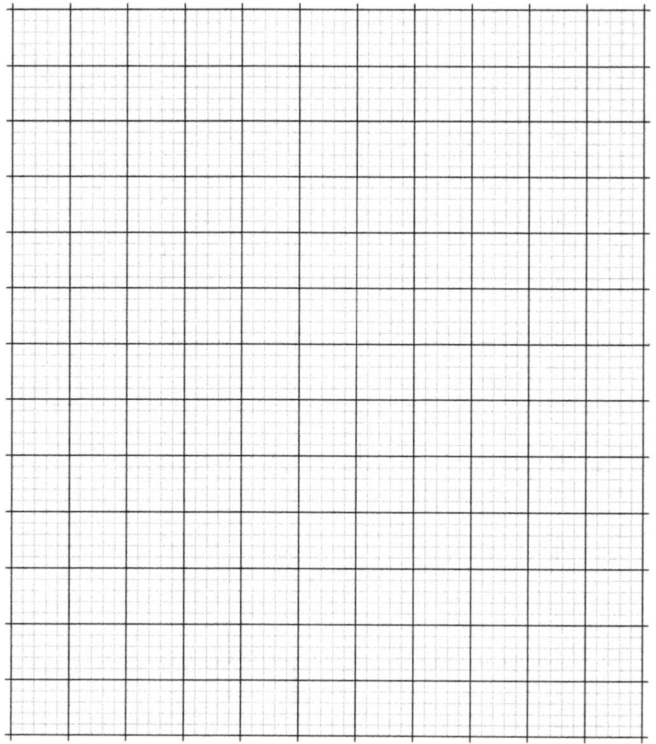

$M \sim \varepsilon_s$ 曲线

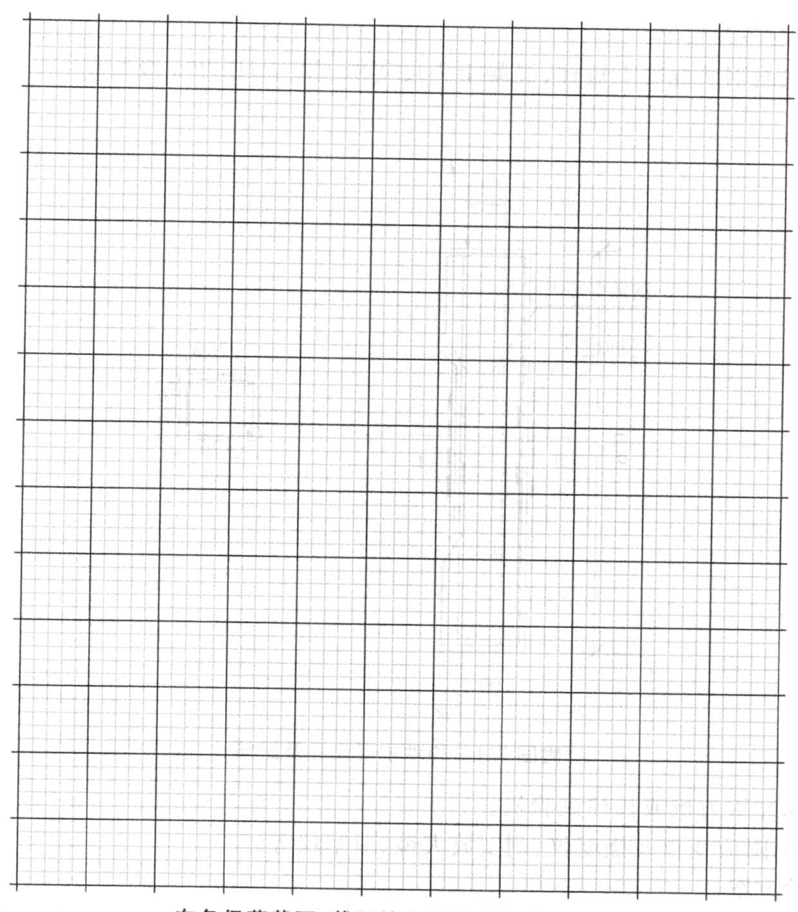

在各级荷载下，截面的变形沿高度的分布图

8. 对梁试验的分析和结论。

提示：可描述下列方面的内容。

(1) 梁的变形规律如何，平截面假定是否成立等。

(2) 该梁的开裂荷载、破坏荷载及该梁是受强度破坏控制，还是受正常使用极限状态控制(即挠度和裂缝最大宽度控制)。

(3) 该梁的破坏形态，及解释为什么会产生这种形态的破坏。

(4) 试验值 P_u^t 与计算值 P_u 不同的原因分析。

(5) 对有关试验的体会：例如试验中应注意什么，怎样才能做成功试验，对本次试验应做哪些改进以促进和提高试验的精确程度等。

试验七　钢筋混凝土短柱破坏试验

一、试验目的

1. 通过试验初步掌握受压柱静载试验的一般程序和测试方法；

2. 观察在小偏心受压时，钢筋混凝土短柱破坏过程及其特征。

二、试验设备及仪器

1. 矩形截面钢筋混凝土短柱、混凝土强度等级 C20，HPB235 级钢筋，尺寸及配筋如附图 7.1 所示。

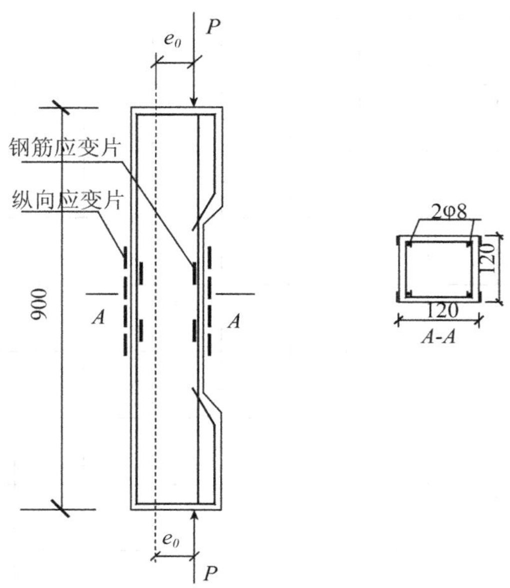

附图 7.1 构件主要尺寸及配筋

2. 2000kN 压力机或长柱试验机。

3. 静态电阻应变仪及挠度仪、刻度放大镜、曲率仪等。

三、试验方案

短柱试验的主要目的在于研究纵向弯曲的影响与柱子破坏的规律，从而找出不同长细比条件下与极限荷载之间的关系。对于薄壁构件或钢结构柱还有局部稳定问题。

试验多采用正位试验，主要在长柱机或大型承力架配合同步液压加荷设备系统进行。卧位虽然方便，但自重影响难以有效消除。

支座构造装置是柱子试验中的重要环节，铰支座多采用刀铰形式，它有单刀铰支和双刀铰支两种，比较灵活可靠，球铰加工困难，精度不易保证，摩阻力较大。其他支座条件可视具体情况设计模拟。

试验加载按照第 2 章步骤进行。观测项目主要有各级荷载下的侧向挠度、控制截面或区段的应力及变化规律、裂缝的开展、开裂荷载值及破坏荷载值等。观测仪器与梁板试验基本相同。

附件安装时应将试件轴线对准作用力的中心线（如附图 7.1），即几何对中。若有可能还应进行力学对中，即加载约达标准荷载的 40%左右测量其中间区段两侧或四角应变，并调整作用力轴线，使各点应变均匀。力学对中后即可进行中心受压试验。对偏心受压试验，应在力学对中后（或几何对中后），沿加力中心线量出偏心距 e_0，再把加点力移至偏心距上进行偏心受压试验。柱子试验由于高度大、荷载大、侧向变形不好控制盒测量，且破坏时又有一定危险性，均应引起足够重视。

试验装置与测点布置如附图 7.2 所示。

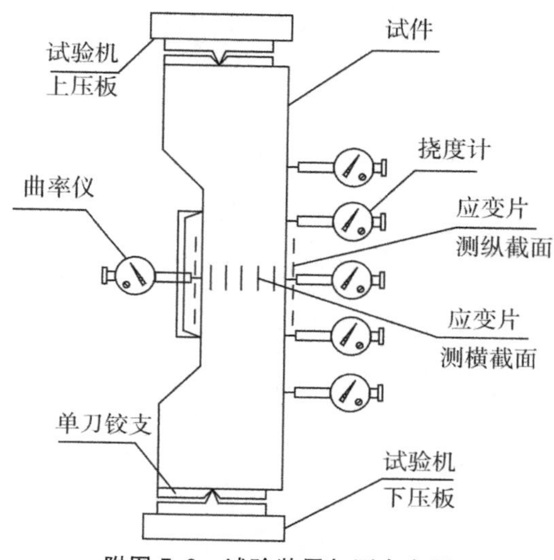

附图 7.2 试验装置与测点布置

具体试验步骤如下：

1. 在浇筑混凝土前，预先做好贴在钢筋上电阻应变片的防水处理，并做好保护。

2. 试件试验前在中间区段混凝土拉压表面沿纵向贴应变片四枚。

3. 试件对中就位后，加载点移至偏心距处装好挠度计（或百分表）曲率计算（$e_0 = 25\text{mm}$）。

4. 根据给定条件算出试件承载力 P_U 和破坏荷载，作出荷载分级。

5. 做预载作用检查，预载值应不超过开裂荷载值，并调试仪表。

6. 加一级初载，各测点仪表调零或读取初读数。（本试件，初载 10kN，荷载分级为 20kN）以后每加一级荷载，读取一次读数，直至破坏。同时注意观测裂缝及破坏过程及特重。荷载达 P_U 时应拆除挠度计和曲率仪。数据记于附表 7.1 中。

四、试验报告

1. 根据试验数据，计算出至标准荷载前各级荷载下的钢筋拉、压应变平均值。计算出标准荷载下的 σ_N，σ_{Mx}，σ_{My} 值，绘出截面应变图。

2. 计算侧向位移，绘出至标准荷载时的荷载—挠度关系曲线图。

3. 绘制裂缝图及破坏形态图。

4. 对试验柱的基本力学性能作出讨论。

附表 7.1 数据记录表

荷载(kN)	应变(με)			挠度(mm)			荷载(kN)	曲率(挠度)			应变(με)		
	读数	读数差	累计	读数	读数差	累计		读数	读数差	累计	读数	读数差	累计

参考文献

[1] 哈尔滨工业大学工程结构教研室. 结构试验. 哈尔滨：哈尔滨工业大学出版社，1954.

[2] 哈尔滨建筑工程学院工程结构教研室. 建筑结构试验. 北京：中国工业出版社，1961.

[3] 易建伟，张望喜等. 建筑结构试验. 北京：中国建筑工业出版社，2011.

[4] 王柏生，秦建堂. 结构试验与检测. 杭州：浙江大学出版社，2007.

[5] 宋彧. 工程结构检测与加固. 北京：科学出版社，2011.

[6] 陈宗平. 建筑结构检测、鉴定与加固. 北京：中国电力出版社，2011.

[7] 吴晓枫. 建筑结构试验与检测. 北京：化学工业出版社，2011.

[8] 张亚非. 建筑结构检测. 武汉：武汉工业大学出版社，1995.

[9] 高小旺，邸小坛. 建筑结构工程检测鉴定手册. 北京：中国建筑工业出版社，2008.

[10] 王朝阳. 古代官府工程营造管理制度研究[硕士学位论文]. 南京：东南大学，2008.

[11] 中华人民共和国国家标准. 混凝土结构试验方法标准(GB/T 50152—2012). 北京：中国建筑工业出版社，2012.

[12] 中华人民共和国行业标准. 回弹法检测混凝土抗压强度技术规程(JGJ/T 23—2011). 北京：中国建筑工业出版社，2011.

[13] 中国工程建设标准化协会标准. 超声回弹综合法检测混凝土强度技术规程(CECS 02—2005). 北京：中国建筑工业出版社，2005.

[14] 中国工程建设标准化协会标准. 拔出法检测混凝土强度技术规程(CECS 69—2011). 北京：中国计划出版社，2011.

[15] 中华人民共和国行业标准. 混凝土中钢筋检测技术规程(JGJ/T 152—2008). 北京：中国建筑工业出版社，2008.

[16] 贾鑫，谢仁明. 电磁感应法检测混凝土中钢筋直径的应用. 住宅科技，2010(8)：22～25.

[17] 中国工程建设标准化协会标准. 超声法检测混凝土缺陷技术规程(CECS 21：2000). 北京：中国计划出版社，2000.

[18] 中华人民共和国国家标准. 钢结构现场检测技术标准(GB/T 50621—2010). 北京：中国建筑工业出版社，2010.

[19] 中华人民共和国国家标准. 砌体工程现场检测技术标准(GB/T 50315—2011). 北京：中国建筑工业出版社，2011.

[20] 中华人民共和国国家标准. 砌体基本力学性能试验方法标准(GB/T 50129—

2011). 北京：中国建筑工业出版社，2011.

[21] 中华人民共和国行业标准. 贯入法检测砌筑砂浆抗压强度技术标准(JGJ/T136—2001). 北京：中国建筑工业出版社，2001.

[22] 中华人民共和国行业标准. 危险房屋安全鉴定标准(JGJ 125—99). 北京：中国建筑工业出版社，2004.

[23] 中华人民共和国国家标准. 民用建筑可靠性鉴定标准(GB 50292—1999). 北京：中国建筑工业出版社，2009.

[24] 中华人民共和国国家标准. 工业建筑可靠性鉴定标准(GB 50144—2008). 北京：中国计划出版社，2008.

[25] 中华人民共和国国家标准. 建筑抗震鉴定标准(GB 50023—2009). 北京：中国建筑工业出版社，2009.

[26] 中华人民共和国国家标准. 建筑结构可靠度设计统一标准(GB 50068—2001). 北京：中国建筑工业出版社，2001.

[27] 中华人民共和国国家标准. 建筑结构荷载标准(GB 50009—2012). 北京：中国建筑工业出版社，2012.

[28] 中华人民共和国国家标准. 混凝土结构设计规范(GB 50010—2010). 北京：中国建筑工业出版社，2010.

[29] 中华人民共和国国家标准. 钢结构设计规范(GB 50017—2003). 北京：中国计划出版社，2003.

[30] 中华人民共和国国家标准. 砌体结构设计规范(GB 50003—2011). 北京：中国建筑工业出版社，2011.

[31] 中华人民共和国国家标准. 木结构设计规范(GB 50005—2003). 北京：中国建筑工业出版社，2003.

[32] 中华人民共和国行业标准. 建筑抗震试验方法规程(JGJ 101—1996). 北京：中国建筑工业出版社，1996.

[33] 朱伯龙. 结构抗震试验. 北京：地震出版社，1989.

[34] 浙江省工程建设标准. 预应力混凝土结构技术规程(DB 331067—2010). 杭州：浙江工商大学出版社，2010.

[35] 中华人民共和国行业标准. 无粘结预应力混凝土结构技术规程(JGJ 92—2004). 北京：中国建筑工业出版社，2004.

[36] 中国工程建设标准化协会标准. 建筑工程预应力施工规程(CECS 180—2005). 北京：中国计划出版社，2005.

[37] 西安交通大学高等数学教研室. 工程数学，复变函数. 北京：高等教育出版社，2004.

[38] 李方泽，刘馥清，王正. 工程振动测试与分析. 北京：高等教育出版社，1992.

[39] 段艳丽. 高层建筑结构动力实验的反冲激振法. 长安大学学报(建筑与环境科学版)，1991(1)：26～30.

[40] 韩俊伟,李玉亭,胡宝生. 大型三向六自由度地震模拟振动台. 地震学报,1998,20(3):327～331.

[41] 沈德建,吕西林. 地震模拟振动台及模型试验研究进展. 结构工程师,2006,22(6):55～58,63.

[42] 王燕华,程文瀼,陆飞等. 地震模拟振动台的发展. 工程抗震与加固改造,2007,29(5):53～56,67.

[43] 白化同、郭继忠译,屠良尧校. 模态分析理论与实验. 北京:北京理工大学出版社,2001.

[44] 振动机动态信号采集分析系统 CRAS6.1. 南京:安正软件工程有限公司,2003.

[45] [日本]振动防止技术法规编辑委员会. 公害防止技术,法规振动篇. 汍善株式会社,1984.

[46] ISO 标准化协会. Guide for the Evaluation of Human Exposure to Whole—body Vibration ISO2631—1978. Switzerland,1978.

[47] ISO 标准化协会. Evaluation of human exposure to whole-body vibration-Part 1: general requirements ISO2631/1—1985. Switzerland,1985.

[48] ISO 标准化协会. Evaluation of human exposure to whole-body vibration-Part 2: continuous and shock-induced vibration in buildings (1－80Hz) ISO2631/2—1989. Switzerland,1989.

[49] ISO 标准化协会. Evaluation of human exposure to whole-body vibration; Part 3: Evaluation of exposure to whole-body z-axis vertical vibration in the frequency range 0.1 to 0.63 ISO2631/3—1985, Switzerland,1985.

[50] 中华人民共和国国家标准. 住宅建筑室内振动限值及其测量方法(GB/T 50355—2005). 北京:中国建筑工业出版社,2005.

[51] 中华人民共和国国家标准. 城市区域环境振动标准(GB 10070—88). 北京:中国标准出版社,1988.

[52] 中华人民共和国国家标准. 城市区域环境振动测量方法(GB 10071—88). 北京:中国标准出版社,1988.

[53] ISO 标准化协会. Mechanical vibration and shock-Evaluation of human exposure to whole-body vibration-Part 1: General requirements ISO2631/1—1997, Switzerland,1997.

[54] ISO 标准化协会. Mechanical vibration and shock-Evaluation of human exposure to whole-body vibration-Part 2: Vibration in buildings (1 Hz to 80 Hz) ISO2631/2—2003, Switzerland,2003.

[55] ISO 标准化协会. Mechanical vibration and shock-Evaluation of human exposure to whole-body vibration-Part 4: Guidelines for the evaluation of the effects of vibration and rotational motion on passenger and crew comfort in fixed-guide way transport systems ISO2631/4—2001, Switzerland,2001.

[56] ISO 标准化协会. Evaluation of human exposure to whole-body vibration-Part 5:

Method for evaluation of vibration containing multiple shocks ISO2631/5—2001, Switzerland,2004.

[57] Nelson P. M. Transportation Noise Reference Book. Butterworth&Co,Ltd, The U.K.,1987.

[58] 杨永斌. 高速列车所引起致之土壤振动之分析. 台北：台湾大学,1995.

[59] 倪胜火,庄明仁,钟启泰. 台南科学园区背景及相关振源量测与分析. 第20届中日工58程技术研讨会公共工程组,高速铁路行车引致轨道振动之问题论文集. 台北,1999.

[60] 林东兴. 台南科学园区环境振动监测资料之分析研究[硕士学位论文]. 台南：台湾国立成功大学,2007.

[61] 夏禾,曹艳梅. 轨道交通引起的环境振动问题. 铁道科学与工程学报,2004,1(1)：44～51.

[62] 陈建国,夏禾,肖军华等. 列车运行对周围地面振动影响的试验研究. 岩土力学,2008,29(11)：3113～3118.

[63] 姚锦宝,夏禾,陈建国等. 列车运行引起高层建筑物振动分析. 中国铁道科学,2009,30(2)：71～75.

[64] 周华飞,蒋建群. 刚性路面在运动车辆作用下的动力响应. 土木工程学报,2006,39(8)：117～125.

[65] Yang Yingwu, Wu Gangbing, Wang Baisheng, etc. The vibration measurement and analysis in the room of residential building caused by vehicles. the 2nd International Conference on Structural Condition Assessment, Monitoring and Improvement (SCAMI—2), Changsha,2007.

[66] 杨英武,韩舟轮,王柏生等. 车辆通过减速带引起的振动分析. 振动工程学报,2007,20(5)：502～506.

[67] 郑薇. 列车经过对周边建筑的振动影响分析[硕士学位论文]. 杭州：浙江大学学报,2006.

[68] 郑薇,王柏生,杨英武. 列车引起地面振动的影响因素的敏感性分析. 振动、测试与诊断,2007,27(4)：304～307.

[69] 王柏生,徐仲杰,杨英武. 预测列车引起拟建建筑物的振动. 浙江大学学报(工学版),2008,42(9)：1502～1505.

[70] 中华人民共和国国家标准. 铁路边界噪声及其测量方法 GB12525—90. 北京：中国标准出版社,1991.

[71] Williams M. S, Blakeborough A. Laboratory testing of structures under dynamic loads: an introductory review. Royal Society of London Philosophical Transaction, Vol. 359(1786),1651～1169.

[72] 黄浩华. 地震模拟振动台的发展情况介绍. 世界地震工程,1985(1)：47～51.

[73] 蔡新江,田石柱. 振动台试验方法的研究进展. 结构工程师,2011(S1)：42～46.

[74] H. M. Irvine. Cable Structures. Cambridge,Massachusetts of U. K: the M. I. T.

Press,1981.

[75] 宋一凡,贺拴海. 固端刚性拉索索力分析能量法. 公路交通大学学报,2001,21(1):55～57.

[76] 韩继云. 建筑物检测鉴定加固改造技术与工程实例. 北京:化学工业出版社,2008.

[77] 徐明春. 建筑结构检测鉴定加固若干问题的综合分析. 青岛:青岛理工大学,2012.

[78] 唐岱新,王凤来. 土木工程结构检测鉴定与加固改造新进展及工程实例. 北京:中国建材出版社,2006.

[79] 中华人民共和国国家标准. 混凝土结构现场检测技术标准(GB/T50784—2013). 北京:中国建筑工业出版社,2013.

[80] 中华人民共和国国家标准. 普通混凝土力学性能试验方法标准(GB/T 50081—2002). 北京:中国建筑工业出版社,2003.

[81] 中华人民共和国国家标准. 混凝土结构工程施工质量验收规范(GB 50204—2002). 北京:中国建筑工业出版社,2011.

[82] 中华人民共和国国家标准. 建筑结构检测技术标准(GB/T 50344—2004). 北京:中国建筑工业出版社,2004.

[83] 中华人民共和国行业标准. 钢结构超声波探伤及质量分级法(JG/T 203—2007). 北京:中国建筑工业出版社,2007.

[84] 中华人民共和国行业标准. 无损检测 渗透检测用试块(JB/T 6064—2006). 北京:中国建筑工业出版社,2006.

[85] 中华人民共和国行业标准. 无损检测 渗透检测用材料(JB/T 7523—2004). 北京:中国建筑工业出版社,2010.

[86] 中华人民共和国行业标准. 无损检测 超声检测用试块(JB/T 8428). 北京:中国建筑工业出版社,2011.

[87] 中华人民共和国行业标准. 建筑变形测量规范(JGJ 8—2007). 北京:中国建筑工业出版社,2007.

[88] 中华人民共和国国家标准. 建筑基坑工程监测技术规范(GB50497—2009). 北京:中国建筑工业出版社,2009.

[89] 谢爱国,李正权. 深基坑工程周边建筑物沉降的控制. 中国地质灾害与防治学报,1998,9(1):117～120.

[90] 中华人民共和国国家标准. 岩土工程勘察规范(GB50021—2001). 北京:中国建筑工业出版社,2009.

[91] 中华人民共和国国家标准. 房屋完损等级评价标准[城住字(84)第 678 号]. 城乡建设环境保护部,1985.

[92] 中华人民共和国行业标准. 危险房屋鉴定标准(JGJ 125—1999). 北京:中国建筑工业出版社,2004.

[93] 中国工程建设标准化协会标准. 火灾后建筑结构鉴定标准(CECS252:2009). 北京:中国计划出版社,2009.

[94] 宋满荣. 关于《危险房屋鉴定标准》的应用研究[硕士学位论文]. 武汉：华中科技大学，2004.

[95] 余丹. 浅论房屋安全鉴定的特点与基本方法. 工程与建设，2008，23(1)：138～141.

[96] 张欣. 现有结构可靠性鉴定评述. 四川建筑，2005，25(4)：68～69.

[97] 张鑫，李安起，赵考重. 建筑结构鉴定与加固改造技术的进展. 工程力学，2011，28(1)：1～11，25.

[98] 陈平宁. 危险房屋鉴定标准(JGJ 1 25—99)若干问题探讨. 建筑结构，2002，32(11)：71～73.

[99] 田安国. 砖混住宅楼火灾后楼面结构的鉴定与修复. 建筑技术，2004，35(2)：129～130.

[100] 冯文元，冯志华. 建筑结构检测与鉴定实用手册. 北京：中国建筑工业出版社，2007.

[101] 卜良桃，周锡全. 工程结构可靠性鉴定与加固. 北京：中国建筑工业出版社，2009.

[102] 国振喜. 建筑抗震鉴定标准与加固技术手册. 北京：中国建筑工业出版社，2010.

图书在版编目(CIP)数据

结构试验检测与鉴定/杨英武主编. —杭州：浙江大学出版社，2013.12(2025.1 重印)

ISBN 978-7-308-12472-0

Ⅰ.①结… Ⅱ.①杨… Ⅲ.①建筑结构—结构试验②建筑结构—检测 Ⅳ.①TU317

中国版本图书馆 CIP 数据核字（2013）第 260604 号

结构试验检测与鉴定

杨英武　主编

责任编辑　何　瑜(wsheyu@163.com)

封面设计　杭州林智广告有限公司

出版发行　浙江大学出版社

（杭州市天目山路 148 号　邮政编码 310007）

（网址：http://www.zjupress.com）

排　　版　杭州林智广告有限公司

印　　刷　浙江新华数码印务有限公司

开　　本　787mm×1092mm　1/16

印　　张　28

字　　数　699 千

版 印 次　2013 年 12 月第 1 版　2025 年 1 月第 5 次印刷

书　　号　ISBN 978-7-308-12472-0

定　　价　58.00 元

浙江大学出版社市场运营中心联系方式：(0571) 88925591；http://zjdxcbs.tmall.com

后　　记

在书稿整理过程中，杭州市房屋安全事务管理中心叶靓、浙江农林大学学生吴圣成和徐晨阳绘制了部分插图，在此表示感谢。浙江大学王柏生研究员、刘承斌博士提供了翔实的参考资料并提出宝贵建议，在此表示衷心的感谢。本书编写过程中，还参考了相关领域的文献著作，特此向同行和前辈表示衷心的感谢。本书的写作得到了浙江农林大学科研发展基金和教材建设基金的资助，特此致谢。

由于作者水平有限，加之时间仓促，书中难免存在错误和不妥，诚恳地欢迎同行和读者们批评指正。